Jürgen Reichardt
Digitaltechnik und digitale Systeme

Weitere empfehlenswerte Titel

Entwurf digitaler Schaltungen und Systeme
Jürgen Reichardt, Bernd Schwarz, 2020
ISBN 978-3-11-067345-6, e-ISBN 978-3-11-067346-3

Programmierung in Assembler und C – Schaltungen und Anwendungen
Günter Schmitt, Andreas Riedenauer, 2019
ISBN 978-3-11-040384-8, e-ISBN 978-3-11-040388-6

Digitaltechnik. TTL-, CMOS-Bausteine,
komplexe Logikschaltungen (PLD, ASIC)
Herbert Bernstein, 2019
ISBN 978-3-11-058366-3, e-ISBN 978-3-11-058367-0

Prozessorentwurf mit VHDL.
Modellierung und Synthese eines 12-Bit-Mikroprozessors
Dieter Wecker, 2018
ISBN 978-3-11-058256-7, e-ISBN 978-3-11-058306-9

Multiraten Signalverarbeitung, Filterbänke und Wavelets
verständlich erläutert mit MATLAB/Simulink
Josef Hoffmann, 2020
ISBN 978-3-11-067885-7, e-ISBN 978-3-11-067887-1

Jürgen Reichardt

Digitaltechnik und digitale Systeme

Eine Einführung mit VHDL

5. Auflage

DE GRUYTER
OLDENBOURG

Autor
Prof. Dr. Jürgen Reichardt
bis 2016:
Hochschule für Angewandte Wissenschaften Hamburg
Fakultät für Technik und Informatik
Department Informations- und Elektrotechnik
Berliner Tor 7
20099 Hamburg
juergen.reichardt@haw-hamburg.de

ISBN 978-3-11-070696-3
e-ISBN (PDF) 978-3-11-070697-0
e-ISBN (EPUB) 978-3-11-070706-9

Library of Congress Control Number: 2020951100

Bibliografische Information der Deutschen Nationalbibliothek
Die Deutsche Nationalbibliothek verzeichnet diese Publikation in der Deutschen
Nationalbibliografie; detaillierte bibliografische Daten sind im Internet über
http://dnb.dnb.de abrufbar.

© 2021 Walter de Gruyter GmbH, Berlin/Boston
Umschlaggestaltung: Motorola68040die / Wikimedia Commons / Photo by Gregg M. Erickson
Satz: le-tex publishing services GmbH, Leipzig
Druck und Bindung: CPI books GmbH, Leck

www.degruyter.com

Vorwort zur 5. Auflage

Die Entwurfsmethoden für Digitalschaltungen haben sich seit mehreren Jahren massiv verändert. Waren es in der Vergangenheit Lötkolben, Messgeräte und Datenbücher, die sich auf dem Laborarbeitsplatz von Entwickler/-innen[1] befanden, so ist das Hauptarbeitsmittel heute ein oder häufig auch mehrere Computer. Diese werden nicht nur zur Recherche von Datenblättern und Applikationsnotizen oder zur Entwurfsdokumentation verwendet, sondern dienen insbesondere auch als Entwurfswerkzeug.

Dabei wird der Schaltungsentwurf zunehmend häufiger unter Verwendung einer Hardwarebeschreibungssprache eingegeben. Durch Simulationen wird dann überprüft, ob die Spezifikationen eingehalten werden. Wenn es in der Vergangenheit integrierte Schaltungen mit geringer Komplexität waren, die zusammengelötet wurden, so sind es heute überwiegend programmierbare, teilweise hochkomplexe Bausteine, auf denen ein digitales System implementiert wird. Hier dient der Computer, indem die Entwicklungssoftware zunächst den Quellcode der Schaltung durch Synthese und Implementierung in eine Programmierdatei für die Zielhardware überführt und anschließend diese Datei auf den programmierbaren Baustein lädt. Schlussendlich hilft der Computer bei der Messung interner Signalzustände der Digitalschaltung, indem bei der Funktions- bzw. Fehleranalyse Signale aus dem programmierbaren Baustein ausgelesen werden und diese mithilfe einer speziellen Logikanalysatorsoftware auf dem Bildschirm dargestellt und mit den Simulationen verglichen werden können.

Zum Entwurf digitaler Systeme benötigt man also heute neben dem Verständnis des funktionellen und zeitlichen Verhaltens der Logikfunktionen auch die Fertigkeit zur synthesegerechten Modellierung mit einer Hardwarebeschreibungssprache wie z. B. VHDL Auch ist ein Verständnis für die Arbeitsweise und das in der Entwicklersoftware verwendete Vokabular unerlässlich. Aus der Überzeugung heraus, dass man eine Sprache am besten durch praktische Anwendung erlernt, sollen in diesem Lehrbuch – parallel zur Vermittlung der Grundkenntnisse zum Entwurf von Digitalschaltungen und Digitalen Systemen – die wesentlichen VHDL-Sprachelemente sowie der Umgang mit dem FPGA-Entwicklungswerkzeug Vivado schrittweise eingeführt werden.

Der Erfolg dieses Konzepts wird mir durch das anhaltend hohe Interesse der Leser bestätigt, welches nun zum Erscheinen dieser fünften Auflage führt. Dieses hat sich nun von einem einführenden „Lehrbuch Digitaltechnik" zu einem vorlesungsbegleitenden Fachbuch „Digitaltechnik und digitale Systeme" gemausert, dem der Lehrstoff einer zweisemestrigen Lehrveranstaltung zur Digitaltechnik bzw. dem Entwurf digitaler Systeme entnommen werden kann.

---

[1] Ich bitte die Leserschaft um Verständnis, dass ich nachfolgend bei den Berufsbezeichnungen an einigen Stellen nur die männlichen Berufsbezeichnungen verwende. Ich habe mich trotz der zunehmenden Bedeutung von Genderneutralität wegen der meines Erachtens besseren Lesbarkeit für diese Formulierungen entschieden.

https://doi.org/10.1515/9783110706970-201

Ich danke meinen Kollegen an der HAW Hamburg für ihre vielfältigen Anregungen zur Gestaltung dieses Lehrbuchs. Die vielen Gespräche sowie die zusammen mit meinem langjährigen Kollegen Prof. Dr. B. Schwarz über viele Jahre hinweg gemeinsam entwickelten Lehrveranstaltungen waren eine wesentliche Grundlage für Struktur und Inhalte dieser Buchveröffentlichung.

Den vielen Studierenden und der Leserschaft der ersten vier Auflagen sei für ihr kritisch konstruktives Feedback und ihre Toleranz bei der Aufklärung von Fehlern gedankt.

Hamburg, August 2020   Jürgen Reichardt

Inhalt

1 Einleitung

Warum schon wieder ein neues Lehrbuch zur Digitaltechnik? Diese Frage wurde mir
zu Beginn dieses Buchprojektes einige Male gestellt. Die daraus resultierenden Gespräche mit Kollegen hatten mir seinerzeit deutlich gemacht, dass vielfältige Gründe für ein neues Fachbuchkonzept zur Digitaltechnik vorlagen, die ich im Folgenden
skizzieren werde.

Obwohl die Grundlagen der Digitaltechnik in den letzten Jahrzehnten weitgehend
unverändert blieben, so haben sich der Entwurfsprozess in der Industrie sowie die
Vorlesungs- und Praktikumsinhalte an den Hochschulen in den vergangenen Jahren
doch erheblich verändert. Dies liegt an neuen Methoden, die sich beim Entwurf digitaler Schaltungen und Systeme weitgehend durchgesetzt haben: Eine digitale Schaltung wird nur noch im Ausnahmefall mit diskreten Logikbausteinen aufgebaut und
deren Funktion auf einer Platine nachträglich überprüft. Die stark gestiegenen Anforderungen an die Komplexität digitaler Systeme, zusammen mit den Anforderungen
eines geringen Platzbedarfs und niedriger Stromaufnahme haben dazu geführt, dass
in zunehmendem Maße (re-)programmierbare Bausteine zur Implementierung digitaler Logikfunktionen eingesetzt werden.

Dabei ist seit einigen Jahren auch zu beobachten, dass die Verwendung der früher
häufig als zu teuer empfundenen FPGAs (engl. Field Programmable Gate Array) sich
auf Kosten der zuvor weitverbreiteten (C)PLDs (engl. Complex Programmable Logic
Device) stark zugenommen hat. Dies liegt zum einen an einem signifikanten Preisverfall von FPGAs sowie zum anderen an deutlich gestiegenen Systemkomplexitäten, die
sich nur mit FPGAs oder ASICs (engl. Application Specific Integrated Circuit) realisieren lassen.

Mit dieser Marktverschiebung einher geht auch eine Verlagerung von Implemen-
tierungsproblemen: Fragen geeigneter Synchronisation und Kommunikation von
digitalen Teilsystemen müssen heute nicht mehr auf der Ebene des Platinenentwurfs
gelöst werden, sondern innerhalb des FPGAs bzw. ASICs [49]. Geforderte Taktraten im
Bereich von deutlich mehr als 100 MHz erfordern darüber hinaus ein klares Verständnis von Pipelining-Konzepten in digitalen Schaltungen, wofür Entwickler geeignete
Implementierungsvorgaben (engl. constraints) definieren müssen. Bei der Analyse
der daraus resultierenden Schaltungen wird der Entwickler durch (teil)automatisierte
Analyse- bzw. Simulationsmethoden unterstützt. Diese sind zwar schon länger Bestandteil der FPGA-Entwicklungssoftware, sie waren für den bisherigen (C)PLD-Ent-
wurf jedoch weitgehend irrelevant. Das Verständnis dieser Methoden erlangt aber für
die FPGA-Implementierung nun eine signifikante Bedeutung, sodass sie in diesem
Buch daher an konkreten Beispielen vorgestellt werden soll.

Eine wesentliche Kraft zur Veränderung der Entwurfsverfahren war und ist bis
heute das unter dem Begriff „Design Productivity Gap" zusammengefasste Problem,

https://doi.org/10.1515/9783110706970-001

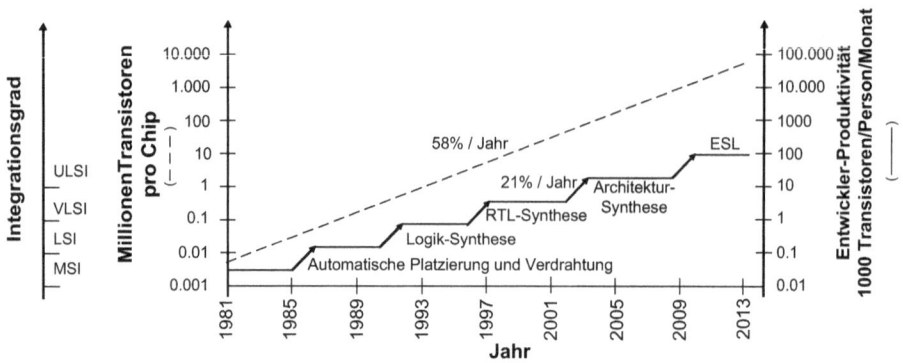

Bild 1.1: Entwicklung des Integrationsgrads digitaler Schaltungen (gestrichelte Linie) und Entwurfsproduktivität der Schaltungsentwickler (durchgezogene Linie). Wesentliche Veränderungen der Entwurfsmethoden sind dargestellt (nach [28])

dass die Produktivität der Schaltungsentwickler nicht mehr mit den technologischen Möglichkeiten bei der Halbleiterfertigung Schritt halten kann (vgl. Bild 1.1).

Während durch umfangreiche technologische Innovationen der Integrationsgrad gemäß dem Moore'schen Gesetz von der Medium Scale Integration MSI mit einigen 1000 Transistoren pro Chip Anfang der 1980er-Jahre über die Very Large Scale Integration VLSI auf die heutige Ultra Large Scale Integration ULSI mit einem mittleren jährlichen Produktivitätszuwachs von etwa 60 % auf deutlich mehr als 1 Milliarde Transistoren pro Chip angestiegen ist, konnte die Entwicklerproduktivität nicht in diesem Maße gesteigert werden. Obwohl damals bereits von jedem Entwickler pro Monat nur etwa hundert Transistoren entworfen und verdrahtet wurden und dies heute im Mittel mehr als Hunderttausend sind, reicht die jährliche Steigerung der Entwicklerproduktivität von ca. 21 % pro Jahr bei Weitem nicht aus, um den technologischen Fortschritt ausschöpfen zu können. Wie Bild 1.1 zeigt, ist die enorme Verbesserung der Entwicklerproduktivität auf die Einführung neuer Entwurfsmethoden zurückzuführen. Dabei übernehmen Softwarewerkzeuge nicht nur die Platzierung und Verdrahtung sowie die Optimierung der Logik, sondern sie werden auch eingesetzt, um aus Dateien, die das gewünschte Verhalten einer Schaltung modellieren, weitgehend automatisch eine Schaltungsimplementierung zu generieren.

Für den Entwurf moderner digitaler Systeme, die auf einem Chip mehrere miteinander kommunizierende Prozessorelemente besitzen, wurden im vergangenen Jahrzehnt unter der Bezeichnung ESL (Electronic System Level) [52] besondere Entwurfsmethoden entwickelt, bei denen der Entwurf der Hard- und Prozessorsoftware in einer einheitlichen Entwicklungsumgebung angestrebt wird. Bild 1.1 zeigt auch, dass in Zukunft dringend weitere Innovationen bei den Entwurfsverfahren benötigt werden, wenn der Abstand zum technologischen Fortschritt bei der Halbleiterfertigungstechnik nicht noch größer werden soll.

Entsprechend diesen Trends hat dieses Buch den Anspruch, neben den unabdingbaren Grundlagen der Digitaltechnik auch eine Einführung in die Verhaltensbeschreibung digitaler Schaltungen mit der Hardwarebeschreibungssprache VHDL (engl. Very High Speed Integrated Circuit Hardware Description Language) auf Register-TransferAbstraktionsniveau (engl. Register Transfer Level, RTL) zu geben [21, 53]. Eine Einführung in weiterführende Synthesekonzepte mit Hochsprachen (High-Level-Synthese) muss dagegen der weiterführenden Literatur überlassen bleiben [7, 15].

Für dieses, in meiner Lehre an verschiedenen Hochschulen, bereits seit vielen Jahren eingesetzte Konzept existieren nach meiner Überzeugung bisher keine geeigneten deutschsprachigen Lehrbücher. Die bisher auf dem Buchmarkt erhältlichen Lehrbücher behandeln die Einführung in VHDL und – sofern überhaupt vorhanden – die Verwendung von FPGA-Entwicklungssoftware üblicherweise in ergänzenden Kapiteln und nicht als integralen Bestandteil bei der Vermittlung der digitaltechnischen Konzepte [5, 58, 59].

Das nun vorliegende Buch, soll diese Lücke füllen: Grundkonzepte der Hardwarebeschreibungssprache VHDL werden in nur zwei speziellen Kapiteln (4 und 8) eingeführt. Weitere syntaktische und semantische Erweiterungen dieser Sprache werden jeweils direkt im Zusammenhang mit dem Grundwissen über die digitalen Grundbausteine vermittelt. Entsprechend kann das Lehrbuch auch nicht den Anspruch auf eine vollständige VHDL-Darstellung erfüllen. Dazu gehört auch, dass die VHDL-Konstrukte überwiegend mit Beispielen und nicht durch vollständige Syntaxbeschreibungen vorgestellt werden. Diese finden Sie z.B. in den Büchern [8] und [10] bzw. unter dem Link [27].

Die Verwendung der für moderne Xilinx-FPGAs erforderlichen Entwicklungssoftware Vivado wird ebenfalls stoffbegleitend vorgestellt. So wird aufbauend auf den in Kapitel 2 vorgestellten Modellierungskonzepten für digitale Schaltungen bzw. -Systeme in Kapitel 5 zunächst erläutert, wie sich mit Vivado kombinatorische Logik simulieren und implementieren lässt. In Kapitel 13 wird diese Betrachtung dann auf synchron getaktete Schaltungen erweitert. Da dieses Kapitel einen grundlegenden Bezug zu FPGA-Technologien hat, werden diese eingangs soweit erläutert, dass die Leserschaft in die Lage versetzt wird, die von Vivado erzeugten FPGA-Reportdateien zu verstehen und die Implementierungen nachzuvollziehen. Als Teilaspekt des Kapitels 17 wird schließlich auch dargestellt, wie eine bereits entworfene Teilschaltung innerhalb eines komplexen, grafisch basierten Vivado-Schaltungsentwurfs als IP-Block (engl. Intellectual Property) z.B. für ein FPGA-basiertes Mikrocontrollersystem (engl. System on Programmable Chip, SoPC) genutzt werden kann.

Natürlich kommen die seit vielen Jahren weitgehend unveränderten Grundlagen der Digitaltechnik nicht zu kurz. So werden in Kapitel 3 die Boole'sche Algebra und in Kapitel 6 die für die Digitaltechnik relevanten Zahlensysteme eingeführt. Logikminimierungskonzepte haben zwar angesichts des zunehmenden Softwareeinsatzes beim Schaltungsentwurf deutlich an Bedeutung verloren, ihre Vorstellung in Kapitel 7 beschränkt sich daher auf Systeme von maximal vier Eingangssignalen.

Das sehr kompakt gehaltene Kapitel 9 befasst sich mit einer grundlegenden Einführung zu Aspekten der digitalen Codierung, wobei ich davon ausgegangen bin, dass diese bei Bedarf in Anwendungsfächern, wie z. B. der Nachrichtentechnik vertieft werden müssen.

In Kapitel 10 wird das grundlegende elektrisch-physikalische Verhalten verschiedener Digitalschaltungskomponenten erläutert und zugleich dargestellt, wie sich dieses auch mit VHDL modellieren lässt.

Mit Kapitel 11 verlassen wir die Implementierung von Schaltungen mit einfacher Boole'scher Logik und wenden uns typischen Komponenten zu, die sich üblicherweise in einem Datenpfad einer Digitalschaltung befinden. Dies sind neben (De-)Multiplexern, De- und Encodern auch Arithmetikschaltungen.

Im nachfolgende Kapitel 12 werden zunächst Speicherbauelemente wie Latches und Flipflops eingeführt und nachfolgend wird das RTL-Modellierungskonzept für synchrone Schaltungen erläutert, dessen Verständnis für die nachfolgenden Kapitel unerlässlich ist. Angewendet wird dieses nicht nur für den Entwurf synchroner Zustandsautomaten (Kapitel 14), sondern auch beim Zähler- bzw. Schieberegisterentwurf (Kapitel 15 bzw. 16).

Das Kapitel 17 befasst sich mit grundlegenden Aspekten der Kommunikation zwischen Teilschaltungen, die für den Entwurf digitaler Systeme in einem FPGA zunehmend an Bedeutung gewinnen. Dazu gehört auch die Synchronisation von Teilsystemen, die mit unterschiedlichen Taktraten arbeiten.

Der Vollständigkeit halber wird in Kapitel 18 zunächst eine Übersicht über die Struktur und VHDL-Modellierung von ROM- und RAM-Speicherbausteinen gegeben, bevor in Kapitel 19 unterschiedliche programmierbare Logikfamilien vorgestellt werden.

Im Anhang (Kapitel 20) finden sich zum einen Hinweise zur VHDL-Modellierung mit dem neueren Standard VHDL-2008 sowie zum anderen eine Einführung in den VHDL-Simulator ModelSim, die sich an den Teil der Leserschaft richtet, der nicht den Vivado-Simulator verwenden möchte.

Die im Buch gewählten Anwendungsbeispiele sind durch das Symbol **B** herausgehoben. Sie wurden unter dem Aspekt ausgewählt, dass sie einen praktischen Bezug zu wichtigen Grundschaltungen der Digitaltechnik haben. Dabei konnte leider nicht in allen Fällen vermieden werden, dass ein Vorgriff auf Lehrinhalte erfolgte, die erst an späterer Stelle des Lehrbuchs umfassend erläutert werden. In jedem Fall wurde jedoch versucht, die notwendigen Informationen bereits an dieser Stelle zu vermitteln. An einigen Stellen des Textes sind durch das Symbol **A** markierte Aufgaben eingebettet, mit denen das gerade Erlernte vertieft werden soll. Durch das Symbol **T** sind Tipps markiert, die den Lehrstoff in einem erweiterten Zusammenhang erscheinen lassen. Das Ende derartiger Einschübe ist durch das Symbol ■ gekennzeichnet.

1.1 Die Hardwarebeschreibungssprache VHDL

Als Hardwarebeschreibungssprachen weit verbreitet sind VHDL und Verilog [23].
Letztere ist integraler Bestandteil der umfassenden und entsprechend teuren Entwicklungssoftware, die in international agierenden Unternehmen eingesetzt wird. Im
Gegensatz dazu gibt es im Bereich der kleinen und mittelständischen Unternehmen
sowie der europäischen Hochschulen eine deutliche Präferenz für VHDL.

Bei der Darstellung von VHDL in diesem Lehrbuch werden vorwiegend solche Sprachkonstrukte vorgestellt, die auch synthesefähig sind, für die also durch
Hardwarecompiler eine Datei für reprogrammierbare Digitalhardware erstellt werden
kann. Trotz der als „Programmiersprache" erscheinenden VHDL-Syntax sollte sich der
Hardwareentwickler jedoch immer vor Augen führen, dass VHDL eine Sprache ist, die
ein digitales System beschreiben soll. Dies beinhaltet insbesondere die Modellierung
der Nebenläufigkeit der verschiedenen Funktionen eines Designs, also die gleichzeitige Ausführung unterschiedlicher Hardwareaktionen. Diese Nebenläufigkeit bereitet
dem Neuling, der in der Regel bereits Erfahrung mit proceduralen oder objektori-
entierten Programmiersprachen wie z. B. C, C++ oder Java besitzt, erfahrungsgemäß
anfangs einige Schwierigkeiten. Da es für die verwendeten Hardwarecompiler spezielle VHDL-Codierungsempfehlungen gibt, die durch die IEEE-Norm 1076.3 [12] definiert
sind und in denen nicht der vollständige VHDL-Sprachumfang genutzt werden kann,
empfiehlt es sich, die in diesem Lehrbuch vorgestellten VHDL-Beispiele als Entwurfsmuster (Templates) für die Standardbauelemente der Digitaltechnik aufzufassen: Der
erfahrene Hardwaredesigner sollte weiter in Standardkomponenten wie einfachen
Boole'schen Logikbausteinen (Logikgattern), komplexeren De-, Multiplexern etc. sowie diversen Ausführungsformen von Flipflops (Registern), Zählern, Zustandsautomaten und Speichern denken, er sollte aber auch die Templates verinnerlicht haben,
mit denen sich diese Funktionen in VHDL synthesegerecht modellieren lassen.

Die langjährige Praxis mit Studierenden sowie das Feedback der Praktiker in der
Industrie haben gezeigt, dass die Einhaltung einiger wesentlicher Codierungsrichtlinien einen VHDL-Code mit übereinstimmender Simulations- und Synthesesemantik
garantiert und somit einen Entwurfsablauf gewährleistet, der frei von Überraschungen ist.

1.2 Digitale und analoge Signale

Die Digital- hat ebenso wie die Analogtechnik die Aufgabe, Signale zu verarbeiten.
Dabei dienen die Signale der Erfassung, Speicherung und Verarbeitung von Nach-
richten. Die durch Sensoren erfassten Signale beschreiben physikalische Größen wie
Spannung, Strom, Kraft, Druck, Frequenz usw. und erzeugen in der Regel ein analoges

Ausgangssignal, welches durch Analog/Digital-Umsetzer digitalisiert wird. Die digital verarbeiteten Signale werden an Anzeigen wie z. B. LEDs weitergeleitet oder durch Digital/Analog-Umsetzer rückgewandelt, sodass analog operierende Aktoren daraus wieder eine physikalische Größe machen können.

Charakteristisch für analoge Signale ist der kontinuierliche Signalwertbereich zwischen zwei sensorbedingten Grenzwerten. Im Gegensatz dazu besitzen digitale Signale nur eine endliche Zahl diskreter Werte. Voraussetzung für die digitaltechnische Verarbeitung physikalischer Signale ist also eine Wertdiskretisierung, die im Analog/Digital-Umsetzer mit gestufter Übertragungscharakteristik vorgenommen wird.

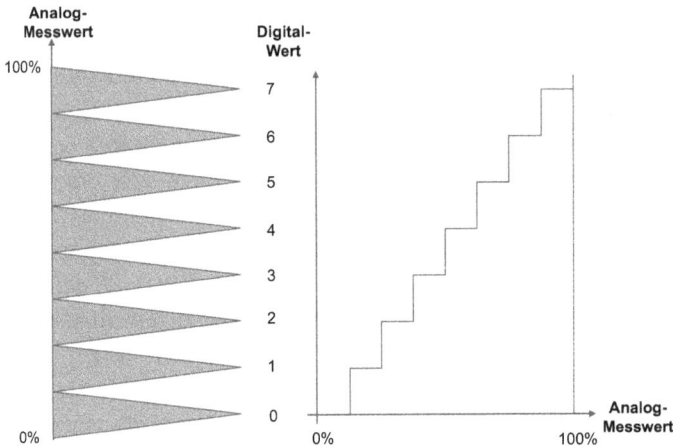

Bild 1.2: Diskretisierung eines wertkontinuierlichen Analogsignals durch eine Kennlinie mit schrittweiser Übertragungscharakteristik

Die linke Ordinate von Bild 1.2 zeigt den Wert eines wertkontinuierlichen analogen Signals, welches Zahlenwerte zwischen 0 % und 100 % eines vorgegebenen Sensorbereichs annehmen kann. Diese Skala findet sich auch als Abszisse des Koordinatensystems, welches als Ordinate acht diskrete Digitalwerte verwendet Wie Bild 1.2 zeigt, wird immer ein ganzer Bereich von Analogwerten auf einen Digitalwert abgebildet (Quantisierungsintervall). Bei dem in dieser Abbildung dargestellten 3-Bit AD-Umsetzer sind gibt es 8 diskrete Werte, also 8 Quantisierungsintervalle. Dies bedeutet einen Informationsverlust, der als Quantisierungsfehler bezeichnet wird, denn nach der Wertdiskretisierung ist nicht mehr zurückzuverfolgen, auf welchen Analogwert innerhalb eines Quantisierungsintervalls das Digitalsignal ursächlich zurückzuführen war. Dieser prinzipielle Nachteil der digitalen Signalverarbeitung wird aber dadurch gemildert, dass die Anzahl der verwendeten diskreten Digitalwerte vergrößert wird.

Im Vergleich zur Analogtechnik besitzt die Digitaltechnik den wesentlichen Vorzug, dass in den allermeisten Fällen letztlich nur die zwei Signalzustände 0 und 1 verwendet werden. Dies hat Vorteile für:
- eine sichere Reproduzierbarkeit und garantierte Rauschfreiheit,
- hohe Langzeitstabilität,
- Reprogrammierbarkeit,
- sichere Datenübertragung,
- eine hohe Datenkompressionsrate.

Neben der Wertdiskretisierung ist in der Digitaltechnik auch die Zeitdiskretisierung bedeutsam. Bei einem zeitdiskreten digitalen Signal ist garantiert, dass der wertdiskrete Signalwert für eine gewisse Zeit konstant bleibt. Dies erfordert die Vorgabe eines Arbeitstaktes bei der Verarbeitung der digitalen Signale. Digitale Systeme, die einen, meist mit „Clock" bezeichneten Arbeitstakt besitzen, werden als synchrone Systeme bezeichnet und der Takt, mit dem der Analog/Digital-Umsetzer arbeitet, wird als Abtasttakt bezeichnet.

1.3 Digitale Systeme

Die Bedeutung digitaler Systeme hat in den letzten Jahren im Vergleich zu analogen Systemen erheblich zugenommen. Dafür sind drei Gründe ausschlaggebend:
- Technologische Fortschritte bei der Technologie von Analog/Digital-Umsetzern, die es erlauben, mit höheren Abtastfrequenzen zu arbeiten.
- Eine zunehmende Strukturverkleinerung bei gleichzeitigem Preisverfall in der Halbleiterindustrie.
- Technologische Fortschritte bei Verfahren zur effizienten Kompression digitaler Daten.

Daher wurden in den letzten Jahren viele vormals analog operierende Systeme auf Digitaltechnologie umgestellt sowie die Komplexität vorhandener digitaler Systeme signifikant erweitert (vgl. Bild 1.3).

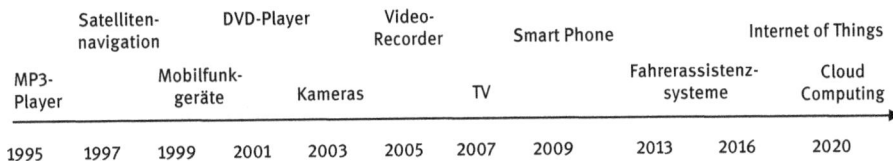

	Satelliten-navigation	DVD-Player		Video-Recorder		Smart Phone			Internet of Things	
MP3-Player		Mobilfunk-geräte	Kameras		TV			Fahrerassistenz-systeme		Cloud Computing
1995	1997	1999	2001	2003	2005	2007	2009	2013	2016	2020

Bild 1.3: Zeitleiste zur Einführung digitaler Systemlösungen

In dem vorliegenden Buch zur Digitaltechnik sollen die Grundlagen zum Entwurf digitaler Systeme vermittelt werden. Dabei geht es nicht nur darum, grundlegende Konzepte zu vermitteln, vielmehr sollte sich der Leser beim Durcharbeiten dieses Lehrbuchs eine Wissensbibliothek mit den verschiedenen Grundbausteinen der Digitaltechnik anlegen. Für jeden dieser Bausteine sollten nach Durcharbeiten dieses Lehrbuchs die folgenden Informationen hinterlegt sein:

- Die Funktion des Bausteins
- Das zeitliche Ansteuerverhalten des Bausteins: Welche Signale müssen zu welchem Zeitpunkt am Eingang anliegen, welche Signale erscheinen zu welchem Zeitpunkt am Ausgang?
- Ein synthesefähiges Entwurfsmuster für den VHDL-Code

Exemplarisch soll nachfolgend an einem Beispiel der digitalen Bildbearbeitung erläutert werden, um welche Klassen digitaler Hardware es sich dabei handelt:

Ein reprogrammierbarer digitaler Hardwarebaustein (z. B. ein Field Programmable Gate Array, FPGA) hat die Aufgabe, den Kontrast der Bilder einer Kamera unter Echtzeitbedingungen so zu verstärken, dass ein über einen PCI-Bus angeschlossener PC diese weiterverarbeiten kann (vgl. Bild 1.4).

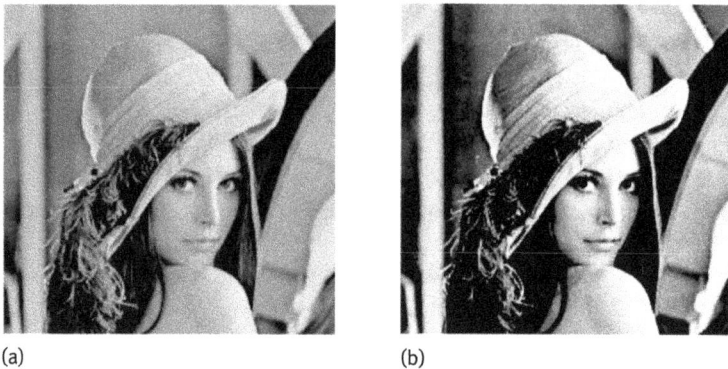

(a) (b)

Bild 1.4: Kontrastarmes Kamerasignal a) und Ergebnis der Kontrastverstärkung b)

Da die Kamera die einzelnen Bildpunkte (Pixel) als Grauwertsignal zwischen 0 (schwarz) und 255 (weiß) nicht über den ganzen Wertebereich liefert, besteht diese Aufgabe darin, die schmale Grauwertverteilung des Quellbilds a) so zu strecken, dass der gesamte Grauwertbereich genutzt wird. Bild 1.5 zeigt die Grauwertverteilung der Pixel aus Bild 1.4a sowie die entsprechende Verteilung nach der Bearbeitung durch den FPGA-Baustein. Die in dem FPGA verwendete Hardwarearchitektur zum Grauwertausgleich zeigt Bild 1.6.

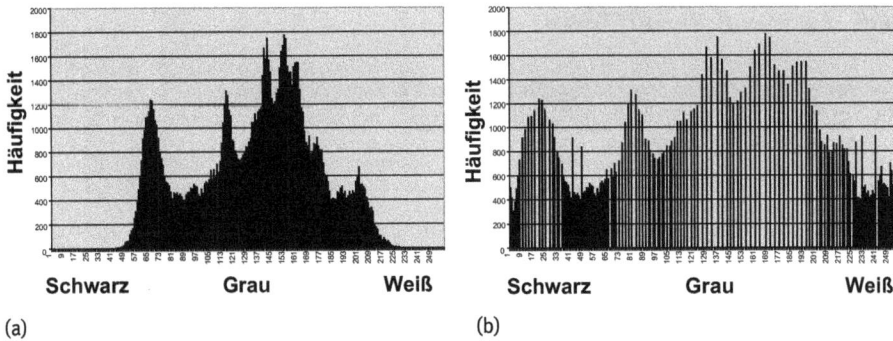

Bild 1.5: Häufigkeitsverteilung der Grauwerte im Quellbild a) und nach der Kontrastverstärkung b)

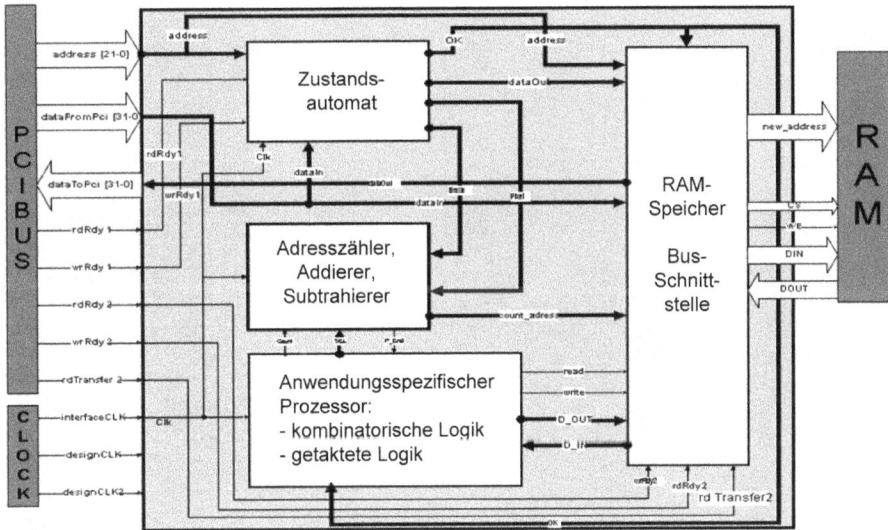

Bild 1.6: Architektur zur Kontrastverstärkung eines Grauwertsignals

Ohne hier auf Details eingehen zu wollen, sind dennoch typische Elemente eines digitalen Systems erkennbar, deren Eigenschaften in den nachfolgenden Kapiteln erläutert werden:

- Kombinatorische Logik
- Addierer und Subtrahierer (Arithmetikeinheiten)
- Speicher mit bidirektionalen Busschnittstellen
- Zähler und Schieberegister
- Zustandsautomaten

1.4 Vertiefende Aufgaben

A **Aufgabe 1.1:** Beantworten Sie die folgenden Verständnisfragen:

a) Was versteht man unter dem Begriff „Design Productivity Gap"? Welche Maßnahmen wurden in der Vergangenheit aus dem damit beschriebenen Konflikt abgeleitet?

b) Worin unterscheiden sich digitale und analoge Signale?

c) Welche Vorteile bieten digitaltechnische Systemlösungen im Vergleich zu analogen?

d) Wodurch ist ein synchrones System gekennzeichnet? ■

2 Modellierung digitaler Schaltungen

In diesem einführenden Kapitel sollen grundlegende Konzepte des Entwurfs digitaler Schaltungen vorgestellt werden, zu denen insbesondere die Modellierung mit Hardwarebeschreibungssprachen zählt. Dabei werden Begriffe erläutert, die zum Verständnis eines modernen digitalen Systementwurfs erforderlich sind.

2.1 Lernziele

Nach Durcharbeiten dieses Kapitels sollen Sie
- das Y-Modell des Entwurfsablaufs für digitale Systeme kennen und wissen, dass bei einem Entwurf abhängig vom Entwurfsfortschritt verschiedene Sichten und unterschiedliche Abstraktionsebenen betrachtet werden müssen;
- die Bedeutung der Modellierung durch Hardwarebeschreibungssprachen verstanden haben und die unterschiedlichen Modellierungsstile kennen;
- die grundlegenden Eigenschaften kombinatorischer und getakteter Logik kennen;
- das Konzept der Modellierung auf Register-Transfer-Ebene verstanden haben;
- die wesentlichen Schritte zum Entwurf programmierbarer Digitalschaltungen kennen.

2.2 Entwurfssichten und Abstraktionsebenen

Der Entwurf einer digitalen Schaltung bzw. eines digitalen Systems bedeutet die Umsetzung einer Produktidee in eine produktionsfähige Beschreibung. Da die Herstellung weitgehend rechnergestützt erfolgt, wird dies in der Regel eine während des Entwicklungsprozesses erstellte Implementierungsdatei sein, die während der Fertigung von einer geeigneten Software interpretiert wird. Diese Datei kann z. B. enthalten:
- Informationen zur Herstellung eines Platinenlayouts,
- Daten zur Programmierung von programmierbaren Logikbausteinen wie CPLDs und FPGAs (vgl. Kapitel 19),
- Informationen zur Maskenherstellung beim Entwurf einer applikationsspezifischen integrierten Schaltung (Application Specific Integrated Circuit, ASIC).

Selbstverständlich unterliegt auch der Entwurfsprozess einem erheblichen Konkurrenz- und Kostendruck. Entwurfsfehler, die durch eine geänderte Implementierungsdatei (Redesign) behoben werden müssen, sind meist sehr kostenintensiv und sollten daher unbedingt vermieden werden.

https://doi.org/10.1515/9783110706970-002

Die anzustrebende Vorgehensweise setzt daher einen umfassenden Einsatz von Simulationswerkzeugen voraus. Diese interpretieren Modelle der zu implementierenden Schaltung bzw. des Systems, die entweder in einer Programmiersprache, wie z. B. C oder C++, oder aber in einer geeigneten Hardwarebeschreibungssprache (engl. Hardware Description Language, HDL) erstellt wurden. Selbstverständlich ist dabei zu berücksichtigen, dass ein Modell immer nur Teilaspekte des Schaltungsverhaltens modellieren kann. Dabei müssen während des Entwurfsprozesses unterschiedliche Sichten betrachtet werden:

- Das Verhalten der Schaltung bzw. des Systems,
- die Strukturierung des Systems in Teilaufgaben,
- die geometrisch-physikalische Anordnung der zur Lösung von Teilaufgaben verwendeten Komponenten.

In dem von D. D. Gajski [22] eingeführten Y-Diagramm des Entwurfsprozesses werden diese Sichten grafisch durch drei Achsen dargestellt (vgl. Bild 2.1).

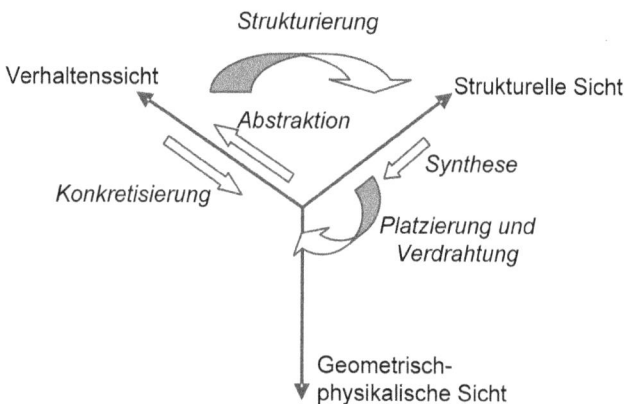

Bild 2.1: Darstellung der Entwurfsschritte im Y-Diagramm

Digitalschaltungen sind wesentlicher Bestandteil nicht nur von Mikroprozessoren, sondern auch von Geräten für Kommunikations- bzw. Konsumeranwendungen, wie z. B. Mobiltelefonen, Videospielkonsolen, portablen Media-Playern oder Satellitennavigationsgeräten. Üblicherweise besitzen diese Anwendungen einen oder mehrere Prozessoren, von denen einer oder mehrere softwareprogrammierbar sind. Die Entwurfsaufgabe besteht also aus einem Software- wie einem Hardwareentwurf (Hardware-Software-Codesign). Die Komplexität derartiger Anwendungen erlaubt es mit den heute zur Verfügung stehenden Digitalsimulatoren nicht, alle Detaileigenschaften des Systems mit einem einzelnen Simulationsmodell nachzubilden, vielmehr ist es insbesondere zu Beginn der Systementwicklung erforderlich, das Gesamtsystem auf einer höheren und damit abstrakteren Ebene zu modellieren, welche wesentliche Detailfragen bewusst offen lässt. Eine derartige Systemsimulation ist die Grundlage für Entscheidungen über Entwurfsalternativen und erlaubt den Übergang auf eine niedrigere Abstraktionsebene. Auf dieser Ebene wird das Systemmodell häufig durch einen strukturierenden Konkretisierungsschritt in Teilmodelle aufgespalten, die nur Teilkomponenten des Systems repräsentieren. Die Modellierung dieser Komponenten erfolgt mit höherem Detaillierungsgrad und, sofern es sich um Hardwarekomponenten handelt, mit einer Hardwarebeschreibungssprache. In einem weiteren Transformationsschritt, bei dem auf die geometrisch-physikalische Sicht gewechselt wird, erfolgt nun die Entscheidung, wie die einzelnen Hardwarekomponenten relativ zueinander angeordnet werden.

> Den Übergang von einer höheren zu einer niedrigeren Abstraktionsebene bezeichnet man als Synthese und die konkrete Anordnung der Komponenten erfordert eine Platzierung sowie eine Verdrahtung (engl. place and route) (vgl. Bild 2.1).

In dem in Bild 2.2 dargestellten, nach Gajski benannten Diagramm werden für die verschiedenen Sichten konkrete Abstraktionsebenen vorgeschlagen, in denen die Entwurfsschritte durch Transformationen zwischen einerseits den Entwurfssichten und

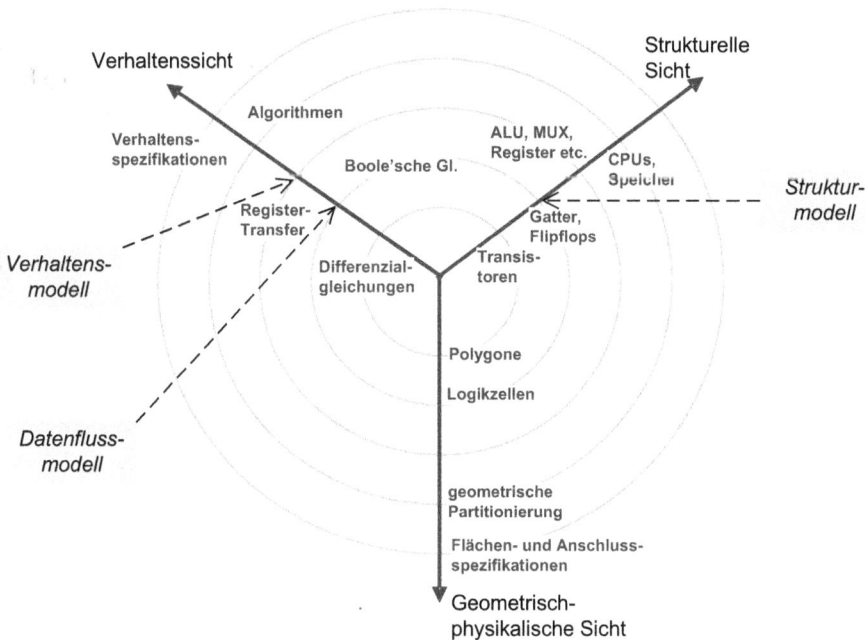

Bild 2.2: Das Entwurfsdiagramm nach Gajski [22] mit typischen HDL-Modellierungsebenen (vgl. Kapitel 2.3)

andererseits den Entwurfsebenen aufgefasst werden [22]. Ziel ist es dabei, von der äußeren Spezifikationsebene durch konzentrische Transformationen zum Kreismittelpunkt zu gelangen, in dem der höchste Detaillierungsgrad vorliegt:

-   Alle Logikgatter wurden in Transistoren aufgelöst,
-   deren Verhalten wird durch Differenzialgleichungen beschrieben und
-   deren Hardwareimplementierung erfolgt durch fotolithografisch genutzte Masken, die durch Polygone beschrieben werden.

In diesem einführenden Lehrbuch zur Digitaltechnik können nicht alle Teilaspekte aus Bild 2.2 behandelt werden, sondern wir beschränken uns auf:

-   die Verhaltensmodellierung von einfachen Logikgattern und Flipflops durch Boole'sche Gleichungen (vgl. Kapitel 3) sowie die
-   Modellierung des Zusammenspiels von komplexeren kombinatorischen Schaltungskomponenten wie z. B. Multiplexern (MUX) und arithmetisch logischen Recheneinheiten (engl. Arithmetical Logical Unit, ALU) (vgl. Kapitel 11) etc. mit Registern (vgl. Kapitel 12) bzw. Speichern (vgl. Kapitel 18) auf der Register-Transfer-Ebene (vgl. Kapitel 2.4.3).

2.3 Modellierung mit Hardwarebeschreibungssprachen

Zur Modellierung digitaler Hardware werden heute überwiegend Beschreibungssprachen der zweiten Generation eingesetzt: Verilog [23] und VHDL (Very High Speed Integrated Circuit Hardware Description Language) [9].[1] Obwohl beide Sprachen die Simulation und rechnergestützte Synthese digitaler Hardware erlauben, erfolgt die Modellierung in diesem Lehrbuch ausschließlich mit VHDL. Dabei wird besonders darauf geachtet, einen Entwurfsstil zu verwenden, der eine automatische Synthese garantiert.

Nachfolgend soll gezeigt werden, dass die gleiche Problemstellung gemäß Bild 2.2 auf verschiedene Weise modelliert werden kann. Die dafür vorgestellten VHDL-Codebeispiele sollen dazu dienen, dem Leser einen ersten Einblick in die Vielfalt der Modellierungsstile zu geben, ohne dass auf syntaktische Details geachtet werden muss.

Exemplarisch soll ein 2-zu-1-Multiplexer (MUX) betrachtet werden, dessen Aufgabe darin besteht, abhängig von einem Steuersignal S eines der beiden Eingangssignale IA oder IB auf den Ausgang Y zu schalten (vgl. Bild 2.3).

---

1 Als Hardwarebeschreibungssprachen der dritten Generation werden z. B. SystemC [24] und SystemVerilog [25] bezeichnet. Insbesondere SystemC bietet im Gegensatz zu den Sprachen der zweiten Generation auch eine Hardware-Software-Kosimulation, da SystemC als C++-Klassenbibliothek mit integriertem Simulationskern implementiert wird.

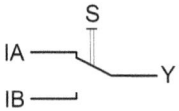

Bild 2.3: Schaltermodell eines 2-zu-1-Multiplexers

Diese Funktion kann in zugegebenermaßen etwas sperriger Ausdrucksweise auch wie folgt beschrieben werden:

Das Ausgangssignal Y erhält den Wert von IA UND wenn gleichzeitig S = 0 *ist*

ODER den Wert von IB UND wenn gleichzeitig S = 1 *ist*

Der Multiplexer kann also aus den logischen Funktionen UND, ODER und INVERTER aufgebaut werden, wobei der Inverter dazu dient, die Aussage S = 0 zu erzeugen. Dies ist im Logikschaltplan Bild 2.4 dargestellt (eine Übersicht der verwendeten Schaltungssymbole findet sich in Bild 3.12).

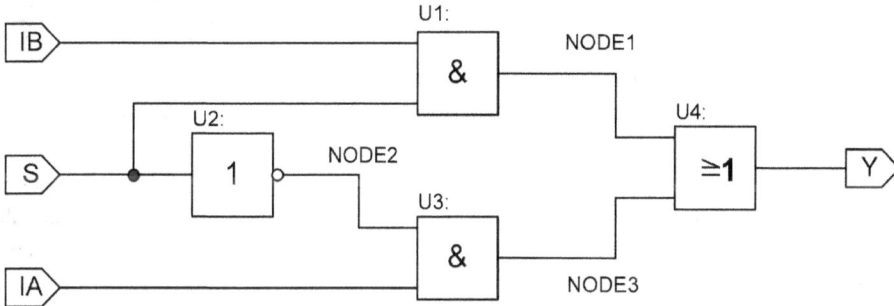

Bild 2.4: Logikschaltplan des 2-zu-1-Multiplexers

2.3.1 Datenflussmodelle

In einem Datenflussmodell wird das Verhalten der zu entwerfenden Schaltung durch eine relativ geringe Zahl logischer Grundfunktionen realisiert. Diese Boole'schen Funktionen werden durch die im Listing 2.1 verwendeten VHDL-Operatoren and, or und not implementiert. Diese Gatter werden durch lokale Koppelsignale NODE1, ..., NODE3 an den Ein- bzw. Ausgängen untereinander verknüpft (vgl. Bild 2.4). Der Gatterausgang befindet sich jeweils auf der linken Seite des VHDL-Zuweisungsoperators <=.

Im Gajski-Diagramm findet sich diese Art der Modellierung auf der, von innen gesehen, zweiten Abstraktionsebene der Verhaltensachse.

Listing 2.1: VHDL-Datenflussbeschreibung für einen 2-zu-1-Multiplexer

```
architecture DATENFLUSS of MUX is
signal NODE1, NODE2, NODE3: bit; -- lokale Koppelsignale
begin
   NODE1 <= IB and S;
   NODE2 <= not S;
   NODE3 <= IA and NODE2;
   Y <= NODE1 or NODE3;
end DATENFLUSS;
```

2.3.2 Strukturmodelle

In Strukturmodellen werden die Ein- und Ausgänge von Komponenten, die in einer Bibliothek abgelegt sind, durch lokale Signale miteinander verbunden. Auf diese Weise wird eine sogenannte Netzliste aufgebaut. Im Gegensatz zur Datenflussbeschreibung, bei der die Anzahl der unterschiedlichen logischen Verknüpfungen recht gering ist, können alle Komponentenmodelle verwendet werden, die zuvor in einer Bibliothek abgelegt wurden. In VHDL stehen alle Elemente der Bibliothek mit dem Namen „work" automatisch zur Verfügung. Die in Listing 2.2 dargestellte Netzliste des 2-zu-1-Multiplexers verwendet die zuvor in der Bibliothek abgelegten Komponenten UND, INVERTER und ODER, deren Ein- und Ausgänge mit den Eingangs- und Ausgangssignalen bzw. den lokalen Signalen des Multiplexers verbunden werden (vgl. Bild 2.4).

Da alle Komponenten selbst aus anderen Komponenten bestehen können, lassen sich mit Strukturmodellen auch tiefere Entwurfshierarchien beschreiben. Im Gajski-Diagramm findet sich diese Art der Modellierung ebenfalls auf der zweiten Abstraktionsebene, allerdings auf der Strukturachse.

Listing 2.2: VHDL-Strukturmodell des 2-zu-1-Multiplexers

```
architecture STRUKTUR of MUX is
signal NODE1, NODE2, NODE3 : bit;
begin
   U1: UND port map(IB, S, NODE1);
   U2: INVERTER port map(S, NODE2);
   U3: UND port map(NODE2, IA, NODE3);
   U4: ODER port map(NODE1, NODE3, Y);
end STRUKTUR;
```

2.3.3 Verhaltensmodelle

Bei dieser Art der Modellierung soll das Verhalten der Schaltung durch Sprachelemente ähnlich wie in einer prozeduralen Programmiersprache dargestellt werden. Abgeschlossene Hardwarefunktionsblöcke werden durch Prozesse abgebildet. Innerhalb von Prozessen sind u. a. Schleifen und bedingte Verzweigungen erlaubt.

Diese Art der Modellierung ist sehr flexibel und erfordert zunächst kein vertieftes Verständnis über die zugrunde liegende Hardware. Entsprechend finden sich Verhaltensmodelle, die im Gajski-Diagramm als Register-Transfer-Modell bezeichnet sind, auf einer höheren Abstraktionsebene als die bisher vorgestellten Modellierungsstile. Ein entsprechendes Multiplexermodell zeigt Listing 2.3.

Listing 2.3: Verhaltensmodell des 2-zu-1-Multiplexers

```
architecture VERHALTEN of MUX is
begin
P1: process(IA, IB, S)
begin
    if S = '1' then
        Y <= IB;
    else
        Y <= IA;
    end if;
end process P1;
end VERHALTEN;
```

2.4 Kombinatorische und getaktete Logik

Voraussetzung für die Anwendung rechnergestützter Synthesewerkzeuge auf Verhaltensebene ist ein spezieller Entwurfsstil. Bei der Register-Transfer-Modellierung (Register Transfer Level, RTL) werden zwei unterschiedliche Arten digitaler Hardware sorgfältig voneinander getrennt und in unterschiedlichen Entwurfseinheiten modelliert. Dabei handelt es sich um kombinatorische und getaktete Logik. In den nachfolgenden Kapiteln werden Sie diverse Hardwarefunktionsblöcke und deren VHDL-Modelle kennenlernen, sich also eine „Datenbank" aufbauen, auf die Sie zurückgreifen können, wenn es darum geht, komplexere Systeme zu konzipieren. Dabei werden Sie in aller Regel zunächst prüfen müssen, ob für die gewünschte Funktion ein kombinatorischer oder ein getakteter Block geeignet ist.

In Kapitel 3 wird gezeigt, dass kombinatorische Logik prinzipiell auch durch ein geeignetes Netzwerk von Schaltern dargestellt werden kann. Wir sprechen daher auch von Schalt*netzen*. Mit getakteter Logik kann hingegen ein bestimmter logischer Schaltungszustand gespeichert werden (vgl. Kapitel 13), man spricht von einem Schalt*werk*. Die Speicherung des Logikzustands erfolgt in einem Register und die Abarbeitung erfolgt zeitlich gesehen sequenziell, weswegen getaktete Logik häufig auch als Registerlogik bzw. sequenzielle Logik bezeichnet wird.

2.4.1 Eigenschaften kombinatorischer Logik

> Charakteristisch für kombinatorische Logikbausteine ist die nahezu sofortige Reaktion des Ausgangssignals auf Änderungen der Eingangssignale.

Jede Änderung eines der Eingangssignale kann zu einer Änderung des Ausgangssignals führen. Bild 2.5 zeigt dieses Verhalten am Beispiel eines ODER-Gatters (vgl. Kapitel 3.3.3) mit den Eingängen A und B sowie dem Ausgang Y. Dargestellt ist das mit dem VHDL-Simulator ModelSim (vgl. Kapitel 20.2) ermittelte Impulsdiagramm, in dem die Boole'schen Signalwerte 0 und 1 entlang der Zeitachse dargestellt sind. Der Verlauf der Eingangssignale A und B wurde dem Simulator vorgegeben und das Ausgangssignal Y beschreibt das Verhalten des ODER-Gatters. Die Pfeile markieren die Wirkung der Eingangssignale auf den Ausgang. Die z. B. zum markierten Zeitpunkt t = 100 ns beobachtbare Verzögerung des Ausgangssignals Y resultiert aus der Signallaufzeit durch das Gatter.

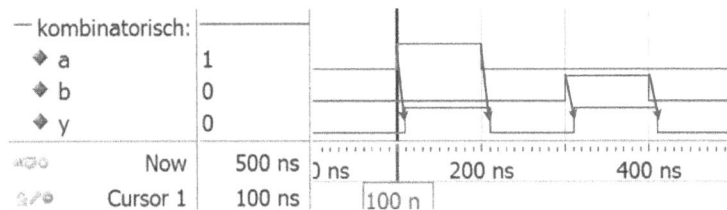

Bild 2.5: Kombinatorisches Schaltverhalten eines ODER-Gatters. Die Pfeile demonstrieren die unmittelbare Wirkung der Eingänge A und B auf den Ausgang Y

2.4.2 Eigenschaften getakteter Logik

Charakteristisch für getaktete Logikbausteine ist die Tatsache, dass sich Ausgangssignale nur nach einer Pegeländerung (Flanke) eines vorgegebenen Taktsignals ändern können. Dabei kann ausgewählt werden, ob dies eine ansteigende (0 → 1) oder eine abfallende (1 → 0) Flanke sein soll.

Das Schaltsymbol und -verhalten eines getakteten D-Flipflops, welches seinen Signalwert D am Dateneingang nur bei einem Wechsel des Taktsignals CLK an den Ausgang Q weiterreicht (vgl. Kapitel 12), zeigt Bild 2.6. Im Gegensatz zur kombinatorischen Logik reicht eine Änderung des Dateneingangssignals also nicht aus, damit sich ein getakteter Signalausgang ändert (z. B. bei t = 50 ns in Bild 2.6). Vielmehr wird das Eingangssignal D = 1 erst bei der ansteigenden Flanke von CLK zum Zeitpunkt t = 100 ns übernommen. Das D-Flipflop ist also in der Lage, den bei steigender Taktflanke eingelesenen Signalwert bis zur nächsten Flanke zu speichern. Ähnlich wie bei der kombinatorischen Logik erscheint das Ausgangssignal Q wegen der Signallaufzeit durch das Flipflop bezogen auf die Flanke leicht verzögert. Bild 2.6 macht im Zeitbereich zwischen t = 250 und 275 ns auch deutlich, dass eine Änderung des Dateneingangs D nicht immer an den Flipflop-Ausgang weitergereicht wird, also auch „überlesen" werden kann.

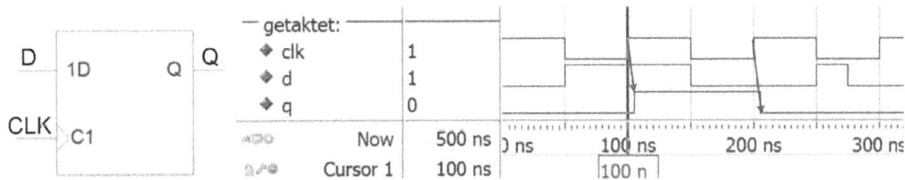

Bild 2.6: Schaltsymbol und Verhalten eines getakteten Logikbausteins D-Flipflop. Die Pfeile zeigen die Wirkung des Taktsignals CLK auf den Ausgang Q

2.4.3 Modellierung auf Register-Transfer-Ebene

Als in der Praxis sehr erfolgreiches Modellierungskonzept für Digitalschaltungen hat sich das in Bild 2.7 dargestellte Register-Transfer Modell durchgesetzt:
- Nach der Bearbeitung von Datensignalen innerhalb kombinatorischer Logikblöcke werden deren Ergebnisse in Register übertragen.

– Alle Register übernehmen die Ergebnisse zeitgleich mit dem Taktsignal, nachdem auch der langsamste kombinatorische Block seine Eingangsdaten verarbeitet hat (s. dazu auch Bild 12.26).

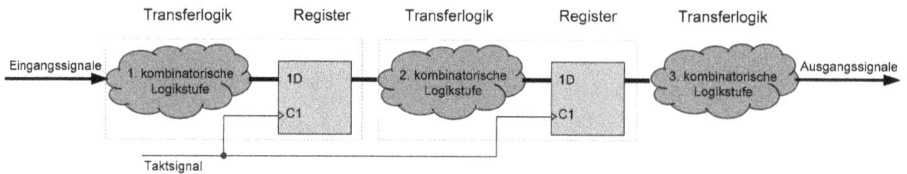

Bild 2.7: Register-Transfer-Modell für digitale Schaltungen

In einer Analogie zur Arbeitsweise eines Fließbands lassen sich die kombinatorischen Logikblöcke des RTL-Modells mit den unterschiedlichen Arbeitsschritten der am Fließband tätigen Arbeiter bzw. Arbeitsroboter und die Register als das mit einer vorgegebenen Geschwindigkeit fortschreitende Fließband vergleichen. Im Sprachgebrauch der Digitaltechnik wird das Konzept der in Bild 2.7 dargestellten Schaltung daher auch als Pipelining bezeichnet.

Eine Verhaltensmodellierung auf Register-Transfer-Ebene (engl. Register Transfer Level, RTL) erfordert, dass die kombinatorische Hardware von der getakteten Hardware getrennt, also in unterschiedlichen Prozessen (vgl. Kapitel 8) modelliert wird.

Ursache dieser Restriktion sind die Grenzen der VHDL- bzw. Verilog-RTL-Synthesewerkzeuge. Das in Bild 2.7 dargestellte Verhalten einer gemischt kombinatorischen und getakteten Schaltung lässt sich in VHDL für die Simulation zwar in einem Prozess modellieren, allerdings wird dieser nur synthesefähig sein, wenn gewisse Codierungsrichtlinien eingehalten werden. Dabei ist festzuhalten, dass der VHDL-Sprachumfang für die Synthese auf eine Teilmenge einzuschränken ist, die durch die IEEE-Norm 1076.3 definiert ist [12]. Für die in Bild 2.7 dargestellte Schaltung bedeutet dies, dass vier Prozesse erforderlich sind:
– je ein Prozess für die drei kombinatorischen Schaltungsteile,
– ein Prozess für beide getakteten Schaltungsteile.

2.5 Entwurfsmethodik für programmierbare digitale Schaltungen

Der typische Entwicklungsprozess für eine Digitalschaltung, die in einem programmierbaren Baustein implementiert werden soll, ist in Bild 2.8 dargestellt. Er besteht aus mehreren Teilschritten, deren erfolgreiche Umsetzung durch Verifikations- bzw. Validierungsschritte überprüft werden sollten. Die Vorgehensweise lässt sich wie folgt beschreiben:

- Die Entwurfseingabe erfolgt entweder mit einem grafischen Schaltplaneditor, bei Verwendung einer Hardwarebeschreibungssprache jedoch mit einem Texteditor.
- Anschließend wird eine funktionale VHDL-Simulation mit dem Ziel durchgeführt, zu verifizieren, ob das VHDL-Modell eine geeignete Lösung für die Entwurfsidee darstellt. Häufig werden die Ergebnisse für einen späteren Vergleich auch abgespeichert (Datei A).
- Der verifizierte VHDL-Code wird im ersten, als Elaboration bezeichneten Syntheseschritt zunächst in einen Schaltplan mit grundlegenden Komponenten der Digitaltechnik umgewandelt. Dabei bleibt zunächst noch unberücksichtigt, in welcher Art von programmierbarem Baustein der Entwurf später implementiert werden soll. Auch wird den nachfolgenden Implementierungswerkzeugen eine generische RTL-Netzliste zur Verfügung gestellt. Zur Überprüfung des Syntheseergebnisses sollte der Elaborationsschaltplan unbedingt auf Plausibilität analysiert werden. Als weitere Validierungsmöglichkeit kann eine Post-Synthesis-Simulation durchgeführt werden (Datei B), deren Ergebnis im Vergleich zur funktionalen Simulation analysiert werden muss.
- Anschließend erfolgt die Hardwareimplementierungsphase, während der die generische Netzliste unter Berücksichtigung der in dem vorgesehenen Baustein tatsächlich zur Verfügung stehenden Hardwareressourcen optimiert wird. Außerdem erfolgt deren Platzierung und Verdrahtung (engl. place and route). Das Ergebnis dieser Phase ist ein Technologieschaltplan.
- Für einen taktsynchronen Entwurf muss die maximale Taktfrequenz bestimmt werden, mit der die Schaltung betrieben werden kann. In dem RTL-Modell von Bild 2.7 bedeutet dies, dass der kombinatorische Logikblock bestimmt werden muss, der die längste Laufzeit zwischen jeweils zwei Registern besitzt. Dieser kritische Pfad wird in den meisten Entwicklungswerkzeugen durch eine automatisch durchgeführte Statische Timing-Analyse bestimmt.
- Nachfolgend ist zu validieren, dass alle während der Synthese- und Implementierungsschritte durchgeführten Transformationen korrekt waren, die implementierte Schaltung also das gleiche Verhalten hat, wie das RTL-Modell. Dazu wird von der Entwicklungsumgebung der Verilog- oder VHDL-Code eines strukturellen Implementierungsmodells so erstellt, dass die tatsächlichen Signallaufzeiten

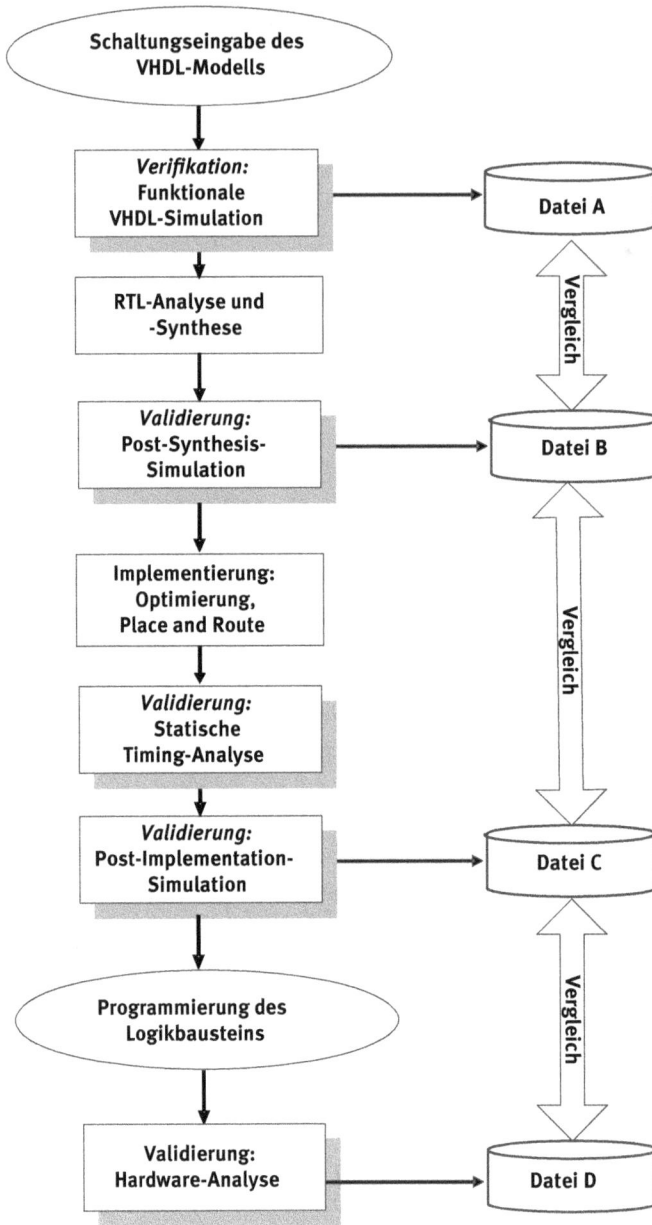

Bild 2.8: Entwurfsablauf für Digitalschaltungen

durch die verwendeten Gatter sowie die Verdrahtung berücksichtigt werden. Mit diesem Modell erfolgt eine Post-Implementation-Timing-Simulation, deren Ergebnis abgespeichert wird (Datei C).
– Nach Programmierung des Bausteins kann abschließend die Validierung der Entwurfsidee in der Zielhardware erfolgen.

In dem in Bild 2.8 dargestellten Entwurfsablauf kann auf eine technologieunabhängige funktionale Simulation nach der VHDL-Synthese verzichtet werden, wenn die Schaltung nicht zu komplex ist, der synthesegerecht modellierte VHDL-Code also gut überschaubar ist und damit das Elaborationsergebnis einfach nachzuvollziehen ist

2.6 Vertiefende Aufgaben

Aufgabe 2.1: Beantworten Sie die folgenden Verständnisfragen:
a) Was versteht man unter dem Begriff „Synthese"?
b) Worin unterscheiden sich Datenfluss-, Struktur- und Verhaltensmodelle?
c) Welche prinzipiellen Unterschiede bestehen zwischen kombinatorischer und getakteter Logik?
d) Welche Aussagen über die Entwurfsschritte für digitale Systeme trifft das Gajski-Diagramm?
e) Worauf haben Sie zu achten, wenn Sie ein VHDL-Modell auf Register-Transfer-Ebene erstellen wollen? ∎

3 Boole'sche Algebra

In diesem Kapitel werden die Grundfunktionen der Digitaltechnik eingeführt, deren theoretischer Hintergrund relativ einfach, aber dennoch sehr mächtig ist. Ein algebraisches Modell wurde 1854 von dem Mathematiker George Boole entwickelt. Die erste technische Anwendung dieser zweiwertigen Boole'schen Algebra wurde 1938 durch Claude E. Shannon gezeigt, indem er die Algebra auf Serien- und Parallelschaltungen von Schaltern und Relais anwendete. Auch die heute in der Digitaltechnik verwendeten elektronischen Schalter (Transistoren etc.) werden durch die Boole'sche Algebra modelliert. Aus diesem Grunde wird auch häufig der Begriff Schaltalgebra verwendet. Das Kapitel betrachtet die Schaltalgebra zunächst idealisiert, d. h. ohne die später einzuführenden Schaltverzögerungen der Bausteine.

3.1 Lernziele

Nach Durcharbeiten dieses Kapitels sollen Sie
- die Gesetze der Boole'schen Algebra kennen und diese zur Vereinfachung von Schaltfunktionen einsetzen können;
- Aufgabenstellungen aus dem Bereich der kombinatorischen Logik in Wahrheitstabellen abbilden können;
- in der Lage sein, die Inhalte einer Wahrheitstabelle als disjunktive und als konjunktive Normalform abbilden zu können;
- Logikbausteine wie XOR und XNOR kennen und vorteilhaft einsetzen können;
- die Wahrheitstabellen sowie die DIN- und US-amerikanischen Schaltsymbole der gebräuchlichen Gatter kennen und in der Lage sein, Logikschaltpläne zu erstellen.

3.2 Schaltvariable und Schaltfunktionen, Signale

In der Schaltalgebra werden die Konstanten 0 und 1 sowie Variable und Funktionen verwendet. Schaltvariable, die üblicherweise mit einem Namen (z. B. Y, B1 oder X1EN) bezeichnet werden, können ebenfalls nur die binären Werte 0 und 1 annehmen. Der Informationsgehalt der Schaltvariablen beträgt 1 Bit (Binary Digit). Das Verhalten kann man sich als geöffneten, bzw. geschlossenen Schalter vorstellen.

Mit Schaltfunktionen können Schaltvariable durch spezielle Transformationen, die auch als Gatterfunktionen bezeichnet werden, ineinander überführt werden.

$$Y = f(X_1, X_2, X_3, \ldots X_n) \quad \text{mit} \quad X_i, Y \in \{0, 1\}$$

https://doi.org/10.1515/9783110706970-003

Schließer

X

Schalter betätigt: X=1
Schalter in Ruhe: X=0

Öffner

$\overline{X}$

Schalter betätigt: $\overline{X}$=0
Schalter in Ruhe: $\overline{X}$=1

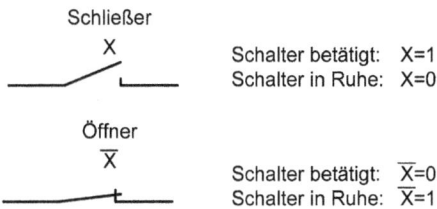

Bild 3.1: Modellierung von Schaltfunktionen X bzw. $\overline{X}$ durch schließende und öffnende Schalter. Öffner-Schaltfunktionen werden üblicherweise mit einem Querstrich über der Schaltvariablen gekennzeichnet

> Das Ergebnis einer Schaltfunktion ist 1, wenn durch die Schalteranordnung ein Strom fließen kann.

Die physikalische Repräsentation einer Schaltvariablen wird als Signal bezeichnet. Häufig werden beide Begriffe auch synonym eingesetzt. Wegen der großen Bedeutung des Begriffs „Signal" im Unterschied zu einer „Variablen" bei der VHDL-Modellierung sowie zur Unterscheidung von Variablen in Programmiersprachen, wie z. B. C, werde ich nachfolgend den Signalbegriff verwenden.

3.3 Elementare Schaltfunktionen

Schon eine geringe Anzahl elementarer Schaltfunktionen reicht aus, um ein Grundgerüst der Digitaltechnik aufzubauen. Ein möglicher Satz solcher Elementarfunktionen sind NICHT, UND und ODER. In diesem Abschnitt werden diese Gatterfunktionen mit einem und zwei Eingangssignalen vorgestellt. In der Praxis werden die UND- und ODER-Schaltfunktionen jedoch auch mit mehreren Eingangssignalen verwendet.

Es sei bereits hier darauf hingewiesen, dass die in diesem Abschnitt zusammengestellten Regeln nur für den idealisierten Fall gelten, dass die Ausgänge der Schaltfunktionen sofort auf den Eingang reagieren. Schaltzeiten bleiben also zunächst unberücksichtigt.

Üblicherweise wird kombinatorische Logik, die durch Schaltfunktionen repräsentiert wird, in Form einer Wahrheitstabelle dargestellt.

> In Wahrheitstabellen werden auf der linken Seite alle möglichen Wertekombinationen der Eingangssignale aufgelistet. Auf der rechten Seite findet sich der Boole'sche Wert der Schaltfunktion. Dabei werden die Zeilen der Wahrheitstabelle so angeordnet, dass sie aufsteigenden Binärzahlen (vgl. Kapitel 5) entsprechen.

3.3.1 Die NICHT-Schaltfunktion (Inversion)

Die NICHT-Schaltfunktion, häufig auch als Inversion, Komplement oder Negation bezeichnet, kann man sich als öffnenden Schalter vorstellen (vgl. Bild 3.1). Die Betätigung des Schalters (Eingangssignal A = 1) ergibt den Wert Y = 0 am Ausgang. Die dazugehörige Wahrheitstabelle ist neben dem Schaltsymbol in Bild 3.2 dargestellt.

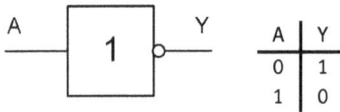

A	Y
0	1
1	0

Bild 3.2: Schaltsymbol und Wahrheitstabelle eines Inverters

Das in den logischen Gleichungen für die Inversion verwendete Symbol ist „¬" bzw. ein Querstrich über dem Eingangssignal (Inversionsstrich). Also gilt $Y = \neg A = \overline{A}$ (Sprechweise: *nicht A*). Insbesondere gilt natürlich auch, dass eine doppelte Inversion wieder das Ausgangssignal ergibt: $A = \overline{\overline{A}}$. Wenn ein kompletter Logikausdruck zu invertieren ist, so muss der Inversionsstrich über den gesamten Ausdruck gezeichnet werden.

3.3.2 Die UND-Schaltfunktion (Konjunktion)

Die Schaltfunktion UND für zwei Eingänge A und B ist in Bild 3.3 als Reihenschaltung zweier Schließer dargestellt.

Die Wahrheitstabelle zeigt, dass das Ausgangssignal nur dann 1 wird, wenn beide Eingangssignale 1 sind, die Schalter also beide geschlossen sind. Das in der Digitaltechnik verwendete Symbol ist „∧". Die Wahrheitstabelle beschreibt also $Y = A \wedge B$ (Sprechweise: *A und B*).

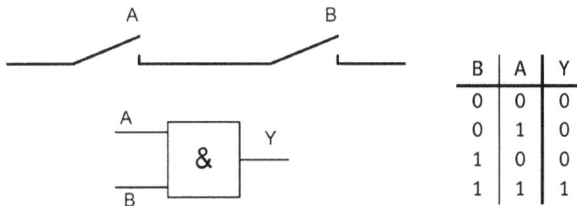

B	A	Y
0	0	0
0	1	0
1	0	0
1	1	1

Bild 3.3: Schaltfunktion, Schaltsymbol und Wahrheitstabelle eines UND-Gatters mit zwei Eingängen A und B

Wegen einer gewissen algebraischen Ähnlichkeit der UND-Verknüpfung mit der Multiplikation werden derartige Ausdrücke auch als logisches Produkt bezeichnet. Insbesondere in der angloamerikanischen Literatur wird daher auch der Multiplikationsoperator verwendet bzw. dieser auch einfach weggelassen: $A \wedge B = A \cdot B = AB$.

3.3.3 Die ODER-Schaltfunktion (Disjunktion)

Die Funktion ODER mit den beiden Eingängen A und B wird in der Schaltalgebra als Parallelschaltung zweier Schließer dargestellt (vgl. Bild 3.4).

Das in der Digitaltechnik verwendete Symbol ist „$\vee$". Die Wahrheitstabelle beschreibt also $Y = A \vee B$ (Sprechweise: *A oder B*). Hier existiert eine algebraische Ähnlichkeit zur Addition, sodass eine ODER-Verknüpfung auch als logische Summe bezeichnet wird und die angloamerikanische Literatur häufig den Operator „+" verwendet: $A \vee B = A + B$.

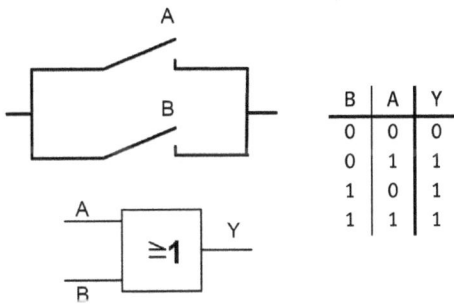

B	A	Y
0	0	0
0	1	1
1	0	1
1	1	1

Bild 3.4: Schaltfunktion, Schaltsymbol und Wahrheitstabelle eines ODER-Gatters mit zwei Eingängen A und B

3.3.4 Boole'sche Funktionen mit mehreren Eingängen

Prinzipiell lassen sich die Boole'schen Schaltfunktionen auch mit mehreren Eingängen darstellen. Die Wahrheitstabelle einer Funktion mit n Eingangssignalen besitzt dann 2^n Zeilen. Charakteristisch für die UND-Verknüpfung ist in jedem Fall, dass die Ergebnisspalte nur eine einzige 1 enthält, und zwar dort, wo alle Eingangssignale den Wert 1 haben. Die Wahrheitstabelle des UND-Gatters besitzt also eine minimale Anzahl von Einsen. Aus diesem Grund wird das Ergebnis der UND-Verknüpfung auch als Minterm bezeichnet.

Ein UND-verknüpfter Ausdruck von Signalen wird als Minterm bezeichnet. Häufig verwendet man auch den Begriff „logisches Produkt" oder Produktterm.

Die Wahrheitstabelle eines ODER-Gatters mit mehreren Eingängen besitzt genau an einer Stelle eine 0, und zwar dort, wo alle Eingangssignale 0 sind. Damit besitzt die Wahrheitstabelle die maximale Anzahl möglicher Einsen. Entsprechend wird ein ODER-Ausdruck häufig auch als Maxterm bezeichnet.

Ein ODER-verknüpfter Ausdruck von Signalen wird als Maxterm bezeichnet. Häufig verwendet man auch den Begriff „logische Summe" oder Summenterm.

Damit können nun die aus dem angloamerikanischen Sprachgebrauch stammenden Begriffe „Sum of Products" und „Product of Sums" definiert werden:

Als Summe von Produkten (engl.: Sum of Products, SOP) werden Terme mit UND-Verknüpfungen bezeichnet, die untereinander ODER-verknüpft sind.
Als Product of Sums (POS) werden ODER-verknüpfte Ausdrücke bezeichnet, die untereinander UND-verknüpft sind.

B **Beispiel 3.1** (Darstellung logischer Ausdrücke in SOP- bzw. POS-Darstellung):

$$SOP: \quad Y = (A \wedge B) \vee (C \wedge D \wedge E) \vee F$$
$$POS: \quad Y = (A \vee B \vee C \vee D) \wedge (E \vee F) \wedge G \qquad ∎$$

3.4 Rechenregeln der Schaltalgebra

Für die Boole'schen Operatoren UND, ODER und NICHT gelten Rechenregeln, die z. B. mithilfe von Wahrheitstabellen bewiesen werden können.

3.4.1 Theoreme

Die nachfolgenden Theoreme lassen sich anhand der Schaltermodelle leicht überprüfen:
- Die Verknüpfung eines Signals A mit den Konstanten 0 und 1 ist in Bild 3.5 dargestellt.
- Die Idempotenz (vgl. Bild 3.6) beschreibt die logische Verknüpfung eines Signals mit sich selbst.
- Die UND- bzw. ODER-Verknüpfung eines Signals mit seinem Komplement zeigt Bild 3.7.

$A \vee 0 = A$ $\qquad\qquad$ $A \wedge 0 = 0$

$A \vee 1 = 1$ $\qquad\qquad$ $A \wedge 1 = A$

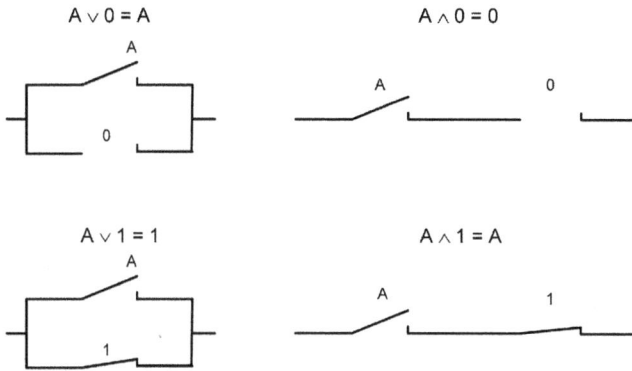

Bild 3.5: Darstellung der Null- und Eins-Theoreme mit Schaltfunktionen

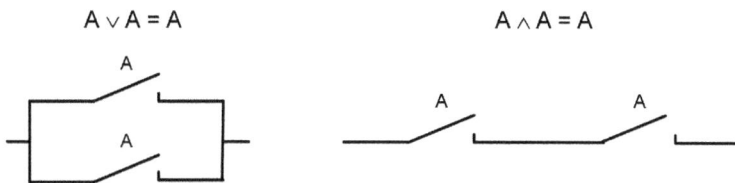

$A \vee A = A$ $\qquad\qquad$ $A \wedge A = A$

Bild 3.6: Schaltermodell der Idempotenz

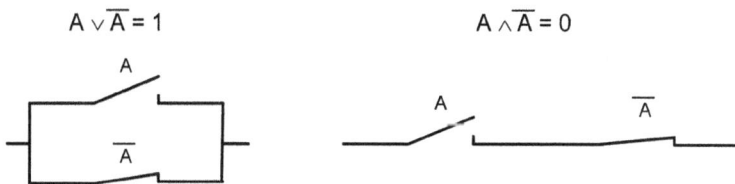

$A \vee \overline{A} = 1$ $\qquad\qquad$ $A \wedge \overline{A} = 0$

Bild 3.7: UND- und ODER-Verknüpfung eines Signals mit seinem Komplement

3.4.2 Kommutativgesetze

Die Kommutativgesetze regeln die Vertauschbarkeit der Operanden bei der UND- bzw. bei der ODER-Verknüpfung.

$$A \wedge B = B \wedge A \quad \text{und} \quad A \vee B = B \vee A \qquad\qquad (3.1)$$

Die Operanden der UND-Verknüpfung lassen sich tauschen. Ebenso lassen sich die Operanden der ODER-Verknüpfung tauschen.

3.4.3 Assoziativgesetze

Die Assoziativgesetze regeln die Reihenfolge der Ausführung ausschließlicher UND-bzw. ODER-Operationen.

$$(A \wedge B) \wedge C = A \wedge (B \wedge C) = A \wedge B \wedge C \quad \text{und}$$
$$(A \vee B) \vee C = A \vee (B \vee C) = A \vee B \vee C \tag{3.2}$$

> Bei einer reinen UND-Verknüpfung mehrerer Operanden ist die Reihenfolge der paarweisen Ausführung der UND-Operation egal. Klammern können auch weggelassen werden. Dieses gilt auch bei einer reinen ODER-Verknüpfung mehrerer Operanden.

3.4.4 Distributivgesetze

Die Distributivgesetze beschreiben das „Ausklammern" eines gemeinsamen Operanden (hier des Signals A) bei gemischten UND- und ODER-Verknüpfungen.

$$(A \wedge B) \vee (A \wedge C) = A \wedge (B \vee C) \quad \text{und} \quad (A \vee B) \wedge (A \vee C) = A \vee (B \wedge C) \tag{3.3}$$

> In UND-verknüpften Termen, die miteinander ODER-verknüpft sind und die einen gemeinsamen Operanden besitzen, lässt sich dieser UND-verknüpft vor die Klammer ziehen, in der sich ein ODER-verknüpfter Ausdruck befindet.
> In ODER-verknüpften Termen, die miteinander UND-verknüpft sind und die einen gemeinsamen Operanden besitzen, lässt sich dieser ODER-verknüpft vor die Klammer ziehen, in der sich ein UND-verknüpfter Ausdruck befindet.

A **Aufgabe 3.1:** Zeigen Sie die Gültigkeit des Distributivgesetzes $(A \wedge B) \vee (A \wedge C) = A \wedge (B \vee C)$ durch Ausfüllen der Wahrheitstabelle und Vergleich der letzten beiden Spalten.

C	B	A	$A \wedge B$	$A \wedge C$	$B \vee C$	$(A \wedge B) \vee (A \wedge C)$	$A \wedge (B \vee C)$
0	0	0	0	0	0	0	0
0	0	1	0	0	0	0	0
0	1	0	0	0	1	0	0
0	1	1	1	0	1	1	1
1	0	0	0	0	1	0	0
1	0	1	0	1	1	1	1
1	1	0	0	0	1	0	0
1	1	1	1	1	1	1	1

Das Distributivgesetz ist dadurch bewiesen, dass die beiden letzten Spalten identisch sind. ∎

3.4.5 De Morgan'sche Gesetze

Die de Morgan'schen Gesetze beschreiben, wie Ausdrücke invertiert werden, die ausschließlich UND- oder ODER-Verknüpfungen enthalten.

$$\neg(A \wedge B \wedge C \wedge \ldots \wedge N) = \overline{A} \vee \overline{B} \vee \overline{C} \vee \ldots \vee \overline{N} \tag{3.4}$$

$$\neg(A \vee B \vee C \vee \ldots \vee N) = \overline{A} \wedge \overline{B} \wedge \overline{C} \wedge \ldots \wedge \overline{N} \tag{3.5}$$

> Wenn ein ausschließlich UND-verknüpfter Ausdruck mit beliebig vielen Eingangssignalen invertiert wird, so entspricht dies einer ODER-Verknüpfung der invertierten Eingangssignale.
> Wenn ein ausschließlich ODER-verknüpfter Ausdruck mit beliebig vielen Eingangssignalen invertiert wird, so entspricht dies einer UND-Verknüpfung der invertierten Eingangssignale.

3.4.6 Vereinfachungsregeln

Zur Vereinfachung logischer Ausdrücke können die nachfolgenden Kürzungsregeln verwendet werden, die sich z. B. über Wahrheitstabellen herleiten lassen:
- Die Adsorptionsgesetze:

$$A \wedge (\overline{A} \vee B) = A \wedge B \quad \text{und} \quad A \vee (\overline{A} \wedge B) = A \vee B \tag{3.6}$$

- Die Absorptionsgesetze:

$$A \wedge (A \vee B) = A \quad \text{und} \quad A \vee (A \wedge B) = A \tag{3.7}$$

- Die Nachbarschaftsgesetze:

$$(A \wedge B) \vee (\overline{A} \wedge B) = B \quad \text{und} \quad (A \vee B) \wedge (\overline{A} \vee B) = B \tag{3.8}$$

Insbesondere die Nachbarschaftsgesetze stellen ein sehr mächtiges Instrument zur Vereinfachung logischer Ausdrücke dar, welches wir in Kapitel 7 dazu verwenden werden, um eine Vereinfachungssystematik einzuführen (KV-Minimierung).

> Die Nachbarschaftsgesetze besagen, dass ein Signal (hier A), welches in zwei Klammern in direkter und in invertierter Form mit dem gleichen Operanden (hier B) und dem gleichen Operator verknüpft wird, weggelassen werden kann.

In den nachfolgenden Beispielen werden die Boole'schen Gesetze angewendet, um einige der Vereinfachungsregeln zu beweisen.

B **Beispiel 3.2** (Nachweis eines Adsorptionsgesetzes):

$$A \land (\overline{A} \lor B) = (A \land \overline{A}) \lor (A \land B) = 0 \lor (A \land B) = A \land B \qquad \blacksquare$$

B **Beispiel 3.3** (Nachweis eines Absorptionsgesetzes):

$$A \land (A \lor B) = (A \lor 0) \land (A \lor B) = A \lor (0 \land B) = A \qquad \blacksquare$$

B **Beispiel 3.4** (Nachweis eines Nachbarschaftsgesetzes):

$$(A \land B) \lor (\overline{A} \land B) = (A \lor \overline{A}) \land B = 1 \land B = B \qquad \blacksquare$$

A **Aufgabe 3.2:** Weisen Sie die folgenden Gesetze durch Anwendung geeigneter Boole'scher Gesetze nach:
a) Das Adsorptionsgesetz $\quad A \lor (\overline{A} \land B) = A \lor B$
b) Das Absorptionsgesetz $\quad A \lor (A \land B) = A$
c) Das Nachbarschaftsgesetz $(A \lor B) \land (\overline{A} \lor B) = B$ $\qquad \blacksquare$

3.5 Vollständige Systeme

3.5.1 Das Dualitätsprinzip

Die bisherigen Ausführungen zur Boole'schen Algebra haben bereits erkennen lassen, dass die UND- und ODER-Verknüpfungen eine gewisse Symmetrie aufweisen, die durch das Dualitätsprinzip ausgedrückt wird:

> Das Dualitätsprinzip besagt, dass man zu jeder Boole'schen Aussage eine dazu duale, gleichwertige Aussage erhält, wenn man die Operatoren UND und ODER vertauscht und gleichzeitig die Konstanten 0 und 1 tauscht. In Wahrheitstabellen hat der Tausch der Konstanten zur Folge, dass sich die Reihenfolge der Einträge auf der linken Seite verändert.

Die de Morgan'schen Gesetze sind daher eine direkte Folge des Dualitätsprinzips.

B **Beispiel 3.5** (Dualitätsprinzip am Beispiel der Verknüpfung eines Signals mit seinem Komplement (vgl. Bild 3.7)):
Ausgehend von $A \lor \overline{A} = 1$ erhält man durch Anwendung des Dualitätsprinzips den Ausdruck $A \land \overline{A} = 0$. $\qquad \blacksquare$

B **Beispiel 3.6** (Anwendung des Dualitätsprinzips zur Herleitung der Wahrheitstabelle des ODER-Gatters aus des UND-Gatters):

B	A	A∧B
0	0	0
0	1	0
1	0	0
1	1	1

Dual ⟺

B	A	A∨B
1	1	1
1	0	1
0	1	1
0	0	0

■

Das bisher behandelte System aus den drei Gattertypen UND, ODER und NICHT stellt ein vollständiges System dar, da alle Boole'schen Funktionen in diesem System dargestellt werden können.

3.5.2 NAND- und NOR-Gatter

Wie der Tabelle 3.1 zu entnehmen ist, handelt es sich bei NAND- bzw. NOR-Gattern um Schaltfunktionen mit invertierter UND- bzw. ODER-Funktionalität. Eher selten werden dafür auch die Operatoren „$\overline{\wedge}$" bzw. „$\overline{\vee}$" verwendet:

$$A \overline{\wedge} B = \overline{A \wedge B} \quad \text{bzw.} \quad A \overline{\vee} B = \overline{A \vee B} \tag{3.9}$$

Die Schaltungssymbole der NAND- und NOR-Gatter zeigt Bild 3.8.

Tab. 3.1: Wahrheitstabelle für NAND- und NOR-Gatter mit zwei Eingängen

B	A	A$\overline{\wedge}$B
0	0	1
0	1	1
1	0	1
1	1	0

B	A	A$\overline{\vee}$B
0	0	1
0	1	0
1	0	0
1	1	0

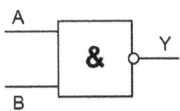 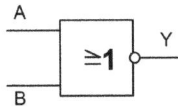

a) b)

Bild 3.8: Schaltungssymbole für NAND-Gatter a) und NOR-Gatter b) mit zwei Eingängen

Vollständiges System aus NAND-Gattern

Ein vollständiges System aller Boole'schen Verknüpfungen lässt sich auch aus einem einzelnen Gattertyp realisieren. Bild 3.9 zeigt den Aufbau für den Fall, dass nur NAND-Gatter zur Verfügung stehen[1]:

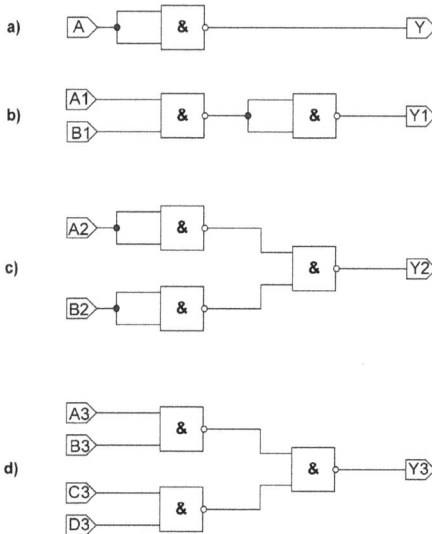

Bild 3.9: Realisierung Boole'scher Grundfunktionen mit NAND-Gattern: a) Inverter, b) UND-Funktion, c) ODER-Funktion, d) SOP-Darstellung

a) Ein Inverter wird aus einem NAND-Gatter aufgebaut, wenn die Eingänge zusammengeschaltet werden oder aber ein Eingang mit 1 belegt wird.

b) Ein UND-Gatter lässt sich aus zwei NAND-Gattern aufbauen, wenn das zweite Gatter als Inverter beschaltet wird.

c) Ein ODER-Gatter kann wie folgt umgeformt werden: Zunächst ist die Funktion doppelt zu invertieren und nachfolgend muss auf der inneren Inversion das de Morgan'sche Gesetz angewendet werden, welches den zum ODER dualen Operanden UND liefert. Im Ergebnis sind bei einem 2-fach-ODER-Gatter drei NAND-Gatter erforderlich, von denen zwei als Inverter genutzt werden:

$$Y2 = A2 \vee B2 = \neg(\neg(A2 \vee B2)) = \neg(\overline{A2} \wedge \overline{B2})$$

---

[1] Die Verwendung von NAND-Gattern, als ausschließlichem Gattertyp geht zurück auf die Zeit, als MOS-Schaltungen nur aus NMOS-Transistoren aufgebaut wurden. Heute werden integrierte Logikschaltungen in CMOS-Technologie, also mit PMOS- und NMOS-Transistoren realisiert. In dieser Technologie sind NAND- und NOR-Gatter gleichwertige Basisstrukturen (vgl. Kapitel 10).

d) Ein SOP-Ausdruck wird ebenfalls unter Verwendung einer zweifachen Negation und des de Morgan'schen Gesetzes umgeformt. Dabei wird der UND-Operand automatisch in eine NAND-Funktion überführt, womit sich eine zweistufige NAND-Logik ergibt.

$$Y3 = (A3 \wedge B3) \vee (C3 \wedge D3) = \neg((\overline{A3 \wedge B3}) \wedge (\overline{C3 \wedge D3}))$$

Vollständiges System aus NOR-Gattern

In ähnlicher Weise kann ein vollständiges Boole'sches System auch aus NOR-Gattern aufgebaut werden. Der Wahrheitstabelle Tabelle 3.1 kann man entnehmen, dass ein Inverter gebildet wird, wenn entweder beide Eingänge zusammengeschaltet werden oder aber ein Eingang auf 0 gelegt wird. Die invertierte UND-Funktionalität erhält man wieder durch Anwendung des de Morgan'schen Gesetzes.

Ⓐ **Aufgabe 3.3:** Zeigen Sie anhand von Wahrheitstabellen, dass das Assoziativgesetz für die NAND- und NOR-Schaltfunktionen ungültig ist:

$$(A \overline{\wedge} B) \overline{\wedge} C \neq A \overline{\wedge} (B \overline{\wedge} C) \quad \text{bzw.} \quad (A \overline{\vee} B) \overline{\vee} C \neq A \overline{\vee} (B \overline{\vee} C) \qquad \blacksquare$$

3.6 Normalformen

Eine Systematik zur Beschreibung von Schaltfunktionen wird durch die Verwendung von Normalformen erreicht. In der Boole'schen Algebra sind zwei Arten von Normalformen üblich. Charakteristisch für Normalformen ist, dass die Min- bzw. Maxterme alle Eingangssignale der Schaltfunktion entweder in direkter oder in invertierter Form enthalten. Gemäß dem Dualitätsprinzip kann jede Zeile einer Wahrheitstabelle entweder als Min- oder als Maxterm interpretiert werden.

Tab. 3.2: Min- und Maxtermdefinitionen für eine Schaltfunktion mit drei Eingängen

C	B	A	Minterm	Maxterm
0	0	0	$m_0 = \overline{C} \wedge \overline{B} \wedge \overline{A}$	$M_7 = C \vee B \vee A$
0	0	1	$m_1 = \overline{C} \wedge \overline{B} \wedge A$	$M_6 = C \vee B \vee \overline{A}$
0	1	0	$m_2 = \overline{C} \wedge B \wedge \overline{A}$	$M_5 = C \vee \overline{B} \vee A$
0	1	1	$m_3 = \overline{C} \wedge B \wedge A$	$M_4 = C \vee \overline{B} \vee \overline{A}$
1	0	0	$m_4 = C \wedge \overline{B} \wedge \overline{A}$	$M_3 = \overline{C} \vee B \vee A$
1	0	1	$m_5 = C \wedge \overline{B} \wedge A$	$M_2 = \overline{C} \vee B \vee \overline{A}$
1	1	0	$m_6 = C \wedge B \wedge \overline{A}$	$M_1 = \overline{C} \vee \overline{B} \vee A$
1	1	1	$m_7 = C \wedge B \wedge A$	$M_0 = \overline{C} \vee \overline{B} \vee \overline{A}$

Für eine Schaltfunktion mit drei Eingängen soll nachfolgend die in Tabelle 3.2 dargestellte Nummerierung der Terme verwendet werden. Darin entsprechen die Mintermindices der binär codierten (vgl. Kapitel 5) Ordnungszahl aller *Einsen* der zugehörigen Tabellenzeile und die Maxtermindices der binär codierten Ordnungszahl aller *Nullen* der Tabellenzeile. Den Min- bzw. Maxtermspalten der Tabelle ist zu entnehmen, dass alle Minterme eine 1 und alle Maxterme eine 0 liefern.

3.6.1 Disjunktive Normalform (DNF)

Die disjunktive Normalform einer Schaltfunktion ist auf die SOP-Darstellung zurückzuführen.

> In der disjunktiven Normalform wird eine beliebige Schaltfunktion durch eine disjunktive (ODER-) Verknüpfung der Minterme realisiert, die in der Wahrheitstabelle eine 1 aufweisen. Die DNF wird also 1, wenn mindestens ein Minterm eine 1 liefert.

Beispiel 3.7 (Disjunktive Normalformen zweier Schaltfunktionen Y1 und Y2 mit je zwei Eingängen):

B	A	Y1	Y2
0	0	1	0
0	1	0	1
1	0	0	1
1	1	1	0

Die DNF enthält genau die Minterme, die in der Ergebnisspalte der Wahrheitstabelle eine 1 aufweisen. Mit der in Tabelle 3.2 verwendeten Mintermdefinition wird somit:

$$Y1 = m_0 \vee m_3 = (\overline{B} \wedge \overline{A}) \vee (B \wedge A)$$
$$Y2 = m_1 \vee m_2 = (\overline{B} \wedge A) \vee (B \wedge \overline{A})$$

3.6.2 Konjunktive Normalform (KNF)

Als Folge des Dualitätsprinzips kann eine beliebige Schaltfunktion auch durch eine POS-Darstellung, also eine konjunktive Verknüpfung von Maxtermen, dargestellt werden:

In der konjunktiven Normalform wird eine beliebige Schaltfunktion durch eine konjunktive (UND-) Verknüpfung der Maxterme realisiert, die in der Wahrheitstabelle eine 0 aufweisen. Die KNF wird also 1, wenn alle Maxterme eine 1 liefern.

B **Beispiel 3.8** (Konjunktive Normalform der Schaltfunktion Y1 aus Beispiel 3.7): Die Schaltfunktion Y1 enthält genau zwei Nullen, deren Maxterme M2 und M1 (von oben nach unten gezählt) zur konjunktiven Normalform beitragen:

$$Y1 = M_2 \wedge M_1 = (B \vee \overline{A}) \wedge (\overline{B} \vee A)$$

Dies kann durch Anwendung des Distributivgesetzes leicht bewiesen werden:

$$Y1 = (B \vee \overline{A}) \wedge (\overline{B} \vee A) = (\overline{B} \wedge B) \vee (\overline{B} \wedge \overline{A}) \vee (A \wedge B) \vee (A \wedge \overline{A})$$

Unter Anwendung der Komplementregel (vgl. Bild 3.7) erhält man den Ausdruck aus Beispiel 3.7:

$$Y1 = (\overline{B} \wedge \overline{A}) \vee (B \wedge A) \,. \qquad \blacksquare$$

Da die konjunktive Normalform die Nullen und die disjunktive Normalform die Einsen der Wahrheitstabelle zusammenfasst, kann eine KNF leicht in eine DNF überführt werden.

Wenn die KNF einer Schaltfunktion gegeben ist, so erhält man die DNF, indem man die KNF *der Umkehrfunktion*, also der invertierten Schaltfunktion bildet und diesen Ausdruck mithilfe des de Morgan'schen Gesetzes invertiert.

B **Beispiel 3.9** (Es ist die DNF der Schaltfunktion Y2 aus Beispiel 3.7 über die Bildung der KNF der Umkehrfunktion zu bilden): Die KNF der Umkehrfunktion von Y2 ist:

$$\overline{Y2} = M_1 \wedge M_2 = (\overline{B} \vee A) \wedge (B \vee \overline{A}) \Rightarrow Y2 = \neg((\overline{B} \vee A) \wedge (B \vee \overline{A}))$$

$$Y2 = \neg(\overline{B} \vee A) \vee \neg(B \vee \overline{A}) = (B \wedge \overline{A}) \vee (\overline{B} \wedge A) \qquad \blacksquare$$

3.7 Realisierung von Schaltfunktionen mit Wahrheitstabellen

Mit Wahrheitstabellen lassen sich Boole'sche Gleichungen für beliebige kombinatorische Logik aufstellen. Dabei wird entweder eine DNF oder eine KNF erstellt.

B **Beispiel 3.10** (Herleitung einer Boole'schen Funktion für eine kombinatorische Aufgabenstellung): Eine digitale Auswerteschaltung mit den Eingängen A, B und C soll mit dem Signal Y = 1 erkennen, wenn genau zwei nebeneinanderliegende Schalter S1, S2 oder S3 geschlossen sind (vgl. Bild 3.10).

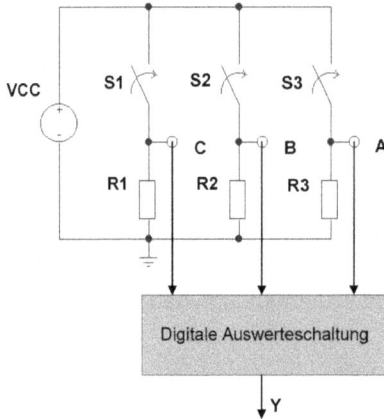

Bild 3.10: Schalteranordnung für das Beispiel 3.10. Ein geschlossener Schalter bedeutet eine logische 1 (High-Pegel)

Die Lösung erfolgt durch Aufstellen der Wahrheitstabelle und Eintragen einer 1 an den Stellen, an denen sich auf der linken Seite der Wahrheitstabelle genau zwei Einsen nebeneinander befinden:

C	B	A	Y
0	0	0	0
0	0	1	0
0	1	0	0
0	1	1	1
1	0	0	0
1	0	1	0
1	1	0	1
1	1	1	0

Die DNF ergibt sich aus der ODER-Verknüpfung der beiden Minterme, die eine 1 ergeben:

$$Y_{DNF} = m_3 \vee m_6 = (\overline{C} \wedge B \wedge A) \vee (C \wedge B \wedge \overline{A})$$

Die KNF erhält man aus der UND-Verknüpfung der Maxterme:

$$Y_{KNF} = M_7 \wedge M_6 \wedge M_5 \wedge M_3 \wedge M_2 \wedge M_0$$

$$Y_{KNF} = (C \vee B \vee A) \wedge (C \vee B \vee \overline{A}) \wedge (C \vee \overline{B} \vee A) \wedge (\overline{C} \vee B \vee A)$$
$$\wedge (\overline{C} \vee B \vee \overline{A}) \wedge (\overline{C} \vee \overline{B} \vee \overline{A})$$

Dem Vergleich beider Realisierungsformen entnimmt man, dass der Hardwareaufwand für die Bildung der DNF bzw. KNF sehr unterschiedlich sein kann. ∎

3.7.1 SOP- und POS-Darstellungen von Wahrheitstabellen in programmierbaren Bausteinen mit UND/ODER-Logik

Das Beispiel 3.10 hat gezeigt, dass der Hardwareaufwand, der mit der Realisierung der DNF bzw. der KNF verbunden ist, abhängig von der Anzahl der Nullen bzw. Einsen sehr unterschiedlich sein kann. Die DNF hat Vorteile in einer Wahrheitstabelle, die wenige Einsen enthält. Die KNF hat hingegen Vorteile, wenn die Ergebnisspalte der Wahrheitstabelle wenige Nullen enthält.

T **Tipp:** PLD- bzw. CPLD-Architekturen programmierbarer Bausteine der Digitaltechnik besitzen Architekturen mit einer UND/ODER-Struktur zur Implementierung kombinatorischer Logik (vgl. Kapitel 19.3): In derartiger Hardware kann die DNF sofort abgebildet werden. Allerdings haben diese Bausteine meist auch Ausgänge, die so konfiguriert werden können, dass sie eine Inverterfunktion besitzen. Unter Verwendung dieses Ausgangsinverters lässt sich auch eine eventuell vorteilhaftere KNF der Umkehrfunktion leicht implementieren (vgl. Beispiel 3.9). ∎

3.7.2 Look-Up-Tabellen

In einem System mit m Eingängen enthält die Wahrheitstabelle $N = 2^m$ Zeilen. In diesem System sind $k = 2^N$ verschiedene Möglichkeiten von Wahrheitstabellen realisierbar. Dies zeigt Tabelle 3.3 für das Beispiel m = 2, also N = 4 bzw. k = 16.

Tab. 3.3: Alle 16 Wahrheitstabellen für ein System mit m = 2 Eingangssignalen

B	A	Y_0	Y_1	...	Y_6	Y_7	Y_8	Y_9	...	Y_{14}	Y_{15}
0	0	0	1		0	1	0	1		0	1
0	1	0	0		1	1	0	0		1	1
1	0	0	0		1	1	0	0		1	1
1	1	0	0		0	0	1	1		1	1

In dieser Tabelle erkennt man auf der rechten Seite unter anderem die NOR-Funktion als Y_1, die UND-Funktion als Y_8 und die ODER-Funktion als Y_{14}. Wenn nun die entsprechende Wahrheitstabelle durch geeignete Programmierung der Spalten Y_i ausgewählt werden kann, so bezeichnet man dies als Look-Up-Tabelle (LUT).

Tipp: In einigen Architekturen programmierbarer digitaler Hardware werden LUTs zur Implementierung kombinatorischer Logik eingesetzt: FPGAs (vgl. Kapitel 13.1) besitzen eine große Anzahl von LUTs mit meistens m = 4 Eingängen. Jede dieser LUTs lässt sich individuell als eine der k = 65 536 möglichen Wahrheitstabellen konfigurieren.

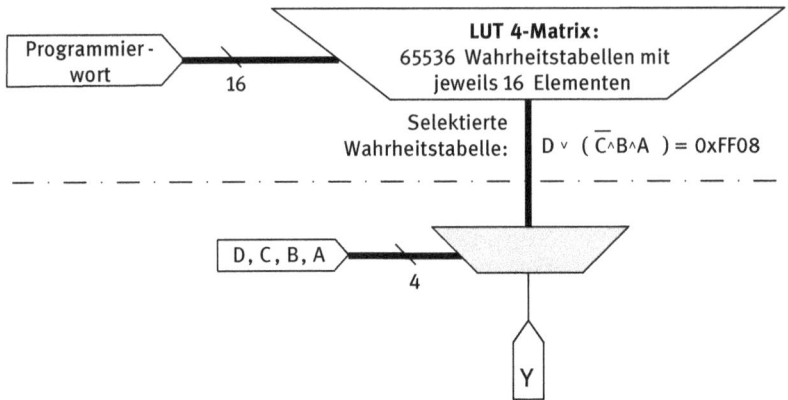

Bild 3.11: Funktion einer LUT für vier Eingangssignale D, C, B und A. Die Auswahlsignale oberhalb der strichpunktierten Linie müssen bei der Programmierung angegeben werden und die Auswahlsignale des darunterliegenden Multiplexers steuern die Funktion der LUT während des FPGA-Betriebs

Bild 3.11 zeigt die Funktionsweise einer derartigen LUT4: Zur Programmierung der LUT4 werden 16 Bit benötigt, die während der FPGA-Konfiguration an die Eingänge eines 16:1 Multiplexers gelegt werden und dort zur Selektion einer Wahrheitstabellenspalte abgespeichert werden. Die aktuellen Signalwerte der Eingangssignale D, C, B und A definieren einen der 16 Minterme der programmierten Wahrheitstabelle. Der zugehörige Signalwert wird auf den Ausgang Y gelegt. In dem Beispiel von Bild 3.11 wird durch das 16-Bit-Programmierwort 0xFF08 eine Wahrheitstabelle selektiert, deren Ergebnisspalte von oben nach unten gelesen genau dieser Zahl 0xFF08 entspricht. Diese Spalte entspricht der Boole'schen Funktion

$$Y = D \vee (\overline{C} \wedge B \wedge A) \,.$$

Davon kann man sich leicht überzeugen, wenn man die Wahrheitstabelle dieser Funktion mit dem Signal D als MSB und A als LSB aufstellt.

Es bleibt anzumerken, dass in neueren FPGAs (z. B. Artix-7 der Fa. Xilinx) die LUTs auch 6 Eingänge haben, womit die Logikfunktionalität dieser LUTs drastisch vergrößert wird. ∎

3.8 XOR- und XNOR-Logik

Die Tabelle 3.3 enthält mit den Schaltfunktionen Y_6 und Y_9 zwei weitere Schaltfunktionen, die zur Vereinfachung von logischen Ausdrücken sehr häufig eingesetzt werden:

- Bei Y_6 ist zu erkennen, dass diese Schaltfunktion den Wert 1 gerade dann liefert, wenn die beiden Eingänge unterschiedlich sind. Man spricht daher von einem Antivalenzgatter. Eine weitere Bezeichnung leitet sich durch einen Vergleich mit der Schaltfunktion Y_{14} ab: Im Gegensatz zu diesem ODER-Gatter enthält Y_6 für den Fall, dass beide Eingänge 1 sind, eine 0, man spricht vom Exclusive-OR. Dies wird häufig als EXOR oder XOR abgekürzt. Als Operator wird das Symbol $\leftrightarrow$ verwendet. In Anlehnung an die algebraische Ähnlichkeit zur exklusiven logischen Summe taucht insbesondere in der angloamerikanischen Literatur auch das Symbol $\oplus$ auf.
- Y_9 zeigt, dass die Schaltfunktion genau dann 1 wird, wenn beide Eingänge den gleichen Signalwert 0 oder 1 haben. Man spricht daher von einer Äquivalenzfunktion. Da Y_9 zu Y_6 invertiert ist, wird häufig auch vom EXNOR- bzw. XNOR-Gatter gesprochen. Als Operator wird das Symbol $\leftrightarrow$ verwendet.

3.8.1 SOP- und POS-Darstellungen

Tabelle 3.4 zeigt die Expansion der in Tabelle 3.3 dargestellten Wahrheitstabellen der XOR- und XNOR-Schaltfunktionen in die SOP- bzw. POS-Darstellungen (vgl. Beispiel 3.8 und Beispiel 3.9). Die Dualität der UND- und ODER-Schaltfunktionen wird auch in dieser Tabelle deutlich.

Tab. 3.4: SOP- und POS-Darstellungen der XOR- und XNOR-Schaltfunktionen

	XOR: $A \leftrightarrow B$	XNOR: $A \leftrightarrow B$	Herleitung
SOP:	$(\overline{B} \wedge A) \vee (B \wedge \overline{A})$	$(\overline{B} \wedge \overline{A}) \vee (B \wedge A)$	vgl. Beispiel 3.7
POS:	$(\overline{B} \vee \overline{A}) \wedge (B \vee A)$	$(\overline{B} \vee A) \wedge (B \vee \overline{A})$	vgl. Beispiel 3.8

3.8.2 XOR- und XNOR-Regeln und -Gesetze

Die in Tabelle 3.5 dargestellten Regeln beschreiben die Antivalenz- und Äquivalenzoperationen, wenn diese mit den Konstanten 0 oder 1 verwendet werden, bzw. wenn die Operation mit dem gleichen oder dem invertierten Eingangssignal ausgeführt wird.

Tab. 3.5: XOR- und XNOR-Regeln

XOR	$A \leftrightarrow 0 = A$	$A \leftrightarrow 1 = \bar{A}$	$A \leftrightarrow A = 0$	$A \leftrightarrow \bar{A} = 1$
XNOR	$A \leftrightarrow 1 = A$	$A \leftrightarrow 0 = \bar{A}$	$A \leftrightarrow A = 1$	$A \leftrightarrow \bar{A} = 0$

Für die Antivalenz- und Äquivalenzfunktionen gelten die in Tabelle 3.6 dargestellten Gesetze.

Tab. 3.6: Gesetze für die XOR- und XNOR-Schaltfunktionen mit zwei und drei Eingangssignalen

Distributivgesetz	$(A \wedge B) \leftrightarrow (A \wedge C) = A \wedge (B \leftrightarrow C)$
	$(A \vee B) \leftrightarrow (A \vee C) = A \vee (B \leftrightarrow C)$
Adsorptionsgesetz	$A \wedge (\bar{A} \leftrightarrow B) = A \wedge B$
	$A \vee (\bar{A} \leftrightarrow B) = A \vee B$
De Morgan'sches Gesetz	$\neg(A \leftrightarrow B) = \bar{A} \leftrightarrow \bar{B} = A \leftrightarrow B$
	$\neg(A \leftrightarrow B) = \bar{A} \leftrightarrow \bar{B} = A \leftrightarrow B$

Aufgabe 3.4: Beweisen Sie die in Tabelle 3.6 dargestellten Regeln, indem Sie die Schaltfunktionen in eine SOP-Darstellung überführen und die Boole'schen Gesetze anwenden. ∎

Aufgabe 3.5: Zeigen Sie mit einer Wahrheitstabelle, dass das Assoziativgesetz für die XOR-Verknüpfung gültig ist. ∎

3.8.3 XOR- und XNOR-Logik mit mehr als zwei Eingängen

Wenn eine XOR- bzw. XNOR-Verknüpfung mit mehr als zwei Signalen auszuführen ist, so gilt für den Fall einer *ungeraden* Zahl k von Operanden, dass als Operatoren entweder XOR *oder* XNOR verwendet werden kann. Dies lässt sich dadurch begründen, dass bei einer ungeraden Anzahl von Operanden eine *gerade* Zahl k – 1 von Operatoren verwendet werden muss. Durch die gewünschte Umwandlung von XNOR- in XOR-Gatter muss jeweils ein Inverter ausgeklammert werden. Es wird insgesamt also eine *gerade* Zahl von Invertern ausgeklammert. Die gerade Anzahl von vorgezogenen Invertern hebt sich jedoch auf, sodass gilt:

$$X_1 \leftrightarrow X_2 \leftrightarrow \ldots \leftrightarrow X_k = X_1 \leftrightarrow X_2 \leftrightarrow \ldots \leftrightarrow X_k \quad \text{für k ungerade} \quad (3.10)$$

Tipp: Ketten von XOR-Operatoren finden sich u. a. in:
- den arithmetischen Grundschaltungen der Digitaltechnik, den Volladdierern (vgl. Kapitel 11),

– einfachen Schaltungen zur Überprüfung einer korrekten Datenübertragung, den Paritätsgeneratoren und -checkern (vgl. Kapitel 9.5).

Durch Anwendung der Gl. 3.10 gibt es dafür also mehrere Realisierungsmöglichkeiten.

■

3.9 Vorrangregeln

In komplexeren Schaltfunktionen dienen Vorrangregeln dazu, die Rangfolge der Schaltfunktionen zu verdeutlichen bzw. zu verändern [3]. Nach DIN 66000 gilt:

1. Außenklammern einer einzeln stehenden Funktion können weggelassen werden.
2. Das Inversionszeichen ¬ bindet stärker als alle anderen Zeichen. Die Operatoren $\land$, $\lor$, $\overline{\land}$ und $\overline{\lor}$ binden stärker als $\leftrightarrow$ und $\leftrightarrow\!\!\!\!\leftrightarrow$
3. Die Operatoren $\land$, $\lor$, $\overline{\land}$ und $\overline{\lor}$ binden untereinander gleich stark, ebenso die Operatoren $\leftrightarrow$ und $\leftrightarrow\!\!\!\!\leftrightarrow$ untereinander.
4. Werden die Außenklammern einer UND-Verknüpfung weggelassen, welche selbst Teil einer UND-Verknüpfung ist, so entsteht ein gleichwertiger Ausdruck. Gleiches gilt für die ODER-Verknüpfung, die Antivalenz und die Äquivalenz.

Leider ist in einigen Softwarepaketen zur Implementierung von Schaltfunktionen die dritte Vorrangregel nicht implementiert. Ausgehend von der algebraischen Ähnlichkeit der UND- bzw. ODER-Funktionen binden dort die Operatoren $\land$ und $\overline{\land}$ stärker als die Operatoren $\lor$ und $\overline{\lor}$.

T **Tipp:** Es wird empfohlen, die Rangfolge von gleichartig verknüpften Signalen relativ zu anderen Signalgruppen, die durch einen anderen Operator verknüpft sind, durch Klammerung zu verdeutlichen. Ungeklammerte Terme mit unterschiedlichen Operatoren sollten vermieden werden.   ■

B **Beispiel 3.11** (Demonstration der Einsparung von Klammern in Boole'schen Ausdrücken):

$$Y = ((((A \land B) \lor C) \lor D) \leftrightarrow ((A \overline{\land} B) \overline{\land} \neg(C \lor D)))$$

Im ersten Schritt werden die Außenklammern beseitigt. Zudem kann man auf die beiden Klammerpaare verzichten, die die Operanden des Äquivalenzoperators definieren:

$$Y = ((A \land B) \lor C) \lor D \leftrightarrow (A \overline{\land} B) \overline{\land} \neg(C \lor D)$$

Durch Anwendung des Assoziativgesetzes auf den linken Operanden des Äquivalenzoperators kann ein weiteres Klammerpaar eingespart werden:

$$Y = (A \land B) \lor C \lor D \leftrightarrow (A \overline{\land} B) \overline{\land} \neg(C \lor D)$$

Weitere Vereinfachungen würden die Schaltfunktion verändern.   ■

Beispiel 3.12 (Vermeidung von Vieldeutigkeiten durch geeignete Klammerung): Die Darstellung $Y = A \wedge B \vee C \wedge D$ ist grammatikalisch korrekt, sie stellt jedoch keinen SOP-Ausdruck dar. Vieldeutigkeiten werden durch geeignete Klammerung vermieden:

$$Y = (A \wedge B) \vee (C \wedge D) \qquad \blacksquare$$

3.10 Schaltsymbole

Die in der Digitaltechnik verwendeten rechteckigen Schaltsymbole sind leider nicht einheitlich genormt. In Europa gilt die DIN EN 60617, während im nordamerikanischen Raum die Norm ANSI/IEEE Std 91a-1991 gültig ist, in der die alten US-Symbole weiterhin gültig sind. Beide Normen akzeptieren jedoch die Symbole der jeweils anderen Norm. Insbesondere in Schaltplaneditoren sind die US-Symbole weiterhin stark verbreitet. Dem Leser wird daher geraten, sich mit beiden Darstellungen vertraut zu machen (vgl. Bild 3.12).

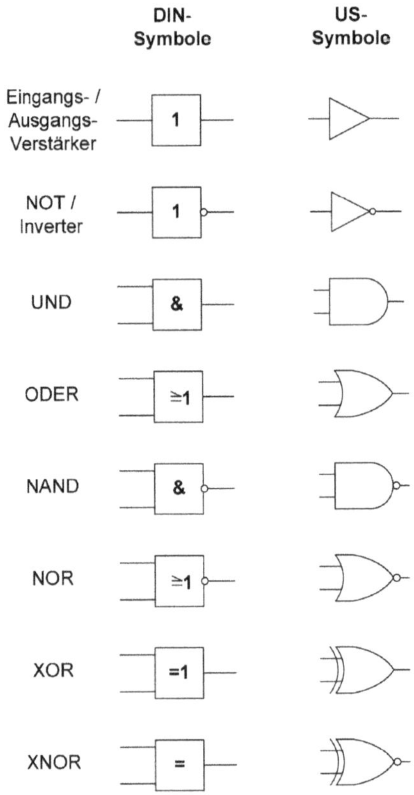

Bild 3.12: Logiksymbole der Boole'schen Algebra nach DIN EN 60617 (links) und ANSI/IEEE Std 91a-1991 (rechts)

B **Beispiel 3.13** (Schaltplan eines Antivalenzgatters mit zwei Eingängen in SOP- und POS-Darstellung):

a) XOR-Gatter in SOP-Darstellung mit DIN-Symbolen

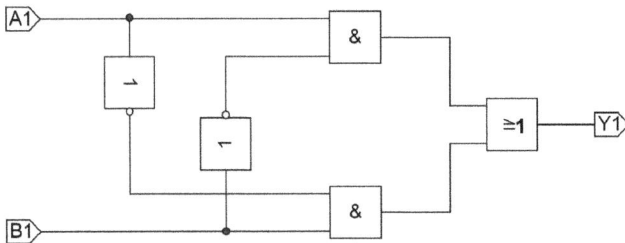

b) XOR-Gatter in POS-Darstellung mit US-Symbolen

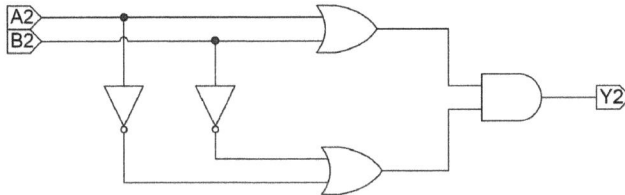

Bild 3.13: Schaltplanvarianten eines XOR-Gatters　■

B **Beispiel 3.14** (Multiplexer): Als Multiplexer (Abkürzung: MUX) werden in der Digitaltechnik Schaltungen bezeichnet, die abhängig von einem Steuersignaleingang S einen von mehreren Eingängen auf den Ausgang schalten. Das Schaltermodell eines 2-zu-1-Multiplexers mit den Eingängen IA und IB sowie die Schaltsymbole zeigt Bild 3.14. Da sich auch dieses DIN-Symbol nicht überall durchgesetzt hat, wird nachfolgend das US-Symbol verwendet.

Die Wahrheitstabelle dieses Multiplexers hat drei Eingänge. Sie sollte damit 8 Zeilen besitzen. Allerdings ist es für den Fall, dass der Schalter nicht betätigt wird (S = 0), egal, welchen Wert das Signal IB annimmt. Entsprechendes gilt für den Wert von IA, wenn S = 1 ist. Wir können daher die Wahrheitstabelle durch Einführung von sogenannten Don't-Care-Werten verkürzen.

Input-Don't-Care-Werte X werden auf der Eingangsseite der Wahrheitstabelle verwendet, wenn der Wert des Eingangssignals keine Wirkung auf das Ausgangssignal hat. Durch jeden Input-Don't-Care-Wert innerhalb einer Zeile der verkürzten Wahrheitstabelle werden 2 Zeilen der vollständigen Wahrheitstabelle repräsentiert. In den zugehörigen Mintermen der Schaltfunktion tauchen Don't-Care-Eingangssignale nicht auf.

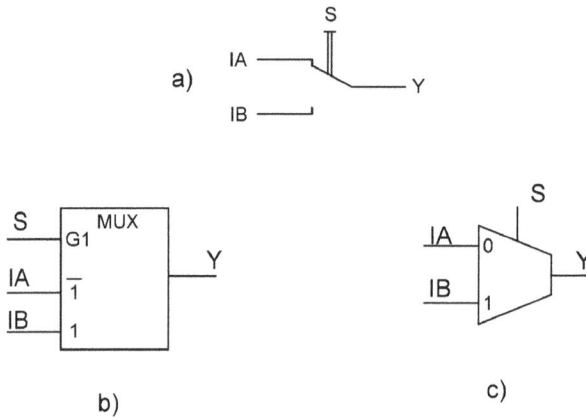

Bild 3.14: Schaltermodell a), DIN-Symbol b) und US-Symbol c) eines 2-zu-1-Multiplexers

Tab. 3.7: Wahrheitstabelle eines 2-zu-1-Multiplexers unter Verwendung von Don't-Care-Werten

Minterme	S	IB	IA	Y
m_0, m_2	0	X	0	0
m_1, m_3	0	X	1	1
m_4, m_5	1	0	X	0
m_6, m_7	1	1	X	1

Der Wahrheitstabelle ist zu entnehmen, dass die Schaltfunktion aus zwei Produktter-men besteht, in denen jeweils ein Eingangssignal nicht vorkommt. Jeder Produktterm repräsentiert also zwei Minterme. Den Schaltplan des Multiplexers zeigt Bild 3.15.

$$Y = (IA \wedge \overline{S}) \vee (IB \wedge S) \tag{3.11}$$

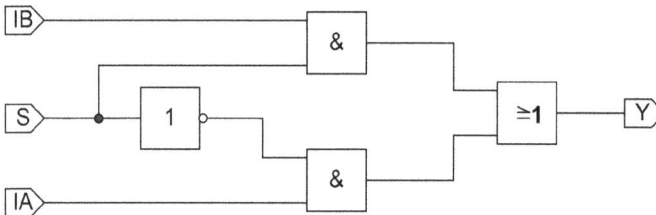

Bild 3.15: Schaltplan des 2-zu-1-Multiplexers ∎

3.11 Implementierung von Schaltfunktionen mit Multiplexern

Jede kombinatorische Logik lässt sich auch mit geeignet zu beschaltenden Multiplexern beschreiben. Grundlage dafür ist das Expansionstheorem von Shannon (Gl. 3.12).

Mit 2-zu-1-Multiplexern lässt sich eine kombinatorische Gleichung $f(A_{n-1}, \ldots, A_0)$ nach individuellen Eingangssignalen A_i wie folgt entwickeln:

$$f(A_{n-1}, \ldots, A_0) = (\overline{A_i} \wedge f(A_{n-1}, \ldots, A_i = 0, A_0))$$
$$\vee (A_i \wedge f(A_{n-1}, \ldots, A_i = 1, A_0)) \tag{3.12}$$

Bei dieser Entwicklung wird ein SOP-Ausdruck aus zwei Produkttermen gebildet. Der eine wird aus der UND-Verknüpfung des invertierten Signals $\overline{A_i}$ und einer Restfunktion gebildet, in der das i-te Signal zu 0 gesetzt wird. Der zweite Produktterm ist die Konjunktion des nichtinvertierten Signals A_i mit der Restfunktion, in der das i-te Signal zu 1 gesetzt wird. A_i ist also das Steuersignal des Multiplexers.

Einige FPGA-Technologien (vgl. Kapitel 13.1) verwenden Multiplexer zur Implementierung kombinatorischer Logik [37, 50, 67]. Eine effiziente Softwareimplementierung des Expansionstheorems ist somit wesentlicher Bestandteil der zugehörigen Implementierungswerkzeuge.

B **Beispiel 3.15** (Implementierung einfacher Schaltfunktionen mit Multiplexern):
a) Die Funktion $F1 = A \wedge B$ lässt sich wie folgt nach A entwickeln:

$$F1 = (\overline{A} \wedge (0 \wedge B)) \vee (A \wedge (1 \wedge B)) = (\overline{A} \wedge 0) \vee (A \wedge B)$$

b) Die Funktion $F2 = A \leftrightarrow B$ kann nach B entwickelt werden (vgl. Tabelle 3.5):

$$F2 = (\overline{B} \wedge (A \leftrightarrow 0)) \vee (B \wedge (A \leftrightarrow 1)) = (\overline{B} \wedge A) \vee (B \wedge \overline{A})$$

Dieses Ergebnis entspricht der SOP-Darstellung des XOR-Gatters in Tabelle 3.4. Bild 3.16 zeigt die Beschaltung der Multiplexer beider Funktionen.

a) b)

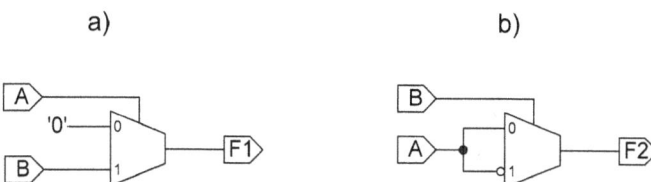

Bild 3.16: Implementierung der Schaltfunktionen aus Beispiel 3.15 mit Multiplexern ∎

[B] **Beispiel 3.16** (Implementierung einer 2-stufigen Schaltfunktion mit Multiplexern [20]): Die Funktion $F3 = (A \wedge B) \vee (\overline{B} \wedge C) \vee D$ soll mit Multiplexern realisiert werden. Dazu wird zunächst nach B entwickelt:

$$F3 = (\overline{B} \wedge ((A \wedge 0) \vee (\overline{B} \wedge C) \vee D)) \vee (B \wedge ((A \wedge 1) \vee (\overline{B} \wedge C) \vee D))$$
$$= (\overline{B} \wedge ((\overline{B} \wedge C) \vee D)) \vee (B \wedge ((A \vee (\overline{B} \wedge C) \vee D))$$
$$= (\overline{B} \wedge ((\overline{B} \wedge C) \vee D)) \vee (B \wedge (A \vee D) \vee (B \wedge \overline{B} \wedge C))$$
$$= (\overline{B} \wedge (C \vee D)) \vee (B \wedge (A \vee D)) = (\overline{B} \wedge F31) \vee (B \wedge F32)$$

mit den Funktionen $F31 = C \vee D$ und $F32 = A \vee D$.

Anschließend wird F31 nach C und F32 nach A entwickelt:

$$F31 = (\overline{C} \wedge (0 \vee D)) \vee (C \wedge (1 \vee D)) = (\overline{C} \wedge D) \vee (C \wedge 1)$$
$$F32 = (\overline{A} \wedge (0 \vee D)) \vee (A \wedge (1 \vee D)) = (\overline{A} \wedge D) \vee (A \wedge 1)$$

Die zugehörige Schaltung zeigt Bild 3.17.

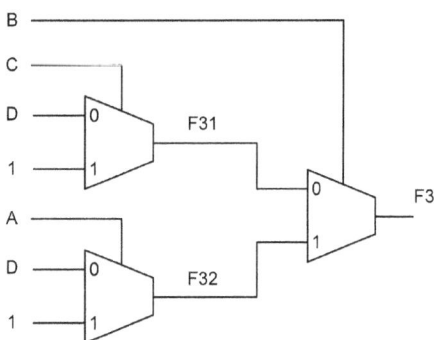

Bild 3.17: Implementierung der Schaltfunktionen F3 als zweistufige Multiplexerlösung ∎

3.12 Analyse von Schaltnetzen

Aufgabe der Analyse kombinatorischer Schaltungen ist es, aus einem vorgegebenen Schaltplan die Schaltfunktion in disjunktiver (evtl. auch in konjunktiver) Form herzuleiten [3].

Zur Lösung dieser Aufgabe werden in einem ersten Schritt die inneren Signale der Schaltung mit lokalen Signalnamen H_i bezeichnet. Zur weiteren Analyse bieten sich zwei Methoden an:

1. Es wird eine Wahrheitstabelle für alle lokalen Signale H_i und Ausgangssignale erstellt und anschließend die DNF gebildet. Bei der Bildung der Wahrheitstabellenspalten beginnt man an den Eingängen und bildet zuletzt das Ausgangssignal.

Das Ergebnis ist die DNF, die nachfolgend dahingehend überprüft werden sollte, ob der Hardwareaufwand weiter minimiert werden kann (vgl. Kapitel 7.2).

2. Die direkte Herleitung einer Schaltfunktion mit minimalem Hardwareaufwand erfolgt, indem an den Ausgängen beginnend die Logikfunktionen aller lokalen und Ausgangssignale als Funktion der Eingangs- bzw. lokalen Signale gebildet werden. Sukzessive werden diese anschließend unter Anwendung der Boole'schen Gesetze ersetzt und vereinfacht.

B **Beispiel 3.17** (Herleitung der disjunktiven Normalform für das Schaltnetz in Bild 3.18):

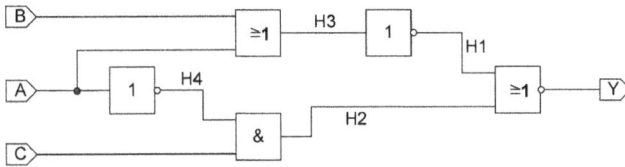

Bild 3.18: Zu analysierendes Schaltnetz

Tab. 3.8: Wahrheitstabelle zur Analyse der Schaltung in Bild 3.18

C	B	A	H4	H3	H2	H1	Y
0	0	0	1	0	0	1	0
0	0	1	0	1	0	0	1
0	1	0	1	1	0	0	1
0	1	1	0	1	0	0	1
1	0	0	1	0	1	1	0
1	0	1	0	1	0	0	1
1	1	0	1	1	1	0	0
1	1	1	0	1	0	0	1

Tabelle 3.8 stellt die nach der ersten Methode aufgestellte Wahrheitstabelle dar. Obwohl die KNF für den hier vorliegenden Fall offensichtlich weniger Terme benötigt, soll die Schaltfunktion in Tabelle 3.8 für einen Vergleich mit dem zweiten Lösungsweg als DNF angegeben werden: $Y = m_1 \vee m_2 \vee m_3 \vee m_5 \vee m_7$. Diese Gleichung kann mit dem Nachbarschaftsgesetz Gl. 3.8 vereinfacht werden.

Die sich nach der zweiten Methode ergebenden logischen Vereinfachungen des Schaltnetzes aus Bild 3.18 sind:

$$Y = \overline{(H1 \vee H2)} = \overline{H1} \wedge \overline{H2} = \neg H3 \wedge \neg(\overline{A} \wedge C) = (A \vee B) \wedge (A \vee \overline{C}) = A \vee (B \wedge \overline{C}) \quad (3.13)$$

Bei dieser Schaltfunktion trägt das links von der ODER-Verknüpfung stehende Signal mit den Mintermen m_1, m_3, m_5 und m_7 zum Ausgangssignal bei und der rechts von der ODER-Verknüpfung befindliche Ausdruck mit den zwei Mintermen m_2 und m_3. ■

In Schaltungen mit Daten- und steuernden Eingängen, ist es häufig sinnvoll, in der Ausgangssignalspalte der Wahrheitstabelle die Datensignale so anzugeben, dass die unterschiedlichen Steuerfälle erkennbar sind. Dadurch können in der Wahrheitstabelle Spalten eingespart werden. So lässt sich z. B. die in Tabelle 3.7 hergeleitete Wahrheitstabelle des 2-zu-1-Multiplexers weiter vereinfachen: Der Tabelle 3.9 ist zu entnehmen, dass das Signal S die Schaltung so steuert, dass entweder der Dateneingang IA oder der Dateneingang IB auf den Ausgang durchgeschaltet wird.

Tab. 3.9: Vereinfachte Wahrheitstabelle eines 2-zu-1-Multiplexers mit dem Signal S als Steuereingang

S	Y
0	IA
1	IB

Beispiel 3.18 (Funktionssteuerung durch einfache Boole'sche Funktionen): Exemplarisch soll die steuernde Funktion auch anhand eines NAND-Gatters demonstriert werden: Für S=0 erscheint am Ausgang Y=1 und für S=1 erscheint am Ausgang das invertierte A-Signal.

S	A	Y
0	0	1
0	1	1
1	0	1
1	1	0

$\Longrightarrow$

S	Y
0	1
1	$\overline{A}$

Beispiel 3.19 (Schaltnetz mit Steuereingängen): Das in Bild 3.19 gezeigte Schaltnetz mit den Steuereingängen S1 und S2 soll den Dateneingang A steuern. Dies soll durch einen Boole'schen Ausdruck bzw. eine Wahrheitstabelle nachgewiesen werden.

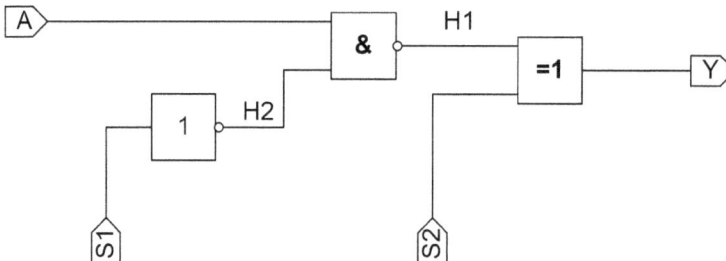

Bild 3.19: Schaltnetz mit Steuereingängen S1 und S2

Tab. 3.10: Wahrheitstabelle zum Schaltnetz in Bild 3.19

S2	S1	H2	H1	Y
0	0	1	$\overline{A}$	$\overline{A}$
0	1	0	1	1
1	0	1	$\overline{A}$	A
1	1	0	1	0

∎

$$Y = H1 \leftrightarrow +S2 = \neg(A \wedge H2) \leftrightarrow +S2 = (\overline{A} \vee S1) \leftrightarrow +S2 \qquad (3.14)$$

Je nach Konfiguration der Steuersignale lässt sich der Eingang also entweder invertiert oder nichtinvertiert an den Ausgang führen, oder aber es lassen sich am Ausgang die Konstanten 1 oder 0 einstellen.

T **Tipp:** Der Tabelle 3.10 ist zu entnehmen, dass ein XOR-Gatter als steuerbarer Inverter eingesetzt werden kann: Für S2 = 0 wird der Eingang H1 unverändert an den Ausgang weitergereicht, für S2 = 1 wird H1 jedoch invertiert. Dies wird in einigen programmierbaren Digitalbausteinen (PALs und PLAs) dahingehend genutzt, dass sich an den Ausgängen ein programmierbares XOR-Gatter befindet (vgl. Kapitel 19.3). Wenn die Schaltungsoptimierung ergibt, dass eine KNF mit weniger Aufwand zu realisieren ist und diese Darstellung die Umkehrfunktion, also die invertierte Form der gewünschten Schaltfunktion bildet, muss diese Inversion durch den Ausgangsinverter kompensiert werden. Somit kann in diesen Bausteinen entweder die disjunktive *oder* die konjunktive Form der zu entwerfenden Schaltungsfunktion gebildet werden. ∎

3.13 Vertiefende Aufgaben

A **Aufgabe 3.6:** Beantworten Sie die folgenden Verständnisfragen:
a) Beschreiben Sie die Bedeutung des Distributivgesetzes der Digitaltechnik.
b) Was beinhalten die de Morgan'schen Gesetze?
c) Was bedeuten die Begriffe Konjunktion und Disjunktion in der Digitaltechnik?
d) Was bedeuten die Begriffe Produktterm, Summenterm, Minterm und Maxterm?
e) Was ist eine konjunktive bzw. eine disjunktive Normalform?
f) Auf welche Weise können Sie die SOP-Darstellung einer Logikfunktion in eine NAND-NAND-Darstellung überführen?
g) Mit welchem Gattertyp lässt sich ein steuerbarer Inverter realisieren?
h) Wie lautet die SOP-Darstellung eines XOR-Gatters?
i) Welche Funktion besitzt ein Multiplexer? ∎

A **Aufgabe 3.7:** Stellen Sie für das NOR-Gatter mit negiertem Eingang in Bild 3.20 die Wahrheitstabelle auf.

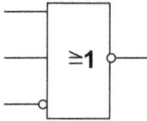

Bild 3.20: NOR-Gatter mit invertiertem Eingang ∎

A **Aufgabe 3.8:** Vereinfachen Sie die folgenden Boole'schen Gleichungen mithilfe der Boole'schen Algebra:

a) $Y1 = (X1 \wedge X2 \wedge X3) \vee (\overline{\overline{X2}} \wedge X3)$

b) $Y2 = (\overline{X1} \wedge \overline{X2} \wedge \overline{X3}) \vee (\overline{X1} \wedge X2 \wedge X3) \vee (X1 \wedge X2 \wedge X3)$
$\vee (X1 \wedge \overline{X2} \wedge \overline{X3}) \vee (X1 \wedge X2 \wedge \overline{X3}) \vee (\overline{X1} \wedge X2 \wedge \overline{X3})$ ∎

A **Aufgabe 3.9:** Analysieren Sie mit den Regeln der Schaltalgebra die Schaltung in Bild 3.21. Gehen Sie dazu so vor, dass Sie, vom Ausgang beginnend, die Schaltfunktionen sukzessive ersetzen.

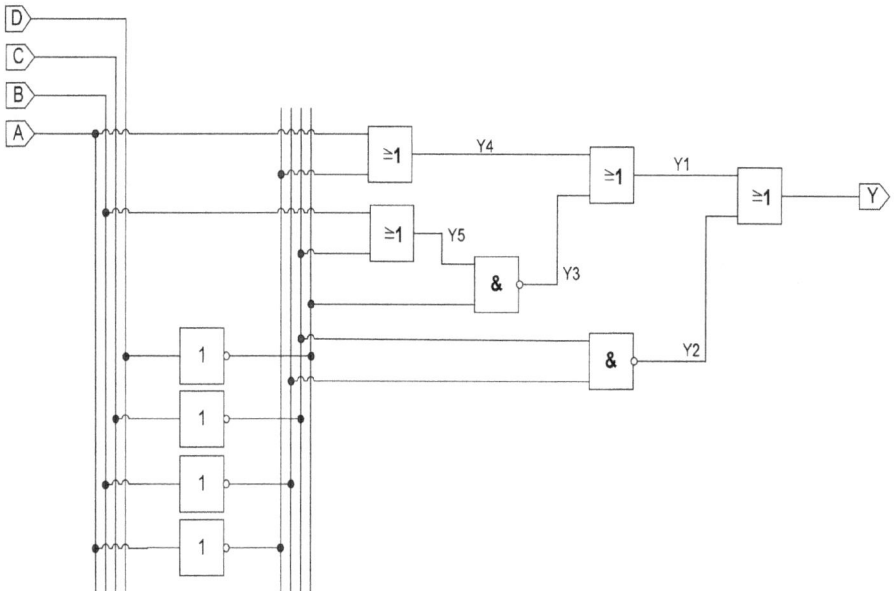

Bild 3.21: Schaltung zu Aufgabe 3.9 ∎

Aufgabe 3.10: Entwerfen Sie einen programmierbaren Inverter für das Eingangssignal A. Ein Steuereingang S soll dafür sorgen, dass bei S = 0 der Ausgang Y = A ist und für S = 1 soll $Y = \overline{A}$ sein. ■

Aufgabe 3.11: Bestimmen Sie für die Schaltfunktion Y und die Umkehrfunktion $\overline{Y}$ aus der nachfolgenden Wahrheitstabelle jeweils die disjunktive Normalform DNF und die konjunktive Normalform KNF. Zeichnen Sie jeweils die Logikschaltpläne unter Verwendung

a) der DIN-Symbole,
b) der US-Symbole.

C	B	A	Y
0	0	0	1
0	0	1	0
0	1	0	0
0	1	1	0
1	0	0	1
1	0	1	1
1	1	0	0
1	1	1	1

■

Aufgabe 3.12: Stellen Sie für die Schaltfunktionen Y1 und Y2 die Wahrheitstabellen mit drei Eingangssignalen auf und bestimmen Sie daraus jeweils die DNF und die KNF:

a) $Y1(C, B, A) = \overline{B} \vee \overline{A}$
b) $Y2(C, B, A) = \neg(A \wedge \neg(\overline{C} \wedge \overline{B}))$

■

Aufgabe 3.13: Die in Bild 3.22 dargestellte Schaltung arbeitet fehlerhaft. An den Ausgängen der Gatter U1 ... U6 wurden die in der Wahrheitstabelle angegebenen Signalwerte gemessen. Ermitteln Sie alle fehlerhaften Gatter und beschreiben Sie die Fehler so genau wie möglich.

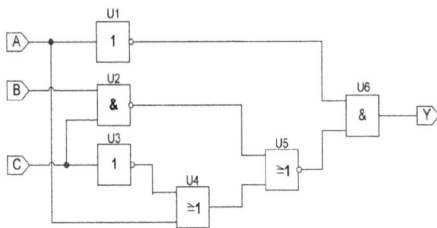

C	B	A	U1	U2	U3	U4	U5	U6
0	0	0	1	1	1	0	0	0
0	0	1	0	1	1	1	0	0
0	1	0	1	1	1	0	0	0
0	1	1	0	1	1	1	0	0
1	0	0	1	1	0	0	0	0
1	0	1	0	1	0	1	0	0
1	1	0	1	0	0	0	1	1
1	1	1	0	0	0	1	0	0

Bild 3.22: Fehlerhafte Schaltung zu Aufgabe 3.13 ■

4 VHDL-Einführung I

Nachdem im letzten Kapitel die Boole'schen Schaltfunktionen zum Entwurf kombinatorischer Logik eingeführt wurden, soll in diesem Kapitel nun vorgestellt werden, wie sich derartige Modelle mit der Hardwarebeschreibungssprache VHDL modellieren lassen. In diesem Sinne dient dieses Kapitel zugleich einer ersten Einführung in VHDL.

Mit dem ursprünglichen Ziel einer Dokumentations- und Simulationssprache wurde VHDL in den 80er-Jahren des vergangenen Jahrhunderts definiert. Erstmalig wurde VHDL im Jahre 1987 als IEEE 1076-1987 standardisiert. In den Jahren 1993 wurden größere bzw. 2002 kleinere Änderungen vorgenommen (IEEE 1076-1993 [14], IEEE 1076-2002). Diese werden ergänzt durch einen Standard für mehrwertige Datentypen [11] sowie einen RTL-Synthesestandard [12, 13]. Nachfolgend wurden weitere Standardisierungen vorgenommen, die die Version IEEE 1076-2008 definieren [9] bzw. die aktuell gültige, aber noch wenig verbreitete Version IEEE 1076-2019 definieren. Für die RTL-Synthese bedeutsam ist der Standard IEEE 1076.6, der als Teilmenge des gesamten Sprachumfangs ursprünglich 1999 festgelegt wurde [13] und der letztmals im Jahr 2004 aktualisiert wurde.

Unabhängig davon wurde unter der Bezeichnung VHDL-AMS [26] eine Spracherweiterung definiert, die es ergänzend ermöglicht, auch analoge bzw. gemischt analogdigitale Systeme zu simulieren.

4.1 Lernziele

Nach Durcharbeiten dieses Kapitels sollen Sie
- die Funktion von `entity` und `architecture` in einer VHDL-Beschreibung verstanden haben und einfache kombinatorische Logik modellieren können;
- die verschiedenen Schnittstellentypen in der `entity`-Beschreibung kennen;
- die Bedeutung der Nebenläufigkeit verstanden haben und die verschiedenen nebenläufigen Signalzuweisungen kennen und anwenden können.

4.2 Syntaxnotation

Anhand zweier exemplarischer VHDL-Syntaxbeschreibungen soll kurz auf die in diesem Buch verwendete Bezeichnungsweise eingegangen werden:
- Grundsätzlich wird VHDL-Code bzw. die VHDL-Syntaxbeschreibung auch im Fließtext als `Schreibmaschinen-Font` dargestellt.
- VHDL-Schlüsselworte sind in den Codebeispielen **fett** gedruckt.

https://doi.org/10.1515/9783110706970-004

- Elemente in spitzen Klammern stellen Bezeichner oder andere, untergeordnete Elemente der Syntaxbeschreibung dar (z. B. <Entitydeklarationen>).
- Die in eckigen Klammern angegebenen Syntaxelemente sind optional und werden in den einführenden Beispielen weggelassen (z. B. [**generic**( );])
- In geschweiften Klammern { } angegebene Syntaxkonstrukte sind optional und können beliebig oft wiederholt werden.
- Elemente einer Liste alternativer Möglichkeiten von Syntaxkonstrukten werden durch den Vertikalstrich | getrennt.

Während die ersten fünf Notationselemente im Listing 4.1 wiederzufinden sind, stellt die Syntaxbeschreibung in Listing 4.2 ein Beispiel für das letzte Element dar:

Listing 4.1: Erstes Beispiel für die verwendete Notation der VHDL-Syntaxbeschreibungen

```
entity <Entityname> is
[generic(<Deklaration von Parametern>);]
[port(<Deklaration der Ein- und Ausgänge>);]
[< Entitydeklarationen >;]
end <Entityname>;


architecture <Architekturname> of <Entityname> is
[< Architekturdeklarationen >;]
begin
{<VHDL-Anweisungen>;}
end <Architekturname>;
```

Listing 4.2: Zweites Beispiel für die verwendete Notation der VHDL-Syntaxbeschreibungen

```
for <Marke>| others | all:<Komponenten-Name>
use entity <Bibliothek>.<Entityname>(<Architekturname>);
```

Eine umfassende VHDL-Syntaxübersicht findet der Leser im Anhang des VHDL-Lehrbuchs [2] oder in dem englischsprachigen Lehrbuch [9].

4.3 Der Aufbau eines VHDL-Modells

Das VHDL-Modell einer Entwurfseinheit besteht grundsätzlich aus zwei Bestandteilen:
- Einer entity, in der alle Schnittstellen dieser Entwurfseinheit nach außen deklariert sind. In einem Vergleich eines Platinenentwurfs mit einem VHDL-Quellcode

stellt die entity einen zu bestückenden Gehäusesockel dar, der bereits auf dem Board verlötet ist und durch die Art und Bezeichnung der Anschlüsse eindeutig definiert ist. Eine entity kann ggf. auch parametrisiert werden. So besteht z. B. die Möglichkeit, einen Addierer so zu modellieren, dass dessen Bitbreite veränderbar ist.

– Die architecture beschreibt die Funktionalität der entity. Jeder entity muss eine architecture zugeordnet sein. In obiger Vorstellung beschreibt also die Architektur, mit welchem Chip der Sockel bestückt ist. Für die VHDL-Simulation können für eine entity ggf. mehrere, mit unterschiedlichem Namen bezeichnete Architekturen existieren, die sich z. B. im Gajski-Diagramm auf unterschiedliche Abstraktionsebenen beziehen (vgl. Bild 2.2). Für die VHDL-Synthese muss natürlich eine der verschiedenen Architekturen ausgewählt werden.

Der VHDL-Code ist im Gegensatz zur Programmiersprache C nicht case-sensitiv, d. h. er ist unabhängig von Groß- und Kleinschreibung. Die folgenden drei Bezeichner referenzieren also das gleiche Objekt: EINS, eins, Eins. Trotz der Einführung spezieller Texteditoren, die den VHDL-Code farblich unterschiedlich markieren, wird jedoch insbesondere VHDL-Anfängern empfohlen, die selbst definierten Bezeichner durch Großschreibung von den vordefinierten VHDL-Syntaxelementen zu unterscheiden, die in diesem Buch durch Kleinschreibung gekennzeichnet sind. VHDL-Bezeichner müssen aus alphanumerischen Zeichen (mit Ausnahme der Umlaute) oder dem Unterstrich „_", der wiederum nicht am Anfang oder Ende eines Bezeichners stehen darf, bestehen. Das erste Zeichen muss alphabetisch sein. Reservierte VHDL-Schlüsselworte wie z. B. and, or, not etc. dürfen selbstverständlich nicht als Bezeichner verwendet werden.

B **Beispiel 4.1** (Gültige und ungültige VHDL-Bezeichner):
– Gültige Bezeichner sind z. B.: ABC, aBc, AB123, AB_cd, architektur, und
– Ungültig sind hingegen: Minus-Zeichen, Zähler, 5Bit_Zaehler, architecture, and ∎

4.3.1 Beschreibung einer entity

Durch die generic-Deklaration lässt sich eine entity parametrisieren. Darauf soll in den einführenden Beispielen jedoch zunächst verzichtet werden. Die Syntax der vereinfachten entity-Beschreibung zeigt Listing 4.3:

Die Kommunikation einer entity mit anderen Entwurfseinheiten erfolgt über port-Signale. In der port-Deklaration erfolgt also die Definition der Ein- und Ausgänge. Bereits hier soll darauf hingewiesen werden, dass bei einer späteren Nutzung der entity als Komponente eines Strukturmodells, diese Deklaration identisch übernommen werden muss.

Listing 4.3: Syntax einer entity-Deklaration

```
entity <ENTITY_NAME_1> is
   port( {{<PORT_NAME_i>} : <mode> <type_1>;}
       );
end <ENTITY_NAME>;
```

Innerhalb von Architekturen können lokale Signale verwendet werden. Jedes Signal besitzt einen bestimmten Datentyp. Die Modellierung Boole'scher Logik erfolgt zunächst mit den Datentypen bit und bit_vector[1]. Letzterer dient der Deklaration von Signalbündeln (Bussen). Üblicherweise wird in der Digitaltechnik das Bit mit der höchsten Wertigkeit (Most Significant Bit, MSB) mit dem größten Bit-Index deklariert und die weiteren Bits in absteigender Reihenfolge unter Einbeziehung der 0. Eine geeignete Deklaration für ein 8-Bit-Eingangssignal einer entity wäre also:

```
MY_BYTE: in bit_vector(7 downto 0);
```

Möglich ist jedoch auch eine aufsteigende Busdeklaration, bei der der Index 0 das MSB bezeichnet:

```
MY_BYTE: in bit_vector(0 to 7);
```

Jedes Schnittstellensignal besitzt einen der in Tabelle 4.1 angegebenen Port-Modi. Ersatzschaltbilder für diese Schnittstellentypen zeigt Bild 4.1. Von der Verwendung der buffer-Schnittstellen ist abzuraten, da deren unterschiedliche Handhabung durch Simulations- und Synthesewerkzeuge in strukturellen Entwürfen zu inkonsistenten

Tab. 4.1: port-Modi

port-Modus	Verwendung
in	Das Signal kann nur gelesen (rechte Seite einer Signalzuweisung) oder abgefragt werden. Die Signalquelle liegt extern.
out	Die Signalquelle liegt in der architecture (interne Quelle). Das Signal darf nur auf der linken Seite einer Signalzuweisung stehen.
buffer	Das Signal befindet sich auf der linken Seite einer Signalzuweisung (interne Quelle), es kann aber auch gelesen werden (rechte Seite der Signalzuweisung).
inout	Bidirektionales Signal: Die Quelle liegt zeitweise intern und zeitweise extern. Die Verwendung erfordert den speziellen Datentyp std_logic (vgl. Kap 10.6).

---

[1] In Kapitel 10.6 wird der Datentyp std_logic eingeführt, der eine weitergehendere Modellierung von Signalen ermöglicht.

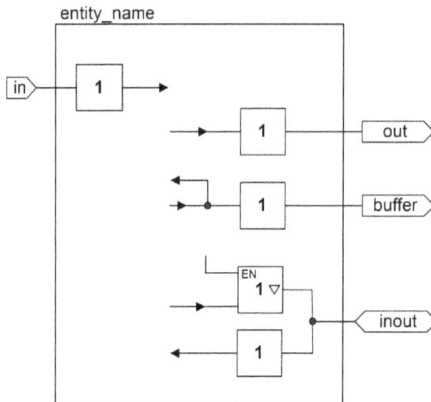

Bild 4.1: Ersatzschaltbilder der verschiedenen VHDL-Signalschnittstellentypen (port-Modi) einer entity

Aussagen führen kann. Eine inout-Schnittstelle sollte nur dann verwendet werden, wenn der Signalfluss temporär in beide Richtungen geht. Dieser Fall erfordert zudem die Verwendung eines besonderen Datentyps für das Schnittstellensignal. Aus diesem Grunde wird in nahezu allen VHDL-Beispielen in diesem Lehrbuch nur von den in- und out-Schnittstellen Gebrauch gemacht. Ergänzend sollen die nachfolgenden VHDL-Syntaxelemente eingeführt werden:

- Kommentare beginnen an beliebiger Stelle einer Zeile mit zwei Minuszeichen „–" und enden am Ende einer Zeile.
- Vollständige VHDL-Anweisungen werden mit einem Semikolon „; " abgeschlossen. Zum Trennen von Teilen einer Anweisung dienen entweder spezielle Schlüsselwörter (z. B. with, select, when) oder aber in einigen Syntaxkonstrukten ein Komma oder ein Punkt.
- Es ist ebenso erlaubt, Anweisungen über mehr als eine Zeile zu verteilen, wie es auch erlaubt ist, eine Zeile mit mehreren Anweisungen zu füllen.

4.3.2 Aufbau einer architecture

Die Funktion einer bestimmten Entwurfseinheit wird durch eine architecture beschrieben. Diese besitzt zwei Teile (vgl. Listing 4.1):

- Im Deklarationsteil werden z. B. lokale Signale, die nicht nach außen geführt werden, oder aber Komponenten, die in einem Strukturmodell verwendet (instanziiert) werden, deklariert.
- Im Anweisungsteil, der durch einen begin-end-Rahmen gekennzeichnet ist, finden sich die VHDL-Anweisungen, die die digitale Hardware repräsentieren. Dies können sein:
  - nebenläufige Signalzuweisungen
  - Prozesse
  - Komponentenmodule aus einer Bibliothek

Die einfachste Möglichkeit, das Verhalten digitaler Schaltungen zu beschreiben, bieten die nebenläufigen Signalzuweisungen. Die beiden anderen Varianten werden in den Kapitel 8 bzw. 11.7 eingeführt.

4.3.3 Nebenläufige Signalzuweisungen

Verglichen mit prozeduralen Programmiersprachen wie z. B. C entsprechen Signalzuweisungen den Wertzuweisungen der Programmiersprache: Auf der linken Seite des Zuweisungsoperators „<=" befindet sich das Signal, dem ein neuer Signalwert zugewiesen wird. Als Signalwert kommen infrage:
- die in Apostroph zu schreibenden Bit-Konstanten '0' und '1', die den entsprechenden binären Werten entsprechen (z. B. Y <= '0';);
- in Anführungszeichen zu klammernde bit_vector-Konstanten eines Busses (z. B. E <= "1010";);
- ein logischer Ausdruck, in dem Signale mit logischen Operatoren verknüpft werden (z. B. Y <= A and B;).

Alle nebenläufigen Signalzuweisungen einer Architektur, sowie alle in Kapitel 8.2 einzuführenden Prozesse einer architecture werden parallel ausgeführt.

Da der Begriff der Nebenläufigkeit denjenigen, die bereits eine Programmiersprache beherrschen, häufig ein wenig fremd erscheint, soll dieser nachfolgend aus der Sicht der Synthesesemantik charakterisiert werden:

Jede nebenläufige Anweisung, bzw. jeder Prozess repräsentiert einen Hardwarefunktionsblock, der zeitlich völlig unabhängig von allen anderen Funktionsblöcken aktiviert werden kann.

Bezogen auf die VHDL-Modellierung hat dies die folgenden Auswirkungen:
- Es ist egal, an welcher Stelle innerhalb der architecture sich eine nebenläufige Anweisung bzw. ein Prozess befindet. Die Reihenfolge der Anweisungen innerhalb der architecture ist also unerheblich.
- Der Simulator muss dafür sorgen, dass alle nebenläufigen Anweisungen bzw. Prozesse zum gleichen physikalischen Zeitpunkt so abgearbeitet werden, dass die im VHDL-Code vorgegebene Reihenfolge unerheblich ist. Das Konzept eines ereignisgesteuerten Simulators wird in Kapitel 8.3 vorgestellt.

Wir unterscheiden drei Arten von nebenläufigen Anweisungen: die unbedingte, die selektive und die bedingte Signalzuweisung.

–   Unbedingte Signalzuweisung: Dem Signal wird eine Signalkonstante oder ein Boole'scher Ausdruck zugewiesen.

–   Selektive Signalzuweisung: Es existiert ein durch das Schlüsselwort select bezeichnetes Selektionssignal, welches bestimmte, durch das Schlüsselwort when bezeichnete Werte annehmen kann. Abhängig von dem Wert des Selektionssignals kann dem Ausgangssignal ein unterschiedlicher Signalwert zugewiesen werden.

–   Bedingte Signalzuweisung: Dem Ausgangssignal werden unterschiedliche Signalwerte zugewiesen, je nachdem ob einer von ggf. verschiedenen Bedingungsausdrücken, die sich hinter den Schlüsselworten when bzw. else when befinden, erfüllt ist.

Das Listing 4.5 zeigt ein vergleichendes Codebeispiel für die drei Arten von nebenläufigen Signalzuweisungen.

4.3.4 Logikoperatoren in VHDL

Die VHDL-Logikoperatoren not, and, or, nand, nor, xor und xnor können auf der rechten Seite von Signalzuweisungen verwendet werden. Sie arbeiten mit Operanden vom Typ bit, bit_vector oder boolean. Die Operanden sowie das Ergebnis der Operation müssen vom gleichen Datentyp sein.

```
type bit is ('0', '1');
type boolean is (false, true);
```

Die erlaubten Signalwerte des Datentyps bit sind somit wie bereits erwähnt die Bitkonstanten '0' und '1', während die Konstanten true und false nur bei Verwendung des Datentyps boolean zulässig sind. Dieser Datentyp wird üblicherweise verwendet, um innerhalb eines Verhaltensmodells abstrakte logische Bedingungen zu erzeugen, mit denen das Modellverhalten gesteuert werden soll. Zur Erzeugung von Signalen sind die Datentypen bit und bit_vector vorzuziehen.

Falls ein Logikoperator auf ein Bussignal angewendet wird, so gilt dieser bitweise. Das bedeutet, dass die spezifizierte logische Verknüpfung auf alle Bits des Busses angewendet wird. Dies impliziert, dass die Bitbreiten der Operanden gleich sein müssen. Die Priorität verschiedener logischen Operatoren sollte durch Klammerung verdeutlicht werden. Wenn mehr als zwei Signale durch den gleichen Logikoperator verknüpft werden sollen, so muss die Reihenfolge der Abarbeitung bei den nichtassoziativen Operatoren nand und nor ebenfalls durch Klammerung verdeutlicht werden.

B **Beispiel 4.2** (Klammerung von Logikoperationen):

```
Y <= not (A and B and C);  -- NAND3, also ein NAND mit 3 Eingaengen
Y <= (A nand B) nand C;    -- ist erlaubt, aber kein NAND3
Y <=  A nand B nand C;     -- ist falsch; Syntaxfehler !
```
■

B **Beispiel 4.3** (VHDL-Datenflussmodell einer einfachen kombinatorischen Logik): Für die in Bild 4.2 dargestellte Schaltung soll ein VHDL-Datenflussmodell erstellt werden.

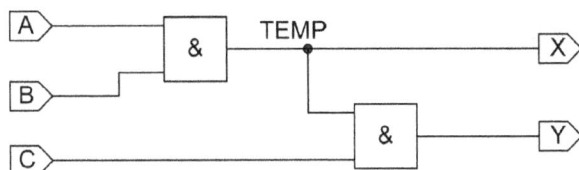

Bild 4.2: Kombinatorische Logik für Beispiel 4.3

Listing 4.4: VHDL-Datenflussmodell für die Schaltung in Bild 4.2

```
entity TEST is
port( A, B, C : in bit;   -- Eingangssignale
      X, Y : out bit);    -- Ausgangssignale
end TEST;


architecture ARCH1 of TEST is
signal TEMP: bit;         -- Deklaration eines lokalen Koppelsignals
begin
   TEMP <= A and B;       -- Zuweisung an das Koppelsignal
   Y <= TEMP and C;
   X <= TEMP;             -- Kopie als Ausgangssignal
end ARCH1;
```
■

An diesem ersten vollständigen VHDL-Code sollen einige Punkte hervorgehoben werden:

- Da die in- bzw. out-Port-Signale nur auf der rechten bzw. der linken Seite einer Signalzuweisung stehen dürfen, der Ausgang des linken UND-Gatters jedoch als Eingang für das rechte UND-Gatter benötigt wird, muss im Deklarationsteil der architecture mit der signal-Anweisung ein lokales Signal deklariert werden, welches hier den Namen TEMP erhalten hat. Derartige Signale dienen als Koppelsignale zwischen den einzelnen Funktionsblöcken bzw. Komponenten innerhalb der architecture.

- Der Ausgang des linken UND-Gatters ist gleichzeitig das Port-Ausgangssignal X. Daher muss TEMP in einer zusätzlichen Signalzuweisung auf den Ausgangsport kopiert werden.
- Zur Erinnerung sei darauf hingewiesen, dass die Reihenfolge der drei Signalzuweisungen in der architecture beliebig ist. Dies ist in der Nebenläufigkeit aller Signalzuweisungen bzw. Prozesse auf architecture-Ebene begründet.

Prinzipiell wäre es in Listing 4.4 möglich gewesen, für das Ausgangssignal X den Port-Modus buffer festzulegen. Dieser hätte das Signal X auf der linken und auf der rechten Seite des Zuweisungsoperators erlaubt und man hätte auf die Deklaration des lokalen Signals verzichten können. Wegen der oben beschriebenen Nachteile dieses Port-Modus ist davon jedoch abzuraten.

B **Beispiel 4.4** (Wahrheitstabelle eines 2-zu-1-Multiplexers mit nebenläufigen Anweisungen): Die Funktion des in Bild 3.15 dargestellten Multiplexers soll durch ein Low-aktives Freigabesignal $\overline{E}$ (repräsentiert durch den VHDL-Bezeichner „nE") ergänzt werden: Die Multiplexerfunktion soll also nur dann gegeben sein, wenn das Freigabesignal den Wert '0' annimmt. Andernfalls soll das Ausgangssignal Y den Wert '0' annehmen. Die entsprechende Wahrheitstabelle unter Verwendung von Don't-Care-Werten zeigt Tabelle 4.2.

Tab. 4.2: Wahrheitstabelle eines 2-zu-1-Multiplexers mit Freigabeeingang $\overline{E}$. Das Selektionssignal ist S und die beiden Signaleingänge sind IA und IB

Minterme	$\overline{E}$	S	IB	IA	Y
$m_8,\ldots,m_{15}$	1	X	X	X	0
m_4, m_5	0	1	0	X	0
m_6, m_7	0	1	1	X	1
m_0, m_2	0	0	X	0	0
m_1, m_3	0	0	X	1	1

Der Code in Listing 4.5 demonstriert, dass sich der Multiplexer aus Beispiel 4.4 prinzipiell mit allen nebenläufigen Anweisungen, repräsentiert durch die Ausgangssignale Y1, Y2 und Y3, modellieren lässt. Die Simulation des Modells zeigt Bild 4.3. Der zeitliche Verlauf der Eingangssignale IA, IB, S und nE wurde dabei extern vorgegeben. Es ist erkennbar, dass alle Ausgangssignale Y1, Y2 und Y3 in gleicher Weise auf die Ansteuerung des Multiplexers reagieren.

Listing 4.5: VHDL-Beschreibung eines 2-zu-1-Multiplexers unter Verwendung nebenläufiger Signal-zuweisungen: Es soll ein Multiplexer gemäß der Wahrheitstabelle in Tabelle 4.2 realisiert werden

```vhdl
entity MUX2_1 is
  port( IA, IB : in bit;      -- Dateneingaenge
        S : in bit;           -- Selektionssignal
        nE : in bit;          -- Freigabe (Low aktiv)
        Y1, Y2, Y3 : out bit); -- Ausgangssignale
end MUX2_1;

architecture MUX of MUX2_1 is
begin
-- unbedingte Signalzuweisung:
  Y1 <= (IA and not nE and not S) or
        (IB and not nE and S);
-- selektive Signalzuweisung:
  with S select
    Y2 <= (IA and not nE) when '0',
          (IB and not nE) when '1';
-- bedingte Signalzuweisung:
  Y3 <= (IA and not nE) when S = '0' else (IB and not nE);
end MUX;
```

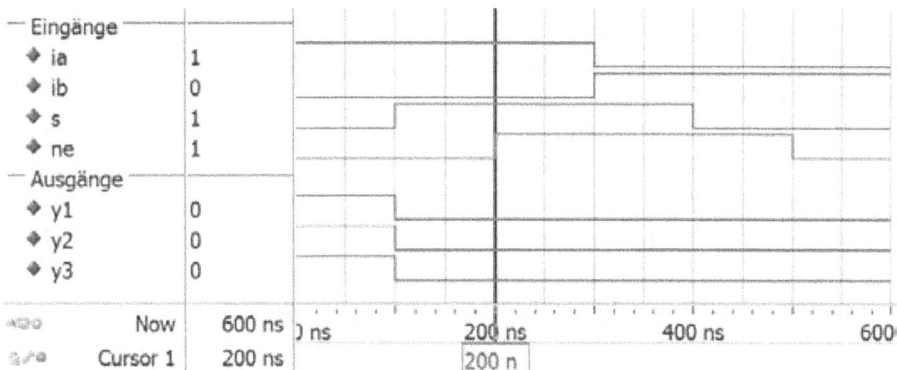

Bild 4.3: Simulation des VHDL-Modells aus Listing 4.5. Das Verhalten der Ausgangssignale Y1, Y2 und Y3 ist identisch

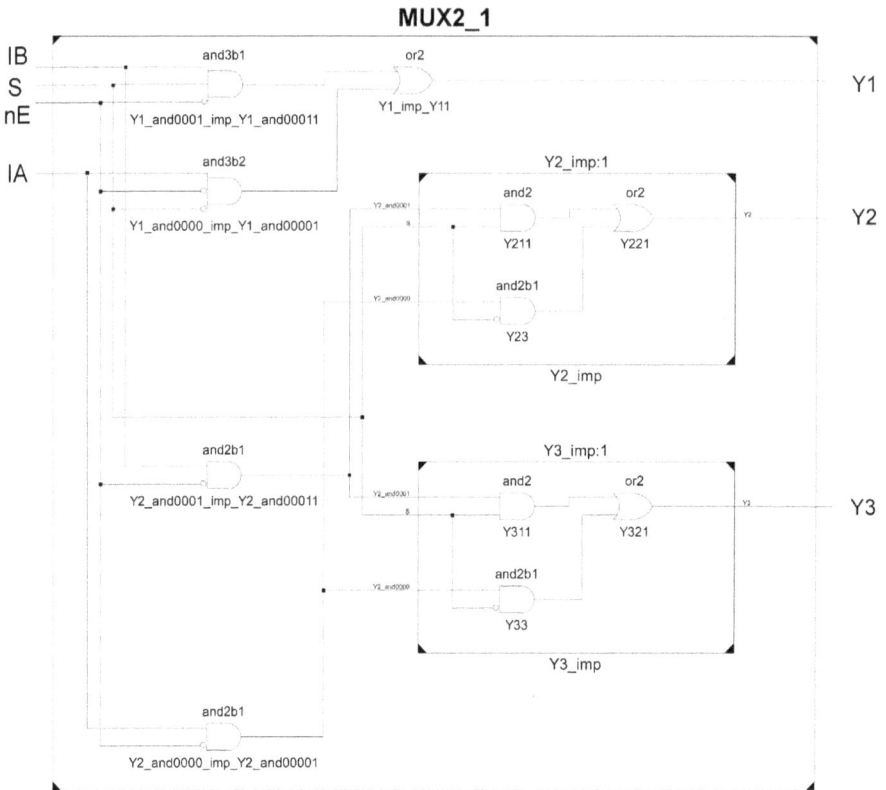

Bild 4.4: Syntheseergebnis des VHDL-Codes aus Listing 4.5

Das Syntheseergebnis des VHDL-Modells ist in Bild 4.4 dargestellt. Darin ist Folgendes hervorzuheben:

- Das Eingangssignal nE wird den vier UND-Gattern am Eingang der Schaltung invertiert zugeführt, denn die Multiplexerfunktion soll nur für $\overline{E} = 0$ erfolgen.
- Die unbedingte Signalzuweisung Y1 wird direkt unter Verwendung von AND-Gattern mit drei Eingängen und einem 2-fach-ODER-Gatter gemäß der in Bild 3.15 dargestellten DNF des Multiplexers in Boole'sche Logik umgesetzt.
- Für die selektive und die bedingte Signalzuweisung werden hierarchische Blöcke Y2_imp bzw. Y3_imp erzeugt. Die Multiplexer-DNF aus Bild 3.15 wird hier innerhalb dieser Blöcke realisiert.

Bei der Implementierung des VHDL-Modells in einen CPLD-Baustein (vgl. Kapitel 19.4) werden die logischen Gleichungen in disjunktiver Normalform realisiert. Der sogenannte Fitter-Report weist für alle drei Ausgangssignale die gleiche logische Funktion auf, die auch aus Bild 4.4 abzulesen ist:

```
Y1 <= ((NOT nE AND S AND IB) OR ( NOT nE AND NOT S AND IA))
```

Wahrheitstabellen lassen sich sehr einfach mit selektiven Signalzuweisungen implementieren. Exemplarisch soll dafür die Wahrheitstabelle eines Volladdierers modelliert werden. Ein Volladdierer hat die Aufgabe, zwei einzelne Bitwerte an den Eingängen A und B zu addieren und dabei den Signalwert eines Übertragseingangs CIN zu berücksichtigen. Entsprechend werden am Ausgang zwei Signale gebildet: das Summationsergebnis SUM und ein Übertragsausgang COUT (vgl. Kapitel 11.8). Die Wahrheitstabelle des Volladdierers zeigt Tabelle 4.3 und Schaltsymbole das Bild 4.5. Der Tabelle ist zu entnehmen, dass SUM immer dann gesetzt wird, wenn entweder eins der vorhandenen Eingangsbits gesetzt ist oder alle drei Eingangsbits gesetzt sind. Das COUT-Signal wird immer dann gesetzt, wenn mindestens zwei der drei Eingänge gesetzt sind.

Tab. 4.3: Wahrheitstabelle eines Volladdierers

CIN	B	A	COUT	SUM
0	0	0	0	0
0	0	1	0	1
0	1	0	0	1
0	1	1	1	0
1	0	0	0	1
1	0	1	1	0
1	1	0	1	0
1	1	1	1	1

a)   b)

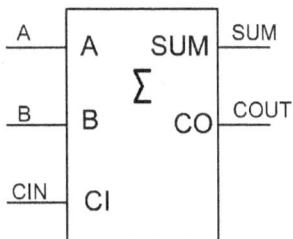 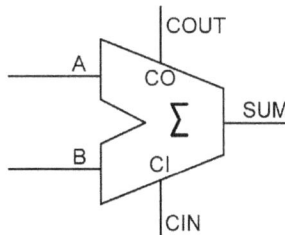

Bild 4.5: Volladdiererschaltsymbole für Blockdiagramme a) bzw. Datenflussbeschreibungen b)

Listing 4.6: VHDL-Modell eines Volladdierers mit selektiver Signalzuweisung

```
entity FULL_ADD is
   port( A, B, CIN : in bit   ;
         SUM, COUT : out bit );
end FULL_ADD;


architecture FA_1 of FULL_ADD is
signal YINT1: bit_vector(2 downto 0);
signal YINT2: bit_vector(1 downto 0);


begin
 YINT1 <= (CIN,B,A); -- Aggregat zur Buendelung von einzelnen Bits
 with YINT1 select
    YINT2   <=  "00" when "000",
                "01" when "001",
                "01" when "010",
                "10" when "011",
                "01" when "100",
                "10" when "101",
                "10" when "110",
                "11" when "111";
 SUM  <= YINT2(0);
 COUT <= YINT2(1);
end FA_1;
```

Zu dem in Listing 4.6 formulierten VHDL-Code sind die folgenden Anmerkungen zu machen:

- Die Eingangs- bzw. Ausgangssignale wurden jeweils zu Bussignalen YINT1 bzw. YINT2 zusammengefasst. Dazu mussten diese Signale als 2- bzw. 3-Bit breite lokale Signalvektoren vor dem begin der Architektur deklariert werden. Die Zuweisung der einzelnen Bits erfolgt durch unbedingte nebenläufige Signalzuweisungen, deren Position innerhalb der VHDL-architecture beliebig ist. Eine derartige Zusammenfassung von Signalen zu Bussen erfordert natürlich keinen Hardwaremehraufwand.
- Der Eingangsbus YINT1 wird durch ein sogenanntes Aggregat beschrieben. Dies ist die Klammerung von *einzelnen* Bits zu einem Signalvektor: Das nach der öffnenden Klammer stehende Signal CIN entspricht dem höchstwertigen Bit und das vor der schließenden Klammer stehende Signal A dem niederwertigen Bit. Die gesamte Bitbreite auf der linken und rechten Seite der Signalzuweisung muss natürlich gleich sein. Die direkte Verwendung des in Klammern gefassten Aggregataus-

drucks in der Prüfbedingung der selektiven Signalzuweisung ist nicht erlaubt, da hier ein lokal statischer Prüfausdruck stehen muss [9].

- In der selektiven Signalzuweisung, die die Wahrheitstabelle abbildet, erfolgt die Abfrage des YINT1-Busses bzw. die Zuweisung an den YINT2-Bus durch Bit-String-Konstanten, die in Apostroph zu klammern sind. Der Vergleich von Tabelle 4.3 mit Listing 4.6 zeigt, dass sich die drei Eingangssignale (also die linke Seite der Wahrheitstabelle) in den when-Bedingungen (also auf der rechten Seite der einzelnen Codezeilen) wiederfinden.

- Die Ausgangssignale SUM und COUT werden durch zwei unbedingte Signalzuweisungen mit indiziertem Zugriff auf das YINT2-Bussignal definiert. In der Wahrheitstabelle ist COUT das höherwertige und SUM das niederwertige Bit. Als Ersatz für diese zwei Zuweisungen wäre hier auf der linken Seite der Signalzuweisung auch ein Aggregat möglich: (COUT, SUM) <= YINT2;

Das in Bild 4.6 gezeigte Simulationsergebnis, bei dem die zeitliche Abfolge der Eingangssignale entsprechend den Zeilen der Wahrheitstabelle gewählt wurde, entspricht den Erwartungen aus Tabelle 4.3.

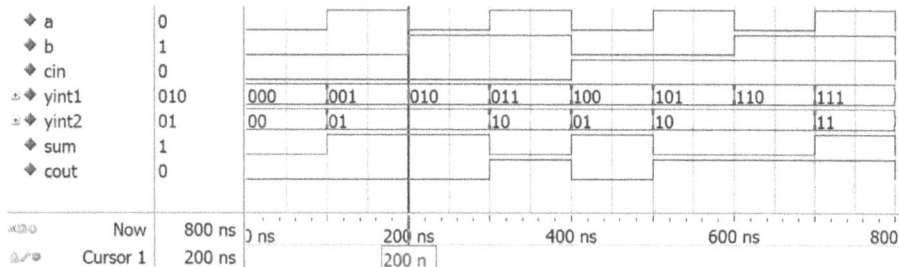

Bild 4.6: VHDL-Simulation des Volladdierers. Der vorgegebene zeitliche Verlauf der Eingangssignale entspricht den Zeilen der Tabelle 4.3 von oben nach unten

Tipp: In Kapitel 11.8.2 wird gezeigt, dass Volladdierer z. B. in Mikroprozessoren so zu Ketten verschaltet werden, dass damit Zahlen mit wählbarer Bitbreite verarbeitet werden können. Eine einfache Erweiterung des Volladdierers erlaubt auch die alternative Ausführung einer Additions- oder Subtraktionsoperation. ∎

Aufgabe 4.1: Es ist das VHDL-Modell eines Paritätsbitgenerators für gerade Parität zu entwerfen, welches die Übertragung von drei Datenbits A, B und C sichern soll.

Generell sind Paritätsbits dazu geeignet, bei einer Datenübertragung festzustellen, ob es dabei zu Übertragungsfehlern von maximal einem Bit gekommen ist (1-Bit-Fehlererkennung), vgl. Kap 9.5. Ein Paritätsgenerator hat dabei die Aufgabe, die Datenbits des Senders durch ein zusätzliches Bit zu ergänzen, welches zusammen mit den Datenbits übertragen wird. Ein Paritätschecker überprüft dann im Datenempfänger, ob die empfangenen Datenbits zu dem empfangenen Paritätsbit passen. Man unterscheidet:

- Gerade Parität P_E: Die gesamte Anzahl aller zu übertragenden Einsen unter Einbeziehung des Paritätsbits ist gerade.
- Ungerade Parität P_O: Die gesamte Anzahl aller zu übertragenden Einsen unter Einbeziehung des Paritätsbits ist ungerade.

Tabelle 4.4 zeigt die in einem Paritätsbitgenerator zu implementierende Wahrheitstabelle für ungerade Parität P_O. Die Spalte für gerade Parität P_E ist leicht zu ergänzen.

Tab. 4.4: Wahrheitstabelle für einen Paritätsbitgenerator mit drei Datenbits A, B und C

C	B	A	P_O	P_E
0	0	0	1	
0	0	1	0	
0	1	0	0	
0	1	1	1	
1	0	0	0	
1	0	1	1	
1	1	0	1	
1	1	1	0	

a) Ergänzen Sie die P_E-Spalte der Tabelle 4.4.
b) Leiten Sie die DNF für P_E her.
c) Vereinfachen Sie die DNF, indem Sie XOR- oder XNOR-Gatter verwenden. Dazu gibt es zwei Lösungsansätze:
  i) Klammern Sie aus den Mintermen jeweils den Operanden C bzw. $\overline{C}$ aus und fassen Sie jeweils zwei Minterme gemäß der SOP-Ausdrücke in Tabelle 3.4 mit identisch ausgeklammerten C-Operanden zusammen. Wiederholen Sie die Zusammenfassung auch für den C-Operanden.
  ii) Unter Verwendung der Wahrheitstabellen von XOR- bzw. XNOR-Gattern mit zwei Eingängen können Sie zunächst die vier Minterme mit C = 0 bzgl. der Operanden A und B zusammenfassen. Durch Vergleich der Bitmuster der ersten vier mit den letzten vier Mintermen können Sie nun C durch Wahl eines geeigneten Boole'schen Operators hinzufügen. Erinnern Sie sich daran, dass ein XOR-Gatter die Funktion eines programmierbaren Inverters besitzt.
d) Entwerfen Sie den VHDL-Code des Paritätsbitgenerators für gerade Parität PARGEN.VHD. Beschreiben Sie dazu die Architektur I) auf Gatterebene durch eine Boole'sche Gleichung und II) durch ein Verhaltensmodell, indem Sie eine selektive Signalzuweisung verwenden. Zeigen Sie durch VHDL-Simulationen, dass beide Modelle das in der Tabelle 4.4 dargestellte Verhalten aufweisen. ■

4.4 Das Konzept von VHDL-Testbenches

In Bild 4.6 wurde die Korrektheit des Entwurfs durch funktionale Simulation des Volladdierermodells nachgewiesen. Dabei erfolgt die Überprüfung spezieller Schaltungszustände bzw. -übergänge. Bild 4.7 zeigt, dass die Eingangssignale der zu untersuchenden Schaltung (engl. Device Under Test, DUT) mit geeigneten Eingangssignalen (Stimuli) belegt werden und die Reaktion der Ausgangssignale analysiert wird. Dieser Teil einer Testbench wird häufig als Response-Monitor bezeichnet. Ein spezieller Test, z. B. die Ansteuerung mit den Signalwerten einer einzelnen Zeile einer Wahrheitstabelle, wird als Testvektor bezeichnet. Testbenches dienen ausschließlich der Simulation und sind nicht synthesefähig.

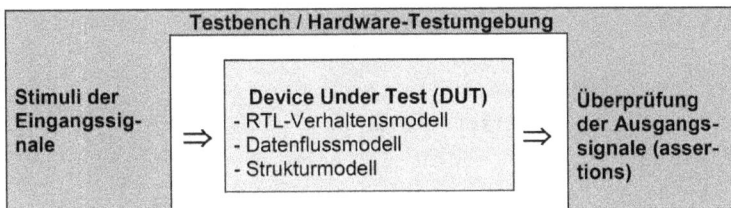

Bild 4.7: Verifikation eines Modells mit einer Simulations-Testbench

Im Stimulusgenerator kommt erstmals das Zeitverhalten eines VHDL-Modells zum Tragen, denn die unterschiedlichen Testvektoren müssen nacheinander angelegt werden.

Die Analyse des Schaltungsverhaltens im Response-Monitor erfolgt am einfachsten dadurch, dass die Ausgangssignale in einem Timing-Diagramm dargestellt werden. Alternativ können aber auch die für die Testvektoren erwarteten Ausgangssignale mit den tatsächlichen Ausgangssignalen des Modells verglichen werden. Dazu dienen assert-Anweisungen, in denen z. B. eine Textausgabe auf der Simulationskonsole erzwungen werden kann, wenn die Schaltung nicht den erwarteten Wert besitzt. Die Syntax der in diesem Buch verwendeten assert-Anweisung ist:

```
assert <Boole'scher Ausdruck> [report "<Textstring>"];
```

In dieser Anweisung wird ein Boole'scher Ausdruck geprüft und die Ausgabe des Textstrings erfolgt, falls dieser nicht wahr ist. Es handelt sich damit also um eine Anweisung, in der die im Boole'schen Ausdruck spezifizierte Behauptung überprüft wird.

Nachfolgend soll eine VHDL-Testbench für einen Paritätsgenerator mit **ungerader** Parität entworfen werden (vgl. Aufgabe 4.1).

Listing 4.7: Testbench mit Stimulusgenerator und Response-Monitor

```vhdl
entity PARGEN_TB is      -- Die Testbench besitzt keine Ports!
end PARGEN_TB;


architecture TESTBENCH of PARGEN_TB is
component PARGEN is
port(
    A, B, C : in bit;
    P_O : out bit);
end component;


signal A, B, C, P_O: bit;            -- Testbench Ein-Ausgangssignale
signal YINT: bit_vector(2 downto 0);   -- Nur innerhalb der Testbench
begin
-- Stimulus Signale wie in der Wahrheitstabelle
A <= '0', '1' after 100 ns,'0' after 200 ns,
     '1' after 300 ns, '0' after 400 ns, '1' after 500 ns,
     '0' after 600 ns,'1' after 700 ns;
B <= '0', '1' after 200 ns,'0' after 400 ns ,
     '1' after 600 ns;
C <= '0', '1' after 400 ns;
YINT <= C & B & A;          -- '&' Concatenation-Operator


-- Device under test (DUT): Paritätsgenerator-Komponente
DUT: PARGEN port map(A, B, C, P_O);


-- Response Monitor
CHECK: process
  begin
    wait for 50 ns;
    assert P_O = '1' report "Err:_test#_0";
    wait for 100 ns;
    assert P_O = '0' report "Err:_test#_1";
    wait for 100 ns;
    assert P_O = '0' report "Err:_test#_2";
    wait for 100 ns;
    assert P_O = '1' report "Err:_test#_3";
    wait for 100 ns;
    assert P_O = '0' report "Err:_test#_4";
    wait for 100 ns;
```

```
    assert P_O = '1' report "Err:_test#_5";
    wait for 100 ns;
    assert P_O = '1' report "Err:_test#_6";
    wait for 100 ns;
    assert P_O = '1' report "Err:_test#_7";-- falsche Erwartung
    wait for 100 ns;
  end process CHECK;
end TESTBENCH;
```

In dem VHDL-Listing 4.7 soll auf die folgenden Punkte hingewiesen werden:

- Testbenches haben in der Regel keine Eingangs- und Ausgangssignale. Damit entfällt auch die port-Anweisung in der Testbench-entity.
- Im Deklarationsteil der architecture (vor dem begin) wird eine Komponente PARGEN deklariert, die als entity mit identischen Schnittstellen existieren muss und die vor der Simulation erfolgreich kompiliert sein muss. Diese entity kann sich auch in einer anderen Datei *.vhd befinden.
- Alle Signale, die ursprünglich port-Signale des DUT waren, müssen in der Testbench als lokale Signale deklariert werden. Den als Eingang des DUT dienenden Signalen wird im Stimulusgenerator ein Wert zugewiesen.
- Die zeitliche Abfolge der Eingangsstimuli erfolgt für jedes der drei Eingangssignale durch eine unbedingte Signalzuweisung, in der hier jedoch eine Zeitachse eingeführt wird: Hinter dem Schlüsselwort after steht die Zeit, um die der zuvor genannte Signalwert verzögert angenommen wird. Es ist erlaubt, einem Signal innerhalb einer Zuweisung **zu unterschiedlichen Zeitpunkten** unterschiedliche Signalwerte zuzuordnen. In dem hier formulierten Stimulusgenerator werden die in Tabelle 4.4 angegebenen Testvektoren der Reihe nach mit einer Verzögerung von 100 ns angelegt.
- Das Modell besitzt ein zusätzliches Bussignal YINT, in dem die Eingangsbits A, B und C gebündelt werden. Für diese Zusammenfassung wird hier exemplarisch der Verkettungsoperator „&" (engl. concatenation operator) verwendet, mit dem im Gegensatz zu dem in Listing 4.6 verwendeten Aggregat nicht nur einzelne Bits, sondern auch Signalvektoren zu einem neuen Signalvektor zusammengefasst werden können.
- Durch den frei wählbaren Bezeichner DUT wird eine Instanz der Paritätsgeneratorkomponente PARGEN geschaffen und diese mit einer port map-Anweisung mit den lokalen Signalen der Testbench verdrahtet. (Weitere Details zu Komponenteninstanziierungen finden sich in Kapitel 11.7.)
- Während die Signale des Stimulusgenerators als nebenläufige Anweisung modelliert werden, erfolgt die Modellierung des Response-Monitors durch den Prozess CHECK: Innerhalb dieses Prozesses (vgl. Kapitel 8) werden die einzelnen Anweisungen sequenziell abgearbeitet: Nach jeweils einem durch wait

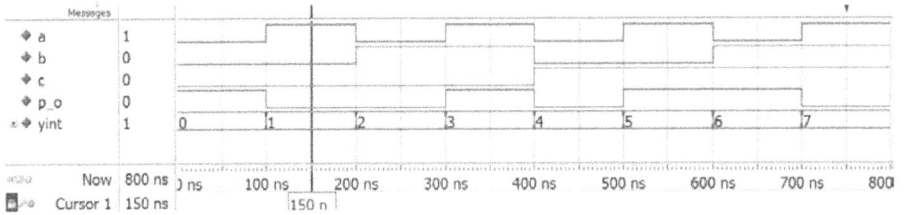

Bild 4.8: Simulation der Testbench aus Listing 4.7

for `<Zeitverzögerung>`² bezeichneten Zeitschritt erfolgt die Überprüfung des P_O-Signals in einer `assert`-Anweisung.

– Wichtig bei der Auswahl der Prüfzeitpunkte ist, dass das P_O-Signal einen stabilen Wert besitzt. Dies ist zu den Zeitpunkten, an denen neue Stimuli angelegt werden, nicht der Fall. Aus diesem Grunde wird im Response-Monitor vor der ersten Überprüfung 50 ns lang gewartet und der Vergleich mit dem Ausgangssignal P_O erfolgt jeweils in der Mitte zwischen den einzelnen Testvektoren.

Das Zeitverhalten der Testbench zeigt Bild 4.8. Ein Vergleich mit der rechten Seite von Tabelle 4.4 zeigt, dass das Modell die gewünschte Funktion korrekt beschreibt.

Auf der Konsole des VHDL-Simulators wird jedoch die folgende Meldung ausgegeben:

```
# ** Error: Err: test# 7
#    Time: 750 ns  Iteration: 0  Instance: /pargen_tb
```

Die Ursache dafür liegt in einem Fehler im Response-Monitor-Prozess: Fehlerhafterweise wurde in der letzten `assert`-Anweisung als Ergebnis für die letzte Zeile der Wahrheitstabelle eine '1' erwartet. Nach Korrektur dieses Fehlers in Listing 4.7 sollte die Fehleranzeige zum test# 7 verschwinden.

Weitere Hinweise zur Modellierung von VHDL-Testbenches finden sich in den Kapitel 8.6, 8.8 und 8.9.

4.5 Vertiefende Aufgaben

A **Aufgabe 4.2:** Beantworten Sie die folgenden Verständnisfragen:
a) Welches sind die syntaktischen Grundkonstrukte für ein VHDL-Modell?
b) Was bedeutet der Begriff „Nebenläufigkeit" in VHDL aus der Sicht der Simulation und aus der Sicht der Synthese?

---

2 Ein häufig gemachter syntaktischer Fehler ist hier ein fehlendes Leerzeichen zwischen der Zahl und der Zeiteinheit.

c) Welche Art von nebenläufigen Anweisungen gibt es in VHDL und was bedeuten diese?

d) Welche port-Modi sollten Sie sinnvollerweise verwenden?

e) Mit welchem VHDL-Konstrukt lassen sich Wahrheitstabellen leicht in VHDL-Code umsetzen?

f) Aus welchen drei Elementen besteht eine Testbench?

g) Mit welcher VHDL-Anweisung kann das tatsächliche Verhalten eines VHDL-Modells im Vergleich zum erwarteten Verhalten überprüft werden? ∎

A **Aufgabe 4.3:** Welche der folgenden VHDL-Bezeichner sind syntaktisch korrekt?
a) Hilfe, b) help, c) 2ter_Versuch, d) Zweiter-Versuch, e) WITH ∎

A **Aufgabe 4.4:** Entwerfen Sie den VHDL-Code eines Schaltnetzes, welches die beiden logischen Funktionen $Y1 = (E1 \land E2) \lor E3$ und $Y2 = (E1 \lor E2) \land E3$ darstellt. Stellen Sie die Wahrheitstabellen für beide Gleichungen auf und überprüfen Sie die korrekte Funktion Ihres Modells mit dem VHDL-Simulator ModelSim PE (vgl. Kapitel 20.2). ∎

A **Aufgabe 4.5:** Entwerfen Sie ein VHDL-Schaltnetz mit dem Eingang E, welches durch den Steuereingang S programmierbar ist: Für $S = 0$ soll der Ausgang $Y = E$ sein, für $S = 1$ soll $Y = \overline{E}$ sein. Simulieren Sie das Verhalten und synthetisieren Sie den Code, sofern Sie Zugang zu einem Implementierungswerkzeug (z. B. Vivado, vgl. Kapitel 5.4) haben. Welche Logikfunktion wird von Ihrem Synthese- bzw. Implementierungswerkzeug generiert? ∎

A **Aufgabe 4.6:** Entwerfen Sie das VHDL-Modell einer „Look-up"-Tabelle zur Steuerung logischer Funktionen: Abhängig von einem 2 Bit breiten Steuersignal S soll das Ausgangssignal eine der vier in Tabelle 4.5 angegebenen Schaltfunktionen der Eingangssignale A und B darstellen können. Verwenden Sie dabei eine selektive Signalzuweisung. Simulieren Sie die Schaltung mit einer geeigneten Testbench, die verschiedene Eingangssignalkombinationen für A und B sowie alle Fälle aus der Tabelle 4.5 umfasst. Falls Sie Zugang zu einem Synthesewerkzeug (z. B. Vivado, vgl. Kapitel 5.4) haben: Synthetisieren Sie den Code Ihres DUT und analysieren Sie die logische Gleichung, die für die Implementierung in einem programmierbaren FPGA generiert wird (vgl. Kapitel 5.5). ∎

Tab. 4.5: Look-Up-Tabelle zu Aufgabe 4.6

S(1)	S(0)	Y
0	0	$A \land B$
0	1	$A \lor B$
1	0	$\overline{A \land B}$
1	1	$\overline{A \lor B}$

∎

5 FPGA-Simulation und -Synthese mit Vivado

Für moderne FPGAs der Fa. Xilinx (ab Series-7) wird das CAE-Programm Vivado benötigt. Dieses löst die für ältere Xilinx-FPGAs (bis Spartan-6) und CPLDs verwendete Implementierungssoftware ISE [19] ab. Mit Vivado können Sie VHDL-Designs simulieren, synthetisieren und auf ein FPGA-Board laden. Mit der hier beschriebenen Installation der kostenlosen Vivado HL WebPACK-Version 2019.1 lässt sich allerdings nur eine eingeschränkte Anzahl von Xilinx FPGAs implementieren. Zu diesen gehört aber z. B. auch der bei FPGA-Einsteigern beliebte Artix-7-35T FPGA [122], den Sie z. B. auf dem *„Arty FPGA Development Kit"* finden [114]. Dieses Arty-Board soll exemplarisch in den nachfolgenden Hardwareimplementierungen verwendet werden. Die in diesem Kapitel vorgestellte Vorgehensweise ist jedoch weitgehend unabhängig von dem gewählten Baustein.

Vivado HL ist ein sehr komplexes Werkzeug, welches auch dafür konzipiert wurde, bereits existierende Hardwarefunktionsblöcke (IP-Blöcke) zu nutzen bzw. diese selbst zu entwickeln. Auf diese Weise können sehr schnell komplexe Systeme mit eigenen RTL-Codes (VHDL oder Verilog), über eine grafische Blockschaltplaneingabe oder mithilfe der sogenannten High-Level-Synthese (Hardwareentwurf auf der Basis von C/C++-, SystemC- [60] oder Matlab-Code [65]) entwickelt werden. Auch ist es mit Vivado möglich, eingebettete Hardware-Software-Systeme zu entwerfen, bei denen auf dem FPGA ein konfigurierbarer Mikroprozessor zusammen mit vorgefertigten oder selbst entworfenen IP-Blöcken implementiert und dieser mit einem C/C++ Code betrieben wird (vgl. Kapitel 17.6.3). Ein integrierter Bestandteil von Vivado ist eine Simulations- bzw. Debugging-Umgebung für die Hard- und Software.

Für die Zwecke dieses Lehrbuchs soll Vivado nachfolgend jedoch nur für den Entwurf einfacherer RTL-Schaltungen auf der Basis von VHDL erläutert werden. Der darin zu verwendende Entwicklungsprozess wurde bereits in Bild 2.8 dargestellt.

Insbesondere sollen in diesem Abschnitt die notwendigen Schritte zur Projektkonfiguration sowie zur Durchführung von Simulation, Synthese und Implementierung vorgestellt werden. Auch die FPGA-Programmierung mithilfe von Vivado wird erläutert. Als praktisches Beispiel einer kombinatorischen Schaltung soll zunächst ein 4-zu-1-Multiplexer implementiert werden. Weitere Implementierungsbeispiele für getaktete Schaltungen, bei denen ein besonderer Schwerpunkt auf dem Zeitverhalten (Statische Timing-Analyse und Post-Implementation-Timing-Simulation) liegt, finden Sie im Kapitel 13.2.

In der nachfolgenden Beschreibung sind die jeweiligen auszuwählenden Aktionen bzw. Menü-Eingaben *kursiv fett* gedruckt. Diese Eingaben erfolgen in unterschiedlichen Fenstern, deren Namen jeweils **fett gedruckt und mit einem Unterstrich** versehen sind. Dateinamen und -ordner sind als Schreibmaschinen-Font dargestellt.

https://doi.org/10.1515/9783110706970-005

5.1 Programminstallation

Zur Installation müssen Sie von der Fa. Xilinx eine Zugangsberechtigung erhalten. Laden Sie dazu die URL https://www.xilinx.com/support/download.html in die Adressleiste Ihres Internet-Browsers und klicken Sie auf das mit dem Pfeil markierte Symbol rechts oben. Es erscheint die folgende Web-Seite:

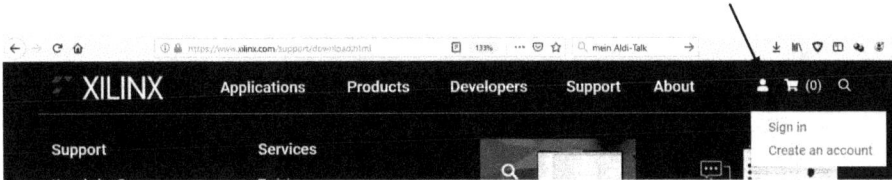

Wählen Sie darin **Create an account** und füllen Sie das Formular aus. Nach Absenden des Formulars sollten Sie per Email eine Zugangsbestätigung erhalten. Erst danach können Sie fortfahren.

Es wird dringend empfohlen, Vivado mit der Web-Installer-Software zu installieren. Wenn Sie z. B. die Version 2019.1 installieren wollen, so müssen Sie weiter unten auf der o. a. Webseite den folgenden Eintrag anklicken:

⬇ Vivado HLx 2019.1: WebPACK and Editions - Windows
Self Extracting Web Installer (EXE - 64.62 MB)

MD5 SUM Value : 743003070fb77857ad098bd6873bdf0b

Geben Sie danach Ihren Benutzernamen und Ihr Passwort ein und klicken Sie unten auf der Seite auf **Download** und merken Sie sich den Downloadordner. Doppelklicken Sie auf die heruntergeladene *.exe Datei im Downloadordner und erlauben Sie die Installation unter Windows. Nach kurzer Zeit startet das Installationsprogramm. Geben Sie erneut Ihren Xilinx-Zugangscode an und bestätigen Sie an drei Stellen die Lizenzvereinbarungen durch Klicken auf **I Agree**. Wählen Sie **Next**. Selektieren Sie im nachfolgenden Fenster **Vivado HL WebPACK** und wählen Sie erneut **Next**.

Vor der Installation müssen Sie den Installationsumfang festlegen. Eine typische Installationskonfiguration zur Verwendung von Artix- oder Zynq-7 FPGAs [67], die auch einen Hardware-Download ermöglicht, zeigt das Bild 5.1, sie benötigt ca. 18 GB Speicherplatz auf der Festplatte.

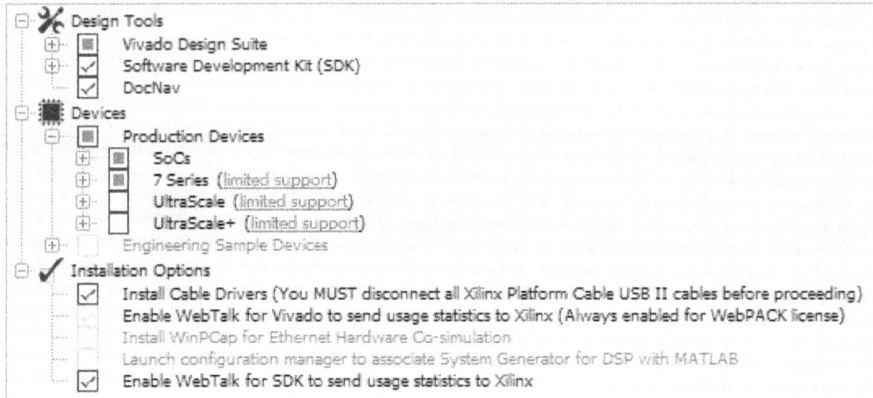

Bild 5.1: Typische Installationskonfiguration für Vivado

Nach erfolgreicher Installation sollte sich auf dem Desktop das folgende Symbol befinden, mit dem Vivado gestartet wird:

Das Bild 5.2 zeigt die gewählte Ordnerstruktur für FPGA-Projekte auf dem eigenen PC, die zunächst manuell anzulegen ist. Darin werden alle Quellcodes bewusst getrennt von den anwendungsspezifischen Projektordnern aufbewahrt. Dies hat den Vorteil, dass der gleiche Quellcode für verschiedene Simulations- und Synthese-Programme wie z. B. Vivado oder ModelSim (s. Kapitel 20.2) unverändert verwendet werden kann, ohne dafür jeweils eine eigene Kopie der Quellcodes erzeugen zu müssen, womit die Übersicht leicht verloren gehen könnte. Für die Beispiele in diesem Buch wird exemplarisch der bei FPGA-Einsteigern beliebte Artix-7-35T FPGA [67] verwendet, den Sie

ModelSim_Projects	Verzeichnis für das ModelSim-Projekt (*.mpf, ./work)
VHDL_Codes	Verzeichnis für alle Quellcodes
Vivado_Arty	Verzeichnis für die Vivado Projekte (*.xpr)

Bild 5.2: Empfohlene Verzeichnisstruktur für die Simulations-und Syntheseprojekte

z. B. auf dem *„Arty FPGA Development Kit"* [66] finden, Die entsprechenden Vivado-Projekte werden daher im Ordner Vivado_Arty abgelegt.

Weiter soll zunächst davon ausgegangen werden, dass die Quellcodes bereits mit einem Standard-Texteditor (z. B. Notepad++) erstellt wurden und sich im VHDL_Codes-Ordner befinden. Als Quellcode sollen hier nicht nur die VHDL-Codes *.vhd verstanden werden, sondern auch die ModelSim- bzw. Vivado-Kommandodateien *.tcl, sowie die später für Vivado benötigten *.xdc-Dateien, mit denen u. a. die Zuordnung der VHDL-Schnittstellensignale zu den FPGA-Anschlüssen festgelegt wird.

In der nachfolgenden Beschreibung sind die jeweiligen auszuwählenden Aktionen bzw. Menü-Eingaben *kursiv fett* gedruckt. Diese Eingaben erfolgen in unterschiedlichen Fenstern, deren Namen jeweils **fett gedruckt und mit einem Unterstrich** versehen sind. Dateinamen und -ordner sind als Schreibmaschinen-Font dargestellt. Die Übergänge zu einer untergeordneten Menü-Hierarchie von ModelSim sind durch das Zeichen ⇒ gekennzeichnet.

5.2 Konfiguration eines RTL-Projektes in Vivado

Die Vivado-Projektkonfigurationen (*.xpr) sollten in einem von den Quellcodes getrennten Projektordner Vivado_Arty/2019.1 abgespeichert werden, dessen Unterordner-Bezeichnung auch die Vivado-Version zu entnehmen ist.

Nach dem Starten von Vivado durch Doppelklicken des Vivado-Symbols auf dem Desktop öffnet sich das Willkommensfenster von Bild 5.3, in welchem neben den grundlegenden Aufgaben zur Erzeugung eines neuen bzw. dem Öffnen eines exis-

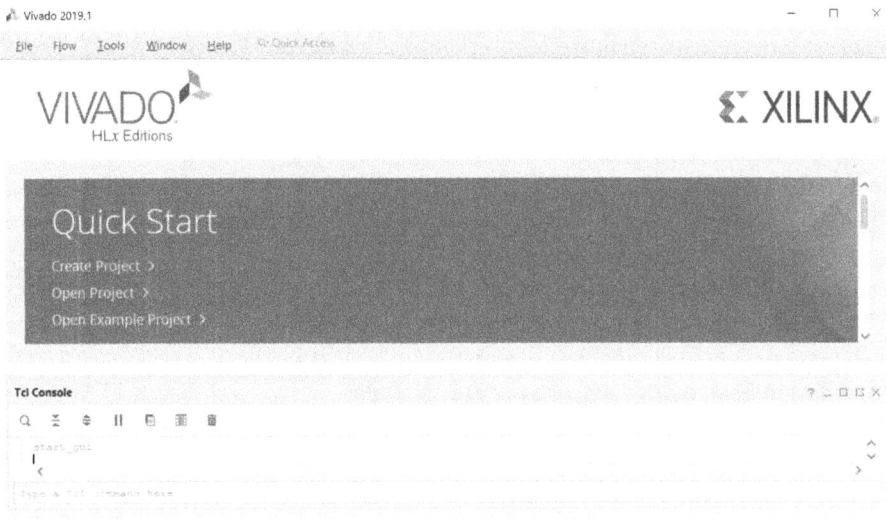

Bild 5.3: Vivado-Willkommensfenster

tierenden Vivado-Projekts weiter unten Entwurfsschritte zur Erzeugung oder Abänderung eigener IP-Blöcke sowie die Programmierung des FPGA angeboten werden. Wenn Sie im Aufgabenfenster ganz nach unten scrollen, so finden Sie im *Learning Center* Verweise zur Dokumentation von Vivado.

Zur Erzeugung eines neuen, VHDL-basierten Projektes ist die Schaltfläche *Create Project* zu betätigen. Das nachfolgende Fenster informiert über die einzelnen Schritte der Projektkonfiguration und kann mit *Next* verlassen werden.

Nachfolgend soll davon ausgegangen werden, dass ein VHDL-basiertes Vivado-Projekt erzeugt werden soll. Im darauffolgenden Fenster Bild 5.4 ist der Projektname (hier: MUX4X1) sowie der Projektordner Vivado_Arty/2019.1 anzugeben.

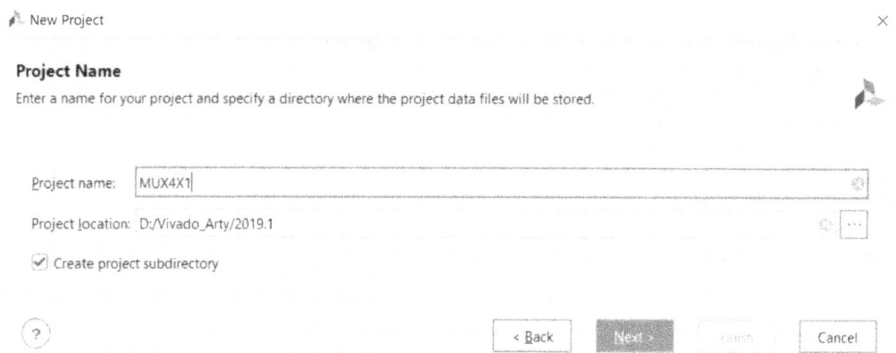

Bild 5.4: Angabe des neuen Projektnamens und Zielordners

Mit *Next* kommt man zum **Project Type**-Fenster, in dem die Voreinstellung *RTL-Project* übernommen werden muss. Nach erneuter Eingabe von *Next* ist im **Add Sources**-Fenster Bild 5.5 anzugeben, dass als Target- und Simulationssprache VHDL zu verwenden ist.

Im nächsten Schritt ist mithilfe eines Texteditors (z. B. Notepad ++) im Quellcodeordner VHDL_Codes die Datei mux4x1.vhd anzulegen. Darin wird ein 4-zu-1-Multiplexer mit einer selektiven Signalzuweisung modelliert. Nach der Eingabe des in Bild 5.6 dargestellten Quellcodes ist die Datei abzuspeichern.

Nach Aktivierung der *Add Files*-Schaltfläche müssen im **Add Source Files**-Fenster Bild 5.6 bereits existierende VHDL-Dateien aus dem VHDL-Codes-Ordner ausgewählt und dem Projekt hinzugefügt werden.

Anschließend ist das Fenster mit *OK* zu verlassen wodurch das **Add Sources**-Fenster mit der bereits ausgewählten Datei mux4x1.vhd erneut geöffnet wird und weitere VHDL-Codes angegeben werden können. In einem nachfolgenden, durch Klicken von *Next* erreichbaren Fenster, besteht die Möglichkeit, eine Constraints-Datei (das sind zunächst nur die Signal-Pin-Kopplungen des FPGAs) einzugeben. In diesem einführenden Beispiel sollen die Constraints jedoch erst später eingegeben werden.

New Project   ×

Add Sources

Specify HDL, netlist, Block Design, and IP files, or directories containing those files, to add to your project. Create a new source file on disk and add it to your project. You can also add and create sources later.

+   −   ↑   ↓

| Add Files | Add Directories | Create File |

☐ Scan and add RTL include files into project
☐ Copy sources into project
☑ Add sources from subdirectories

Target language: VHDL ⌄   Simulator language: VHDL ⌄

(?)   < Back   Next >   Finish   Cancel

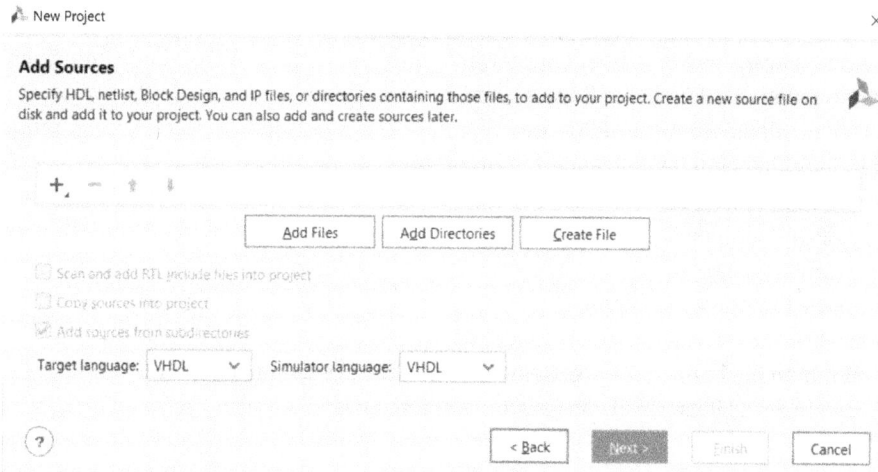

Bild 5.5: Auswahl der Hardwarebeschreibungssprache VHDL

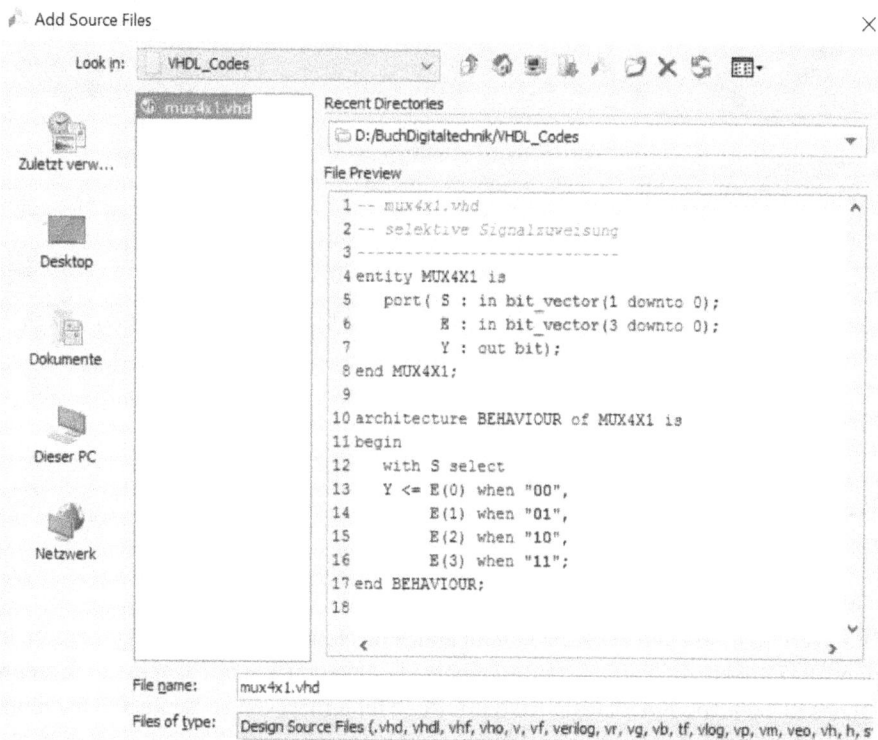

Add Source Files   ×

Look in: VHDL_Codes

Recent Directories

D:/BuchDigitaltechnik/VHDL_Codes

File Preview

```
1 -- mux4x1.vhd
2 -- selektive Signalzuweisung
3 ---------------------------
4 entity MUX4X1 is
5     port( S : in bit_vector(1 downto 0);
6           E : in bit_vector(3 downto 0);
7           Y : out bit);
8 end MUX4X1;
9
10 architecture BEHAVIOUR of MUX4X1 is
11 begin
12     with S select
13     Y <= E(0) when "00",
14          E(1) when "01",
15          E(2) when "10",
16          E(3) when "11";
17 end BEHAVIOUR;
18
```

Zuletzt verw...
Desktop
Dokumente
Dieser PC
Netzwerk

File name: mux4x1.vhd

Files of type: Design Source Files (.vhd, vhdl, vhf, vho, v, vf, verilog, vr, vg, vb, tf, vlog, vp, vm, veo, vh, h, s

Bild 5.6: Auswahl von bereits existierenden VHDL-Dateien im Dateiordner VHDL_Codes

Schlussendlich gelangt man zum **Default Part**-Fenster Bild 5.7, in dem der FPGA-Baustein bzw. das FPGA-Board ausgewählt wird, auf dem der VHDL-Code implementiert werden soll. Für dieses Beispiel wird das Arty-Board der Fa. Digilent gewählt [66], welches mit einem Artix-7-FPGA des Typs xc7a35 ausgestattet ist. Nach Konfiguration des Suchfilters mit den folgenden Informationen

- Produktkategorie: General Purpose
- FPGA-Familie: Artix-7
- Gehäuse: csg324
- Geschwindigkeitsklasse: -1L

erhält man die in Bild 5.7 dargestellte Liste der infrage kommenden FPGAs, in der der Baustein xc7a35ticsg324-1L ausgewählt werden muss.

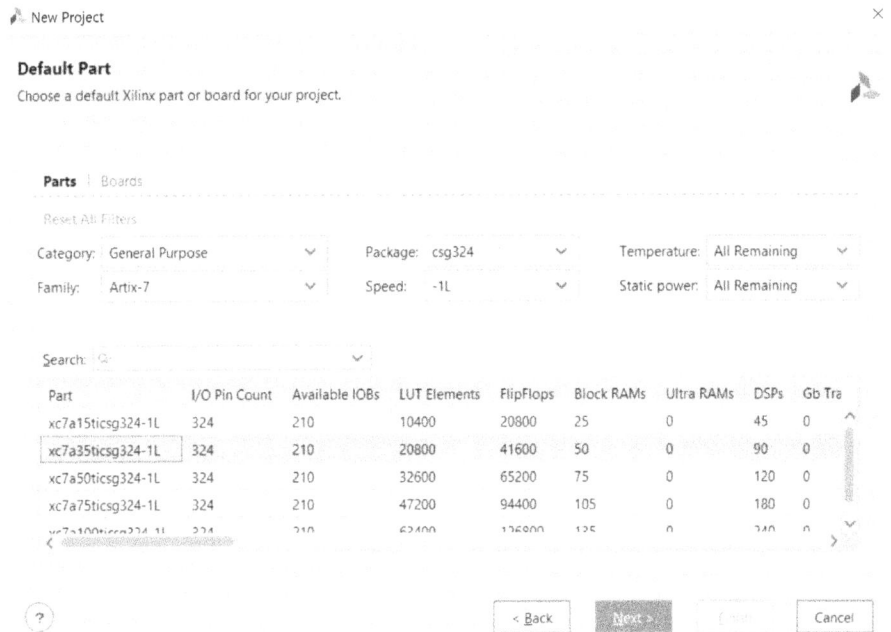

Default Part
Choose a default Xilinx part or board for your project.

Part	I/O Pin Count	Available IOBs	LUT Elements	FlipFlops	Block RAMs	Ultra RAMs	DSPs	Gb Tra
xc7a15ticsg324-1L	324	210	10400	20800	25	0	45	0
xc7a35ticsg324-1L	324	210	20800	41600	50	0	90	0
xc7a50ticsg324-1L	324	210	32600	65200	75	0	120	0
xc7a75ticsg324-1L	324	210	47200	94400	105	0	180	0
xc7a100ticsg324-1L	324	210	63400	126800	135	0	240	0

Bild 5.7: Auswahl des FPGA-Bausteins

Durch erneutes Klicken von *Next* kommt man zum **New Project Summary**-Fenster, in dem alle Projektinformationen zusammengefasst werden und mit dem es durch mehrfaches Klicken von *Back* möglich ist, eventuell fehlerhaft vorgenommene Einstellungen zu korrigieren.

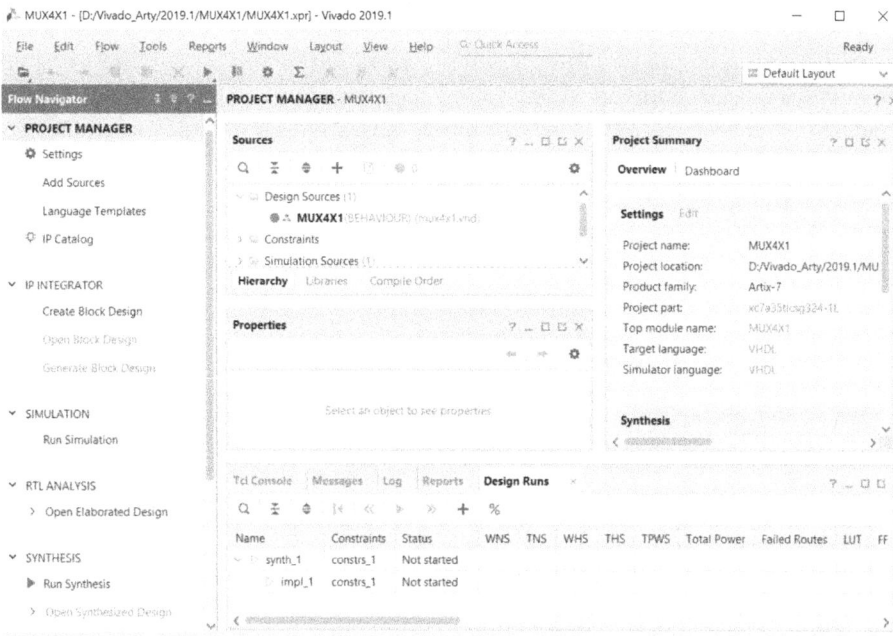

Bild 5.8: Vivado-Projektfenster für die Simulation und Implementierung des 4-zu-1-Multiplexers

Wenn alle Einstellungen richtig sind, so wird nach Klicken von *Finish* das Projekt konfiguriert und es öffnet sich das Projektfenster in Bild 5.8. Das Projektfenster enthält die folgenden Teilfenster:

- Den **Flow Navigator**: In diesem Fenster sind die durchzuführenden Aktionen gemäß dem vorgegebenen Entwurfsprozess aufgeführt (vgl. Bild 2.8). Diese Aktionen werden üblicherweise von oben nach unten der Reihe nach ausgeführt, wobei evtl. einzelne Schritte ausgelassen werden.
- Den **Project Manager**: Dieses Fenster besteht wiederum aus drei Teilfenstern, die abhängig von der Auswahl der Schaltflächen unter den Fenstern ausgewählt werden können. Im Moment aktiviert ist das **Sources**-Teilfenster mit dem ausgewählten VHDL-Code, das **Design Runs**-Teilfenster, welches hier die Information enthält, dass weder eine Synthese noch eine Implementierung begonnen wurde, sowie schließlich die **Project Summary**.

Nach einem späteren Schließen des Projekts können Sie diese Konfiguration erneut in Vivado laden, indem Sie im Projektordner die Datei MUX4X1.xpr doppelt klicken.

5.3 Funktionale Simulation des VHDL-Codes

Dem Bild 2.8 ist zu entnehmen, dass der VHDL-Code zunächst mithilfe einer funktionalen Simulation verifiziert werden muss, die auch als Verhaltenssimulation bezeichnet wird. Dies bedeutet die Überprüfung, ob der VHDL-Quellcode eine für die Aufgabestellung geeignete Lösung ist. Dazu ist im **Flow Navigator**-Fenster die Schaltfläche *Run Simulation* mit der Auswahl *Run Behavioral Simulation* zu aktivieren (vgl. Bild 5.9).

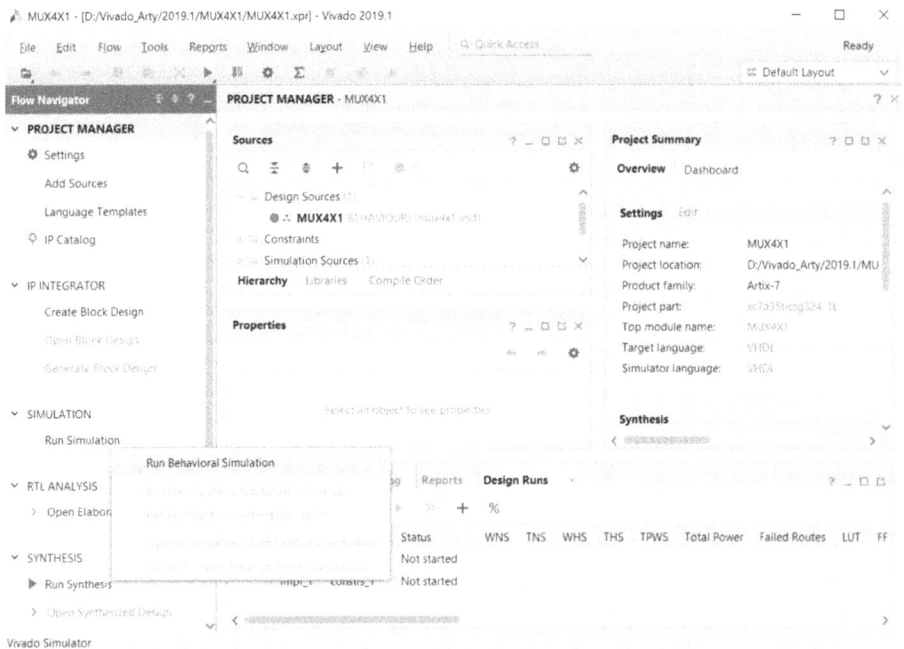

Bild 5.9: Starten des Vivado-Simulators für eine funktionale Simulation

Nach Kompilation und Elaboration (das ist zunächst nur das Zusammenfügen aller Komponenten in einem strukturellen Design) des VHDL-Modells öffnet sich das **Behavioral Simulation**-Fenster Bild 5.10, welches wiederum drei Teilfenster enthält:
–   **Scopes** enthält alle Komponenten. In diesem einfachen Beispiel existiert nur die Top-Level Komponente MUX4X1.
–   Das Waves-Fenster enthält den zeitlichen Verlauf aller darzustellenden Signale, es trägt hier zunächst den Namen **Untitled_1**.
–   **Objects** enthält alle Signale der gerade ausgewählten Komponente. In diesem Fenster können nach Auswahl eines Signals und Rechtsklick die in Bild 5.11 dargestellten Aktionen getätigt werden. Dazu gehören insbesondere die Auswahl zur

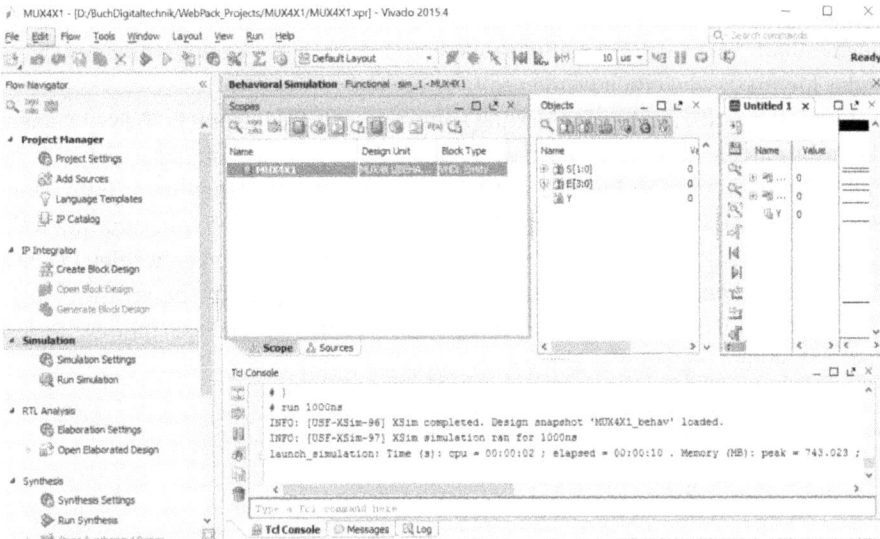

Bild 5.10: Das Simulationsfenster in Vivado enthält drei Teilfenster: **Scopes**, **Objects** und das Waves-Fenster **Untitled_1**. Außerdem befindet sich ganz unten im Simulationsfenster die Eingabezeile für Tcl-Befehle

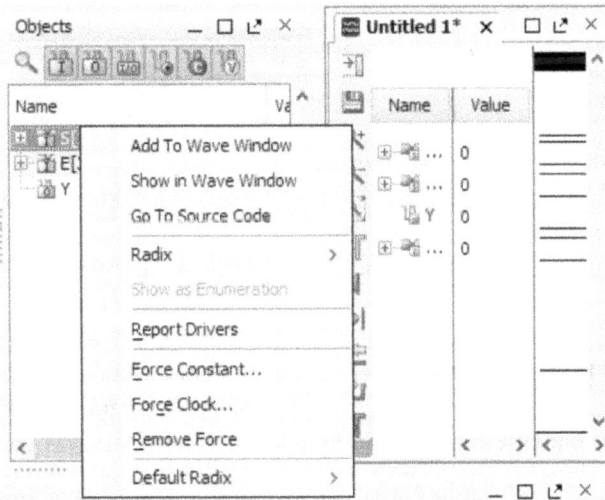

Bild 5.11: Im **Objects**-Fenster lassen sich die Signale für das Waves-Fenster auswählen und insbesondere die Werte der Eingangssignale festlegen

Darstellung im Waves-Fenster (*Add to Wave Window*), sowie die Auswahl der Bitwert-Zuweisungen, mit denen die Eingangssignale stimuliert werden sollen (*add_force…*).

Allerdings erweist sich das Arbeiten mit einer Menüsteuerung insbesondere dann als nachteilhaft, wenn ein Simulationsablauf, z. B. nach einer Veränderung des Quellcodes identisch wiederholt werden soll.

Als Alternative zur Menüsteuerung können Sie die Skriptsprache Tcl verwenden, die insbesondere in ASIC-Entwurfswerkzeugen sehr verbreitet ist und auch in Vivado zum Einsatz kommt. Zur Eingabe von Tcl-Befehlen muss im **Behavioral Simulation**-Fenster Bild 5.10 der Reiter *Tcl Console* aktiviert werden. Dadurch wird ganz unten ein Eingabefenster geöffnet, in das nun die Tcl-Kommandos eingegeben werden (*Type a Tcl command here*). Dabei lässt sich auch eine Folge von Kommandos direkt eingeben, die hier mit der Datei mux4x1_Vivado.tcl vorbereitet ist und sich im VHDL_Codes-Ordner befindet (vgl. Bild 5.12).

```
 1    # Befehle zur Simulation unter Vivado
 2    restart
 3
 4    add_wave {/MUX4x1/S} {/MUX4x1/E} {/MUX4x1/Y}
 5
 6    add_force -radix hex E {A }
 7    add_force S[ ] { 0 } {1 100ns} -repeat_every 200ns
 8    add_force S[ ] { 0 } {  200ns} -repeat_every 400ns
 9
10    run 400ns
11
```

Bild 5.12: Wichtige Tcl-Kommandos zur Durchführung einer Simulation mit Vivado in der im Notepad++-Editor geöffneten Datei mux4x1_vivado.tcl

Diese Kommandos haben die folgende Bedeutung:
- Ein #-Zeichen am Anfang einer Kommandozeile kennzeichnet einen Kommentar, der bis zum Zeilenende reicht.
- Der *restart*-Befehl initialisiert die Simulation und setzt die Simulationszeit auf t = 0 zurück.
- Nach dem *add_wave*-Befehl folgt in jeweils geschweiften Klammern eine Liste der Signale, die im Waves-**Fenster** dargestellt werden sollen. Dabei wird die Hierarchie der Komponenteninstanzennamen durch Schrägstriche gekennzeichnet. In diesem Beispiel gibt es nur eine Top-Level-Entity mit dem Namen MUX4X1 und danach folgen die einzelnen Signalnamen dieser Entity. Ein *add_wave* Befehl ist nur für die Signale notwendig, die noch nicht im Waves-Fenster aufgeführt sind. Bei der Nutzung des *add_wave*-Befehls ist zu berücksichtigen, dass beim Start der Vivado-Simulation üblicherweise alle Signale der Top-Level-Entity automatisch dem Wave-Fenster hinzu gefügt werden, was dazu führen kann, dass darin einige Signale doppelt auftauchen und dann durch Selektion mit der rechten Maustaste und nachfolgender Betätigung der <Entf>-Taste ggf. gelöscht werden müssen.

– Mit dem ***add_force***-Befehl werden den Eingangssignalen Werte zugeordnet. In diesem Beispiel wird dieser Befehl auf unterschiedliche Weise genutzt:
  – Das Eingangssignal E soll als Hexadezimalzahl eingegeben werden und es soll ab dem Zeitpunkt t = 0 den Hexadezimalwert 0xA bzw. den Binärwert 1010 haben.
  – Die beiden Bits des Signalvektors S werden in eckigen Klammern spezifiziert und sollen beide bei t = 0 den Wert 0 besitzen. S[0] soll bei t = 100 ns den logischen Wert 1 erhalten und dieses 0-1-Muster soll sich alle 200 ns wiederholen. Ähnliches gilt für das Signal S[1], welches sein 0-1-Signalmuster allerdings alle 400 ns wiederholt.
– Mit dem ***run***-Befehl wird der Simulator gestartet und nach 400 ns angehalten.

Im Ergebnis sollen durch die in Bild 5.12 vorbereiteten Simulationskommandos die vier Bits des Eingangssignalvektors E = 1010 nacheinander auf den Ausgang Y durchgeschaltet werden.

Für die Ausführung der Befehle gibt es nun zwei Möglichkeiten:
– Entweder Sie kopieren alle Tcl-Befehle aus dem Fenster des Editors in den Windows Paste-Puffer (<Strg+A>, <Strg+C>), fügen anschließend diesen Puffer in das Tcl-Eingabefenster ein (<Strg+V>) und beenden die Eingabe durch <Return> in der Tcl-Eingabezeile, oder
– Sie wählen im Vivado-Menü ***Tools → Run Tcl Script*** und selektieren im Dateibrowser die abgespeicherte Tcl-Datei mux4x1_Vivado.tcl im VHDL_Codes-Ordner.

Das in Bild 5.13 dargestellte Waves-Fenster **Untitled_1** zeigt die korrekte Funktionalität des 4-zu-1-Multiplexers für das Eingangssignal E = 0xA: In vier, jeweils 100 ns langen Schritten werden die vier Bits des Eingangssignals, beginnend beim niederwertigen Bit E[0] und endend mit dem höchstwertigen Bit E[3] auf den Ausgang Y gelegt.

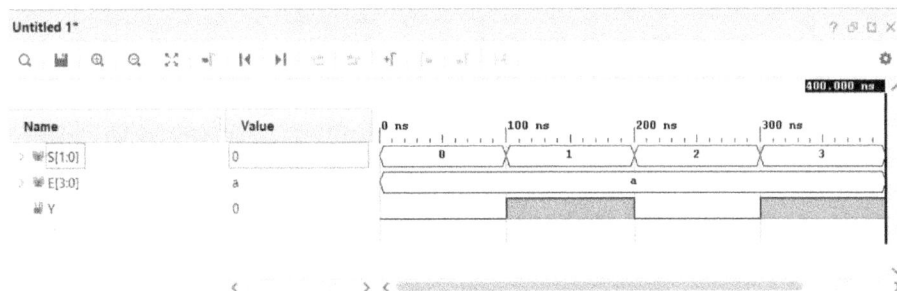

Bild 5.13: Wave-Fenster Untitled_1 für die Simulation des 4-zu-1 Multiplexers. Es werden nacheinander alle Bits des Eingangssignals E = 0xA am Ausgang Y dargestellt

5.4 Synthese und Implementierung

Vor der Synthese empfiehlt es sich, den VHDL-Code auf Schaltplanebene darauf hin zu untersuchen, ob er den Erwartungen entspricht. Dafür wird im **Flow Navigator**-Fenster unter *RTL Analysis* die Auswahl *Open Elaborated Design* betätigt.

Nach Aktivierung der *Schematic*-Schaltfläche im **Elaborated Design**-Fenster zeigt Bild 5.14 einen Schaltplan mit einem 4-zu-1-Multiplexer-Symbol für den Eingangssignalvektor E und den Steuersignalvektor S. Dieses Symbol entspricht, wie alle anderen Schaltplansymbole von Vivado, nicht der europäischen Norm IEC 60617, sondern der in den USA weit verbreiten Darstellungsart (vgl. Bild 3.14c).

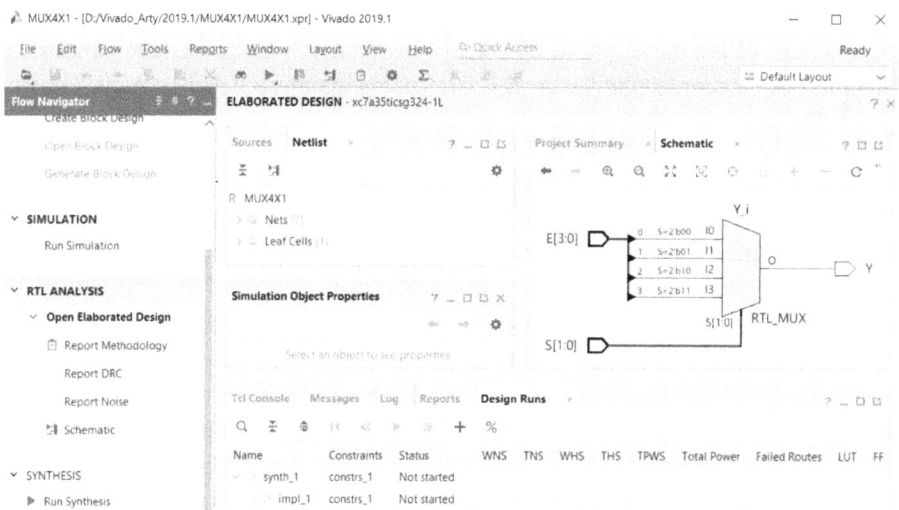

Bild 5.14: Mit **Open Elaborated Design** lässt sich der VHDL-Code als RTL-Schaltplan darstellen

Die nachfolgende Synthese und Implementierung erfordert eine eindeutige Zuordnung der entity-Ports zu ausgewählten FPGA-Anschlüssen. Als Testeingänge bieten sich Schalter bzw. Taster und als Testausgang eine LED an. Diese Information wird in Vivado in einer Datei mit der Dateierweiterung *.xdc hinterlegt. Für Evaluationsboards wird üblicherweise eine allgemein verwendbare xdc-Datei vom Hersteller des Boards zur Verfügung gestellt. Diese Datei kann dann anschließend für die speziellen Erfordernisse kopiert und modifiziert werden. Inhalte der xdc-Datei sind ebenfalls Tcl-Kommandos. Der hierfür benötigte *set_property*-Befehl soll anhand von Bild 5.15 erläutert werden:

– Durch die Option **–dict** in der Datei mux4x1_arty.xdc wird spezifiziert, dass nachfolgend Eingabefelder jeweils paarweise eingegeben werden.

- Das erste dieser Paare ist der Parameter PACKAGE_PIN, dem als Wert die Nummer des FPGA-Pins folgt. Diese Pin-Nummer wurde durch das Platinenlayout des Arty-Boards festgelegt.
- Das zweite Paar beschreibt mit dem Parameter IOSTANDARD den Pegelstandard der I/O-Pins, die hier mit einem 3.3V CMOS-Pegelstandard betrieben werden (vgl. Kapitel 10.2.3).
- Durch den ***get_ports***-Befehl wird dem in geschweiften Klammern spezifizierten Pin der jeweils angegebene VHDL-Bezeichner des Eingangs- bzw. Ausgangsports zugeordnet. Die einzelnen Bitindices eines Signalvektors werden in eckigen Klammern geschrieben.
- Jeder Befehl wird mit einem Semikolon abgeschlossen und hinter dem Kommentarzeichen # wird sinnvollerweise angegeben, wie der Schalter (BTN), Taster (SW), bzw. die LED auf dem Board bezeichnet ist.

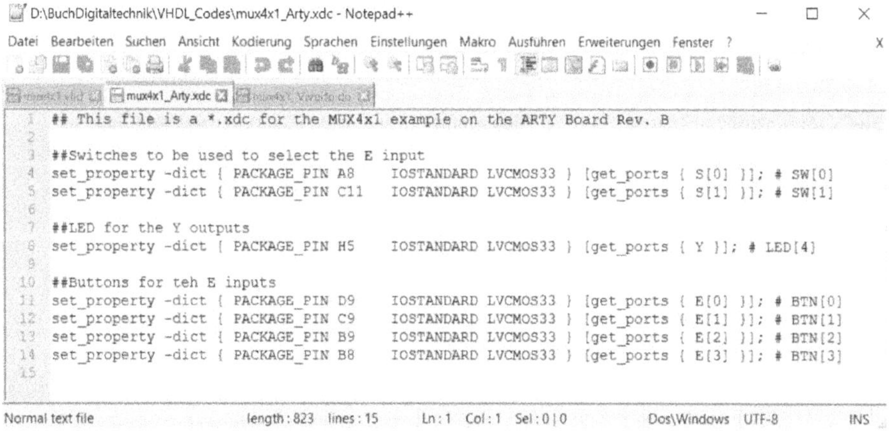

```
D:\BuchDigitaltechnik\VHDL_Codes\mux4x1_Arty.xdc - Notepad++                              —    □    ×
Datei  Bearbeiten  Suchen  Ansicht  Kodierung  Sprachen  Einstellungen  Makro  Ausführen  Erweiterungen  Fenster  ?              X

  mux4x1.vhd        mux4x1_Arty.xdc        mux4x1_Vivado.do

  1  ## This file is a *.xdc for the MUX4x1 example on the ARTY Board Rev. B
  2
  3  ##Switches to be used to select the E input
  4  set_property -dict { PACKAGE_PIN A8     IOSTANDARD LVCMOS33 } [get_ports { S[0] }]; # SW[0]
  5  set_property -dict { PACKAGE_PIN C11    IOSTANDARD LVCMOS33 } [get_ports { S[1] }]; # SW[1]
  6
  7  ##LED for the Y outputs
  8  set_property -dict { PACKAGE_PIN H5     IOSTANDARD LVCMOS33 } [get_ports { Y }]; # LED[4]
  9
 10  ##Buttons for teh E inputs
 11  set_property -dict { PACKAGE_PIN D9     IOSTANDARD LVCMOS33 } [get_ports { E[0] }]; # BTN[0]
 12  set_property -dict { PACKAGE_PIN C9     IOSTANDARD LVCMOS33 } [get_ports { E[1] }]; # BTN[1]
 13  set_property -dict { PACKAGE_PIN B9     IOSTANDARD LVCMOS33 } [get_ports { E[2] }]; # BTN[2]
 14  set_property -dict { PACKAGE_PIN B8     IOSTANDARD LVCMOS33 } [get_ports { E[3] }]; # BTN[3]
 15

Normal text file            length : 823  lines : 15      Ln : 1  Col : 1  Sel : 0 | 0           Dos\Windows  UTF-8        INS
```

Bild 5.15: Inhalt der xdc-Datei für den 4-zu-1-Multiplexer bei der Realisierung auf dem Arty-Board [114]. Die beiden Bits des Steuersignals S werden über die Taster SW[0] und SW[1] angesteuert und die 4 Bits des Eingangssignals E werden durch die Schalter BTN[0]...BTN[3] definiert. Das Ausgangssignal Y wird an die Leuchtdiode LED[4] gelegt

Nachfolgend muss diese xdc-Datei, die sich im Ordner VHDL_Codes befindet, dem Projekt hinzugefügt werden. Dazu muss im **Elaborated Design**-Fenster der Reiter *Sources* aktiviert werden und anschließend die Dateigruppe *Constraints* ausgewählt werden. Anschließend ist durch Klicken der rechten Maustaste das Kontextmenü zu öffnen und ***Add Sources*** auszuwählen. (vgl. Bild 5.16).

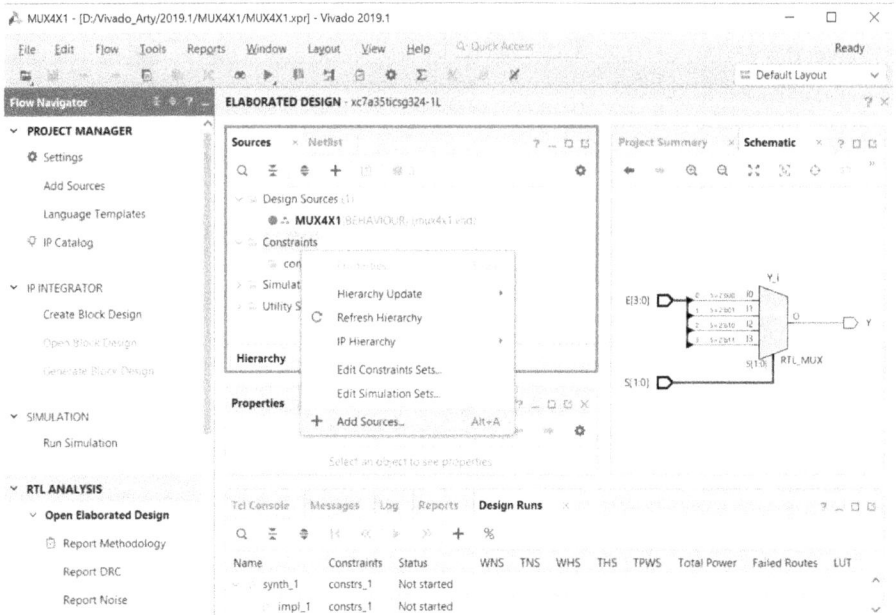

Bild 5.16: Hinzufügen einer xdc-Datei im Constraints-Ordner durch Selektion von **Add Sources**

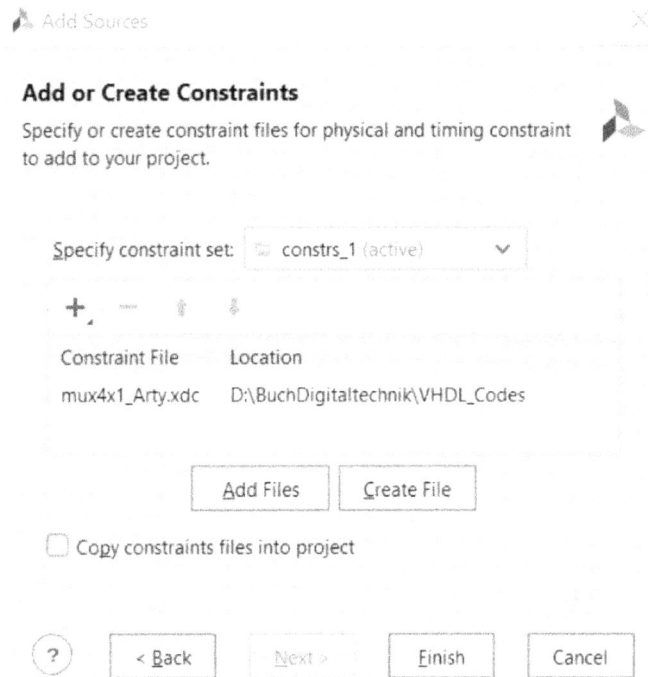

Bild 5.17: Hinzufügen der xdc-Datei mux4x1_Arty.xdc in den constrs_1-Unterordner des Vivado Projekts

In dem sich nun öffnenden **Add Sources**-Fenster ist der Punkt *Add or Create Constraints* auszuwählen und *Next* einzugeben. In dem sich nun öffnenden Fenster muss die Schaltfläche *Add Files* betätigt werden und im VHDL_Codes Ordner ist die in Bild 5.15 dargestellte Datei mux4x1_Arty.xdc auszuwählen. Nach Bereitstellung aller erforderlichen Quellcodes (vgl. Bild 5.18) ist die Schaltfläche *Finish* zu betätigen (vgl. Bild 5.17).

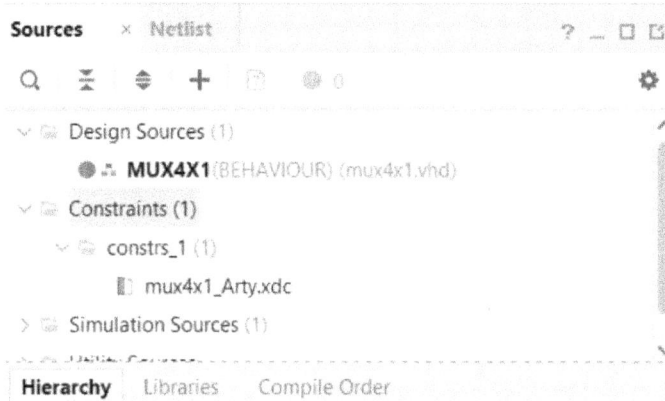

Bild 5.18: Alle für den Entwurf benötigten Dateien im **Sources**-Teilfenster

Der anschließende Syntheseprozess kann durch vielfältige Optionen gesteuert werden. Um diesen abweichend von den Grundeinstellungen zu beeinflussen, kann optional im **Flow Navigator**-Fenster das Kontextmenu des *Run Synthesis* Befehls geöffnet (rechte Maustaste) und danach *Synthesis Settings* ausgewählt werden (vgl. Bild 5.19).

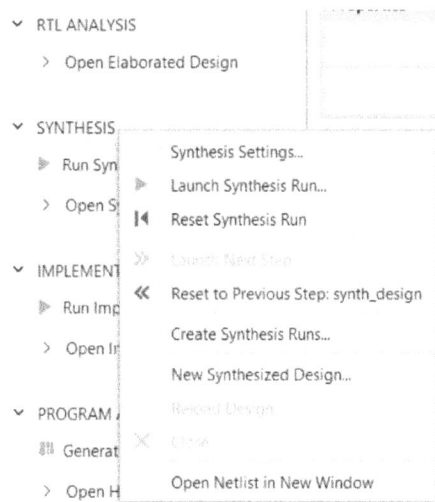

Bild 5.19: Der Zugang zu den Syntheseoptionen erfolgt über das Kontextmenu des **Run Synthesis**-Befehls

Nachfolgend muss im **Flow Navigator**-Fenster der Punkt *Run Synthesis* durch Doppelklicken ausgewählt werden, womit die VHDL-Synthese beginnt. In der Vivado Menüleiste erscheint oben rechts die Aktivitätsmeldung *Running synth_design*, die auch im **Design Runs**-Teilfenster erscheint (vgl. Bild 5.20).

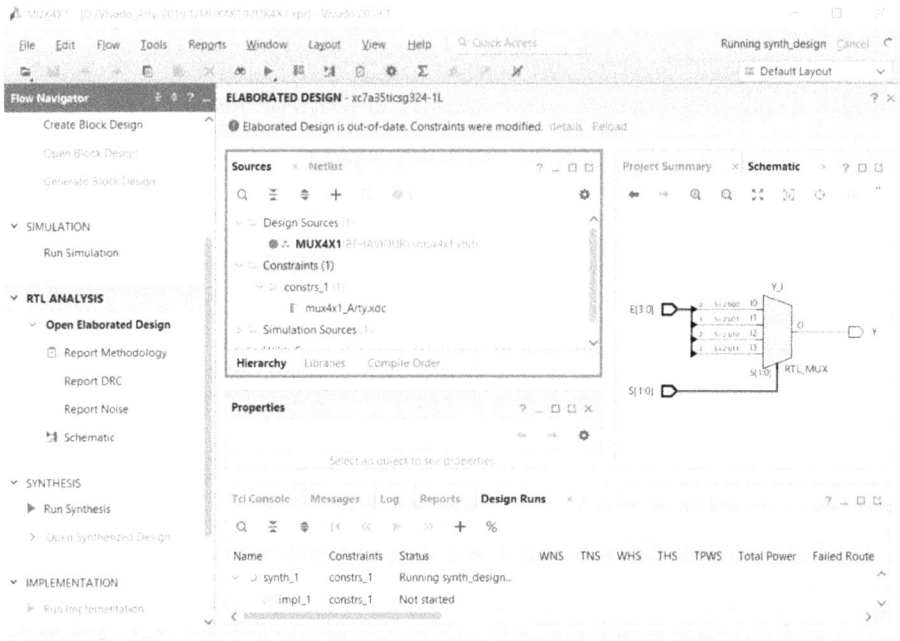

Bild 5.20: Ausführung der Synthese nach Aktivierung des markierten Punktes *Run Synthesis* im **Flow Navigator**-Fenster

Nach erfolgreicher Beendigung der Synthese erscheint die Meldung *Synthesis Completed* und man kann durch Betätigen von *OK* dem Vorschlag *Run Implementation* folgen. Während der Implementierung erfolgt eine FPGA-spezifische Design-Optimierung sowie die Platzierung und Verdrahtung der FPGA-Ressourcen. Die einzelnen Aktivitäten werden in Vivado wieder oben rechts angezeigt.

5.5 Analyse der Schaltungsimplementierung

Eine erfolgreiche Implementierung wird im **Vivado**-Fenster oben rechts durch ein grünes Häkchen angezeigt. Es öffnet sich das **Implementation Completed**-Fenster und es empfiehlt sich, dem Vorschlag zu folgen und das Design zu öffnen (*Open Implemented Design*).

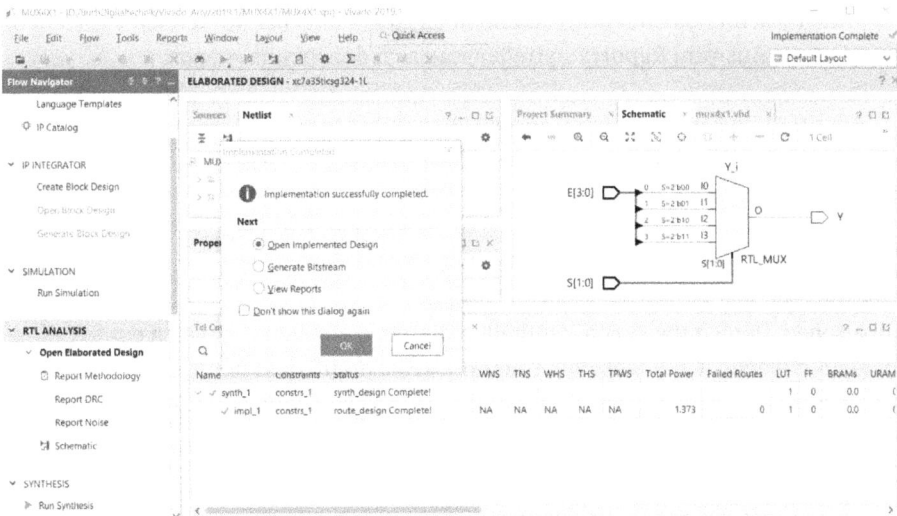

Bild 5.21: Auswahl von **Open Implemented Design** nach erfolgreicher Implementierung

Nach dem ggf. erforderlichen Schließen des **Elaborated Design**-Fensters öffnet sich das **Implemented Design**-Fenster Bild 5.22. Darin erscheint im **Netlist**-Teilfenster unter *Leaf Cells* eine Liste aller verwendeten FPGA-Zellen und unter *Nets* eine Liste aller internen FPGA-Signale.

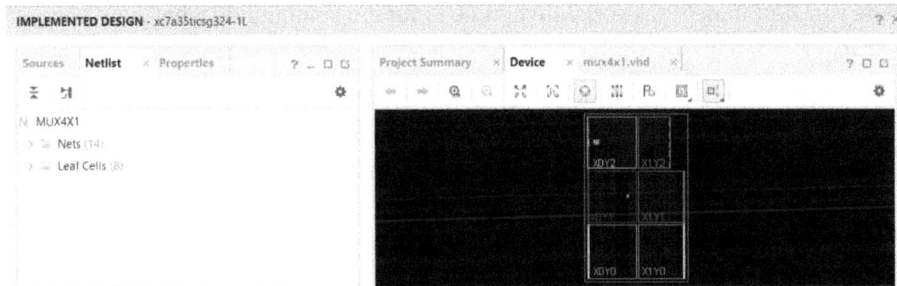

Bild 5.22: Im **Implemented Design**-Fenster werden links die Netzliste (Nets) und die verwendeten FPGA-Zellen (Leaf Cells) dargestellt. Im **Device**-Teilfenster sind alle verwendeten Zellen grafisch hervorgehoben

In dem rechts dargestellten **Device**-Teilfenster wird das „Innenleben" des FPGAs dargestellt, bei dem die verwendeten Zellen in blau-grüner Farbe hervorgehoben werden (im Bild 5.22 oben links im Block X0Y2). Um einen Überblick über die verwendeten FPGA-Ressourcen zu erhalten, empfiehlt es sich, auf den Pfeil links von *Leaf Cells* zu klicken, wodurch alle verwendeten FPGA-Ressourcen aufgelistet werden.

Nach der Implementierung empfiehlt es sich, zunächst im unteren Fenster von
Bild 5.21 die Auswahl *Reports* zu treffen und sich den Synthesereport

```
synth_1_synth_synthesis_report_0
```

sowie den Implementierungsreport

```
impl_1_place_report_utilization_0
```

anzusehen. Der Synthesereport enthält in diesem einfachen Beispiel in der RTL-Komponentenübersicht zunächst nur einen Hinweis darauf, dass im VHDL-Code das Entwurfsmuster für genau einen 4-zu-1-Multiplexer gefunden wurde:

```
Start RTL Component Statistics
---------------------------------------------------------------------------
Detailed RTL Component Info :
+---Muxes :
    4 Input      1 Bit       Muxes := 1
```

In dem hier verwendeten FPGA wird die kombinatorische Logik in Look-Up Tabellen (vgl. Bild 3.11 bzw. Kapitel 13.1.1), allerdings mit bis zu sechs Eingängen abgebildet (LUT6). Da der VHDL-Code nur sechs Eingangssignale besitzt, überrascht es also
kaum, wenn der Implementierungsreport anzeigt, dass für die Implementierung nur
eine von 20800 im FPGA vorhandenen LUTs für die kombinatorische Logik benötigt
wird:

```
1. Slice Logic
--------------

...
| Slice LUTs           |   1 |    0 |   20800 | <0.01 |
|   LUT as Logic       |   1 |    0 |   20800 | <0.01 |
```

Die weiteren Zellen sind Eingangs- bzw. Ausgangssignalverstärker (IBUF bzw. OBUF,
vgl. Kapitel 13.1.2). Alle verwendeten Zellen werden aufgelistet, wenn in Bild 5.22 durch
Auswahl von *Netlist* das Netzlistenfenster geöffnet wird, in dem zwei Arten von Netz-
listenelementen dargestellt sind: *Leaf Cells* sind die verwendeten FPGA-Komponen-
ten und *Nets* die Verdrahtungselemente.

Beim Klicken auf die LUT-Zelle Y_OBUF_inst_i_1 wird deren Verdrahtung im
Device-Teilfenster mit weißen Linien grafisch markiert (vgl. Bild 5.23). Um für eine
LUT deren Boole'sche Funktion bzw. deren Wahrheitstabelle zu identifizieren, muss
die LUT-Zelle selektiert und die Auswahl *Cell Properties* getroffen werden. Nun ist
das **Cell Properties**-Fenster durch Klicken auf den Pfeil unten rechts soweit zu ver-

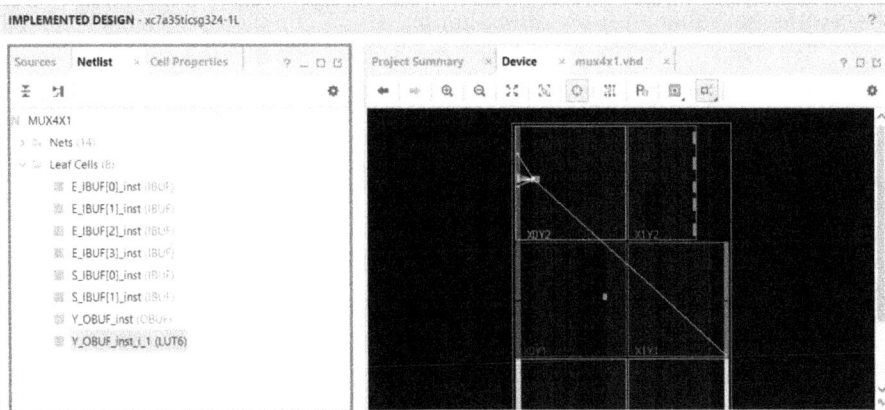

Bild 5.23: Darstellung der Verdrahtung für die selektierte LUT6-Zelle Y_OBUF_inst_i_1

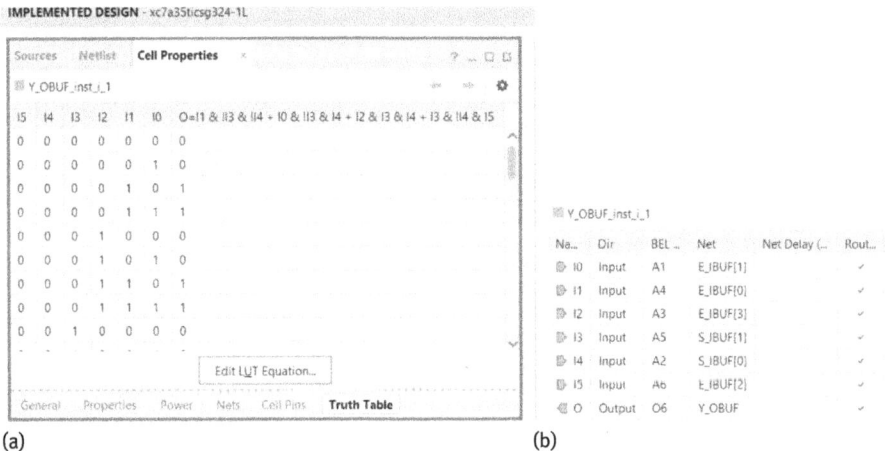

(a)   (b)

Bild 5.24: Wahrheitstabelle und logische Gleichung, die mit der LUT6-Zelle Y_OBUF_inst_i_1 implementiert wird a). Zuordnung der internen FPGA-Signale zu den LUT-Ein- und Ausgängen b)

breitern, dass der Eintrag *Truth Table* erscheint. Durch Klicken auf diesen Eintrag erscheint eine Wahrheitstabelle mit den sechs Eingängen I0...I5 sowie die Boole'sche Gleichung, die diese Wahrheitstabelle abbildet (vgl. Bild 5.24a).

Durch Auswahl von *Cell Pins* in Bild 5.24a lässt sich auch feststellen welche FPGA-internen Signale den sechs LUT-Anschlüssen I0...I5 zugeordnet sind (vgl. Bild 5.24b). Die Analyse der logischen Gleichung ergibt für das Signal Y_OBUF_inst_1 vier Produktterme mit jeweils drei Eingangssignalen. In diesen Termen tauchen die Signale S_IBUF[1] und S_IBUF[0] in allen vier binär möglichen Varianten jeweils UND-verknüpft zusammen mit einem der Eingangssignale E_IBUF[0] ... E_IBUF[3] auf (das Zeichen ! bedeutet in dieser Notation ein invertiertes Eingangssignal). Dies ist genau die gewünschte Funktion eines 4-zu-1-Multiplexers, der für die vier binären Kombinationsmöglichkeiten des 2-Bit-Eingangsvektors S jeweils ein Bit des 4-Bit-Eingangsvektors E auf den Ausgang Y schaltet (vgl. dazu auch Bild 5.6).

5.6 Erzeugung der Programmierdatei, Hardwaredownload und Test

Nach der Verifikation der korrekten Implementierung wird die Programmierdatei für den FPGA erzeugt. Dazu muss im **Flow Navigator**-Fenster in der ***Program and Debug***-Werkzeuggruppe die Schaltfläche ***Generate Bitstream*** aktiviert und nachfolgend mit **OK** bestätigt werden. Dadurch wird eine Datei mit der Dateierweiterung *.bit erzeugt.

Hier soll angemerkt werden, dass man alle zuvor genannten Zwischenschritte auch automatisch nacheinander starten lassen kann, wenn diese letzte Schaltfläche im **Flow Navigator** direkt nach Zusammenstellung aller Quellcodes aktiviert wird.

Vor dem Download dieser Programmierdatei ist das Evaluationsboard mit Spannung zu versorgen und eine USB-Programmierverbindung bzw. eine Verbindung mit einem speziellen Programmierkabel herzustellen. Beim Arty-Board reicht eine Verbindung des Boards mit dem PC über ein USB-Kabel aus, denn die Stromversorgung des Arty-Boards kann auch über den USB-Anschluss erfolgen.

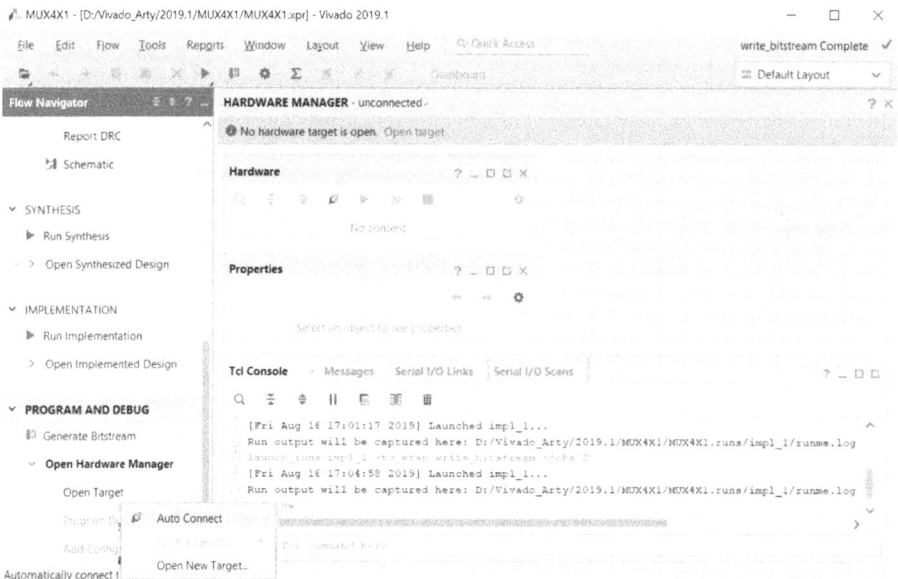

Bild 5.25: Verbindung des FPGAs mit dem Vivado Hardware Manager durch Auswahl von **Auto Connect** im **Flow Navigator**

Die Programmierung des FPGAs ist in [71] beschrieben, sie kann direkt aus dem **Flow Navigator** heraus vorgenommen werden. Dazu ist in der Gruppe der *Program and Debug*-Werkzeuge *Open Hardware Manager* und darin das Feld *Open Target* auszuwählen. Durch Auswahl von *Auto Connect* verbindet sich der Vivado Hardware Manager mit dem FPGA (vgl. Bild 5.25). Auf dem Tcl Konsolenausgabefenster erscheint daher die Meldung, dass sich Vivado über eine interne TCP-Verbindung mit dem Hardwareserverprogramm (hw_server) verbindet. Die eventuell im Konsolenfenster erscheinende Warnung, dass ein *„debug hub core"* nicht erkannt wurde, kann hier ignoriert werden.

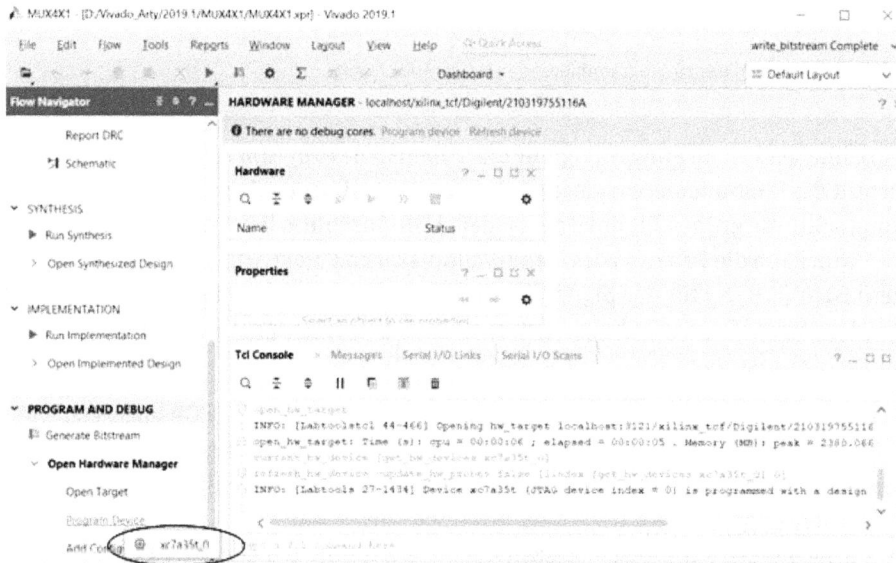

Bild 5.26: Programmierung des FPGAs über den Hardware Manager im **Flow Navigator**-Fenster

Nach erfolgreichem Verbindungsaufbau ist im *Hardware Manager* der Punkt *Program Device* auszuwählen. Es erscheint der zu programmierende Baustein xc7a35t_0, der anzuklicken ist (vgl. Bild 5.26). In dem sich nun öffnenden Fenster ist als *Bitstream file* die *.bit Programmierdatei auszuwählen, die zuvor in einen Unterordner des Projektordners geschrieben wurde. In diesem Projekt ist dies der Pfad (vgl. Bild 5.27):

```
D:/Vivado_Arty/2019.1/MUX4X1/MUX4X1.runs/impl_1/MUX4X1.bit
```

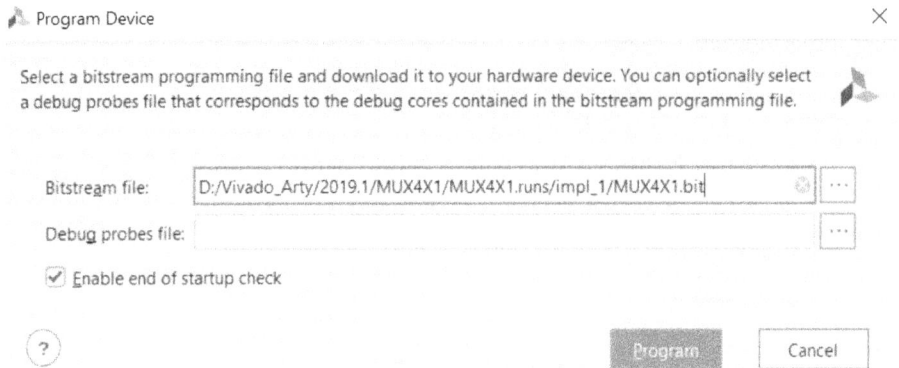

Bild 5.27: Auswahl der zu programmierenden Datei MUX4X1.bit

Abschließend ist im **Flow Navigator** die Schaltfläche *Program* zu betätigen. Der Fortschritt des Programmiervorgangs wird angezeigt und nach erfolgreicher Programmierung sollte die grüne LED links neben dem USB-Anschluss leuchten.

Nun kann die Funktion des 4-zu-1-Multiplexers auf dem Arty-Board mit den 4 Tastern BTN0…BTN3 für das Signal E und den beiden Schiebeschaltern SW0 und SW1 für das Auswahlsignal S überprüft werden. Das Ausgangssignal Y wird an der Leuchtdiode LD0 angezeigt.

Tipp: Falls in Bild 5.26 trotz vorhandener USB-Verbindung kein FPGA angezeigt wird, so kann dies zwei Ursachen haben: Entweder wurde bei der Installation von Vivado der USB-Hardware-Treiber nicht korrekt installiert, oder es wird ein falsches USB-Kabel verwendet.

Eine intakter USB-Anschluss wird nach Verbindung mit dem Arty-Board im Windows-Gerätemanager so dargestellt, wie in Bild 5.28 dargestellt. Die darin angezeigte COM-Nummer des USB-Serial Ports kann variieren.

Bild 5.28: Anzeige der USB-Verbindung zwischen FPGA und PC im Windows-Gerätemanager ∎

6 Zahlensysteme in der Digitaltechnik

In Zahlensystemen wird ein bestimmter Vorrat an Zeichensymbolen verwendet. Dies sind z. B. im Dezimalsystem mit der Radix $d = 10$ die Ziffern 0, 1, 2, ..., 9, im System der römischen Zahlen die Zeichen I, V, X, L, C, D und M und im Dualzahlensystem die Zeichen 0 und 1. Da sich nicht alle Zahlen mit diesem Zeichenvorrat darstellen lassen, existieren Vorschriften, wie diese Zeichen zu Zeichenketten verknüpft werden müssen. Darin werden die Begriffe Stellengewicht und Zifferngewicht definiert.

> In Stellenwertsystemen besitzt jede Position eines Zeichens ein definiertes Stellengewicht. Der (dezimale) Zahlenwert D einer m-stelligen Ziffernfolge bestimmt sich aus der Summe der Produkte der jeweiligen Stellengewichte G_j mit den zugehörigen Zifferngewichten r_j.

$$D = \sum_{j=m-1}^{0} r_j \cdot G_j \tag{6.1}$$

Darin können die Stellengewichte G_j prinzipiell frei gewählt werden und die Zifferngewichte r_j entsprechen der Ordnungszahl innerhalb der Menge der zur Verfügung stehenden Zeichen des Zahlensystems. Den römischen Zahlen kann ein derartiges Stellengewicht nicht zugeordnet werden, womit die Arithmetik im römischen Zahlensystem im Vergleich zu Stellenwertsystemen schwieriger ist.

B **Beispiel 6.1** (Stellenwerte des Dezimalzahlensystems): Die dreistellige Ziffernfolge $(r_2 r_1 r_0) = (123)$ besitzt im Dezimalsystem den Wert $1 \cdot 100 + 2 \cdot 10 + 3 \cdot 1$. Jeder Position einer Ziffer in der Zeichenkette ist also ein bestimmtes Stellengewicht zugeordnet. Diese sind $G_2 = 100$, $G_1 = 10$ und $G_0 = 1$. Die dazu gehörigen Zifferngewichte sind 1, 2 und 3. ∎

B **Beispiel 6.2** (Das 8-6-5-1 Stellenwertsystem von Dualzahlen): Die möglichen Stellengewichte von Dualzahlensystemen sind die Ziffern 0 oder 1 und die $m = 4$ Stellengewichte dieses hypothetischen Zahlensystems sind die Dezimalzahlen 8, 6, 5 und 1. Damit entspricht die vierstellige Ziffernfolge 1001 der Dezimalzahl $D = 1 \cdot 8 + 0 \cdot 6 + 0 \cdot 5 + 1 \cdot 1 = 9$. ∎

6.1 Lernziele

Nach Durcharbeiten dieses Kapitels sollen Sie
- den grundsätzlichen Aufbau polyadischer Zahlensysteme verstanden haben und dies auf Dual-, Oktal- und Hexadezimalzahlen anwenden können;
- in der Lage sein, Zahlenwerte zwischen verschiedenen Zahlensystemen umrechnen zu können;
- die verschiedenen Darstellungsformen negativer ganzer Zahlen kennen;

https://doi.org/10.1515/9783110706970-006

–   in der Lage sein, im 2er-Komplementzahlensystem Additions- und Subtraktions-
    aufgaben lösen zu können;
–   das Q-Format für gebrochene rationale Zahlen kennen und darauf basierend eine
    Dualzahlarithmetik anwenden können.

6.2 Polyadische Zahlensysteme

Polyadische Stellenwertsysteme haben die zusätzliche Eigenschaft, dass die Stellengewichte als
Potenzen einer vorgegebenen Zahlenbasis R gebildet werden.

Somit lässt sich eine m-stellige Dezimalzahl $r_{m-1} \dots r_0$ in einem polyadischen Zahlensystem mit der Basis R immer durch den nachfolgenden Ausdruck darstellen:

$$D = \sum_{j=m-1}^{0} r_j \cdot R^j \tag{6.2}$$

Darin sind die Faktoren r_j die Zifferngewichte, bei denen der Index $j = 0$ die am weitesten rechts stehende Ziffer bezeichnet, und die Potenzen R^j die Stellengewichte der
jeweiligen Ziffer.

Die in der Digitaltechnik gebräuchlichen Zahlensysteme sind neben dem Dezimalsystem das Dual-, Oktal- und Hexadezimalzahlensystem. Diese unterscheiden
sich in der Radix R, der Basis des Zahlensystems. Die gleiche Ziffernfolge bedeutet
damit in den unterschiedlichen Zahlensystemen einen unterschiedlichen Dezimalwert. Zur Kennzeichnung des jeweiligen Zahlensystems wird zur Vermeidung von
Fehldeutungen die Basis häufig indiziert. Hexadezimalzahlen wird insbesondere in
der Mikroprozessortechnik auch die Zeichenfolge „0x" oder ein „h" vorangestellt. Die
Zahlencodierung im Dualzahlensystem wird auch als Binärcode bezeichnet.

Tab. 6.1: Polyadische Zahlensysteme

Zahlensystem	Radix R	Ziffern r_j
Dezimalzahlen	10	0, 1, 2, ..., 9
Dualzahlen	2	0, 1
Oktalzahlen	8	0, 1, 2, ..., 7
Hexadezimalzahlen	16	0, 1, 2, ..., 9, A, B, C, D, E, F

B **Beispiel 6.3** (Dezimalwert der gleichen Ziffernfolge in unterschiedlichen Zahlensystemen):

Dualzahl: $\qquad 110_2 = 1 \cdot 2^2 + 1 \cdot 2^1 + 0 \cdot 2^0 = 6_{10}$

Oktalzahl: $\qquad 110_8 = 1 \cdot 8^2 + 1 \cdot 8^1 + 0 \cdot 8^0 = 72_{10}$

Hexadezimalzahl: $110_{16} = 0x110 = 1 \cdot 16^2 + 1 \cdot 16^1 + 0 \cdot 16^0 = 272_{10}$ ∎

Tab. 6.2: Zahlen im Dezimal-, Hexadezimal-, Oktal- und Dualzahlensystem

Dezimal Radix 10	Hexadezimal Radix 16	Oktal Radix 8	Dual Radix 2
0	0	0	0
1	1	1	1
2	2	2	10
3	3	3	11
4	4	4	100
5	5	5	101
6	6	6	110
7	7	7	111
8	8	10	1000
9	9	11	1001
10	A	12	1010
11	B	13	1011
12	C	14	1100
13	D	15	1101
14	E	16	1110
15	F	17	1111
16	10	20	10000
17	11	21	10001
...	...	...	...

In Tabelle 6.2 sind die ersten positiven Dezimalzahlen in den anderen Zahlensystemen dargestellt. Dieser Tabelle kann man entnehmen, dass jeweils vier Dual-Ziffern zu einer Hexadezimal-Ziffer und jeweils drei Dualziffern zu einer Oktal-Ziffer zusammengefasst werden. Von dieser Verkürzung der Schreibweise wird in der Praxis sehr häufig Gebrauch gemacht.

> Jede Ziffer einer Dualzahl wird als Bit (engl. binary digit) bezeichnet. Die Zusammenfassung von vier Bits heißt Nibble und die Zusammenfassung von acht Bits wird als Byte bezeichnet. In vielen Rechnersystemen wird eine Gruppe von 2 Bytes (16 Bit) als *short* und eine Gruppe von vier Bytes (32 Bit) als *int* bezeichnet.
> Die höchstwertige Ziffer einer Dualzahl wird mit MSB (engl. Most Significant Bit) und die niederwertigste Stelle mit LSB (engl. Least Significant Bit) bezeichnet.

B **Beispiel 6.4** (Zusammenfassung von Dualziffern):
Die 15-stellige Binärzahl 100011011110001_2 wird, rechts beginnend, in Gruppen von jeweils 4 Bits aufgeteilt und diese gemäß Tabelle 6.2 in Hexadezimalzahlen umgesetzt, wobei ggf. führende binäre Nullen ergänzt werden (hier kursiv fett gedruckt).

   Damit erhält man: $\boldsymbol{0}100\,0110\,1111\,0001_2 = 0x46F1$ ∎

T **Tipp:** In Computerarchitekturen werden die Daten häufig byteweise im Arbeitsspeicher abgelegt. Die als Endianess bezeichnete Speicherordnung der Computerarchitektur legt fest, in welcher Reihenfolge die einzelnen Bytes adressiert werden. Aus historischen Gründen gibt es dort zwei Konzepte, die beim Debuggen von Mikroprozessorprogrammen für die Interpretation von Speicherinhalten wichtig sind:

- Im Little-Endian-Format werden die Bytes einer Binärzahl, die mehr als 1 Byte benötigt, in aufsteigender Reihenfolge abgelegt.
- Im Big-Endian-Format werden die Bytes in absteigender Reihenfolge im Speicher abgelegt. ∎

B **Beispiel 6.5** (Die Zahl 259_{10} = 100000011_2 = 0x103 soll im Speicher eines Byte-adressierbaren 32-Bit Computers an der Adresse 0x80 abgespeichert werden): Die Dualzahl 100000011_2 wird als 32-Bit Hexadezimalzahl dargestellt. Dazu müssen führende hexadezimale Nullen so ergänzt werden, dass die Dualzahl 32 Bit breit wird: 0x0000 0103. Diese Zahl wird entsprechend der vorgegebenen Endianess byteweise wie folgt auf die verschiedenen Adressen aufgeteilt:

Big-Endian-Architektur:

Adresse	0x7F	0x80	0x81	0x82	0x83	0x84
Daten	...	0x00	0x00	0x01	0x03	...

Little-Endian-Architektur:

Adresse	0x7F	0x80	0x81	0x82	0x83	0x84
Daten	...	0x03	0x01	0x00	0x00	...

∎

6.3 Umwandlung zwischen Zahlensystemen

Zur Umwandlung zwischen Dual- und Hexadezimal bzw. Oktalzahlen werden, an der niederwertigsten Bitstelle beginnend, jeweils vier bzw. drei Binärziffern zu einer Hexadezimal- bzw. Oktal-Ziffer zusammengefasst. Dafür müssen führende binäre Nullen ergänzt werden, wenn die Anzahl der Stellen kein Vielfaches von vier bzw. drei ist (vgl. Beispiel 6.4).

Die Umwandlung von Dezimalzahlen ist hingegen etwas aufwendiger. Grundlage dafür ist die Potenzdarstellung aus Gl. 6.2. Diese lässt sich in eine Produktdarstellung überführen:

$$D = \sum_{j=m-1}^{0} r_j \cdot R^j = (\ldots((r_{m-1} \cdot R + r_{m-2}) \cdot R + r_{m-3}) \cdot R + \ldots r_1) \cdot R + r_0 \qquad (6.3)$$

Ziel ist es nun, die unbekannten Ziffergewichte r_j durch ganzzahlige Division mit der Radix R des Zielsystems iterativ als Divisionsrest zu isolieren (Modulo-R-Division):

$$D_1/R = Q_0 + r_0 \qquad (6.4)$$

mit dem Divisionsrest r_0 als niederwertigstem Ziffergewicht und Q_0 als Ganzzahlergebnis der ersten Division.

Nachfolgend wird die Division $(m-1)$-mal wiederholt, bis der Ganzzahlanteil Null wird und nur der Divisionsrest r_{m-1} als höchstwertige Ziffer des Zielsystems übrig bleibt.

$$Q_0/R = Q_1 + r_1$$
$$Q_1/R = Q_2 + r_2$$
$$\cdots$$
$$\cdots$$
$$Q_{m-1}/R = r_{m-1}$$

Das Ergebnis dieser Konversion ergibt im Zahlensystem mit der Radix R die Zahl

$$Z = r_{m-1} \cdot R^{m-1} + r_{m-2} \cdot R^{m-2} + \cdots + r_0 \tag{6.5}$$

die sich als durch die Ziffernfolge $r_{m-1}r_{m-2} \ldots r_0$ darstellen lässt.

B **Beispiel 6.6** (Die Dezimalzahl 186 soll in a) das Dual- und b) das Hexadezimalzahlensystem überführt werden): Die Radix des Zielsystems ist $R = 2$ bzw. $R = 16$. Durch diese Zahl muss sukzessive dividiert werden bis das Ganzzahlergebnis der Division Null ist:

$186/2 = 93$ Rest 0	$186/16 = B$ Rest A
$93/2 = 46$ Rest 1	$B/16 = 0$ Rest B
$46/2 = 23$ Rest 0	b) $186_{10} = BA_{16} = 0xBA$
$23/2 = 11$ Rest 1	
$11/2 = 5$ Rest 1	
$5/2 = 2$ Rest 1	
$2/2 = 1$ Rest 0	
$1/2 = 0$ Rest 1	
a) $186_{10} = 10111010_2$	

Dem Beispiel 6.6 ist zu entnehmen, dass die Umwandlung in Hexadezimalzahlen offensichtlich weniger Iterationsschritte erfordert als die Umwandlung in Dualzahlen. Es ist daher empfehlenswert, die Umwandlung in Dualzahlen so vorzunehmen, dass zunächst ins Hexadezimalsystem gewandelt wird und nachfolgend die einzelnen Hexadezimalziffern in Dualzahlen umgesetzt werden.

Die Rückwandlung einer m-stelligen Zahl aus einem beliebigen Zahlensystem mit der Radix R in das Dezimalsystem erfolgt ebenfalls iterativ. Beginnend bei dem höchstwertigen Ziffernwert wird dieser mit R multipliziert und der Ziffernwert der nachfolgenden Stelle addiert. Dieser Prozess der Multiplikation mit der Radix R und nachfolgender Addition des nächsten Ziffernwerts erfolgt solange, bis alle Ziffern bearbeitet wurden. Im Ergebnis wurde die höchstwertige Ziffer $(m-1)$-mal mit der Radix R multipliziert und die niederwertigste Ziffer überhaupt nicht.

B Beispiel 6.7 (Umsetzung a) der Hexadezimalzahl 0xBA und b) der Dualzahl 10111010_2 in das Dezimalsystem):

a) Da die Hexadezimalzahl nur zwei Stellen besitzt, ist die Umsetzung sofort aufzuschreiben: $0xBA = 16 \cdot B + A = 16 \cdot 11 + 10 = 186_{10}$

b) Die Dualzahl 10111010_2 besitzt hingegen 8 Stellen, womit sich das folgende Schema anbietet:

$$
\begin{array}{ccccccccl}
1 & 0 & 1 & 1 & 1 & 0 & 1 & 0 & \\
2\cdot & 1+0 & & & & & & & = 2 \\
2\cdot & 2+ & 1 & & & & & & = 5 \\
2\cdot & 5+ & & 1 & & & & & = 11 \\
2\cdot & 11+ & & & 1 & & & & = 23 \\
2\cdot & 23+ & & & & 0 & & & = 46 \\
2\cdot & 46+ & & & & & 1 & & = 93 \\
2\cdot & 93+ & & & & & & 0 & = 186_{10} \quad\blacksquare
\end{array}
$$

6.4 Addition und Subtraktion vorzeichenloser Dualzahlen

Digitale Systeme arbeiten in Dualzahlendarstellung. Daher müssen Regeln zur Durchführung arithmetischer Operationen definiert werden, die nach Umwandlung in das Dezimalsystem zu gleichen Ergebnissen führen. Ähnlich wie bei der dezimalen Addition muss mit Übertrags- bzw. bei der Subtraktion mit Ausleihoperationen gerechnet werden. Bei Dualzahlen werden dafür Carry- (Übertrags-) bzw. Borrow- (Ausleih-) Bits benötigt.

> Die Addition einer einzelnen Bitstelle ohne Berücksichtigung eines Carry-Eingangs erfolgt in einem Halbaddierer. Mit Berücksichtigung des Carry-Eingangs wird ein Volladdierer benötigt. Halb- und Volladdierer besitzen einen Summen- und einen Carry-Ausgang (vgl. Kapitel 11.8.1).

Additionen von n-Bit-Zahlen erfordern mehrere, im einfachsten Fall n, Volladdierer. Die Additions- bzw. Subtraktionstheoreme für einen Halbaddierer zeigt Tabelle 6.3.

Tab. 6.3: Bitweise Addition bzw. Subtraktion von Dualzahlen

Addition			Subtraktion		
Operanden	SUM	CARRY	Operanden	DIFF	BORROW
0 + 0	0	0	0 − 0	0	0
0 + 1	1	0	0 − 1	1	1
1 + 0	1	0	1 − 0	1	0
1 + 1	0	1	1 − 1	0	0

B **Beispiel 6.8** (Binäre und dezimale Addition der Dezimalzahlen $6_{10} + 14_{10}$): Der Tabelle 6.2 werden die Dualzahlen entnommen: A = 6_{10} = 0110_2 und B = 14_{10} = 1110_2. Bei der Addition einer einzigen Bitstelle müssen zwei Operationen gemäß Tabelle 6.3 vollzogen werden: Die Addition der beiden Operanden sowie die Addition des Carry-Bits, welches sich aus der Addition der Bitstelle zuvor ergeben hat. In der niederwertigsten Stelle existiert natürlich kein Carry-Bit. Dies wird durch den Unterstrich _ markiert. Jede Bitstelle ergibt ein Summationsergebnis (4. Zeile) sowie ein Carry-Bit in der nächsten Spalte (3. Zeile).

Binär			Dezimal
0110		A	6
+ 1110	+	B	+ 14
1110_	+	Carry	1_
10100		Summe	20

B **Beispiel 6.9** (Binäre und dezimale Subtraktion der Dezimalzahlen A − B = $20_{10} - 6_{10}$): Die Vorgehensweise ist ähnlich wie in Beispiel 6.8: Die Operanden werden nach Tabelle 6.2 bestimmt und die Berechnung erfolgt mithilfe der Tabelle 6.3. Hier natürlich unter Berücksichtigung eines Borrow-Bits. Ähnlich wie bei der Addition werden pro Bitstelle zwei binäre Subtraktionen ausgeführt, die auch das Borrow-Bit der nächsten Stelle definieren.

Binär			Dezimal
10100		A	20
− 00110	−	B	− 6
1110_	−	Borrow	1_
01110		Differenz	14

6.5 Darstellung negativer Zahlen

In vielen praktischen Anwendungen, insbesondere in der Rechnertechnik muss mit positiven und negativen ganzen Zahlen als Dual- bzw. Hexadezimalzahlen gearbeitet werden. Dabei werden verschiedene Darstellungsarten unterschieden (vgl. Tabelle 6.4):
–   Betragsdarstellung mit Vorzeichenbit: Das am weitesten links stehende und damit höchstwertige Bit (engl. Most Significant Bit, MSB) gibt das Vorzeichen an (0: positiv, 1: negativ), die restlichen Bits stellen den Betrag der Zahl dar. Nachteil dieser Darstellungsform ist die Tatsache, dass die Null auf zwei Weisen dargestellt werden kann und dies bei Zählprozessen zu einer Unstetigkeit beim Übergang von negativen zu positiven Zahlen (bzw. umgekehrt) führt.

Tab. 6.4: Darstellungsformen für positive und negative ganze Zahlen mit $n = 4$ Bit

Dualzahl	Hexadezi-malzahl	Positive Zahl	Vorzeichen-/ Betragsdarstellung	1er-Komplement-darstellung	2er-Komplement-darstellung
0000	0x0	0	0	0	0
0001	0x1	1	1	1	1
0010	0x2	2	2	2	2
0011	0x3	3	3	3	3
0100	0x4	4	4	4	4
0101	0x5	5	5	5	5
0110	0x6	6	6	6	6
0111	0x7	7	7	7	7
1000	0x8	8	−0	−7	−8
1001	0x9	9	−1	−6	−7
1010	0xA	10	−2	−5	−6
1011	0xB	11	−3	−4	−5
1100	0xC	12	−4	−3	−4
1101	0xD	13	−5	−2	−3
1110	0xE	14	−6	−1	−2
1111	0xF	15	−7	0	−1

– 1er-Komplementdarstellung: Die zu einer positiven Zahl z gehörige negative Zahl $-z$ entsteht durch Inversion des gesamten Bitmusters. Diese Operation lässt sich sehr einfach durch digitale Hardware realisieren, hat aber ebenfalls den Nachteil, dass sie die Null nicht eindeutig abbildet.
– 2er-Komplementdarstellung: Bei dieser am häufigsten eingesetzten Darstellungsform negativer Zahlen einer n-stelligen Bitfolge $b_{n-1} \ldots b_0$ hat das höchstwertige Bit b_{n-1} das Stellengewicht -2^{n-1}. Die nachfolgenden Bitwerte werden mit ihren binären Stellengewichten multipliziert und addiert. Die n-stellige Dualzahl entspricht somit dem Zahlenwert:

$$z = -b_{n-1} \cdot 2^{n-1} + \sum_{i=n-2}^{0} b_i \cdot 2^i \tag{6.6}$$

In der 2er-Komplementdarstellung besitzt das MSB also einen negativen Stellenwert mit dem Betrag der höchsten Zweierpotenz 2^{n-1}. Alle weiteren Bits haben einen positiven Stellenwert, der durch absteigende Zweierpotenzen gegeben ist. Charakteristisch für diese Darstellung ist die Tatsache, dass der negative Zahlenbereich um 1 größer ist als der positive. Entsprechend wird die Null eindeutig dargestellt.

B **Beispiel 6.10** (Die Zahl −9 soll in eine 5-Bit-Binärdarstellung überführt werden):
1. In der Vorzeichen-/Betragsdarstellung setzt sich die Binärzahl aus dem negativen Vorzeichenbit 1 und der Dualzahl von $+9_{10} = 1001$ zusammen. Also wird: $-9_{10} =$ $11001 = 0x19$.
2. In der 1er-Komplementdarstellung sind alle Bits der fünfstelligen Darstellung von $+9_{10}$ zu invertieren: $\neg(01001) = 10110 = 0x16$.
3. Für die 2er-Komplementdarstellung ist −9 zunächst in Partialsummen von Zweierpotenzen zu zerlegen: $-9 = -16 + 0 + 4 + 2 + 1$. Unter Anwendung der Gl. 6.6 ergibt dies die binäre Ziffernfolge $10111 = 0x17$. ∎

Eine Hexadezimaldarstellung muss immer vor dem Hintergrund des verwendeten Zahlensystems interpretiert werden.

B **Beispiel 6.11** (Zweierkomplementzahlen und deren Beträge): Die Hexadezimalzahl 0xB0 soll als 8-Bit-Zweierkomplementzahl interpretiert werden: $0xB0 = 1011\,0000_2$. Unter Anwendung der Gl. 6.6 erhält man daraus $z = -2^7 + 2^5 + 2^4 = -128 + 32 + 16 = -80_{10}$. Der dazugehörige Betrag ist: $z^* = +80 = 64 + 16$. Diese Zahl wird gemäß Gl. 6.6 in die 8-Bit-Dualzahl $0101\,0000_2$, umgerechnet, womit sich als Betrag die Hexadezimalzahl 0x50 ergibt. ∎

6.5.1 Eigenschaften des 2er-Komplementzahlensystems

Wegen der erheblichen Bedeutung, die die 2er-Komplementdarstellung für die Rechnertechnik sowie für Anwendungen der digitalen Signalverarbeitung hat, soll auf deren Bildungsgesetz anhand von Bild 6.1 intensiver eingegangen werden:

> Wir definieren das 2er-Komplement $C(z)$ einer negativen Zahl z mit dem Absolutwert z^* dadurch, dass die Summe des 2er-Komplements mit seinem Absolutwert immer den Wert 2^m ergibt. Dabei ist m die Anzahl der Bits und 2^m in einem m-Bit-Zahlenkreis gerade eben nicht mehr darstellbar.

$$C(z) + z^* = 2^m \tag{6.7}$$

Diese Eigenschaft kann leicht Bild 6.1 entnommen werden: So findet man z. B. $z = -4$ bei einem Winkel von 270° und den dazu gehörigen Betrag $z^* = +4$ bei einem Winkel von 90°. Die Summe von 360° entspricht genau einem vollständigen Umlauf im Zahlenkreis, der gerade einem Zahlenüberlauf entspricht. Da die 2er-Komplementzahl im Zahlenkreis relativ zu ihrem Absolutwert immer entlang der vertikalen Achse durch den Nullpunkt gespiegelt vorzufinden ist, gilt dieser Zusammenhang allgemein.

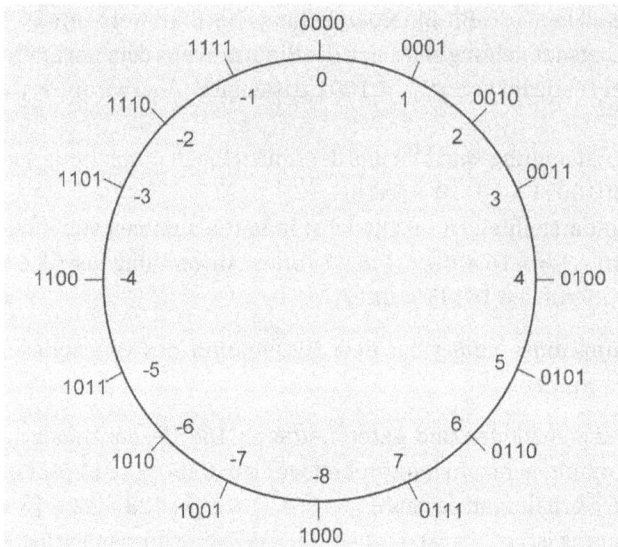

Bild 6.1: Darstellung positiver und negativer Zahlen als 4-Bit-2er-Komplement im Innenkreis. Die korrespondierenden Dualzahlen liegen außerhalb des Zahlenkreises

Tipp: In der Digital- und Mikroprozessortechnik arbeiten Zähler so, dass sie bei Erreichen des durch die vorgegebene Bitbreite gegebenen Maximalwerts automatisch beim Minimalwert weiterzählen. Angewendet auf einen 4-Bit Zähler in Zweierkomplementdarstellung bedeutet dies, dass auf den Maximalwert +7 der Minimalwert −8 folgt. Das dazu gehörige Zeitverhalten eines bei 0 startenden Vorwärtszählers zeigt Bild 6.2. Derartige Überläufe (engl. wrap around) können z. B. in Anwendungen der digitalen Signalverarbeitung zu erheblichen Problemen führen.

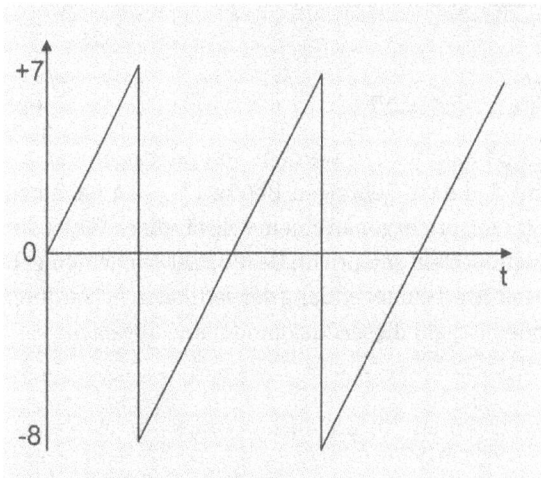

Bild 6.2: Das Zeitverhalten eines 4-Bit Vorwärtszählers, dessen Zählwerte in Zweierkomplementdarstellung interpretiert werden, zeigt Überläufe in den negativen Zahlenbereich ∎

Die Gl. 6.7 kann unter gleichzeitiger Addition und Subtraktion einer 1 wie folgt umgeformt werden:

$$C(z) = (2^m - 1) - z^* + 1 \qquad (6.8)$$

Darin entspricht die Zahl $2^m - 1$ aus digitaltechnischer Sicht immer einer Dualzahl, die nur Einsen besitzt. Wenn nun die Differenz $(2^m - 1) - z^*$ betrachtet wird, so bedeutet dies, dass in jeder Bitstelle eine der beiden Operationen $1 - 0 = 1$ oder $1 - 1 = 0$ ausgeführt werden muss. Darin ist der Bit-Subtrahend das korrespondierende Bit von z^*, welches natürlich entweder 0 oder 1 sein kann. Das Ergebnis der Bitoperationen ist also immer zu dem entsprechenden Subtrahenden-Bit von z^* invertiert. Die in Gl. 6.8 ganz rechts zu addierende 1 muss abschließend addiert werden. Im Ergebnis lässt sich festhalten:

> Man erhält die 2er-Komplementdarstellung einer negativen Zahl, indem man alle Bitstellen ihrer binären Absolutbetragsdarstellung invertiert und abschließend eine 1 binär addiert.

Durch Umstellung der Gl. 6.8 lässt sich genauso zeigen:

> Man erhält den Betrag einer negativen Zahl, die in 2er-Komplementdarstellung vorliegt, indem man alle Bitstellen invertiert und abschließend eine 1 binär addiert.

Bei der 2er-Komplement- bzw. Betragsbildung müssen nicht dargestellte, führende Nullen ebenfalls invertiert werden. Dies ist bei der Subtraktion von Operanden unterschiedlicher Bitbreite im 2er-Komplementsystem (vgl. Kapitel 6.5.2) zu berücksichtigen. In einem 2er-Komplementsystem gilt allgemein:

1. Die Zahl -1 besitzt als Dualzahl beliebiger Bitbreite nur Einsen, bzw. je nach Bitbreite nur die Hexadezimalziffern 0x1, 0x3, 0x7 oder 0xF.
2. Die Dualzahl, die aus einer führenden Eins mit ausschließlich folgenden Nullen zusammengesetzt ist, entspricht der größten negativen Zahl des Zahlensystems. So gilt z. B. in 16-Bit-Darstellung, dass die Hexadezimalzahl 0x8000 der Zahl -32768_{10} entspricht.
3. Wenn eine in einem m-Bit-2er-Komplementsystem vorliegende negative Zahl durch führende Nullen in ein n-Bit-Zahlensystem mit $n > m$ überführt wird, so wird daraus eine positive Zahl.

T **Tipp:** In der Digitaltechnik besteht an vielen Stellen die Notwendigkeit, eine im 2er-Komplement vorgegebene positive oder negative Dualzahl mit vorgegebener Bitbreite m auf eine Bitbreite $n > m$ so zu erweitern, dass sich der Zahlenwert nicht ändert. Die Dualzahl ist also durch vorzeichengerechte Erweiterung führender Bits auf n Bits zu ergänzen. Dabei muss dies so geschehen, dass das zuvor führende Bit, welches 0 oder 1 sein kann, auf die führenden $n - m$ Stellen hinüber kopiert wird. So wird z. B. die 4-Bit-Zahl $-8_{10} = 1000 = $ 0x8 auf 8 Bit durch Einfügen von vier Einsen ergänzt:

$-8_{10} = 1111\,1000 = 0xF8$. Die positive Zahl $7_{10} = 0111$ wird hingegen durch Nullen ergänzt zu $7_{10} = 0000\,0111 = 0x07$. ∎

B **Beispiel 6.12** (In 4-Bit-2er-Komplementdarstellung sind die Zahlen −4 und −6 zu bilden):

-4_{10}:	z^*:	$\boxed{0100}$		-6_{10}:	z^*:	$\boxed{0110}$
	Inversion:	1011			Inversion:	1001
	+1:	1			+1:	1
	Carry:	011_			Carry:	001_
	$C(z)$:	1100			$C(z)$:	1010

∎

B **Beispiel 6.13** (Bildung des Betrags der als 2er-Komplement vorliegenden negativen Zahlen −4 und −6):

$|-4_{10}|$:	$C(z)$:	$\boxed{1100}$		$|-6_{10}|$:	$C(z)$	$\boxed{1010}$
	Inversion:	0011			Inversion:	0101
	+1:	1			+1:	1
	Carry:	011_			Carry:	001_
	z^*:	0100			z^*:	0110

∎

6.5.2 Addition und Subtraktion im 2er-Komplementzahlensystem

Der wesentliche Vorteil des 2er-Komplementsystems liegt in der digitaltechnisch einfachen Bildung negativer Zahlen. Da eine Subtraktion der Addition des 2er-Komplements des Subtrahenden entspricht, kann durch eine einfache Vorschalthardware der gleiche Addierer für Additions- und Subtraktionszwecke verwendet werden. Dabei sind jedoch die folgenden Effekte zu berücksichtigen:

1. Übertragsbits (Carry bzw. Borrow), die den Zahlenbereich von m Bits überschreiten, müssen ignoriert werden, um ein korrektes Ergebnis zu erhalten.
2. Die Rechenergebnisse können den erlaubten Zahlenbereich verlassen. In diesem Fall ist das Ergebnis ungültig und es muss ein spezielles Overflow-Bit OV gesetzt werden. Dieses entsteht in den folgenden Situationen:
   – Bei der Addition A + B: Wenn beide Operanden positiv sind (MSB = 0) und das Ergebnis negativ erscheint (MSB = 1). Oder wenn beide Operanden negativ sind und das Ergebnis positiv.
   – Bei der Subtraktion A − B: Wenn der Minuend negativ, der Subtrahend positiv und das Ergebnis positiv sind. Oder wenn der Minuend positiv, der Subtrahend negativ und das Ergebnis negativ sind.

B **Beispiel 6.14** (Es sollen die Differenz $7-4 = 3$ sowie die Summe $(-2)+(-6)$ in 2er-Komplementarithmetik in 4-Bit-Darstellung berechnet werden und das Ergebnis durch Dezimalrechnung überprüft werden): Dazu sind die 2er-Komplementdarstellungen von $-4_{10} = 1100$, $-2_{10} = 1110$ und $-6_{10} = 1010$ zu verwenden. Führende Übertragsbits im Ergebnis werden gestrichen.

$$
\begin{array}{llll}
7-4: & 0111 & +7_{10} \\
+ & 1100 & -4_{10} \\
\hline
& 1100\_ & \text{Carry} \\
\hline
& +0011 & 3_{10}
\end{array}
\qquad
\begin{array}{llll}
(-2)+(-6): & 1110 & -2_{10} \\
+ & 1010 & -6_{10} \\
\hline
& 1110\_ & \text{Carry} \\
\hline
& +1000 & -8_{10}
\end{array}
$$
∎

B **Beispiel 6.15** (Es soll die Addition $(-6) + (-4)$ ausgeführt werden. Das Ergebnis ist durch Dezimalarithmetik zu überprüfen): Es werden die 2er-Komplementdarstellungen von $-4_{10} = 1100$ und $-6_{10} = 1010$ verwendet.

$$
\begin{array}{llll}
(-6)+(-4): & 1010 & -6_{10} \\
+ & 1100 & -4_{10} \\
\hline
& 1000\_ & \text{Carry} \\
\hline
& +0110 & 6_{10}
\end{array}
$$

Nach Streichung des führenden Übertragsbits ist das MSB des Ergebnisses 0, zeigt also eine positive Zahl an obwohl beide Additionsoperanden negativ sind. Das berechnete Ergebnis ist damit fehlerhaft, es muss das OV-Bit gesetzt werden. ∎

B **Beispiel 6.16** (Es ist die VHDL-Architektur einer Schaltung zu entwerfen, die das OV-Bit für einen kombinierten Addierer/Subtrahierer berechnet): Der Minuend heißt A und der Subtrahend ist B, das Ergebnis ist ERG. Die Schaltung wertet nur die MSBs aus. Das ADDSUB-Signal ist 0, falls addiert werden soll, bzw. 1, wenn subtrahiert werden soll. Die VHDL-Schnittstelle ist nachfolgend dargestellt:

```
entity OV_BIT_GEN is
    port( ADDSUB, MSB_ERG, MSB_A, MSB_B : in bit;
          OV : out bit );
end OV_BIT_GEN;
```

Als Lösungsansatz wird eine Wahrheitstabelle erstellt und diese mit einer selektiven Signalzuweisung in VHDL-Code umgesetzt:

ADDSUB	MSB_ERG	MSB_A	MSB_B	OV
0	0	0	0	0
0	0	0	1	0
0	0	1	0	0
0	0	1	1	1
0	1	0	0	1
0	1	0	1	0
0	1	1	0	0
0	1	1	1	0
1	0	0	0	0
1	0	0	1	0
1	0	1	0	1
1	0	1	1	0
1	1	0	0	0
1	1	0	1	1
1	1	1	0	0
1	1	1	1	0

Die Eingangssignale der Wahrheitstabelle werden im VHDL-Code durch Aggregatbildung zu einem Signalbündel YINT zusammengefasst:

Listing 6.1: VHDL-Architektur einer Logik zur Generierung des Overflow-Bits

```
architecture ARCH of OV_BIT_GEN is
signal YINT1: bit_vector(3 downto 0);

begin
  YINT1 <= (ADDSUB, MSB_ERG, MSB_A,MSB_B); -- Aggregat
  with YINT1 select
    OV <= '1' when "0011" | "0100" | "1010" | "1101",
          '0' when others;
end ARCH;
```

In diesem Code wurden die folgenden VHDL-Syntaxelemente neu eingeführt:
- Der Alternativoperator | wird verwendet, um Alternativen für einen Selektionsausdruck aufzulisten. In dem vorliegenden Code ist dies YINT1. Da die OV-Spalte der Wahrheitstabelle bei 16 Zeilen nur vier Einsen enthält, kann die Zuweisung der logischen 1 bei Verwendung dieses Operators in einem einzigen when-Zweig erfolgen, der vier Alternativen auflistet.
- Da die OV-Spalte überwiegend Nullen enthält, bietet es sich an, diese nicht explizit zu beschreiben, sondern durch einen when others-Ausdruck, der alle nicht explizit zuvor behandelten Fälle umfasst.

Wie Listing 6.1 zeigt, wird der VHDL-Code durch diese Maßnahmen stark vereinfacht. ∎

6.6 Darstellung rationaler Zahlen

Das tiefe Eindringen digitaler Systeme in die früher ausschließlich den Mikroprozessoren überlassene Domäne der Verarbeitung rationaler Zahlen, z. B. in der digitalen Signalverarbeitung, sowie der Entwurf numerischer Hardwarecoprozessoren erfordern eine weitere Interpretation von Dualzahlen. In der Rechnertechnik existieren dazu die Festkomma- und die Gleitkommadarstellungen, die in zunehmendem Maße auch für digitale Hardware verwendet werden.

6.6.1 Festkommadarstellung im Q-Format

Bei der Festkommadarstellung im sQn-Format wird eine vorzeichenbehaftete Dualzahl $b_0 \ldots b_n$, deren Dezimalwert im Bereich $-1 \le z < 1$ liegt, durch die Gl. 6.8 interpretiert:

$$z = -b_0 \cdot 2^0 + \sum_{i=1}^{n} b_i \cdot 2^{-i} \tag{6.9}$$

In dieser Darstellung ist zu beachten, dass im Gegensatz zu den bisherigen Darstellungen b_0 das *höchst*wertige Bit ist und dem Stellenwert -1 entspricht. Die nachfolgenden Bits, die die Stellenwerte 0.5, 0.25, 0.125, … haben, werden addiert. Eine vorzeichenbehaftete 4-Bit-Zahl besitzt also ein Vorzeichenbit sowie 3 Bits, die zusammen den Zahlenwert kennzeichnen. Diese Art der Darstellung wird häufig als sQ3-Format bezeichnet.

Die in einem 4-Bit-System möglichen vorzeichenbehafteten sQ3-Zahlen zeigt Bild 6.3 im Zahlenkreis.

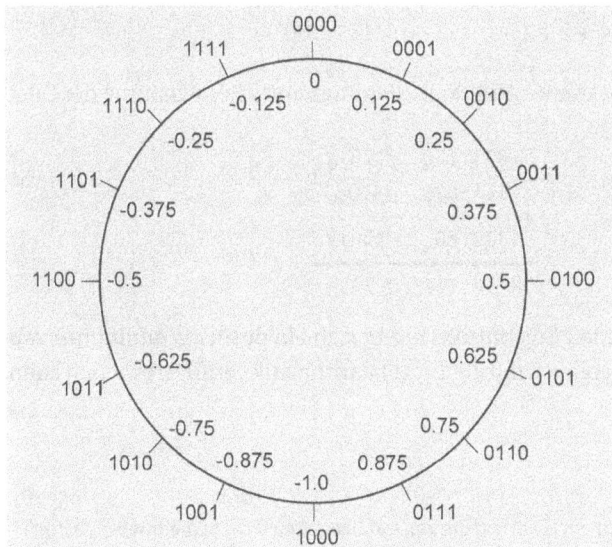

Bild 6.3: Interpretation von Dualzahlen im sQ3-Format

Nun reicht es zur Implementierung vieler numerischer Algorithmen sicher nicht aus, sich auf den Zahlenbereich $-1 \leq z < 1$ zu beschränken. Vielmehr sollte das Zahlenformat auch einen Ganzzahlteil besitzen können. In diesem Fall muss durch den Anwender für eine k-stellige Dualzahl festgelegt werden, wie sich diese in Vorkomma- und Nachkommabits aufteilt: In einem $smQn$-Format[1] stehen m Vorkomma- und n Nachkommabits zur Verfügung. Wegen des zusätzlichen Vorzeichenbits gilt für vorzeichenbehaftete Zahlen:

$$k = m + n + 1 \tag{6.10}$$

In diesem Zahlenformat ist b_m das mit 2^m gewichtete Vorzeichenbit und die Dualzahl $b_m \dots b_0 . b_1 \dots b_n$ wird wie folgt interpretiert:

$$z = -b_m \cdot 2^m + \sum_{i=m-1}^{0} b_i \cdot 2^i + \sum_{i=1}^{n} b_i \cdot 2^{-i} \tag{6.11}$$

Die Additions- und Subtraktionsarithmetik für Q-Format-Zahlen ist im Vergleich zur 2er-Komplement-Arithmetik unverändert. Der Anwender muss nur die Lage des Dualpunkts beibehalten.

Vorteil einer Q-Format-Arithmetik ist die Tatsache, dass die Bitbreite im Unterschied zu Mikroprozessoren abhängig von den Erfordernissen der Anwendung frei gewählt werden kann. Allerdings muss der Anwender sicherstellen, dass es nicht zu Zahlenbereichsüberläufen kommt.

B **Beispiel 6.17** (Es soll die Subtraktion $3.75_{10} - 1.0_{10}$ im s2Q3-Format durch Addition der Dualzahlen berechnet werden): Zunächst werden durch Anwendung der Gl. 6.11 die Dualzahlen im s2Q3-Format berechnet:

$$3.75_{10} = -0 + 2 + 1 + 0.5 + 0.25 + 0 = 011.110 \quad \text{und}$$
$$-1.0_{10} = -4 + 2 + 1 + 0 + 0 + 0 = 111.000$$

Anschließend erfolgt die bekannte Addition, allerdings unter Beibehaltung der Dualkommastelle:

```
        011.110   3.75₁₀
  +     111.000  −1.0₁₀
       ─────────
       1110.00_   Carry
       ─────────
       +010.110   2.75₁₀
```

Nach Streichen des führenden Ergebnisbits ergibt sich ein positives Additionsergebnis, welches leicht durch Vergleich mit der Dezimalarithmetik verifiziert werden kann.

∎

---

[1] Andere Autoren verwenden für ein Q-Format mit ganzzahligem Anteil die Schreibweise „Q$m.n$".

Zusammenfassend lässt sich festhalten:

> Das Q-Format stellt eine weitere Interpretationsmöglichkeit für Dualzahlen dar, mit der sich ratio-
> nale Zahlen darstellen lassen.
> Bei gegebener Anzahl von Vor- und Nachkommabits kann nicht jede rationale Zahl dargestellt wer-
> den. Die Auflösung der Nachkommastellen beträgt 2^{-n}.
> Der Zahlenbereich ist unsymmetrisch: Der Minimalwert -2^m ist Bestandteil des Zahlenbereiches,
> der positive Wert 2^m hingegen nicht.

Tipp: Die zunehmende Bedeutung des Q-Zahlenformats spiegelt sich an den Erweiterungen des VHDL-Sprachschatzes wider. So wurden in dem aktualisierten VHDL-
Sprachstandard VHDL-2008 die beiden Datentypen sfixed und ufixed definiert,
die das mQn-Format repräsentieren [29]. Dieser Standard ist in der VHDL-Bibliothek
ieee.fixed_pkg implementiert, die z. B. durch den im Anhang vorgestellten VHDL-
Simulator ModelSim PE unterstützt wird [18] (vgl. Kapitel 20.1):

```
signal a : sfixed (3 downto -3);--s3Q3 Zahl mit Vorzeichen,7 Bit
signal b : ufixed (5 downto -3);--6Q3 Zahl ohne Vorzeichen,9 Bit        ■
```

6.6.2 Gleitkommadarstellung

Nachteil der Festkommadarstellung ist der mit einer begrenzten Anzahl von Bits recht
eingeschränkte Zahlenbereich: Eine vorzeichenbehaftete 32-Bit-Zahl im s15Q16-For-
mat überdeckt z. B. einen Zahlenbereich von etwa ± 32768.0 und die kleinste darstell-
bare positive Zahl beträgt nur $1.53 \cdot 10^{-5}$. Durch Aufteilung der 32 Bit in Vorzeichen VZ,
eine Mantisse M und einen Exponenten E kann dieser Zahlenbereich dagegen deutlich erweitert werden. Die in Mikroprozessoren sehr häufig verwendete Gleitkommadarstellung einer 32-Bit-Dualzahl (single precision) gemäß der Norm IEEE-754 zeigt
Bild 6.4.

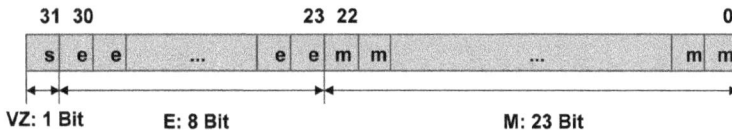

31 30				23 22					0
s	e	e	...	e	e	m	m	...	m	m

VZ: 1 Bit   E: 8 Bit   M: 23 Bit

Bild 6.4: Darstellung einer 32-Bit-Dualzahl im IEEE-754-Gleitkommaformat

Zur Einsparung eines gesonderten Vorzeichenbits für den Exponenten wird die sogenannte 8-Bit-Offset-Darstellung verwendet. In dieser normalisierten Gleitkommadarstellung lässt sich der Zahlenwert z einer gebrochenen rationalen Zahl z wie folgt

berechnen:

$$z = (-1)^{VZ} \cdot 1.M \cdot 2^{(E-127)} \tag{6.12}$$

darin ist VZ das Vorzeichenbit, M stellt die Mantisse im vorzeichenlosen Q23-Format dar und E ist der vorzeichenlose 8-Bit-Exponent.

Gleitkommazahlen im normalisierten Single-Precision-Format decken den Zahlenbereich von etwa $\pm 3.4 \cdot 10^{38}$ ab und der Betrag der kleinsten Zahl ist etwa $1 \cdot 10^{-38}$.

B **Beispiel 6.18** (Es soll der Zahlenwert der 32-Bit-Hexadezimalzahl 0x4EC0 0000 gemäß dem IEEE-754-Gleitkommazahlenformat berechnet werden): Dazu wird die Zahl in eine Dualdarstellung überführt und darin das Vorzeichen, der Exponent und die Mantisse identifiziert.

4			E			C		0		0		0		0		0		0	
0	1 0 0	1 1 1 0	1	1 0 0 0	0 0 0 0	0 0 0 0	0 0 0 0	0 0 0 0	0 0 0 0
VZ	Exponent			Mantisse					

Bild 6.5: Dualzahldarstellung der Hexadezimalzahl 0x4EC0 0000 und Aufteilung gemäß dem IEEE-754-Zahlenformat

Dem Bild 6.5 ist zu entnehmen:
- VZ = 0
- E = 10011101_2 = 128 + 16 + 8 + 4 + 1 = 157
- M = $1000\ldots_2$ = 0.5_{10}

Mit der Gl. 6.12 wird $z = (-1)^0 \cdot 1.5 \cdot 2^{(157-127)} = 1.5 \cdot 2^{30} = 1610612736_{10}$ ∎

T **Tipp:** Nachteil der Gleitkommadarstellung ist der im Vergleich zur Festkommaarithmetik erheblich größere Hardwareaufwand. Zur Berechnung einfacherer Operationen wie Additionen und Subtraktionen werden bereits aufwendige Multiplizierer benötigt. Aus diesem Grunde existiert in vielen Mikroprozessoren ein besonderes digitales Teilsystem: Ein Floating-Point-Prozessor übernimmt die Aufgabe, arithmetische Operationen wie Additionen, Subtraktionen aber auch Multiplikationen und Divisionen auszuführen. ∎

6.7 Vertiefende Aufgaben

A **Aufgabe 6.1:** Beantworten Sie die folgenden Verständnisfragen:
a) Was ist ein „Byte", was ist ein „Nibble"?
b) Wodurch ist ein Stellenwertzahlensystem ausgezeichnet?
c) Wie bestimmt man mit den Methoden der Digitaltechnik die 2er-Komplementdarstellung einer negativen Dezimalzahl?
d) Wie lautet die Dezimalzahl −2 in 4-Bit- und in 8-Bit-Darstellung?

e) Beschreiben Sie den Algorithmus, mit dem man vorzeichenbehaftete Zahlen auf eine größere Bitbreite bringt.
f) Was bedeutet das Q-Format?
g) Welche Vor- und Nachteile besitzt die Gleitkommadarstellung im Vergleich zum Q-Format? ■

Aufgabe 6.2: Führen Sie die folgenden Zahlensystemkonvertierungen durch:
a) $1101011_2 = ?_{16}$
b) $10100.1101_2 = ?_{16}$
c) $11011001_2 = ?_8$
d) $67.24_8 = ?_2$
e) $AFFE_{16} = ?_2$
f) $15C.38_{16} = ?_2$ ■

Aufgabe 6.3: Führen Sie die nachfolgenden Konvertierungen in das Dezimalzahlensystem durch:
a) $1101011_2 = ?_{10}$
b) $10100.1101_2 = ?_{10}$
c) $11011001_2 = ?_{10}$
d) $67.24_8 = ?_{10}$
e) $AFFE_{16} = ?_{10}$
f) $15C.38_{16} = ?_{10}$ ■

Aufgabe 6.4: Konvertieren Sie die folgenden Dezimalzahlen in das angegebene Zahlensystem:
a) $125_{10} = ?_2$
b) $3498_{10} = ?_8$
c) $23851_{10} = ?_{16}$
d) $727_{10} = ?_5$
e) $65113_{10} = ?_{16}$ ■

Aufgabe 6.5: Führen Sie die nachfolgenden Dualzahloperationen aus. Stellen Sie in jeder Stelle auch das Übertragsbit dar.
a) $110011 + 11010$
b) $1100110 + 1111001$
c) $110011 - 11010$
d) $1100110 - 1111001$
Lösen Sie die Aufgaben c) und d) auch durch Addition des 2-er-Komplements des Subtrahenden. ■

Aufgabe 6.6: Stellen Sie die Dezimalzahlen +25, +120, −42 und −111 in einem 8-Bit-Format dar:
a) In Vorzeichen-Betragsdarstellung
b) In 2er-Komplementdarstellung ■

A **Aufgabe 6.7:** Prüfen Sie ob bei den nachfolgenden Operationen ein 2er-Komplement-überlauf entsteht:

a) 11010100 + 11101011
b) 10111111 + 11011111
c) 01011101 + 00110001
d) 01100001 + 00011111   ∎

A **Aufgabe 6.8:** Wenn Sie diese Aufgaben während nachtschlafender Zeit bearbeiten müssen, so erhalten Sie eventuell Hilfe, wenn Sie die Lösung der nachfolgenden Aufgabe nutzen: Konvertieren Sie die Dezimalzahl 12648430_{10} in das Hexadezimalsystem ☺   ∎

A **Aufgabe 6.9:** Berechnen Sie im vorzeichenbehafteten s2Q3-Format:

a) 1.25 + 3.75
b) 3.75 + 0.875
c) −3.75 + 1.0
d) 1.25 − 1.0   ∎

7 Logikminimierung

Im Kapitel 3 wurde gezeigt, wie sich eine kombinatorische Logikfunktion durch Aufstellen der disjunktiven oder konjunktiven *Normalform* beschreiben lässt. Das Beispiel 3.17 hat jedoch gezeigt, dass die dazugehörige Hardwareimplementierung in der Regel nicht optimal ist. In den meisten Fällen gibt es Lösungen mit geringerem Hardwareaufwand. Der systematische Prozess der Suche nach einer optimalen Lösung mit minimalem Hardwareaufwand wird als Logikminimierung bezeichnet. Dieses Kapitel befasst sich mit geeigneten Lösungsalgorithmen.

Gemeinsam ist an den DNF- und KNF-Darstellungsformen, dass sich diese sehr leicht auf einer bestimmten Klasse von programmierbaren Hardwarebausteinen, den einfachen oder auch komplexen (S) bzw. (C)PLDs (Programmable Logical Device) implementieren lassen (vgl. Kapitel 19.3 bzw. 19.4). Ziel ist es hier, eine disjunktive bzw. konjunktive *Minimalform* (DMF bzw. KMF) aufzustellen.

Neben dieser Art von programmierbaren Hardwarebausteinen hat seit etwa Mitte der 90er-Jahre eine andere Klasse programmierbarer Hardware, nämlich die der FPGAs (vgl. Kapitel 13.1) zunehmend an Bedeutung gewonnen. Dafür werden zusätzliche Optimierungsverfahren benötigt, die in Kapitel 7.4. angesprochen werden.

7.1 Lernziele

Nach Durcharbeiten dieses Kapitels sollen Sie
- das Prinzip der Logikminimierung mit KV-Tafeln kennen und anwenden können;
- für eine gegebene Logikfunktion die disjunktive und konjunktive Minimalform herleiten können;
- in der Lage sein, Output-Don't-Care-Terme gewinnbringend für die Logikminimierung einsetzen zu können;
- die Grenzen einer zweistufigen Minimierung kennen.

7.2 Minimierung mit KV-Tafeln

Die grafische Darstellung von Wahrheitstabellen erfolgt in Karnaugh-Veitch-(KV-)Diagrammen. Diese ursprünglich von E. W. Veitch entworfene Methode wurde 1953 durch M. Karnaugh zu seiner heutigen Form weiterentwickelt. Mit ihr können auf vergleichsweise einfache Art und Weise kombinatorische Schaltungen so optimiert werden, dass daraus ein minimaler Hardwareaufwand in zweistufiger Logik resultiert.

KV-Diagramme sind handlich für Systeme mit bis zu m = 4 Eingangsvariablen und basieren in der Praxis auf einer einfachen Mustererkennung, wie benachbarte Min- bzw. Maxterme zusammengefasst werden können. Für Schaltfunktionen mit

https://doi.org/10.1515/9783110706970-007

mehr als vier Eingangsvariablen, sowie solchen, die nicht auf eine zweistufige Hardware abgebildet werden sollen, werden Rechner-basierte Minimierungsmethoden empfohlen.

7.2.1 Disjunktive Minimalform (DMF)

Ein KV-Diagramm zur Beschreibung einer kombinatorischen Logik mit m Eingängen ist eine rechteckige Darstellung von 2^m Feldern gemäß den folgenden Konstruktionsvorschriften:
- Jedes dieser Felder entspricht genau einem Minterm der zugrunde liegenden Wahrheitstabelle.
- Diese Felder sind so angeordnet, dass sich die Minterme aller benachbarten Felder in genau einer Bitstelle unterscheiden.
- Dabei ist zu berücksichtigen, dass Felder an den äußeren Kanten mit den genau gegenüberliegenden Feldern ebenfalls benachbart sind. Dies garantiert, dass auch in KV-Diagrammen mit mehr als drei oder vier Signalen jedes Feld ausreichend viele Nachbarn besitzt.

Das Konstruktionsprinzip soll am Beispiel der Logikfunktion mit zwei Eingangssignalen eingeführt werden und sukzessive auf solche mit drei oder vier Eingangssignalen erweitert werden. Prinzipiell existieren mehrere Möglichkeiten, die Eingangssignale in KV-Diagrammen anzuordnen. Dies ist beim Vergleich unterschiedlicher Literaturreferenzen zu berücksichtigen.

In diesem Lehrbuch soll eine Variante verwendet werden, bei der die Minterme der Tabelle 7.1 von oben nach unten in Form eines großen „Z" in das KV-Diagramm eingetragen werden. Dazu wird das niederwertige Signalbit A der Wahrheitstabelle in seiner nichtinvertierten Form oben rechts platziert und das höherwertige Bit B an der im Uhrzeigersinn nächsten, also rechten Kante unten. Die invertierten Bits $\overline{A}$ und $\overline{B}$ werden an der gleichen Kante jeweils daneben bzw. darüber platziert.

In der in Bild 7.1 gewählten Darstellung unterscheiden sich horizontal nebeneinander angeordnete Minterme im Wert des Signals A und vertikal benachbarte Felder im Wert des Signals B (vgl. Tabelle 7.1).

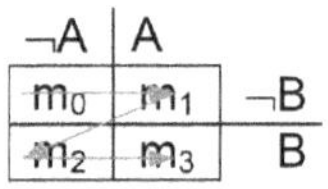

$$
\begin{array}{cc}
\neg A & A \\
\hline
m_0 & m_1 \\
\hline
m_2 & m_3
\end{array}
\begin{array}{l}
\\
\neg B \\
B
\end{array}
$$

Bild 7.1: Konstruktion eines KV-Diagramms mit zwei Eingangssignalen A und B. Für den Fall, dass A in der Wahrheitstabelle das niederwertige Bit darstellt, werden die Minterme der Reihe nach von oben nach unten in Form eines „Z" eingetragen

Tab. 7.1: Minterme einer Logikfunktion mit zwei Eingangssignalen

B	A	Minterm
0	0	$m_0 = \overline{B} \wedge \overline{A}$
0	1	$m_1 = \overline{B} \wedge A$
1	0	$m_2 = B \wedge \overline{A}$
1	1	$m_3 = B \wedge A$

Im Weiteren wird wie folgt verfahren:
- In die Felder wird die logische 1 oder 0 aus der Wahrheitstabelle eingetragen.
- Wenn benachbarte Felder jeweils eine 1 enthalten, so lassen sich diese zu einer gemeinsamen 1 zusammenfassen, denn für die benachbarten Einsen gilt das Nachbarschaftsgesetz Gl. 3.8, weil paarweise benachbarte Felder sich gemäß dem KV-Konstruktionsprinzip nur in genau einer Bitstelle unterscheiden.
- Die zusammengefassten Felder werden als Vereinigungsblöcke bezeichnet. In diesen ist das Nachbarschaftsgesetz anzuwenden. Damit können diese jeweils durch Ausdrücke beschrieben werden, in denen das in invertierter und nichtinvertierter Form vorhandene Signal nicht mehr auftaucht. Die übrigen Signale, der Vereinigungsblöcke sind miteinander UND zu verknüpfen.
- Alle isolierten Einsen des KV-Diagramms sind zusammen mit den Vereinigungsblöcken untereinander ODER zu verknüpfen.

B **Beispiel 7.1** (Minimierung zweier Schaltfunktionen Y1 und Y2, die durch Wahrheitstabellen dargestellt werden, durch Anwendung eines KV-Diagramms für zwei Signale):

Tab. 7.2: Wahrheitstabelle zu Beispiel 7.1

B	A	Y_1	Y_2
0	0	1	1
0	1	0	1
1	0	1	0
1	1	0	1

Die disjunktiven Minimalformen der Signale Y1 und Y2 lassen sich durch Anwendung des Nachbarschaftsgesetzes bestimmen als:

$$Y_1 = \sum m(0, 2) = (\overline{B} \wedge \overline{A}) \vee (B \wedge \overline{A}) = \overline{A} \quad \text{bzw.}$$

$$Y_2 = \sum m(0, 1, 3) = (\overline{B} \wedge \overline{A}) \vee (\overline{B} \wedge A) \vee (B \wedge A) = \overline{B} \vee A$$

Diese Lösungen erhält man auch, indem in den KV-Diagrammen die Einsen zusammengefasst werden: Y1 besitzt eine Gruppe von Einsen in der das Signal B in invertierter und nichtinvertierter Form enthalten ist. Sie stellt das Signal $\neg A$ dar. $Y2$ besitzt hingegen zwei Gruppen von Einsen, nämlich $\neg B$ und A, die ODER-verknüpft werden müssen. Bei der Minimierung von Y_2 erkennt man in Bild 7.2 zwei überlappende Gruppen von Einsen. Wenn man die Minimierung durch Anwendung des Nachbarschaftsgesetzes manuell nachvollzieht, so ist zuvor der überlappende Minterm $m_1 = \overline{B} \wedge A$ durch Anwendung des Idempotenz-Gesetzes (vgl. Bild 3.6) hinzuzufügen.

Y1:

	$\neg A$	A	
	(1)	0	$\neg B$
	(1)	0	B

Y2:

	$\neg A$	A	
	(1	1)	$\neg B$
	0	(1)	B

Bild 7.2: Darstellung der Wahrheitstabellen der Schaltfunktionen Y1 und Y2 in KV-Diagrammen. Die Vereinigungsblöcke sind durch Kreise markiert ∎

In einem KV-Diagramm für drei Eingangssignale wird die horizontale Anordnungsrichtung der Felder doppelt verwendet. Es entsteht aus dem KV-Diagramm für zwei Eingangssignale, indem dieses in der Mitte „senkrecht durchgeschnitten" wird und ein zweites KV-Diagramm für zwei Eingangssignale dort eingefügt wird. Die Bezeichnung des nichtinvertierten dritten Signals erfolgt weiter in Uhrzeigerrichtung, also in der Mitte der unteren Kante. Die acht Minterme werden der Wahrheitstabelle wieder von oben nach unten entnommen und in das KV-Diagramm eingetragen: Die ersten vier Minterme, die $C = 0$ repräsentieren, in Form eines äußeren großen „Z" und die vier Minterme mit $C = 1$ in Form eines inneren „Z" (vgl. Bild 7.3).

$\neg A$		A		
m_0	m_4	m_5	m_1	$\neg B$
m_2	m_6	m_7	m_3	B
$\neg C$	C	$\neg C$		

Bild 7.3: KV-Diagramm für drei Eingangssignale: Die Platzierung der nichtinvertierten Eingangssignale erfolgt in Uhrzeigerrichtung, sodass das höchstwertige Signal C in der Mitte der unteren Kante platziert wird. Die Übertragung der Minterme erfolgt von oben nach unten zunächst in einer äußeren und dann in einer inneren Z-Form

In einem KV-Diagramm mit drei Signalen hat jedes Feld drei Nachbarn. Dabei ist zu berücksichtigen, dass sich die Nachbarschaft über die seitlichen Kanten hin erstreckt. So ist z. B. in Bild 7.3 das Feld m_0 mit den Feldern m_2 und m_4 benachbart, aber auch mit dem Feld m_1, denn dieses Nachbarschaftspaar unterscheidet sich nur im Wert des Signals A. Man kann ein KV-Diagramm mit drei Eingangssignalen also als einen aufgeschnittenen Zylinder auffassen.

Zur formalen Beschreibung des Minimierungsprozesses definieren wir:

Eine Gruppe von benachbarten Einsen lässt sich zu einem Implikanten zusammenfassen. Die Anzahl der in einem Implikanten zusammengefassten Minterme muss eine 2er-Potenz 2^m sein. Der Implikant wird durch einen weniger komplexen Term beschrieben, der nicht alle Eingangssignale enthält, denn in diesem Term tauchen m Signale nicht auf. Bei der Bildung der Implikanten ist es wegen des Idempotenz-Gesetzes erlaubt, dass ein Minterm gleichzeitig zu mehreren Implikanten gehört.

Als Primimplikant wird ein maximal großer Implikant bezeichnet, also ein Block, der nicht vergrößert werden kann.

Enthält ein Primimplikant mindestens einen Minterm, der in keinem anderen Primimplikanten enthalten ist, so wird dieser als Kernimplikant bezeichnet.

Ein Implikant wird als redundant bezeichnet, wenn er von mehreren Kernimplikanten überdeckt wird.

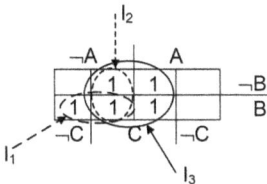

Bild 7.4: Lokalisierung von Implikanten in einem KV-Diagramm für drei Eingangssignale

Bild 7.4 zeigt die Implikanten I_1, I_2 und I_3 einer Schaltfunktion f(A, B, C). I_1 und I_3 sind Kernimplikanten, da der Minterm m_2 nur in I_1 und die Minterme m_5 und m_7 nur in I_3 enthalten sind. Implikant I_2 ist vollständig in I_3 enthalten und daher kein Primimplikant.

B **Beispiel 7.2** (Minimierung von Schaltfunktionen mit drei Eingangssignalen):

Tab. 7.3: Wahrheitstabelle zu Beispiel 7.2

Minterm-Nr.	C	B	A	Y_1	Y_2	Y_3
0	0	0	0	0	1	1
1	0	0	1	1	1	1
2	0	1	0	0	1	1
3	0	1	1	0	0	1
4	1	0	0	1	1	0
5	1	0	1	1	1	0
6	1	1	0	1	1	0
7	1	1	1	1	0	0

Y1:

Y2:

Y3:

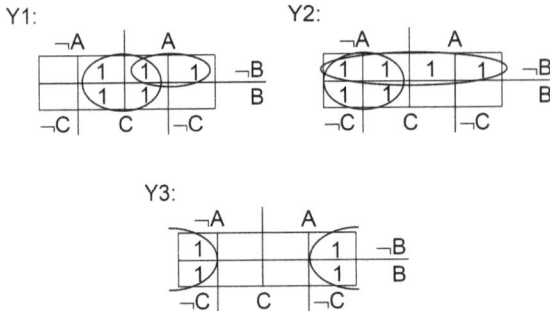

Bild 7.5: Bildung der Implikanten aus Beispiel 7.2

Dem Bild 7.5 ist zu entnehmen:

- Das Ausgangssignal Y_1 wird durch zwei ODER-verknüpfte Kernimplikanten beschrieben, von denen einer aus nur zwei Eingangssignalen besteht, denn das Signal C ist darin nicht vorhanden. In dem Implikanten, der vier Einsen umfasst, sind die Signale A und B in invertierter und nichtinvertierter Form enthalten: Er beschreibt den Produktterm C. Damit wird:

$$Y_1 = C \vee (A \wedge \overline{B}).$$

- Das Signal Y_2 wird durch zwei Kernimplikanten mit jeweils vier Mintermen beschrieben, in denen von den drei Eingangssignalen jeweils 2 Signale nicht vorkommen. Das Ausgangssignal lässt sich also durch die ODER-Verknüpfung zweier Eingangssignale beschreiben:

$$Y_2 = \overline{A} \vee \overline{B}.$$

- Y_3 wird durch einen einzigen Primimplikanten beschrieben, denn die beiden Paare von Einsen sind benachbart:

$$Y_3 = \overline{C}.$$ ∎

In einem KV-Diagramm mit vier Eingangssignalen wird nun auch die vertikale Anordnungsrichtung doppelt verwendet: Es entsteht durch horizontales „Aufschneiden" des KV-Diagramms mit drei Eingangssignalen, welches D = 0 repräsentiert und Einschieben eines zweiten KV-Diagramms für drei Eingangssignale mit D = 1. Die Minterme sind wieder so platziert, dass sie in der Wahrheitstabelle von oben nach unten in Form von vier „Z" im KV-Diagramm platziert werden, wobei zunächst die äußeren Felder und danach sukzessiv die inneren Felder belegt werden. Das Bild 7.6 zeigt aus Gründen der Übersichtlichkeit nur die Platzierung der ersten acht Minterme durch zwei „Z".

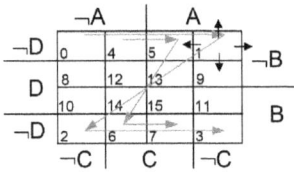

Bild 7.6: KV-Diagramm für vier Eingangssignale

Jedes Feld hat vier Nachbarn, wobei sich die Nachbarschaft nun auch von der oberen zur unteren Kante des KV-Diagramms erstreckt. Bild 7.6 zeigt, dass z. B. der Minterm m_1 mit den Mintermen m_5 und m_9 aber auch mit den Mintermen m_0 und m_3 benachbart ist.

Der Minimierungsprozess lässt sich formal wie folgt beschreiben:

1. Markiere alle Primimplikanten im KV-Diagramm.
2. Ermittle zunächst die Kernimplikanten. Dies sind möglichst große Blöcke, mit einer möglichst geringen Zahl von Signalen.
3. Von den verbleibenden Primimplikanten sind diejenigen auszuwählen, die verbleibende Einsen überdecken. Dieser Vorgang kann zu unterschiedlichen Lösungen führen.
4. Fasse alle Kernimplikanten sowie die unter 3. ausgewählten Primimplikanten disjunktiv, also mit einer ODER-Funktion zusammen.

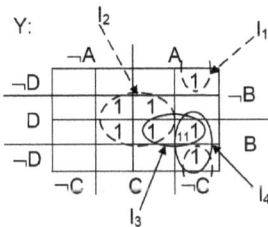

Bild 7.7: Ermittlung der disjunktiven Minimalform DMF in einem KV-Diagramm für vier Eingangssignale

Anhand des Beispiels in Bild 7.7 soll diese Vorgehensweise erläutert werden:
1. Es lassen sich vier Primimplikanten identifizieren.
2. Davon sind $I_1 = \overline{D} \wedge \overline{C} \wedge A$ und $I_2 = D \wedge C$ Kernimplikanten, I_3 und I_4 sind jedoch nur einfache Primimplikanten, die beide den Minterm m_{11} beinhalten.
3. Der durch die Kernimplikanten nicht berücksichtigte Minterm m_{11} kann alternativ entweder durch den Primimplikanten $I_3 = D \wedge B \wedge A$ oder durch den Primimplikanten $I_4 = \overline{C} \wedge B \wedge A$ einbezogen werden.
4. Die disjunktive Minimalform ergibt sich bei der Auswahl von I_3 zu $Y = I_1 \vee I_2 \vee I_3$. Also wird: $Y = (\overline{D} \wedge \overline{C} \wedge A) \vee (D \wedge C) \vee (D \wedge B \wedge A)$

B **Beispiel 7.3** (Die disjunktive Normalform $Y_1 = \sum m(3, 6, 7, 11, 12, 13, 14, 15)$ soll minimiert werden): Die Minterme werden in das KV-Diagramm für vier Signale eingetragen und die Implikanten markiert (vgl. Bild 7.8).

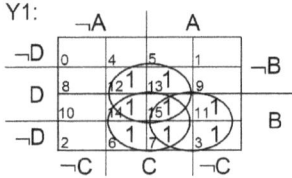

Bild 7.8: Bildung der Implikanten im KV-Diagramm zu Beispiel 7.3

Dem Bild 7.8 ist zu entnehmen, dass drei Kernimplikanten gebildet werden können, die einander teilweise überlappen. Alle Implikanten umfassen vier Minterme, sodass zu deren Beschreibung von den vier Eingangssignalen jeweils zwei Eingangssignale eliminiert werden können. Der minimierte Ausdruck umfasst also drei ODER-verknüpfte Produktterme mit jeweils zwei Eingangssignalen:

$$Y_1 = (C \wedge D) \vee (C \wedge B) \vee (B \wedge A) \, . \qquad \blacksquare$$

B **Beispiel 7.4** (Die Funktion Y_2 soll minimiert werden):

$$Y_2 = (\overline{D} \wedge \overline{C} \wedge B \wedge \overline{A}) \vee (D \wedge C \wedge \overline{B} \wedge \overline{A}) \vee (\overline{C} \wedge B \wedge \overline{A})$$
$$\vee (D \wedge \overline{B} \wedge \overline{A}) \vee (C \wedge A)$$

In diesem Beispiel ist zu berücksichtigen, dass die letzten drei Produktterme, die nicht alle Eingangssignale enthalten, mehreren Mintermen bzw. Einsen der Wahrheitstabelle entsprechen. Die Zuordnung ist der Tabelle 7.4 zu entnehmen.

Tab. 7.4: Zuordnung der Minterme zu den einzelnen Produkttermen der logischen Gleichung von Beispiel 7.4

Produktterm	Minterme
$(\overline{D} \wedge \overline{C} \wedge B \wedge \overline{A})$	m_2
$(D \wedge C \wedge \overline{B} \wedge \overline{A})$	m_{12}
$(\overline{C} \wedge B \wedge \overline{A})$	m_2, m_{10}
$(D \wedge \overline{B} \wedge \overline{A})$	m_8, m_{12}
$(C \wedge A)$	m_5, m_7, m_{13}, m_{15}

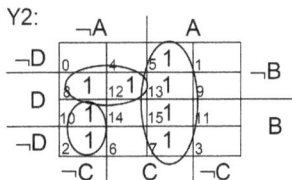

Bild 7.9: Bildung der Implikanten im KV-Diagramm von Beispiel 7.4

Die disjunktive Zusammenfassung der Kernimplikanten ergibt, dass die ersten beiden Produktterme der Ausgangsgleichung weggelassen werden können da sie in den letzten drei Produkttermen enthalten sind.

$$Y_2 = (C \wedge A) \vee (\overline{C} \wedge B \wedge \overline{A}) \vee (D \wedge \overline{B} \wedge \overline{A})$$ ■

B **Beispiel 7.5** (Die logische Funktion Y3, die durch das KV-Diagramm in Bild 7.10 dargestellt ist, soll minimiert werden):

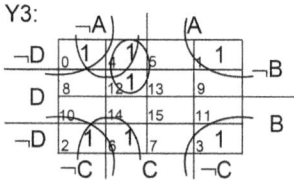

Bild 7.10: KV-Diagramm zu Beispiel 7.5

In Bild 7.10 sind die Implikanten bereits eingezeichnet. Man erkennt:
- Zwei Kernimplikanten, die aus jeweils vier Mintermen bestehen und die sich über die äußeren Kanten bzw. Ecken des KV-Diagramms erstrecken:

$$\sum(m_0, m_4, m_2, m_6) = \overline{D} \wedge \overline{A} \quad \text{bzw.} \quad \sum(m_0, m_1, m_2, m_3) = \overline{D} \wedge \overline{C}$$

- Einen Kernimplikanten, der aus zwei Einsen besteht: $\sum(m_4, m_{12}) = C \wedge \overline{B} \wedge \overline{A}$

Damit erhält man $Y_3 = (\overline{D} \wedge \overline{A}) \vee (\overline{D} \wedge \overline{C}) \vee (C \wedge \overline{B} \wedge \overline{A})$ ■

B **Beispiel 7.6** (Für den 2-zu-1-Multiplexer mit Freigabeeingang, dessen VHDL-Code in Beispiel 4.4 angegeben ist, soll das Syntheseergebnis durch Bestimmung der DMF überprüft werden): Wegen der auf der linken Seite der Wahrheitstabelle Tabelle 4.2 angegebenen Input-Don't-Care-Werte der Signaleingänge müssen zunächst die zugehörigen Minterme identifiziert werden. Dabei ist zu berücksichtigen, dass jeder Input-Don't-Care-Eintrag zwei Mintermen entspricht. Da die erste Zeile der Wahrheitstabelle drei Don't-Care-Einträge besitzt, repräsentiert diese also acht Minterme. Anschließend werden alle Minterme, die mit einer 1 zur Schaltfunktion beitragen, in das KV-Diagramm eingetragen und die Primimplikanten bestimmt.

Die beiden Kernimplikanten aus Bild 7.11 werden disjunktiv verknüpft und ergeben die folgende DMF:

$$Y = (\neg\overline{E} \wedge \overline{S} \wedge IA) \vee (\neg\overline{E} \wedge S \wedge IB) = E \wedge ((\overline{S} \wedge IA) \vee (S \wedge IB)) \tag{7.1}$$

Diese Gleichung entspricht dem Syntheseergebnis aus Beispiel 4.4[1].

---

[1] Bei diesem Vergleich ist zu berücksichtigen, dass im Listing 4.5 für das Low-aktive Eingangssignal $\overline{E}$ der VHDL-Signalname nE verwendet wurde.

Minterm Nr.	$\overline{E}$	S	IB	IA	Y
8–15	1	X	X	X	0
4,5	0	1	0	X	0
6,7	0	1	1	X	1
0,2	0	0	X	0	0
1,3	0	0	X	1	1

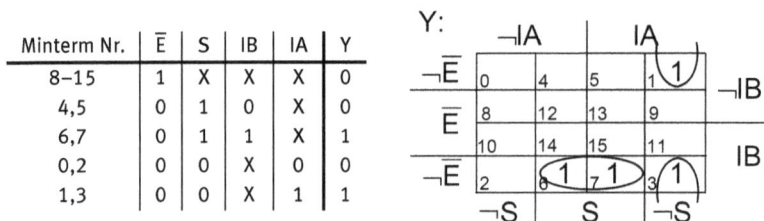

Bild 7.11: KV-Minimierung eines 2-zu-1-Multiplexers mit Freigabeeingang ∎

7.2.2 Konjunktive Minimalform (KMF)

> Man erhält die konjunktive Minimalform (KMF) einer gegebenen Schaltfunktion indem man die Kernimplikanten für die Maxterme ermittelt und diese konjunktiv zusammenfasst.

Unter Anwendung des Dualitätsprinzips geht man in der Praxis jedoch meist einen einfacheren Weg: Es werden die *Nullen* des KV-Diagramms einer Schaltfunktion Y in gewohnter Weise UND-verknüpft. Die so erhaltenen Primimplikanten werden disjunktiv so zusammengefasst, dass alle Nullen abgedeckt sind. Die erhaltene Funktion entspricht dann natürlich der Umkehrfunktion $\overline{Y}$. In einem abschließenden Schritt ist die Funktion zu invertieren und man erhält nach Anwendung des de Morgan'schen Gesetzes die konjunktive Minimalform.

B **Beispiel 7.7** (Ermittlung der konjunktiven Minimalform aus der Umkehrfunktion): Eine vorgegebene Schaltfunktion Y ist in dem KV-Diagramm Bild 7.12 dargestellt. Es soll die konjunktive Minimalform ermittelt werden.

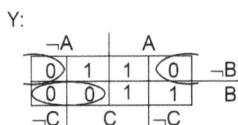

Bild 7.12: Bildung der konjunktiven Minimalform durch Zusammenfassung von Nullen

In Bild 7.12 werden die Nullen auf gewohnte Weise zusammengefasst und man erhält die Umkehrfunktion als disjunktive Minimalform:

$$\overline{Y} = (\overline{C} \wedge \overline{B}) \vee (B \wedge \overline{A})$$

Nach Inversion der Umkehrfunktion und Anwendung des de Morgan'schen Gesetzes in beiden Termen erhält man die konjunktive Minimalform:

$$Y = (C \vee B) \wedge (\overline{B} \vee A) \qquad ∎$$

7.2.3 Output-Don't-Care-Terme

In einigen Anwendungen können bestimmte Kombinationen von Eingangssignalen nicht auftreten. In diesem Fall ist der Wert des Ausgangssignals unerheblich, er kann 0 oder 1 sein. Derartige Eingangskombinationen werden als Redundanzen bezeichnet und das Ausgangssignal erhält in der Wahrheitstabelle bzw. im KV-Diagramm den Output-Don't-Care-Wert X. Für die Minimierung kann dies vorteilhaft sein, denn ein X kann, aber muss nicht, in einen Implikanten einbezogen werden. Durch Berücksichtigung von Output-Don't-Care-Termen lassen sich jedoch häufig größere Implikanten bilden, wodurch entweder Produktterme eingespart werden können oder zumindest die Anzahl der konjunktiven Eingangssignale, also die Breite der Produktterme reduziert werden kann. Abhängig von der zugrunde liegenden Zielhardware kann damit der Schaltungsaufwand eventuell reduziert werden.

B **Beispiel 7.8** (Paritätsbitgenerator für gerade Parität mit Eingangsvektoren im BCD-Code): Die Binärdarstellung der dezimalen Ziffern durch einen binären Code erfolgt durch einen BCD-Code (engl. Binary Coded Decimal, vgl. Kapitel 9.3). Zur Darstellung der 10 Dezimalziffern werden bei binärer Codierung vier Bits benötigt, mit denen sich prinzipiell 16 Ziffern darstellen ließen. Allerdings werden die höchstwertigen sechs Eingangskombinationen im BCD-Code nicht benötigt, sodass das Ausgangssignal für diese Kombinationen den Don't-Care-Wert X erhält.

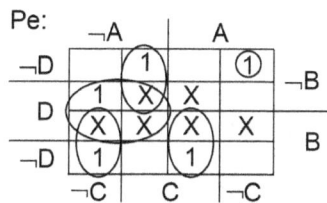

Dez	D	C	B	A	Pe
0	0	0	0	0	0
1	0	0	0	1	1
2	0	0	1	0	1
3	0	0	1	1	0
4	0	1	0	0	1
5	0	1	0	1	0
6	0	1	1	0	0
7	0	1	1	1	1
8	1	0	0	0	1
9	1	0	0	1	0
10	1	0	1	0	X
11	1	0	1	1	X
12	1	1	0	0	X
13	1	1	0	1	X
14	1	1	1	0	X
15	1	1	1	1	X

Bild 7.13: Wahrheitstabelle und zugehöriges KV-Diagramm mit Output-Don't-Care-Werten für einen Paritätsgenerator, der eine gerade Parität für BCD-Zahlen erzeugt

Dem KV-Diagramm in Bild 7.13 ist zu entnehmen, dass die Minterme m_{10}, ..., m_{15} durch Output-Don't-Care-Werte repräsentiert werden. Diese werden nur an den Stellen in die Implikanten mit einbezogen, wo sich diese dadurch vergrößern lassen. Die logische Gleichung lautet somit:

$$Pe = (D \wedge \overline{A}) \vee (C \wedge \overline{B} \wedge \overline{A}) \vee (\overline{C} \wedge B \wedge \overline{A}) \vee (C \wedge B \wedge A) \vee (\overline{D} \wedge \overline{C} \wedge \overline{B} \wedge A)$$

In dieser Gleichung ist anzumerken, dass die Anzahl von Produkttermen nicht reduziert werden konnte, weil sich in jedem Kernimplikant genau eine 1 befindet. Die Minimierung führt hier also nur zu einer Reduzierung der Breite der Produktterme.

Interessant ist nun die Frage, welcher Signalwert am Ausgang erscheint, wenn die Schaltung fehlerhafterweise mit einer der nicht erlaubten Eingangskombinationen angesteuert wird. Dies ist dem KV-Diagramm in Bild 7.13 zu entnehmen: Falls der Don't-Care-Wert in die Implikanten einbezogen wurde, so erscheint eine 1 am Ausgang, andernfalls erscheint eine 0. Letzteres ist der Fall für die Minterme m_{11} und m_{13}. ∎

In VHDL können Output-Don't-Care-Ausgangssignale durch Verwendung spezieller Datentypen angegeben werden. Bei Signalen der Datentypen std_ulogic und std_logic (vgl. Kapitel 10.6) ist das Output-Don't-Care-Symbol ‚–' definiert und wird von den meisten Synthesewerkzeugen zur Minimierung verwendet, sofern dies in der vorgesehenen Zielhardware eine tatsächliche Einsparung von Hardwareressourcen verspricht. Die Nutzung dieser Datentypen erfordert allerdings die Einbindung einer speziellen Bibliothek ieee [11]. Dazu müssen dem Quellcode zwei zusätzliche Codezeilen vor der entity-Deklaration hinzugefügt werden:

Listing 7.1: VHDL-Code eines Generators für gerade Parität und BCD-Zahlen

```
library ieee;                         -- Einbindung
use ieee.std_logic_1164.all;          -- der IEEE-Bibliothek
entity PARGEN_BCD is
        port(D, C, B, A : in bit;
                PE: out std_ulogic);   -- neuer Datentyp std_ulogic
end PARGEN_BCD;
architecture ARCH1 of PARGEN_BCD is
signal TEMP: bit_vector(3 downto 0);
begin
        with TEMP select              -- Alternativoperator |
        PE <= '0' when "0000" | "0011" | "0101" | "0110" | "1001",
             '1' when "0001" | "0010" | "0100" | "0111" | "1000",
              '-' when others;        -- Vereinfachung d. Schreibweise
        TEMP <= (D, C, B, A);
end ARCH1;
```

Listing 7.1 zeigt den VHDL-Code für den Paritätsgenerator aus Beispiel 7.6. Darin ist besonders anzumerken:

- Die Nutzung von Output-Don't-Care-Symbolen für das Ausgangssignal PE erfordert die Verwendung des Datentyps `std_ulogic`. Aus diesem Grunde wurden in den ersten beiden Zeilen, die `library`- und `use`-Anweisungen eingefügt.
- Die vier Eingangsbits wurden durch Aggregatbildung zu dem Signalvektor TEMP zusammengefasst. Bewusst erfolgte die Zuweisung dieser Eingangssignale *hinter* der selektiven Signalzuweisung, mit der die Wahrheitstabelle umgesetzt wird. Dies soll noch einmal verdeutlichen, dass die Reihenfolge der nebenläufigen VHDL-Anweisungen beliebig ist.
- In der selektiven Signalzuweisung werden dem Ausgangssignal PE insgesamt drei verschiedene Signalwerte zugewiesen: Die ‚0', die ‚1' und der Don't-Care-Wert ‚–'. Durch Anwendung des Alternativoperators ‚|' für die verschiedenen Eingangssignalkombinationen wurde die Umsetzung der Wahrheitstabelle stark verkürzt. Explizit wurden nur die zehn Eingangskombinationen zugewiesen, die eine 0 oder eine 1 am Ausgang liefern sollen. Durch das `when-others`-Konstrukt wird den verbleibenden sechs Eingangssignalkombinationen der Don't-Care-Wert ‚–' zugewiesen.

Bild 7.14 zeigt die Simulation des VHDL-Codes aus Listing 7.1. Die Ausgabe des Output-Don't-Care-Wertes für die Minterme m_{10}, ..., m_{15} ist durch die gestrichelte Linie des Ausgangssignals für t > 500 ns gekennzeichnet.

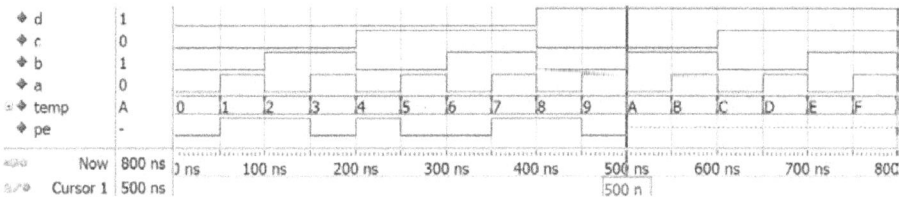

Bild 7.14: VHDL-Simulation des Paritätsgenerators für BCD-Zahlen. Die gestrichelte Linie für t > 500 ns kennzeichnet den Don't-Care-Wert für das Ausgangssignal PE

Die Hardwaresynthese des VHDL-Codes mit dem Werkzeug ISE [19] ergibt für einen programmierbaren CPLD-Baustein (vgl. Kapitel 19.4) die folgende logische Gleichung mit fünf Produkttermen:

```
PE <= NOT ((D AND NOT C AND NOT B AND A) OR
           (NOT D AND C AND B AND NOT A) OR
           (NOT D AND C AND NOT B AND A) OR
           (NOT D AND NOT C AND B AND A) OR
           (NOT D AND NOT C AND NOT B AND NOT A));
```

Im Vergleich zu Listing 7.1 ist dieser Gleichung zu entnehmen, dass die Nullen der Wahrheitstabelle als DNF mit fünf Produkttermen zusammengefasst und die gesamte Gleichung invertiert wurde. Eine Reduzierung der *Anzahl* von Produkttermen war, wie in Beispiel 7.8 ausgeführt, nicht möglich. Die *Breite* der Produktterme wurde ebenfalls nicht reduziert, alle Output-Don't-Care-Terme wurden als logische 0 behandelt. Grund für die nicht durchgeführte Minimierung ist die Tatsache, dass bei dem ausgewählten Baustein den Produkttermen bis zu 40 Eingangssignale zugeführt werden können, ohne dass zusätzliche Hardwareressourcen benötigt werden. Das vorliegende Beispiel verwendet hingegen nur vier Eingangssignale.

Aus dem gleichen Grund erfolgt auch mit Vivado keine Minimierung, denn die logische Funktion lässt sich auch ohne Minimierung auf eine einzelne LUT mit vier Eingangssignalen abbilden.

7.2.4 Grenzen der zweistufigen Minimierung

Ziel der bisher vorgestellten Minimierungsalgorithmen ist es, den Hardwareaufwand für eine zweistufige UND/ODER-Logik zu minimieren. In der Praxis gibt es dafür jedoch Grenzen, die die Bedeutung einer Minimierung mit den bisher vorgestellten Methoden relativieren:

- Komplexere programmierbare Hardwarebausteine wie CPLDs und FPGAs (vgl. Kapitel 13.1 bzw. 19) sind nicht mehr als zwei- sondern als mehrstufige Hardware aufgebaut.
- In Situationen, in denen durch kombinatorische Logik mehr als ein Ausgangssignal erzeugt werden soll.
- Wenn kombinatorische Logikausgänge unerwünschte Zwischenwerte annehmen, die sich in nachfolgenden Schaltungsteilen störend auswirken.

Nutzung konformer Terme

In vielen Fällen muss in der kombinatorischen Logik mehr als ein Ausgangssignal erzeugt werden. Man spricht von einem Multi-Output-Schaltnetz. Darin können eventuell einzelne Minterme für mehrere Ausgangssignale gemeinsam genutzt werden. Bei derartigen *konformen Termen* ist eine vollständige Minimierung nicht unbedingt sinnvoll.

Bild 7.15 zeigt die KV-Diagramme für ein Schaltnetz mit zwei Ausgängen X und Y. Für das Ausgangssignal X kann der Minterm $m_0 = \overline{C} \wedge \overline{B} \wedge \overline{A}$ nicht minimiert werden.

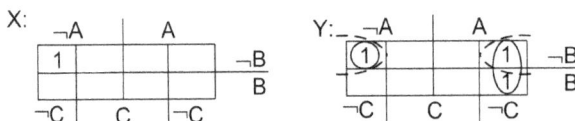

Bild 7.15: KV-Diagramm eines Multi-Output-Schaltnetzes mit den Ausgangssignalen X und Y

Die Bildung eines Kernimplikanten aus den Mintermen m_0 und m_1 zur Minimierung des Ausgangssignals $Y = (\overline{C} \wedge \overline{B}) \vee (\overline{C} \wedge A)$, wie dies in Bild 7.15 gestrichelt dargestellt ist, führt im Vergleich zur Nutzung von m_0 als konformem Term jedoch zu einem höheren Hardwareaufwand der Gesamtschaltung. Bild 7.16 zeigt die bessere Lösung, mit der ein 2-fach-UND eingespart werden kann.

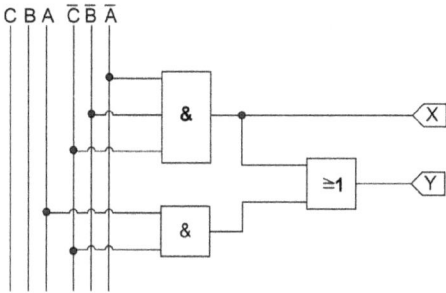

Bild 7.16: Multi-Output-Schaltnetz für das KV-Diagramm aus Bild 7.15. Der Minterm m_0 wurde als konformer Term für beide Ausgangssignale genutzt

Generell ist es das Ziel, bei Multi-Output-Schaltnetzen möglichst viele gleich platzierte Primimplikanten zu finden. Derartige Minimierungsaufgaben werden durch Software-Algorithmen unterstützt.

Beispiel 7.9 (KV-Minimierung eines 1-Bit-Volladdierers): Die Wahrheitstabelle und der VHDL-Code eines Volladdierers wurden in Tabelle 4.3 bzw. Listing 4.6 vorgestellt. Nachfolgend sollen nun die Ausgangssignale SUM und COUT minimiert werden, wobei auch XOR-Gatter verwendet werden dürfen.

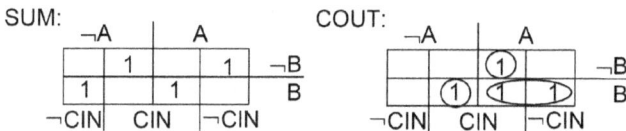

Bild 7.17: KV-Diagramme für die Ausgangssignale eines Volladdierers

Das in Bild 7.17 dargestellte KV-Diagramm für das SUM-Ausgangssignal lässt erkennen, dass keine Implikanten gebildet werden können. Vielmehr ist ein „Schachbrettmuster" von Einsen zu erkennen. Daher sind die einzelnen Minterme als DNF anzugeben:

$$SUM = (\overline{CIN} \wedge \overline{B} \wedge A) \vee (\overline{CIN} \wedge B \wedge \overline{A}) \vee (CIN \wedge \overline{B} \wedge \overline{A}) \vee (CIN \wedge B \wedge A)$$

Ein Vergleich dieser symmetrischen Gleichung mit der SOP-Darstellung des XOR-Gatters in Tabelle 3.4 zeigt, dass der Ausdruck durch Verwendung von XOR-Gattern vereinfacht werden kann:

$$SUM = CIN \leftrightarrow B \leftrightarrow A$$

Nachfolgend sollen die Implikanten für das Signal COUT so gebildet werden, wie in Bild 7.17 dargestellt. Darin wurden die Minterme m_5 und m_6 bewusst nicht mit in die Minimierung einbezogen. Man erhält die logische Gleichung:

$$COUT = (B \wedge A) \vee (CIN \wedge \overline{B} \wedge A) \vee (CIN \wedge B \wedge \overline{A})$$

$$= (B \wedge A) \vee (CIN \wedge (B \leftrightarrow A))$$

Das XOR-Gatter B $\leftrightarrow$ A kann also als konformer Ausdruck für beide Ausgänge des Volladdierers verwendet werden. ∎

An dem Beispiel 7.9 lässt sich allgemein feststellen:

> Ein „Schachbrettmuster" von Einsen in einem KV-Diagramm lässt sich durch eine Kette von XOR-Gattern darstellen. Falls der Wert des Minterms $m_0 = 0$ ist, so handelt es sich ausschließlich um XOR-Gatter. Andernfalls muss das Ausgangssignal invertiert werden, was durch Austausch eines der XOR-Gatter gegen ein XNOR möglich ist.

Vermeidung von Hazards

Durch unvermeidbare, hardwarebedingte zeitliche Verzögerungen von den Gattereingängen zu den Ausgängen kann es zu kritischen Wettrennen von Signalen auf unterschiedlichen Laufzeitpfaden kommen (engl. races), die zu unerwarteten Signalzwischenwerten, sogenannten Strukturhazards, führen, die umgangssprachlich auch als Glitches bezeichnet werden.

> Hazards bzw. Glitches sind kurzzeitige und unerwartete Änderungen von Signalwerten, die als Folge kritischer Wettrennen auf unterschiedlichen Signalpfaden auftreten.

Hier kann es sich als sinnvoll erweisen, zusätzliche, redundante Primimplikanten zu berücksichtigen, die die Strukturhazards eliminieren.

Exemplarisch wird dazu die Schaltung eines 2-zu-1-Multiplexers betrachtet, die an beiden Signaleingängen IA und IB den konstanten Wert 1 besitzt und dessen Selektionssignal S von 1 nach 0 umgeschaltet wird.

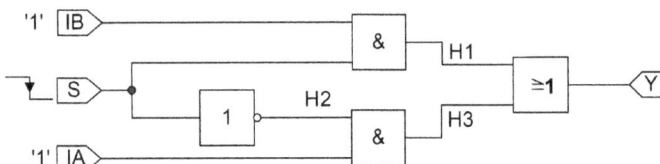

Bild 7.18: Schaltung eines 2-zu-1-Multiplexers

Nach dem bisher vermittelten Schaltungsverständnis sollte sich das Ausgangssignal Y beim Umschalten nicht verändern. In der Praxis besitzen die einzelnen Logikgatter jedoch durch ihren inneren Aufbau Schaltverzögerungen, womit das Signal Y erst nach einer Verzögerungszeit t_P am Gatterausgang erscheint. Tatsächlich können die Verzögerungszeiten für das Umschalten $1 \rightarrow 0$ und $0 \rightarrow 1$ auch unterschiedlich sein. Dies wird durch die Bezeichnungen des Signalwechsels am Ausgang t_{pHL} bzw. t_{pLH} unterschieden.

Listing 7.2: VHDL-Datenflussmodell eines 2-zu-1-Multiplexers mit symbolischen Verzögerungszeiten

```
entity HAZARD is
        port( IA, IB, S: in bit;
                Y: out bit);
end HAZARD;

architecture ARCH1 of HAZARD is
signal H1, H2, H3 : bit;          -- Koppelsignale
begin
        H1 <= IB and S after 10 ns;   -- symbolische Verzoegerung
        H2 <= not S after 10 ns;
        H3 <= IA and H2 after 10 ns;
        Y <=  H1 or H3 after 10 ns;
end ARCH1;
```

Das Listing 7.2 zeigt ein VHDL-Datenflussmodell des Multiplexers aus der Schaltung in Bild 7.18. In diesem Modell wurden durch die zusätzliche Angabe des Schlüsselworts **after** für alle Gatter symbolische Verzögerungszeiten von 10 ns spezifiziert. Hier wird also nicht zwischen t_{pHL} und t_{pLH} unterschieden. Ferner soll darauf hingewiesen werden, dass die angegebene Verzögerungszeit nicht den Angaben eines Datenblatts entspricht. Mit der verzögerten Signalzuweisung sollen vielmehr prinzipielle Effekte von Verzögerungszeiten studiert werden, die in jeder digitalen Hardware vorhanden sind. Dem Simulationsergebnis, welches in Bild 7.19 gezeigt ist, können zwei wesentliche Dinge entnommen werden:

- 20 ns nach dem Signalwechsel von S bei t = 100 ns nimmt das Ausgangssignal Y zwischenzeitlich den Wert 0 an. Erst 10 ns später, bei t = 130 ns ist das Ausgangssignal wieder stabil 1.
- Beim Zurückschalten von S nach 1, bei t = 200 ns, ist kein Hazard zu beobachten.

Ursache des Strukturhazards ist die in Bild 7.18 dargestellte Hardwarestruktur, die auf dem Weg über H2 und H3 zum Ausgang Y einen längeren Signallaufzeitpfad besitzt

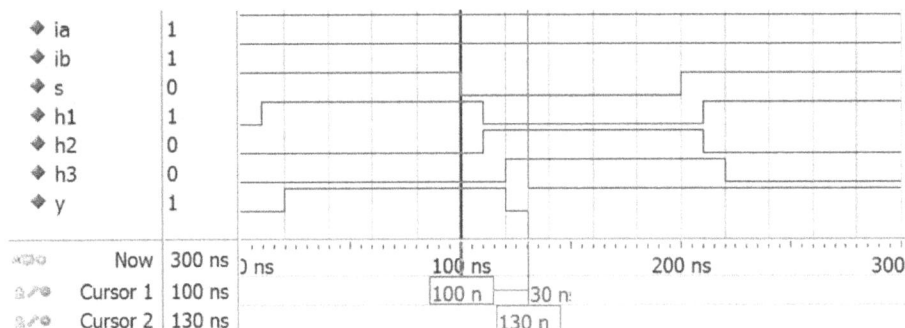

Bild 7.19: VHDL-Simulation des 2-zu-1-Multiplexer-Datenflussmodells mit symbolischen Verzögerungszeiten

als auf dem Weg über H1. Beim Umschalten kommt es zu einem kritischen Wettrennen (engl. critical race) auf zwei Signalpfaden, die das gemeinsame ODER-Gatter ansteuern: Auf dem oberen Signalpfad nimmt das Signal H1 bereits nach 10 ns den 0-Wert an, hingegen geht das Signal H3 auf dem unteren Signalpfad wegen der Verzögerung des Inverters erst nach 20 ns auf den Wert 1. Damit wird das gemeinsame ODER-Gatter für eine Dauer von 10 ns nicht durch eine 1 angesteuert und erzeugt für diese Dauer, nach einer erneuten Signalverzögerung von 10 ns, den unerwünschten Hazard. In der umgekehrten Richtung, also beim Zurückschalten des Selektionssignals nach 1 tritt kein Hazard auf, weil in diesem Fall das ODER-Gatter für eine Dauer von 10 ns an beiden Eingängen mit einer 1 angesteuert wird.

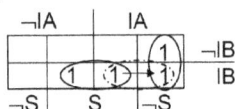

Bild 7.20: KV-Diagramm für den 2-zu-1-Multiplexer. Der Pfeil kennzeichnet das Umschalten $S = 1 \rightarrow 0$. Der gestrichelt dargestellte Implikant vereinigt die beiden Primimplikanten und sorgt für ein störungsfreies Umschalten des Ausgangssignals

Die Ursache des Strukturhazards soll nun anhand des KV-Diagramms in Bild 7.20 analysiert werden: Man erkennt zwei Kernimplikanten $H3 = \overline{S} \wedge IA$ sowie $H1 = S \wedge IB$ (durchgezogene Vereinigungskreise). Beim Umschalten des Signals $S = 1 \rightarrow 0$ wechselt man den Implikanten und erzeugt wegen der Inverterverzögerung den Hazard. Das Hinzufügen eines redundanten Produktterms $H4 = IA \wedge IB$, der die getrennten Implikanten vereinigt, sorgt nun dafür, dass die Schaltung frei von Hazards ist. Die resultierende Schaltung mit dem zusätzlichen Implikanten H4 zeigt Bild 7.21.

Strukturhazards können die Stabilität digitaler Schaltungen stark beeinträchtigen. Insbesondere in asynchronen Automaten (vgl. Kapitel 13) und bei Taktsignalen müssen Strukturhazards unbedingt vermieden werden. Dazu wird die folgende Vorgehensweise empfohlen:

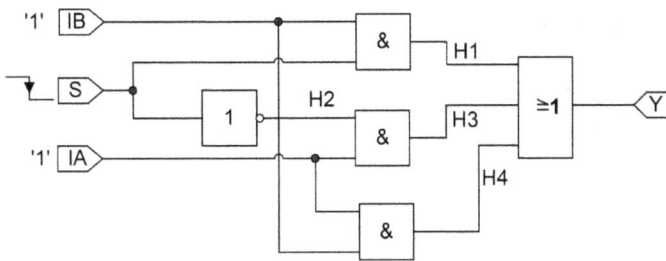

Bild 7.21: Hazardfreie Multiplexerschaltung mit zusätzlichem Implikanten H4

1. Erzeuge die DMF oder KMF.
2. Überprüfe die verwendeten Primimplikanten, ob durch den Wechsel eines einzelnen Eingangssignals ein Wechsel von einem aktiven Primimplikanten auf einen zweiten, vollständig getrennten Primimplikanten erfolgt.
3. Füge redundante Primimplikanten hinzu, die die unter 2. identifizierten Primimplikanten vereinigen.

Einschränkend muss hier allerdings angemerkt werden, dass die automatischen Synthese- bzw. Implementierungswerkzeuge, die bei CPLDs und FPGAs verwendet werden, die redundanten Primimplikanten in der Regel wieder herausoptimieren. Hazardfreie Signale müssen hier unter Einsatz von Flipflops (vgl. Kapitel 12.4) erzeugt werden.

A **Aufgabe 7.1:** Zeigen Sie durch Simulation eines VHDL-Datenflussmodells für einen 2-zu-1-Multiplexer, dass das Hinzufügen eines redundanten Primimplikanten den in Bild 7.19 beobachteten Strukturhazard verhindert. ∎

7.3 Softwarealgorithmen zur zweistufigen Minimierung

Die Minimierungsmethode mit KV-Diagrammen basiert, wie oben gezeigt, auf einer Mustererkennung und ist für das menschliche Auge recht gut geeignet zur Bearbeitung von Systemen mit bis zu fünf Eingangssignalen[2]. Zur Implementierung in einem Computeralgorithmus ist die KV-Methode jedoch wenig geeignet. Dafür existieren prinzipiell zwei Verfahren zur Identifizierung der minimalen Anzahl von Primimplikanten.

---

2 Das KV-Diagramm für fünf Eingangssignale setzt sich zusammen aus zwei übereinander angeordneten KV-Diagrammen für vier Eingangssignale.

7.3.1 Quine-McCluskey-Algorithmus

Ähnlich wie beim KV-Verfahren wird als Grundlage des Quine-McCluskey-Algorithmus' das Nachbarschaftsgesetz Gl. 3.8 eingesetzt. Er besteht aus zwei wesentlichen Schritten:
- Der Identifizierung der Primimplikanten
- Der Auswahl einer minimalen Anzahl von Primimplikanten

Das Verfahren ist tabellenbasiert. In diesen Tabellen wird für alle Minterme, die mit einer 1 beitragen, klassifiziert, wie die Eingangssignale zu diesem Minterm beitragen: Für ein im Minterm vorkommendes Signal wird eine 1 gesetzt, für ein invertiertes Signal eine 0 und für ein Signal, welches nicht vorkommt, ein Strich (–). So wird z. B. in einem System mit den vier Eingangssignalen D, C, B und A der Ausdruck $D \wedge \overline{C} \wedge A$ als (1 0 – 1)-Term registriert. Auf diese Weise werden zunächst alle Minterme so in eine Tabelle eingetragen, dass Gruppen gebildet werden, die keine, eine, zwei, drei oder vier Einsen besitzen. Nachfolgend können nun Zeilen der Tabelle aus Gruppen zusammengefasst werden, wenn diese aus aufeinander folgenden Gruppen stammen und sich die Zeilen nur in einem Element unterscheiden. Diese Position kann nun in einer neuen Tabelle durch Kennzeichnung mit einem Strich erfolgen, was einer Eliminierung des Elements entspricht. Sukzessive erhält man auf diese Weise alle Primimplikanten.

Eine weitere Tabelle wird nun durch alle Primimplikanten (Zeilen) und die Minterme (Spalten) aufgebaut: Wenn ein Primimplikant einen bestimmten Minterm beinhaltet, so wird an der Schnittstelle ein Kreuz eingetragen. In dieser Tabelle werden zunächst die Kernimplikanten dadurch identifiziert, dass die Tabelle in einer Mintermspalte nur ein einziges Kreuz besitzt. Von den verbleibenden Primimplikanten wird anschließend eine minimale Anzahl ausgesucht. Zusammen mit den Kernimplikanten bilden diese die DMF.

Ein Beispiel, welches den Quine-McCluskey-Algorithmus verdeutlicht, findet sich in [4]. In [6] finden sich auch Hinweise für die Implementierung des Algorithmus in der Programmiersprache C. Dort wird allerdings auf den mit der Anzahl von Eingangssignalen exponentiell ansteigenden Rechenaufwand hingewiesen.

Der Vorteil des Quine-McCluskey-Algorithmus ist, dass er mit Sicherheit die minimale Anzahl von Primimplikanten identifiziert. Als Nachteil muss jedoch hingenommen werden, dass er sich realistischerweise nur mit einer maximalen Anzahl von 15–20 Eingangssignalen berechnen lässt.

7.3.2 Espresso-Algorithmus

Im Gegensatz zum Quine-McCluskey-Verfahren, das eine „exakte" Methode zur Bestimmung der DMF darstellt, ist der Espresso-Algorithmus eine heuristische Methode.

Das heißt, dass der Algorithmus mit vereinfachenden Annahmen arbeitet, die „in der Regel" zum gleichen Ergebnis führen wie der exakte Algorithmus. In Einzelfällen liegt das Optimum jedoch leicht neben der gefundenen Lösung. Wegen des deutlich geringeren Rechenaufwandes hat sich dennoch der Espresso-II-Algorithmus bei der Lösung zweistufiger Minimierungsprobleme durchgesetzt. Weitere Hinweise zur Arbeitsweise des Algorithmus findet der Leser z. B. in [15] und [16].

7.4 Minimierungskonzepte für FPGAs

Während die disjunktive bzw. konjunktive Minimalform in einem PLD einfach implementiert werden kann, sind zur Implementierung der logischen Gleichung für FPGA-Technologien einige zusätzliche Optimierungsschritte erforderlich. Grund dafür ist der innere Aufbau der meisten FPGAs, bei denen kombinatorische Logik aus einer programmierbaren Zusammenschaltung von Look-Up-Tabellen mit einer begrenzten Anzahl von Eingängen oder durch Multiplexer gebildet wird (vgl. Kapitel 3.7.2 bzw. Kapitel 13.1.2).

> Im Unterschied zu einer zweistufigen Minimierung muss bei einer FPGA-Implementierung kombinatorischer Logik eine Strukturierung durchgeführt werden.

Die Strukturierung erfolgt mit den folgenden Verfahren, die in [40] auch anhand von Beispielen näher erläutert werden:

- Dekomposition: Dabei wird ein einzelner Boole'scher Ausdruck durch Anwendung der in Kapitel 3.4 genannten Regeln wie z. B. der Idempotenz oder des Distributivgesetzes durch neue Ausdrücke ersetzt.
- Extraktion: Man sucht bei der Dekomposition die einzelnen Teilausdrücke so, dass für mehrere Signale konforme Terme gebildet werden können.
- Faktorisierung: Ein in zweistufiger Form vorliegender Ausdruck wird durch Anwendung des Distributivgesetzes so umgeformt, dass gemeinsame Terme vor die Klammer gezogen werden. Die Faktorisierung wird vor einer Extraktion durchgeführt, um konforme Terme zu identifizieren.
- Substitution: In einer Schaltfunktion F werden Teile durch eine Subfunktion G ausgedrückt.
- Collapsing: Dies ist die Umkehroperation zur Substitution. Durch Auflösung von Subfunktionen wird die Breite der Gattereingänge vergrößert. Bei FPGA-LUTs, die jede logische Funktion mit bis zu vier bzw. sechs Eingängen repräsentieren können, hilft dieser Schritt bei der Reduzierung von Schaltverzögerungen.

B **Beispiel 7.10** (Strukturierung einer Schaltfunktion in eine LUT-Darstellung durch Faktorisierung (nach [20])): Eine DMF sei gegeben durch: $Y = (A \wedge B \wedge D) \vee (A \wedge C \wedge D) \vee (A \wedge \overline{B} \wedge \overline{C})$. Diese Gleichung soll auf Look-Up-Tabellen mit zwei Eingängen abgebildet werden.

Durch Anwendung des Distributivgesetzes wird zunächst A ausgeklammert:

$$Y = A \wedge [(B \wedge D) \vee (C \wedge D) \vee (\overline{B} \wedge \overline{C})]$$

Anschließend kann aus den ersten beiden Termen noch D ausgeklammert werden:

$$Y = A \wedge [(D \wedge (B \vee C)) \vee (\overline{B} \wedge \overline{C})]$$

Wie Bild 7.22 zeigt, kann dieser Ausdruck nun auf fünf Look-Up-Tabellen mit jeweils zwei Eingängen aufgeteilt werden wobei nur UND- und ODER-Gatter zur Anwendung kommen. ∎

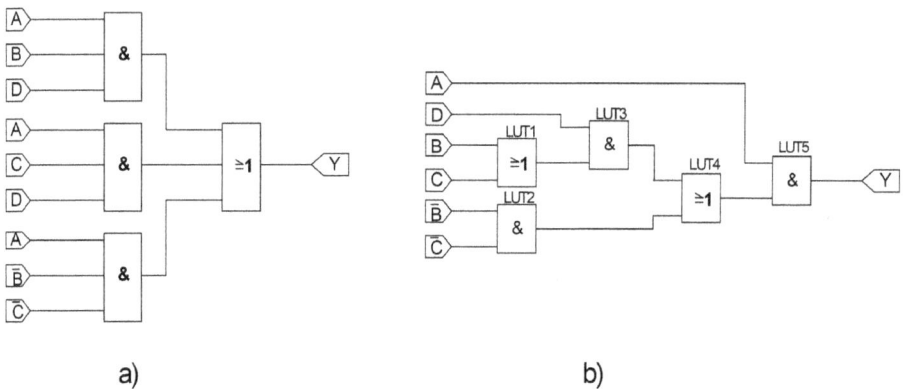

a)   b)

Bild 7.22: Logikfunktion aus Beispiel 7.10 dargestellt als DMF(a) und nach der Strukturierung (b)

In der Praxis lässt sich ein Design auf sehr unterschiedliche Weise faktorisieren. Ziel ist es dabei immer, den Flächenaufwand (Anzahl der LUTs), sowie die Gatterlaufzeit der Logikkette zu minimieren. Es ist die Aufgabe heuristischer Optimierungsalgorithmen, herauszufinden, welche Faktorisierung in diesem „Entwurfsraum" tatsächlich Vorteile bringt. Da sich üblicherweise nicht beide Entwurfsziele gemeinsam optimieren lassen, sondern diese zueinander in einem reziproken Zusammenhang stehen, muss der Anwender dem Optimierungsalgorithmus die von ihm gewünschte Strategie mitteilen. Weiterführende Hinweise zu den in FPGAs verwendeten Implementierungsalgorithmen finden sich z. B. in [20] und [40].

7.5 Vertiefende Aufgaben

A **Aufgabe 7.2:** Beantworten Sie die folgenden Verständnisfragen:
a) Worin unterscheiden sich disjunktive Normalform (DNF) und disjunktive Minimalform (DMF)?
b) Auf welche Weise erhalten Sie die DMF einer logischen Gleichung?
c) Auf welche Weise erhalten Sie die KMF einer logischen Gleichung?
d) Wie viele Signale enthält ein KV-Vereinigungsblock mit vier Einsen, wenn die logische Gleichung 5 Eingangssignale besitzt?
e) Worin unterscheiden sich Implikant, Primimplikant und Kernimplikant?
f) Was ist ein „Output-Don't-Care-Term"? Wie berücksichtigt man ihn bei der KV-Minimierung?
g) Was ist ein „konformer Term"? Was bedeutet er bei der Logikminimierung von kombinatorischen Schaltungen mit mehreren Ausgängen?
h) Woran erkennen Sie Lösungen mit XOR-Logikgattern in KV-Diagrammen?
i) Was ist ein Strukturhazard? Welche Wirkung hat er in asynchronen Schaltungen? Wie kann man ihn vermeiden? ∎

A **Aufgabe 7.3:** Für die Gleichung $Z = (\overline{A} \wedge B \wedge \overline{C} \wedge \overline{D}) \vee (A \wedge \overline{C}) \vee (\overline{A} \wedge \overline{B})$ soll die DMF bestimmt werden. ∎

A **Aufgabe 7.4:** Gegeben ist das in Bild 7.23 dargestellte KV-Diagramm einer Schaltfunktion. Bestimmen Sie die DMF sowie die KMF.

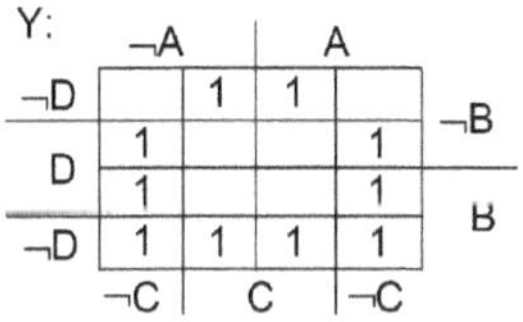

Bild 7.23: KV-Diagramm zu Aufgabe 7.4 ∎

A **Aufgabe 7.5:** Es soll die Ansteuerungsschaltung für eine 7-Segment-Anzeige entworfen werden, sodass diese in der Lage ist, Dezimalziffern im BCD-Format darzustellen Die Anzeige besteht aus sieben LEDs a, b, c, ..., g und die Schaltung soll mit einer Binärzahl an den Eingängen I3, I2, I1 und I0 angesteuert werden, sodass die in Bild 7.24 dargestellten Ziffernmuster dargestellt werden. Erstellen Sie dazu eine Wahrheitstabelle mit vier Eingängen und sieben Ausgängen und markieren Sie eine leuchtende LED mit einer logischen 1. Kennzeichnen Sie die sechs nicht vorkommenden Eingangssignalkombinationen als Don't-Care. Bestimmen Sie anschließend die DMF für alle Ausgangssignale. Welche Symbole würden angezeigt, falls die Schaltung mit einer der eigentlich verbotenen sechs Eingangssignalkombinationen angesteuert werden würde?

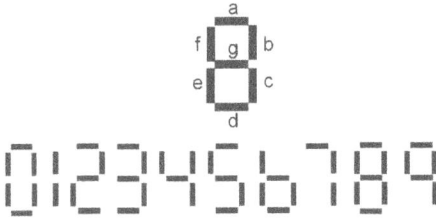

Bild 7.24: Darstellung von Dezimalziffern auf den Leuchtdioden einer 7-Segment-Anzeige ∎

A **Aufgabe 7.6:** Für die in der Wahrheitstabelle dargestellten Ausgangssignale soll die DMF bestimmt werden. Sofern dies sinnvoll erscheint, sollen auch XOR- bzw. XNOR-Verknüpfungen verwendet werden können.

D	C	B	A	Y1	Y2	Y3	Y4	Y5	Y6
0	0	0	0	0	0	1	0	1	X
0	0	0	1	0	0	1	0	0	1
0	0	1	0	0	1	1	0	1	X
0	0	1	1	1	1	1	0	0	1
0	1	0	0	1	0	0	1	1	0
0	1	0	1	1	0	0	X	0	X
0	1	1	0	0	1	0	1	1	0
0	1	1	1	1	1	0	1	0	X
1	0	0	0	X	X	0	1	1	X
1	0	0	1	X	X	0	1	0	X
1	0	1	0	X	X	0	1	1	X
1	0	1	1	X	X	0	1	0	X
1	1	0	0	X	X	X	0	X	X
1	1	0	1	X	X	X	1	0	X
1	1	1	0	X	X	1	1	X	X
1	1	1	1	X	X	1	1	0	X

∎

A **Aufgabe 7.7:** Strukturierung durch Extraktion: Identifizieren Sie in den zweistufigen Logikausdrücken des Funktionsblocks mit den drei Ausgängen F, G und H die konformen Terme und bezeichnen Sie diese mit F_1, F_2, ...:

$$F = ((A \lor B) \land C \land D) \lor E$$

$$G = \overline{E} \land (A \lor B)$$

$$H = C \land D \land E$$

Formulieren Sie die Logikfunktionen F, G und H unter Verwendung der konformen Terme. ∎

A **Aufgabe 7.8:** Der Ausdruck $Y = (A \land B \land C) \lor (A \land B \land D) \lor (\overline{A} \land \overline{C} \land \overline{D}) \lor (\overline{B} \land \overline{C} \land \overline{D})$ soll durch Dekomposition so strukturiert werden, dass er auf LUTs mit zwei Eingängen abgebildet werden kann. Soweit möglich soll bei der Umformung das Gesetz von de Morgan verwendet werden. ∎

8 VHDL-Einführung II

8.1 Lernziele

Nach Durcharbeiten dieses Kapitels sollen Sie
– das Konzept der Simulation und Synthese von VHDL-Prozessen verstanden haben und anwenden können;
– die Funktionsweise eines ereignisgesteuerten Digitalsimulators kennen;
– die wesentlichen sequenziellen VHDL-Anweisungen kennen und unter Berücksichtigung ihrer Synthesesemantik anwenden können;
– innerhalb von Prozessen Variable unter Vermeidung eines speichernden Verhaltens korrekt verwenden können.

8.2 Das VHDL-Prozesskonzept

Die bisher verwendeten VHDL-Signalzuweisungen waren nebenläufig, d. h. jede Anweisung wurde unabhängig voneinander sofort ausgeführt, wenn sich ein Signal auf der rechten Seite der Signalzuweisung änderte. Damit lassen sich nur einfache Hardwareblöcke realisieren.

Ein allgemeingültigeres Modellierungskonzept erhält man durch die Einführung von Prozessen. In diesem Konzept finden sich auch die nebenläufigen Anweisungen wieder, denn diese lassen sich als implizite Prozesse auffassen:

Prozesse sind durch die folgenden Eigenschaften gekennzeichnet:
1. Alle Prozesse innerhalb einer Architektur sind nebenläufig; sie laufen aus der Sicht des Simulators also gleichzeitig ab (Simulationssemantik). Jeder Prozess kann daher als individueller Hardwarefunktionsblock aufgefasst werden (Synthesesemantik).
2. In Prozessen werden die Signalwerte festgelegt. Die Kommunikation zwischen Prozessen bzw. zu den Eingangs- und Ausgangs-Ports erfolgt daher über lokale oder Port-Signale.
3. Ein Prozess wird dann aktiviert, wenn sich ein Signal seiner Sensitivity-Liste ändert.
4. Im Ausführungsteil von Prozessen (zwischen begin und end process) sind nur unbedingte Signalzuweisungen und spezielle sequenzielle Anweisungen erlaubt. Diese Anweisungen werden strikt nacheinander ausgeführt. Bedingte und selektive nebenläufige Signalzuweisungen dürfen innerhalb von Prozessen nicht verwendet werden.
5. Die Zuweisung der tatsächlichen Signalwerte eines Prozesses erfolgt, etwas vereinfacht ausgedrückt, am Ende des Prozesses, also durch die end process-Anweisung. Insbesondere ist es erlaubt, in einem Prozess einen bestimmten Signalwert zuzuweisen, der jedoch durch Überschreiben mit einem anderen Signalwert wieder verworfen wird. Der tatsächlich angenommene Wert ist der zuletzt im Prozess zugewiesene.

https://doi.org/10.1515/9783110706970-008

Die Syntax von VHDL-Prozessen ist:

```
[<process_label>]:process[(<sensitivity list>)]
{ <Variablendeklarationen> }
begin
{ <Sequentielle Anweisungen oder unbedingte Signalzuweisungen> }
end process [<process_label>];
```

Bild 8.1 zeigt exemplarisch die Interaktion zweier Prozesse in einer architecture, die in Listing 8.1 modelliert wird. Beide Prozesse repräsentieren dabei eine kombinatorische Logikhardware.

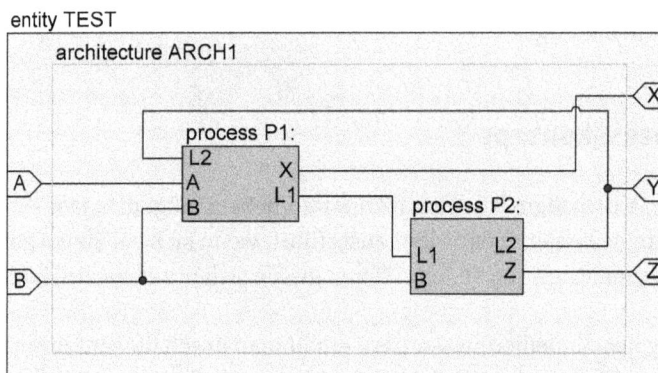

Bild 8.1: Hypothetische Architektur mit zwei kombinatorischen Prozessen

Listing 8.1: VHDL-Modell zur Architektur aus Bild 8.1

```
entity TEST is
port( A, B : in bit;          -- Eingangssignale
      X, Y, Z : out bit);     -- Ausgangssignale
end TEST;


architecture ARCH1 of TEST is
signal L1, L2: bit;           -- Deklaration lokaler Signale

begin
P1:  process (L2, A, B)       -- Deklaration von P1 mit Sens.liste
     begin
        ...
        X <= ...;             -- Zuweisung an Ausgangssignal
        L1 <= ...;            -- Zuweisung an lokales Signal
        ...
     end process P1;
```

```
P2:  process (L1, B)              -- Deklaration von P2 mit Sens.liste
     begin
        ...
        L2 <= ...;                -- Zuweisung an lokales Signal
        Z <= ...;                 -- Zuweisung an Ausgangssignal
        ...
     end process P2;

Y <= L2;                          -- Kopie an Ausgangssignal
end ARCH1;
```

In diesem Beispiel werden durch die beiden Prozesse je zwei Signale erzeugt, von denen jeweils nur eines als Ausgangssignal der entity dient. Das zweite im Prozess P1 zugewiesene Signal L1 wird als Eingangssignal des Prozesses P2 verwendet, während das zweite Signal L2 des Prozesses P2 dem Prozess P1 als Eingangssignal dient. Da dieses aber auch als Ausgangssignal Y verwendet wird, ist die in der architecture am Ende stehende nebenläufige Signalzuweisung erforderlich.

Da beide Prozesse der Schaltung in Bild 8.1 kombinatorische Logik repräsentieren sollen, muss sichergestellt werden, dass jede Änderung der Prozesseingangssignale auch zu einer potenziellen Änderung der Ausgangssignale führt, also den jeweiligen Prozess aktiviert. Dies ist die Aufgabe der Sensitivity-Liste des Prozesses. Wir können daher festhalten:

> Bei VHDL-Prozessen, die kombinatorische Logik beschreiben, müssen sich alle Signale, die auf der rechten Seite einer Signalzuweisung stehen oder die sich in Entscheidungsausdrücken sequenzieller Anweisungen befinden, in der Sensitivity-Liste des Prozesses befinden.

8.3 Ereignisgesteuerte Simulatoren

In VHDL-Simulatoren, die auf PCs bzw. Workstations ablaufen, muss die Nebenläufigkeit aller Prozesse und nebenläufiger Signalzuweisungen korrekt wiedergegeben werden, obwohl der Programmcode des Simulators sequenziell abläuft. Grundlage dafür sind die folgenden, in ereignisgesteuerten Simulatoren implementierten Mechanismen [20, 58, 59] (vgl. Bild 8.2):

– Unterscheidung zwischen *Transaktionen* (engl. transaction) und *Ereignissen* (engl. event): Transaktionen sind zu einem physikalischen Zeitpunkt *mögliche* Signaländerungen als Folge einer Prozessausführung. Prinzipiell ist dabei denkbar, dass geplante Transaktionen durch andere Prozesse *tatsächlich* keine Signaländerung zur Folge haben. Ereignisse sind dagegen die tatsächlichen Signaländerungen (engl. update) während der Aktualisierungsphase der Prozesse.

- *Transaktionswarteschlangen:* Für jedes Signal wird eine Warteschlange geführt, in der vorgemerkt wird, zu welchem Zeitpunkt das Signal möglicherweise seinen Wert ändert.
- *Weckliste für Prozesse*: Für alle Prozesse wird eine Liste geführt, zu welchem Zeitpunkt die einzelnen Prozesse aus dem Wartezustand geweckt werden sollen. Diese Liste ergibt sich aus der Kombination der einzelnen Sensitivity-Listen zusammen mit den Warteschlangen.
- *Delta-Zyklus:* Zu jedem Zeitpunkt befinden sich alle Prozesse in einem von zwei Zuständen: „Warten" bedeutet, dass der Prozess auf ein Ereignis eines der in der Sensitivity-Liste befindlichen Signale wartet und dieser dadurch aktiviert wird. Bei der Aktivierung geht der Prozess zunächst in die Ausführungsphase. Dabei werden zunächst alle Anweisungen des Prozesses ausgeführt und die sich daraus ergebenden Transaktionen in die Warteschlangen eingetragen. In dieser Phase befindet sich der Prozess für einen infinitesimal kurzen Zeitschritt (Delta-Zyklus).
- *Request-Update-Prinzip:* Erst während der Aktualisierungsphase des nächsten Delta-Zyklus (vereinfacht ausgedrückt nach der end process Anweisung) erfolgt für alle im letzten Zyklus aktiven Prozesse die Zuweisung der neuen Signalwerte. Dabei werden die Werte aus den Transaktionswarteschlangen übernommen und die Transaktionen gelöscht. Dies hat häufig neue Einträge in die jeweiligen Transaktionswarteschlangen zur Folge. Entweder für den aktuellen Zeitpunkt oder nach der in der Signalzuweisung genannten symbolischen Verzögerung. Erst wenn alle Warteschlangeneinträge eines physikalischen Zeitpunkts abgearbeitet sind, wird auch die Simulationszeit auf den Zeitpunkt aktualisiert, zu dem sich in einer der Warteschlangen ein neues Signalereignis findet. Zusammen mit dem Delta-Zyklus-Konzept wird auf diese Weise sichergestellt, dass Signaländerungen keine nochmaligen Auswirkungen auf die Ausführungsphase haben. Somit ist garantiert, dass die im Simulator zufällig gewählte Reihenfolge der Ausführung der Prozesse keine Auswirkung auf die Signalwerte hat.
- *Initialisierung der Signale:* Zu Beginn einer Simulation werden zunächst alle Prozesse bzw. alle nebenläufigen Signalzuweisungen in einer vom Anwender nicht zu bestimmenden Reihenfolge einmal durchlaufen. Dabei werden alle Signale auf ihren Anfangswert initialisiert, bzw. es werden die ersten Einträge in die Transaktionswarteschlangen gemacht.

Bild 8.2 zeigt das prinzipielle Zusammenspiel der in Listing 8.1 formulierten Prozesse P1 und P2. Die Darstellung für einen konkreten Zeitablauf zeigt Bild 8.3.
- Bei $t_0 = 0$ werden beide Prozesse sowie die nebenläufige Signalzuweisung (n. Anw.) einmal ausgeführt, um die lokalen und Ausgangssignale zu initialisieren. Dies erfordert insgesamt drei Delta-Zyklen, die jedoch keine neuen Signalereignisse zur Folge haben.

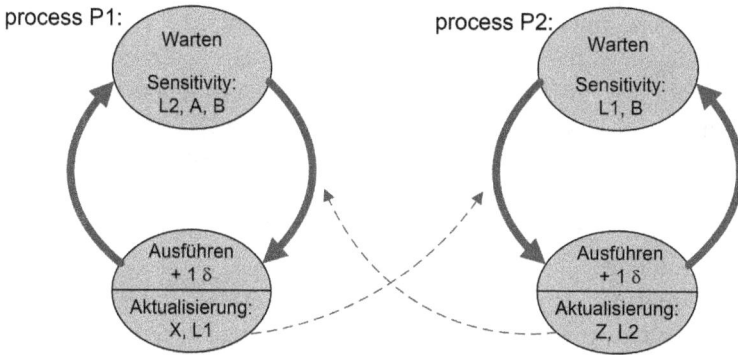

Bild 8.2: Kopplung der Prozesse aus Listing 8.1 in einem ereignisgesteuerten Simulator

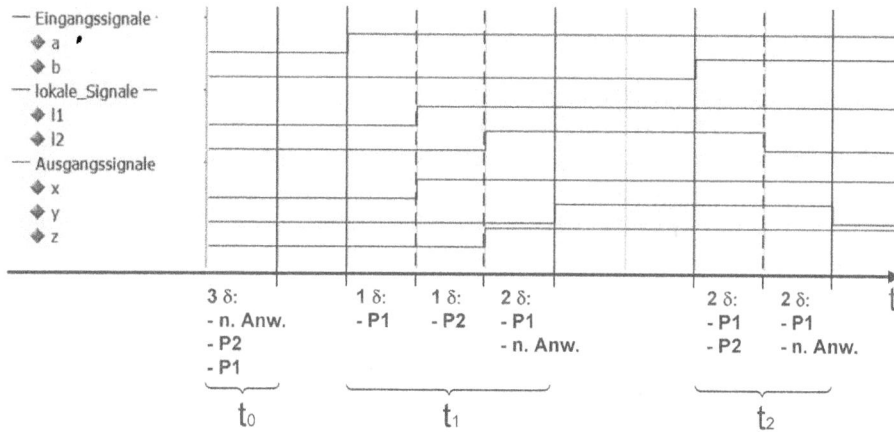

Bild 8.3: Abarbeitung der Prozesse aus Listing 8.1 in einem ereignisgesteuerten Simulator. Die Anzahl der zu den Zeitpunkten t_0, t_1 und t_2 gehörigen Delta-Zyklen ist zusammen mit den Signalaktualisierungen dargestellt

- Bei $t = t_1$ erfolgt zunächst ein $0 \rightarrow 1$ Eingangssignalwechsel von A. Dadurch wird in einem Delta-Zyklus der Prozess P1 ausgeführt und wir wollen hier annehmen, dass dabei sowohl X als auch L1 von 0 nach 1 wechseln.
- Die Aktualisierung des Signals L1 und der daraus resultierende Eintrag in die Transaktionswarteschlange hat zur Folge, dass zum gleichen physikalischen Zeitpunkt aber einen Delta-Zyklus später der Prozess P2 aktiviert wird. Wir nehmen hier an, dass dadurch beide Signale L2 und Z nach 1 wechseln.
- Die Aktualisierung von L2 hat nun zur Folge, dass in zwei weiteren Delta-Zyklen erneut der Prozess P1 sowie die nebenläufige Anweisung aktiviert werden. Im Moment wollen wir annehmen, dass im Prozess P1 das Signal L2 keine Auswirkung auf die Signale X und L1 hat. Hingegen bewirkt die nebenläufige Anweisung für das Ausgangssignal Y ein $0 \rightarrow 1$ Signalereignis (vgl. Listing 8.1).

- Damit sind nach insgesamt vier Delta-Zyklen alle für den Zeitpunkt t = t_1 gemachten Einträge der Signalwarteschlangen abgearbeitet und die Signalwerte sind stabil. Der Simulator wartet auf ein Ereignis der Eingangssignale A oder B.
- Wir nehmen nun an, dass bei t = t_2 das Eingangssignal B ein 0 → 1 Signalereignis aufweist. Durch die Einträge von B in den Sensitivity-Listen müssen die Prozesse P1 und P2 nun in zwei aufeinander folgenden Delta-Zyklen aktiviert werden. Hier wollen wir annehmen, dass daraus nur im Prozess P2 für das Signal L2 ein 1 → 0 Signalwechsel resultiert.
- Durch das L2 Signalereignis muss in zwei weiteren Delta-Zyklen der Prozess P1 sowie die nebenläufige Anweisung aktiviert werden. Letztere hat zur Folge, dass auch Y auf 0 wechselt.
- Damit sind ebenfalls nach vier Delta-Zyklen alle für den Zeitpunkt t = t_2 gemachten Einträge der Signalwarteschlangen abgearbeitet und die Signalwerte wieder stabil. Der Simulator wartet auf ein erneutes Eingangssignalereignis.

Bild 8.2 zeigt aber auch, dass es prinzipiell möglich ist, dass das System nie stabil wird, wenn sich die beiden Prozesse dauerhaft wechselseitig anregen. Diese Situation tritt auf, wenn im obigen Beispiel bei der Abarbeitung der Delta-Zyklen zum Zeitpunkt t_1 durch den Prozess P1 auch das Signal L1 geändert werden würde. Das System würde die Prozesse P1 und P2 solange abwechselnd aufrufen, bis sich eines der beiden Signale L1 oder L2 nicht mehr ändern würde.

Eine solche, als kombinatorische Schleife bezeichnete Situation zeigt Bild 8.4: Der Ausgang des XOR-Gatters ist auf sich selbst zurück gekoppelt. Solange das Signal A = 1 ist, werden dafür unendlich viele Delta-Zyklen benötigt und der Simulator scheint zu „hängen". In der Praxis ist die Schaltung instabil und schwingt mit einer Periode, die dem Doppelten der Signallaufzeit durch das Gatter entspricht. Diese einfache kombinatorische Schleife lässt sich jedoch im Quellcode schnell daran erkennen, dass das Ausgangssignal TEMP des Prozesses in der Sensitivity-Liste des gleichen Prozesses steht.

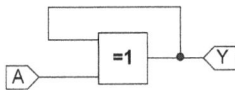

Bild 8.4: Kombinatorische Schleife: Durch Rückkopplung des XOR-Ausgangssignals schwingt der Ausgang solange zwischen 0 und 1, wie der Eingang A = 1 ist

Glücklicherweise erkennen VHDL-Simulatoren in der Regel derartige Situationen daran, dass zu einem physikalischen Zeitpunkt eine vorgegebene Anzahl von Delta-Zyklen überschritten wird. So gibt z. B. der ModelSim-Simulator [18] die folgende Fehlermeldung aus:

```
# ** Error: (vsim-3601) Iteration limit reached at time 50 ns.
```

Listing 8.2: VHDL-Code für die kombinatorische Schleife in Bild 8.4

```vhdl
entity KOMB_SCHLEIFE is
port( A : in bit;           -- Eingangssignal
      Y : out bit);         -- Ausgangssignal
end KOMB_SCHLEIFE;


architecture ARCH1 of KOMB_SCHLEIFE is
signal TEMP: bit;           -- Deklaration eines lokalen Signals
begin
P1:  process (A, TEMP)      -- Deklaration von P1 mit Sens.liste
     begin
        TEMP <= A xor TEMP; -- Zuweisung an lokales Signal
     end process P1;
     Y <= TEMP;             -- Zuweisung an Ausgangssignal
end ARCH1;
```

Damit lässt sich festhalten:

> Kombinatorische Schleifen sind im Regelfall zu vermeiden. Insbesondere sollten Ausgangssignale eines kombinatorischen Prozesses nicht in der Sensitivity-Liste des gleichen Prozesses stehen.

Es ist jedoch darauf hinzuweisen, dass die Einhaltung dieser Regel nicht garantiert, dass die Schaltung frei von kombinatorischen Schleifen ist, denn eine kombinatorische Rückkopplung kann auch über mehrere Prozesse hinweg aufgebaut sein. Bei dem in Kapitel 12.2 einzuführenden RS-Latch ist dies sogar gewünscht (vgl. Listing 12.1).

8.4 Verzögerungsmodelle

Bei der Simulation digitaler Schaltungen sind verschiedene Reaktionen von Gatterausgängen auf Änderungen der Eingangssignale denkbar. Dies soll am Beispiel eines XOR-Gatters dargestellt werden, dessen einer Eingang A dauerhaft auf 0 liegt und an dessen Eingang B ein kurzer (Dauer 5 ns) und ein längerer (Dauer 10 ns) Eingangsimpuls gelegt werden (vgl. Bild 8.6):

- *Delta-Delay:* Bei diesem Verzögerungsmechanismus erfolgt die Reaktion eines kombinatorischen Gatterausgangs ohne Verzögerung sofort nach Änderung des Eingangssignals Aus Sicht des Simulators wird jedoch eine infinitesimale Delta-Verzögerung benötigt. Für VHDL-Signalzuweisungen ist dies die Standardeinstellung:

```vhdl
Y0 <= A xor B; -- Delta Delay
```

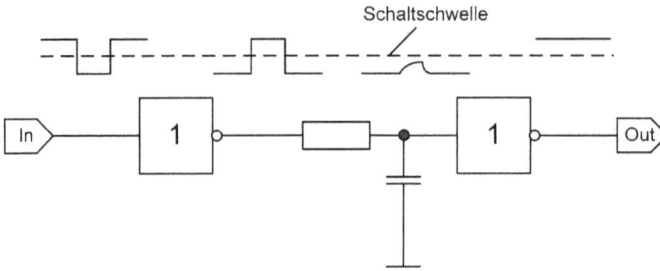

Bild 8.5: Absorption des kurzen Eingangsimpulses am Eingang einer Kette von zwei Invertern, da die Spannung am Ausgang des aus Leitungswiderstand und Eingangskapazität gebildeten RC-Glieds unterhalb der Schaltschwelle des zweiten Inverters bleibt

– *Inertial-Delay:* Bei diesem Modell wird von einer gewissen Trägheit der Gatter ausgegangen: Die Eingangskapazitäten, zusammen mit dem Leitungswiderstand lassen den Ausgang verzögert reagieren. Wenn ein Eingangsimpuls kürzer als die in der Signalzuweisung angegebene Verzögerungszeit ist, so wird der Impuls sogar absorbiert, weil die Schaltschwelle des Gatters nicht erreicht wird. Das Ausgangssignal bleibt unverändert (vgl. Bild 8.5). Die nachfolgenden Codezeilen zeigen den Unterschied für unterschiedliche Verzögerungszeiten:

```
Y1 <= A xor B after 2 ns; -- Short Inertial Model
Y2 <= A xor B after 8 ns; -- Long Inertial Model
```

Da beide Impulse des Eingangssignals B in Bild 8.6 länger als die für Y1 spezifizierte Verzögerungszeit sind, erscheint das Eingangssignal um 2 ns verzögert am Y1-Ausgang. Hingegen ist die Impulsdauer des ersten Eingangsimpulses mit 5 ns kürzer als die für Y2 angegebene Verzögerungszeit von 8 ns. Entsprechend erscheint dieser Impuls am Y2-Ausgang nicht.

– *Transport-Delay:* Bei diesem Verzögerungsmodell werden alle Eingangsimpulse unabhängig von ihrer Dauer mit der im Modell angegebenen Verzögerung von 4 ns am Ausgang abgebildet. In VHDL muss bei der Signalzuweisung das Schlüsselwort transport angegeben werden.

```
Y3 <= transport (A xor B) after 4 ns; -- Transport Model
```

– *Rejecting Inertial-Delay:* Der Nachteil des Inertial-Delay-Modells ist die Tatsache, dass Signalverzögerung und Mindestimpulsbreite durch einen einzigen Zeitparameter modelliert werden, was für einige praktische Fälle eine zu starke Vereinfachung bedeutet. Aus diesem Grunde lässt sich ein erweitertes Modell spezifizieren, in dem die Mindestimpulsbreite hinter dem reject-Schlüsselwort und die Verzögerungszeit wie gewohnt zu spezifizieren sind. Dieses Modell erfordert zusätzlich das Schlüsselwort inertial:

```
Y4 <= reject 6 ns inertial (A xor B) after 7 ns;
```

Dem Bild 8.6 ist zu entnehmen, dass der kurze Eingangsimpuls mit einer Dauer von 5 ns am Ausgang von Y4 „verschluckt" wird, da er kürzer als die spezifizierte Reject-Zeit von 6 ns ist. Die Verzögerung des 10 ns langen Eingangsimpulses kann bei Verwendung des Rejecting Inertial-Delays mit 7 ns davon unabhängig modelliert werden.

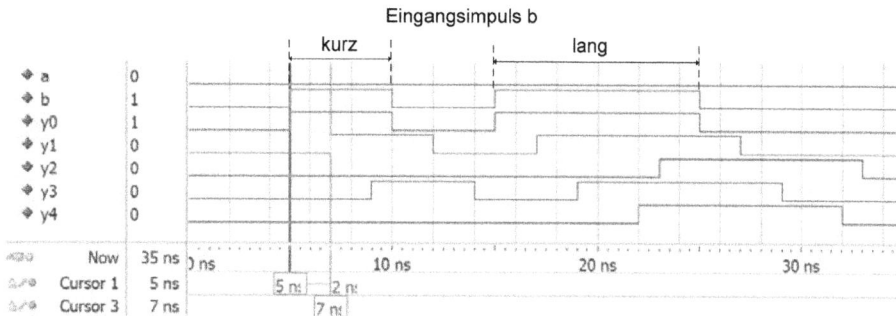

Bild 8.6: Darstellung verschiedener Verzögerungsmodelle am Beispiel eines XOR-Gatters:
y0: Delta-Delay-Modell
y1: Inertial-Modell mit kurzer Verzögerungszeit (2 ns);
y2: Inertial-Modell mit langer Verzögerungszeit (8 ns), der 5 ns kurze Eingangsimpuls wird absorbiert;
y3: Transport-Modell, beide Eingangsimpulse erscheinen verzögert am Ausgang;
y4: Rejecting-Inertial-Modell, der kurze Eingangsimpuls wird absorbiert, die Signalverzögerung ist von der Zeit der Impulsunterdrückung unabhängig

8.5 Sequenzielle Anweisungen in Prozessen

Mit den in Kapitel 4 eingeführten selektiven und bedingten nebenläufigen Signalzuweisungen lassen sich Verhaltensbeschreibungen nur für einfache Digitalschaltungen realisieren. Komplexes Verhalten erfordert den Einsatz von Verzweigungs- und Schleifenanweisungen, so wie sie aus prozeduralen Programmiersprachen bekannt sind. Derartige Konstrukte, in VHDL als sequenzielle Anweisungen bezeichnet, dürfen nur in Prozessen verwendet werden.

Innerhalb von Prozessen sind nur unbedingte Signalzuweisungen sowie sequenzielle Anweisungen erlaubt. Dazu zählen: Die *if-Anweisung*, die *case-Anweisung*, die *for-* und *while*-Schleifenanweisungen sowie die *wait*-Anweisung. Wertzuweisungen an dasselbe Signal können in Prozessen an verschiedenen Stellen erfolgen, es wird der Signalwert angenommen, der zuletzt zugewiesen wurde.

8.5.1 case-Anweisung

Die VHDL-case-Anweisung hat eine semantische Ähnlichkeit zu der switch-case-Anweisung der Programmiersprache C. Sie ist insbesondere geeignet, in Prozessen Wahrheitstabellen zu realisieren. Aus Hardwaresicht verbirgt sich hinter der case-Anweisung eine Multiplexer- bzw. Demultiplexerstruktur (vgl. Kapitel 11), die häufig auch als ROM (vgl. Kapitel 18.3.1) implementiert wird.

> Abhängig von einem einzigen Bedingungsausdruck muss bei der case-Anweisung für alle möglichen Werte, die dieser Bedingungsausdruck annehmen kann, hinter dem Schlüsselwort when angegeben werden, welchen Wert ein Signal annehmen soll.

B **Beispiel 8.1** (Modellierung eines 4-zu-1-Multiplexers mit einer case-Anweisung): Der 4-zu-1-Multiplexer besitzt einen 4 Bit breiten Eingangssignalvektor E. Abhängig von dem aktuellen Wert eines 2 Bit breiten Selektionssignals S wird entschieden, welchen Wert das Ausgangssignal annimmt.

Listing 8.3: VHDL-Modell eines 4-zu-1-Multiplexers mit case-Anweisung

```
entity MUX4X1_2 is
   port( E : in bit_vector(3 downto 0);
         S : in bit_vector(1 downto 0);
         Y : out bit);
end MUX4X1_2;


architecture VERHALTEN of MUX4X1_2 is
begin
MUXPROC: process(S, E)
   begin
     case S is
       when "00" => Y <= E(0);
       when "01" => Y <= E(1);
       when "10" => Y <= E(2);
       when others => Y <= E(3);
     end case;
end process MUXPROC;
end VERHALTEN;
```

In diesem Beispiel stellt der aktuelle Wert des Signals S den Bedingungsausdruck dar, sodass es für dieses 2-Bit-Signal prinzipiell vier Möglichkeiten gibt. Bei der Verwendung der case-Anweisung ist zwingend darauf zu achten, dass das Verhalten für alle möglichen Kombinationsmöglichkeiten des Selektionsausdrucks definiert ist (voll-

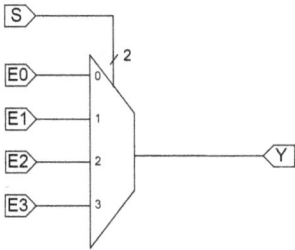

Bild 8.7: Syntheseergebnis der case-Anweisung in Listing 8.3

ständige Spezifikation). Eine vollständige Spezifikation erreicht man immer mit dem in Beispiel 8.1 verwendeten others-Konstrukt, welches als letztes in der Auswahlliste stehen muss. Das Syntheseergebnis in Bild 8.7 zeigt den gewünschten Multiplexer. ∎

In dem Beispiel 8.1 wurde in jeder when-Verzweigung genau eine unbedingte Signalzuweisung angegeben. Prinzipiell ist es jedoch möglich, dort mehrere sequenzielle Anweisungen, also insbesondere auch weitere case- oder if-Anweisungen zu verwenden.

8.5.2 if-Anweisung

Erst der sequenzielle Charakter der innerhalb von Prozessen erlaubten Anweisungen ergibt für die Verwendung einer if-Verzweigungsanweisung, bei der in unterschiedlichen Verzweigungspfaden unterschiedliche Anweisungen stehen, einen Sinn. Durch

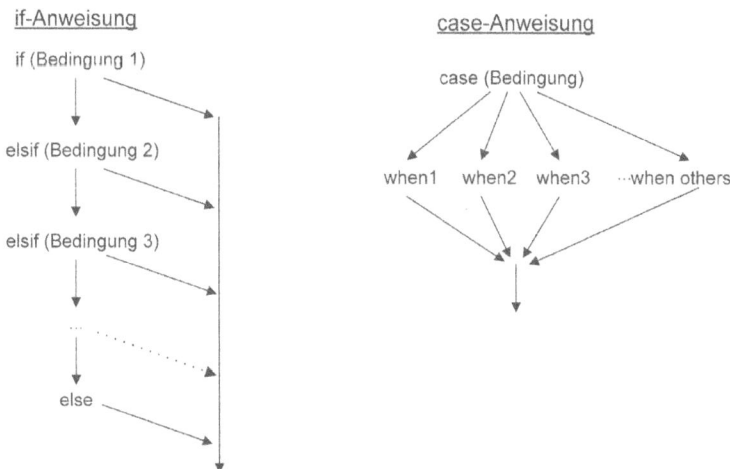

Bild 8.8: Vergleich von if- und case-Anweisungen. Durch die Reihenfolge der Bedingungsausdrücke bei der if-Anweisung wird eine Priorität vorgegeben

Verwendung von `elsif`-Zweigen kann innerhalb einer Anweisung auch eine Prioritätsreihenfolge mit völlig unterschiedlichen Bedingungen modelliert werden (vgl. Bild 8.8). In der Digitaltechnik spricht man von einem Prioritäts-Encoder.

B **Beispiel 8.2** (Modellierung eines Prioritäts-Encoders mit einer `if`-Anweisung): Gesteuert von zwei Selektionsbits S(1) und S(0) sollen die Eingangssignale A und B durch unterschiedliche Boole'sche Funktionen verknüpft werden: Für S(0) = 1 soll eine UND- und für S(1) = 1 eine ODER-Funktion implementiert werden. Falls beide Selektionssignale nicht aktiv sind, aber das Eingangssignal X, soll eine XOR-Funktion realisiert werden. Falls keine dieser Bedingungen erfüllt ist, soll das Ausgangssignal Y = 0 sein.

Listing 8.4: VHDL-Modell eines Prioritäts-Encoders mit if-Anweisung

```
entity PRIORITAETS_ENCODER is
   port( A, B : in bit;
         X : in bit;
         S : in bit_vector(1 downto 0);
         Y : out bit);
end PRIORITAETS_ENCODER;

architecture VERHALTEN of PRIORITAETS_ENCODER is
begin
P1: process(S, A, B, X)
 begin
   if S(0) = '1' then
       Y <= A and B;
   elsif S(1)= '1' then
       Y <= A or B;
   elsif (S="00" and X='1') then
       Y <= A xor B;
   else
       Y <= '0';
   end if;
 end process P1;
end VERHALTEN;
```

Zur manuellen Synthese der Schaltung wird diese als Schaltnetz mit Steuersignalen interpretiert (vgl. Kapitel 3.12).

X	S(1)	S(0)	Y
0	0	0	0
0	0	1	A ∧ B
0	1	0	A ∨ B
0	1	1	A ∧ B
1	0	0	A ↔ B
1	0	1	A ∧ B
1	1	0	A ∨ B
1	1	1	A ∧ B

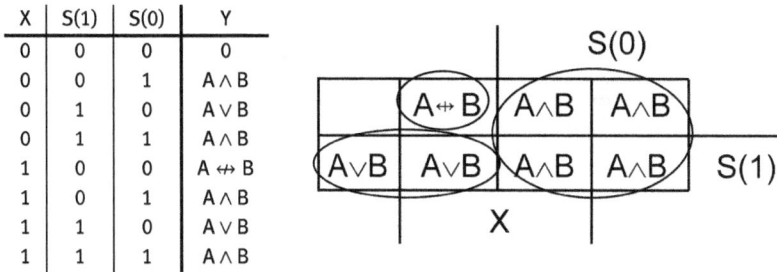

Bild 8.9: Wahrheitstabelle und KV-Diagramm zum Prioritäts-Encoder aus Listing 8.4

Die Wahrheitstabelle in Bild 8.9 besitzt auf der linken Seite die Steuersignale, die in den if-Anweisungen abgefragt werden und zeigt auf der rechten Seite die im Listing 8.4 spezifizierten Funktionen der Eingangssignale A und B. Dabei ist zu beachten, dass die UND-Verknüpfung, die zu der S(0) Bedingung in der ersten if-Anweisung gehört, viermal einzutragen ist, denn in dieser Bedingung stellen die darin nicht verwendeten Signale S(1) und X Don't-Care-Werte dar. Die Oder-Verknüpfung muss hingegen doppelt auftauchen, da sie in der zugehörigen Bedingung nur das X-Signal als Don't-Care-Wert hat. Entsprechend tritt die XOR-Verknüpfung nur einmal auf. Dem KV-Diagramm in Bild 8.9 ist zu entnehmen, dass das Ausgangssignal durch drei Primimplikanten definiert ist. Somit ergibt sich die folgende 3-stufige Logikfunktion, die aus drei Termen besteht und die in Bild 8.10 auch als Schaltplan dargestellt ist.

$$Y = (S(0) \wedge (A \wedge B)) \vee (\overline{S(0)} \wedge S(1) \wedge (A \vee B)) \vee ((\overline{S(0)} \wedge \overline{S(1)}) \wedge X \wedge (A \leftrightarrow B))$$

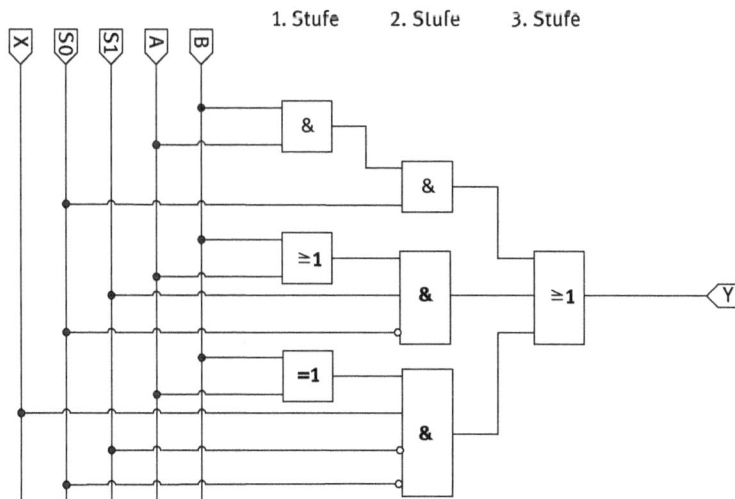

Bild 8.10: Syntheseergebnis des Prioritäts-Encoders aus Listing 8.4

In diesem Beispiel einer kombinatorischen if-Anweisung ist auf die folgenden Punkte besonders hinzuweisen:

– Im Unterschied zu der case-Anweisung können in den einzelnen elsif-Abfragen völlig unterschiedliche Bedingungsausdrücke geprüft werden.
– Die Synthese der if-/elsif-Anweisung führt dazu, dass die Bedingungen, die im VHDL-Code weiter unten abgefragt werden, durch immer breiter werdende UND-Gatter realisiert sind. Wenn man davon ausgeht, dass mit steigender Anzahl von Gattereingängen auch die Laufzeit des Gatters anwächst, so bedeutet dies, dass die Zeit, die die Hardware zur Decodierung der letzten Bedingung benötigt, am größten ist. ∎

Die Syntax der if-Anweisung erlaubt auch eine unvollständige Spezifikation, d. h. im Code werden z. B. durch Weglassen des else-Zweiges nicht alle Verzweigungsmöglichkeiten explizit aufgeführt. In der Simulationssemantik bedeutet dies, dass die Ausgangssignale ihren alten Wert beibehalten, also ein Speicherverhalten. Die Synthesesemantik sieht in diesem Fall die Verwendung eines D-Latches vor (vgl. Kapitel 12.3).

Bei der Modellierung kombinatorischer Logik ist ein Speicherverhalten nicht sinnvoll. Leider wird bei unübersichtlich ineinander geschachtelten if-Anweisungen häufig der Fehler gemacht, dass einzelne Verzweigungsmöglichkeiten nicht berücksichtigt wurden und ein unerwünschtes Speicherverhalten auftritt. Dies kann dadurch vermieden werden, dass den Ausgangssignalen vor der ersten if-Anweisung ein Defaultwert zugewiesen wird, der in den verschiedenen Verzweigungen gegebenenfalls überschrieben wird. So könnte man z. B. in Beispiel 8.2 auch auf den else-Zweig verzichten, wenn nach der process begin- und vor der if-Anweisung die folgende Zeile eingefügt wäre:

```
Y <= '0'; -- Defaultzuweisung
```

> Wenn durch if-Anweisungen in Prozessen kombinatorische Logik modelliert werden soll, so wird für alle Ausgangssignale des Prozesses die Zuweisung eines Defaultwerts vor der ersten if-Anweisung empfohlen, um ungewolltes Speicherverhalten zu vermeiden.

Modellierung von Signalflanken mit der if-Anweisung

In getakteten Logikkomponenten reagieren deren Ausgänge nach dem *Wechsel* des Taktsignalpegels (Taktflanke) und zwar nur in einer Richtung, also entweder nach ansteigender oder nach abfallender Flanke (vgl. Kapitel 2.4.2). In VHDL lassen sich Pegelwechsel durch das für alle Signale definierte event-Attribut modellieren. Wenn sich nun das Taktsignal in der Sensitivity-Liste des Prozesses befindet, so muss durch eine if-Bedingung festgelegt werden, ob der getaktete Prozess auf eine ansteigende Flanke oder eine abfallende Flanke reagieren muss. Listing 8.5 zeigt das VHDL-Modell eines getakteten Prozesses, der ein D-Flipflop modelliert (vgl. Bild 2.6 und Kapitel 12.4).

Listing 8.5: Signalflankenabfrage mit der if-Anweisung

```
entity DFF is
   port( CLK, D : in bit;
         Q : out bit);
end DFF;
architecture VERHALTEN of DFF is
begin
P1: process(CLK)
begin
   if CLK='1' and CLK'event then -- ansteigende Signalflanke
     Q <= D;
   end if;
end process P1;
end VERHALTEN;
```

Auf die folgenden Aspekte im Listing 8.5 soll besonders hingewiesen werden:
– Das Taktsignal muss sich in der Sensitivity-Liste befinden.
– Eine ansteigende Flanke wird durch CLK='1' and CLK'event und eine abfallende Flanke durch CLK='0' and CLK'event als Bedingungsausdruck der if-Anweisung modelliert[1].
– Da getaktete Logik insbesondere zur Speicherung von Logikzuständen dient, ist es nicht erforderlich, die if-Anweisung vollständig zu spezifizieren, der else-Zweig ist also nicht erforderlich.

Weitergehende Informationen zur Modellierung getakteter Logik finden sich in den Kapiteln 12 bis 16.

8.6 Prozesse ohne Sensitivity-Liste

Prozesse, die keine Sensitivity-Liste besitzen, sind in der Simulation erlaubt, aber nur eingeschränkt synthesefähig. Sie bieten sich insbesondere für VHDL-Testbenches an.

Prozesse ohne Sensitivity-Liste werden wie alle Prozesse bei Simulationsbeginn automatisch gestartet und bei jeder wait-Anweisung an dieser Stelle unterbrochen. Nach Beendigung werden sie automatisch neu gestartet.

---

1 Die Reihenfolge der beiden Operanden des and-Operators in der if-Bedingung ist beliebig.

B **Beispiel 8.3** (Modellierung eines periodischen 10-MHz-Taktgeneratorsignals für eine
VHDL-Testbench durch einen Prozess ohne Sensitivity-Liste):

```
CLKGEN: process
begin
   CLK <='1'; wait for 50 ns;
   CLK <='0'; wait for 50 ns;
end process CLKGEN;                                                    ∎
```

Da derartige Prozesse nach Beendigung sofort neu gestartet werden, ist die Existenz
einer wait-Anweisung zwingend notwendig, da sich der Simulator ohne diese Anweisung in dem Prozess „aufhängen" würde.

8.7 Verwendung von Variablen in Prozessen

Innerhalb von Prozessen ist die Verwendung von VHDL-Variablen erlaubt. Sinnvoll
kann dies z. B. in kombinatorischer Logik sein, wenn z. B. arithmetische oder logische
Ausdrücke in if- oder case-Anweisungen ausgewertet werden müssen.

> Im Gegensatz zu Signalen kann der gerade zugewiesene Wert einer VHDL-Variablen *sofort* abge-
> fragt werden. Der Wertzuweisungsoperator für Variable ist das Symbol ‚:='. Die Gültigkeit einer
> Variablen beschränkt sich auf den Prozess, in dem sie deklariert ist.

Variable werden zwischen den Schlüsselworten process und begin deklariert und besitzen potenzielles Speicherverhalten. Das bedeutet, dass sie den zuletzt zugewiesenen Wert auch nach Beendigung bis zum nächsten Prozessaufruf beibehalten.

> Bei der Verwendung von Variablen in kombinatorischen Prozessen, die also kein Speicherverhal-
> ten besitzen, muss darauf geachtet werden, dass ihnen *vor* ihrer Verwendung immer zuerst ein
> aktueller Wert zugewiesen wurde. Andernfalls wird ein unerwünschtes D-Latch (vgl. Kapitel 12.3)
> synthetisiert.

B **Beispiel 8.4** (Verwendung einer Variablen in einem kombinatorischen Prozess):

Listing 8.6: Variablen in einem kombinatorischen Prozess

```
entity KOMB_VAR_TEST is
   port( I1, I2 : in bit_vector(3 downto 0);
         Y : out bit);
end KOMB_VAR_TEST;
```

```
architecture VERHALTEN of KOMB_VAR_TEST is
begin
COMB: process(I1, I2)
variable TEMP: bit_vector(7 downto 0); -- Deklaration der Variablen
begin
   TEMP := I1 & I2;      -- Variable zur Verkettung zweier Bussignale
   if TEMP = "10101010" then   -- sofortige Auswertung der Variable
     Y <= '1';
   else
     Y <= '0';
   end if;
end process COMB;
end VERHALTEN;
```

Die Verwendung eines Signals anstelle einer Variablen in Beispiel 8.4 würde zu einem unerwünschten Speicherverhalten führen, da das Signal den zugewiesenen Wert erst am Ende des Prozesses annimmt. Bei einer Signalwertabfrage in der if-Anweisung würde also fehlerhafterweise auf den Signalwert der letzten Prozessaktivierung zurückgegriffen werden.   ∎

Ⓑ **Beispiel 8.5** (Verwendung von Variablen in einem getakteten Prozess): Die in Bild 8.11 dargestellte Reihenschaltung dreier D-Flipflops, die ein Schieberegister darstellt (vgl. Kapitel 16), soll unter Verwendung von Variablen realisiert werden.

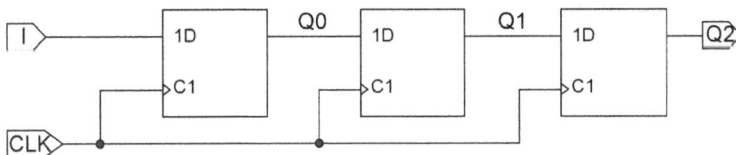

Bild 8.11: Schaltung aus drei in Reihe geschalteten D-Flipflops (Schieberegister)

Dazu wird der nachfolgende VHDL-Code entworfen, in dem die Flipflops Q0 und Q1 als Variablen deklariert sind. Das letzte D-Flipflop Q2 muss als Signal deklariert werden, da Variablen nur lokal im Prozess gültig sind und der Wert der letzten Variablen in einem Signal „gerettet" werden muss:

Listing 8.7: Variablen in einem kombinatorischen Prozess

```
entity SEQ_VAR_TEST is
   port( I, CLK : in bit;
         Q2: out bit);
end SEQ_VAR_TEST;


architecture VERHALTEN of SEQ_VAR_TEST is
begin
SEQ: process(CLK)
variable Q0, Q1 : bit;
begin
   if CLK = '1' and CLK'event then
      Q0 := I;
      Q1 := Q0;
      Q2 <= Q1;
   end if;
end process SEQ;
end VERHALTEN;
```

Überraschenderweise ergibt die Synthese dieses Codes jedoch nur *ein* D-Flipflop Q2. Grund dafür ist die Tatsache, dass eine Variable, deren Wert immer definiert ist, bevor sie verwendet wird, in einem getakteten Prozess entweder heraus optimiert wird oder als kombinatorische Logik implementiert wird. In dem gezeigten Code werden die Variablen Q0 und Q1 heraus optimiert, da sie vor ihrer Verwendung in der jeweils nachfolgenden Zeile immer eine Wertzuweisung erfahren.

Um den Erhalt beider Variablen zu erzwingen und die Schaltung damit so aufzubauen, wie in der Aufgabenstellung dargestellt, ist es daher erforderlich, im getakteten Rahmen die Reihenfolge der Zuweisungen so zu wählen, dass die Variablen zuerst verwendet werden, bevor sie eine Wertzuweisung erfahren:

```
      Q2 <= Q1;
      Q1 := Q0;
      Q0 := I;
```

Damit könnte man nur durch Austausch der beiden Variablenzuweisungen übrigens auch eine Schaltung mit nur zwei D-Flipflops realisieren, in der Q0 heraus optimiert werden würde. ∎

Mit dem Ergebnis des Beispiel 8.5 lässt sich der folgende Merksatz formulieren [20]:

> Da es – im Gegensatz zu Signalen – bei Variablen auf die Reihenfolge der Zuweisungen ankommt, ist die Verwendung von Variablen in getakteten Prozessen fehleranfällig, sodass man darauf verzichten sollte.

8.8 Modellierungsbeispiel

In diesem Abschnitt soll eine aus mehreren Prozessen bzw. nebenläufigen Anweisungen bestehende Schaltung modelliert werden. Dabei handelt es sich um eine konfigurierbare Ausgangszelle (engl. Output Logic Macro Cell, OLMC) eines programmierbaren Logikbausteins (PLD, vgl. Kapitel 19.3.3). Diese Schaltung wird von den Implementierungswerkzeugen automatisch instanziiert, um eine als SOP-Ausdruck vorliegende Schaltfunktion nach außen zu führen. Das VHDL-Modell in Listing 8.8 muss bei der PLD-Hardwareimplementierung also nicht explizit angegeben werden, es dient hier vielmehr als Modellierungsbeispiel. Die entity des OLMC-Modells soll dabei das SOP-Signal Y_COMB
- entweder kombinatorisch oder über ein Register,
- entweder invertiert oder nichtinvertiert,

an einen Ausgangspin des PLD legen. Die ausgewählte Funktion wird durch zwei Programmierbits S(0) und S(1) festgelegt. Die Umschaltung zwischen kombinatorischem und getaktetem Verhalten erfolgt durch einen 2-zu-1-Multiplexer und als programmierbarer Inverter dient ein XOR-Gatter. Die Funktion der Programmierbits der Schaltung zeigt Tabelle 8.1. Das in Listing 8.8 vorgestellte VHDL-Modell enthält den synthesefähigen VHDL-Code für die Hardware und das Listing 8.9 die Testbench, die aus Stimuli- und Response-Prozessen sowie der synthesefähigen OLMC-Komponente besteht (vgl. Bild 4.7 bzw. Kapitel 11.7).

Der synthesefähige Code für die OLMC besteht aus zwei Prozessen (MUX und D_FF) sowie einer nebenläufigen Signalzuweisung für das XOR-Gatter. Die Kommunikation zwischen diesen Prozessen erfolgt durch die lokalen Signale TEMP_1 und TEMP_2 (vgl. Bild 8.12).

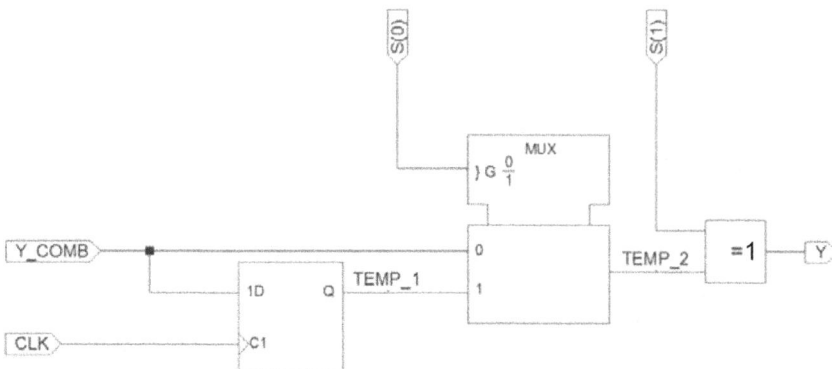

Bild 8.12: Aufbau einer Ausgangslogikmakrozelle eines PLDs

Tab. 8.1: Programmierung der Ausgangsmakrozelle

S(1)	S(0)	Ausgangsfunktion	
0	0	nichtinvertiert, kombinatorisch:	$Y = Y\_COMB$
0	1	nichtinvertiert, Registerausgang:	$Y = TEMP\_1$
1	0	invertiert, kombinatorisch:	$Y = \overline{Y\_COMB}$
1	1	invertiert, Registerausgang:	$Y = \overline{TEMP\_1}$

Listing 8.8: VHDL-Modell einer Ausgangslogikmakrozelle

```vhdl
entity OLMC is
   port( CLK, Y_COMB : in bit;
         S : in bit_vector(1 downto 0);
         Y : out bit);
end OLMC;


architecture VERHALTEN of OLMC is
signal TEMP_1, TEMP_2: bit;          -- lokale Signale im DUT


begin
MUX: process(Y_COMB, TEMP_1, S(0))   -- aktivierende Signale f. komb.
                                     -- Prozess
  begin
    case S(0) is
       when '0' => TEMP_2 <= Y_COMB;
       when '1' => TEMP_2 <= TEMP_1;
    end case;
  end process MUX;


D_FF: process(CLK)                   -- nur Takt gesteuert
  begin
    if CLK'event and CLK = '1' then  -- ansteigende Flanke
               TEMP_1 <= Y_COMB;     -- Signalübernahme
    else
               TEMP_1 <= TEMP_1;     -- gespeichertes Signal
    end if;
  end process D_FF;


Y <= TEMP_2 xor S(1);                -- gesteuerter Inverter nebenläufig
end VERHALTEN;
```

Die Testbench in Listing 8.9 soll wie folgt erläutert werden:

– Da es sich um eine Testbench handelt, besitzt die `entity` keine Schnittstellensignale.

– Die Funktionalität der synthesefähigen OLMC wird als Komponente DUT (engl. Device Under Test) verwendet (vgl. Kapitel 11.7).

– Drei Prozesse stellen hier die Testumgebung dar. Diese Prozesse arbeiten ohne Sensitivity-Liste. Mit CLKGEN wird ein 5-MHz-Taktgenerator und mit STIMULI werden acht verschiedene Testmuster (engl. testpattern) für die Eingänge des DUT definiert. Der Prozess RESPONSE_MONITOR dient zum Vergleich mit den für die einzelnen Tests erwarteten Ergebnissen. Die Information über die gerade ausgeführte Testnummer wird dem RESPONSE_MONITOR durch das Signal TEST übermittelt, welches als ganze Zahl (VHDL-Datentyp `integer`) im Zahlenbereich zwischen 1 und 8 deklariert ist.

– Alle acht Tests sollen für eine Taktperiode, also für 200 ns durchgeführt werden. Entsprechend sind die `wait`-Anweisungen des STIMULI-Prozesses gewählt. Die gesamte Simulationszeit beträgt also 1600 ns. Die Auswertung der Testergebnisse im RESPONSE_MONITOR soll jeweils *nach* der steigenden Taktflanke erfolgen. Da der Taktgenerator mit dem Pegel 0 beginnt, kann der erste Test nach einer Zeit von 150 ns erfolgen. Die Testauswertung erfolgt durch `assert`-Anweisungen in einer `for`-loop-Schleife, innerhalb derer die Zeit in Intervallen von 200 ns voranschreitet.

Listing 8.9: VHDL-Modell einer Testbench zur Ausgangslogikmakrozelle

```
entity OLMC_TB is
end OLMC_TB;


architecture VERHALTEN of OLMC_TB is
component OLMC is
    port( CLK, Y_COMB : in bit;
          S : in bit_vector(1 downto 0);
          Y : out bit);
end component;


signal CLK, Y_COMB, Y : bit;
signal S : bit_vector(1 downto 0);
signal TEST: integer range 1 to 8; -- reines Testbench-Signal
begin


-- Testbench Eingangssignale
CLKGEN: process                        -- Taktgenerator 5 MHz
```

```
  begin
     CLK <= '0'; wait for 100 ns;
     CLK <= '1'; wait for 100 ns;
  end process CLKGEN;


STIMULI: process                      -- Diskrete Stimuli f. 8 Tests
  begin
     TEST <= 1; Y_COMB <= '1'; S <= "00"; wait for 200 ns;
     TEST <= 2; Y_COMB <= '1'; S <= "10"; wait for 200 ns;
     TEST <= 3; Y_COMB <= '0'; S <= "00"; wait for 200 ns;
     TEST <= 4; Y_COMB <= '0'; S <= "10"; wait for 200 ns;
     TEST <= 5; Y_COMB <= '1'; S <= "01"; wait for 200 ns;
     TEST <= 6; Y_COMB <= '1'; S <= "11"; wait for 200 ns;
     TEST <= 7; Y_COMB <= '0'; S <= "01"; wait for 200 ns;
     TEST <= 8; Y_COMB <= '0'; S <= "11"; wait for 200 ns;
  end process STIMULI;


-- Device under Test : OLMC
DUT: OLMC port map(CLK, Y_COMB, S, Y);


-- Prüfe Testergebnisse
RESPONSE_MONITOR: process
  begin
   wait for 150 ns;                    -- 50 ns nach der steigenden Flanke
     for I in 1 to 8 loop              -- Prüfe 8 mal (insgesamt 1600 ns)
      case TEST is
         when 1 => assert Y ='1' report "Error:_test_1";
         when 2 => assert Y ='0' report "Error:_test_2";
         when 3 => assert Y ='0' report "Error:_test_3";
         when 4 => assert Y ='1' report "Error:_test_4";
         when 5 => assert Y ='1' report "Error:_test_5";
         when 6 => assert Y ='0' report "Error:_test_6";
         when 7 => assert Y ='1' report "Error:_test_7"; -- Fehler
         when 8 => assert Y ='1' report "Error:_test_8";
      end case;
      wait for 200 ns;                 -- nächster Test nach 200 ns
   end loop;
end process RESPONSE_MONITOR;
end VERHALTEN;
```

Das Simulationsergebnis zeigt Bild 8.13 und vom Simulator wird der folgende Text ausgegeben:

```
# ** Error: Error: test 7
#    Time: 1350 ns  Iteration: 0  Instance: /olmc_tb
```

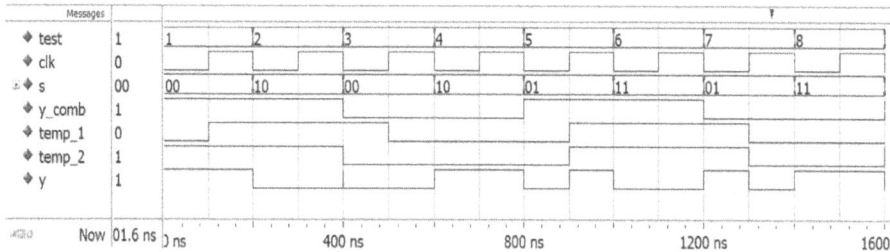

Bild 8.13: Simulation der Testbench zur Ausgangslogikmakrozelle

Ursache der Fehlermeldung ist der RESPONSE_MONITOR-Prozess: Der STIMULI-Prozess für Test Nr. 7 sieht vor, dass das Signal Y_COMB = 0 im Flipflop gespeichert wird und dieser Wert nichtinvertiert, also als 0, ausgegeben wird. Im RESPONSE_MONITOR wird für diesen Test jedoch fehlerhafterweise eine 1 erwartet. Nach Korrektur dieses Fehlers in der Testbench läuft die Simulation fehlerfrei.

Zum Zeitpunkt t = 400 ns zeigt Bild 8.13 das Auftreten eines Strukturhazards im Ausgangssignal Y. Ein weiteres Hineinzoomen in das Simulationsergebnis zeigt, dass dieser infinitesimal kurz ist, also für genau einen Delta-Zyklus anhält. Ursache dafür ist die Tatsache, dass sich zu diesem Zeitpunkt die beiden Signale Y_COMB und S(1) gleichzeitig ändern. Als Folge des Y_COMB-Signalwechsels ändert sich zum gleichen physikalischen Zeitpunkt auch TEMP_2. Damit wird die nebenläufige XOR-Signalzuweisung in unterschiedlichen Delta-Zyklen zweimal nacheinander aktiviert: Zunächst mit einem Ausgangssignal Y = 1, aber einen Delta-Zyklus später mit Y = 0. Derartige „symbolische Hazards" geben einen Hinweis darauf, dass für die in Hardware realisierte Schaltung an gleicher Stelle ein Hazard als Folge eines kritischen Wettrennens zu erwarten ist (vgl. Kapitel 7.2.4).

8.9 Lesen und Schreiben von Dateien in Testbenches

Das Listing 8.9 demonstriert den Aufbau einer sehr rudimentären Testbench, die jedoch für einfache VHDL-Entwürfe durchaus geeignet ist. Entwürfe von komplexeren digitalen Systemen, die im Echtzeitbereich evtl. mehrere Sekunden abdecken müssen, erfordern jedoch eine sehr viel komplexere Testbench mit vielleicht mehreren hundert Testvektoren, die evtl. auch von einer externen Software automatisch generiert wur-

Tab. 8.2: Inhalt der Testbench-Datei `stimuli.dat`

```
test1: 000
test2: 001
test3: 010
test4: 011
test5: 100
test6: 101
test7: 110
test8: 111
```

den. Für diese Zwecke können diese in VHDL-Testbench-Prozessen auch aus einer Datei eingelesen werden. Den formatierten Inhalt einer exemplarischen Stimulusdatei zeigt Tabelle 8.2.

Das Listing 8.10 zeigt, wie sich die Testvektoren dieser Wahrheitstabelle für drei Eingangssignale aus der Datei `stimuli.dat` als Signal `TEST_SIGNAL` verwenden lassen.

Listing 8.10: Lesen von Testvektoren aus einer Datei

```vhdl
use std.textio.all;
entity DEMO_TB is
end DEMO_TB;


architecture TESTBENCH of DEMO_TB is
file STIMULI: text open read_mode is "stimuli.dat"; -- öffne Datei
signal TEST_SIGNAL: bit_vector(2 downto 0);


begin
STIM: process
variable L : line;                -- Text Puffer
variable TEST_STRING : string(1 to 7);
variable TEST_VAR: bit_vector(2 downto 0);

begin
   while not (endfile(STIMULI)) loop
      assert false report "Lade_naechsten_Test";
      readline(STIMULI, L);       -- lese eine Zeile
      read(L, TEST_STRING);       -- lese String in der Zeile
      read(L, TEST_VAR);          -- lese Bit-Vektor in der Zeile
      TEST_SIGNAL <= TEST_VAR;    -- kopiere Variable in das Signal
      wait for 100 ns;            -- warte auf nächsten Test
   end loop;
   wait;                          -- Stoppe den Prozess
end process STIM;
end TESTBENCH;
```

Darin ist auf die folgenden Punkte hinzuweisen:

- Das Lesen und Schreiben von Dateien erfordert die Einbindung der Bibliothek `textio.all` durch eine `use`-Anweisung.
- Innerhalb des Deklarationsteils der `architecture` wird die Datei `stimuli.dat` als Textdatei deklariert und geöffnet. Das Signal `TEST_SIGNAL` enthält einen 3-Bit breiten Signalvektor, der zur Stimulierung eines Testobjekts (engl. Device Under Test, DUT) verwendet werden kann.
- Das Lesen der Datei erfolgt hier in einem Prozess ohne Empfindlichkeitsliste. Daher muss dieser am Ende durch eine `wait`-Anweisung ohne Zeitangabe beendet werden, damit der Simulator nach Beendigung des Einlesens nicht in eine Totschleife gerät.
- Die Datei wird in einer `while`-Schleife bis zum Ende gelesen. Dabei wird jede Textzeile mit der Anweisung `readline` zunächst in den Textpuffer L eingelesen. Anschließend werden die einzelnen Elemente des Textpuffers mit `read`-Anweisungen gemäß der in der Datei vorgegebenen Formatierung in Variable mit geeignetem Datentyp kopiert. Im konkreten Fall befindet sich in jeder Zeile ein 7 Zeichen langer Text, der nicht weiterverwendet wird. Dieser Text wird gefolgt von einem 3-Bit breiten Bitvektor (vgl. Tabelle 8.2).
- Die Variable `TEST_VAR`, die den eingelesenen Bitvektor enthält, wird in der Einleseschleife in das Testvektorsignal `TEST_SIGNAL` kopiert und steht damit anderen Prozessen, die dieses Signal in der Empfindlichkeitsliste haben, als Eingangssignal zur Verfügung.
- Das Einlesen jeder Zeile der Eingabedatei wird durch eine `assert`-Anweisung mit konstant falscher Bedingung auf der Simulatorkonsole angezeigt.
- Durch die `wait for` Anweisung wird definiert, dass jeder Testvektor für 100 ns gültig ist.

In ähnlicher Weise können mit den Funktionen `writeline` und `write` auch Testbench-Ergebnisse in eine Datei zurückgeschrieben werden.

8.10 Vertiefende Aufgaben

Aufgabe 8.1: Beantworten Sie die folgenden Verständnisfragen:
a) Beschreiben Sie kurz die wesentlichen Prinzipien eines ereignisgesteuerten Simulators.
b) Welche Signale müssen sich in der Sensitivity-Liste eines kombinatorischen Prozesses befinden?
c) Dürfen Sie eine `case`-Anweisung innerhalb eines kombinatorischen Prozesses verwenden?
d) Dürfen Sie eine selektive Signalzuweisung innerhalb eines kombinatorischen Prozesses verwenden?

e) Über welche VHDL-Konstrukte kommunizieren Prozesse miteinander?

f) Erklären Sie den Unterschied zwischen sequenziellen und nebenläufigen Anweisungen.

g) Beschreiben Sie den Begriff „kombinatorische Schleife". Worauf müssen Sie bei der VHDL-Modellierung achten, um kombinatorische Schleifen zu vermeiden?

h) Zu welchem Zeitpunkt werden die Signalzuweisungen eines VHDL-Prozesses frühestens ausgeführt?

i) Worin besteht der Unterschied zwischen Signalen und Variablen in VHDL? ∎

Aufgabe 8.2: In einer Testbench werden die Signalstimuli S1 und S2 durch die nachfolgenden Signalzuweisungen definiert:

```
S1<='1','0' after 5 ns,'1' after 15 ns,'0' after 35 ns,'1' after 50 ns;

S2<='1','0' after 20 ns,'1' after 25 ns,'0' after 50 ns;
```

Skizzieren Sie das Zeitdiagramm dieser Stimuli. ∎

Aufgabe 8.3: Ein 4-Bit-Datenwort D ist auf gerade Parität zu überprüfen. Darin sind die niederwertigen Bits D(2) ... D(0) die Datenbits und das Bit D(3) das (gerade) Paritätsbit. Das Ausgangssignal OK bestätigt das korrekt empfangene Paritätsbit.

a) Entwerfen Sie einen geeigneten VHDL-Code unter Verwendung eines synthesefähigen Prozesses.

b) Fügen Sie anschließend eine Testbench mit Stimulusgenerator und Response-Monitor hinzu. Dazu müssen Sie die entity auf geeignete Weise verändern. Simulieren Sie das korrekte Verhalten des Paritätscheckers. ∎

Aufgabe 8.4: Entwerfen Sie einen 1-zu-4-Demultiplexer in VHDL: Das Eingangsbit E soll abhängig vom 2-Bit-Selektionssignal SEL auf einen der vier Ausgänge Y(3 downto 0) geschaltet werden. Ergänzen Sie die architecture durch eine Testbench und simulieren Sie das Verhalten. ∎

Aufgabe 8.5: Entwerfen Sie den VHDL-Code eines Codeumsetzers, der einen 4-Bit-Gray-Code (vgl. Kapitel 9.4) in den binären Zahlencode umsetzt. Verwenden Sie eine case-Anweisung zur Umsetzung der nachfolgenden Codetabelle, die hexadezimale Zahlen enthält. Simulieren Sie das korrekte Verhalten der Schaltung mit einer geeigneten Testbench.

Binärcode	0	1	2	3	4	5	6	7	8	9	A	B	C	D	E	F
Gray-Code	0	1	3	2	6	7	5	4	C	D	F	E	A	B	9	8

∎

A **Aufgabe 8.6:** Gegeben ist der nachfolgende VHDL-Code einer kombinatorischen Logik:

```vhdl
entity TEST is
  port(A1, B1, A2, B2, A3, B3, SEL1, SEL2, SEL3: in bit;
       Y: out bit);
end TEST;
architecture A1 of TEST is
begin
    Y <= (A1 and B1) when SEL1 = '1' else
         (A2 and B2) when SEL2 = '1' else
         (A3 and B3) when SEL3 = '1' else
         '0';
end A1;
```

Wandeln Sie den Code in einen Prozess mit einer sequenziellen Signalzuweisung um und bestimmen Sie die disjunktive Normalform zu diesem Code. Vergleichen Sie Ihre Erwartung mit dem Ergebnis eines VHDL-Synthesewerkzeugs (z. B. dem RTL-Schaltplan aus Vivado, vgl. Kapitel 5.4). ∎

9 Codes

9.1 Lernziele

Nach Durcharbeiten dieses Kapitels sollen Sie
- die Bedeutung von Codierungen für verschiedene Anwendungsgebiete der Informations- und Elektrotechnik kennen;
- exemplarische Codes zur Darstellung von Dezimalzahlen kennen;
- wesentliche Kenngrößen von Codes kennen;
- grundlegende Kenntnisse darüber besitzen, welche Voraussetzungen ein Code erfüllen muss, damit bei der Übertragung von Daten einfache Übertragungsfehler erkannt bzw. behoben werden können.

9.2 Charakterisierung und Klassifizierung

> Ein Code ist eine Vorschrift, wie eine Nachricht, bzw. Teile einer Nachricht, von einer Art der Darstellung in eine andere Darstellungsart überführt werden können. Dabei werden endliche Mengen von Codesymbolen verwendet. Die Zuordnung der Codesymbole erfolgt über einen arithmetischen oder logischen Algorithmus oder aber über eine Zuordnungstabelle. Eine Gruppe von m Zeichen wird Codewort genannt.

B **Beispiel 9.1** (Alphabetischer Code): Durch einen einfachen Code sollen in Zeichenketten die Großbuchstaben des Alphabets in Dezimalzahlen überführt werden. Der Algorithmus besteht darin, dass die Ordnungszahl des Buchstabens im Alphabet verwendet wird.

Beispiel für ein Codewort: BCD FGH → 234 678 ∎

T **Tipp:** In der Rechnertechnik ist der ASCII-Code *(engl. American Standard Code for Information Interchange)* weit verbreitet, der die Standardzeichen von Rechnersystemen in eine 7- oder 8-Bit-Binärdarstellung überführt. Noch weitergehend ist der 32-Bit-Unicode, mit dem in einer universellen Symboltabelle verschiedene Zeichensätze mit je 65.536 Zeichen codiert sind. ∎

Eine wesentliche Aufgabe digitaler Systeme ist die Erfassung, Speicherung, Übertragung und Bearbeitung von Dual- bzw. Dezimalzahlen. Zur optimalen Bewältigung dieser unterschiedlichen Aufgaben existieren sehr verschiedene Anforderungen:
- Zur effizienten Datenspeicherung werden Codes benötigt, die nur wenige Speicherzellen (Bits) benötigen.
- Bei der Signalübertragung müssen die Daten möglichst sicher übertragen werden. Zur Fehlererkennung und ggf. -korrektur werden zusätzliche, redundante Codebits zusätzlich zu den Datenbits übertragen.

https://doi.org/10.1515/9783110706970-009

- In Messsystemen sollten Codes verwendet werden, die ein Minimum an Daten-
  erfassungsfehlern ermöglichen. Dies wird durch eine spezielle Anordnung der
  Codeelemente in einem Codewort ermöglicht.
- Beim Entwurf von Zustandsautomaten (vgl. Kapitel 13) muss insbesondere in si-
  cherheitsrelevanten Anwendungen darauf geachtet werden, dass die codierten
  Ausgangssignale keine Strukturhazards (vgl. Kapitel 7.2.4) aufweisen.

Die Codierungstheorie ist ein spezielles Fachgebiet, welches insbesondere für die in
der Digitaltechnik verwendeten Kompressionsverfahren (Quellencodierung) bzw. bei
der digitalen Signalübertragung (Kanalcodierung) von erheblicher Bedeutung ist.
Hinzu kommt die physikalische Umsetzung der Codes in elektromagnetische Signale
(Leitungscodierung).

Eine umfassende Darstellung würde den Rahmen dieses Lehrbuchs sprengen. Der
Leser findet eine Übersicht zu diesem Thema z. B. in [1]. Mit den Binär-, Oktal- und Hexadezimalzahlen wurden in Kapitel 5 bereits einige binäre Zahlencodes vorgestellt.
Hier sollen weitere einführende Beispiele für Codes gegeben werden und deren Kenngrößen betrachtet werden.

9.3 Zahlencodes

Nachfolgend werden schwerpunktmäßig binäre Codes zur Darstellung von Dezimalzahlen vorgestellt. Dabei unterscheidet man:
- *Wortcodes:* Eine Zahl wird als Ganzes durch eine binäre Zeichenkette dargestellt.
  So gilt in dem bisher verwendeten Dualcode z. B. für die Dezimalzahl 11_{10} =
  1011_2.
- *Zifferncodes:* Jede Ziffer einer Zahl wird durch eine eigene Zeichenkette dargestellt: Hier gilt für die Dezimalzahl 11_{10} = $0001\,0001_2$. Wenn jede Ziffer durch
  vier Bit dargestellt wird, so spricht man von einem Tetradencode.

Nachfolgend sollen einige Kenngrößen von Codes definiert werden.

> *Codegewicht:* Ein Code wird als gewichtet bezeichnet, wenn jede Bitstelle einem speziellen Zah-
> lenwert (Codegewicht) entspricht. Die zum Codewort gehörige Dezimalzahl ist die Summe der Ge-
> wichte, für die das binäre Codewort eine 1 besitzt.

B **Beispiel 9.2** (Berechnung des Dezimaläquivalents von Binärzahlen eines fiktiven
(8_4_−2_1)-Codes): Die Stellengewichte einer 4-Bit-Binärzahl sind durch die angegebenen Stellengewichte 8, 4, −2 und 1 gegeben. So entspricht z. B. die Binärzahl 1010
der Dezimalzahl $8 + 0 - 2 + 0 = 6$ und die Binärzahl 0010 entspricht der Dezimalzahl −2. ∎

Redundanz: Wenn nicht alle möglichen Codeworte innerhalb eines Codes genutzt werden, so besitzt der Code eine Redundanz, die üblicherweise in Bit angegeben wird.

B **Beispiel 9.3** (Berechnung der Redundanz des (8-4-2-1)-BCD-Zahlencodes): BCD-Zahlen dienen dazu, Dezimalzahlen binär zu codieren. Charakteristisch ist, dass die einzelnen Stellen einer Dezimalzahl einzeln durch eine Binärzahl beschrieben werden. Es handelt sich also um Zifferncodes. Für die Beschreibung der $N_{code} = 10$ Dezimalziffern jeder Dezimalstelle werden m = 4 Bitstellen benötigt. Damit ließen sich prinzipiell $N_{max} = 2^m$ Codeworte realisieren, von denen jedoch die letzten sechs Binärzahlen nicht benötigt werden (vgl. Beispiel 7.8 und Tabelle 6.2). Die Bitredundanz berechnet sich aus dem duallogarithmischen Verhältnis von N_{Code}/N_{max} also aus:

$$Rd = ld_2(N_{max}) - ld_2(N_{code}) = ld_2(N_{max}) - 3.32\log_{10}(N_{code}) > 0 \qquad (9.1)$$

Für den 4-Bit-Dual-Code ist $ld_2(N_{max}) = 4$ und der $\log_{10}(N_{code})$ ist 1. Somit ergibt sich für den (8-4-2-1)-BCD-Code eine Redundanz von 0.68 Bit. ∎

Als *Hamming-Distanz* wird die Anzahl unterschiedlicher Bitstellen zwischen benachbarten Codeworten bezeichnet.

B **Beispiel 9.4** (Hamming-Distanz H des 3-Bit-(4-2-1)-Binärcodes): Die zum Code gehörigen Dezimalzahlen D zeigt Tabelle 9.1. Zur Bestimmung der Hamming-Distanz H müssen jeweils benachbarte Codeworte betrachtet und die Anzahl der unterschiedlichen 1-Positionen verglichen werden. Die Tabelle zeigt das Ergebnis. Die Redundanz dieses Codes ist 0, da sämtliche Codeworte verwendet werden.

Tab. 9.1: Hamming-Distanz des 3-Bit-Binärcodes

D	Bit: Stellengewicht			H
	b_2: 4	b_1: 2	b_0: 1	
0	0	0	0	
				1
1	0	0	1	
				2
2	0	1	0	
				1
3	0	1	1	
				3
4	1	0	0	
				1
5	1	0	1	
				2
6	1	1	0	
				1
7	1	1	1	

∎

Als *stetig* wird ein Code bezeichnet, dessen Hamming-Distanzen konstant sind. Wenn bei einem stetigen Code die Hamming-Distanz H = 1 ist, so ist dieser nach der Strategie des *„Minimum-Bit-Change"* aufgebaut.

B **Beispiel:**

D	b_2	b_1	b_0	H
0	0	0	0	
1	0	0	1	1
2	0	1	1	1
3	0	1	0	1
4	1	1	0	1
5	1	1	1	1
6	1	0	1	1
7	1	0	0	1

Dieser Code ist ungewichtet, da den einzelnen Bitstellen kein Codegewicht zugeordnet werden kann. Die Redundanz ist 0 und der Code ist stetig, da die Hamming-Distanz konstant 1 ist: Alle benachbarten Codeworte unterscheiden sich in genau einer Bitstelle. ∎

T **Tipp:** Minimum-Bit-Change-Codes lassen sich vorteilhaft zum Entwurf von zyklischen Zählern (Kapitel 16.5) einsetzen, bei denen bei jeder aktiven Taktflanke von einem Zählzustand in den nachfolgenden gewechselt wird. Dabei muss immer genau eine Bitposition verändert werden. Dies bringt Vorteile für:
- Eine hohe Schaltgeschwindigkeit, da die Logik zur Berechnung des nachfolgenden Zählerzustands sehr einfach aufgebaut ist und zudem nur die Lastkapazität eines einzelnen Bits umzuladen ist.
- Ein sicheres Schaltverhalten ohne die Gefahr von Strukturhazards (vgl. Kapitel 7.2.4), da bei jeder Taktflanke nur ein Bit umgeschaltet wird und es daher nicht zu kritischen Wettrennen kommen kann. ∎

In der Digitaltechnik werden abhängig von der Aufgabenstellung verschiedene BCD-Codes verwendet. Für die in Tabelle 9.2 exemplarisch dargestellten Codes gelten die folgenden Eigenschaften:
- (8-4-2-1)-BCD-Code: Dient zur Bearbeitung dezimaler Daten z. B. bei Messungen und Anzeigen. Jede Dezimalziffer wird durch eine 4-Bit-BCD-Zahl dargestellt (Tetrade). Eine spezielle BCD-Arithmetik erfordert keine Konversion vom Dezimal- ins Binärformat. Der Code ist nicht stetig (H = 1 ... 4) und die Redundanz beträgt 0.68 Bit.
- 1-aus-10: Dient der Datenübertragung mit einer sehr sicheren Bitfehlererkennung und wurde in der Vergangenheit bei der Telekommunikation verwendet (Telefonwählscheibe). Die Redundanz beträgt 6.68 Bit. Mit diesem Code lassen sich in Steuereinheiten auch einzelne angeschlossene Bausteine ansteuern, da in jedem Codewort genau ein Bit gesetzt ist. Diese Eigenschaft wird als „One-Hot-Codierung" bezeichnet. Der Code ist stetig (H = 2).
- Aiken: Bei diesem Code werden die Ziffern 0–4 genauso gewählt wie beim Binärcode, die Ziffern 5–9 hingegen durch die letzten fünf Kombinationen des

Tab. 9.2: Codes zur Darstellung von Dezimalzahlen in verschiedenen BCD-Codes

Code	(8-4-2-1)-BCD	1-aus-10	Aiken	Excess-3	Libaw-Craig	O'Brien
Gewicht:	8 4 2 1	9 8 7 6 5 4 3 2 1 0	2 4 2 1	- - - -	- - - - -	- - - -
0	0 0 0 0	0 0 0 0 0 0 0 0 0 1	0 0 0 0	0 0 1 1	0 0 0 0 0	0 0 0 1
1	0 0 0 1	0 0 0 0 0 0 0 0 1 0	0 0 0 1	0 1 0 0	0 0 0 0 1	0 0 1 1
2	0 0 1 0	0 0 0 0 0 0 0 1 0 0	0 0 1 0	0 1 0 1	0 0 0 1 1	0 0 1 0
3	0 0 1 1	0 0 0 0 0 0 1 0 0 0	0 0 1 1	0 1 1 0	0 0 1 1 1	0 1 1 0
4	0 1 0 0	0 0 0 0 0 1 0 0 0 0	0 1 0 0	0 1 1 1	0 1 1 1 1	0 1 0 0
5	0 1 0 1	0 0 0 0 1 0 0 0 0 0	1 0 1 1	1 0 0 0	1 1 1 1 1	1 1 0 0
6	0 1 1 0	0 0 0 1 0 0 0 0 0 0	1 1 0 0	1 0 0 1	1 1 1 1 0	1 1 1 0
7	0 1 1 1	0 0 1 0 0 0 0 0 0 0	1 1 0 1	1 0 1 0	1 1 1 0 0	1 0 1 0
8	1 0 0 0	0 1 0 0 0 0 0 0 0 0	1 1 1 0	1 0 1 1	1 1 0 0 0	1 0 1 1
9	1 0 0 1	1 0 0 0 0 0 0 0 0 0	1 1 1 1	1 1 0 0	1 0 0 0 0	1 0 0 1

Binärcodes, also komplementär spiegelbildlich zu den ersten fünf Ziffern. Diese Eigenschaft führt zu der in Tabelle 9.2 angegebenen Stellengewichtung 2-4-2-1. Der Aiken-Code wird z. B. in Digitaluhren und Taschenrechnern verwendet, er ist nicht stetig ($H = 1 \ldots 4$) und besitzt eine Redundanz von 0.68 Bit.

- Excess-3: Dieser Code wird in Datenübertragungssystemen angewendet. Es lassen sich Leitungsunterbrechungen bzw. Kurzschlüsse zur Versorgungsspannung dadurch erkennen, dass die entsprechenden Codes 0000 und 1111 keine erlaubten Codeworte sind. Der Code ist nicht stetig ($H = 1 \ldots 4$) und er besitzt eine Redundanz von 0.68 Bit.

- Libaw-Craig: Charakteristisch für diesen Code ist die gleitende Zeichenkette. Zählfunktionen in diesem Code lassen sich durch ein einfaches Links-Schieberegister (vgl. Kapitel 16.5) realisieren: Während der ersten fünf Zählschritte wird von rechts eine 1 hereingeschoben und während der letzten fünf Zählschritte einer Dekade eine 0. Der jeweils hineinzuschiebende Wert ist also das invertierte MSB des vorigen Zählzustands. Der Code ist stetig ($H = 1$) und besitzt eine Redundanz von 1.68 Bit.

- O'Brien: Dies ist ein Minimum-Bit-Change-Code und wird in Zustandsautomaten (vgl. Kapitel 13) eingesetzt, wenn in angeschlossener Logik Strukturhazards vermieden werden müssen. Der Code ist stetig ($H = 1$) und die Redundanz beträgt 0.68 Bit.

T **Tipp:** Die Addition von Zahlen im (8-4-2-1)-BCD-Format wird durch den Befehlssatz einiger älterer Mikroprozessoren unterstützt. Dies erfordert eine spezielle Arithmetik, mit der verhindert wird, dass die in diesem Code verbotenen Bitmuster 1010 ... 1111 auftreten: Wenn das Summationsergebnis einer Tetrade größer als 9 ist, so muss zusätzlich eine 6 addiert werden.

Dezimal:	**BCD:**		
39	0011	1001	
+ 84	+ 1000	0100	
	0110	0110	(+ 6_{10} falls Summe > 1001)
11_ (Carry)	1 1111	100_	(Carry)
123	1 0010	0011	■

9.4 Code für die Längen- und Winkelmesstechnik

Der in Beispiel 9.5 vorgestellte Code wurde nach dem Physiker F. Gray benannt. Charakteristisch ist seine „Minimum-Bit-Change"-Eigenschaft, die ihn insbesondere für die Längen- oder Winkelmesstechnik interessant macht. Die Bildung der Gray-Code-worte erfolgt durch rekursive Reflexion wie folgt:

a) Der 1-Bit-Gray-Code besitzt zwei Codeworte 0 und 1, die den Dezimalzahlen 0 und 1 entsprechen.

b) Die ersten 2^n Codeworte eines (n + 1)-Bit-Gray-Codes sind gleich den Codeworten des n-Bit-Gray-Codes.

c) Die letzten 2^n Codeworte des (n + 1)-Bit-Gray-Codes sind gleich den Codeworten des n-Bit-Gray-Codes aber in umgekehrter Reihenfolge und mit vorangestellter 1.

Tabelle 9.3 zeigt die Bildung eines 2-, 3- und 4-Bit-Gray-Codes: Unter den gestrichelten Linien findet sich die jeweils zweite Hälfte der Gray-Codeworte mit einer vorangestellten 1. Die Pfeile deuten an, dass sich die darunterstehenden Gray-Codeworte in umgekehrter Reihenfolge wiederholen.

An einem linear bewegten Objekt kann nun das in Bild 9.1a dargestellte 4-Bit-Gray-Code-Lineal befestigt werden. Die dunkel markierten Flächen sind elektrisch leitend bzw. lichtundurchlässig und entsprechen den logischen Einsen des Gray-Codes. Die hellen Flächen sind nicht elektrisch leitend bzw. optisch transparent (logische Null). Die aktuelle Position des Lineals wird von vier feststehenden Sensoren bzw. Fototransistoren erfasst. In Bild 9.1 sind diese Sensoren übertrieben schlecht justiert dargestellt. Mit einem Gray-Code-Lineal a) wird das Sensorsignal 0100 erfasst und richtig als Position 7 dekodiert (s. 1. und 3. Spalte in Tabelle 9.3). Das gleiche Sensorsignal liefert hingegen mit einem Dual-Code-Lineal b) eine falsche Position, nämlich 4 (s. 1. und 2. Spalte in Tabelle 9.3).

Tab. 9.3: Bildung der Gray-Codeworte durch rekursive Reflexion

Dezimalzahl	Dual-Code	Gray-Code
0	0000	0
1	0001	1
2	0010	11
3	0011	10
4	0100	110
5	0101	111
6	0110	101
7	0111	100
8	1000	1100
9	1001	1101
10	1010	1111
11	1011	1110
12	1100	1010
13	1101	1011
14	1110	1001
15	1111	1000

a) Gray-Code-Lineal

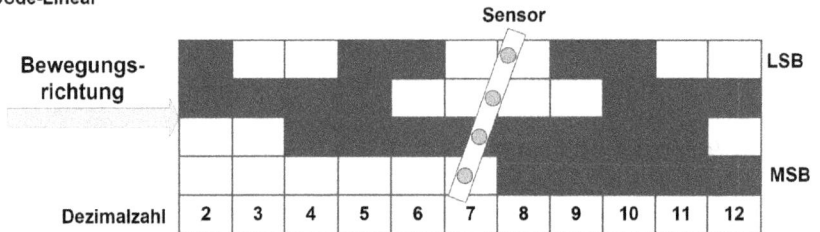

b) Dual-Code-Lineal

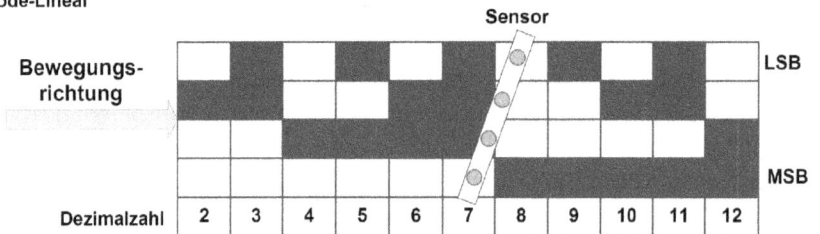

Bild 9.1: 4-Bit-Gray-Code-Lineal mit vier Lagesensoren a). Das Sensorsignal zeigt 0100. Trotz schlechter Justierung der Sensoren zwischen den Positionen 7 und 8 gibt das Gray-Code-Lineal die richtige Position mit einem maximalen Fehler von 1 korrekt wieder. Beim Dual-Code-Lineal b) wird hingegen die falsche Position 4 angezeigt

9.5 Methoden der Fehlererkennung und -korrektur

Die Worte eines m-Bit-Binärcodes können visualisiert werden, indem sie an den Ecken
eines m-dimensionalen Würfels platziert werden.

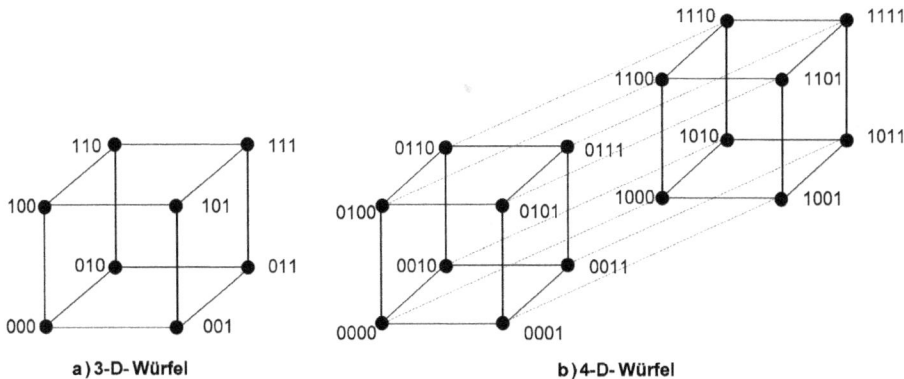

a) 3-D-Würfel   **b) 4-D-Würfel**

Bild 9.2: Darstellung eines 3-Bit-Dual-Codes a) und eines 4-Bit-Dual-Codes b) in einem 3- bzw. 4-dimensionalen Würfel

Bild 9.2 zeigt die Zuordnung der Codeworte in einem 3-dimensionalen Würfel a) bzw.
einem 4-dimensionalen Würfel b). Dieser besteht aus zwei verbundenen 3D-Würfeln.
Dieser Darstellung ist zu entnehmen:
–   Jede Ecke besitzt genau m Nachbarecken.
–   Zwei Codeworte sind benachbart, wenn man entlang genau einer Kante gehen
    muss, um von einem Codewort zum anderen zu gelangen. In diesem Fall ändert
    sich genau eine Bitstelle, die Hamming-Distanz ist H = 1.

B   **Beispiel 9.5** (Erkennung von 1-Bit-Übertragungsfehlern durch ein Paritätsbit): Bei der
Übertragung von 3-Bit-Codeworten (C, B, A) auf einer gestörten Übertragungsstrecke
wird ein zusätzliches, redundantes Paritätsbit hinzugefügt und zusammen mit den
3-Bit-Daten übertragen (vgl. Tabelle 9.4 und Aufgabe 4.1).

> Bei ungerader (engl. odd) Parität P_O ist die Quersumme aller Bits inklusive des Paritätsbits unge-
> rade und bei gerader (engl. even) Parität P_E ist die Quersumme gerade.

Jedes Codewort des ungeraden Paritätsbitcodes umfasst nun vier Bit (Zeileneinträge
der Spalten C, B, A und P_O). Die erlaubten Codeworte des ungeraden Paritätsbitcodes
sind in dem 4D-Würfel in Bild 9.3 dargestellt. Wenn wir das Paritätsbit als niederwer-
tigstes Bit (LSB) betrachten, so erhält man die erlaubten Codeworte aus Tabelle 9.4 von
oben nach unten entlang der markierten Pfeile.

Tab. 9.4: Wahrheitstabelle zur Erzeugung eines ungeraden bzw. geraden Paritätsbits bei der Übertragung von 3-Bit-Codeworten

C	B	A	P_O	P_E
0	0	0	1	0
0	0	1	0	1
0	1	0	0	1
0	1	1	1	0
1	0	0	0	1
1	0	1	1	0
1	1	0	1	0
1	1	1	0	1

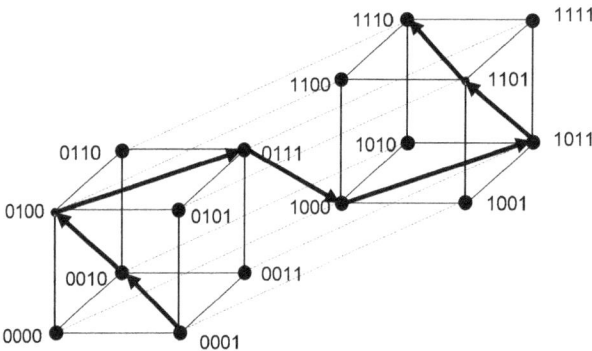

Bild 9.3: Die erlaubten Codeworte des ungeraden Paritätsbitcodes P_O befinden sich an den Endpositionen der Pfeile

Der Darstellung des Paritätsbitcodes im 4D-Würfel lässt sich entnehmen, dass zwei „erlaubte" Codeworte niemals benachbart sind, die Hamming-Distanz des stetigen Codes beträgt H = 2 bzw. an einer Stelle H = 4. Die anderen Codeworte repräsentieren Fehler bei der Datenübertragung.

Der Tabelle 9.4 ist aber auch zu entnehmen, dass mit einem Paritätsbit auch nur 1-Bit-Fehler erkannt werden können. Wenn bei der Übertragung eines 4-Bit-Codewortes hingegen 2-Bit-Fehler auftreten, so werden diese nicht erkannt[1]. ∎

B **Beispiel 9.6** (Korrektur von 1-Bit-Fehlern): Die bei der Übertragung eines einzelnen Bits auftretenden 1-Bit-Fehler können dadurch beseitigt werden, dass *zwei* redundante Bits zusammen mit dem Datenbit übertragen werden. Bild 9.4 zeigt, dass das Datenbit 0 als 000 (dunkelgrauer Punkt) und das Bit 1 als 111 (hellgrauer Punkt) übertragen

---

1 Wenn man davon ausgeht, dass die Übertragungsfehler statistisch unabhängig voneinander sind, so ist die Fehlerwahrscheinlichkeit für 2-Bit-Fehler das Quadrat der Fehlerwahrscheinlichkeit eines 1-Bit-Übertragungsfehlers. Bei schwach gestörten Übertragungsstrecken nimmt die Fehlerwahrscheinlichkeit für 2-Bit-Fehler daher schnell ab.

werden. Aufgetretene 1-Bit-Fehler liegen in dem 3D-Würfel an den Enden der durchgezogenen hell- bzw. dunkelgrauen Kanten. In jedem Fall ist eine eindeutige Fehlerkorrektur dadurch möglich, dass in dem empfangenen Codewort die Anzahl der Nullen und Einsen ausgewertet wird: Wenn die Anzahl der Nullen überwiegt, so wurde eine 0 übertragen, im anderen Fall eine 1.

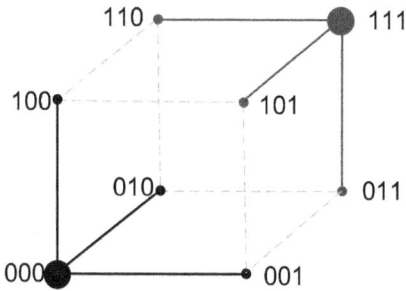

Bild 9.4: Korrektur von 1-Bit-Fehlern bei der Übertragung eines einzelnen Datenbits. 1-Bit-Fehler liegen an den durchgezogenen Kanten des 3D-Würfels ■

Die beiden Beispiele verdeutlichen:

– Zur *Erkennung* von 1-Bit-Fehlern bei der Bitsignalübertragung muss der Code eine Redundanz $R \geq 1$ Bit besitzen und die Hamming-Distanz muss $H \geq 2$ sein.

– Die *Beseitigung* von 1-Bit-Fehlern erfordert eine Redundanz von 2 Bit und die Hamming-Distanz muss $H \geq 3$ sein.

Alternativ zur Codesicherung durch ein Paritätsbit wird häufig auch eine zyklische Redundanzprüfung (engl. Cyclic Redundancy Check, CRC) zur Erkennung von Übertragungsfehlern eingesetzt [1]. Vor Beginn der Datenübertragung wird nach einem speziellen Algorithmus ein CRC-Wert mit einem individuellen Generatorpolynom berechnet. Im Empfänger wird der CRC-Wert mit diesem Polynom erneut berechnet und die beiden Prüfwerte werden verglichen. Übertragungsfehler durch Rauschen auf den Datenleitungen lassen sich mit der CRC-Methode fast immer entdecken. Das CRC-Verfahren wird z. B. bei den Schreib-Lese-Operationen bzw. bei den Datenübertragungen vieler Festplatten eingesetzt.

R. Hamming beschrieb bereits 1950 eine Methode zur systematischen Erzeugung von Fehler korrigierenden Codes [30, 31]. Demnach müssen durch den Sender an bestimmten Stellen des Codewortes Prüfbits eingefügt werden, die sich durch einen XOR-Algorithmus berechnen lassen. Im Empfänger werden die empfangenen Prüfbits mit den intern nach dem gleichen Algorithmus erzeugten Prüfbits durch XOR-Logik verglichen. Wenn diese Antivalenz-Verknüpfung eine 1 liefert, so hat es einen Übertragungsfehler gegeben, im anderen Fall war die Übertragung fehlerfrei. Die Länge der Hamming-Codeworte nimmt durch das Einfügen der Prüfbits logarithmisch mit der Anzahl der Originalbits zu.

9.6 Vertiefende Aufgaben

A **Aufgabe 9.1:** Beantworten Sie die folgenden Verständnisfragen:
a) Worin unterscheiden sich Wort- und Zifferncodes?
b) Was ist ein BCD-Code? Existieren mehrere BCD-Codes? Wenn ja, nennen Sie Beispiele.
c) Was bedeutet die Redundanz eines Codes?
d) Nennen Sie mindestens einen Binärcode mit Minimum-Bit-Change-Charakteristik.
e) Wie bestimmen Sie die Hamming-Distanz eines Codes? Welche Bedeutung hat diese?
f) Wie lautet die Erzeugungsvorschrift für die Gray-Code-Elemente?
g) Welche Eigenschaft muss ein Code besitzen, damit Sie 1-Bit-Übertragungsfehler erkennen können?
h) Was haben Sie zu berücksichtigen, wenn Sie im 8-4-2-1-BCD-Code eine Addition durchführen wollen? ∎

A **Aufgabe 9.2:** Entwerfen Sie einen $(8\_4\_3\_-2)$-BCD-Code, also einen 4-Bit-Dezimalcode mit den Wertigkeiten 8, 4, 3 und -2. Bestimmen Sie die Kenngrößen dieses Codes. ∎

A **Aufgabe 9.3:** Übertragen Sie die folgenden Dezimalzahlen in den (8-4-2-1)-BCD-Code:
a) 3650   b) 1234   c) 1002   d) 6789 ∎

A **Aufgabe 9.4:** Addieren Sie im (8-4-2-1)-BCD-Code:
a) 0111 + 0011   b) 0111 + 1001   c) 1001 + 1000   d) 0110 1001 + 0110 0110 ∎

A **Aufgabe 9.5:** a) Entwerfen Sie den VHDL-Code eines Codeumsetzers, der einen 4-Bit-Gray-Code in den Dualcode umsetzt. Verwenden Sie in der `architecture` einen Prozess mit einer geeigneten sequenziellen-Anweisung. Simulieren und synthetisieren Sie den VHDL-Code. Analysieren Sie das Syntheseergebnis.
b) Tragen Sie die vier Bits des Dualcodes in je ein KV-Diagramm ein. Bestimmen Sie die Logikfunktionen als DMF, bei der aber zusätzlich auch XOR- oder XNOR-Gatter verwendet werden dürfen. Vergleichen Sie Ihr Ergebnis mit dem aus a). ∎

A **Aufgabe 9.6:** Bestimmen Sie die DMF einer Schaltfunktion, die das Neuner-Komplement einer (8-4-2-1)-BCD-Zahl berechnet. Das Neuner-Komplement der Zahl d ist dabei die Zahl 9 − d. Es sind also vier KV-Diagramme zu minimieren. ∎

10 Physikalische Implementierung und Beschaltung von Logikgattern

10.1 Lernziele

Nach Durcharbeiten dieses Kapitels sollen Sie:
- den inneren Aufbau sowie die charakteristischen Kennlinien und Kenngrößen einfacher Logikgatter in einer CMOS-Technologie kennen;
- die unterschiedlichen Pegelstandards verschiedener Logikfamilien kennen;
- die Bedeutung positiver und negativer Logik kennen;
- die unterschiedlichen Arten von Ausgangsstufen der Logikgatter kennen und diese richtig beschalten können;
- die unterschiedlichen Arten von Ausgangsstufen in VHDL korrekt modellieren können.

10.2 Logikgatter in CMOS-Technologie

10.2.1 CMOS-Technologie und Kennlinien der MOS-Transistoren

Heute wird die überwiegende Zahl von Logikgattern in einer komplementären Metall-Oxid-Halbleiter-Siliziumtechnologie gefertigt (engl. Complementary Metal Oxide Semiconductor CMOS). Die Gatter verwenden NMOS- und PMOS-Transistoren, die als gesteuerte Schalter eingesetzt werden. Hier soll nur kurz auf deren Aufbau bzw. deren Funktion eingegangen werden. Weitergehende Beschreibungen sind z. B. in [1] und [32] zu finden.

Den prinzipiellen Schichtaufbau der selbstsperrenden (engl. enhancement) NMOS- und PMOS-Transistoren zeigt Bild 10.1:

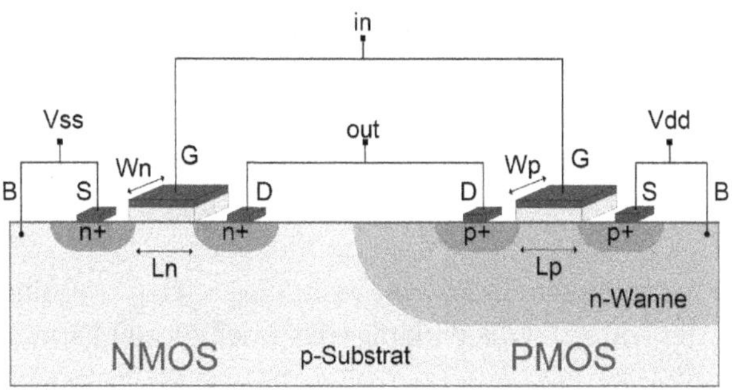

Bild 10.1: Aufbau von NMOS- und PMOS-Transistoren in einer CMOS-Technologie

https://doi.org/10.1515/9783110706970-010

– Die NMOS-Transistoren besitzen einen im schwach p-dotierten (p–) Substrat befindlichen Kanal der Länge Ln, und der Breite Wn. Source (S) und Drain (D) der NMOS-Transistoren sind stark n-dotierte (n+) Siliziumgebiete. Der Kanal wird n-leitend, wenn am Gate (G), welches durch eine Oxidschicht vom Silizium getrennt ist, eine Spannung $U_{GS} > U_{thn}$ angelegt wird. Dabei ist $U_{thn} > 0$ die Schwellspannung des NMOS-Transistors. Der Substratanschluss B (Bulk) muss auf Masse Vss liegen, damit die pn-Dioden sicher sperren.
– Die Kanäle der PMOS-Transistoren liegen in einer schwach n-dotierten Wanne (engl. n-well). Source- und Drain-Gebiete sind stark p-dotiert (p+). Kanallänge Lp und -breite Wp definieren die wesentlichen Eigenschaften der PMOS-Transistoren. Diese werden p-leitend, wenn die Spannung $-U_{GS} > -U_{thp}$ wird. $U_{thp} < 0$ ist dabei die Schwellspannung des PMOS-Transistors. Der rückwärtige (Bulk-)Anschluss der PMOS-Transistoren, also die n-Wanne, muss auf dem Vdd-Potenzial (positive Versorgungsspannung) liegen, damit die Sperrschichtdioden des PMOS-Transistors sicher sperren.

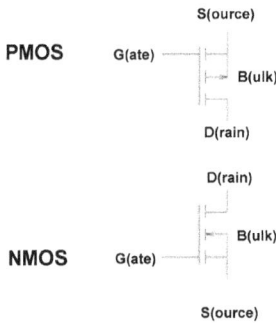

Bild 10.2: Schaltzeichen selbstsperrender NMOS- und PMOS-Transistoren

Die Schaltzeichen der selbstsperrenden NMOS- und PMOS-Transistoren zeigt Bild 10.2. Darin ist der rückwärtige Bulk-Anschluss bereits mit dem jeweiligen Source-Anschluss verbunden (vgl. Bild 10.1). Die charakteristischen Kennlinien eines NMOS-Transistors mit einer Schwellspannung $U_{thn} = 0.9\,V$ sind in Bild 10.3 dargestellt:
① Die Steuerkennlinie a) zeigt, dass für $U_{GS} < U_{thn}$ der Transistor ausgeschaltet ist und kein Strom fließt.
② Im linearen (Trioden-) Bereich des Ausgangskennlinienfeldes b) arbeitet der Transistor als steuerbarer Widerstand. Hier gilt: $U_{GS} > U_{thn} > 0$ und $0 < U_{DS} < U_{GS} - U_{thn}$.
③ Im Sättigungsbereich des Ausgangskennlinienfeldes gilt: $U_{GS} > U_{thn} > 0$ und $U_{DS} > U_{GS} - U_{thn}$. Dort hat der Transistor die Wirkung einer (nichtidealen) Stromquelle.

Die entsprechenden Kennlinien eines PMOS-Transistors erhält man durch Wechsel der Vorzeichen aller Ströme und Spannungen.

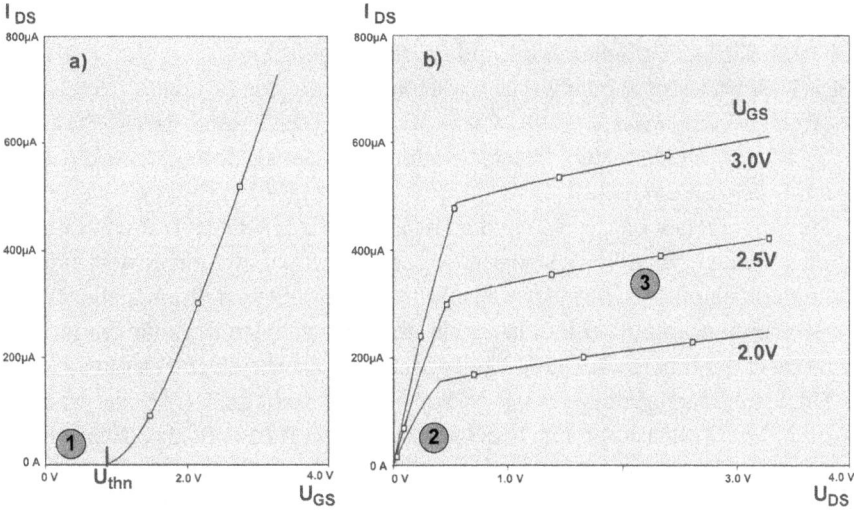

Bild 10.3: Charakteristische Kennlinien eines NMOS-Transistors: a) Steuerkennlinie für $U_{DS} > 0$; b) Ausgangskennlinienfeld für $U_{GS} > U_{thn}$

10.2.2 Aufbau und Kennlinien eines CMOS-Inverters

Ein einfacher, statischer CMOS-Inverter besteht aus je einem selbstsperrenden PMOS- und einem NMOS-Transistor. Wie in Bild 10.1 dargestellt, werden die Gate-Anschlüsse beider Transistoren miteinander verbunden und stellen den Eingang des Inverters dar. Ebenso sind die beiden Drain-Anschlüsse verbunden und bilden den Ausgang des Inverters. Die entsprechende Schaltung zeigt Bild 10.4, in der sich am Gatterausgang eine Lastkapazität C_l befindet.

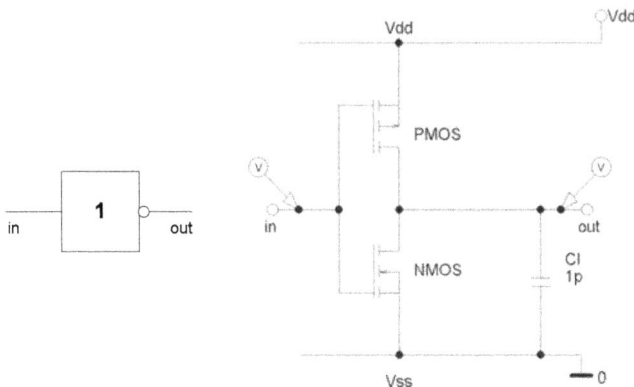

Bild 10.4: Schaltzeichen und innerer Aufbau eines statischen CMOS-Inverters aus je einem PMOS- und NMOS-Transistor

Die Funktion eines Inverters, der mit einer Versorgungsspannung Vdd relativ zum Null-Potenzial Vss betrieben wird und dessen Eingangspegel von Vss = 0 V nach Vdd = 3.3 V verändert wird, lässt sich wie folgt beschreiben (vgl. Bild 10.5):

① Für kleine Eingangsspannungen Vss < U_{in} < U_{thn} fließt durch den NMOS-Transistor kein Strom, der PMOS-Transistor wirkt hingegen als Stromquelle, die die Last auf H-Pegel (Vdd) hält.

② Für Spannungen U_{thn} < U_{in} < Vdd/2 befindet sich der NMOS-Transistor im linearen Bereich und wirkt als steuerbarer Lastwiderstand, der mit ansteigendem U_{in} immer kleiner wird. Der PMOS-Transistor wirkt weiter als Stromquelle. Dadurch fällt der Ausgangspegel U_{out} langsam. Abhängig von den Kanallängen und -breiten liegt der Innenwiderstand R_{ON} typischerweise bei einigen Ω bis etwa 10 Ω.

③ Für Spannungen Vdd/2 < U_{in} < Vdd – |U_{thp}| dreht sich die Rolle der NMOS- und PMOS-Transistoren um: Nun wirkt der NMOS-Transistor als Stromsenke und der PMOS-Transistor hat die Funktion eines mit U_{in} größer werdenden Lastwiderstands. Der Ausgangspegel U_{out} sinkt weiter.

④ Im Bereich Vdd – |U_{thp}| < U_{in} < Vdd ist der PMOS-Transistor abgeschaltet und der NMOS-Transistor entlädt die Lastkapazität auf L-Pegel.

Dem Bild 10.5 ist zu entnehmen, dass die statische Stromaufnahme Idd des Inverters bei L- bzw. H-Pegel praktisch 0 ist. Nur während des Umschaltens fließt im Bereich U_{thn} < U_{in} < (Vdd – |U_{thp}|) ein Strom durch beide Transistoren.

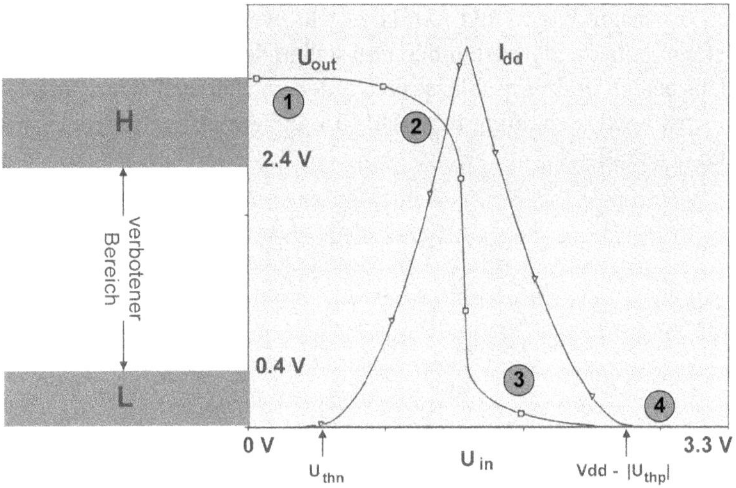

Bild 10.5: Übertragungskennlinie U_{out} = f(U_{in}) eines CMOS-Inverters, der bei Vdd = 3.3 V betrieben wird. Eingetragen ist die statische Stromaufnahme Idd des Inverters beim Übergang von H → L. Der L-Pegel liegt zwischen 0 V und 0.4 V und der H-Pegel reicht von 2.4 V bis 3.3 V. Der verbotene Bereich des Ausgangspegels beträgt 2 V

Der mit 3.3 V betriebene CMOS-Inverter hat an seinem Ausgang einen L-Pegelbereich zwischen 0 und 0.4 V und einen H-Pegelbereich zwischen 2.4 und 3.3 V. Beide Pegelbereiche sind durch einen verbotenen Bereich getrennt. In diesem Bereich liefert der Inverter keinen definierten Ausgangspegel und die Schaltung sollte hier wegen der hohen Stromaufnahme nicht dauerhaft betrieben werden.

Aus dem in Bild 10.6 dargestellten transienten (zeitabhängigen) Verhalten des Inverters beim Umschalten lassen sich die Verzögerungszeiten t_{pHL} und t_{pLH} bestimmen, die als Zeitdifferenz üblicherweise bei einer Referenzspannung von 1.5 V bestimmt werden.

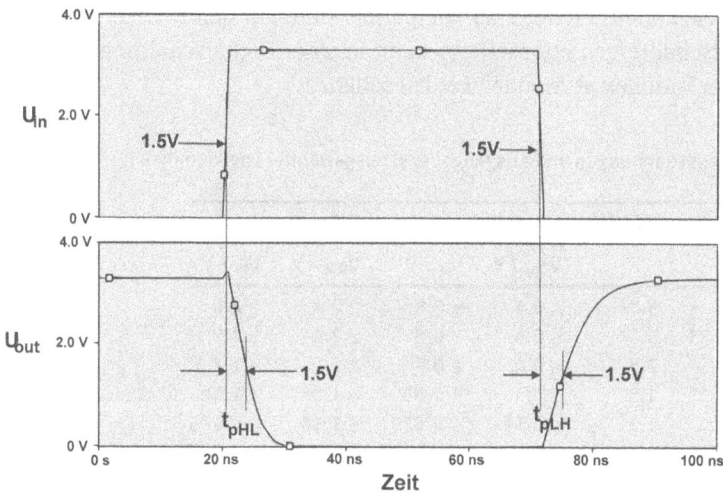

Bild 10.6: Transientes Verhalten des CMOS-Inverters beim Umschalten L → H bzw. H → L. Die Verzögerungszeiten t_{pHL} bzw. t_{pLH} werden üblicherweise bei einer Spannung von 1.5 V gemessen

T **Tipp:** Die Eingänge von CMOS-Gattern sind sehr hochohmig. Zusammen mit der Eingangskapazität der Eingänge können Leckströme oder ein kapazitives Übersprechen benachbarter elektrischer Leitungen dazu führen, dass die Spannung an einem unbeschalteten Eingang in den verbotenen Bereich gerät oder sogar einen High-Pegel annimmt. Dies kann in einer Digitalschaltung zu schwer identifizierbarem Fehlverhalten führen, da die Messung der Spannung an einem unbeschalteten Eingang mit einem im Vergleich zum Eingangswiderstand niederohmigen Voltmeter oder auch einem Oszilloskop einen Low-Pegel anzeigen wird. Aus diesem Grund sollten insbesondere in älteren CMOS-Schaltungen alle unbenutzten Eingänge mit einem Widerstand je nach Logikfunktion entweder mit Masse oder mit Vdd verbunden werden. ■

10.2.3 Pegelbereiche und Störabstände digitaler Logikfamilien

In der Digitaltechnik werden verschiedene Logikfamilien verwendet, deren L-und H-Pegel teilweise sehr unterschiedlich sind (vgl. Tabelle 10.1). Die ursprünglich aus Bipolartransistoren aufgebaute Transistor-Transistor-Logik (TTL), die bei Vdd = 5 V betrieben wird, hat die Digitaltechnik über viele Jahre hinweg dominiert. Durch Einführung der CMOS-Technologie wurde jedoch bereits vor vielen Jahren ein neuer 3.3-V-Standard geschaffen, für den es aber auch TTL-Bausteine gibt. Moderne Technologien erfordern zur Stromersparnis hingegen noch weitaus geringere Versorgungsspannungen. Der Tabelle 10.1 ist zu entnehmen, dass die L-Pegelbereiche der verschiedenen Logikfamilien weitgehend miteinander kompatibel sind. Für den H-Pegel sind dagegen Anpassungsschaltungen erforderlich, wenn in einer Digitalschaltung Bausteine unterschiedlicher Familien verwendet werden sollen.

Tab. 10.1: Versorgungsspannungen und Ausgangspegel ausgewählter Logikfamilien [6]

Name	Vdd / V	L-Pegel		H-Pegel	
		U_{Out} / V	U_{In} / V	U_{Out} / V	U_{In} / V
TTL	5.0	≤ 0.4	≤ 0.8	≥ 2.4	≥ 2.0
LVTTL bzw. LVCMOS33	3.3	≤ 0.4	≤ 0.8	≥ 2.4	≥ 2.0
LVCMOS25	2.5	≤ 0.4	≤ 0.7	≥ 1.9	≥ 1.7
LVCMOS18	1.8	≤ 0.45	≤ 0.63	≥ 1.35	≥ 1.17
LVCMOS15	1.5	≤ 0.35	≤ 0.525	≥ 1.15	≥ 0.975

Die Tabelle 10.1 zeigt weiter, dass die maximalen L-Eingangspegel größer und die minimalen H-Eingangspegel kleiner als die entsprechenden Ausgangspegel sind. Die Differenz definiert die statischen Störspannungsabstände für den Low- bzw. den High-Pegel:

$$S(L) = U_{Inmax}(L) - U_{Outmax}(L) \quad \text{bzw.} \quad S(H) = U_{Outmin}(H) - U_{Inmin}(H) \qquad (10.1)$$

Der statische Störspannungsabstand gibt an, wie groß die Amplitude der Störsignale sein darf, die auf die Verbindungsleitung zwischen dem Ausgang eines Gatters und dem Eingang des nachfolgenden Gatters der gleichen Familie einwirken.

Die Notwendigkeit für die Definition von Störabständen ist wie folgt zu begründen:
-   Wenn die Verdrahtung zwischen Gattern als Ohm'scher Widerstand angenommen wird, so führen Eingangsströme der Gatter (insbesondere bei TTL-Technologien) zu Spannungsabfällen. Bild 10.7a zeigt den Fall eines H-Pegels am Aus-

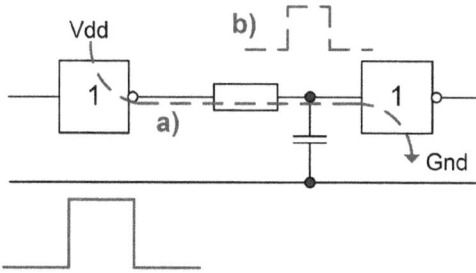

Bild 10.7: Begründung für die Notwendigkeit der Definition von Störabständen: a) Spannungsabfälle durch Eingangsströme, b) Kapazitives Übersprechen von benachbarten Leitungen

gang des ersten Gatters, der zu einem Spanungsabfall von U_{Out} führt, der bei einer TTL-, LVTTL- oder LVCMOS-Logik nicht größer als 0.4 V sein darf (vgl. Tabelle 10.1).

– Die Verbindungsleitung zwischen den in Bild 10.7 dargestellten Invertern ist innerhalb der Schaltung üblicherweise dicht benachbart zu anderen Datenleitungen. Durch die daraus resultierende kapazitive Kopplung kommt es zu einem Übersprechen von Signalen. Ein Spannungssprung auf der benachbarten Leitung (mit durchgezogener Linie dargestellter Impuls in Bild 10.7 unten) darf nicht zu einem Schaltvorgang des zweiten Inverters führen, daher muss der gestrichelt dargestellte Impuls in Bild 10.7b ebenfalls unterhalb des Störspannungsabstands bleiben.

10.3 Logikzustände und elektrische Pegel

Die in den bisherigen Kapiteln behandelten Logikzustände 1 und 0 beschreiben das interne logische Verhalten der digitalen Schaltungen. Die in diesem Kapitel eingeführten elektrischen L- und H-Pegel beschreiben dagegen das elektrische Verhalten der Schaltungen. Für die Beschriftung der Signale bzw. der Funktion der in der Digitaltechnik verwendeten Schaltungssymbole gelten die folgenden Regeln:

– intern werden grundsätzlich logische Zustände verwendet;
– extern können entweder Logikzustände oder elektrische Pegel verwendet werden.

Die Inversion der Logik*zustände* von Ein- bzw. Ausgangssignalen erkennt man am Inversionskreis, der sich direkt am Ein- bzw. Ausgang des Symbols befindet (vgl. Symbol a) in Bild 10.8). Die Inversion von Logik*pegeln* der Eingangs- bzw. Ausgangssignale wird durch kleine Dreiecke an den Signaleingängen und Signalausgängen verdeutlicht. Diese Polaritätsindikatoren verwendet das Symbol b) in Bild 10.8.

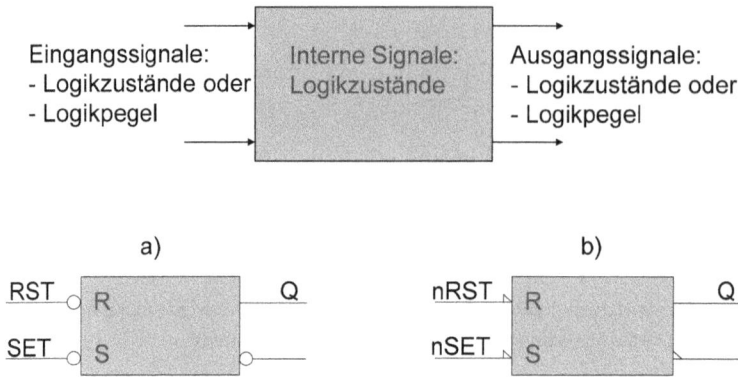

Bild 10.8: Beschriftung von externen und internen Signalen in digitalen Schaltungssymbolen. Das Symbol a) verwendet externe Logikzustände, das Symbol b) hingegen Logikpegel

Eine Signalinversion kann entweder an den Ein- oder an den Ausgängen stattfinden. Nach dem Gesetz von de Morgan können Inversionen auch vom Eingang zum Ausgang durchgereicht werden (vgl. Bild 10.9).

> Beim Durchreichen von Inversionskreisen bzw. Pegelindikatoren von den Ein- zu den Ausgängen muss die Logikfunktion getauscht werden. Außerdem ist darauf zu achten, dass alle Ein- bzw. Ausgangssignale invertiert werden. Ggf. sind an nichtinvertierten Eingängen zusätzliche Inversionskreise bzw. Polaritätsindikatoren vorzusehen.

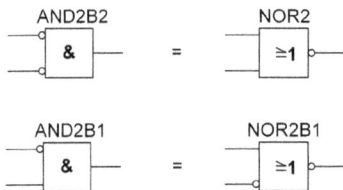

Bild 10.9: Äquivalente Logiksymbole mit Signalinversionen an den Ein- und Ausgängen

Für die Zuordnung der logischen Zustände zu den elektrischen Pegeln gibt es zwei Möglichkeiten:
- Positive Logik: Die logische 0 entspricht dem L-Pegel, eine 1 entspricht dem H-Pegel.
- Negative Logik: Eine 0 entspricht dem H-Pegel, die 1 entspricht dem L-Pegel.

In negativer Logik verwendete Signale werden auch als L(ow)-aktiv bezeichnet und werden häufig mit einem Querstrich gekennzeichnet, z. B. $\overline{EN}$ für ein L-aktives Freigabesignal.

Für den Schaltungsentwickler ist es sehr wichtig zu wissen, ob ein Signal in positiver oder in negativer Logik angegeben ist. Bild 10.10 zeigt dies am Beispiel eines 74HC00-Bausteins, dessen Funktion im Datenblatt als 2-fach-NAND angegeben wird.

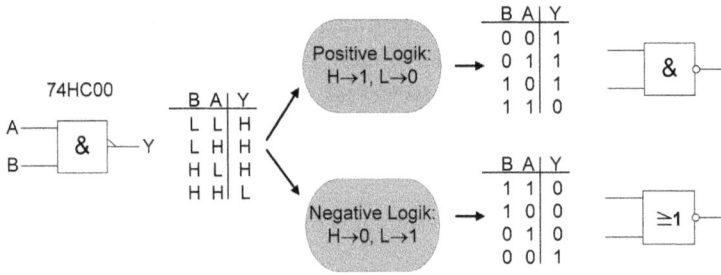

Bild 10.10: Arbeitstabelle eines 74HC00-NAND-Gatters und Wahrheitstabellen in positiver Logik (oben) und negativer Logik (unten)

Das Datenblatt beschreibt das elektrische Verhalten. Entsprechend wird das Schaltsymbol mit Polaritätsindikatoren verwendet, sowie anstatt einer Wahrheitstabelle eine Arbeitstabelle angegeben, in der die Ein- und Ausgangs*pegel* angegeben sind. Abhängig davon, ob dieser Baustein mit Signalen in positiver oder negativer Logik betrieben wird, erhält man in Bild 10.10 zwei verschiedene Wahrheitstabellen: In positiver Logik (obere Wahrheitstabelle) erhält man die gewohnte Funktion eines 2-fach-NAND-Gatters. In negativer Logik (untere Wahrheitstabelle) erhält man jedoch eine NOR-Funktion[1]. Dies ist die Folge des in Kapitel 3.5.1 beschriebenen Dualitätsprinzips. Entsprechendes gilt also z. B. auch für das UND-ODER-Gatterpaar.

Arbeitstabellen beschreiben das Verhalten der Logikgatter präziser als Wahrheitstabellen. Wenn Gatter mit Signalen in negativer Logik betrieben werden, so sind die nach dem Dualitätsprinzip korrespondierenden komplementären Logikbausteine auszuwählen.

10.4 Statische CMOS-Logikgatter

Der innere Aufbau statisch operierender Logikgatter in CMOS-Technologie erfolgt nach den folgenden Regeln:
- Zu jedem NMOS-Transistor gehört ein komplementärer PMOS-Transistor. Die Gesamtfunktion ist invertierend.
- Eine Reihenschaltung von NMOS-Transistoren ergibt eine UND-Funktion, die Parallelschaltung von NMOS-Transistoren bedeutet eine ODER-Funktion.
- Eine Reihenschaltung von NMOS-Transistoren wird durch eine Parallelschaltung von PMOS-Transistoren ergänzt. Die Parallelschaltung der NMOS-Transistoren wird durch eine Reihenschaltung der PMOS-Transistoren komplettiert.

---

[1] Zum Nachweis der NOR-Funktion sollten die Zeilen der Wahrheitstabelle in die gewohnte Reihenfolge gebracht werden, sodass die erste Zeile die Eingangskombination 0 0 enthält und die letzte die Eingangskombination 1 1.

Die in Bild 10.11 dargestellten NAND- und NOR-Gatter mit zwei Eingängen demonstrieren dieses Prinzip. Ebenso können mit den genannten Regeln aber auch Komplexgatter wie aus einem Bausteinkasten realisiert werden. So ergibt die Anwendung der Konstruktionsregeln für die Schaltung des Komplexgatters in Bild 10.12 die folgende Paarung bzw. Verknüpfung von PMOS- und NMOS-Transistoren:

$$Y = \overline{[(Q1, Q2) \vee (Q3, Q4)] \wedge (Q5, Q6)} \quad \text{und damit die Logikfunktion } Y = \overline{(A \vee B) \wedge C}.$$

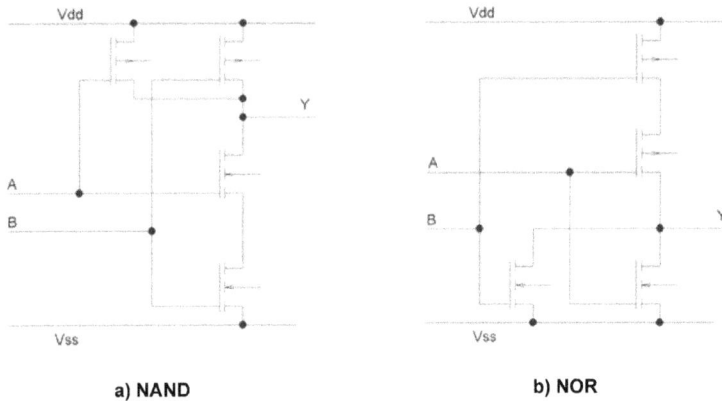

a) NAND

b) NOR

Bild 10.11: Aufbau einfacher statischer CMOS-Gatter a) NAND b) NOR

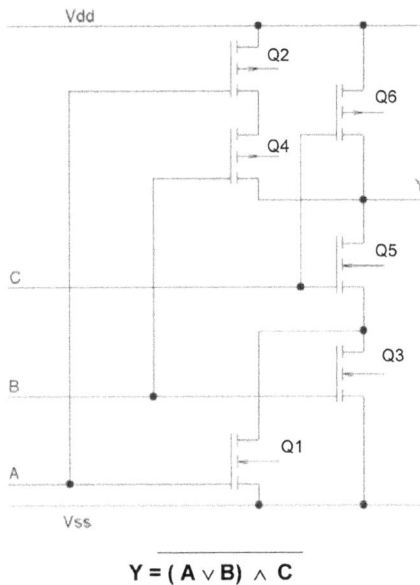

$$Y = \overline{(A \vee B) \wedge C}$$

Bild 10.12: Aufbau eines Komplexgatters in statischer CMOS-Technologie

10.5 Beschaltung von Gatterausgängen

10.5.1 Standardausgang

Die Inverterschaltung aus Bild 10.4 sowie die anderen statischen Logikgatter aus Kapitel 10.4 stellen den sogenannten Standardausgang dar, der nach dem Push-Pull-Prinzip arbeitet:

- Bei H-Pegel am Ausgang wirken die PMOS-Transistoren als Stromquelle, die die angeschlossenen Eingänge auf H-Pegel bringt (Push).
- Bei L-Pegel am Ausgang wirken die NMOS-Transistoren als Stromsenke, die die angeschlossenen Eingänge auf L-Pegel zieht (Pull).

Bei der Beschaltung von Gattern mit Standardausgängen ist jedoch unbedingt zu beachten:

Das Zusammenschalten von Standardausgängen ist verboten.

Bild 10.13 zeigt die Situation zweier zusammengeschalteter Inverterausgänge. Der obere Inverter wird mit A = 0 angesteuert, der untere hingegen mit B = 1. Entsprechend werden der PMOS-Transistor des oberen Gatters und der NMOS-Transistor des unte-

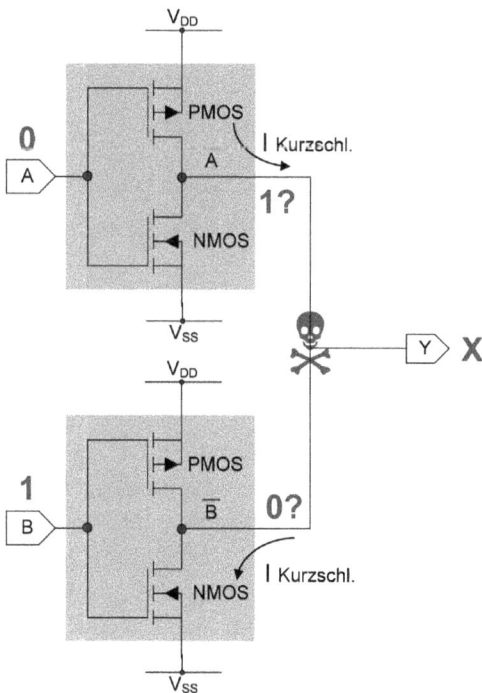

Bild 10.13: Beim Zusammenschalten von Standardausgängen, hier dargestellt durch zwei Inverter, besteht die Gefahr eines Kurzschlusses!

ren Gatters durchgeschaltet. Durch die beiden nun in Reihe eingeschalteten und damit niederohmigen Transistoren fließt ein hoher Kurzschlussstrom $I_{Kurzschl.}$, der die Gatterausgänge zerstört und einen undefinierten Pegel X erzeugt.

10.5.2 Open-Drain-/Open-Collector-Ausgang

Bei der Open-Drain-Ausgangsschaltung wird der obere (PMOS-) Transistor durch einen Widerstand ersetzt, sodass der Drain-Anschluss des NMOS-Transistors direkt nach außen geführt wird. Die Open-Drain-Ausgänge können zusammengeschaltet werden. Dieser gemeinsame Knoten ist mit einem Pull-Up-Widerstand so zu beschalten, dass eine Verbindung zur Spannungsversorgung Vdd hergestellt und der Ausgangspegel auf H-Potenzial gebracht wird, falls keiner der NMOS-Transistoren eingeschaltet ist (vgl. Bild 10.14).

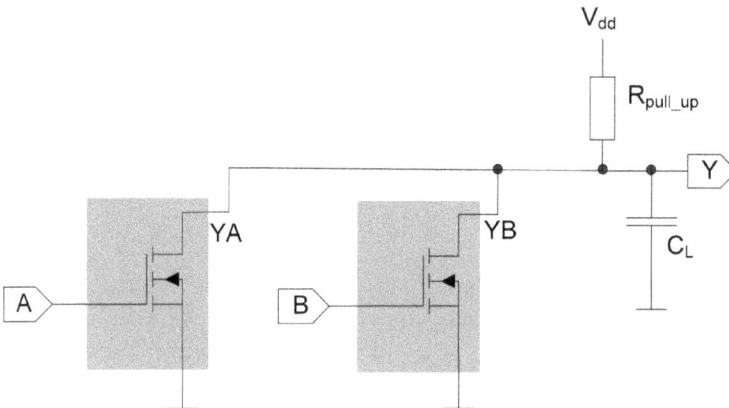

Bild 10.14: Zusammenschaltung zweier Open-Drain-Ausgänge mit einem gemeinsamen Pull-Up-Widerstand und einer Lastkapazität C_L

Nachfolgend soll angenommen werden, dass die beiden, mit je einem Pull-Up-Widerstand beschalteten Gatterausgänge, *vor dem Zusammenschalten* die Pegel YA bzw. YB liefern. Dann sind für das *nach dem Zusammenschalten* mit dem gemeinsamen Pull-Up-Widerstand gebildete gemeinsame Signal Y je nach Pegelwert der Eingangssignale A und B vier Kombinationsmöglichkeiten denkbar: Am Ausgangssignal Y stellt sich immer dann ein L-Pegel ein, wenn mindestens einer der beiden NMOS-Transistoren eingeschaltet ist. Durch Inspektion der Spalten YA und YB als Eingangssignale und Y als das Ausgangssignal einer Arbeitstabelle erkennt man, dass das Zusammenschalten der beiden Open-Drain-Ausgänge am Pull-Up-Widerstand zu einer UND-Funktion geführt hat. Ein ähnliches Schaltungskonzept wird bei TTL-Schaltungen als Open-Collector-Ausgang bezeichnet.

Tab. 10.2: Bildung des gemeinsamen Ausgangssignals Y beim Zusammenschalten der Open-Drain-Ausgänge YA und YB (vgl. Bild 10.14)

A	YA	B	YB	Y
H	L	H	L	L
H	L	L	H	L
L	H	H	L	L
L	H	L	H	H

Das Zusammenschalten von Open-Drain-Ausgängen mit einem gemeinsamen Pull-Up-Widerstand bedeutet eine UND-Verknüpfung der Gatterausgänge. Diese wird als Wired-AND bezeichnet.

Open-Drain-Ausgänge sind im Schaltsymbol durch das Symbol ◇ gekennzeichnet (vgl. Bild 10.16). Der Unterstrich der Raute beschreibt dabei die Dominanz des L-Pegels beim Zusammenschalten (vgl. Tabelle 10.2).

Nachteilig ist bei Open-Drain-Schaltungen die Tatsache, dass die Schaltzeiten t_{pHL} und t_{pLH} sehr unterschiedlich sein können. Ursache dafür ist, dass die in Bild 10.14 dargestellte Lastkapazität C_L beim Ausschalten über den niederohmigen NMOS-Transistor (R_{ON} einige 10 Ω) entladen wird, aber über den vergleichsweise großen Pull-Up-Widerstand (wenige kΩ) aufgeladen werden muss (vgl. Bild 10.15).

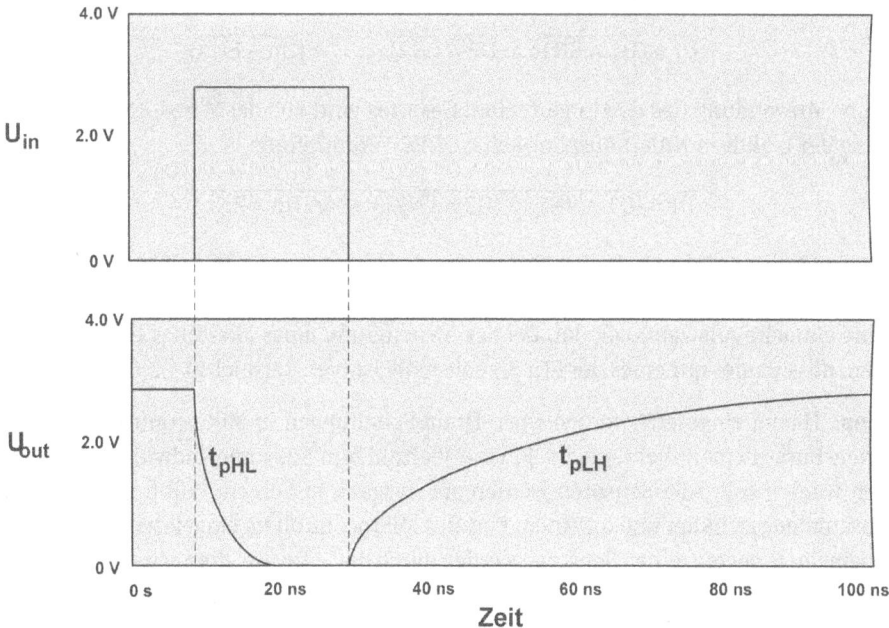

Bild 10.15: Schaltverhalten eines Inverters mit Open-Drain-Ausgang. Die Anstiegszeit t_{pLH} ist deutlich größer als die Abfallszeit t_{pHL}

B **Beispiel 10.1** (Anwendung des Open-Drain-Konzepts für einfache Datenauswahlschaltungen): Bild 10.16 zeigt die Anwendung des Wired-AND-Prinzips für eine einfache Datenauswahlschaltung, die durch n verschiedene NAND-Gatter mit Open-Drain-Ausgang vom Typ 7403 gebildet wird. An den Eingängen liegt jeweils ein Dateneingang D1, ..., Dn sowie ein Freigabeeingang EN1, ..., ENn.

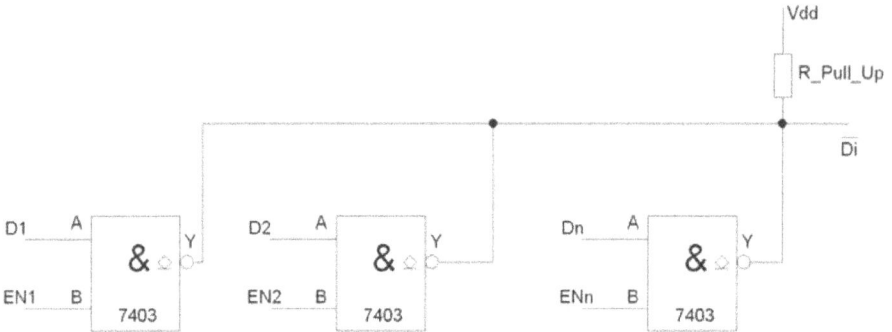

Bild 10.16: Einfache Datenauswahlschaltung mit Open-Drain-Ausgängen

Die Wired-AND-Verknüpfung aller Open-Drain-Ausgänge ergibt die folgende logische Gleichung für das Ausgangssignal $\overline{\text{Di}}$:

$$\overline{\text{Di}} = \overline{(\text{D1} \wedge \text{EN1})} \wedge \overline{(\text{D2} \wedge \text{EN2})} \wedge \ldots \wedge \overline{(\text{Dn} \wedge \text{ENn})}$$

Unter Anwendung des de Morgan'schen Gesetzes wird aus der Wired-AND-Verknüpfung der L-aktiven NAND-Ausgänge eine ODER-Verknüpfung:

$$\overline{\text{Di}} = \overline{(\text{D1} \wedge \text{EN1}) \vee (\text{D2} \wedge \text{EN2}) \vee \cdots \vee (\text{Dn} \wedge \text{ENn})}$$

Im Ergebnis wird durch die Schaltung also der Dateneingang invertiert an den Ausgang gelegt, dessen zugehöriger Freigabeeingang aktiv ist. Die Schaltung stellt also eine einfache Auswahllogik dar. Bei der Ansteuerung muss allerdings beachtet werden, dass immer nur eines der ENi-Signale aktiv ist (vgl. Beispiel 10.3). ■

T **Tipp:** Häufig eingesetzt werden Open-Drain-Schaltungen in Mikrocontroller gesteuerten Bussystemen, bei denen z. B. eine Vielzahl von Sensoren individuell eingelesen werden soll. Alle Sensoren werden am Ausgang mit einem Pull-Up-Widerstand zusammengeschaltet und an einem Port des Mikrocontrollers eingelesen. Die Freigabeeingänge der einzelnen Sensoren werden durch die Software, die auf dem Controller läuft, angesteuert. Häufig ist der Pull-Up-Widerstand bereits im Eingangsport des Mikrocontrollers integriert. Weitere Anwendung findet das Open-Drain-Konzept auch in Speicherbausteinen und einfachen PLDs (vgl. Kapitel 18 und 19). ■

10.5.3 Three-State-Ausgang

Bei Three-State-Ausgängen kann die Treiberlogik innerhalb eines Digitalbausteins ab-geschaltet werden. Dies erlaubt bidirektionale Busverbindungen zwischen Komponenten, die im Zeitmultiplex entweder als Sender oder Empfänger betrieben werden können.

Der obere PMOS- und der untere NMOS-Transistor der in Bild 10.17 dargestellten Schaltung stellt einen CMOS-Inverter dar (vgl. Bild 10.4). In Reihe zu den Drain-Anschlüssen der Invertertransistoren sind die beiden inneren NMOS-Transistoren N1 und N2 geschaltet.

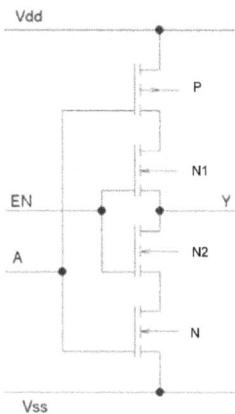

Bild 10.17: CMOS-Inverter mit Three-State-Ausgang

Damit ein Stromfluss von entweder Vdd oder Vss (Masse) zum Ausgang Y zustande kommen kann, muss N1 bzw. N2 eingeschaltet sein. Dies ist der Fall, wenn ein H-Pegel am EN-Eingang liegt. Wenn dieser Pegel hingegen L ist, so ist die Verbindung zu Vdd bzw. Vss hochohmig. Der Ausgang wird als „floatend" bezeichnet, da sich das Potenzial des offenen Ausgangs durch Leckströme frei zwischen L und H einstellen kann. Die Schaltung kann also neben H und L einen dritten, hochohmigen Schaltungszustand annehmen, der mit „Z" bezeichnet wird. Die Tabelle 10.3 beschreibt das Verhalten dieses Inverters mit Three-State-Ausgang.

Tab. 10.3: Arbeitstabelle eines Inverters mit Three-State-Ausgang

EN	A	Y
L	L	Z
L	H	Z
H	L	H
H	H	L

Im Gegensatz zu Standardausgängen dürfen Three-State-Ausgänge unter bestimmten Voraussetzungen zusammengeschaltet werden.

Mehrere Three-State-Ausgänge dürfen in einer Busschaltung miteinander verbunden werden, wenn sichergestellt ist, dass zu jedem Zeitpunkt nur einer der Freigabeeingänge aktiv ist. Der aktuelle Pegel auf dem Bus wird durch den Dateneingang definiert, dessen Ausgang durch das zugehörige EN-Signal freigeschaltet ist.

Three-State-Ausgänge sind im Schaltsymbol durch ein auf der Spitze stehendes Dreieck gekennzeichnet (vgl. Bild 10.18).

B **Beispiel 10.2** (Realisierung bidirektionaler Busverbindungen mit Three-State-Ausgängen): Jede Buskomponente besitzt die folgenden, in Bild 10.18 dargestellten, drei Elemente, die jeweils von einer Anwenderlogik angesteuert, bzw. ausgelesen werden:
- einen Eingangsverstärker (IBUF),
- einen Ausgangsverstärker mit Three-State-Ausgang (OBUFT),
- und einen bidirektionalen Portpin (InOut).

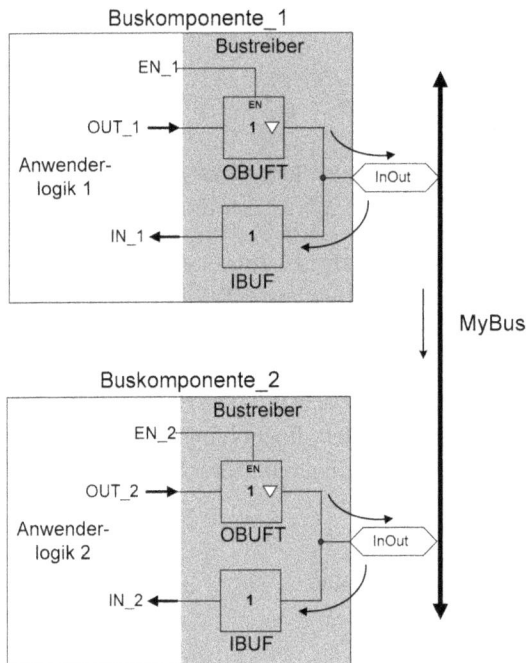

Bild 10.18: Bidirektionale Verbindung zweier Buskomponenten. Wenn das Freigabesignal der Komponente 1 aktiv ist (EN_1 = 1), so erfolgt der Datenfluss von der oberen zur unteren Komponente. Für EN_2 = 1 geht der Datenfluss in umgekehrte Richtung

In Bild 10.18 sind zwei derartige Komponenten an einen Bus angeschlossen. Wenn das Freigabesignal der Buskomponente_1 aktiv ist (EN_1 = 1), so wird der Datenausgang OUT_1 der oberen Anwenderlogik des Three-State-Treibers auf den Bus gelegt und zugleich auf den eigenen Eingang IN_1 zurückgeführt. Über den Bus gelangt das Datensignal über die InOut-Portpins auch an den Eingang IN_2 der unteren Anwenderlogik, womit der Datenaustausch von Komponente_1 nach Komponente_2 sichergestellt ist. Falls hingegen das Freigabesignal der unteren Buskomponente aktiv ist (EN_2 = 1), so erfolgt der Datenaustausch in umgekehrter Richtung von Komponente_2 nach Komponente_1 (vgl. Beispiel 10.4). Auf diesem Prinzip basieren die meisten bidirektionalen Bussysteme in Mikroprozessoren zu denen auch der Datenbus D gehört (vgl. Bild 10.19).

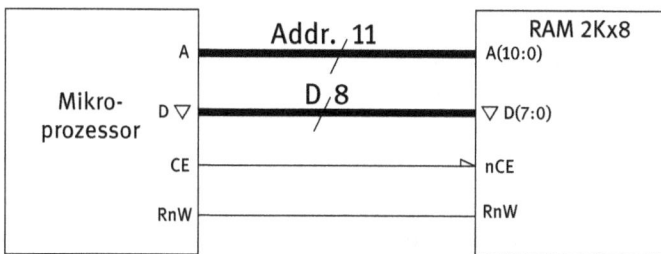

Bild 10.19: Bidirektionale Verbindung des Datenbusses D zwischen einem Mikroprozessor und einem RAM-Speicher (vgl. Kapitel 18.4) ∎

10.6 VHDL-Modellierung mit den Datentypen std_ulogic und std_logic

Während sich das Verhalten der Standardausgänge mit dem Datentyp `bit` in VHDL leicht modellieren lässt, erfordert die Modellierung der Open-Drain- und Three-State-Funktionalitäten einen Datentyp, der mehr als die bisherigen Zustände 0 und 1 annehmen kann. In Kapitel 7.2.3 wurden die mehrwertigen Datentypen `std_ulogic` und `std_logic` bereits eingeführt, die hier nun weiter erläutert werden sollen.

10.6.1 Mehrwertige Datentypen

In der IEEE-Bibliothek ist der 9-wertige Datentyp `std_ulogic` bzw. `std_ulogic_vector` definiert, dessen Signalwertbedeutung in Tabelle 10.4 erläutert wird. Die Verwendung dieses Datentyps erfordert die Einbindung der IEEE-Bibliothek durch die folgenden VHDL-Codezeilen vor jeder `entity`, die diesen Datentyp referenziert:

```
library ieee;
use ieee.std_logic_1164.all;
```

Tab. 10.4: Signalwerte der 9-wertigen Datentypen

Wert	Bedeutung	Verwendung
'U'	Nicht initialisiert	Das Signal ist im Simulator (noch) nicht initialisiert (nicht synthesefähig)
'X'	Undefinierter Pegel	Simulator erkennt mehr als einen aktiven Signaltreiber (Buskonflikt)
'0'	Starke logische 0	L-Pegel eines Standardausgangs
'1'	Starke logische 1	H-Pegel eines Standardausgangs
'Z'	Hochohmig bzw. floatend	Three-State-Ausgang
'W'	Schwach unbekannt	Simulator erkennt Buskonflikt zwischen schwachen L- und H-Pegeln (nicht synthesefähig)
'L'	Schwacher L-Pegel	Open-Source-Ausgang mit Pull-Down-Widerstand
'H'	Schwacher H-Pegel	Open-Drain-Ausgang mit Pull-Up-Widerstand
'-'	Don't-Care	Logikzustand des Ausgangssignals bedeutungslos, kann für Minimierung verwendet werden

Ähnlich wie beim Datentyp bit darf für jedes Signal beim Datentyp std_ulogic nur ein Treiber existieren. Das bedeutet, dass jedes Signal seine Signalwertzuweisungen nur aus *einem* Prozess bzw. aus *einer* nebenläufigen Anweisung oder einer Komponente erhalten darf. Da bei der Verwendung von Gattern mit Open-Drain- oder Three-State-Ausgang sich der Signalwert aber erst nach Auswertung mehrerer Gatterausgänge einstellt, ist der Datentyp std_ulogic zur Modellierung von Schaltungen mit diesem Ausgangstyp nicht geeignet.

10.6.2 Datentypen mit Auflösungsfunktion

Für die bei Open-Drain- und Three-State-Ausgängen vorhandene Situation, dass mehrere Ausgänge, also mehrere VHDL-Prozesse bzw. nebenläufige Anweisungen oder Komponenten den tatsächlichen Signalwert definieren, wird in dem ebenfalls 9-wertigen Datentyp std_logic bzw. std_logic_vector eine Auflösungsfunktion in Form einer Matrix definiert. Der sich tatsächlich einstellende Signalwert für den Fall, dass zwei verschiedene Treiber A und B mit unterschiedlichen Signalwerten existieren, ergibt sich aus der Tabelle 10.5. Einige Details dieser Matrix sollen hier erläutert werden:
- Wenn ein Treiber ein undefiniertes Signal aufweist, so ist auch der Ausgang undefiniert (Zeile 1 bzw. Spalte 1 der Auflösungsmatrix).
- Wenn ein Treiber eine 0 und der andere Treiber eine 1 besitzt, so macht die Auflösungsmatrix dies durch einen Signalkonflikt X deutlich (z. B. Schnittpunkt aus Spalte 3 und Zeile 4).

– Wenn einer der beiden Treiber bereits einen Signalkonflikt anzeigt, so zeigt die Auflösungsmatrix ebenfalls einen Signalkonflikt an (Zeile 2 bzw. Spalte 2). Ein einmal existierender Signalkonflikt wird also durch die gesamte Schaltung weitergereicht.

Tab. 10.5: Auflösungsfunktion resolved für den 9-wertigen Datentyp std_logic

		Signalwert von Treiber A								
		'U'	'X'	'0'	'1'	'Z'	'W'	'L'	'H'	'-'
Signalwert von Treiber B	'U'	'U'	'U'	'U'	'U'	'U'	'U'	'U'	'U'	'U'
	'X'	'U'	'X'	'X'	'X'	'X'	'X'	'X'	'X'	'X'
	'0'	'U'	'X'	'0'	'X'	'0'	'0'	'0'	'0'	'X'
	'1'	'U'	'X'	'X'	'1'	'1'	'1'	'1'	'1'	'X'
	'Z'	'U'	'X'	'0'	'1'	'Z'	'W'	'L'	'H'	'X'
	'W'	'U'	'X'	'0'	'1'	'W'	'W'	'W'	'W'	'X'
	'L'	'U'	'X'	'0'	'1'	'L'	'W'	'L'	'W'	'X'
	'H'	'U'	'X'	'0'	'1'	'H'	'W'	'W'	'H'	'X'
	'-'	'U'	'X'	'X'	'X'	'X'	'X'	'X'	'X'	'X'

Eine Open-Drain-Ausgangsschaltung lässt sich mit diesem Datentyp dadurch modellieren, dass entweder eine 0 oder aber der Wert H zugewiesen wird. Der Tabelle 10.5 ist zu entnehmen, dass beim Zusammenschalten zweier Open-Drain-Ausgänge der Wert 0 dominant ist (Schnittpunkt aus Spalte 8 und Zeile 3). Ein entsprechendes VHDL-Modell wird im Beispiel 10.3 vorgestellt.

Ebenso lassen sich Ausgänge verbinden, wenn ein Signaltreiber hochohmig wird. Wenn nun der zweite Treiber einen der Werte 0, 1, L oder H annimmt, so dominiert dieser Treiber mit seinem Signalwert (Spalte 5 der Auflösungsmatrix). Dieser Fall wird in Beispiel 10.4 detailliert erläutert.

Angesichts der vielen Möglichkeiten, die der Datentyp std_logic bietet, stellt sich die Frage, ob es nicht sinnvoll sein könnte, die VHDL-Modellierung ausschließlich mit diesem Datentyp vorzunehmen. Dabei sind jedoch die folgenden Nachteile zu berücksichtigen:

– Der Simulationsaufwand ist höher als der bei nicht aufgelösten Signalen, wie z. B. beim Datentyp bit oder std_ulogic. Grund dafür ist die Auflösungsfunktion, die für jede Zuweisung auf ein std_logic-Signal zusätzlich ausgewertet werden muss.
– Mit der Erfahrung aus prozeduralen Programmiersprachen wie z. B. C sind weniger erfahrene Schaltungsentwickler leicht dazu geneigt, unbedachterweise ein und demselben Signal an mehreren Stellen der Architektur, also in verschiede-

nen Prozessen bzw. nebenläufigen Anweisungen, einen Wert zuzuweisen. Aus Hardwaresicht ist dies jedoch gleichwertig mit dem Kurzschließen von Standardausgängen, sodass dieser Fall von den Implementierungswerkzeugen verboten wird. Bei einer VHDL-Simulation fallen derartige Fehler mit den nicht auflösenden Datentypen bit und std_ulogic durch Meldungen des Simulationscompilers schnell auf. Bei Verwendung des Datentyps std_logic werden diese Fehler hingegen erst deutlich später im Entwurfsablauf, nämlich während der Synthese festgestellt. Dann sind häufig zeitraubende, konzeptionelle Änderungen des VHDL-Modells erforderlich.

Das Listing 10.1 demonstriert einen derartigen Signalkonflikt. Das Ausgangssignal Y besitzt zwei Treiber: Einerseits ein UND-Gatter durch den Prozess P1, sowie andererseits ein XNOR-Gatter durch eine selektive Signalzuweisung (vgl. den SOP-Ausdruck in Tabelle 3.4). Das in Bild 10.20 dargestellte Zusammenschalten beider Treiber führt für den Fall A = 0 und B = 0 bei t = 25 ns zu einem Signalkonflikt X, der in dieser Abbildung gestrichelt dargestellt ist.

Listing 10.1: Modellierung eines Signalkonflikts mit dem Datentyp std_logic

```
library ieee;
use ieee.std_logic_1164.all;

entity ZWEI_TREIBER is
    port(
    A, B: in std_logic;
    Y: out std_logic
    );
end ZWEI_TREIBER;

architecture TEST of ZWEI_TREIBER is
begin
P1: process(A,B)
begin
    Y <= A and B;
end process P1;

Y <= '1' when (A = B) else '0';
end TEST;
```

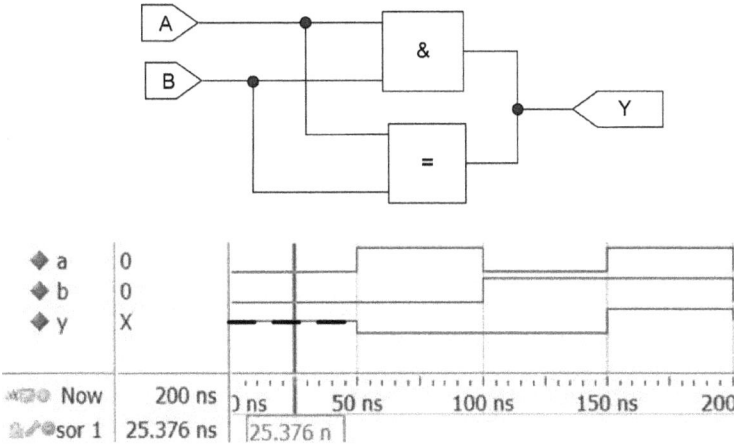

Bild 10.20: Simulation eines Signalkonflikts bei t = 25 ns, der durch das Zusammenschalten eines UND- und eines XNOR-Gatters entsteht

Die Synthese des VHDL-Codes in Listing 10.1 führt z. B. mit dem FPGA-Implementie-rungswerkzeug Vivado zunächst nur zu zwei etwas versteckten Warnungen im Syn-thesereport:

```
CRITICAL WARNING: [Synth 8-6859] multi-driven net on pin Y_OBUF with 1st
driver pin 'i_1/O' [test.vhd:15]

CRITICAL WARNING: [Synth 8-6859] multi-driven net on pin Y_OBUF with 2nd
driver pin 'i_0/O' [test.vhd:18]
```

Allerdings bricht Vivado während der Implementierung mit der folgenden Fehlermel-dung ab:

```
[DRC MDRV-1] Multiple Driver Nets: Net Y_OBUF has multiple drivers:
Y_OBUF_inst_i_1/O, and Y_OBUF_inst_i_2/O.
```

Zusammenfassend kann die folgende Empfehlung gegeben werden:

Weniger erfahrene VHDL-Entwickler sollten den Datentyp std_logic nur an den Stellen verwenden, wo er wirklich erforderlich ist.

10.6.3 VHDL-Modellierungsbeispiele

Die VHDL-Syntax fordert auf der rechten und linken Seite einer Signalzuweisung neben der gleichen Busbreite auch einen gleichen Datentyp. Dies erfordert, dass an den Schnittstellen zwischen bit und std_logic bzw. std_ulogic die in Tabelle 10.6 angegebenen Konversionsfunktionen verwendet werden müssen, die in der Bibliothek ieee.std_logic_1164 definiert sind.

Tab. 10.6: Konversionsfunktionen zwischen den Datentypen bit und std_logic bzw. std_ulogic. Man beachte, dass die Groß-/Kleinschreibung in den Funktionsnamen der ersten Spalte beliebig ist

Konversionsfunktion	Argumenttyp	Ergebnistyp
To_bit( )	– std_ulogic – std_logic	– bit
To_StdULogic( )	– bit	– std_ulogic oder – std_logic
To_bitvector( )	– std_ulogic_vector – std_logic_vector	– bit_vector
To_StdULogicVector( )	– bit_vector – std_logic_vector	– std_ulogic_vector
To_StdLogicVector( )	– bit_vector – std_ulogic_vector	– std_logic_vector

In der Tabelle 10.6 fällt auf, dass das Ergebnis der To_StdULogic-Funktion entweder vom Typ std_ulogic oder vom Typ std_logic sein kann. Der VHDL-Compiler erlaubt hier beide Datentypen, da der Datentyp std_logic in der Bibliothek ieee.std_logic_1164 nicht als eigenständiger Datentyp, sondern als Untermenge (subtype) des Datentyps std_ulogic definiert ist, für den die in Tabelle 10.5 definierte Auflösungsfunktion resolved definiert ist:

```
SUBTYPE std_logic IS resolved std_ulogic;
```

B **Beispiel 10.3** (Zusammenschaltung von Open-Drain-Ausgängen und Wired-AND-Verknüpfung): Listing 10.2 zeigt die Modellierung von Open-Drain-Ausgängen und deren Wired-AND-Verknüpfung. Die Eingangssignale IN1 und IN2 sind vom Datentyp bit, sie müssen daher in den Prozessen P1 und P2 durch die Konversionsfunktion To_stdlogic in den Datentyp std_logic konvertiert werden. Außerdem wird in diesen Prozessen ein eventuell vorhandener Signalwert 1 in den Signalwert H umgesetzt. Die Wired-AND-Verknüpfung geschieht dadurch, dass beide Prozesse das gleiche Ausgangssignal OD_OUT beschreiben. Der tatsächliche Wert dieses Signals ergibt sich also durch die Auflösungsfunktion des Datentyps std_logic.

Listing 10.2: Modellierung von Open-Drain-Ausgängen und Wired-AND-Verknüpfung durch zwei Prozesse, die das gleiche Signal beschreiben

```vhdl
library ieee;
use ieee.std_logic_1164.all;

entity OPEN_DRAIN is
    port(
    IN1, IN2: in bit;
    OD_OUT: out std_logic
    );
end OPEN_DRAIN;

architecture TEST of OPEN_DRAIN is
begin
 P1: process(IN1)
 begin
   OD_OUT <= To_StdULogic(IN1);
   if IN1 = '1' then OD_OUT <= 'H';
   end if;
 end process P1;

 P2: process(IN2)
 begin
   OD_OUT <= To_StdULogic(IN2);
   if IN2 = '1' then OD_OUT <= 'H';
   end if;
 end process P2;

end TEST;
```

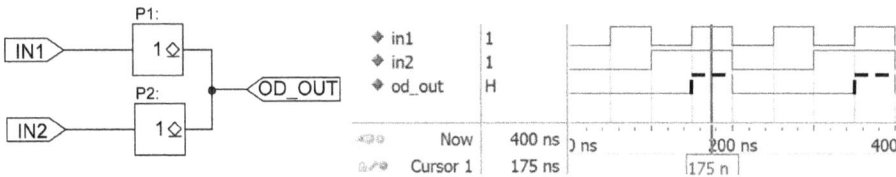

Bild 10.21: Zusammenschaltung zweier Open-Drain-Treiber und Simulation einer Wired-AND-Verdrahtung. Der 0-Pegel ist dominant

Das in Bild 10.21 dargestellte Simulationsergebnis zeigt die Wired-AND-Verknüpfung: OD_OUT nimmt nur dann den H-Wert an, wenn beide Eingangssignale 1 sind (gestrichelte Linie in Bild 10.21).

Hier sollte jedoch darauf hingewiesen werden, dass der in Listing 10.2 dargestellte Code in der Regel nicht synthesefähig ist, da die innere Struktur der programmierbaren Bausteine keine internen Open-Drain-Signale erlaubt. ■

B **Beispiel 10.4** (Modellierung eines einfachen Bussystems mit Three-State-Treibern): Ein VHDL-Modell des in Bild 10.18 dargestellten, aus zwei Komponenten bestehenden Bussystems wird in Listing 10.3 vorgestellt. Im Unterschied zu dieser Darstellung wird jedoch ein vier Bit breiter Bus angenommen.

Listing 10.3: VHDL-Code für das in Bild 10.18 dargestellte Bussystem mit zwei angeschlossenen Buskomponenten

```vhdl
library ieee;
use ieee.std_logic_1164.all;

entity BUS_SYSTEM is
end BUS_SYSTEM;

architecture TEST of BUS_SYSTEM is
signal IN_1, OUT_1 : std_logic_vector(3 downto 0);
signal IN_2, OUT_2 : std_logic_vector(3 downto 0);
signal EN_1, EN_2 : bit;
signal MYBUS: std_logic_vector(3 downto 0);
begin
-- Bus_Komponente_1 mit nebenläufigen Signalzuweisungen
IN_1 <= MYBUS;
MYBUS <= OUT_1 when EN_1 = '1' else (others=>'Z');

-- Bus_Komponente_2 mit Prozess
P1: process(OUT_2, EN_2)
begin
    if EN_2 = '1'
        then MYBUS <= OUT_2;
    else
        MYBUS <= (others=>'Z');
end if;
end process P1;
IN_2 <= MYBUS;
end TEST;
```

In diesem Modell sind die folgenden Punkte besonders erwähnenswert:

- Ein Three-State-Treiber muss in VHDL als kombinatorische Logik modelliert werden, denn dessen Ausgangssignal kann seinen Wert zu jedem Zeitpunkt ändern, entweder durch Ein- oder Ausschalten des Freigabesignals oder aber durch einen veränderten Signalwert am Eingang.
- Der Three-State-Treiber der Bus_Komponente_1 wird mit einer bedingten nebenläufigen Anweisung modelliert. Der hochohmige Zustand wird durch Zuweisung des Signalwerts Z erreicht.
- In der Bus_Komponente_2 wird der Three-State-Treiber mit einem kombinatorischen Prozess modelliert. Es muss also sowohl der Dateneingang als auch das Freigabesignal in der Sensitivity-Liste des Prozesses stehen. Auch hier wird der Signalwert Z für alle Bits des Busses angenommen, wenn das Freigabesignal nicht aktiv ist.
- Ähnlich wie in Beispiel 10.3 beschreiben zwei Prozesse bzw. nebenläufige Anweisungen das gleiche Signal MYBUS. Der tatsächliche Wert dieses Signals ergibt sich durch Auswertung der Auflösungsfunktion.
- Die in die Buskomponenten übertragenen Signale IN_1 bzw. IN_2 sind Kopien des Bussignals.

Das Simulationsergebnis des Busmodells ist in Bild 10.22 dargestellt. Während der ersten 100 ns wird die Bus_Komponente_1 durch das Signal EN_1 auf den Bus geschaltet. Das Bussignal sowie beide Komponenteneingänge erhalten den Wert des Buskomponentenausgangs OUT_1. Wenn beide Three-State-Treiber inaktiv sind, geht der Bus in den hochohmigen Zustand, der durch eine gepunktete Linie zwischen 100 und 200 ns dargestellt wird. Zwischen 200 und 300 ns ist die Bus_Komponente_2 durch das Signal EN_2 auf den Bus geschaltet. Falls beide Treiber aktiv sind, so zeigt der Simulator ei-

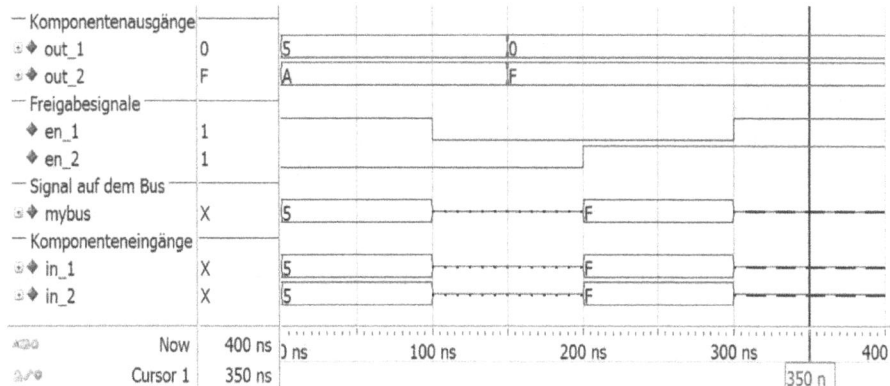

Bild 10.22: Simulation des Busmodells aus Listing 10.3. Wenn keiner der beiden Treiber aktiv ist, zeigt der Bus einen hochohmigen Zustand an (gepunktete Linie). Wenn hingegen beide Treiber aktiv sind, so wird ein undefiniertes Signal X angezeigt (gestrichelte Linie)

nen Buskonflikt X an, der hier durch die gestrichelte Linie im Bereich zwischen 300 und 400 ns dargestellt wird.

Der in Listing 10.3 verwendete Prozess sowie die nebenläufige Anweisung sind prinzipiell synthesefähig. Wenn das Signal MYBUS darin als Schaltungsausgang verwendet wird, so werden in der Hardware automatisch Ausgangstreiber mit Three-State Funktionalität verwendet. Wenn das Signal hingegen in einem Strukturmodell *innerhalb* eines FPGAs genutzt werden soll, und keine internen Three-State Treiber vorhanden sind, so werden diese in eine Multiplexerlösung überführt [38]. ∎

10.7 Vertiefende Aufgaben

Ⓐ **Aufgabe 10.1:** Beantworten Sie die folgenden Verständnisfragen:
  a) Wie viele Transistoren besitzt ein statisches CMOS-NAND-Gatter mit vier Eingängen und Push-Pull-Ausgangsstufe?
  b) Welches Gatter besitzt weniger Transistoren: ein CMOS-Inverter oder ein (nichtinvertierender) CMOS-Treiber?
  c) Warum dürfen Sie ein CMOS-Gatter nicht dauerhaft außerhalb der erlaubten Pegelbereiche betreiben?
  d) Warum sollten Sie Eingänge von CMOS-Gattern nicht unbeschaltet lassen?
  e) Welche Arten von Gatterausgangsschaltungen dürfen Sie miteinander verbinden?
  f) Welche Vor- und Nachteile besitzt ein Logikgatter mit Open-Drain-Ausgang?
  g) Woran erkennen Sie im Schaltsymbol, ob ein Gatterausgang I) Open-Drain- bzw. II) Three-State-Charakteristik besitzt?
  h) Worin unterscheiden sich Wahrheits- und Arbeitstabelle? Welche der beiden Tabellenarten ist aussagekräftiger?
  i) Was müssen Sie bei Auswahl von Logikgattern der 74er-Serie beachten, wenn Sie die Signale in negativer Logik verknüpfen wollen?
  j) Was ist die Charakteristik eines Three-State-Ausgangs im Vergleich zu einem Push-Pull-Ausgang?
  k) Wie modellieren Sie Three-State-Treiber in VHDL?
  l) Welche Bedeutung hat der Pull-Up-Widerstand bei Open-Drain-Schaltungen? Wie viele Pull-Up-Widerstände benötigen Sie, wenn sie fünf Open-Drain-Ausgänge zusammenschalten wollen?
  m) Worin besteht der Unterschied zwischen den VHDL-Datentypen std_logic und std_ulogic?
  n) Welche Nachteile besitzt der Datentyp std_logic bei der Modellierung einfacher Signale im Vergleich zum Datentyp bit? ∎

Ⓐ **Aufgabe 10.2:** Zeichnen Sie die Schaltung eines statischen CMOS-Gatters, welches die folgende Funktion besitzt:
$$Y = \overline{(A \wedge B) \vee C}\,.$$
∎

A **Aufgabe 10.3:** Zeichnen Sie die Schaltung eines statischen CMOS-Gatters, welches die folgende Funktion besitzt:

$$Z = \neg(\overline{A} \vee (B \wedge C)) \qquad\qquad \blacksquare$$

A **Aufgabe 10.4:** Zeichnen Sie die Schaltung eines 2-fach-NAND-Gatters mit Three-State-Ausgang. Schreiben Sie ein VHDL-Modell für dieses Gatter und verifizieren Sie die korrekte Funktion mit einer geeigneten Testbench. ∎

A **Aufgabe 10.5:** Unter Verwendung von NAND-Gattern mit Push-Pull- und Open-Drain-Ausgang soll eine Schaltung aufgebaut werden, die die zwei Ausgangsfunktionen F1 = A ↮ B und F2 = A ↔ B so realisiert, dass möglichst wenige Gatter benötigt werden. Zeichnen Sie die Schaltung. ∎

11 Datenpfadkomponenten

Als grundlegendes Modell für die Strukturierung digitaler Systeme mit umfangreichen Datenmanipulationen z. B. in (Co-)Prozessoren hat sich die Idee einer Aufteilung in Datenpfad und Steuerpfad bewährt (vgl. Bild 11.1):

- Im Datenpfad, manchmal auch als Operationswerk bezeichnet, befinden sich alle Komponenten zur Datenmanipulation bzw. -steuerung. Dies können kombinatorische, aber auch getaktete Schaltungselemente sein. Deren Funktion wird durch Steuersignale kontrolliert und sie können Statussignale erzeugen.
- Der Steuerpfad, besteht meist aus einem endlichen Zustandsautomaten (engl. Finite State Machine, FSM) (vgl. Kapitel 14), der häufig auch als Steuerwerk bezeichnet wird. Dieser empfängt die Statussignale und generiert die Steuersignale für die Datenpfadkomponenten abhängig vom aktuellen Zustand des Automaten.

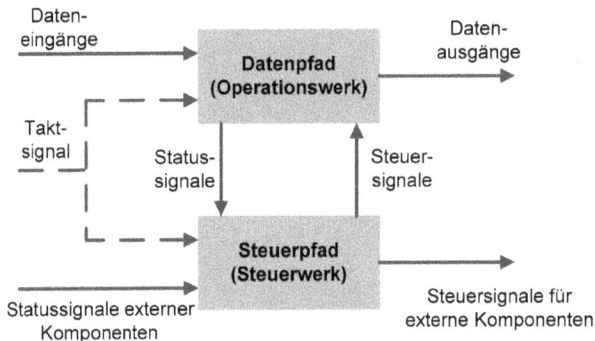

Bild 11.1: Aufteilung eines digitalen Systems in Daten- und Steuerpfad. Die beiden Teilsysteme kommunizieren über Steuer- bzw. Statussignale. Zusätzlich wird das Verhalten des Steuerwerks durch Statussignale externer Komponenten beeinflusst und es werden Steuersignale für andere Komponenten erzeugt

In einem Vergleich mit einem größeren Bahnhof stellen die Daten die Züge dar, die auf den verschiedenen Gleisen, dem Datenpfad, rangieren. Die Weichen und Signale, die den Datenfluss steuern, werden vom Stellwerk aus gesteuert, welches den Steuerpfad repräsentiert.

In diesem Kapitel werden einige kombinatorische Schaltungselemente vorgestellt, die sich typischerweise in einem Datenpfad finden. Dazu gehören z. B.:

- Multiplexer und Demultiplexer
- Encoder, Decoder bzw. Prioritätsencoder
- Three-State Treiber
- Arithmetikschaltungen wie Addierer, Subtrahierer, Multiplizierer und Komparatoren

https://doi.org/10.1515/9783110706970-011

Zum Zwischenspeichern von Ergebnissen im Datenpfad werden Flipflops und Latches verwendet. Diese werden im Kapitel 12 ausführlich vorgestellt.

Die Funktion der meisten für dieses Kapitel ausgewählten Datenpfadelemente entspricht der von käuflichen MSI-Schaltungen der 74er-Baureihe. Ein Ziel ist es dabei, die Grundfunktionen der seit vielen Jahren verwendeten Schaltungen in VHDL-Modellen für CPLD- und FPGA-Implementierungen fortleben zu lassen. Andererseits sollen in diesem Kapitel die durch Schaltungssymbole definierten Hardwarefunktionen vermittelt und diese systematisch in VHDL-Modellen abgebildet werden.

Sehr häufig genutzte Datenpfadelemente sind n-Bit-Addierer, die sich auf eine Hierarchie von 1-Bit-Addierern zurückführen lassen. Wie eine hierarchisch strukturierte Modellierung mit Komponenten in VHDL erfolgt, soll daher ebenfalls in diesem Kapitel erläutert werden.

11.1 Lernziele

Nach Durcharbeiten dieses Kapitels sollen Sie:
- das Daten-/Steuerpfadkonzept verstanden haben;
- die wesentlichen kombinatorischen Datenpfadkomponenten und ihre Schaltsymbole kennen und diese mit geeigneten VHDL-Prozessen modellieren können;
- ein hierarchisches VHDL-Strukturmodell durch Instanziierung von Komponenten erstellen können;
- den Aufbau sowie Vor- und Nachteile von Ripple-Carry- und Carry-Lookahead-Addierern kennen;
- das Prinzip der Multiplikation von Digitalzahlen verstanden haben;
- in der Lage sein, unter Einsatz geeigneter Datentypen arithmetische Operationen in einem VHDL-Modell auszuführen.

11.2 Multiplexer

Die Funktionsweise und der innere Aufbau eines 2-zu-1-Multiplexers wurden bereits in Beispiel 3.14 dargestellt.

> Ein Multiplexer hat die Aufgabe, durch Auswertung eines n-Bit-Auswahlsignals einen von 2^n Eingängen auf den Ausgang zu schalten.

In der Praxis werden jedoch häufig Multiplexer mit mehr als 2 Eingängen benötigt. Bild 11.2 zeigt Multiplexer mit 8, 4 und 2 Signaleingängen, einem Freigabeeingang und 3, 2 bzw. 1 Auswahlsignal(en). Die Auswahleingänge sind durch das Symbol G (Gate = Tor) gekennzeichnet. Die innerhalb des Symbols dargestellten Ziffern kenn-

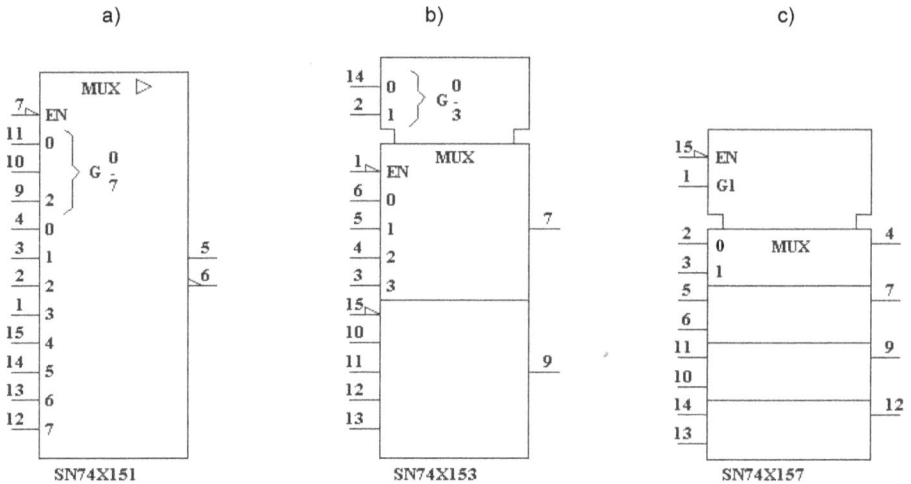

Bild 11.2: Schaltungssymbole für verschiedene Multiplexer der 74er-Serie. a) 8-zu-1-Multiplexer 74x151, b) Dual-4-zu-1-Multiplexer 74x153, c) Vierfach-2-zu-1-Multiplexer 74x157. Die Nummern an den Ein- und Ausgängen bezeichnen die Gehäuseanschlüsse (Pin Nummern)

zeichnen den Eingang, der durch die an den Auswahleingängen anliegende Binärzahl an den Ausgang freigeschaltet wird. Die Ziffern außerhalb des Symbols kennzeichnen die Nummer des Anschlusses (Pins) im Baustein. Da sich alle Bausteine in einem Gehäuse mit 16 Pins befinden (Dual-Inline Package DIP-16, Masseanschluss: Pin 8, Versorgungsspannung Pin 16), können in diesem Gehäuse entweder ein 8-zu-1-Multiplexer, zwei 4-zu-1-Multiplexer oder vier 2-zu-1-Multiplexer untergebracht werden. Diese Multiplexer werden gleichartig angesteuert, was durch den oben abgesetzten Kopf im Schaltungssymbol, der als Steuerblock bezeichnet wird, gekennzeichnet ist. Der 8-zu-1-Multiplexer besitzt im Unterschied zu den beiden anderen Varianten zusätzlich einen invertierten Ausgang (Pin 6).

Charakteristisch für das VHDL-Modell eines Multiplexers ist die case-Anweisung, mit der die Auswahl des Eingangs erfolgt. Listing 11.1 zeigt, dass die Funktion des Freigabeeingangs durch eine übergeordnete if-Anweisung modelliert wird. Bei nicht freigeschaltetem L-aktiven Eingang nEN wird der Ausgang Y = 0.

Listing 11.1: VHDL-Modell eines 4-zu-1-Multiplexers mit L-aktivem Freigabeeingang

```
entity MUX4X1_EN is
    port( E : in bit_vector(3 downto 0);
          S : in bit_vector(1 downto 0);
          nEN: in bit;
          Y : out bit);
end MUX4X1_EN;
```

```
architecture VERHALTEN of MUX4X1_EN is
begin
MUXPROC: process(S, E, nEN)
   begin
    if nEN = '0' then
     case S is
       when "00" => Y <= E(0);
       when "01" => Y <= E(1);
       when "10" => Y <= E(2);
       when "11" => Y <= E(3);
     end case;
    else
       Y <= '0';
    end if;
end process MUXPROC;
end VERHALTEN;
```

11.3 Binärzahlendecoder und Demultiplexer

Ein Binärzahlendecoder ist eine kombinatorische Schaltung mit n Eingängen und 2^n Ausgängen (vgl. Bild 11.3). Es wird der durch den binär codierten Eingang I eindeutig definierte Ausgang Y(I) aktiviert.

> Ein Binärzahlendecoder hat die Aufgabe, durch Auswertung eines n-Bit-Auswahlsignals, einen von 2^n Ausgängen anzusteuern.

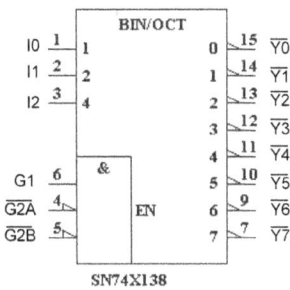

Bild 11.3: Schaltungssymbol des 3-zu-8-Binärdecoders 74x138. Die Zahlen innerhalb des Symbols bezeichnen die binären bzw. oktalen Stellenwerte

In Mikroprozessorsystemen wird häufig der Baustein 74x138 eingesetzt, um einen von mehreren angeschlossenen Speicherbausteinen auszuwählen (Device-Selector, vgl.

Aufgabe 18.3 und Bild 18.21). Dabei dienen die Eingänge I als Adresse und die L-aktiven Ausgänge $\overline{YI}$ können direkt mit den L-aktiven Freigabeeingängen der Speicherbausteine verbunden werden. Die Eingänge G1, $\overline{G2A}$ und $\overline{G2B}$ dienen als Freigabeeingang für den Decoder. Die Arbeitstabelle (Tabelle 11.1) macht in den ersten drei Zeilen deutlich, dass alle Ausgänge inaktiv (H) sind, wenn nicht alle drei Freigabeeingänge aktiv sind. Dies wird im Schaltsymbol durch die innere UND-Verknüpfung verdeutlicht. In den weiteren Zeilen wird genau eines der Ausgangssignale aktiv (Low).

Tab. 11.1: Arbeitstabelle für den 3-zu-8-Binärdecoder 74x138

Enable			Inputs			Outputs							
G1	$\overline{G2A}$	$\overline{G2B}$	I2	I1	I0	$\overline{Y0}$	$\overline{Y1}$	$\overline{Y2}$	$\overline{Y3}$	$\overline{Y4}$	$\overline{Y5}$	$\overline{Y6}$	$\overline{Y7}$
L	X	X	X	X	X	H	H	H	H	H	H	H	H
X	H	X	X	X	X	H	H	H	H	H	H	H	H
X	X	H	X	X	X	H	H	H	H	H	H	H	H
H	L	L	L	L	L	L	H	H	H	H	H	H	H
H	L	L	L	L	H	H	L	H	H	H	H	H	H
H	L	L	L	H	L	H	H	L	H	H	H	H	H
H	L	L	L	H	H	H	H	H	L	H	H	H	H
H	L	L	H	L	L	H	H	H	H	L	H	H	H
H	L	L	H	L	H	H	H	H	H	H	L	H	H
H	L	L	H	H	L	H	H	H	H	H	H	L	H
H	L	L	H	H	H	H	H	H	H	H	H	H	L

Das VHDL-Modell des 74x138-Decoders ist in Listing 11.2 dargestellt. Darin sind die folgenden Punkte besonders hervorzuheben:
–   Es wird ein internes Freigabesignal EN deklariert, welches in einer nebenläufigen Anweisung durch UND-Verknüpfung der Eingangssignale G1, $\overline{G2A}$ und $\overline{G2B}$ gebildet wird.
–   Der eigentliche Decoder wird durch einen Prozess modelliert, der von dem Eingangssignalvektor I und dem internen Signal EN abhängig ist.
–   Innerhalb des Prozesses wird eine lokale Testvariable TEMP verwendet, die durch Zusammenfügen (engl. concatenation) der Signale EN und I gebildet wird. Die Auswahl des zu aktivierenden Ausgangs erfolgt durch eine case-Anweisung, die diese Variable auswertet.
–   Vor der case-Anweisung werden alle Ausgangssignale mit einer 1 initialisiert, also inaktiv geschaltet. Wenn das Freigabesignal EN = 1 ist, so wird in der case-Anweisung genau ein Ausgang durch eine 0 überschrieben. Diese Default-Zuweisung erlaubt es, 8 der 16 Möglichkeiten des Testausdrucks in der case-Anweisung durch den Ausdruck when others => null zusammenzufassen. Dabei bedeutet das VHDL-Schlüsselwort null, dass keine Aktion erfolgt.

Listing 11.2: VHDL-Modell eines 3-zu-8-Binärdecoders mit drei Freigabeeingängen

```vhdl
entity DEC_138 is
  port( I         : in bit_vector(2 downto 0);    -- Daten Eingang
        G1, nG2A, nG2B  : in bit;                 -- Freigabeeingaenge
        Y_N       : out bit_vector(7 downto 0)); -- Ausgangssignale
end DEC_138;
architecture DEC3_8 of DEC_138 is
signal EN: bit;                              -- Lokales Freigabesignal
begin
EN <= G1 and not nG2A and not nG2B;          -- nebenläufiges Enable
process(I, EN)
variable TEMP: bit_vector(3 downto 0);       -- Lokale Testvariable
    begin
        Y_N <= (others => '1');              -- Default Zuweisung; Aggregat
        TEMP := EN & I  ;                    -- Verknuepfung: Vektor mit Bit
        case TEMP is
            when "1000"    => Y_N(0) <= '0';
            when "1001"    => Y_N(1) <= '0';
            when "1010"    => Y_N(2) <= '0';
            when "1011"    => Y_N(3) <= '0';
            when "1100"    => Y_N(4) <= '0';
            when "1101"    => Y_N(5) <= '0';
            when "1110"    => Y_N(6) <= '0';
            when "1111"    => Y_N(7) <= '0';
            when others    => null;      -- fuer EN=0: waehle Default
        end case;
    end process;
end DEC3_8;
```

> Ein Demultiplexer hat die Aufgabe, durch Auswertung eines n-Bit-Auswahlsignals, einen Eingang auf einen von 2^n Ausgängen zu schalten.

Im Schaltsymbol wird ein Demultiplexer häufig durch die Zeichenfolge DMUX oder auch DX identifiziert. In Mikrocontrollersystemen werden Demultiplexer z. B. eingesetzt, um die auf dem Datenbus liegenden Daten unterschiedlichen Registern oder Speicherbausteinen zuzuführen. Als Auswahlsignal dienen dabei spezielle Adressleitungen bzw. eine Adressdecodierschaltung (vgl. Kapitel 18.6).

Demultiplexer werden auch häufig im Zusammenhang mit Multiplexern eingesetzt. Derartige Systeme dienen meist der Datenübertragung über längere Distanzen. Durch Anwendung des Zeitmultiplexverfahrens werden Verdrahtungsressourcen auf

Kosten einer langsameren Datenübertragung eingespart. Ein gigantisches System, welches dieses Konzept nutzt, ist das weltweite Telefonnetz, welches mit seinen begrenzten Leitungsressourcen auch nur dadurch funktionieren kann, dass nicht jeder Teilnehmer zu jedem Zeitpunkt telefoniert. In diesem System kann jeder Teilnehmer weltweit mit jedem anderen Teilnehmer telefonieren, sofern dafür Leitungskapazität zur Verfügung steht.

Der Binärdecoder 74x138 kann durch geeignete Beschaltung seiner Eingänge auch die Funktion eines 8-zu-1-Demultiplexers übernehmen. Dem Bild 11.4 ist zu entnehmen, dass dafür das Datensignal auf einen der L-aktiven Freigabeeingänge gelegt werden muss. Wenn die beiden weiteren Freigabesignale nicht genutzt werden sollen, so müssen diese durch feste H- bzw. L-Pegel dauerhaft aktiviert werden.

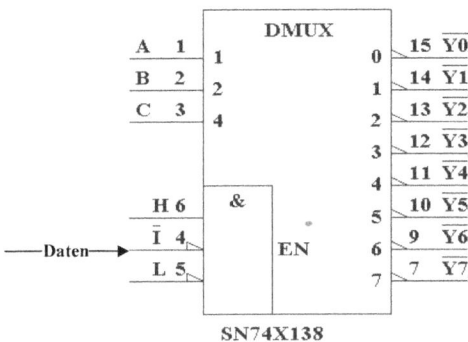

Bild 11.4: Nutzung des Binärdecoders 74x138 als 8-zu-1-Demultiplexer. Das durchzuschaltende Eingangssignal wird auf einen der L-aktiven Eingabeeingänge gelegt

11.4 Prioritätsencoder

Binär*encoder* besitzen die umgekehrte Funktion von Binär*decodern*: Sie generieren aus 2^n Eingangssignalen ein binär codiertes Ausgangssignal. Wenn gleichzeitig mehrere Eingangssignalleitungen aktiv sind, so wird das Signal mit der höchsten Priorität codiert (Prioritätsencoder).

Bei Mikroprozessoren lassen sich mit einem Prioritätsencoder z. B. Programmunterbrechungsanforderungen (engl. interrupts) mehrerer Interrupt-Quellen zu einem Codewort zusammenfassen.

Der kommerziell erhältliche Prioritätsencoder 74x148 besitzt L-aktive Datenein- und -ausgänge sowie einen L-aktiven Freigabeeingang $\overline{EI}$ und einen H-aktiven Freigabeausgang EO (vgl. Bild 11.5). Zusätzlich zeigt das L-aktive $\overline{GS}$ (Group Select)-Signal

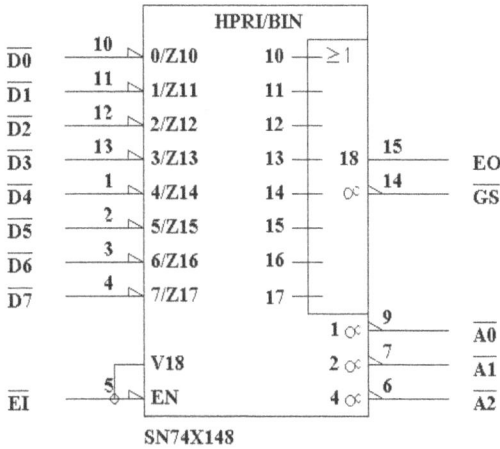

Bild 11.5: Schaltsymbol des Prioritätsencoders 74x148

Tab. 11.2: Arbeitstabelle des Prioritätsencoders 74x148

Eingänge									Ausgänge				
$\overline{EI}$	$\overline{D7}$	$\overline{D6}$	$\overline{D5}$	$\overline{D4}$	$\overline{D3}$	$\overline{D2}$	$\overline{D1}$	$\overline{D0}$	$\overline{GS}$	$\overline{A2}$	$\overline{A1}$	$\overline{A0}$	EO
H	X	X	X	X	X	X	X	X	H	H	H	H	H
L	L	X	X	X	X	X	X	X	L	L	L	L	H
L	H	L	X	X	X	X	X	X	L	L	L	H	H
L	H	H	L	X	X	X	X	X	L	L	H	L	H
L	H	H	H	L	X	X	X	X	L	L	H	H	H
L	H	H	H	H	L	X	X	X	L	H	L	L	H
L	H	H	H	H	H	L	X	X	L	H	I	H	H
L	H	H	H	H	H	H	L	X	L	H	H	L	H
L	H	H	H	H	H	H	H	L	L	H	H	H	H
L	H	H	H	H	H	H	H	H	H	H	H	H	L

an, dass eine Eingangsleitung aktiviert wurde. Die Arbeitsweise ist der Arbeitstabelle (Tabelle 11.2) zu entnehmen. Diese zeigt, dass der 3 Bit breite, L-aktive Ausgangssignalvektor $\overline{A}$ gerade die Binärzahl codiert, deren zugehöriger Eingang L-aktiv ist. In dieser Schaltung besitzt der Eingang $\overline{D7}$ höchste Priorität, da für $\overline{D7}$ = L der Ausgangsvektor $\overline{A}$ = LLL unabhängig davon codiert wird, welchen Wert die anderen Eingangssignale besitzen (zweite Zeile der Arbeitstabelle). Der Eingang $\overline{D0}$ hat hingegen die geringste Priorität, denn für $\overline{D0}$ = L wird $\overline{A}$ = HHH nur dann codiert, wenn alle anderen Signaleingänge H sind (vorletzte Zeile der Arbeitstabelle). Wenn bei freigegebenem Baustein keiner der Eingänge aktiv ist (letzte Zeile), so wird dies durch $\overline{GS}$ = H und EO = L gekennzeichnet.

Listing 11.3: VHDL-Modell des binären Prioritätsencoders 74x148

```vhdl
entity P_ENC_148 is
        port( D_N  : in bit_vector(7 downto 0);   -- Prioritaets-Eingaenge
              nEI : in bit;                        -- Freigabe
              A_N  : out bit_vector(2 downto 0);   -- Binaerer Ausgang
              EO, nGS: out bit);                   -- Kaskadierungsausgaenge
end P_ENC_148;
architecture PEN8_3 of P_ENC_148 is
begin
process(D_N, nEI)
begin
  A_N <= "111"; nGS <= '1'; EO <= '1';            -- Default Zuweisungen
  if nEI = '0' then
    nGS <= '0';
    if    D_N(7) = '0' then A_N <= "000";         -- Invertierte 7
    elsif D_N(6) = '0' then A_N <= "001";
    elsif D_N(5) = '0' then A_N <= "010";
    elsif D_N(4) = '0' then A_N <= "011";
    elsif D_N(3) = '0' then A_N <= "100";
    elsif D_N(2) = '0' then A_N <= "101";
    elsif D_N(1) = '0' then A_N <= "110";
    elsif D_N(0) = '0' then A_N <= "111";          -- Invertierte 0
    else A_N <= "111"; nGS <= '1'; EO <= '0';      -- Kein Eingang aktiv
    end if;
  end if;
end process;
end PEN8_3;
```

In dem in Listing 11.3 dargestellten VHDL-Modell sind die folgenden Punkte besonders hervorzuheben:
- Die Zuweisung der Defaultwerte vor Beginn der ersten if-Anweisung entspricht der ersten Zeile der Arbeitstabelle, also einem nicht freigegebenen Baustein.
- Die erste if-Anweisung überprüft, ob der Baustein freigegeben ist, und setzt das $\overline{GS}$-Signal entsprechend. Diese Anweisung besitzt keinen else-Zweig, die Ausgangssignale sind in diesem Fall durch den Default gegeben.
- Die zweite, innere if-Anweisung modelliert das priorisierende Verhalten durch if-/elsif-Abfragen der einzelnen Eingangssignale. Im else-Zweig wird der Fall abgebildet, dass kein Eingangssignal aktiv ist.

11.5 Codeumsetzer

Codeumsetzer haben die Aufgabe, einen Code in einen anderen Code zu überführen.

B **Beispiel 11.1** (Entwurf eines 3-Bit-Gray-Code-Binärcode-Umsetzers): Die Funktionsweise des Umsetzers wird durch die Tabelle 11.3 beschrieben, die die Dezimalzahlen 0...7 als Gray-Code $G2$, $G1$, $G0$ (Eingangssignalvektor) und Binärzahl $B2$, $B1$, $B0$ (Ausgangssignalvektor) darstellt. Ziel ist es, für die Signale $B2$, $B1$ und $B0$ minimierte logische Gleichungen zu erhalten. Da die Eingangssignale $G2$, $G1$ und $G0$ in dieser Tabelle jedoch nicht in der natürlichen Reihenfolge einer Wahrheitstabelle aufgeführt sind, muss die Tabelle vor der in Bild 11.6 dargestellten KV-Minimierung so umsortiert werden, dass sich die Minterme (fünfte Spalte der Tabelle) in aufsteigender Reihenfolge befinden.

Tab. 11.3: Gray-Code-Binärcode-Umsetzer

Zahl	G2	G1	G0	m_i	B2	B1	B0
0	0	0	0	0	0	0	0
1	0	0	1	1	0	0	1
2	0	1	1	3	0	1	0
3	0	1	0	2	0	1	1
4	1	1	0	6	1	0	0
5	1	1	1	7	1	0	1
6	1	0	1	5	1	1	0
7	1	0	0	4	1	1	1

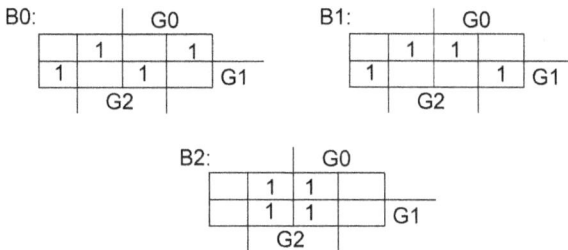

Bild 11.6: KV-Minimierung des Gray-Code-Umsetzers

Dem Symmetriemuster der KV-Diagramme entnimmt man die folgenden logischen Gleichungen, die in Bild 11.7 als Schaltplan dargestellt sind: $B2 = G2$, $B1 = G1 \leftrightarrow G2$, $B0 = G0 \leftrightarrow G1 \leftrightarrow G2$.

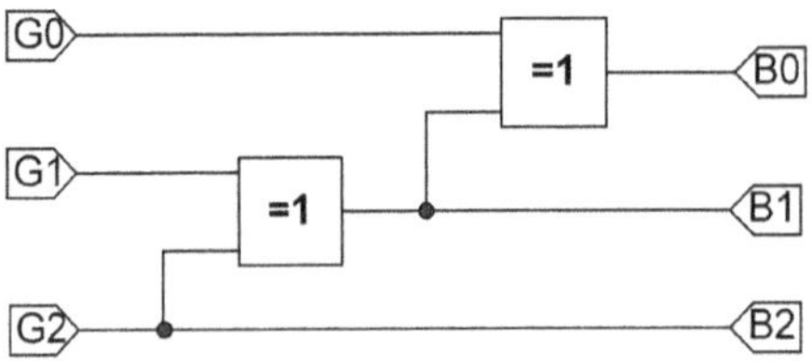

Bild 11.7: Schaltbild eines 3-Bit-Gray-Code-Binärcode-Umsetzers ∎

B **Beispiel 11.2** (VHDL-Code für einen 7-Segment-Codeumsetzer): Wenn eine 4-Bit-Binärzahl auf einer 7-Segment-Anzeige (vgl. Bild 7.24) dargestellt werden soll, so wird dafür ebenfalls ein Codeumsetzer benötigt. Der dazugehörige VHDL-Code ist in Listing 11.4 dargestellt.

Listing 11.4: VHDL-Modell eines 7-Segment-Codeumsetzers

```
-- 7-Segment-Decoder
--              a
--        -------
--    f |       | b
--      |       |
--        -------
--      |   g   |
--    e |       | c
--        -------
--            d
---------------------------------------------------------------

entity SEG7 is
        port(   A: in bit_vector(3 downto 0);     -- Eingangsvektor
                SEG: out bit_vector(6 downto 0));-- Ausgangsvektor
end SEG7;

architecture VERHALTEN of SEG7 is
begin
DECODER: process(A)
        begin
                case A is
-- Segmente                           abcdefg
                when "0000"=> SEG <="1111110"; -- 0
                when "0001"=> SEG <="0110000"; -- 1
```

```
                when "0010"=> SEG <="1101101"; -- 2
                when "0011"=> SEG <="1111001"; -- 3
                when "0100"=> SEG <="0110011"; -- 4
                when "0101"=> SEG <="1011011"; -- 5
                when "0110"=> SEG <="0011111"; -- 6
                when "0111"=> SEG <="1110000"; -- 7
                when "1000"=> SEG <="1111111"; -- 8
                when "1001"=> SEG <="1110011"; -- 9
                when "1010"=> SEG <="1110111"; -- A
                when "1011"=> SEG <="0011111"; -- b
                when "1100"=> SEG <="1001110"; -- C
                when "1101"=> SEG <="0111101"; -- d
                when "1110"=> SEG <="1001111"; -- E
                when "1111"=> SEG <="1000111"; -- F
            end case;
        end process DECODER;
end VERHALTEN;                                              ■
```

11.6 Komparator

Mit einem Komparator lassen sich zwei binär codierte Zahlen miteinander vergleichen.

Die Breite der Eingangssignale P und Q des kommerziell erhältlichen Komparators 74x684 beträgt 8 Bit. Am Ausgang werden die Relationen P = Q und P > Q L-aktiv angezeigt. Die Eingangssignale werden über Schmitt-Trigger mit definierten Ein- und Ausschaltschwellen geführt (erkennbar am Symbol ⊓ an den Eingängen). Die Schmitt-Trigger-Eingänge dienen als Schwellwertschalter und bieten einen zusätzlichen Schutz gegen kurzzeitige Störungen der Eingangssignale [1]. Aus den Ausgangssignalen lässt sich mit einer Arbeitstabelle auch die Relation P < Q ableiten. Da nicht beide Ausgangssignale des Komparators gleichzeitig aktiv sein können, kann in der Ergebnisspalte der Arbeitstabelle für diesen Fall ein Don't-Care X eingetragen werden. Der Ausgang P > Q wird also nur L-aktiv, wenn beide Eingänge H-Pegel haben. Als Hardwarelösung käme für die in Bild 11.8 links dargestellte Arbeitstabelle entweder ein XNOR- oder ein NAND-Gatter infrage. Die Lösung verwendet ein NAND-Gatter.

Die in einem VHDL-Modell eines Komparators verwendbaren Vergleichsoperatoren sind in der Tabelle 11.6 aufgelistet.

A[7:0]

$\overline{P = Q}$	$\overline{P > Q}$	$\overline{P < Q}$
L	L	X
L	H	H
H	L	H
H	H	L

COMP

2 □ 0
4
6
8
11
13
15   P=Q 19 $\overline{AEQB}$
17 □ 7

3 □ 0   & $\overline{ALTB}$
5
7   P>Q 1 $\overline{AGTB}$
9
12
14
16
18 □ 7

SN74LS684

B[7:0]

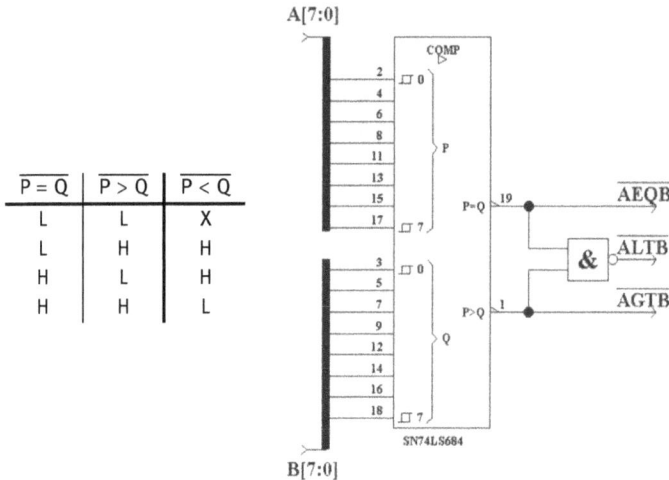

Bild 11.8: 8-Bit-Komparator 74x684 mit ergänzendem NAND-Gatter, welches die Relation P < Q L-aktiv repräsentiert

11.7 Hierarchische Strukturmodellierung in VHDL

Mit VHDL lässt sich jedes entity/architecture-Paar als untergeordnete Komponente wieder verwenden; denn alle kompilierten Hardwarefunktionsblöcke werden üblicherweise in eine Bibliothek mit dem Namen work geschrieben und können von dort durch ein Modell auf einer höheren Hierarchieebene als Bibliotheksmodul eingebunden werden. Die Bibliothek work wird vom Simulator automatisch geladen. Sie findet sich als Unterverzeichnis ../work im Projektverzeichnis (vgl. Kapitel 20.2.2).

Die Wiederverwendung einer Bibliothekskomponente wird als Komponenteninstanziierung bezeichnet. Dabei wird den inneren Komponentenanschlüssen der Instanz, den *lokalen* Signalen (engl. locals), in einer port map-Anweisung jeweils ein Signal der instanziierenden entity zugewiesen, was als *aktuelles* Signal (engl. actual) bezeichnet wird. Jede kompilierte Komponente kann in einem Design beliebig häufig verwendet werden. Dazu muss sie einen eindeutig definierten Instanzennamen tragen. Natürlich können die jeweils aktuellen Signale unterschiedlicher Instanzen unterschiedlich sein.

Ein VHDL-Code, der Komponenten verwendet, muss die folgenden Codeelemente besitzen:

- Eine Komponentendeklaration vor dem architecture begin. Auf diese Deklaration kann verzichtet werden, wenn in der Komponenteninstanziierung das Schlüsselwort entity sowie die work-Bibliothek mit angegeben wird.
- Eine oder mehrere Instanziierungen mit einer port map-Anweisung nach dem architecture begin.

– Sollte es zu einer `entity` in der `work`-Bibliothek mehrere Architekturen geben, so ist zusätzlich auch eine Komponentenkonfiguration durch eine `use` Anweisung vor dem `architecture begin` erforderlich.

In der `port map`-Anweisung müssen alle Komponenteneingänge mit Signalen verbunden sein, nicht benutzte Komponentenausgänge können hingegen offen bleiben. Dazu wird das Schlüsselwort `open` verwendet.

Nachfolgend soll ein 2-zu-1-Multiplexer durch Instanziierung der Komponenten UND und ODER gemäß Bild 7.18 aufgebaut werden. Die Architektur dieser Komponenten in Listing 11.5 verwendet jeweils eine nebenläufige Signalzuweisung mit symbolischer Zeitverzögerung.

Listing 11.5: Modellierung der hierarchischen Komponenten UND und ODER mit symbolischer Zeitverzögerung

```vhdl
entity UND is
        port (A, B : in bit; Y: out bit);
end UND;
architecture A of UND is
begin
    Y <= A and B after 2 ns;
end A;


entity ODER is
        port (A, B : in bit; Y: out bit);
end ODER;
architecture A of ODER is
begin
    Y <= A or B after 2 ns;
end A;
```

Die in Listing 11.6 dargestellte Architektur der hierarchisch übergeordneten `entity` (engl. top level entity) MUX_STRUKT besitzt die folgenden Besonderheiten:
– Durch das Schlüsselwort `component` wird hier nur die Komponente UND vor dem `begin` deklariert. Dabei ist darauf zu achten, dass alle Namen und Datentypen sowie die Reihenfolge der Schnittstellensignale identisch mit der `entity`-Deklaration sind (Kopie aus dem Listing 11.5). Auf eine Deklaration der Komponente ODER wurde hier bewusst verzichtet, um die alternative Komponenteninstanziierung zu demonstrieren.
– Durch die `use`-Anweisung wird die Zuordnung der Architekturen festgelegt: Für die Instanzen U1 und U2, die den Komponentennamen UND tragen wird aus der

work-Bibliothek die entity UND und dafür die Architektur A verwendet. Wenn für alle im Entwurf verwendeten Instanzen eines Komponententyps die gleiche Architektur verwendet werden soll, so kann statt der Auflistung aller Instanzennamen auch das Schlüsselwort all verwendet werden. Falls für eine Komponente auf die Konfigurationsanweisung verzichtet wird, so wird automatisch die für diese Komponente zuletzt kompilierte Architektur ausgewählt.

- Im Ausführungsteil der Architektur hinter dem begin finden sich Instanziierungen von drei Komponenten. Die Komponenten mit Namen U1 und U2 stellen die UND-Gatter dar und U3 ist eine ODER-Komponente. Da für die ODER-Komponente die Komponentendeklaration eingespart wurde, muss hier das Schlüsselwort entity und die Bibliothek work, in der sich die kompilierte Komponente befindet, mit angegeben werden.

Listing 11.6: Top-Level-Entity eines hierarchisch strukturierten 2-zu-1-Multiplexers

```
entity MUX_STRUKT is
    port(IA, IB, S : in bit;
        Y: out bit);
end MUX_STRUKT;

architecture STRUKT of MUX_STRUKT is
component UND is                         -- UND Komponentendeklaration
        port (A, B : in bit; Y: out bit);
end component;

for U1, U2: UND use entity work.UND(A);  -- Komponentenkonfiguration

signal H1, H2, H3 : bit;
begin
H2 <= not S after 2 ns;
U1: UND port map(S, IB, H1);             -- Komponenteninstanziierungen
U2: UND port map(Y=>H3,
                A=>IA,
                B=>H2);
U3: entity work.ODER port map(H1, H3, Y);-- Instanziierung ohne
end STRUKT;                              -- Deklaration
```

Die Syntax der port map-Anweisung erlaubt zwei verschiedene Varianten:
- Bei der in den Instanzen U1 und U3 gewählten Form werden die in der port map angegebenen Signale in der Reihenfolge übergeben, wie sie in der Komponentendeklaration bzw. in der Komponenten-entity angegeben sind (engl. positional

order association). Diese Form eignet sich insbesondere für Komponenten mit wenigen Schnittstellensignalen.

- Bei der in der Instanz U2 gewählten Form erfolgt eine namentliche Zuordnung der aktuellen Signale (engl. named order association) zu den lokalen Signalen der Komponente in der Form

```
local_signal => actual_signal .
```

Bei dieser Form der port map-Anweisung ist die Reihenfolge der Schnittstellensignale beliebig, sie ist insbesondere dann zu empfehlen, wenn es durch viele unterschiedliche Schnittstellensignale leicht zu Fehlern bei der Reihenfolge der zu übergebenden Signale kommen kann.

11.8 Addierer

Addierer werden in der Digitaltechnik sehr vielfältig eingesetzt. Der Anwendungsbereich reicht von einfachen Zählern (+1) über einfache numerische Prozessoren bis hin zu komplexen digitalen Signalprozessoren. Der zugrunde liegende Algorithmus wurde in Kapitel 6.4 erläutert. Die Addition einer einzelnen Bitstelle kann demnach in zwei Additionen ohne Carry-Eingang aufgeteilt werden. Des Weiteren wird die Addition mehrerer Bitstellen auf die Addition einzelner Bitstellen zurückgeführt.

11.8.1 Halb- und Volladdierer

Ein Halbaddierer hat die Aufgabe, zwei Eingangsbits A und B ohne Übertragseingang miteinander zu addieren. Dabei werden ein Summationssignal SUM und ein Übertragsausgang CO gebildet.

Tab. 11.4: Wahrheitstabelle eines Halbaddierers

B	A	SUM	CO
0	0	0	0
0	1	1	0
1	0	1	0
1	1	0	1

Den beiden letzten Spalten der Wahrheitstabelle des Halbaddierers sind die folgenden logischen Gleichungen zu entnehmen:

$$SUM = A \leftrightarrow B \quad \text{und} \quad CO = A \wedge B \tag{11.1}$$

Die Innenschaltung sowie das Schaltungssymbol des Halbaddierers zeigt Bild 11.9. Ein VHDL-Modell mit symbolischen Signalverzögerungen ist in Listing 11.7 dargestellt.

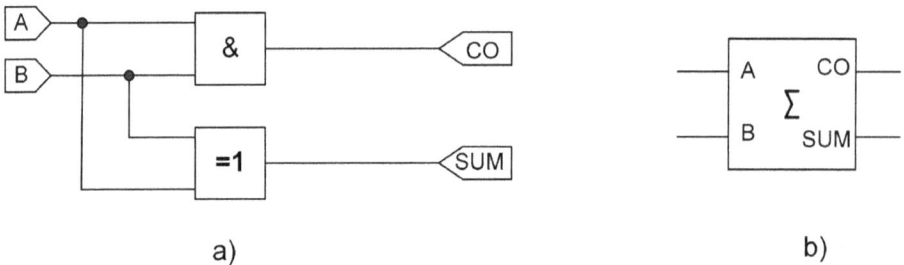

a)   b)

Bild 11.9: Schaltung a) und Schaltsymbol b) des Halbaddierers

Listing 11.7: VHDL-Modell eines Halbaddierers mit symbolischen Verzögerungszeiten

```
entity HALBADD is
        port (A, B :in bit; SUM, CO :out bit);
end HALBADD;


architecture VERHALTEN of HALBADD is
begin
        SUM <= A xor B after 2 ns;
        CO <= A and B after 2 ns;
end VERHALTEN;
```

Ein Volladdierer hat die Aufgabe, die Addition zweier Eingangsbits sowie eines Carry-Eingangsbits auszuführen. Am Ausgang werden ein Summationsbit sowie ein Carry-Ausgangssignal bereitgestellt.

Die Wahrheitstabelle eines Volladdierers zeigt Tabelle 11.5. Die Analyse der KV-Tafeln in Bild 11.10 liefert durch das Schachbrettmuster der Einsen sofort

$$SUM = A \leftrightarrow B \leftrightarrow CI \tag{11.2}$$

Aus arithmetischer Sicht stellt das Signal SUM die Summe mehrerer Operanden modulo 2 dar, also mit dem Ergebnis 0 oder 1. In diesem Bild kann die Antivalenz- bzw. XOR-Verknüpfung auch als mod-2-Operator aufgefasst werden.

Obwohl aus den KV-Diagrammen nicht sofort ersichtlich, besitzen die beiden Ausgangssignale des Volladdierers konforme Logik. Daher ist es nicht unbedingt sinnvoll, eine vollständige KV-Minimierung durchzuführen (vgl. Kapitel 7.2.4). Die in Bild 11.10

Tab. 11.5: Wahrheitstabelle eines Volladdierers

CI	B	A	SUM	CO
0	0	0	0	0
0	0	1	1	0
0	1	0	1	0
0	1	1	0	1
1	0	0	1	0
1	0	1	0	1
1	1	0	0	1
1	1	1	1	1

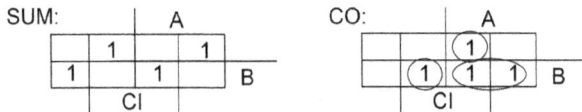

Bild 11.10: KV-Tafeln für die Ausgänge des Volladdierers

dargestellte Zusammenfassung ergibt:

$$CO = (A \wedge B) \vee (CI \wedge A \wedge \overline{B}) \vee (CI \wedge \overline{A} \wedge B) = (A \wedge B) \vee (CI \wedge (A \leftrightarrow B)) \tag{11.3}$$

Darin kann der Antivalenzausdruck $A \leftrightarrow B$ als konformer Term für beide Ausgangssignale verwendet werden. Mit den Abkürzungen

$$\text{Carry Generate:} \quad CG = A \wedge B \tag{11.4}$$

$$\text{Carry Propagate:} \quad CP = A \leftrightarrow B \tag{11.5}$$

ergibt sich:

$$CO = CG \vee (CI \wedge CP) \tag{11.6}$$

Ein Übertragssignal des Volladdierers wird also entweder durch die beiden gesetzten Operandenbits der aktuellen Stufe erzeugt (CG) oder aber es wird erzeugt, wenn die Stufe zuvor ein Carry erzeugt hat und nur eines der Operandenbits gesetzt ist, die beiden Operandenbits der aktuellen Stufe also antivalent zueinander sind (CI $\wedge$ CP).

Beispiel 11.3 (Addition zweier 4-Bit-Binärzahlen): Die vierstelligen Binärzahlen 0011 und 0101 sollen mit 4 Volladdierern addiert werden. Das Beispiel zeigt die Erzeugung der 4 Carry-Bits CO(i − 1) aus der jeweils vorigen Bitstelle. Dargestellt ist auch, ob die Carry-Propagate- oder Carry-Generate-Bedingung erfüllt ist:

```
        A(i) :   0   0   1   1
        B(i) :   0   1   0   1
                      ─────────────
                        CP  CP  CG
    CO(i − 1) :   1   1   1   _
                      ─────────────
      SUM(i) :   1   0   0   0
```

Wenn ein hierarchischer Aufbau gewünscht ist, so lässt sich ein Volladdierer gemäß den Gleichungen 11.2 ... 11.8 alternativ auch auf zwei Halbaddierer sowie ein ODER-Gatter zurückführen. Diese Darstellung zeigt Bild 11.11. Das dazugehörige VHDL-Modell findet sich in Listing 11.8. Das darin verwendete ODER-Gatter besitzt eine symbolische Verzögerungszeit von 2 ns.

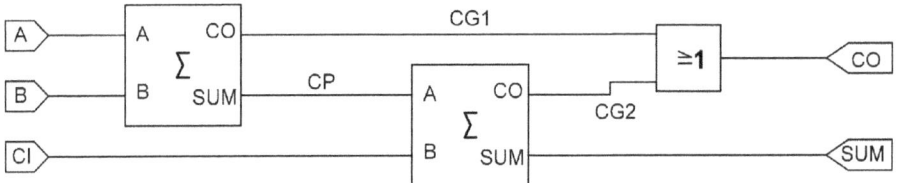

Bild 11.11: Hierarchischer Aufbau eines Volladdierers aus zwei Halbaddierern

Listing 11.8: Hierarchisches VHDL-Modell eines Volladdierers

```
entity VOLLADD is
        port (A, B, CI :in bit; SUM, CO :out bit);
end VOLLADD;


architecture VERHALTEN of VOLLADD is
signal CG1, CG2, CP: bit;
begin
HA1: entity work.HALBADD
      port map(A, B, CP, CG1);
HA2: entity work.HALBADD
      port map(CP, CI, SUM, CG2);
CO <= CG1 or CG2 after 2 ns;
end VERHALTEN;
```

Die Struktur des Volladdierers aus Bild 11.11 bedeutet, dass die Verzögerung zu den Ausgängen nicht für alle Eingangssignalkombinationen gleich ist. Abhängig von den konstant gehaltenen Eingangssignalwerten kann die Laufzeit vom Wechsel eines Eingangssignals zum SUM-Ausgang entweder 2 ns oder 4 ns betragen. Zum CO-Ausgang sind dies entsprechend entweder 4 ns oder 6 ns. Beim Setzen des CO lassen sich die folgenden drei Fälle unterscheiden:

–   Durch $A = 1$ und $B = 1$ mit konstantem $CI = 0$ kann zunächst CG1 und in Folge CO nach 4 ns gesetzt werden.
–   Mit konstantem $CP = A \leftrightarrow B = 1$ wird zunächst CG2 durch den Wechsel $CI = 0 \rightarrow 1$ gesetzt. In Folge wird CO ebenfalls nach insgesamt 4 ns gesetzt.

– Zunächst wird CP durch das Setzen eines der beiden Eingangssignale A oder B gesetzt. Das andere dieser beiden Signale muss unverändert 0 bleiben. Bei konstant gehaltenem CI = 1 wird dadurch zunächst CG2 und in Folge CO gesetzt. Dieser Laufzeitpfad entspricht einer Gesamtverzögerung von 6 ns.

Das in Bild 11.12 dargestellte Simulationsergebnis analysiert den letzten dieser drei Fälle, in dem sich die Laufzeiten aller drei beteiligten Laufzeitstufen zum schlimmsten Fall (engl. worst-case) addieren.

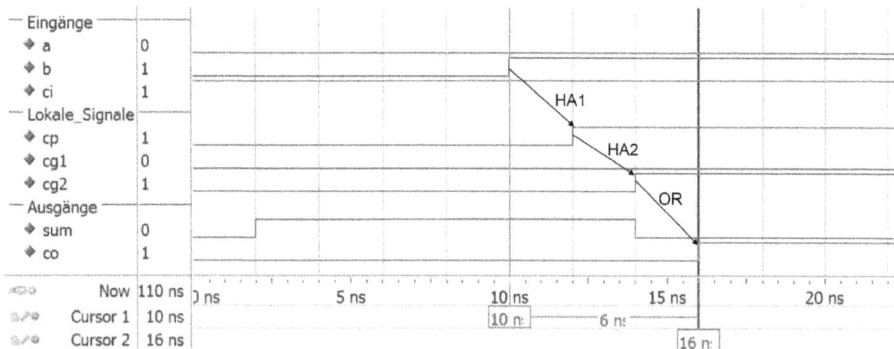

Bild 11.12: Simulation des Volladdierers. Die symbolischen Verzögerungszeiten der verschiedenen Stufen addieren sich. Die Wirkungspfeile zeigen den Signalverlauf durch den Volladdierer

11.8.2 Ripple-Carry-Addierer

Im Beispiel 11.3 wurde gezeigt, dass zur Addition von Festkommazahlen für jede Bitstelle eine eigene Volladdiererkomponente benötigt wird. Das Strukturmodell eines 8-Bit-Ripple-Carry-Addierers zeigt Bild 11.13. Dieses ist wie folgt charakterisiert:
– Die jeweiligen Operandenbits Ai und Bi werden an die A- und B-Eingänge der einzelnen Volladdierer geführt.
– Ein eventuell vorhandener Carry-Eingang für den 8-Bit-Addierer wird an den Carry-Eingang der niederwertigsten Stufe gelegt. Andernfalls wird dieser mit logisch 0 verbunden.
– Die Carry-Ausgänge werden in einer Kette auf die Carry-Eingänge der nachfolgenden Stufe gelegt.
– Das Summationsergebnis ist zur Vermeidung von Überläufen um ein Bit breiter als die Operanden. Der Carry-Ausgang der letzten Volladdiererstufe wird als höchstwertigstes Summationsbit interpretiert.

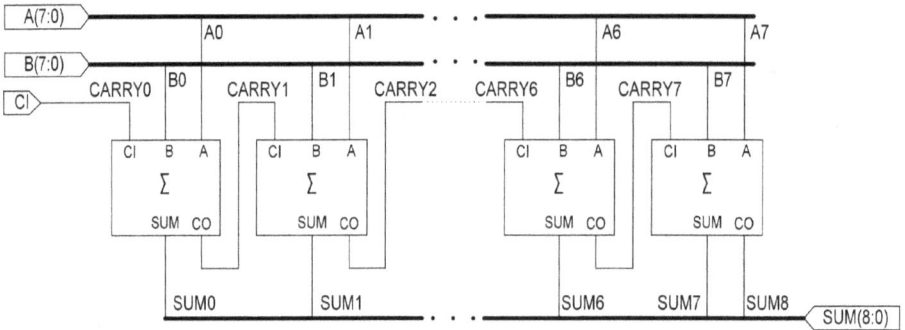

Bild 11.13: Struktur eines 8-Bit-Ripple-Carry-Addierers

Listing 11.9: Hierarchisches VHDL-Modell eines 8-Bit-Ripple-Carry-Addierers

```
entity N_BIT_ADD is
    generic( N: integer:=8);
    port (A, B :in bit_vector(N-1 downto 0);
          CI :in bit;
          SUM:out bit_vector(N downto 0));
end N_BIT_ADD;

architecture VERHALTEN of N_BIT_ADD is
signal CARRY: bit_vector(N downto 0);

begin
CARRY(0) <= CI;

NBIT: for I in 0 to N-1 generate
  VA: entity work.VOLLADD
    port map(A(I), B(I), CARRY(I), SUM(I), CARRY(I+1));
end generate NBIT;

SUM(N) <= CARRY(N);
end VERHALTEN;
```

Das hierarchische Strukturmodell des in Bild 11.13 dargestellten Ripple-Carry-Addierers verwendet den in Listing 11.8 vorgestellten Volladdierer. In Listing 11.9 wurden die folgenden VHDL-Syntaxelemente neu eingeführt:

- Die entity ist durch die integer-Zahl N parametrisiert. Dazu enthält die entity neben der port-Schnittstelle auch eine generic-Definition. Im vorliegenden Fall stellt der Wert dieses generic-Parameters die Bitbreite des Addierers dar, der auf 8 voreingestellt ist. Wenn der Addierer selbst als Komponente verwendet werden würde, so könnte man den Wert des Parameters durch eine `generic map`-Anweisung überschreiben, womit auch ein Ripple-Carry-Addierer anderer Bitbreite modelliert werden könnte. Beim Entwurf der `architecture` des Volladdierers wurde darauf geachtet, dass die Bitbreite nirgendwo explizit als Konstante verwendet wird, sondern nur über den `generic`-Parameter.

– Die Instanziierung der Volladdiererkomponenten erfolgt nicht explizit, sondern in einer `for generate`-Schleife. In dieser mit NBIT bezeichneten Schleife werden N Volladdiererkomponenten VA instanziiert, wobei die jeweiligen Ein- und Ausgangssignale als indizierte Busleitungen verwendet werden. Dafür wird der Schleifenindex I verwendet, der im Code nicht deklariert werden muss. Prinzipiell erlaubt die `for generate`-Syntax auch eine bedingte Instanziierung mittels einer `if`-Abfrage, die hier jedoch nicht zur Anwendung kommt [2].

Besonders vorteilhaft wird die Nutzung der `for generate`-Anweisung dadurch, dass die Übertragskette durch den Signalvektor CARRY modelliert wird. Dies erlaubt den indizierten Zugriff CARRY(I) am Carry-Eingang sowie CARRY(I + 1) am Carry-Ausgang der `port map`-Anweisung der Volladdierer. Dazu muss der Carry-Bus natürlich eine Breite von N + 1 Bit besitzen.

Das Eingangs-Carry CI sowie das Ausgangs-Carry des letzten Volladdierers CARRY(N) wird durch nebenläufige Signalzuweisungen als Signal CARRY(0) bzw. SUM(N) re-interpretiert (vgl. Bild 11.13). Ähnlich wie der Volladdierer ist das Verzögerungsverhalten des Ripple-Carry-Addierers sorgfältig zu analysieren. Dieses hängt wieder von den Operanden A, B und CI vor dem Ausführen der Addition sowie von den neuen Operanden ab.

Exemplarisch zeigt Bild 11.14 wie durch den Wechsel des Carry Eingangsbits CI bei t = 0 ns von 0 nach 1 die komplette Laufzeitkette der Carry-Signale angestoßen wird. In dem Beispiel wurden die konstanten Operanden A = 0xFF und B = 0x00 verwendet. Das Ergebnis dieser Addition ist SUM = 0x100.

Das Bild 11.14 zeigt, dass vor dem Wechsel von CI bei t = 10 ns alle Summationsbits gesetzt sind, die Carry-Bits jedoch nicht. In der Laufzeitkette kippen in jeder Stufe zunächst die Summationsbits und etwas später die zugehörigen Carry-Bits. Das Carry-Signal „rippelt" also durch die gesamte Übertragskette. Entsprechend dauert es mit den in den Voll- bzw. Halbaddierern gewählten symbolischen Verzögerungszeiten 32 ns, bis das Summationssignal seinen abschließenden Wert erhält, denn in der achtstufigen Übertragskette beträgt die Verzögerung eines Volladdierers CI → CO 4 ns (vgl. Bild 11.11). In diesem Zusammenhang ist anzumerken, dass die in Bild 11.14 dargestellte Situation nicht den absoluten Worst-Case-Fall darstellt. Eine sorgfältige Analyse der Laufzeitpfade des Volladdierers in Bild 11.11 zeigt, dass sich mit anderen Kombinationen alter und neuer Operanden kürzere, aber auch längere Laufzeitketten ergeben können.

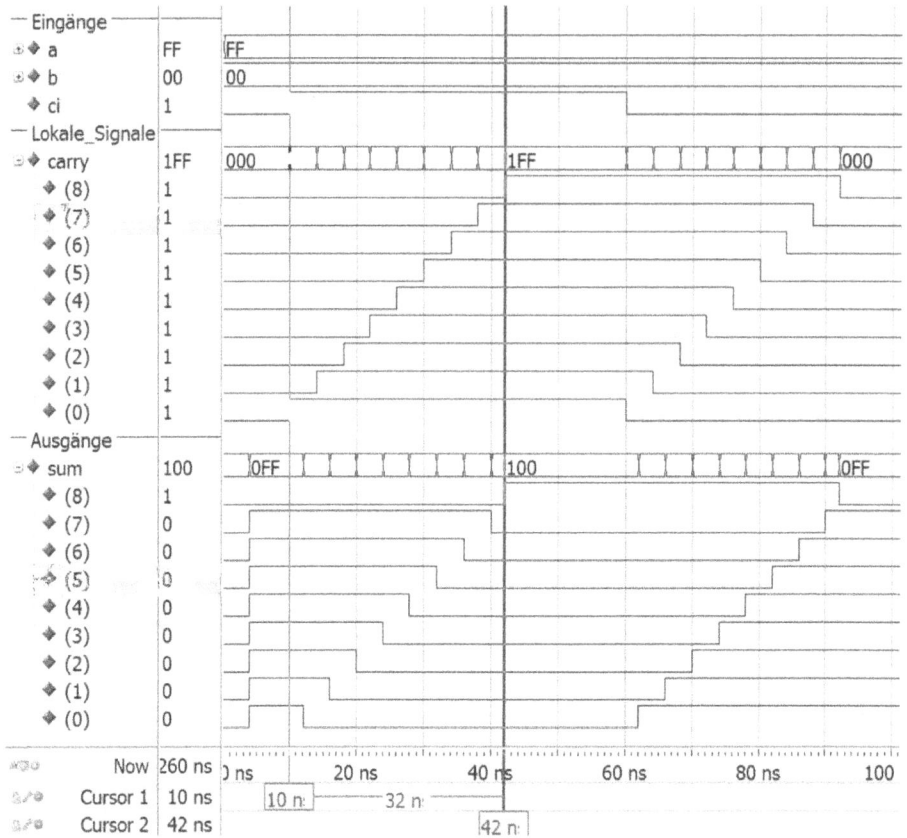

Bild 11.14: Simulation des 8-Bit-Ripple-Carry-Addierers mit den konstanten Operanden A = 0xFF, B = 0x00 und wechselndem CI-Eingang

Beim Ripple-Carry-Addierer werden die Carry-Ausgänge mit den Carry-Eingängen der jeweils nächsten Stufe verbunden. Dadurch entsteht eine Übertragskette (engl. carry chain). Die Worst-Case-Verzögerungszeit des Ripple-Carry-Addierers nimmt mit jedem zusätzlichen Operandenbit zu.

11.8.3 Carry-Lookahead-Addierer

Der wesentliche Nachteil des Ripple-Carry-Addierers ist die mit jedem Operandenbit zunehmende Signalverzögerung. Für schnelle Hardwarearchitekturen mit z. B. 32-Bit-Operanden ist dies nicht mehr akzeptabel. Ziel ist es daher, die Übertragskette aufzubrechen und die Carry-Signale aller Stufen zeitgleich zu berechnen. Dazu wird die in Listing 11.10 vorgestellte Volladdiererkomponente VOLLAD1 benötigt, die anstatt eines CO-Signals die durch Gl. 11.4 und Gl. 11.5 definierten Signale CG und CP nach außen führt.

Listing 11.10: Hierarchisch aufgebaute Volladdiererkomponente zur Verwendung in einem Carry-Lookahead-Addierer

```
-- 1-Bit Volladdierer    fuer CLA
entity VOLLADD1 is
        port( A, B, CI: in bit;
                SUM, CG, CP: out bit);
end VOLLADD1;
architecture VERHALTEN of VOLLADD1 is
signal CPint: bit;
begin
HA1: entity work.HALBADD
    port map(A, B, CPint, CG);
HA2: entity work.HALBADD
    port map(CPint, CI, SUM, open);
CP <= CPint;
end VERHALTEN;
```

Diese Komponente soll hier, ebenso wie die VOLLADD-Komponente, hierarchisch aus 2 Halbaddierern aufgebaut werden:

– Der Carry-Ausgang des ersten Halbaddierers HA1 wird als Carry Generate CG verwendet und der SUM-Ausgang von HA1 wird als internes Carry Propagate CP genutzt (vgl. die Gl. 11.4 und Gl. 11.5), welches durch eine nebenläufige Signalzuweisung nach außen geführt wird.

– An die Eingänge des zweiten Halbaddierers HA2 werden das interne CP sowie CI angeschlossen. Der Carry-Ausgang von HA2 wird nicht angeschlossen (Schlüsselwort open) und der SUM-Ausgang von HA2 ist gleichzeitig der SUM-Ausgang des Volladdierers.

Ein spezieller Carry-Lookahead-Generator erhält die CGi- und CPi-Signale aller Volladdierer und generiert die Carry-Eingangssignale CI für alle Volladdierer. Dafür wird die Gl. 11.6 für jede Stufe rekursiv betrachtet:

$$C_i = (C_{i-1} \wedge P_i) \vee G_i \tag{11.7}$$

Beginnend bei der ersten Stufe ($i = 0$) wird

$$C_0 = (C_{-1} \wedge P_0) \vee G_0 \, , \tag{11.8}$$

wobei C_{-1} ein möglicherweise vorhandenes Eingangs-Carry des Carry-Lookahead-Addierers bedeutet und auf 0 gesetzt werden muss, wenn dieses nicht vorhanden ist.

Man erhält nun für die zweite Stufe (i = 1)

$$C_1 = (C_0 \wedge P_1) \vee G_1 = (((C_{-1} \wedge P_0) \vee G_0) \wedge P_1) \vee G_1$$

$$= (C_{-1} \wedge P_0 \wedge P_1) \vee (P_1 \wedge G_0) \vee G_1 \tag{11.9}$$

und für die dritte Stufe (i = 2)

$$C_2 = (C_{-1} \wedge P_0 \wedge P_1 \wedge P_2) \vee (P_1 \wedge P_2 \wedge G_0) \vee (P_2 \wedge G_1) \vee G_2 \tag{11.10}$$

In einem 4-Bit-Lookahead-Generator liefert die hier nicht mehr angegebene letzte Stufe als Carry-Bit das Ausgangssignal G, welches in kaskadierten Carry-Lookahead-Addierern dem nachfolgenden Addierer als Eingang dient, oder welches dem höchst-wertigen Summationsbit S[4] entspricht.

Den Gleichungen ist zu entnehmen, dass die Ausdrücke von Stufe zu Stufe immer komplexer werden. Was dann zu längeren Laufzeiten durch den Carry-Lookahead-Generator führt, wenn in der Zielhardware die Anzahl oder Breite der Produktterme nicht mehr ausreicht. Dies ist der Grund dafür, dass in der Praxis Festkommaaddie-rer häufig als Mischform beider Grundstrukturen aufgebaut sind: Jeweils zwei bis vier Bit werden mit Carry-Lookahead-Strukturen aufgebaut. Diese werden zu einer Ripple-Carry-Struktur kaskadiert.

Das VHDL-Modell eines Carry-Lookahead-Generators in Listing 11.11 verwendet eine symbolische Verzögerungszeit von 5 ns.

Listing 11.11: VHDL-Modell eines 4-Bit-Carry-Lookahead-Generators

```
-- 4-Bit Carry-Lookahead-Generator
entity CPG is
        port( CG, CP: in bit_vector(3 downto 0);
              CI: in bit;
              CO: out bit_vector(3 downto 0)
            );
end CPG;


architecture VERHALTEN of CPG is
begin
        CO(0) <= CG(0) or (CP(0) and CI) after 5 ns;
        CO(1) <= CG(1) or (CP(1) and CG(0)) or
                 (CP(1) and CP(0) and CI) after 5 ns;
        CO(2) <= CG(2) or (CP(2) and CG(1)) or
                 (CP(2) and CP(1) and CG(0)) or
                 (CP(2) and CP(1) and CP(0) and CI) after 5 ns;
        CO(3) <= CG(3) or (CP(3) and CG(2)) or
                 (CP(3) and CP(2) and CG(1)) or
                 (CP(3) and CP(2) and CP(1) and CG(0)) or
                 (CP(3) and CP(2) and CP(1) and CP(0) and CI) after 5 ns;
end VERHALTEN;
```

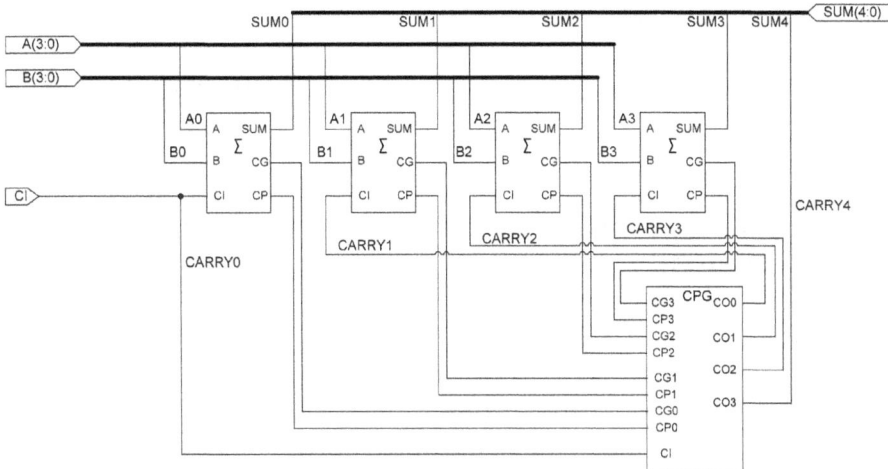

Bild 11.15: 4-Bit-Addierer mit Carry-Lookahead-Struktur. Der Carry-Lookahead-Generator CPG berechnet die Überträge für alle einzelnen Addiererstufen gleichzeitig

Damit kann nun der 4-Bit-Carry-Loookahead-Addierer aus Bild 11.15 ebenfalls hierarchisch aufgebaut werden. Die Volladdiererkomponenten VOLLADD1 werden in einer for generate-Schleife instanziiert. Zusätzlich wird eine Carry-Lookahead-Generator-Komponente CPG benötigt (vgl. Listing 11.12).

Die in Bild 11.16 dargestellte Simulation ergibt eine maximale Verzögerungszeit von 9 ns. Der Struktur in Bild 11.15 ist zu entnehmen, dass ein Eingangssignal im schlechtesten Fall drei Hardwareblöcke durchläuft: Zunächst passiert es einen Volladdierer VOLLADD1, danach den Carry-Lookahead-Generator und schließlich ein zweites Mal eine weitere Volladdiererinstanz. Mit den im VHDL-Code gewählten symbolischen Verzögerungszeiten ergibt sich als worst-case $t_{pd} = (2 + 5 + 2)$ ns = 9 ns.

Listing 11.12: Hierarchisches VHDL-Modell eines 4-Bit-Carry-Lookahead-Addierers

```
-- 4-Bit Carry-Lookahead-Addierer
entity CLA_ADD is
        port( A, B: in bit_vector(3 downto 0);
            CI: in bit;
            SUM: out bit_vector(4 downto 0)
        );
end CLA_ADD;
architecture STRUKTUR of CLA_ADD is
signal CG, CP: bit_vector(3 downto 0);
signal CARRY: bit_vector(4 downto 0);

begin
CARRY(0) <= CI;
```

```
VA:     for I in 0 to 3 generate
ADD:        entity work.VOLLADD1
              port map (A(I), B(I), CARRY(I), SUM(I), CG(I), CP(I));
end generate VA;


CLA:    entity work.CPG
            port map(CG, CP, CARRY(0), CARRY(4 downto 1));
SUM(4) <= CARRY(4);
end STRUKTUR;
```

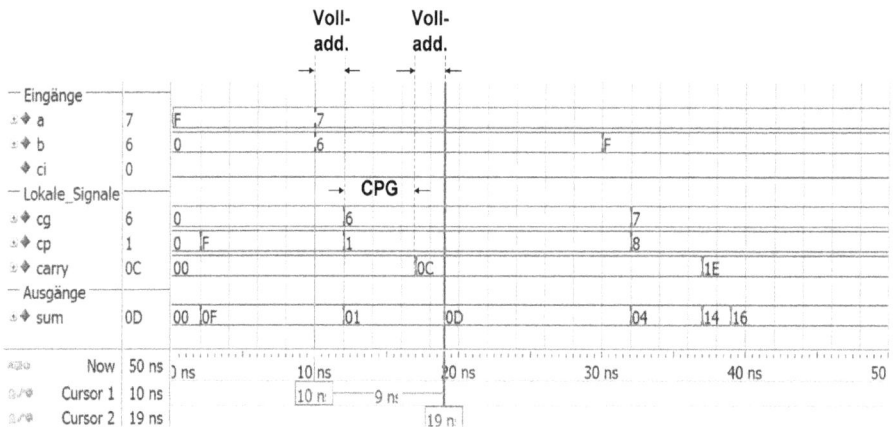

Bild 11.16: Simulation des 4-Bit-Carry-Lookahead-Addierers. Die Verzögerungszeit beim Wechsel der Eingangssignale zum Summationsausgang beträgt im Worst-Case-Fall nur 9 ns

11.8.4 Kombinierter Addierer/Subtrahierer

Die in Kapitel 6.5 vorgestellte 2er-Komplementarithmetik erlaubt eine leichte Integration der Subtrahierfunktion in einen Addierer. Falls das Steuersignal SEL = 1 ist, so wird subtrahiert, andernfalls addiert. Bei der Interpretation des Übertragssignals ist jedoch zu berücksichtigen, dass dieses bei der Subtraktion seine Bedeutung ändert: CARRY = 1 bedeutet bei der Subtraktion *keinen* Übertrag. Die Implementierung erfolgt in Aufgabe 11.4.

11.8.5 Addition von Festkommazahlen im Q-Format

Grundsätzlich lassen sich die vorgestellten Addierer auch zur Addition von Festkommazahlen im Q-Format anwenden. Allerdings ist darauf zu achten, dass beide Operanden die gleiche Anzahl von Vor- und Nachkommastellen besitzen. Gegebenenfalls sind die Operanden so zu verschieben, dass die Binärpunkte[1] übereinstimmen. Bei vorzeichenlosen Zahlen bedeutet dies ein Einfügen von führenden Nullen. Vorzeichenbehaftete Zahlen müssen hingegen in ihren führenden Bitstellen vorzeichenrichtig ergänzt werden. Dabei wird das jeweils führende Vorzeichenbit auf die führenden Bits der Operanden kopiert. Das interne Additionsergebnis, welches ein Bit breiter als die Operanden ist, muss in Anwendungen, bei denen der gleiche Hardwareaddierer in einem Akkumulator mehrfach hintereinander verwendet werden soll, auf die ursprüngliche Bitbreite reduziert werden.

In dem Beispiel in Listing 11.13 wird angenommen, dass beide vorzeichenbehafteten Operanden eine Breite von 16 Bit haben, allerdings mit unterschiedlicher Lage des Binärpunkts. A liegt im s3Q12-Format vor und B im s1Q14-Format. Da die Berechnung erfordert, dass die Lage des Binärpunkts beider Operanden adjustiert werden muss und das Ergebnis unter Berücksichtigung möglicher Additionsüberläufe abgespeichert werden soll, ergibt sich das folgende Schema mit Ergebnis im s4Q11-Format:

$$A: \quad s \quad a_{14} \ a_{13} \ a_{12} \ . \ a_{11} \ldots \ a_0$$

$$B: \quad\quad\quad s \quad b_{14} \ . \ b_{13} \ \ldots \ b_2 \ b_1 \ b_0$$

$$RESULT: \ s \ r_{14} \ r_{13} \ r_{12} \ r_{11} \ . \ r_{10} \ \ldots \ r_0$$

Im Quellcode sind die folgenden Dinge hervorzuheben:
- Der in Listing 11.9 vorgestellte Ripple-Carry-Addierer kann über eine `generic map`-Anweisung als 16-Bit-Addierer instanziiert werden.
- Der Operand B muss mit zwei Bit vorzeichengerecht ergänzt werden, damit die Lage der Binärpunkte beider Operanden übereinstimmt.
- Das auszugebende 16-Bit-Ergebnis befindet sich in den oberen 16 Bit des 17 Bit breiten Additionsergebnisses TEMP_RES.

Das Beispiel macht deutlich, dass beim Verschieben des Binärpunktes der Operand B in den letzten beiden Bitstellen und das Summationsergebnis in der letzten Bitstelle abgeschnitten wurden. Derartige Abschneideeffekte können bei Algorithmen der digitalen Signalverarbeitung zu Problemen führen und müssen daher sorgfältig analysiert werden.

---

[1] Der Binärpunkt trennt, ähnlich wie der Dezimalpunkt bei den Dezimalzahlen, den Vorkomma- vom Nachkommateil der Zahl.

Listing 11.13: Addition von Festkommazahlen im Q-Format bei unterschiedlicher Position des Binärpunkts

```
entity FIX_POINT_ADD is
port( A : in bit_vector(15 downto 0);        -- s3Q12 Format
      B : in bit_vector(15 downto 0);        -- s1Q14 Format
      RESULT : out bit_vector(15 downto 0)   -- s4Q11 Format
);
end FIX_POINT_ADD;


architecture A of FIX_POINT_ADD is
constant CI: bit :='0';
signal OPA, OPB: bit_vector(15 downto 0);       -- 16 Bit
signal TEMP_RES: bit_vector(16 downto 0);

begin
    OPA <= A;
    OPB <= B(15) & B(15) & B(15 downto 2);      -- 2 + 14 Bit
ADD: entity work.N_BIT_ADD
    generic map(N=>16)
    port map( A=>OPA, B=>OPB, CI=>CI, SUM=>TEMP_RES);
    RESULT <=TEMP_RES(16 downto 1);
end A;
```

11.9 Hardwaremultiplizierer

Ähnlich wie bei der schriftlichen Multiplikation wird auch in der Digitaltechnik die Multiplikation von Festkommazahlen auf die Addition von Teilprodukten zurückgeführt. Dabei wird für rationale Zahlen ebenfalls das Q-Format verwendet. Bild 11.17 zeigt das Berechnungsprinzip zunächst mit *vorzeichenlosen* 1Q3 Zahlen:

- Eine 1 im Multiplikator bewirkt, dass als Partialprodukt der Multiplikand addiert wird.
- Eine 0 des Multiplikators bewirkt, dass als Partialprodukt eine 0 addiert wird.
- Nach jeder Bitstelle des Multiplikators wird das nächste Partialprodukt um eine Stelle nach links verschoben.
- Alle Partialprodukte werden unter Berücksichtigung der Überträge aufaddiert.
- Die Anzahl der Nachkommastellen ergibt sich aus der Summe der Nachkommastellen beider Operanden.
- Die Anzahl der Ergebnisbits ist die Summe aller Operandenbits, dafür muss ggf. eine führende Null ergänzt werden, die alternativ auch einen Überlauf auffangen kann.

Multiplikator | 1 1 1 0 | 1 + 0.5 + 0.25 = 1.75

Multiplikand | 0 1 1 0 | 0.5 + 0.25 = 0.75

```
            0  0  0  0
         0  1  1  0  .
      0  1  1  0  .  .
   0  1  1  0  .  .  .
```

| 0 1 0 1 0 1 0 0 | 1 + 0.25 + 0.0625 = 1.3125

Erweiterung auf 8 Bit

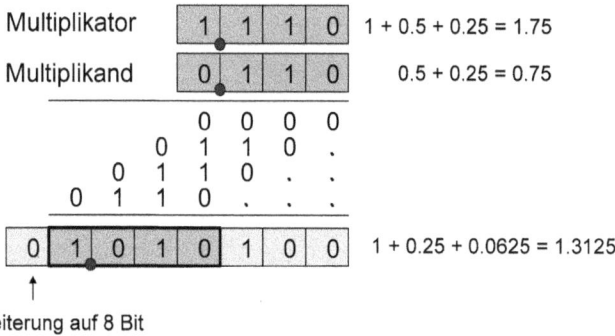

Bild 11.17: Multiplikation zweier vorzeichenloser Zahlen im 1Q3-Format

In dem in Bild 11.17 dargestellten Beispiel der Multiplikation der 1Q3-Zahlen wird $1.75 \cdot 0.75 = 1.3125$ berechnet. Bei der Bewertung des Multiplikationsergebnisses ist zu beachten:

> Zur Vermeidung von Überläufen ist die Bitbreite des Multiplikationsergebnisses durch die Summe der Bitbreiten der Operanden gegeben. Die Anzahl der Stellen nach dem Komma wird durch die Summe der Nachkommastellen beider Operanden bestimmt.

Bei der Multiplikation *vorzeichenbehafteter* Zahlen im Q-Format sind durch die 2er-Komplementdarstellung zusätzlich drei Dinge zu berücksichtigen:
–   Die einzelnen Partialsummen müssen durch führende Bits vorzeichengerecht so ergänzt werden, dass die Anzahl der Bits der ersten Partialsumme der Summe der Bitlängen der Operanden entspricht. In Bild 11.18 sind diese zusätzlichen Bits kursiv dargestellt.
–   Falls der Multiplikator negativ ist, so muss bei der letzten Partialsummenbildung der Multiplikand in seiner 2er-Komplementdarstellung addiert werden (vgl. Bild 11.18).
–   Eventuell vorhandene, führende Übertragsbits sind zu streichen damit die Anzahl der Ergebnisbits gleich der Summe der Operandenbits ist.

In vielen Anwendungen der digitalen Signalverarbeitung muss das Multiplikationsergebnis vor einer weiteren Verarbeitung wieder auf die geringere Bitbreite der Operanden gebracht werden. In Bild 11.17 und Bild 11.18 sind die vier relevanten Ergebnisbitstellen unter Berücksichtigung der Lage des Binärpunkts dunkelgrau dargestellt. Beiden Bildern ist zu entnehmen, dass mögliche Multiplikationsüberläufe ignoriert werden sowie die niederwertigen Bitstellen abgeschnitten werden, womit sich in Bild 11.17 ein Multiplikationsergebnis von 1.25 und in Bild 11.18 ein Ergebnis von 0.125 ergibt. Ein derartiger Genauigkeitsverlust kann in Anwendungen der digita-

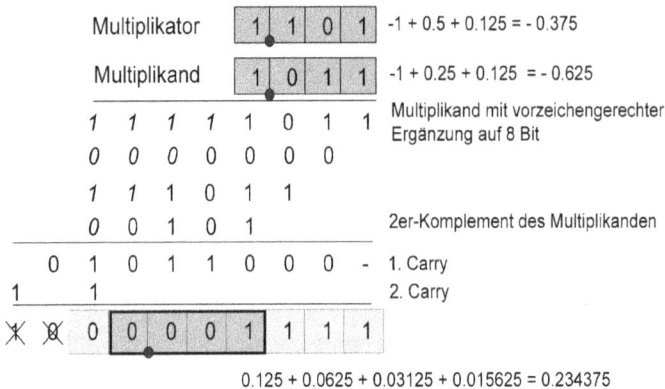

Bild 11.18: Multiplikation zweier vorzeichenbehafteter Zahlen im sQ3-Format. Die einzelnen Partial-summen müssen vorzeichengerecht ergänzt werden (kursiv dargestellt)

len Signalverarbeitung zu inakzeptablen Störungen führen, sodass in der konkreten Anwendung die minimal akzeptable Bitbreite genau überprüft werden muss.

Das Beispiel in Listing 11.14 zeigt die Verwendung eines auf einem älteren Xilinx-FPGA [41] vorhandenen Hardwaremultiplizierers MULT18x18, der von dem XST-Synthesewerkzeug [38] verwendet wird.

Listing 11.14: VHDL-Modell zur Instanziierung eines Hardwaremultiplizierers auf einem Xilinx-FPGA

```
library unisim;      -- Bibliothek mit Verhaltensmodellen
use unisim.all;      -- von Xilinx FPGA Komponenten
. . .
architecture TEST of FPGA_MULT is
component MULT18x18 is           -- Hardwaremultiplizierer in XST
  port (
    P : out bit_vector(35 downto 0);
    A : in  bit_vector(17 downto 0);
    B : in  bit_vector(17 downto 0));
end component MULT18x18;
signal OPA, OPB : bit_vector(17 downto 0);
signal MULT1, MULT2, ERG: bit_vector(15 downto 0);
signal PROD : bit_vector(35 downto 0);


begin
OPA <= MULT1(15) & MULT1(15) & MULT1;   -- Vorzeichenerweiterung
OPB <= MULT2(15) & MULT2(15) & MULT2;   -- Vorzeichenerweiterung
MULT18x18_I1 : MULT18x18       -- Kombinatorischer 18x18 Bit Multiplizierer
```

```
port map (
        P   => PROD,
        A   => OPA,
        B   => OPB
    );
ERG <= PROD(30 downto 15);
end TEST;
```

Die Operanden dieser Multiplizierer sind 18 Bit breit und das Ergebnis hat eine Breite von 36 Bit. Da die beiden Operanden MULT1 und MULT2 in dem Beispiel mit einer Bitbreite von 16 Bit (in der Programmiersprache C: *short signed int*) zur Verfügung gestellt werden, muss zunächst wieder eine vorzeichengerechte Ergänzung erfolgen. In diesem Fall sind dafür bei beiden Operanden zwei Bit erforderlich. Die Komponenteninstanziierung verwendet den Bibliotheksnamen MULT18x18_I1 und das Produkt wird im Signal PROD abgelegt. Wenn das Ergebnis nun mit einem Vorzeichen und 15 signifikanten Bits zurückgegeben werden soll, so entspricht dies den Bitstellen 30..15, denn durch die vorzeichengerechte Ergänzung besitzen die Operanden jeweils 3 Vorzeichenbits. Im Ergebnis befinden sich also 6 Vorzeichenbits, von denen die führenden 5 verworfen werden können.

T **Tipp:** Viele Algorithmen der digitalen Signalverarbeitung erfordern die Berechnung einer Summe vieler Teilprodukte. Wie oben gezeigt, kann es bei der Addition zu Überträgen kommen, die ein zusätzliches führendes Bit erfordern, um eine Verfälschung des Vorzeichenbits zu verhindern. Das zusätzliche Vorzeichenbit, welches bei der Multiplikation entsteht, muss also nicht verworfen werden, wenn es nachfolgend dabei hilft, Additionsüberläufe zu vermeiden. Im Gegenteil kann es sogar sinnvoll sein, zusätzliche Bits einzuführen, die temporäre Überläufe verhindern. Die Behandlung dieser Guard-Bits in VHDL wird z. B. in [2] vorgestellt.

Das Verwerfen der niederwertigen 15 Bits entspricht aus arithmetischer Sicht einer Division des Multiplikationsergebnisses durch 2^{15}. Das verkürzte Ergebnis ERG aus Listing 11.14 ist also nur dann ungleich null, wenn der Betrag des Produkts OPA * OPB größer als 2^{15} ist. ∎

11.10 Arithmetik in VHDL

Im ursprünglichen VHDL-Standard wurden arithmetische Operationen überhaupt nicht unterstützt. Aus diesem Grunde hatte es zunächst mehrere Initiativen unterschiedlicher Firmen gegeben, diese Operationen durch Einbindung proprietärer Arithmetik-Bibliotheken zu unterstützen. Sehr weit verbreitet ist der Quasistandard der Fa. Synopsys [9]. Darin werden die arithmetischen Operatoren auf Signalen und

Variablen des Datentyps `std_logic_vector` definiert. Allerdings müssen alle Signale bzw. Variablen innerhalb einer `entity` bzw. `architecture` *entweder* nur vorzeichenlos *oder* aber vorzeichenbehaftet sein. Eine Mischung beider Typen innerhalb einer Entwurfseinheit ist mit diesen Bibliotheken nicht möglich. Die Anwendung erfordert eine zusätzliche Bibliothekskonfiguration (`use`-Anweisung), bei der man sich für vorzeichenlose oder vorzeichenbehaftete Arithmetik entscheiden muss (im Beispiel ist die nicht verwendete vorzeichenbehaftete Arithmetik auskommentiert):

```
library ieee;
use ieee.std_logic_1164.all;
use ieee.std_logic_unsigned.all;  -- nur vorzeichenlose Operationen
-- use ieee.std_logic_signed.all; -- nur vorzeichenbehaftete Operationen
```

Üblicherweise wird daher die im Standard IEEE 1076.3 [12] definierte `numeric_std` Bibliothek verwendet, die für arithmetische Operationen zwei neue Datentypen definiert, die intern auf den Datentyp `std_logic_vector` abgebildet werden:
- `unsigned` für vorzeichenlose Operationen
- `signed` für vorzeichenbehaftete Operationen

Die Verwendung dieses Standards, der auch in den nachfolgenden Beispielen verwendet wird, erfordert die folgenden Zeilen am Beginn des Quellcodes:

```
library ieee;
use ieee.std_logic_1164.all;
use ieee.numeric_std.all; -- Operationen mit Datentypen signed und
                          -- unsigned
```

Die in VHDL unterstützten arithmetischen Vergleichsoperatoren sind in der Tabelle 11.6 aufgeführt. Diese können z. B. in einer bedingten Signalzuweisung oder einer `if`-Anweisung verwendet werden. Zusätzlich sind Arithmetikoperatoren definiert (vgl. Tabelle 11.7). Insbesondere sind dort auch Anmerkungen zur Synthesefähigkeit der Operatoren angegeben.

Tab. 11.6: Vergleichsoperatoren in VHDL

Vergleichsoperator	Bedeutung	Beispiel
=	gleich	... when A = B ...
/=	ungleich	... when A /= B ...
<	kleiner	... when A < B ...
<=	kleiner oder gleich	... when A <= B ...
>	größer	... when A > B ...
>=	größer oder gleich	... when A >= B ...

Tab. 11.7: Arithmetische Operatoren bzw. Funktionsaufrufe in VHDL

Operator	Bedeutung	Beispiel	Synthesefähigkeit
+	Addition	Y <= A + B	synthesefähig
-	Subtraktion	Y <= A – B	synthesefähig
abs	Absolutwert	Y <= abs(A)	synthesefähig
*	Multiplikation	Y <= A * B	synthesefähig
/	Division	Y <= A / B	meist nicht synthesefähig
**	Potenzbildung	Y <= 2**A	nur Potenzen von 2 erlaubt
mod	Rest der Division A/B A mod B = A – B*n; (n ist der ganzz. Teil der Division). Vorzeichen des Erg. ist das von B.	Y <= A mod B	synthesefähig, falls B Zweierpotenz von 2 Beispiele s. z. B. [33] und [34]
rem	Rest der Division A/B. A rem B = A – (A/B)*B Vorzeichen des Erg. ist das von A.	Y <= A rem B	synthesefähig, falls B Zweierpotenz von 2 Beispiele s. z. B. [2, 33] und [34]
shift_left()	Links schieben um N Bit	Y <= shift_left(A, 3) (3 Bit links schieben)	synthesefähig; die höchstwertigen Bits gehen verloren, rechts wird mit Nullen aufgefüllt
shift_right()	Rechts schieben um N Bit	Y <= shift_right(A, 3) (3 Bit rechts schieben)	synthesefähig; die niederwertigen Bits gehen verloren, links wird vorzeichengerecht ergänzt
rotate_left()	Links rotieren um N Bit	Y <= rotate_left(A, 2) (2 Bit links rotieren)	synthesefähig; die links herausgeschobenen Bits werden rechts hinein geschoben
rotate_right()	Rechts rotieren um N Bit	Y <= rotate_right(A, 2) (2 Bit rechts rotieren)	synthesefähig; die rechts herausgeschobenen Bits werden links hinein geschoben

B **Beispiel 11.4** (Die Funktion der Schiebeoperatoren shift_right und rotate_right):
Unter der Annahme, dass das als signed deklarierte Signal A = 1000_2 = -8_{10} ist,
ergibt:

Y <= shift_right(A,3)

das Ergebnis Y = 1111_2 = -1_{10} ist also das vorzeichengerechte Divisionsergebnis von
$-8_{10}/2^3$. Bei der Operation

Y <= rotate_right(A,3)

ist das Ergebnis dagegen Y = 0001_2 = 1_{10}. Dabei geht das Vorzeichen verloren. ■

In vielen Synthesewerkzeugen werden beide Gruppen von Operatoren als optimiertes
Schaltungsmakro identifiziert und durch diese ersetzt, sofern für dieses Makro eine
vom Hardwarehersteller zur Verfügung gestellte Entsprechung in der Entwurfsbiblio-
thek existiert. Falls entsprechende Hardwareelemente nicht existieren, wird das Makro in logische Grundelemente aufgelöst. Unter Verwendung der numeric_std-Biblio-
thek kann z. B. der in Listing 11.14 instanziierte Hardwaremultiplizierer auch durch
eine nebenläufige Signalzuweisung ersetzt werden:

```
library ieee;
use ieee.std_logic_1164.all;
use ieee.numeric_std.all;
. . .
signal OPA, OPB : signed(17 downto 0);
signal PROD : signed(35 downto 0);
. . .
PROD <= OPA * OPB;
. . .
```

Im praktischen Umgang mit Hardwarearithmetik tritt häufig die Situation auf, dass
einzelne Bits bzw. Bitgruppen eines arithmetischen Operanden bzw. Ergebnisses als
bit- bzw. std_logic-Signal zu behandeln sind. Zur Vermeidung von Syntaxfehlern
müssen in diesen Fällen häufig eine oder mehrere Datentypkonversionen durchgeführt werden. Zusätzlich zu den in Tabelle 10.6 bereits vorgestellten Konversionsfunktionen, die in der Bibliothek ieee.std_logic_1164 definiert sind, kommen die in
Tabelle 11.8 aufgeführten Konversionsfunktionen der Bibliothek ieee.numeric_std
zum Einsatz.

Es ist auch möglich, für arithmetische Operationen vorzeichenbehafteter Zahlen
den VHDL-Standarddatentyp integer bzw. für vorzeichenlose Zahlen den Datentyp
natural zu nutzen. Beide Datentypen verwenden jedoch ohne weitere Angabe Signale
mit einer Breite von 32 Bit, womit in den meisten Fällen unnötig Hardwareressourcen
verschwendet werden. Daher ist unbedingt zu empfehlen, den Zahlenbereich durch

Tab. 11.8: Konversionsfunktionen der Bibliothek `ieee.numeric_std`. Man beachte, dass die Groß-/ Kleinschreibung in den Funktionsnamen der ersten Spalte beliebig ist

Konversionsfunktion	ARG1	ARG2	Ergebnistyp
to_integer(ARG1)	unsigned	–	integer
	signed	–	integer
unsigned(ARG1)	signed	–	unsigned
	std_logic_vector	–	unsigned
to_unsigned(ARG1,ARG2)	natural	Anzahl der Bits im Ergebnis	unsigned
signed(ARG1)	unsigned	–	signed
	std_logic_vector	–	signed
to_signed(ARG1,ARG2)	integer	Anzahl der Bits im Ergebnis	signed
resize(ARG1,ARG2)	signed	Anzahl der Bits im Ergebnis	signed
	unsigned		unsigned

eine subtype-Deklaration einzuschränken. Die Addition einer 4-Bit-Zweierkomplementzahl sieht damit wie folgt aus:

```
subtype INT_4BIT is integer range -8 to 7;
signal A,B,SUM : INT_4BIT;
begin
  . . .
  SUM <= A + B;
  . . .
end;
```

Im praktischen Umgang mit arithmetischen Anwendungen erweist sich der integer-Datentyp meist als wenig geeignet, weil kein automatischer Überlauf (engl. wrap around) erfolgt, wenn der deklarierte Zahlenbereich überschritten wird. Der Simulator gibt eine Laufzeitfehlermeldung aus.

Hingegen erfolgt der indizierte Zugriff, z. B. auf einzelne Bits eines Signalvektors immer über den integer-Datentyp. Wenn dynamisch auf ein indiziertes Element zugegriffen werden soll, so ist die in der ieee.numeric_std Bibliothek deklarierte Funktion to_integer() zu verwenden.

Beispiel 11.5 (Dynamischer Zugriff auf einzelne Bits eines Signalvektors): Ein Hardwarefunktionsblock soll über eine Bitadresse dynamisch die einzelnen Bits einer Zahl auslesen können (vgl. Bild 11.19).

In dem Listing 11.15 wird eine Lösung vorgeschlagen, wie mit dem Signal BITADDR auf das Signal ZAHL zugegriffen werden kann. Das Ergebnis wird als Signal BITWERT ausgegeben. Der VHDL-Code zeigt, dass vor der Umwandlung in den integer-Datentyp die Konversionsfunktion unsigned() auf das als std_logic_vector deklarierte Signal BITADDR angewendet werden muss.

BITADDR = 1100

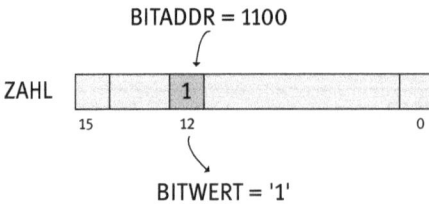

Bild 11.19: Dynamischer Zugriff auf den Bitwert einer 16-Bit-Zahl über eine Bitadresse

Listing 11.15: Indizierter Zugriff auf die einzelnen Bits des Signalvektors ZAHL mithilfe der Funktion to_integer

```vhdl
library ieee;
use ieee.std_logic_1164.all;
use ieee.numeric_std.all;          -- Erforderlich für indizierten Zugriff

entity IND_ZUGRIFF is
    port( ZAHL: in signed(15 downto 0);
          BITADDR: in std_logic_vector(3 downto 0);
          BITWERT: out std_logic
        );
end IND_ZUGRIFF;

architecture A of IND_ZUGRIFF is
begin
    BITWERT <= ZAHL(to_integer(unsigned(BITADDR)));
end A;
```

11.11 Vertiefende Aufgaben

Aufgabe 11.1: Beantworten Sie die folgenden Verständnisfragen:

a) Wie nennt man die Signale, die die Funktion von Datenpfadkomponenten steuern? Wie nennt man die steuernden Ausgangssignale der Datenpfadkomponenten?

b) Was ist ein Prioritätsencoder? Welche Eigenschaften besitzt er?

c) Mit welcher sequenziellen VHDL-Anweisung modellieren Sie einen Prioritätsencoder? Mit welcher nebenläufigen VHDL-Anweisung modellieren Sie einen Prioritätsencoder?

d) Welche Funktion besitzt ein Demultiplexer? Mit welcher sequenziellen VHDL-Anweisung modellieren Sie einen Demultiplexer?

e) Worin besteht die Aufgabe eines Komparators?

f) Wie unterscheiden sich Ripple-Carry- und Carry-Lookahead-Addierer-Strukturen? Nennen Sie Vor- und Nachteile beider Strukturen.

g) Welche drei Modellierungsstile stehen Ihnen zur Erzeugung von digitaler Hardware in VHDL zur Verfügung?

h) Welchen VHDL-Datentyp verwenden Sie, um auf einfachem Wege eine Addition oder Multiplikation durchzuführen?

i) Sie sollen zwei Zahlen im Q3-Format miteinander multiplizieren. Wie groß ist die Bitbreite des Multiplikationsergebnisses?

j) Welchen VHDL-Operator können Sie verwenden, um bei der Komponenteninstanziierung die aktuellen Signalwerte an die Komponenten zu übergeben? Welche Signale stehen links und welche rechts vom Operator? ∎

Aufgabe 11.2: Entwerfen Sie ein hierarchisches VHDL-Modell eines Multiplexer/Demultiplexer-Systems zur Übertragung auf einer Ein-Draht-Leitung. Dabei sind insgesamt 8 Signalquellen (Sender) und 4 Signalsenken (Empfänger) zu berücksichtigen. Entwerfen Sie zunächst geeignete MUX- und DMUX-Komponenten und anschließend eine Top-Level-entity, die diese Komponenten zusammen mit der Übertragungsleitung instanziiert. Verifizieren Sie Ihren Entwurf mit einer VHDL-Testbench. ∎

Aufgabe 11.3: Entwerfen Sie einen 8-Bit-Ripple-Carry-Addierer als hierarchisches VHDL-Modell mit symbolischen Verzögerungszeiten. Simulieren Sie das Best-Case- und Worst-Case-Verzögerungsverhalten. Begründen Sie die Wahl Ihrer Eingangsoperanden für diese beiden Fälle. ∎

Aufgabe 11.4: Entwerfen Sie einen kombinierten 4-Bit-Ripple-Carry-Addierer/Subtrahierer für 2er-Komplementarithmetik. Falls das Steuersignal SEL = 1 ist, so wird subtrahiert, andernfalls wird addiert.

Stellen Sie die Wahrheitstabelle eines 1-Bit-Volladdierer/Subtrahierers auf und ermitteln Sie die minimierten Funktionen SUM und CO als Funktion der Eingangssignale A, B, CI und SEL. Beachten Sie, dass die Carry-Signale bei der Subtraktion L-aktiv sein sollen.

Schreiben Sie nun ein VHDL-Modell für diese Komponente und erstellen Sie ein hierarchisches Ripple-Carry-Modell für den 4-Bit-Addierer/Subtrahierer. Verifizieren Sie die korrekte Funktion sowie das Ripple-Carry-Verhalten für geeignete Eingangsoperanden. ∎

Aufgabe 11.5: Die Zahlen A = 5.75 und B = 1.9375 liegen jeweils in 6-Bit-2er-Komplementdarstellung vor. Berechnen Sie das Produkt dieser Zahlen gemäß Bild 11.17. Wie breit ist der bit_vector des Additionsergebnisses in 2er-Komplementdarstellung, wenn sichergestellt sein soll, dass auch bei anderen Operanden A und B niemals ein Additionsüberlauf stattfindet? Entwerfen Sie das VHDL-Modell eines Addierers, der diese Zahlen ohne Genauigkeitsverlust addiert. ∎

A **Aufgabe 11.6:** Der Multiplikand −3 ist mit dem Multiplikator −5 binär zu multiplizieren. Verwenden Sie das Schema aus Bild 11.18. ∎

A **Aufgabe 11.7:** Entwerfen Sie eine arithmetisch-logische Einheit (ALU) für zwei 4 Bit breite, vorzeichenlose Operanden unter Verwendung geeigneter VHDL-Operatoren. Das Ergebnis soll ebenfalls 4 Bit breit sein. Außerdem sollen zwei Flags (Zero-, und Carry-Flag) erzeugt werden. Die Funktion der ALU wird von dem 2 Bit breiten Signal OPCODE wie folgt gesteuert:

OPCODE	Funktion	CFLAG
00	Addition A + B	1 falls Ergebnis > 0xF, sonst 0
01	Subtraktion A − B	1 falls Ergebnis < 0, sonst 0
10	Bitweise ODER-Verknüpfung	0
11	Bitweise UND-Verknüpfung	0

Das ZFLAG wird gesetzt, falls das ALU-Ergebni = 0 ist. Verwenden Sie für Ihren Entwurf die folgende `entity`:

```
entity ALU4 is
  port( A, B: in std_logic_vector(3 downto 0);    --4-Bit Operanden
        OPCODE: in bit_vector(1 downto 0);         --2-Bit OPCODE
        RESULT: out std_logic_vector(3 downto 0);  --4-Bit Ergebnis
        CFLAG, ZFLAG: out bit);                     --Carry/Zero Flag
end ALU4;
```

Beachten Sie, dass die Auswertung des Carry-Flags nur möglich ist, wenn die arithmetischen Operationen statt auf einer Operandenbreite von 4 Bit auf einer Breite von 5 Bit durchgeführt werden. Es empfiehlt sich daher, alle Operationen auf Basis von 5 Bit breiten Signalen durchzuführen. ∎

12 Latches und Flipflops in synchronen Schaltungen

Bereits in Kapitel 2 wurde das Konzept der Modellierung auf Register Transfer Level (RTL) phänomenologisch eingeführt. Wesentlicher Bestandteil ist dabei die Unterscheidung zwischen kombinatorischem und sequenziellem Verhalten. Während in den bisherigen Kapiteln dieses Lehrbuchs vorwiegend die kombinatorische Logik behandelt wurde, soll nun die sequenzielle Logik definiert werden.

Charakteristisch für das sequenzielle Verhalten einer Digitalschaltung ist die Fähigkeit einer „Erinnerung". Die Speicherung eines Zustands, z. B. den einer Maschine, erlaubt nun auch den Entwurf von Ablaufsteuerungen.

B **Beispiel 12.1** (Einfache Maschine zur Ablaufsteuerung): Es soll eine Maschine entworfen werden, die am Eingang einen Taster sowie am Ausgang eine LED besitzt (vgl. Bild 12.1).

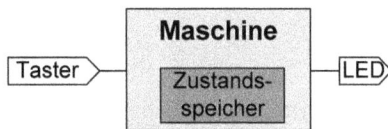

Bild 12.1: Maschine mit Speichereigenschaft

Die Maschine soll die folgende Ablaufsteuerung implementieren:
- Beim ersten Drücken des Tasters geht die LED an.
- Beim zweiten Drücken des Tasters geht die LED aus.

Beim Entwurf der Maschine ist ein Baustein erforderlich, der den Zustand des Tasters mit einem Bit abspeichern kann, sodass jedes Drücken des Tasters eine unterschiedliche Reaktion der Maschine hervorruft. ∎

In endlichen Zustandsautomaten (engl. Finite State Machine, FSM), die in Kapitel 13 vorgestellt werden, existiert eine größere, aber endliche Menge solcher Zustände und es ist demnach eine endliche Anzahl von Speicherelementen erforderlich. Diese Bauelemente werden wir nachfolgend als Latches bzw. Flipflops bezeichnen. In der deutschen Fachliteratur werden diese Begriffe teilweise synonym verwendet. In diesem Lehrbuch soll jedoch die in der angloamerikanischen Literatur sehr verbreitete Unterscheidung gemacht werden [6, 7]:

Latches werden durch Pegel angesteuert. Die Ausgänge eines Latches können sich zu jedem Zeitpunkt ändern. Flipflops bzw. Register werden hingegen durch Flanken, also Pegelübergänge angesteuert. Die Ausgänge von Flipflops können sich nur nach Wechsel eines Taktsignals ändern.

Charakteristisch für die Fähigkeit zur Speicherung eines einzelnen Bits in einer bistabilen Digitalschaltung ist die Rückführung eines Ausgangs auf den Eingang einer

https://doi.org/10.1515/9783110706970-012

kombinatorischen Schaltung z. B. durch zwei rückgekoppelte Inverter (vgl. dazu auch die 6-T-Speicherzelle in Bild 18.6). Obwohl in Kapitel 8.3 noch der Hinweis gegeben wurde, Schaltungen mit kombinatorischen Schleifen unbedingt zu vermeiden, da sie zum Schwingen neigen, wird beim RS-Latch eine programmierbare Rückkopplungsschaltung hier gezielt aufgebaut, um einen Zustand zu speichern. Allerdings wird bei der Ansteuerung des RS-Latches weiterhin sorgfältig darauf zu achten sein, dass dieses nicht ins Schwingen gerät.

Die Analyse der in den Speicherschaltungen vorhandenen kombinatorischen Rückkopplung erfordert sinnvollerweise die Berücksichtigung einer Zeitverzögerung, die in den VHDL-Modellen als symbolische Verzögerung modelliert wird. Formal wird dies durch die Begriffe „Zustand" und „Folgezustand" beschrieben:

> Zu jedem Zeitpunkt befindet sich eine sequenzielle Schaltung in einem definierten Zustand Z, der durch Zustandsbits in einem Zustandsregister gespeichert wird. Nach der Ansteuerung wird der vorausberechnete Folgezustand Z+ zum neuen aktuellen Zustand. Der jeweilige Folgezustand berechnet sich aus dem aktuellen Zustand, den aktuellen Eingangssignalen und einer kombinatorischen Übergangslogik.

Ähnlich wie eine Wahrheitstabelle das Verhalten der kombinatorischen Logik beschreibt, dient eine Folgezustandstabelle zur Beschreibung eines endlichen Zustandsautomaten.

12.1 Lernziele

Nach Durcharbeiten dieses Kapitels sollen Sie:
- das Rückkopplungsprinzip verstanden haben, mit dem sich einzelne Bits speichern lassen;
- das Verhalten von Latches und Flipflops durch Folgezustands-, Arbeits- und Synthesetabellen beschreiben können;
- zwischen Pegel- und Flankensteuerung unterscheiden können und die Vor- und Nachteile von D-Latches bzw. D-Flipflops kennen;
- das Ansteuerverhalten von RS- und D-Latches sowie D-, JK- und T-Flipflops kennen und in der Lage sein, diese durch VHDL-Modelle zu beschreiben;
- die zeitlichen Randbedingungen kennen, mit denen Latches und Flipflops angesteuert werden müssen;
- die Register-Transfer-Modellstruktur verstanden haben und in der Lage sein, die maximale Taktfrequenz zu bestimmen, mit der eine synchrone Digitalschaltung sicher betrieben werden kann;

12.2 Das RS-Latch

Als Bitspeicherelement soll zunächst das Basis-RS-Latch eingeführt werden, da es nachfolgend als zentrales Element in allen beschriebenen Latch- und Flipflop-Schaltungen verwendet wird.[1]

12.2.1 Basis-RS-Latch

Das Basis-RS-Latch besitzt zwei Eingänge R und S sowie in der Regel zwei Ausgänge Q und NQ. Den inneren Aufbau eines aus NOR-Gattern bestehenden RS-Latches sowie das Schaltsymbol zeigt Bild 12.2. Charakteristisch ist die wechselseitige Rückführung der beiden NOR-Ausgänge auf die Eingänge des jeweilig anderen NOR-Gatters. Das zeitliche Verhalten des Basis-RS-Latches soll anhand Bild 12.3 diskutiert werden. Die darin bezeichneten sechs Phasen sind in der Folgezustandstabelle Tabelle 12.1 erläutert:

- Phase 1: Falls S = 1 und R = 0 ist, so wird der Q-Ausgang gesetzt und NQ gelöscht. Der Eingang S wird daher als Setzeingang bezeichnet.
- Phasen 2 und 4: Für den Fall, dass S = 0 und R = 0 ist, ändern sich die Ausgangssignale Q und NQ nicht. Q bleibt 1 (in der Phase 2) bzw. 0 (in der Phase 4).
- Phase 3: Falls S = 0 und R = 1 ist, wird Q gelöscht und NQ gesetzt. Der Eingang R wird daher als Rücksetz- oder Löscheingang bezeichnet.
- Phase 5: Für den Fall, dass S = 1 und R = 1 ist, sind die beiden Ausgangssignale Q und NQ nicht mehr zueinander komplementär. Diese Ansteuerung sollte unbedingt vermieden werden, da sich das RS-Latch im irregulären Zustand befindet.
- Phase 6: Wenn nach irregulärer Ansteuerung versucht wird, durch S – 0 und R = 0 zu speichern, so gerät das RS-Latch ins Schwingen.

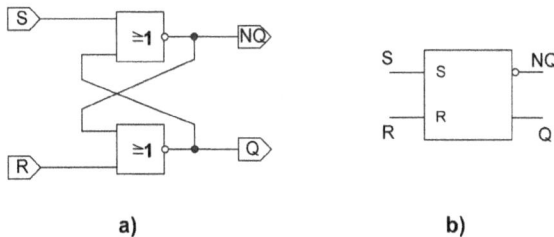

Bild 12.2: Innerer Aufbau a) und Schaltsymbol b) eines Basis-RS-Latches, welches aus rückgekoppelten NOR-Gattern besteht

[1] Moderne CMOS-Technologien verwenden anstatt eines RS-Latches gegenphasig angesteuerte Transmissionsgatter zum Aufbau einer Rückkopplungsschaltung [1].

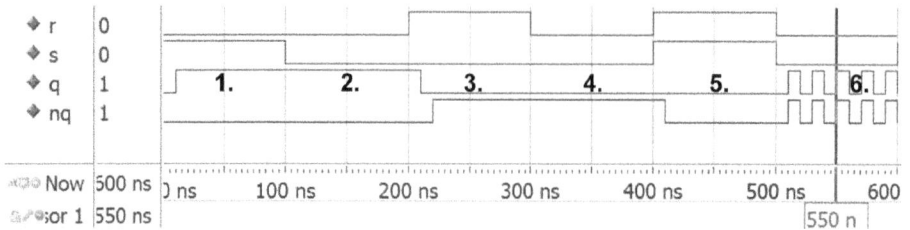

Bild 12.3: Verhalten des Basis-RS-Latches. Die Nummerierung der einzelnen Phasen 1. bis 5. entspricht der in Tabelle 12.1

Tab. 12.1: Folgezustandstabelle für das RS-Latch aus NOR-Gattern

Nr. in Bild 12.3	S	R	Q	Q$^+$	NQ$^+$	Bedeutung
4.	0	0	0	0	1	Speichern
2.	0	0	1	1	0	Speichern
3.	0	1	X	0	1	Löschen
1.	1	0	X	1	0	Setzen
5.	1	1	X	0	0	Irregulär

> Um den irregulären Zustand des RS-Latches zu vermeiden, darf dieses niemals mit R = S = 1 angesteuert werden.

In Tabelle 12.1 wird beschrieben, welcher Folgezustand Q$^+$ für die verschiedenen Ansteuerungsmöglichkeiten von R und S aus dem aktuellen Zustand Q heraus eingenommen wird (Folgezustandstabelle). Die gleiche Information lässt sich auch den Arbeits- bzw. Synthesetabellen Tabelle 12.2 entnehmen, die sich aus der Tabelle 12.1 ableiten lassen:

- Die Arbeitstabelle beschreibt in komprimierter Form, welcher Folgezustand eingenommen wird, wenn sich die Eingangssignale ändern.
- Die Synthesetabelle gibt Aufschluss darüber, wie die Eingänge angesteuert werden müssen, um von einem bestimmten Zustand ausgehend einen bestimmten Folgezustand zu erreichen.

Tab. 12.2: Arbeitstabelle a) und Synthesetabelle b) des RS-Latches aus NOR-Gattern

a)	S	R	Q$^+$	b)	Q	Q$^+$	S	R
	0	0	Q		0	0	0	X
	0	1	0		0	1	1	0
	1	0	1		1	0	0	1
	1	1	0		1	1	X	0

Q^+:

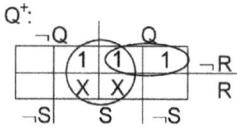

Bild 12.4: KV-Diagramm zur Bestimmung des Folgezustands

Unter der Annahme, dass der irreguläre Zustand niemals eingenommen wird, können im KV-Diagramm in Bild 12.4, das sich aus der Tabelle 12.1 ergibt, für den Fall R = S = 1 Don't-Care-Werte X angenommen werden. Daraus erhält man als sogenannte charakteristische Gleichung für das RS-Latch:

$$Q^+ = S \lor (Q \land \overline{R}) \quad \text{unter der Nebenbedingung} \quad S \land R = 0 \tag{12.1}$$

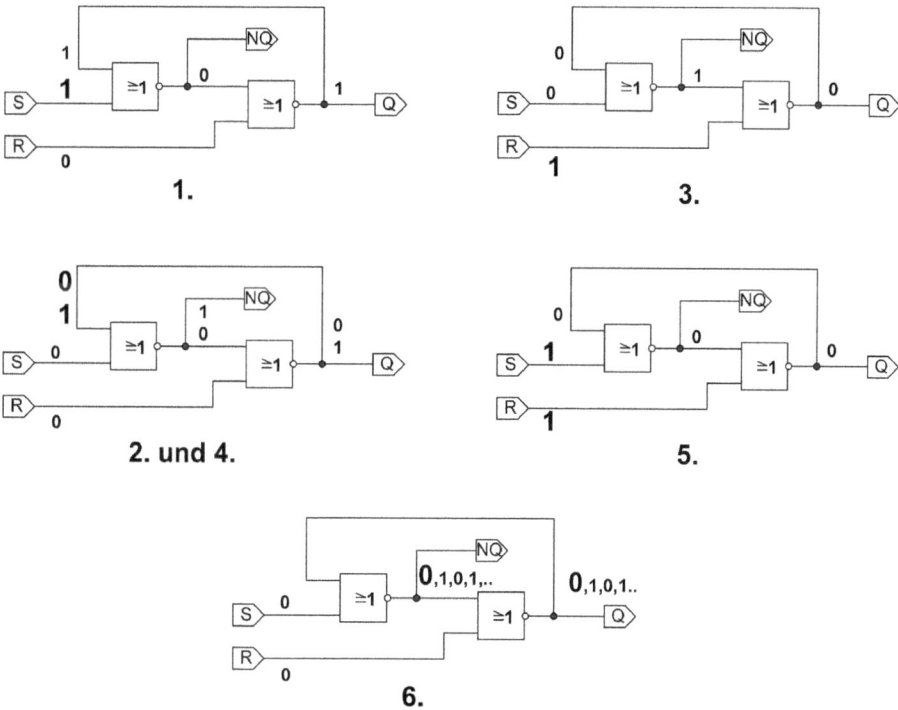

Bild 12.5: Analyse der Zustandsübergänge in dem RS-Latch aus NOR-Gattern

Für eine systematische Analyse des Folgezustandsverhaltens beim RS-Latch ist in Bild 12.5 die Rückkopplung der beiden NOR-Gatter[2] in Form einer Schleife dargestellt:

---

[2] Vgl. Tabelle 3.1: Mindestens eine 1 am Eingang eines NOR-Gatters löscht den Ausgang. Damit der NOR-Ausgang eine 1 liefert, müssen alle Eingänge 0 sein.

- Phase 1 (Setzen): Durch S = 1 wird der Ausgang des linken NOR-Gatters 0. Zusammen mit R = 0 erhält man am Ausgang des rechten NOR-Gatters eine 1.
- Phase 3 (Löschen): Durch R = 1 wird der Ausgang des rechten NOR-Gatters 0. Zusammen mit S = 0 erhält man am Ausgang des linken NOR-Gatters eine 1.
- Phasen 2 und 4 (Speichern): Unter der Annahme, dass am Rückführungseingang des linken NOR-Gatters eine 1 liegt, wird mit S = 0 der Ausgang des linken Gatters 0. Zusammen mit R = 0 wird der Ausgang 1 und bestätigt unsere Annahme. Die Schaltung ist stabil. Unter der Annahme hingegen, dass am linken Rückführungseingang eine 0 liegt, erhält man als Ausgang des linken NOR-Gatters eine 1. Diese führt am Ausgang des rechten NOR-Gatters zu einer 0. Die Schaltung ist ebenfalls stabil.
- Phase 5 (Irregulär): Mit S = 1 erhält man am Ausgang des linken NOR-Gatters 0 und mit R = 1 am Ausgang des rechten NOR-Gatters eine 0. Die beiden Ausgänge sind also nicht mehr komplementär zueinander.
- Phase 6 (Schwingen): Im irregulären Zustand ist Q = NQ = 0 gespeichert. Unter der Annahme, dass beide Eingänge gleichzeitig auf 0 gehen, werden beide NOR-Gatter nach einer Gatterlaufzeit 1. Dies bewirkt nachfolgend, dass beide Gatterausgänge nach einer weiteren Gatterlaufzeit wieder den Wert 0 annehmen usw. Das System schwingt also mit der Periode der doppelten NOR-Gatterlaufzeit.

Alternativ zu der Kreuzkopplung von NOR-Gattern lässt sich ein RS-Latch auch aus kreuzgekoppelten NAND-Gattern aufbauen. Dem Schaltungssymbol in Bild 12.6b ist zu entnehmen, dass in diesem Fall die Eingänge durch L-aktive Eingangssignale $\overline{R}$ und $\overline{S}$ anzusteuern sind.

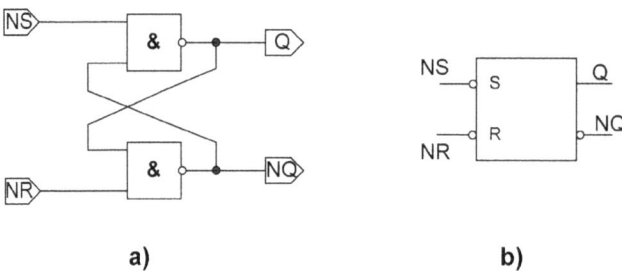

a)   b)

Bild 12.6: Innerer Aufbau a) und Schaltsymbol b) eines RS-Latches aus NAND-Gattern

Das in Bild 12.3 dargestellte Verhalten kreuzgekoppelter NOR-Gatter lässt sich mit dem in Listing 12.1 formulierten Datenflussmodell nachbilden. Darin werden zur Vermeidung von buffer-Port-Signalen die lokalen Signale Q_TEMP und NQ_TEMP als Ausgangssignale der kreuzgekoppelten NOR-Gatter definiert. Die Ausgangssignale Q und NQ sind Kopien dieser Signale.

Listing 12.1: VHDL-Datenflussmodell für das Basis-RS-Latch mit symbolischen Verzögerungszeiten

```vhdl
entity RSLATCH is
port( R, S : in bit; -- Setzen/Ruecksetzen
      Q, NQ: out bit);-- Ausgaenge
end RSLATCH;
-------------------------------------
architecture DATENFLUSS of RSLATCH is
signal Q_TEMP, NQ_TEMP: bit;
begin
NQ_TEMP <= S nor Q_TEMP after 10 ns;
Q_TEMP <= R nor NQ_TEMP after 10 ns;
NQ <= NQ_TEMP; -- Kopie an den Ausgang
Q <= Q_TEMP;   -- Kopie an den Ausgang
end DATENFLUSS;
```

Alternativ zum Datenflussmodell wird in Listing 12.2 ein Verhaltensmodell angegeben, welches auf dem Datentyp std_logic basiert und bei dem der irreguläre Zustand mit 'U' (undefiniert) modelliert wird. Dieses Modell implementiert die
in Bild 12.5 dargestellte kombinatorische Schleife, indem sich das Ausgangssignal
Q_TEMP des Prozesses in der Sensitivity-Liste des Prozesses befindet.

Listing 12.2: VHDL-Verhaltensmodell für das Basis-RS-Latch

```vhdl
library ieee;
use ieee.std_logic_1164.all;

entity RSLATCHX is
 port( R, S : in std_logic;      -- Setzen/Ruecksetzen
       Q, NQ: out std_logic);
end RSLATCHX;

architecture VERHALTEN of RSLATCHX is
signal Q_TEMP: std_logic;
begin
process(R, S, Q_TEMP)
begin
 if    (S='1' and R='0') then Q_TEMP <= '1' after 10 ns;    --Setzen
 elsif (S='0' and R='1') then Q_TEMP <= '0' after 10 ns;    --Rücksetzen
 elsif (S='0' and R='0') then Q_TEMP <=  Q_TEMP  after 10 ns;--Speichern
 else Q_TEMP <= 'U';                               --Irregulär
 end if;
```

```
end process;
Q <= Q_TEMP;
NQ <=  not Q_TEMP;
end VERHALTEN;
```

Für dieses Modell zeigt Listing 12.3 eine Testbench, die aus drei Elementen besteht:
- einem Stimulusprozess, der die Eingangssignale in dem zeitlichen Ablauf definiert, wie er in Bild 12.3 dargestellt ist,
- der Instanziierung der RS-Latch-Komponente unter dem Namen DUT (engl. Device Under Test),
- einem Monitorprozess, der für den Fall, dass die Ausgangssignale nicht komplementär zueinander sind, eine Warnung des Simulators ausgibt.

Listing 12.3: VHDL-Testbench zur Modellierung des RS-Latches

```
--  Testbench fuer RS-Latch
library ieee;
use ieee.std_logic_1164.all;
entity RSLATCHX_TB is
end RSLATCHX_TB;

architecture VERHALTEN of RSLATCHX_TB is
signal R, S, Q, NQ : std_logic;
component RSLATCHX is
  port( R, S : in std_logic;     -- Setzen/Ruecksetzen
        Q, NQ: out std_logic);   -- Ausgaenge
        end component;
begin
STIMULI: process          -- Teststimuli
begin
R <='0'; S <= '1';     wait for 100 ns; -- Setzen
R <='0'; S <= '0';     wait for 100 ns; -- Speichern
R <='1'; S <= '0';     wait for 100 ns; -- Löschen
R <='0'; S <= '0';     wait for 100 ns; -- Speichern
R <='1'; S <= '1';     wait for 100 ns; -- Irregulär
R <='0'; S <= '0';     wait for 100 ns; -- Speichern
end process STIMULI;

DUT: RSLATCHX
    port map(R, S, Q, NQ); -- Device under Test
MONITOR: process(Q, NQ)
```

```
begin
    assert (Q /= NQ)
    report "Fehler_bei_RS-Latch_Ansteuerung:_Q_=_NQ";
end process MONITOR;
end VERHALTEN;
```

12.2.2 Taktzustandsgesteuertes RS-Latch

In dem in Bild 12.7 dargestellten RS-Latch aus NAND-Gattern existiert ein zusätzlicher Eingang C, mit dem ein Takt vorgegeben werden kann. Durch eine Torschaltung (engl. gate circuit) aus zwei vorgeschalteten NAND-Gattern werden die beiden internen, L-aktiven Setz- bzw. Rücksetzsignale SI bzw. RI nur dann den Wert 0 annehmen, wenn zeitgleich zu den externen Signalen S = 1 bzw. R = 1 auch das Taktsignal C = 1 ist.

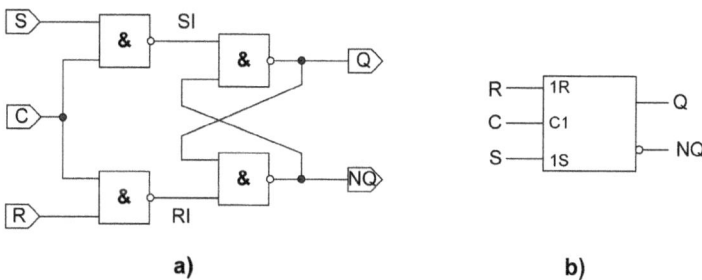

a)   b)

Bild 12.7: Struktur a) und Schaltsymbol b) des taktzustandsgesteuerten RS-Latches

Tab. 12.3: Wahrheits- bzw. Folgezustandstabelle für das taktzustandsgesteuerte RS-Latch

C	S	R	Q	SI	RI	Q	Q^+	Bedeutung
0	X	X	0	1	1	0	0	Speichern / Takttor
0	X	X	1	1	1	1	1	geschlossen
1	0	0	0	1	1	0	0	Speichern / Takttor
1	0	0	1	1	1	1	1	geöffnet
1	1	0	X	0	1	X	1	Setzen
1	0	1	X	1	0	X	0	Löschen
1	1	1	X	0	0	X	U	Irregulär

Tabelle 12.3 lässt sich entnehmen, dass sich bei geschlossenem Takttor (C = 0) das Ausgangssignal nicht ändert. Bei geöffnetem Takttor (C = 1) werden die internen Signale hingegen so gesetzt, dass sich die Kreuzkopplung der NAND-Gatter so verhält wie ein RS-Latch mit den L-aktiven Eingängen SI und RI.

Die Tatsache, dass die Steuerfunktion der R- und S-Eingänge vom Taktsignal abhängig ist, wird durch das standardisierte Schaltungssymbol in Bild 12.7b verdeutlicht. In der Abhängigkeitsnotation [42] wird u. a. definiert:

- Voneinander abhängige Anschlüsse, also Ein- oder Ausgänge werden mit Buchstaben und Kennzahlen markiert, wobei die Buchstaben die Art der Abhängigkeit und die Kennzahlen die Zuordnung beschreiben [3].
- Kennzahlen, die sich *hinter* Buchstaben befinden, sind *steuernde* Signale. Die Kennzahlen werden üblicherweise aufsteigend durchnummeriert.
- Wenn sich Kennzahlen *vor* Buchstaben befinden, werden die entsprechenden Signale durch das Signal *gesteuert*, welches diese Ziffer trägt.
- Der Buchstabe C bedeutet „erlaubt Aktion".
- Der Buchstabe S bedeutet „Setzen" und R bedeutet „Rücksetzen".

Somit besagt in Bild 12.7b die Kombination der Symbole C1 und 1R, dass das Signal am Eingang R nur dann die Aktion „Rücksetzen" ausführt, wenn das (Takt)signal am Eingang C gesetzt ist. Entsprechendes gilt für das Setzsignal S. Weitere Hinweise zur Verwendung der Abhängigkeitsnotation finden sich in Kapitel 15.2.1.

In dem in Listing 12.4 dargestellten Prozess wird das Verhalten des taktzustandsgesteuerten RS-Latches mit dem Datentyp `std_logic` modelliert. Charakteristisch für das Speicherverhalten des Latches ist, dass das Taktsignal C in einer übergeordneten `if`-Anweisung abgefragt wird und nur das Verhalten im `then`-Zweig beschrieben wird, ein `else`-Zweig existiert hingegen nicht (unvollständige `if`-Anweisung). Der VHDL-Standard [13] sieht in diesem Fall als Simulationssemantik ein speicherndes Verhalten vor und durch die Synthesesemantik wird ein D-Latch (vgl. Kapitel 12.3) instanziiert.

Listing 12.4: VHDL-Prozess zur Verhaltensmodellierung eines taktzustandsgesteuerten RS-Latches

```
RS: process(C, R, S, Q)
begin
 if C = '1' then
   if   (S='1' and R='0') then Q <= '1' after 10 ns;        --Setzen
        elsif (S='0' and R='1') then Q <= '0' after 10 ns; --Ruecksetzen
        elsif (S='0' and R='0') then Q <=  Q  after 10 ns; --Speichern
        else Q <= 'U' after 10 ns;                          --Irregulaer
   end if;
 end if;
end process RS;
```

Der in Bild 12.8 dargestellten Simulation des taktzustandsgesteuerten RS-Latches ist zu entnehmen, dass bei t = 0 trotz S = 1 das Ausgangssignal zunächst den `std_logic`-Wert U (gestrichelte Linie) annimmt, bis bei t = 50 ns das Takttor geöffnet ist. Ursache

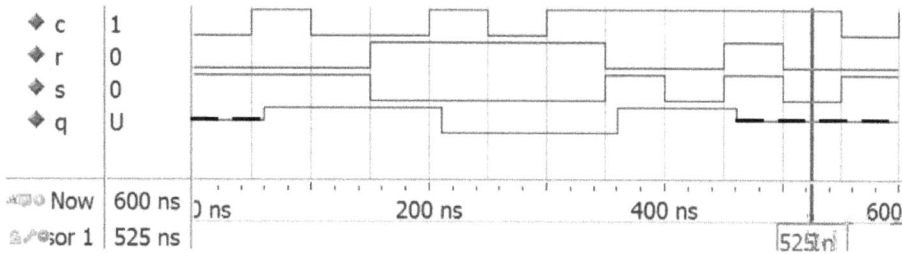

Bild 12.8: Zeitverhalten des taktzustandsgesteuerten RS-Latches, undefinierte Zustände sind gestrichelt dargestellt

dafür ist die Initialisierung von Signalen vom Typ `std_logic` im Simulator, die bis zur ersten Signalzuweisung genau diesen Wert vorsieht. Für den Fall R = S = 1 (zwischen 450 ns und 500 ns) wird bei geöffnetem Takttor der Wert U hingegen durch das Verhaltensmodell in Listing 12.4 zugewiesen. Dieser Zustand wird nur dann verlassen, wenn bei geöffnetem Takttor entweder die Setz- oder die Rücksetzbedingung erfüllt ist.

12.3 Das D-Latch (Data-Latch)

Ein Datenspeicher soll dazu dienen, in einer Schaltung Signale möglichst für die gesamte Periodendauer eines Taktes CLK konstant zu halten. Die nachfolgende Diskussion zeigt, dass diese Anforderung mit einem D-Latch nur eingeschränkt erfüllt werden kann, weswegen anstatt von D-Latches weitaus überwiegend D-Flipflops eingesetzt werden.

Ausgangspunkt der Diskussion ist das in Bild 12.9a dargestellte innere taktzustandsgesteuerte RS-Latch, bei dem der irreguläre Zustand dadurch überwunden wird, dass die Eingänge mit D = S = $\overline{R}$ angesteuert werden. Dadurch ist es möglich, die am D-Eingang anliegenden Datenbits zu speichern. Die Abhängigkeit vom Taktsignal CLK wird im Schaltsymbol Bild 12.9b wieder durch die Abhängigkeitsnotation verdeutlicht.

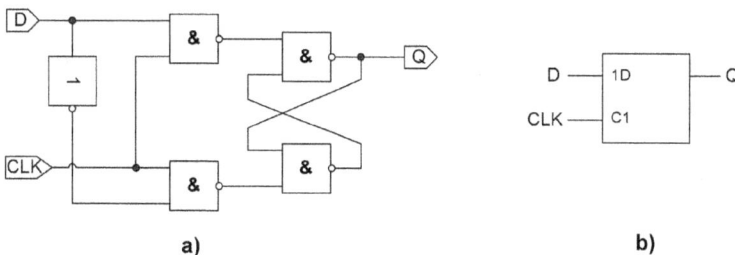

Bild 12.9: Struktur a) und Schaltsymbol b) des D-Latches

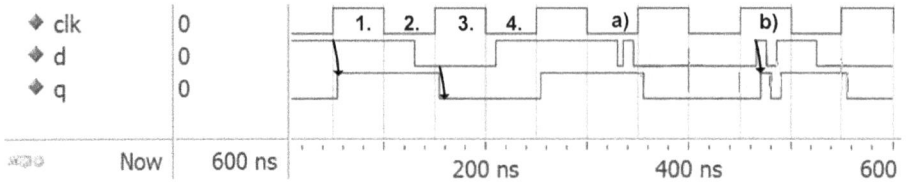

Bild 12.10: Zeitverhalten des D-Latches

Das Zeitverhalten des D-Latches wird in Bild 12.10 durch vier Phasen charakterisiert, die auch der Folgezustandstabelle Tabelle 12.4a zu entnehmen sind:
- Phasen 1 und 3: Während CLK = 1 wird der Wert des Dateneingangs übernommen (s. die Wirkungspfeile in Bild 12.10).
- Phasen 2 und 4: Während CLK = 0 ist das Eingangstor geschlossen und der Wert des D-Latches bleibt unverändert.

Tab. 12.4: Folgezustandstabelle a), Arbeitstabelle b) sowie Synthesetabelle c) für das D-Latch. In den Tabellen b) und c) wird CLK = 1 angenommen

a) CLK	D	Q	Q^+	b) D	Q	Q^+	c) Q	Q^+	D
0	X	0	0	0	0	0	0	0	0
0	X	1	1	0	1	0	0	1	1
1	0	X	0	1	0	1	1	0	0
1	1	X	1	1	1	1	1	1	1

Der Folgezustandstabelle (Tabelle 12.4a) ist nach Ersetzen der Don't-Care-Werte an den Eingängen durch KV-Minimierung die charakteristische Gleichung des D-Latches zu entnehmen:

$$Q^+ = (D \wedge CLK) \vee (Q \wedge \overline{CLK}) \tag{12.2}$$

Charakteristisch und nachteilig für das Verhalten des D-Latches ist sein transparentes Verhalten für CLK = 1, bei dem das Eingangssignal mit geringer Verzögerung an den Ausgang weitergereicht wird. Am Eingang vorhandene Hazards werden also an den Ausgang durchgereicht.

Das transparente Verhalten wird in Bild 12.10 durch die Phase b) verdeutlicht: Jede Änderung des Eingangssignals D zeigt sich nach kurzer Verzögerung am Ausgang Q. Während der Phase a) ist das Takttor hingegen geschlossen und die Hazards tauchen am Ausgang nicht auf. Wenn das D-Latch als Speicher mit definierter Zykluszeit arbeiten soll, so muss der Entwickler dafür sorgen, dass während des transparenten Zustands keine weiteren Signaländerungen am Eingang erfolgen.

Charakteristisch für das in Listing 12.5 angegebene Verhaltensmodell ist die unvollständige if-Anweisung ohne else-Zweig, die gemäß der VHDL-Synthesesemantik [12] ein D-Latch erzeugt. Um das transparente Verhalten modellieren zu können, müssen sich genau wie bei der kombinatorischen Logik alle Signale von if-Anweisungen sowie solche, die auf der rechten Seite von Signalzuweisungen stehen, in der Sensitivity-Liste des Prozesses befinden. Im Vergleich zur Modellierung kombinatorischer Logik besteht der Unterschied also ausschließlich in dem fehlenden else-Zweig. Genau darin besteht auch das in der Praxis leider nicht seltene Problem, dass durch „Vergessen" eines else-Zweiges versehentlich anstatt einer kombinatorischen Logik eine Speicherlogik mit D-Latch erzeugt wird.

Listing 12.5: VHDL-Modell des D-Latches

```
entity DLATCH is
        port( CLK, D : in bit;
                Q: out bit);
end DLATCH;

architecture VERHALTEN of DLATCH is
begin
process(CLK, D)
begin
        if CLK ='1' then
            Q <= D after 5 ns; --Daten übernehmen
        end if;
end process;
end VERHALTEN;
```

In VHDL wird ein Signal oder eine Variable dann zum D-Latch synthetisiert, wenn dem Signal bzw. der Variablen in einer if-Anweisung nicht in allen möglichen Verzweigungen ein Wert zugewiesen wird. Um sicher zu sein, dass ein Latch nicht versehentlich erzeugt wird, sollte allen Ausgangssignalen bzw. Variablen eines kombinatorischen Prozesses vor der ersten if-Verzweigung ein Defaultwert zugewiesen werden.
Ein D-Latch wird auch synthetisiert, wenn Variable zuerst verwendet werden, bevor sie eine Wertzuweisung erfahren.

12.4 D-Flipflops

D-Latches sind als Speicherelement in sequenziellen Schaltungen nicht zu empfehlen, da die Transparenz der Latches zu einem unerwarteten Verhalten und schwerwiegenden Fehlern beim Schaltverhalten führen kann. Seit vielen Jahren werden daher überwiegend flankengesteuerte Speicherelemente (Flipflops) verwendet. Aus diesem

Grunde wurde das prinzipielle Verhalten von D-Flipflops in diesem Lehrbuch auch bereits in Kapitel 2.4.2 eingeführt.

D-Flipflops haben den Vorteil, dass das Takttor nur während eines kurzen Entscheidungsintervalls nahe der aktiven Flanke geöffnet ist. Kurzzeitige Störungen am Dateneingang müssen also nur während des Entscheidungsintervalls vermieden werden. Das Prinzip der Flankensteuerung lässt sich verstehen, wenn man sich ein D-Flipflop aus zwei in Reihe geschalteten D-Latches vorstellt (vgl. Bild 12.11a), von denen das erste durch einen L-aktiven CLK-Pegel gesteuert wird und das zweite durch einen H-aktiven CLK-Pegel. Charakteristisch für die Flankensteuerung ist im Schaltsymbol Bild 12.11b das Dreieck am Takteingang, mit dem eine Takt*flanken*abhängigkeit gekennzeichnet wird.

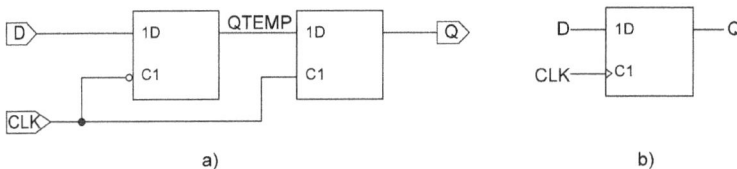

a)   b)

Bild 12.11: Aufbau eines D-Flipflops aus zwei D-Latches a) und Schaltsymbol b)

Listing 12.6: Strukturmodell eines flankengesteuerten D-Flipflops, welches aus zwei D-Latches besteht

```
entity DFF_2_LATCH is
        port( CLK, D : in bit;
                Q: out bit);
end DFF_2_LATCH ;


architecture STRUKTUR of DFF_2_LATCH  is
signal INVCLK, QTEMP: bit;                  -- Koppelsignale


begin
INVCLK <= not CLK;                          -- invertierter Takt
DLATCH1: entity work.DLATCH port map(INVCLK, D, QTEMP);
                                            -- transparent bei CLK = 0
DLATCH2: entity work.DLATCH port map(CLK, QTEMP, Q);
                                            -- transparent bei CLK = 1
end STRUKTUR;
```

Die Schaltung des D-Flipflops aus Bild 12.11a ist im Listing 12.6 als VHDL-Strukturmodell dargestellt. Die beiden D-Latches werden darin als Komponenten der entity aus

Listing 12.5 instanziiert. Die Torschaltung des ersten D-Latches wird mit dem invertierten Takt INVCLK und die des zweiten direkt durch den Takt CLK geöffnet. Dies hat die folgende Wirkung (vgl. Bild 12.12):

- In der L-Phase des Taktes wird der Signalwert des D-Eingangs in das Signal QTEMP übernommen und über das Ende dieser Taktphase hinaus gespeichert.
- Am Anfang der H-Phase des Taktes wird der letzte Signalwert von QTEMP, also der gerade vor der steigenden Flanke gültige Wert in das Signal Q übernommen und dort für eine komplette Taktphase gespeichert.

> Die Wirkungspfeile in Bild 12.12 zeigen, dass bei einem D-Flipflop das Eingangssignal nur während der aktiven (hier steigenden) Taktflanke ausgewertet werden muss.

Änderungen des Eingangssignals außerhalb des Flankenbereichs haben keine Wirkung auf den Ausgang des D-Flipflops, sondern höchstens auf das interne QTEMP-Signal.

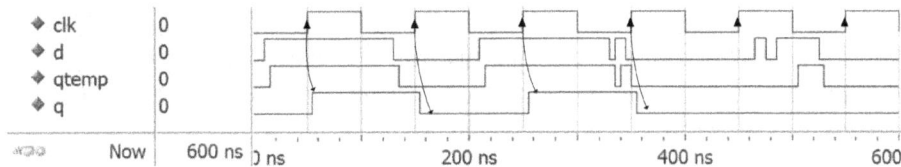

Bild 12.12: Zeitverhalten eines D-Flipflops

Das in Listing 12.6 dargestellte D-Flipflop-Modell ist jedoch nicht kompatibel mit dem in [12] definierten VHDL-Standard für die Verhaltenssynthese. Eine der in [12] dargestellten Varianten zur synthesegerechten Modellierung von D-Flipflops erfordert zur Beschreibung der aktiven Signalflanke die Verwendung des Signalattributs event im Zusammenhang mit dem Pegel *nach* der Signalflanke. So wird eine ansteigende Flanke innerhalb eines getakteten Prozesses durch die Bedingung CLK='1' and CLK'event und eine abfallende Flanke durch CLK='0' and CLK'event modelliert (vgl. Listing 12.7).

Während des Entscheidungsintervalls, welches sich aus der Setup-Zeit t_S und der Hold-Zeit t_H zusammensetzt (vgl. Bild 12.13), dürfen sich die Daten am D-Eingang des Flipflops nicht ändern. Andernfalls gerät das Flipflop in einen metastabilen Zustand mit undefiniertem Pegel, der nach einer Erholungszeit t_R (engl. recovery time) entweder in den stabilen Signalwert 0 oder in den Wert 1 übergeht. Phänomenologisch lässt sich dieses Verhalten durch die internen Laufzeiten innerhalb des D-Flipflops wie folgt verstehen: Die endliche Laufzeit t_{pLH} des Inverters innerhalb des D-Latches aus Bild 12.9a kann dazu führen, dass nahe der ansteigenden Flanke, also im Zeitbereich, bei dem sich die Torschaltung der beiden NAND-Gatter öffnet, das interne

Listing 12.7: Synthesegerechte Modellierung eines D-Flipflops

```vhdl
entity DFF is
   port( CLK, D : in bit;
         Q : out bit);
end DFF;
architecture VERHALTEN of DFF is
begin
P1: process(CLK)
begin
   if CLK='1' and CLK'event then -- ansteigende Signalflanke
-- if CLK='0' and CLK'event then -- abfallende Signalflanke
      Q <= D after 5 ns;
   end if;
end process P1;
end VERHALTEN;
```

RS-Latch zunächst mit R = S = 1 in den irregulären Zustand gerät und nachfolgend mit R = S = 0 ins Schwingen kommt. Die Dauer des Entscheidungsintervalls eines D-Flipflops ist abhängig von der Herstellungstechnologie. Typische Werte reichen von einigen ns bis unter 10 ps in neueren Technologien [67].

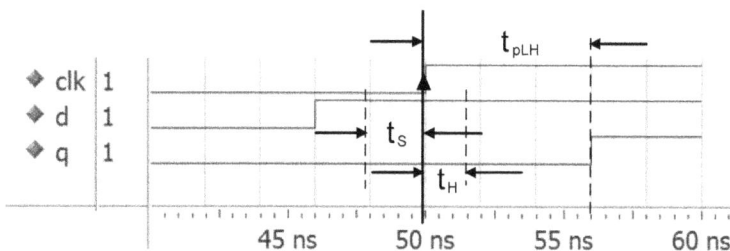

Bild 12.13: Definition der Setup- und Hold-Zeiten t_S bzw. t_H eines D-Flipflops

Bei getakteten Schaltungen dürfen sich die synchronen Eingangssignale nicht während des Entscheidungsintervalls nahe der aktiven Taktflanke ändern. Beim Entwurf von Testbenches wird daher empfohlen, alle Dateneingangssignale während der passiven Taktflanke (das ist meist die fallende) zu ändern.

In der Praxis lässt sich die Problematik, dass ein externes Eingangssignal innerhalb des Entscheidungsintervalls seinen Wert ändert, nicht vermeiden. In Kapitel 17.3 wird jedoch eine Schutzschaltung vorgestellt, mithilfe derer die Wahrscheinlichkeit für das Auftreten von metastabilen Zuständen drastisch reduziert werden kann.

Tipp: Viele Schaltungen, z. B. Synchronzähler (vgl. Kapitel 15) verwenden mehrere D-Flipflops, die gemeinsam angesteuert werden und von denen eventuell gleichzeitig mehrere in den metastabilen Zustand gehen. In dieser Situation ist zu bedenken, dass nicht alle Flipflops den gleichen Folgezustand annehmen, sondern die einzelnen Flipflops nach der Erholungszeit vielmehr individuell den Wert 0 oder 1 annehmen. Gray-Code-basierte Zähler sind in dieser Situation sicherer als Binärzähler, da sich beim Wechsel von einem in den nächsten Zustand immer nur ein Bit ändern kann (vgl. Tabelle 9.3). ∎

In dem in Listing 12.8 angegebenen Verhaltensmodell eines D-Flipflops wird jede Verletzung der Setup-Zeit durch eine `assert`-Anweisung auf der Simulationskonsole gemeldet. Für diesen Zweck wird das Signalattribut `quiet(<Delay>)` verwendet, welches hier sicherstellt, dass sich der Signalwert D während der als Parameter angegebenen Zeit nicht ändert. Diese Zeit ist im VHDL-Code als `generic`-Parameter modelliert, sodass sich das Modell leicht mit unterschiedlichen Setup-Zeiten instanziieren lässt.

Listing 12.8: Verhaltensmodell eines D-Flipflops, bei dem die Setup-Time überprüft wird

```
entity DFF_CHECK is
    generic(TS:time := 5 ns);
    port( CLK, D : in bit;
          Q : out bit);
end DFF_CHECK;
architecture VERHALTEN of DFF_CHECK is
begin
P1: process(CLK)
begin
    if CLK='1' and CLK'event then -- ansteigende Signalflanke
      -- synthesis off
      assert D'quiet(TS) report "DFF_Setup_Time_Fehler";
      -- synthesis on
      Q <= D after 10 ns;
    end if;
end process P1;
end VERHALTEN;
```

Da das Signalattribut `quiet` nicht synthesefähig ist, werden im Quellcode sogenannte Pragmas verwendet. Dies sind spezielle Kommentare, die von einigen Programmen zur Funktionssteuerung verwendet werden. Der Simulator interpretiert z. B. die Pragmas --synthesis off bzw. --synthesis on als Kommentar, das Synthesewerkzeug von Vivado nutzt diese hingegen, um die Syntaxanalyse des Quellcodes für den so markierten Bereich zu unterbrechen. Auf diese Weise kann ein VHDL-

Modell erstellt werden, welches an einer oder mehreren Stellen nichtsynthesefähigen Quellcode enthält.

Für ein Stimulusmodell, welches bei t = 150 ns eine ansteigende Flanke und bei t = 147 ns einen Wechsel des Eingangssignals D vorsieht, gibt der Simulator für das Modell in Listing 12.8 die folgende Warnmeldung aus:

```
# ** Error: DFF Setup Time Fehler
#    Time: 150 ns  Iteration: 0  Instance: /dff_check
```

Bei allen getakteten Bauelementen der Digitaltechnik ist die Verzögerungszeit vom Takt zum Ausgang t_{pLH} bzw. t_{pHL} mit einigen Nanosekunden deutlich größer als die Hold-Zeit t_H. Diese konstruktiv bedingte Eigenschaft ist die Voraussetzung für eine korrekte Funktion getakteter Schaltungen. Am Beispiel der in Bild 12.14 dargestellten Registerschaltung erkennt man, dass die drei in Reihe geschalteten D-Flipflops mit den Ausgängen Q0, Q1 und Q2 das bei t = 100 ns eingelesene D-Signal mit jeder steigenden Taktflanke um eine Stufe weiterleiten (Schieberegister vgl. Kapitel 16). Wäre $t_{pLH} \leq t_H$, so würde es zu einem Fehlverhalten durch Hold-Zeit-Verletzungen in der zweiten und dritten Flipflop-Stufe kommen.

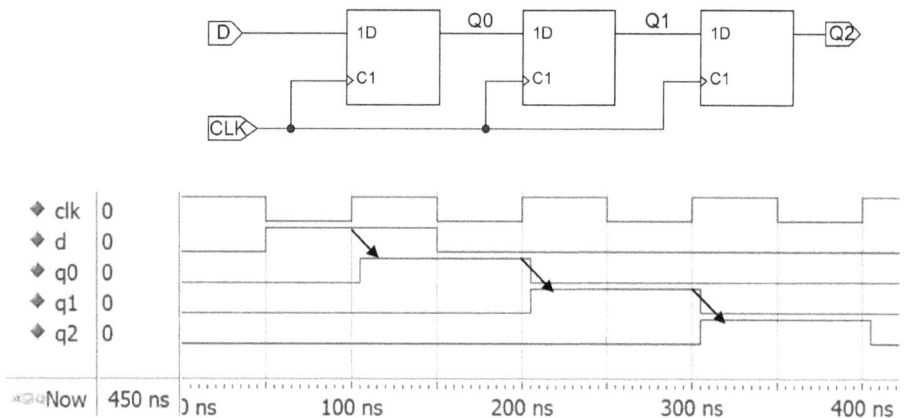

Bild 12.14: Schieberegisterschaltung bestehend aus drei D-Flipflops

Varianten von D-Flipflops

Das in Listing 12.7 angegebene D-Flipflop wird in dieser einfachen Form eher selten verwendet. Insbesondere hat es den Nachteil, dass der Zustand des D-Flipflops bei t = 0 nicht definiert ist[3]. In der Praxis haben D-Flipflops eine oder mehrere der folgenden Zusatzfunktionen:

---

[3] Dies ist in den Simulationen mit dem Datentyp bit nicht zu erkennen da alle Signale dieses Datentyps beim Start der Simulation automatisch mit 0 initialisiert werden.

– einen asynchronen Reset- oder Preset-Eingang, der dafür sorgt, dass das Ausgangssignal sofort (asynchron) auf 0 (Reset) bzw. 1 (Preset) geht.
– Einen Freigabeeingang (engl. Clock Enable, CE), mit dem das Einlesen des Daten-
signals trotz aktiver Taktflanke verhindert werden kann, wenn CE nicht *zuvor* auf
1 gesetzt wurde.
– Einen synchronen Reset- oder Preset-Eingang. Damit wird erreicht, dass die Reset-
bzw. Preset-Funktion erst bei der aktiven Taktflanke erfolgt, wenn *zuvor* das Reset-
bzw. Preset-Steuersignal gesetzt wurde.

Die beiden letzten Funktionen werden als synchron bezeichnet, da sie ihre Wirkung
erst nach der aktiven Taktflanke entfalten. Die zugehörigen Steuersignale werden daher als Vorbereitungssignale bezeichnet. Nachfolgend sollen exemplarisch zwei Flipflops vorgestellt werden:
– Das Symbol a) in Bild 12.15 entspricht einem D-Flipflop mit asynchronem Reset
und Freigabeeingang, dessen aktive Flanke die steigende ist. Das Ausgangssignal
ist QR.
– Das Symbol b) in Bild 12.15 ist ein D-Flipflop mit synchronem Preset- und Freigabeeingang, welches bei fallender Flanke operiert. Das Ausgangssignal ist QF.

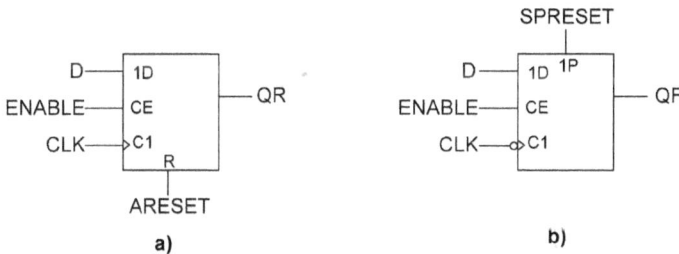

Bild 12.15: Schaltungssymbole von D-Flipflop-Varianten

Bild 12.16 zeigt das Verhalten der beiden Flipflops. Die darin dargestellten Übergänge
1. bis 6. lassen sich wie folgt erläutern:
– 1.: Bei steigender Flanke des Taktsignals CLK wird das zu diesem Zeitpunkt gültige
Eingangssignal D = 1 nach QR übernommen.
– 2.: Bei fallender Flanke wird D = 1 nach QF übernommen.
– 3.: Bei t = 180 ns wirkt der asynchrone ARESET, sodass QR = 0 wird.
– 4. und 6.: Während dieser steigenden bzw. fallenden Flanke ist ENABLE = 0, sodass die Taktflanken keine Wirkung entfalten.
– 5.: Synchrones Setzen von QF, der Wert von D ist unerheblich.

Zur Herleitung der VHDL-Codes für die beiden Flipflops aus Bild 12.15 sollen die in
Bild 12.17 dargestellten Flussdiagramme verwendet werden, die die in Bild 12.16 dargestellte Funktion der Flipflops mit korrekter Reihenfolge der Signalabfragen abbilden:

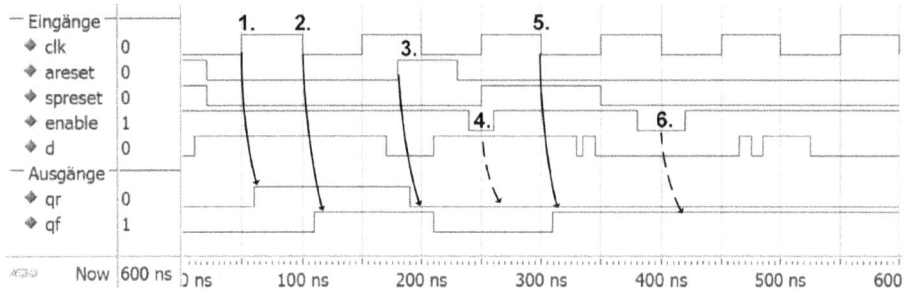

Bild 12.16: Simulation der Flipflop-Varianten aus Bild 12.15. Die durchgezogenen Linien kennzeichnen die Wirkung der Eingangssignalwechsel, die eine Änderung der Ausgangssignale hervorrufen. Die gestrichelt gezeichneten Wirkungspfeile haben keinen Wechsel der Ausgangssignale zur Folge, da die Clock Enable-Signale der Flipflops nicht freigegeben sind. Die Übergänge 1. bis 6. werden im Text erläutert

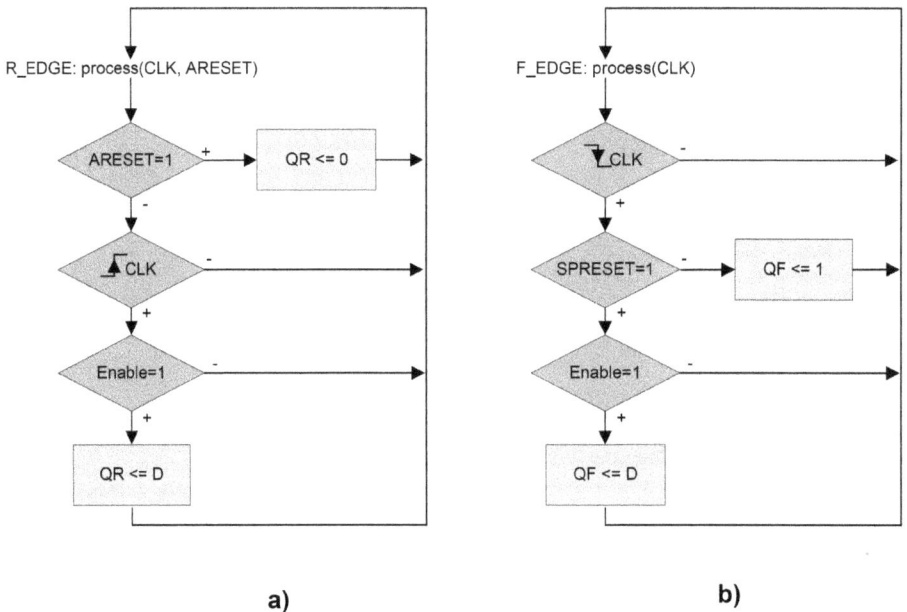

a)   b)

Bild 12.17: Flussdiagramme zur Herleitung des VHDL-Codes für die in Bild 12.15 dargestellten Flipflops a) und b), die in Listing 12.9 als Prozesse R_EDGE und F_EDGE modelliert werden

— In dem R_EDGE-Prozess muss der asynchrone Reset ARESET vor der Taktflanke abgefragt werden, da ein asynchroner Reset das Ausgangssignal QR auch ohne Taktflanke löschen soll. Weil das Vorbereitungssignal ENABLE eine taktsynchrone Wirkung entfaltet, darf es erst nach der steigenden Taktflanke abgefragt werden. Da nur Signalwechsel von ARESET und CLK eine Änderung von QF bewirken, müssen sich auch nur diese beiden Signale in der Sensitivity-Liste des R_EDGE-Prozesses befinden (vgl. Listing 12.9).

–   In dem F_EDGE-Prozess wirkt das SPRESET-Signal synchron, was an der 1P-Abhängigkeit im Schaltungssymbol erkennbar ist. Das Ausgangssignal QF kann sich also nur nach einer fallenden Flanke des Signal CLK ändern, womit sich nur dieses Signal in der Sensitivity-Liste befinden muss. Nach Abfrage des Taktes dominiert das synchrone Setzverhalten, sodass zunächst das SPRESET-Signal geprüft werden muss, bevor das Clock-Enable-Signal geprüft wird (vgl. Listing 12.9).

Listing 12.9: VHDL-Modelle verschiedener Flipflop-Varianten

```
entity DFLIPFLOPS is
        port( CLK, D, ARESET, SPRESET, ENABLE : in bit;
                QR, QF: out bit);        -- Zwei Flipflop-Typen
end DFLIPFLOPS;

architecture VERHALTEN of DFLIPFLOPS is
begin
R_EDGE: process(CLK, ARESET)            -- 1. FF-Variante
begin
        if ARESET='1' then QR <= '0' after 10 ns;   -- asynchroner Reset
        elsif (CLK='1' and CLK'event) then           -- steigende Flanke
                if ENABLE = '1' then QR <= D after 10 ns;    -- Freigabe
                end if;
        end if;
end process R_EDGE;


F_EDGE: process(CLK)                    -- 2. FF-Variante
begin
        if (CLK='0' and CLK'event) then              --fallende Flanke
            if SPRESET='1' then QF <= '1' after 10 ns;--synchroner Preset
            elsif ENABLE = '1' then QF <= D after 10 ns;--Freigabe
            end if;
        end if;
end process F_EDGE;
end VERHALTEN;
```

Dem Listing 12.9 können einige der folgenden VHDL-Modellierungsrichtlinien [12] entnommen werden, welche garantieren, dass das simulierte Verhalten einer sequenziellen Schaltung dem Syntheseergebnis entspricht:

- Getaktete Schaltungselemente werden durch Prozesse modelliert. In der Sensitivity-Liste müssen sich das Taktsignal sowie alle eventuell vorhandenen *asynchronen* Steuersignale befinden.
- Durch die Klammer `elsif CLK='0'|'1' and CLK'event ... end if` wird ein taktsynchroner Rahmen definiert.
- Alle Signale, denen im taktsynchronen Rahmen ein Wert zugewiesen wird, werden zu Flipflops bzw. Registern (das sind mehrere parallel geschaltete Flipflops) synthetisiert.
- Eventuell vorhandene asynchrone Steuersignale (hier ARESET) müssen *vor* der Taktflankenabfrage abgefragt werden.
- Signalen oder Variablen, denen in einem taktsynchronen Rahmen ein Wert zugewiesen wurde, darf nachträglich kein Signalwert mehr zugewiesen werden. Dies impliziert, dass die `if`-Anweisung des getakteten Rahmens die letzte innerhalb des Prozesses sein muss.
- Variable werden herausoptimiert oder als kombinatorische Logik synthetisiert, wenn sichergestellt ist, dass ihnen innerhalb des taktsynchronen Rahmens auf allen Pfaden durch den Prozess ein Wert zugewiesen wird, *bevor* die Variable gelesen oder im Bedingungsausdruck einer `case`- oder `if`-Anweisung verwendet wird. Andernfalls werden dafür ebenfalls Flipflops synthetisiert.
- Innerhalb des taktsynchronen Rahmens verwendete `if`-Anweisungen dürfen unvollständig modelliert sein, ohne dass dadurch ein D-Latch erzeugt wird.

Zur Vermeidung von Überraschungen bei der VHDL-Synthese wird dringend empfohlen, die in [12] standardisierten Syntheserichtlinien einzuhalten, bzw. die in den Listings vorgestellten Flipflop-Entwurfsmuster zu verwenden.

T **Tipp:** Beim Einschalten der Versorgungsspannung von FPGAs und CPLDs werden alle Flipflops über das GSR (Global Set/Reset) -Netzwerk in einen definierten Zustand gebracht. Für die Durchführung einer Verhaltenssimulation wird jedoch empfohlen, die Flipflops über ein externes Resetsignal zu initialisieren. Die Frage, ob ein Flipflop eher einen synchronen oder einen asynchronen Reset verwenden sollte, wird in der Literatur allerdings höchst widersprüchlich beantwortet. Eine Diskussion der Vor- und Nachteile beider Methoden findet sich z. B. in [43]. Der zu verwendende Ansatz hängt vom Design sowie der gewählten Technologie ab: Während in ASIC-Designs in der Vergangenheit aus Platzgründen meist asynchrone Resets verwendet wurden, wird für FPGA-Designs die Verwendung von synchronen Resets empfohlen, da dabei unter bestimmten Voraussetzungen Hardwareressourcen eingespart werden können [44].

Bei Verwendung eines asynchronen Resets wird allerdings eine spezielle Reset-synchronisation empfohlen, die dafür sorgt, dass beim Zurücknehmen des Resetsignals kein Flipflop in den metastabilen Zustand gerät (vgl. Kapitel 17.3.3). ∎

B **Beispiel 12.2** (D-Flipflops mit Freigabeeingang): Einige Schaltungsbibliotheken besitzen keine D-Flipflops mit Freigabeeingang. In diesem Fall ist dessen Funktion durch einen vorgeschalteten Multiplexer nachzubilden, der für den Fall, dass das Flipflop nicht freigegeben ist, den Ausgang Q erneut auf den Eingang legt (vgl. Bild 12.18). Dies wird durch die folgende Folgezustandslogik realisiert:

$$Q+ = (D \wedge EN) \vee (Q \wedge \overline{EN})$$

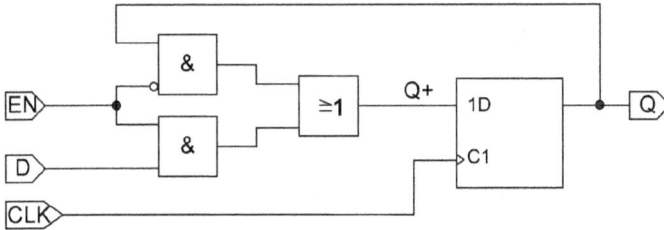

Bild 12.18: Innere Struktur eines D-Flipflops mit Freigabeeingang ∎

B **Beispiel 12.3** (Scan-Flipflops): Zum Testen von sequenziellen Digitalschaltungen wird häufig die Boundary-Scan-Methode eingesetzt, bei der spezielle Scan-Flipflops zum Einsatz kommen. Die innere Struktur sowie das Schaltsymbol dieser Flipflops zeigt Bild 12.19. Darin ist ähnlich wie beim Flipflop mit Freigabeeingang ein vor das D-Flipflop geschalteter Multiplexer zu erkennen, der im Testbetrieb, in dem das TE-Signal (engl. Test Enable) 1 ist, den Test-Eingang TI durchschaltet und für den Normalbetrieb mit TE = 0 den normalen Dateneingang D. In der Schreibweise der Abhängigkeitsnotation (vgl. Kapitel 15.2.1) besitzt das Flipflop zwei Betriebsarten (Modi) M1 und M2, die extern vom gleichen Signal TE gesteuert werden. In der Betriebsart 1 wird D taktsynchron eingelesen (1,3D) und in der Betriebsart 2 wird TI taktsynchron übernommen (2,3D).

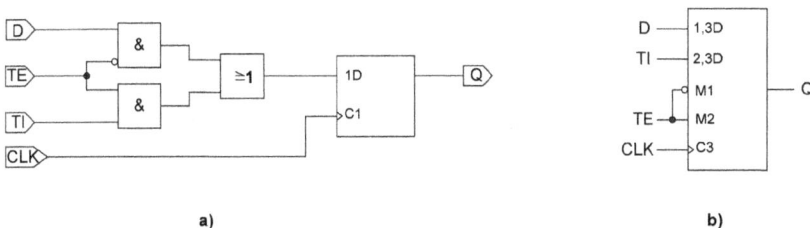

a)   b)

Bild 12.19: Struktur a) und Schaltsymbol b) eines Scan-Flipflops

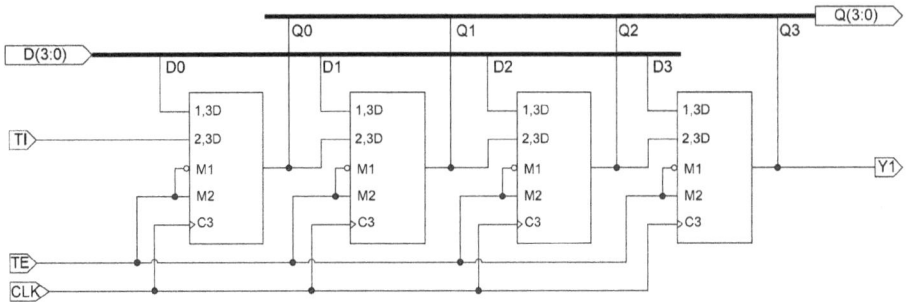

Bild 12.20: Scan-Kette mit vier Scan-Flipflops

Alle in der zu testenden Schaltung vorhandenen Scan-Flipflops werden im Test-modus in Form einer Schieberegisterkette (vgl. Kapitel 16) so verdrahtet, dass der Flip-flop-Ausgang auf den Testeingang des nachfolgenden Scan-Flipflops gelegt wird (vgl. Bild 12.20). Der Testeingang TI wird auf den Eingang des ersten Scan-Flipflops gelegt und ein gemeinsames Test-Enable-Signal TE so verdrahtet, dass alle Scan-Flipflops gemeinsam in den Testmodus geschaltet werden können.

Auf diese Weise besteht die Möglichkeit, die Flipflop-Kette im Testmodus über vier Takte mit einem über TE seriell eingespeisten, beliebigen Testmuster zu laden und das Verhalten der an den Q-Ausgängen angeschlossenen kombinatorischen Logik zu un-tersuchen. Der für den Boundary-Scan-Test erforderliche zusätzliche Verdrahtungs-aufwand ist vergleichsweise gering. ∎

A **Aufgabe 12.1:** Entwerfen Sie ein VHDL-Verhaltensmodell für das in Bild 12.19 darge-stellte Scan-Flipflop und verifizieren Sie die korrekte Funktion durch eine geeignete VHDL-Testbench. Instanziieren Sie nachfolgend vier dieser Scan-Flipflops, so wie in Bild 12.20 gezeigt. Schließen Sie an die Ausgänge Q(3:0) den 7-Segment-Codeumsetzer aus Beispiel 11.2 an und verifizieren Sie die korrekte Funktion der Schaltung, indem Sie in einer Testbench fünf Tests nacheinander ausführen. Als Testmuster sollen die Binärzahläquivalente der Zahlen 1 bis 5 in serieller Form vorgeladen werden. ∎

12.5 JK-Flipflop

Die Arbeitstabelle eines taktflankengesteuerten JK-Flipflops zeigt Tabelle 12.5:
- Für statische Pegel 0 und 1 des Taktsignals behält das JK-Flipflop unabhängig von den Steuersignalen J und K seinen alten Wert bei.
- Bei steigender Flanke hat das JK-Flipflop eine ähnliche Funktion wie ein RS-Flip-flop (J entspricht S und K entspricht R). Im Unterschied zum RS-Flipflop gibt es jedoch keinen irregulären Zustand, sondern der Ausgang des JK-Flipflops wech-selt seinen Zustand für $J = K = 1$.

Aus den letzten 4 Zeilen, die das taktflankenabhängige Verhalten beschreiben, lässt sich die vollständige Arbeitstabelle mit den Eingangssignalen J, K und Q herleiten. Aus der KV-Minimierung erhält man die in Tabelle 12.5 angegebene charakteristische Gleichung des JK-Flipflops.

Tab. 12.5: Arbeitstabelle, KV-Diagramm und charakteristische Gleichung eines taktsynchronen JK-Flipflops

CLK	J	K	Q^+
0	X	X	Q
1	X	X	Q
⌓	0	0	Q
⌓	0	1	0
⌓	1	0	1
⌓	1	1	$\overline{Q}$

$$Q^+ = (J \wedge \overline{Q}) \vee (\overline{K} \wedge Q)$$

Die in der Arbeitstabelle spezifizierte Funktion lässt sich demnach mit der in Bild 12.21a dargestellten Struktur erreichen, die vor dem Eingang eines D-Flipflops ein Vorschaltnetz besitzt, in das neben den J- und K-Eingängen die beiden Flipflop-Ausgänge zurückgeführt werden.

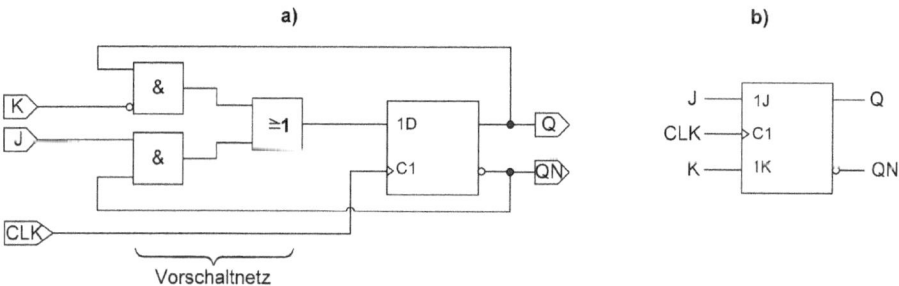

Bild 12.21: Innerer Aufbau mit D-Flipflop a) und Schaltsymbol b) eines taktsynchronen JK-Flipflops

A **Aufgabe 12.2:** Entwerfen Sie a) ein Datenflussmodell und b) ein Verhaltensmodell für das in Bild 12.21 dargestellte JK-Flipflop. Verifizieren Sie jeweils die korrekte Funktion durch eine geeignete VHDL-Testbench. ∎

12.6 T-Flipflop

Mit T-Flipflops (von engl. toggeln = wechseln) können beim Entwurf von Zählern im Vergleich zur Verwendung von D-Flipflops häufig Hardwareressourcen eingespart werden (vgl. Kapitel 15.2).

Beim flankengesteuerten T-Flipflop lässt sich mit dem Vorbereitungssignal T steuern, ob das Ausgangssignal taktsynchron invertiert werden soll (T = 1) oder nicht (vgl. Tabelle 12.6).

Tab. 12.6: Arbeitstabelle und charakteristische Gleichung eines taktsynchronen T-Flipflops

CLK	T	Q^+
0	X	Q
1	X	Q
⌐	0	Q
⌐	1	$\overline{Q}$

$$Q^+ = (\overline{Q} \wedge T) \vee (Q \wedge \overline{T})$$

bzw.

$$Q^+ = \overline{Q} \quad \text{für} \quad T = 1$$

Bild 12.22a und Bild 12.22b zeigen, dass sich ein T-Flipflop entweder aus einem JK-Flipflop ableiten lässt (wenn J = K = T gesetzt wird) oder aber aus einem D-Flipflop, bei dem der invertierte Ausgang auf den D-Eingang und das T-Vorbereitungssignal auf den Clock-Enable-Eingang geführt werden. In Listing 12.10 wird das Verhaltensmodell eines T-Flipflops mit asynchronem Reset angegeben. Darin ist erneut hervorzuheben, dass das Vorbereitungssignal T nicht zugleich mit der Taktflankenabfrage überprüft werden darf, sondern dafür eine extra if-Anweisung erforderlich ist.

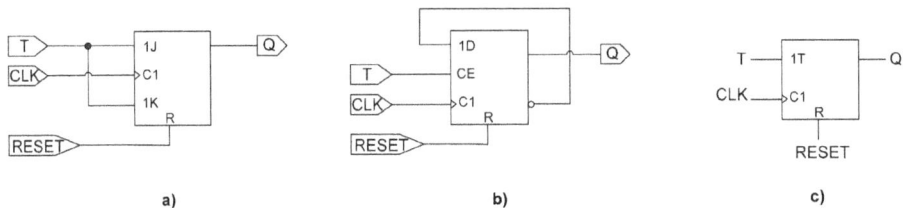

a)   b)   c)

Bild 12.22: Aufbau eines T-Flipflops aus einem JK-Flipflop a), aus einem D-Flipflop b) und Schaltsymbol c)

Listing 12.10: Verhaltensmodell eines T-Flipflops mit asynchronem Reset

```
entity TFF is
    port( CLK, RESET, T : in bit;
          Q : out bit);
end TFF;
architecture VERHALTEN of TFF is
signal QTEMP: bit;
```

```
begin
P1: process(CLK, RESET)
begin
   if RESET = '1' then
      QTEMP <= '0' after 5 ns;
   elsif CLK='1' and CLK'event then
      if T = '1' then
         QTEMP <= not QTEMP after 5 ns;
      end if;
   end if;
end process P1;
Q <= QTEMP;
end VERHALTEN;
```

12.7 Zweispeicher-Flipflops

In der in Bild 12.23 dargestellten Schieberegisterkette werden nicht alle Flipflops zum gleichen Zeitpunkt angesteuert. Vielmehr kommt es durch die Verdrahtung zu einem Taktversatz (engl. clock skew) bei der Ansteuerung des letzten Flipflops. Wenn nun der Taktversatz größer als die Verzögerungszeit t_{pLH} bzw. t_{pHL} des vorletzten D-Flipflops ist, so werden die aktuellen Eingangsdaten nicht erst nach drei Takten, sondern bereits mit dem verzögerten zweiten Takt übernommen.

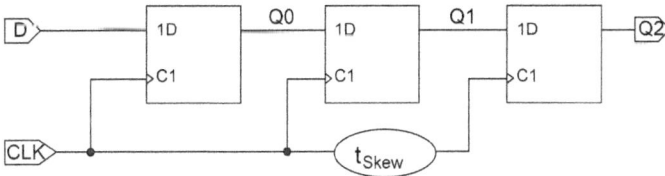

Bild 12.23: Schieberegisterkette, bei der nicht alle Register zum gleichen Zeitpunkt angesteuert werden

In derartigen Situationen kann eine Registerkette aus zweiflankengesteuerten (Master-Slave) D-Flipflops Abhilfe schaffen, bei denen die Ausgabe um eine halbe Taktperiode verzögert ist. Bild 12.24a entnimmt man, dass das Eingangssignal dieser Flipflops, die auch als Zwischenspeicher-Flipflops bezeichnet werden, bei steigender Flanke in den Master übernommen wird, aber erst bei fallender Flanke in den Slave. Beim Einsatz derartiger Flipflops kann die Taktverzögerung t_{Skew} nun bis zu knapp einer halben Taktperiode betragen. Im Schaltsymbol Bild 12.24b erkennt man die Zweiflankensteuerung an dem Symbol ¬ am Ausgang.

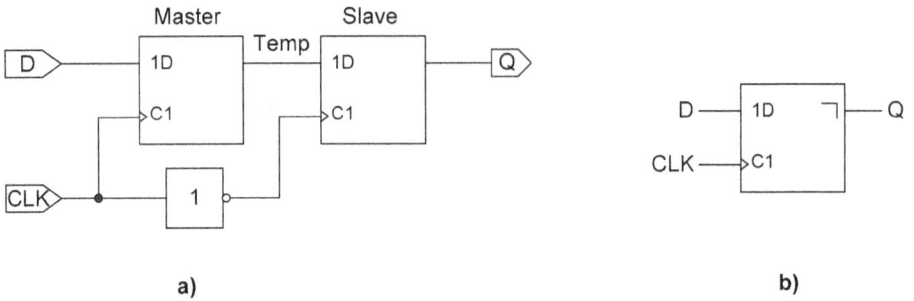

a)   b)

Bild 12.24: Struktur a) und Schaltsymbol b) eines Master-Slave-D-Flipflops

Listing 12.11: VHDL-Modell eines Master-Slave-D-Flipflops

```
entity MS_DFF is
   port( CLK, D : in bit;
         Q : out bit);
end MS_DFF;
architecture VERHALTEN of MS_DFF is
signal TEMP: bit;
begin
MASTER: process(CLK)
begin
   if CLK='1' and CLK'event then -- steigende Signalflanke
     TEMP <= D;
   end if;
end process P1;

SLAVE: process(CLK)
begin
   if CLK='0' and CLK'event then -- fallende Signalflanke
     Q <= TEMP after 5 ns;
   end if;
end process P2;
end VERHALTEN;
```

Mit dem geltenden VHDL-Synthesestandard [12] ist es nicht möglich, in einem Prozess zwei verschiedene Taktflanken zu definieren. Daher muss das in Listing 12.11 vorgestellte Zweispeicher-Flipflop mit zwei Prozessen modelliert werden, die auf unterschiedliche Signalflanken reagieren. Bild 12.25 ist durch die Wirkungspfeile zu entnehmen, dass das Eingangssignal zwar bei steigender Flanke eingelesen wird, aber erst nach der fallenden Flanke am Ausgang erscheint.

◆ clk	1					
◆ d	0					
◆ q	1					

| ᴬᴷ@O | Now | 410 ns | 0 ns | 100 ns | 200 ns | 300 ns | 400 ns |

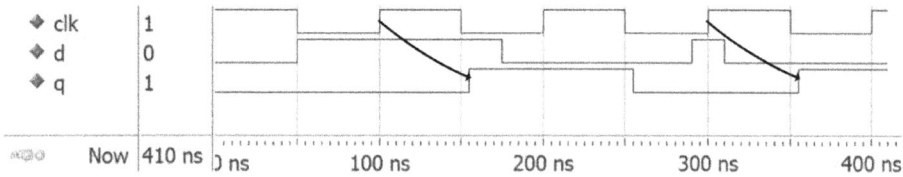

Bild 12.25: Zeitverhalten des Master-Slave-D-Flipflops für zwei unterschiedlich lange Eingangsimpulse

12.8 RTL-Modellierung synchroner Schaltungen

Nach formaler Einführung der Flipflops lässt sich nun der bereits mehrfach verwendete Begriff des Register-Transfer-Modells formal definieren, welches das bekannte Fließbandprinzip (engl. pipelining) implementiert. Dieses in der Fertigungsindustrie seit vielen Jahren implementierte Konzept führte bekanntermaßen zu einer signifikanten Erhöhung der industriellen Produktivität. In der Digitaltechnik kann durch Anwendung des Pipelinings die Arbeitsgeschwindigkeit bzw. Taktfrequenz sequenzieller Schaltungen erhöht werden.

> Ein Register-Transfer-Modell (RTL) beschreibt eine synchrone Digitalschaltung mit dem Strukturansatz, dass die Eingänge von D-Flipflops entweder Schaltungseingänge sind oder durch kombinatorische Logik angesteuert werden. Die Ausgänge der D-Flipflops sind entweder Schaltungsausgänge oder sie werden in einer weiteren kombinatorischen Logikstufe verarbeitet. Durch Anwendung dieses Pipelining-Prinzips lässt sich die komplette Schaltung in abwechselnd kombinatorische und getaktete Bauelemente strukturieren.

Dazu zeigt Bild 12.26a eine Schaltung, bei der alle getakteten Bauelemente vom gleichen Takt Clk gespeist werden:
- k Eingangssignale werden an die D-Flipflop-Eingänge einer ersten Registerstufe gelegt.
- Die k Ausgangssignale Q der ersten Registerstufe werden über einen kombinatorischen Logikblock mit l Ausgängen auf die Eingänge D einer zweiten Registerstufe gelegt.
- Weitere Registerstufen sowie kombinatorische Logikblöcke an den Ein- und Ausgängen sind ebenfalls möglich.

Das Zeitverhalten der Signale zwischen den Registerstufen dieses Modells ist in Bild 12.26b dargestellt:
- Durch interne Signalverzögerungen im programmierbaren Baustein (z. B. Taktsignalverstärker in einem FPGA) erreicht das am FPGA-Eingang anliegende Taktsignal Clk die einzelnen Flipflops zu unterschiedlichen Zeiten. Es existiert ein Taktversatz, der in dem dargestellten Zeitdiagramm dazu führt, dass die erste Flipflop-Stufe etwas später angesteuert wird als die zweite ($t_{CLK\_Src} > t_{Clk\_Dest}$).

a)

b)

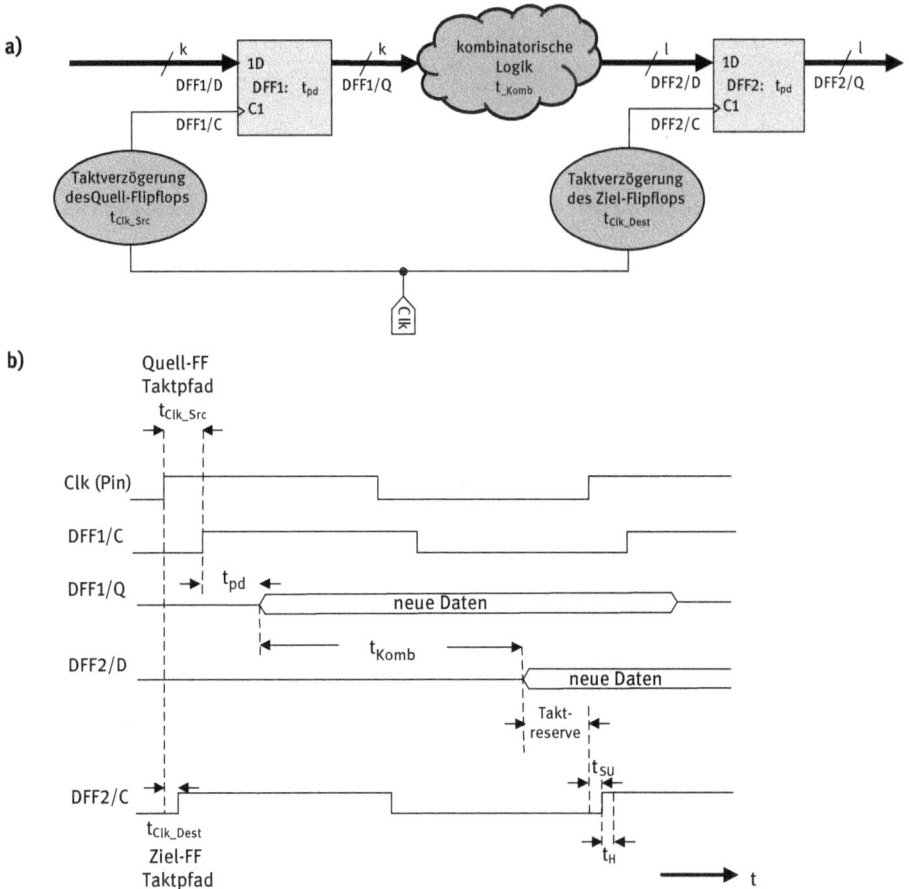

Bild 12.26: a) Register-Transfer-Modell und b) Zeitbudget einer synchronen Digitalschaltung mit zwei Registerstufen

- Definitionsgemäß ist für den hier gezeigten Fall der Taktversatz t_{Skew} negativ [6]. Prinzipiell denkbar ist aber auch die Situation, dass die erste Flipflop-Stufe *vor* der zweiten Stufe angesteuert wird. In diesem Fall wird t_{Skew} positiv.
- Die Ausgangssignale der ersten Flipflop-Stufe werden nach der Flipflop-Verzögerungszeit t_{pd} bereitgestellt.
- Die kombinatorische Logik zwischen den beiden Flipflops benötigt zur Bearbeitung der Flipflop-Ausgangssignale der ersten Stufe die Zeit t_{Komb}.
- Damit die kombinatorischen Ausgänge dieser Stufe während des nachfolgenden Taktes durch die zweite Flipflop-Stufe verarbeitet werden können, müssen diese um die Setup-Zeit t_{SU} vor der zweiten steigenden Flanke des Clk-Signals zur Verfügung stehen.

– Auch ist sicherzustellen, dass die zweite Registerstufe die Signale der ersten Stufe erst mit der nachfolgenden Flanke übernimmt. Eine derartige Situation könnte z. B. entstehen, wenn der Clock-Skew der zweiten Registerstufe t_{Clk_Dest} zu groß wäre.

Der Darstellung in Bild 12.26 lässt sich entnehmen, dass die Taktfrequenz noch etwas erhöht werden kann, ohne das Schaltungsverhalten zu ändern. Die Schaltung besitzt also eine Taktreserve > 0. Die maximale Taktfrequenz f_{max}, mit der die synchrone Schaltung sicher zu betreiben ist, ergibt sich für den Grenzfall, dass keine Taktreserve (engl. Slack) mehr besteht. In diesem Fall ist:

$$f_{max} = (-t_{Skew} + t_{pd}(FF) + t_{Komb} + t_{Setup})^{-1} \qquad (12.3)$$

Für den Fall, dass sich rechnerisch eine negative Taktreserve ergibt, ist die Schaltung hingegen nicht mehr funktionsfähig, denn eine negative Taktreserve bedeutet, dass die nach der ersten Taktflanke in der kombinatorischen Logik erzeugten Eingangsdaten für das zweite Flipflop nicht rechtzeitig zur zweiten Flanke zur Verfügung stehen. Damit wird das Pipelining-Prinzip verletzt.

Die Gl. 12.3 zeigt, dass der in Bild 12.26 dargestellte, negativ angenommene Taktversatz die maximal mögliche Taktfrequenz verringert. Ein positiver Taktversatz vergrößert zwar die maximal mögliche Taktfrequenz birgt aber das Risiko eines Schaltungsfehlverhaltens durch Übernahme falscher Flipflop-Eingangssignale (vgl. Bild 12.23).

Die Verzögerungszeiten einer an den Ein- und Ausgängen möglicherweise vorhandenen kombinatorischen Logik (vgl. Bild 2.7) sind für die Berechnung der maximalen Taktfrequenz beim alleinigen Betrieb des programmierbaren Bausteins irrelevant, werden jedoch benötigt, wenn der Baustein synchron mit anderen taktgesteuerten Bauteilen auf einer Platine zusammenarbeiten soll (vgl. Kapitel 13.3).

T **Tipp:** Die meisten ASIC-, FPGA- und CPLD-Entwicklungswerkzeuge bieten die Möglichkeit zur Bestimmung der maximalen Taktfrequenz durch eine statische Timing-Analyse (vgl. Bild 2.8). Dabei wird die für die Implementierung vorgesehene Netzliste mit allen Gatter- und Verdrahtungsverzögerungszeiten dahingehend analysiert, dass analog zu Bild 12.26 die Länge (genauer: die Dauer) aller kombinatorischen Signalpfade der Schaltung zwischen je zwei Taktflanken ermittelt wird. Der Signalpfad, der die längste Signalverzögerung aufweist, wird als kritischer Pfad bezeichnet. Dieser bestimmt die maximale Taktfrequenz, mit der die Schaltung sicher betrieben werden kann (vgl. Kapitel 13.2.3).

Zur Minimierung des internen Taktversatzes werden in ASICs und FPGAs die folgenden Maßnahmen getroffen:

- Taktleitungen werden über spezielle Verdrahtungsressourcen möglichst symmetrisch ausgeführt, sodass jedes Taktsignal bis zum Takteingang der Flipflops möglichst die gleiche Leitungslänge durchläuft. Dies führt zu sogenannten H-Taktbäumen [20, 32].
- Die Taktverdrahtung wird über besonders niederohmige Leitungen mit besonderen Takttreibern (Signalverstärkern) geführt [32].   ■

12.9 Zusammenfassung

Wegen der großen Bedeutung von Speicherelementen beim Entwurf sequenzieller Schaltungen sollen nachfolgend die wesentlichen Eigenschaften von Latches und Flipflops noch einmal zusammengefasst werden:

- Die Ansteuerung von RS-Latches ist wegen des unbedingt zu vermeidenden irregulären Zustands schwierig. RS-Latches werden daher meist nur zum Entprellen von Schaltern verwendet.
- D-Latches sind wegen ihres transparenten Verhaltens als Speicherelemente in sequenziellen Schaltungen weitaus fehleranfälliger als D-Flipflops[4]. D-Latches tauchen bei der VHDL-Synthese durch semantische Fehler im VHDL-Code leider meist ungewollt auf.
- Das Grundbauelement taktsynchroner Logik ist das D-Flipflop. Nur dafür gibt es ein eigenes VHDL-Entwurfsmuster. Alle anderen Flipflop-Typen müssen durch zusätzlich zu modellierende Übergangslogik entweder als Datenfluss- oder Verhaltensmodell realisiert werden.
- Neben D-Flipflops kommen in modernen FPGA- und CPLD-Technologien nur T-Flipflops zum Einsatz, da sich damit häufig schnellere Zähler (vgl. Kapitel 15) entwerfen lassen.
- Beim VHDL-Entwurf von Latches und Flipflops müssen die in Kapitel 12.3 und 12.4 angegebenen Syntheserichtlinien unbedingt eingehalten werden, um nicht durch unerwartet auftauchende Bauelemente überrascht zu werden (vgl. dazu auch die Zusammenfassung in Kapitel 20.3).
- Die Analyse des Zeitbudgets auf Register-Transfer-Ebene erlaubt es, die maximale Taktfrequenz zu bestimmen, mit der eine synchrone Digitalschaltung sicher betrieben werden kann. Für diesen Zweck erlauben die meisten Entwurfswerkzeuge eine statische Timing-Analyse).

---

4 In jüngerer Zeit werden D-Latches wieder an einigen Stellen verwendet, um Systeme mit minimaler Verlustleistung zu entwerfen. Die benötigten Zustandsautomaten (vgl. Kapitel 14) in diesen Low-Power-Schaltungen arbeiten dabei asynchron. Der Entwurf asynchroner Automaten ist allerdings weitaus fehleranfälliger und daher nur erfahrenen Schaltungsentwicklern zu empfehlen.

12.10 Vertiefende Aufgaben

A **Aufgabe 12.3:** Beantworten Sie die folgenden Verständnisfragen:
a) Worin unterscheiden sich Latches und Flipflops?
b) Wie ist ein Basis-RS-Latch aufgebaut?
c) Was passiert, wenn Sie ein Basis-RS-Latch zuerst mit R = 1, S = 1 und danach mit zeitgleichem Löschen beider Signale R und S ansteuern?
d) Wie lautet die charakteristische Gleichung des RS-Latches?
e) Welche Aussage trifft die Synthesetabelle und welche die Arbeitstabelle einer sequenziellen Schaltung?
f) Welchen grundsätzlichen Nachteil besitzen D-Latches hinsichtlich ihres Speicherverhaltens im Vergleich zu D-Flipflops?
g) Durch welche VHDL-Semantik wird ein D-Latch synthetisiert?
h) Was kann man tun, um in VHDL nicht versehentlich ein D-Latch zu synthetisieren?
i) Wie sieht das genormte Schaltsymbol eines D-Flipflops mit synchronem Reset aus?
j) Wie müssen Sie einen VHDL-Prozess formulieren, der zu einem D-Flipflop mit asynchronem Reset und Freigabeeingang synthetisiert werden soll?
k) Was bedeutet das Entscheidungsintervall bei getakteten Bauelementen?
l) In einer Testbench sollen die Eingangssignale für eine synchrone Schaltung generiert werden, die bei positiver Taktflanke arbeitet. Zu welchem Zeitpunkt sollten diese Eingangssignale in der Testbench geändert werden?
m) Was bedeutet der Begriff *Metastabilität*? Worauf müssen Sie achten, um metastabile Zustände zu vermeiden?
n) Was bedeutet der Begriff *clock skew* in einem synchronen Digitalsystem?
o) Wie berechnen Sie die Taktreserve einer komplexen synchronen Digitalschaltung?
p) Was ist der kritische Pfad in einer synchronen Digitalschaltung und wie bestimmt man ihn?
q) Welche Eigenschaften besitzt ein Zweispeicher-Flipflop? ∎

A **Aufgabe 12.4:** Vervollständigen Sie die Impulsdiagramme a) und b) aus Bild 12.27. Es sind die Ausgangssignale Q und QN eines aus NOR-Gattern aufgebauten Basis-RS-Latches zu ergänzen. Berücksichtigen Sie eine NOR-Gatter-Verzögerungszeit von 10 ns. Die in Bild 12.27 dargestellten Zeiteinheiten betragen ebenfalls 10 ns.

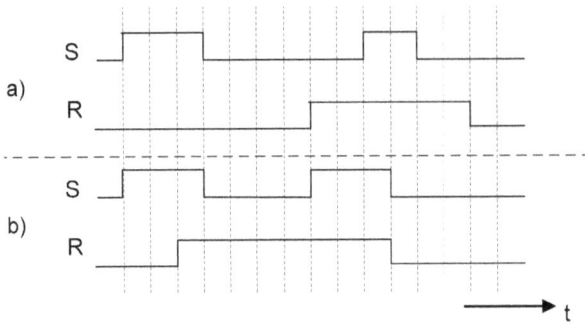

Bild 12.27: Ansteuerung eines Basis-RS-Latches ▪

A **Aufgabe 12.5:** Der in Bild 12.28 dargestellte Umschalter prellt. Dies bedeutet, dass der Kontaktfinger beim Umschalten auf der einen Seite zwar sofort getrennt wird, auf der anderen Seite jedoch nicht sofort stabil anliegt, sondern sich über eine gewisse Zeit hinweg periodisch kurzzeitig wieder löst. Das Impulsdiagramm zeigt das Verhalten, wenn zum Zeitpunkt $t = t_1$ der Schalter aus der dargestellten Position gelöst und zum Zeitpunkt $t = t_2$ in die dargestellte Position gebracht wird.

Gesucht ist eine Schaltung, mithilfe derer stabile Ausgänge A' und B' erzeugt werden. Verifizieren Sie die korrekte Funktion dieser Schaltung mit einer geeigneten VHDL-Testbench.

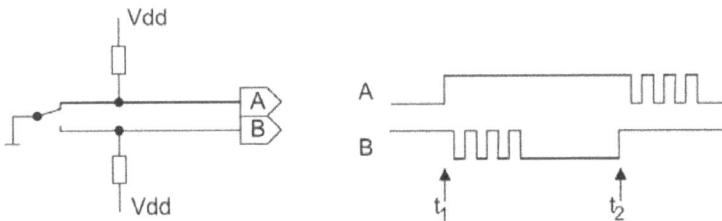

Bild 12.28: Prellen eines Umschalters ▪

A **Aufgabe 12.6:** Die Architekturen FEHLER_A und FEHLER_B der entity TEST in Listing 12.12 enthalten jeweils mehrere Fehler. Beschreiben Sie, welche Fehler bei der Verwendung von Signalen und Variablen bzw. Prozessen gemacht wurden.

Listing 12.12: Fehlerhafte VHDL-Architekturen

```
Entity TEST is
        port(   CLK, RESET: in bit;
                A, B, SEL: in bit;
                ERG1, ERG2: out bit);
end TEST;
```

```
--------------------------------------------
architecture FEHLER_A of TEST is
variable TEMP: bit;
begin
P1:     process(CLK, RESET)
        begin
                if RESET='1' then
                        TEMP :='0';
                elsif CLK'event and CLK='0' then
                        TEMP:= A;
                end if;
                ERG1 <= '0' when SEL='0' else TEMP;
        end process P1;


P2:     process(TEMP, A, B)
        begin
                if SEL ='0' then
                        ERG2 <= TEMP;
                else
                        ERG2 <= A and B;
                end if;
        end process;
end FEHLER_A;
--------------------------------------------------------------------
architecture FEHLER_B of TEST is
begin
P1:     process(CLK, RESET)
        variable TEMP: bit;
        begin
                if RESET='1' then
                        TEMP :='0';
                elsif CLK'event and CLK='0' then
                        TEMP:= A;
                end if;
        end process P1;


P2:     process(TEMP, A, B)
        begin
                if SEL ='0' then
                        ERG2 <= TEMP;
                else
                        ERG2 <= A and B;
```

```
            end if;
      end process;
      if SEL ='0' then
            ERG1 <= '0';
      else
            ERG1 <= TEMP;
      end if;
end FEHLER_B;                                                        ∎
```

A **Aufgabe 12.7:** Ein Basis-RS-Latch darf nicht gleichzeitig mit R = S = 1 angesteuert werden. In einem RS-Latch mit Setzvorrang dominiert in dieser Situation hingegen der S-Eingang.

Zeichnen Sie das Schaltsymbol eines RS-Latches mit Setzvorrang unter Verwendung der Abhängigkeitsnotation. Entwerfen Sie eine kombinatorische Vorschaltlogik, welche die externen R- und S-Signale des Latches mit Setzvorrang in interne R'- und S'-Eingänge eines aus NOR-Gattern bestehenden Basis-RS-Latches umsetzt. Erstellen Sie ein VHDL-Datenflussmodell für das RS-Latch mit Setzvorrang und verifizieren Sie dessen korrekte Funktion mit einer VHDL-Testbench. ∎

A **Aufgabe 12.8:** Gegeben ist die Schaltung aus Bild 12.29, die mit den Signalen aus dem Impulsdiagramm Bild 12.30 angesteuert wird. Vervollständigen Sie das Impulsdiagramm der Ausgänge Q1 ... Q5. Überprüfen Sie Ihr Ergebnis, indem Sie ein VHDL-Verhaltensmodell zu Bild 12.29 entwerfen und die Eingänge gemäß Bild 12.30 ansteuern.

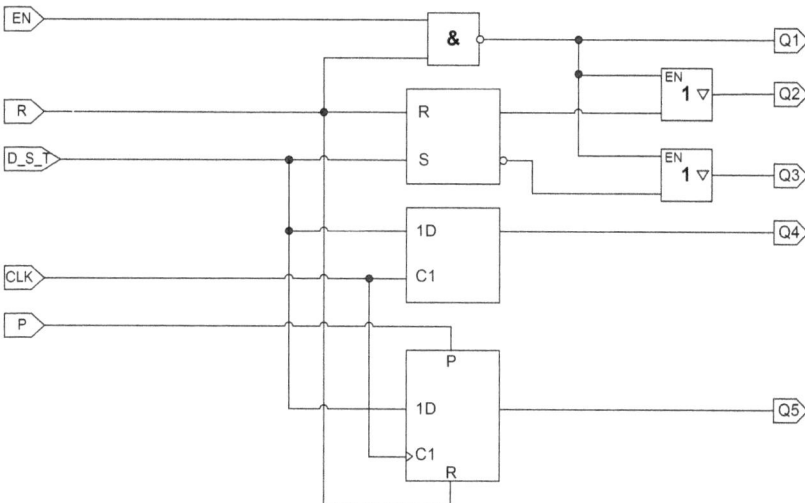

Bild 12.29: Schaltung zu Aufgabe 12.8

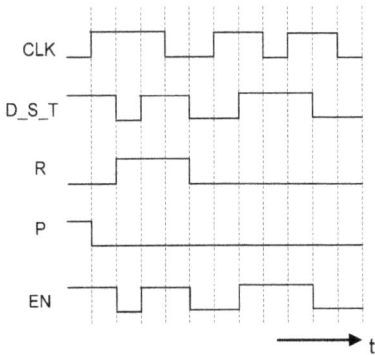

Bild 12.30: Impulsdiagramm zu Aufgabe 12.8 ∎

A **Aufgabe 12.9:** Gegeben ist die Schaltung aus Bild 12.31, die mit den relevanten Signalen aus dem Impulsdiagramm Bild 12.30 angesteuert wird. Vervollständigen Sie das Impulsdiagramm der Ausgänge Q6 … Q8. Überprüfen Sie Ihr Ergebnis, indem Sie ein VHDL-Verhaltensmodell Bild 12.31 zu entwerfen und die Eingänge gemäß Bild 12.30 ansteuern. Sie können davon ausgehen, dass die Flipflops mit 0 initialisiert sind.

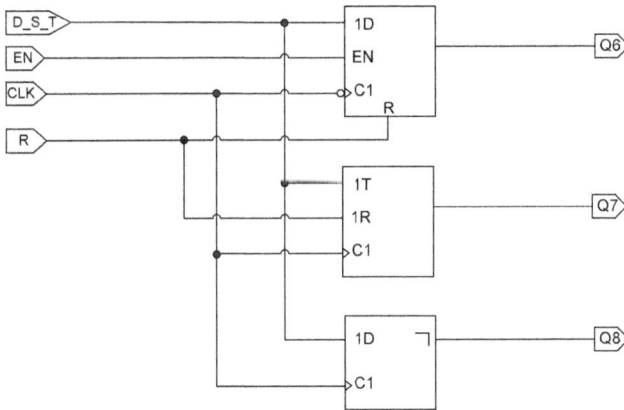

Bild 12.31: Schaltung zu Aufgabe 12.9 ∎

A **Aufgabe 12.10:** Gegeben ist ein 100-MHz-Taktgenerator. Entwerfen Sie die Schaltung zur Herleitung von 50-MHz-und 25-MHz-Taktsignalen unter Verwendung von D-Flipflops. Zeichnen Sie das Impulsdiagramm unter Berücksichtigung von Gatterverzögerungszeiten. Entwerfen Sie das VHDL-Modell des Taktteilers unter Berücksichtigung einer symbolischen Gatterverzögerungszeit von 2.5 ns und überprüfen Sie die korrekte Funktion Ihres Modells. ∎

13 FPGA-Entwurf synchroner Schaltungen mit Vivado

In diesem Kapitel soll der Entwurf und die Analyse von FPGA-Synthese- und Implementierungsergebnissen vertieft werden. Ausgehend von den im Kapitel 5 dargestellten Grundlagen für kombinatorische Schaltungen stehen nun taktsynchrone Schaltungen im Vordergrund. Dies bedeutet insbesondere auch die Untersuchung des Zeitverhaltens und des Ressourcenaufwands der implementierten Schaltung. Neben der Frage, ob die Implementierung das gleiche funktionale Verhalten wie der VHDL-Code zeigt, stellt sich auch die Frage, mit welcher maximalen Taktfrequenz die Schaltung betrieben werden darf.

Die VHDL-Synthese bzw. Implementierung wird durch Vivado in den folgenden, nacheinander ablaufenden Schritten durchgeführt (vgl. dazu auch das einführende Kapitel 2.5):

- **Kompilation:** Analyse der syntaktischen Korrektheit aller am Design beteiligten VHDL-Module.
- **Elaboration:** Überprüfung der Hierarchie aller Module auf Vollständigkeit und Konsistenz der Eingangs- bzw. Ausgangssignale sowie Auswertung der generic-Parameter.
- **Architekturoptimierung:** Das ist die optimierende Übersetzung einer VHDL-Verhaltensbeschreibung in eine strukturelle Beschreibung (vgl. Kapitel 2.3.2) mit elementaren strukturellen Operatoren (z. B. Addition, Multiplikation etc.). Üblicherweise wird diese Struktur in ein Operationswerk (Datenpfad) und einen Zustandsautomaten (Steuerpfad) aufgeteilt (vgl. Kapitel 14).
- **Logikoptimierung:** Diese ist unterteilt in die Optimierung der kombinatorischen Logik und der sequenziellen Logik (Zähler, Zustandsautomaten). Bei der kombinatorischen Logik wird erstmals während des Syntheseprozesses die Zieltechnologie berücksichtigt: Für PLDs erfolgt eine zweistufige UND-ODER-Logikoptimierung während bei FPGAs eine mehrstufige Logikoptimierung für eine Implementierung durch Look-Up-Tabellen (vgl. Kapitel 3.7.2) angewendet wird.
- **Abbildung auf die Zieltechnologie (Mapping):** Dabei werden die logischen Gleichungen und Flipflops auf die Logikressourcen des FPGAs abgebildet.
- **Platzierung und Verdrahtung (Place and Route):** In diesem abschließenden Schritt erfolgt die Platzierung und Verdrahtung der verwendeten Logikkomponenten. Details zu den dabei verwendeten Verfahren würden den Rahmen dieses Buches sprengen. Der Leser sei hierzu auf die Spezialliteratur [15] verwiesen.

Bei den meisten Synthesewerkzeugen kann der Anwender auf den Synthese- bzw. Implementierungsprozess Einfluss nehmen. Da die Einstellungen programmabhängig sind, soll sich diese einführende Darstellung auf die wesentlichen Freiheitsgrade der Implementierungssteuerung beschränken:

https://doi.org/10.1515/9783110706970-013

- **Geschwindigkeit/Fläche:** Diese beiden Zielparameter eines Syntheseergebnisses müssen gegeneinander abgewogen werden, da sich üblicherweise nicht beide Ziele gemeinsam optimieren lassen. Der Anwender kann das Implementierungsergebnis entweder auf hohe Geschwindigkeit oder kleine Chipfläche trimmen.
- **Explizite Geschwindigkeitsanforderungen:** Bei den meisten Synthesewerkzeugen kann die mindestens zu erreichende Taktfrequenz des Syntheseergebnisses vorgegeben werden. Darüber können Zeitvorgaben für spezielle Signalpfade gemacht werden. Die nach diesen Vorgaben erzielten Ergebnisse sind nach der VHDL-Synthese jedoch noch mit Vorsicht zu genießen, da die für die Verdrahtung erforderliche Signallaufzeit während der VHDL-Synthese noch nicht bestimmt werden kann. Dies ist erst nach dem Platzieren und Verdrahten der Logik im FPGA zuverlässig möglich und erfordert eine nach diesem Schritt durchgeführte Timing-Analyse bzw. eine Post-Implementation-Timing-Simulation.
- **One-Hot-/Binäre-Codierung:** Bei der Synthese von Zustandsautomaten (vgl. Kapitel 14) ist die Art der Zustandscodierung wählbar. Eine One-Hot-Codierung kann in Einzelfällen Decodierungsaufwand (Fläche und Signallaufzeit) auf Kosten extra benötigter Flipflops ersparen, da für jeden Zustand ein eigenes Flipflop reserviert wird. In älteren Synthesewerkzeugen wie z. B: ISE [19] ist die Voreinstellung bei FPGAs (viele Flipflops vorhanden) One-Hot, während für CPLDs (weniger Flipflops) eine binäre Codierung gewählt wird. Vivado versucht hingegen, mit der Grundeinstellung *fsm_extraction=auto* eine optimale Zustandscodierung auf der Basis des VHDL-Codes zu finden.
- **Manipulation der Designhierarchie:** Zum Zwecke einer über mehrere VHDL-Module übergreifenden Optimierung kann die Designhierarchie vor der Logikoptimierung teilweise oder vollständig aufgelöst werden (engl. Flattening). Die Auflösung der Designhierarchie nach der Logikoptimierung ist erforderlich, wenn z. B. Teilmodule einer größeren Schaltung individuell optimiert wurden und diese nachträglich zusammengeführt werden sollen. Dieser methodische Ansatz hat nämlich den Vorteil kürzerer Synthesezeiten und schnellerer Timing-Simulationen. Die komplette, über die Modulgrenzen hinweg durchgeführte Optimierung erfolgt dann erst am Ende des Entwurfsprozesses.
- Mit der Option *−retiming* kann Vivado dazu angewiesen werden, die Lage von Flipflops im Design so zu verschieben, dass die Laufzeit durch die kombinatorischen Datenpfade optimiert wird. Dieser Prozess führt zu keiner Änderung des ursprünglichen Zeitverhaltens bzw. der Latenz der Ausgangssignale.
- **Resource-Sharing:** Dies bedeutet die Nutzung eines Datenpfadelements für mehrere Teile eines Designs, sofern die Datenpfadoperationen wahlweise genutzt werden Listing 13.1 zeigt ein Beispiel mit zwei Additionen, bei dem jedoch nur ein 4-Bit-Addierer erzeugt wird, falls dieser Schalter aktiviert ist. Die Summanden A und B bzw. C und D werden über einen durch das Signal SEL gesteuerten Multiplexer an die Eingänge des Addierers gelegt. Insbesondere in digitalen Systemen mit umfangreichen numerischen Operationen kann ein automatisch

durchgeführtes Ressource-Sharing zu einer erheblichen Einsparung an Chipfläche führen. Es erfordert jedoch eine sorgfältige Ressourcenplanung [28] und in
den meisten Fällen den Entwurf eines speziellen Zustandsautomaten [41].

Listing 13.1: Bei aktiviertem „Ressource-Sharing" wird nur ein Addierer verwendet

```vhdl
--  Resource Sharing eines Addierers
--------------------------------------
library ieee;
use ieee.std_logic_1164.all;
use ieee.numeric_std.all;

entity RES_SHAR is
port (SEL: in bit;
        A, B, C, D: in signed(3 downto 0);
        S1: out signed(3 downto 0));
end RES_SHAR;

architecture TEST of RES_SHAR is
begin
P1: process( A, B, C, D, SEL)
        begin
                if SEL='1' then
                        S1 <= A+B;
                else
                        S1 <= C+D;
                end if;
        end process P1;
end TEST;
```

Die Analyse des Synthese- und Implementierungsvorgangs sowie des Ressourcenverbrauchs erfordert natürlich Kenntnisse über die Art der typischerweise in einem FP-
GA zur Verfügung stehenden Ressourcen. Aus diesem Grund sollen zunächst exemplarisch einige Grundkenntnisse der Hardwarearchitektur von Artix-7 FPGAs der Fa.
Xilinx vermittelt werden [67].

13.1 FPGA-Technologien

Als kostengünstigere Alternative zu den vollkundenspezifischen integrierten Schaltungen (engl. Application Specific Integrated Circuit, ASIC) waren bis in die 1980er-

Jahre hinein maskenprogrammierbare Gate-Arrays recht verbreitet. Dabei waren die Transistoren bereits vorgefertigt und die individuelle Schaltungsfunktionalität wurde durch anwendungsspezifische Masken für die Verdrahtungsebenen erreicht. Die Programmierung erfolgte also in einer Chipfabrik. Im Unterschied zu CPLDs mit ihren großen UND- und ODER-Matrizen (vgl. Kapitel 19.4) besaßen die Logikblöcke dieser Gate-Arrays eine feinere Granularität, was sich in vielen Anwendungen als vorteilhafter erwies. Dieses Strukturkonzept kleinerer Logikblöcke wurde durch Einführung der feldprogrammierbaren Gate-Arrays (FPGAs) dahingehend erweitert, dass der Anwender bei diesen Bausteinen, ähnlich wie bei den CPLDs, seine spezifische Anwendung nun auch vor Ort („im Feld") konfigurieren kann. Die starke Granularität der FPGAs stellt hohe Anforderungen an die Verdrahtbarkeit der Logikzellen, sodass die in CPLDs verwendete zentrale Schaltmatrix in FPGAs durch eine ausgeklügelte, segmentierte Verdrahtungsarchitektur abgelöst wurde, die aus mehreren Verdrahtungsebenen besteht. Dennoch geben die Hersteller bis heute die Empfehlung, die Logikkapazität der Bausteine nicht weiter als 80 % auszulasten, da höhere Auslastungen zu unakzeptabel langen Rechenzeiten für die automatische Verdrahtung (engl.: routing), sowie zu großen Verzögerungszeiten auf den Verdrahtungsleitungen führen. Technologisch haben sich bei den FPGAs zwei Konzepte durchgesetzt:

- SRAM-basierte FPGAs, bei denen die zu konfigurierenden Funktionen bzw. Verbindungspunkte in SRAM-Speicherzellen gespeichert werden. Wesentlicher Vorteil dieses Konzepts ist die Wiederverwendbarkeit durch Reprogrammierung des gleichen Bausteins mit einer völlig anderen Funktionalität sowie die im Vergleich zu den EEPROM-Zellen einfachere Herstellungstechnologie. Nachteil der SRAM-Technologie ist die Tatsache, dass der Baustein nach jedem Einschalten neu konfiguriert werden muss (Bootvorgang). Dies erfordert entweder eine Verbindung zu einem PC (meist über einen USB-Port) oder aber ein EPROM bzw. ein SD-Speicherkarteninterface auf dem FPGA-Board. In diesem Fall wird die Hardwarekonfiguration nach dem Einschalten automatisch aus dem nichtflüchtigen Speicher geladen. Typische Vertreter dieser FPGA-Technologie sind die FPGAs von Intel (früher Altera) und Xilinx.
- Bei der Antifuse-Technologie wird bei der Herstellung zwischen zwei leitfähigen Materialien eine dünne isolierende Schicht eingefügt, die sich durch Anlegen einer Programmierspannung in leitfähiges Material verändert. Diese Leitfähigkeit bleibt auch nach Abschalten der Programmier- bzw. Betriebsspannung erhalten. Vorteil dieser Technologie ist zum einen die fehlende Notwendigkeit des Bootens und zum anderen die geringere Zusatzfläche auf dem Chip, die bei SRAM-basierten FPGAs für die Konfiguration benötigt wird. Dies erlaubt bei vergleichbarer Logikkomplexität einen geringeren Preis der Antifuse-FPGAs. Wesentlicher Nachteil ist jedoch die fehlende Reprogrammierbarkeit dieser FPGA-Technologie. Antifuse-FPGAs werden z. B. von der Fa. Microsemi (früher Actel) angeboten.

13.1.1 Grundkomponenten kombinatorischer und sequenzieller Logik in FPGAs

Zur Realisierung kombinatorischer Logik verwenden FPGAs Multiplexer und Look-Up-Tabellen (LUTs, vgl. Kapitel 3.7.2). Während bei den SRAM-FPGAs vorwiegend LUTs mit vier bis sechs Eingängen und Multiplexer nur in geringem Maße verwendet werden, sind in Antifuse-FPGAs Multiplexer die überwiegend verwendeten Logikressourcen.

Zur Realisierung getakteter Schaltungen in FPGAs stehen neben D-Latches ausschließlich D-Flipflops mit Freigabeeingang (Enable) sowie asynchronem Lösch- bzw. Setzeingang (FDCE bzw. FDPE) oder synchronem Lösch- bzw. Setzeingang (FDRE bzw. FDSE) zur Verfügung [69].

13.1.2 Die Architektur von SRAM-basierten FPGAs

Exemplarisch soll nachfolgend die SRAM-basierte Artix-7-FPGA-Familie vorgestellt werden, die zur Familie der „Series-7 FPGAs" der Fa. Xilinx gehört [67]. Die FPGA-Grobstruktur zeigt Bild 13.1:
– An den Rändern des Chips befinden sich die als Ein- oder Ausgang konfigurierbaren Input-/Output-Blöcke (IOBs).
– In Form einer Spaltenmatrix sind konfigurierbare Logikblöcke (engl. Configurable Logic Block CLB) angeordnet, die die kombinatorische Logik und die Flipflops enthalten.

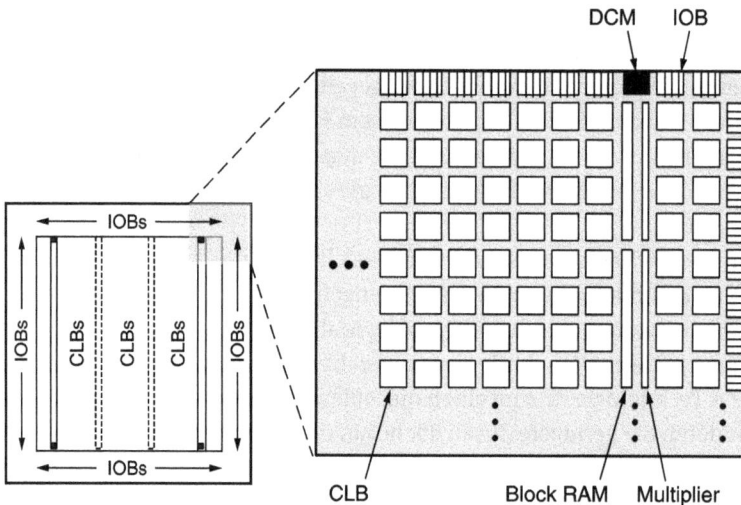

Bild 13.1: Architektur einer typischen FPGA-Familie der Fa. Xilinx. Die grau hinterlegte obere rechte Ecke der linken Ansicht ist rechts vergrößert dargestellt (aus [41])

Der grau dargestellten Ausschnittvergrößerung der rechten oberen Ecke des Chips in Bild 13.1 ist zu entnehmen:

- Zwischen den CLBs befindet sich in den grau hinterlegten Flächen eine segmentierte Verbindungsstruktur.
- An einigen Positionen befinden sich am Rande des Chips anstatt der IOBs spezielle Funktionsblöcke zur Erzeugung von Taktsignalen (Digital Clock Manager, DCM).
- Zwischen den in Spalten angeordneten CLBs befinden sich spezielle Funktionsblöcke wie:
  - DSP-Blöcke mit optional verwendbaren Hardwaremultiplizierern, Addierern und Registern,
  - SRAM-Speicher (vgl. Kapitel 18.4.1), der hier als Block-RAM bezeichnet wird.

Mit diesen Zusatzfunktionen lassen sich komplexe digitale Systeme auf einem FPGA-Chip realisieren. Diese können auch Mikroprozessoren beinhalten und sind daher für Anwendungen der Steuerungs- und Regelungstechnik sowie der digitalen Signalverarbeitung hervorragend geeignet (Software Defined System on Chip, SDSoC). Weil sich damit komplette Systemplattformen realisieren lassen, bezeichnen die Hersteller diese FPGAs daher als Plattform-FPGAs.

Die CLBs sind die wesentlichen Ressourcen, aus denen die digitalen Schaltungen aufgebaut sind. Die Gesamtheit der CLBs eines FPGAs wird auch als Logic-Fabric bezeichnet.

Bild 13.2 zeigt, dass sich neben jeder CLB eine programmierbare Schaltmatrix befindet, mit der über unterschiedliche Verdrahtungsressourcen eine elektrische Verbindung zu weiter entfernten CLBs hergestellt werden kann. Der Kontakt zu den direkt benachbarten CLBs kann auch ohne Schaltmatrix über CIN- und COUT-Signale erfolgen.

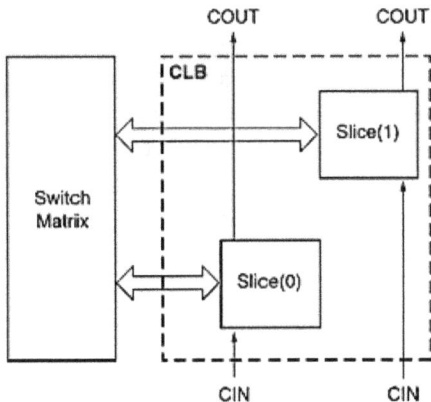

Bild 13.2: CLB-Struktur der 7-Series FPGAs (aus [68])

Jeder CLB besteht seinerseits aus zwei „Slices" (vgl. Bild 13.2). Ein Slice ist wiederum intern wie folgt strukturiert [68]:

- Jedes Slice besitzt vier Look-Up-Tabellen (LUTs) mit bis zu 6 Eingängen A1...A5. Jede LUT6 besitzt zwei voneinander unabhängige Ausgänge O5 und O6. Dadurch können in diesen LUTs nicht nur eine, sondern zwei Logikfunktionen mit nur 5 oder weniger Eingangssignalen implementiert werden.
- Weiter enthält ein Slice drei Multiplexer, mit denen sich logische Gleichungen mit bis zu 7 bzw. bis zu 8 Eingangssignalen aus benachbarten LUT6-Komponenten realisieren lassen.
- Ein Slice enthält acht 1-Bit-Speicher, von denen vier wahlweise entweder als D-Flipflop oder als D-Latch konfiguriert werden können. Die Flipflops besitzen optional einen Freigabeeingang (Buchstabe E in der Namensbezeichnung) sowie synchrone (Buchstaben S bzw. R) oder asynchrone (Buchstaben P bzw. C) Setzbzw. Rücksetzfunktionen.
- Die vier LUTs sind innerhalb des CLB durch eine besonders schnelle Carry-Logik verbunden (Carry4-Blöcke), womit sich innerhalb eines Slice ein 4-Bit-Addierer aufbauen lässt. Die Signale CIN und COUT erlauben den Aufbau einer breiteren Ripple-Carry-Struktur unter Verwendung benachbarter Slices.

Es werden zwei Arten von CLB-Slices unterschieden:
- Mit den LUTs von SLICEL-Komponenten kann ausschließlich kombinatorische Logik realisiert werden.
- Hingegen können die LUTs von SLICEM-Komponenten entweder als kombinatorische Logik, als verteilter SRAM-Speicher (vgl. Kapitel 18.4.4) oder als adressierbares Schieberegister SRL16E (vgl. Kapitel 16.7) genutzt werden. Wenn das Schieberegister nicht mehr als 16 Elemente umfasst, so können in einer LUT6 über die beiden Ausgänge O5 und O6 auch zwei SRL16E-Komponenten untergebracht werden.

Als Faustregel gilt z. B. für Artix-7-FPGAs, dass etwa ein Drittel aller im FPGA vorhandenen Slices SLICEM-Komponenten sind. Das Bild 15.12 zeigt z. B. die Nutzung einer SLICEL-Komponente in einer exemplarischen FPGA-Implementierung. Jedes Slice kann optional über die folgenden Ausgänge und die programmierbare Verbindungslogik mit anderen Slices verbunden werden:
- Über jeweils vier kombinatorischen LUT- und Multiplexerausgänge,
- über vier Flipflop- bzw. Latch-Ausgänge.

Innerhalb des FPGAs sind Slices durch Angabe ihrer x- und y-Positionen lokalisierbar. Der vergleichsweise kleine Artix-7 FPGA xc7a35 besitzt 5200 Slices, womit sich schon eine erhebliche Systemkomplexität realisieren lässt.

Diese Komplexität erfordert natürlich eine ausgeklügelte programmierbare Verbindungsstruktur, mit der die Signale innerhalb des FPGAs verteilt werden. Dafür ist zunächst die in Bild 13.2 dargestellte Schaltmatrix verantwortlich, mit der sich programmierbare Verbindungen der Slices zu mehreren Verdrahtungsebenen aufbauen lassen. Jeder der Verbindungsknoten innerhalb der Matrix kann durch sechs programmierbare Schalttransistoren Signale in alle Richtungen umlenken, kreuzen und verzweigen (vgl. Bild 13.3).

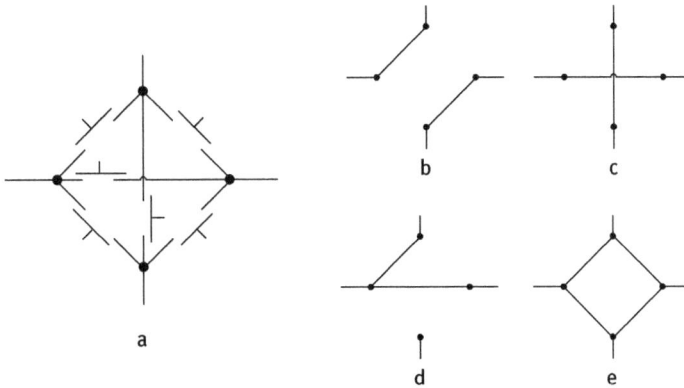

Bild 13.3: Schaltmatrixelement, mit dem die Signale innerhalb des FPGAs verdrahtet werden. a) Verbindungsnetzwerk mit sechs programmierbaren Schalttransistoren. b) Umleitung elektrischer Signale von vertikaler in horizontaler Richtung. c) Kreuzung, d) Abzweigung und e) Verteilung von Signalen durch geeignete Programmierung der Schalttransistoren

Die eigentliche Verdrahtung der von den CLB-Ausgängen eingespeisten Signale erfolgt dann über die Schaltmatrizen und mehrere Verdrahtungsebenen einer segmentierten Verbindungsstruktur zu den anderen CLBs. Jeder Verdrahtungskanal zwischen den CLBs umfasst die in Bild 13.4 dargestellten unterschiedlichen Verdrahtungsebenen mit unterschiedlicher Reichweite:
- Long Lines (Bild 13.4a) sind Signalbündel, die aus mehreren Leitungen bestehen und die in horizontaler und vertikaler Richtung durch den ganzen Chip laufen. Sie sind so an die Schaltmatrizen angeschlossen, dass CLBs miteinander verbunden werden können, die in horizontaler oder vertikaler Richtung jeweils sechs CLB-Positionen auseinanderliegen. Diese Verdrahtungsebene hat eine besonders geringe Lastkapazität und erlaubt damit trotz großer Entfernung dennoch sehr schnelle Schaltungen.
- Mit Hex Lines (Bild 13.4b) lassen sich über mehrere, parallel laufende Leitungen CLBs in horizontaler und vertikaler Richtung über eine Distanz von drei Positionen verbinden.

- Mehrere Double Lines (Bild 13.4c) stellen in beiden Dimensionen die Verbindung zum nächsten und zum übernächsten Nachbarn her.
- Mit Direct Lines (Bild 13.4d) wird bei den älteren Spartan-III-FPGAs die Verbindung zu direkt benachbarten CLBs in horizontaler, vertikaler und diagonaler Richtung hergestellt. Diese Verdrahtungsressource geht nicht über die Schaltmatrix.

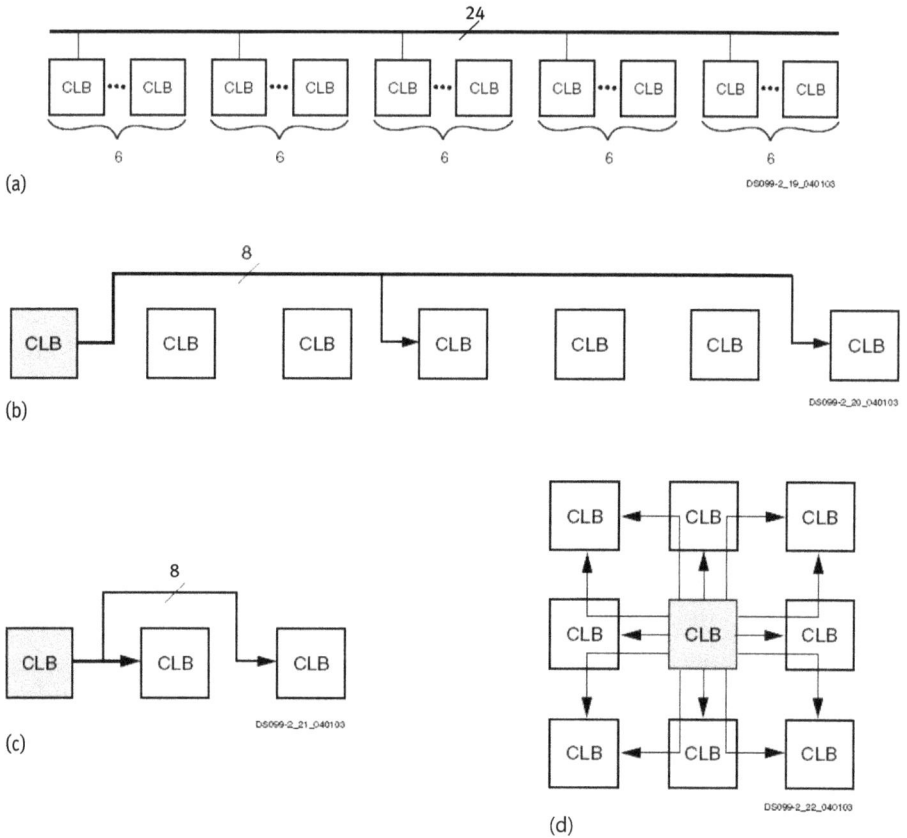

Bild 13.4: Verdrahtungsebenen einer typischen FPGA-Architektur der Fa. Xilinx: a) Long Line, b) Hex Line, c) Double Line, d) Direct Lines (aus [41])

Die Struktur der FPGA-Ein- und -Ausgänge (IOBs) kann vereinfacht wie folgt beschrieben werden:

- Jeder IOB-Anschluss kann entweder als Ein- oder als Ausgang konfiguriert werden. IOBs können blockweise mit verschiedenen Versorgungsspannungsstandards betrieben werden.
- Die IOB-Ausgänge können entweder kombinatorisch oder über D-Flipflops nach außen geführt werden. Diese können entweder mit einfacher, oder mit doppelter Taktfrequenz (engl. Double Data Rate DDR) betrieben werden.

- Als Ausgang konfigurierte IOBs können den Ausgangspin optional durch ein besonderes Signal in den hochohmigen Zustand Z versetzen (Three-State-Treiber).
- Durch spezielle Abschlusswiderstände an den Ausgangspins besteht die Möglichkeit einer Impedanz-Anpassung (engl. Digitally Controlled Impedance, DCI).
- Zeitweise nicht verwendete Anschlusspins können über konfigurierbare Pull-Up- bzw. Pull-Down-Widerstände auf ein definiertes Potenzial gelegt werden. Spezielle ESD-Dioden (Electrostatic Discharge) schützen die Anschlusspins vor kurzzeitigen hohen externen Spannungsimpulsen.

In den Technologieschaltplänen von Vivado werden IOBs durch die Symbole IBUF und OBUF bzw. OBUFT (Three-State-Ausgang) dargestellt.

Die Realisierung eines synchronen Systems mit Taktraten von mehr als 100 MHz erfordert besonderes Augenmerk auf die Verteilung des Taktsignals innerhalb des FPGAs: Sehr viele Flipflops müssen mit dem Taktsignal mit nur minimalem Taktverzug angesteuert werden. Dies macht nicht nur besonders starke Signaltreiber erforderlich, die in der Lage sind, große Lastkapazitäten schnell umzuladen, sondern auch eine Verdrahtung, bei der die Signallaufzeiten vom Takttreiber zu den Takteingängen der einzelnen Flipflops nahezu gleich sind.

Diese Ziele werden in den FPGAs durch ein spezielles Taktnetzwerk erreicht, welches in der Lage ist, mehrere unterschiedliche Taktsignale im FPGA zu verteilen (vgl. Bild 13.5). Sie werden jeweils durch einen globalen Takttreiber (BUFG) erzeugt und entweder als globaler Takt (engl. Global Clock, GCLK), oder als regionaler Takt in Teilbereiche des FPGA-Taktnetzwerks eingespeist. Mit den Digital-Clock-Manager- (DCM-) Modulen kann ein Taktsignal außerdem wie folgt konditioniert werden:

- Aus einem vorhandenen Taktsignal kann ein neues Taktsignal mit höherer oder niedrigerer Taktfrequenz synthetisiert werden. Dazu müssen Divisions- und Multiplikationsfaktoren angegeben werden.
- Es kann ein zweites Taktsignal mit programmierbarer Phasenverschiebung generiert werden.

Die Taktnetzwerke werden durch spezielle Taktmultiplexer (BUFGMUX) gespeist, die für ein störungsfreies Umschalten zwischen verschiedenen Taktquellen sorgen. Als Eingangssignale für die Taktmultiplexer können gewählt werden:

- eins von mehreren speziellen Takteingangssignalen (GCLK0 ... GCLK7),
- eins der verschiedenen DCM-Ausgangssignale der Digital Clock Manager.

Der symbolischen Darstellung im Bild 13.5 ist zu entnehmen, dass das Ziel, einer nahezu gleichzeitigen Taktung aller Flipflops durch die geometrische Anordnung des Taktnetzwerks einer Struktur ineinander geschachtelter H's weitgehend erreicht wird (H-Taktbaum). Die externen Taktsignale werden von speziellen Eingangspins kommend über die Taktmultiplexer zunächst über die Top- bzw. Bottom-Spines in die Mitte des FPGAs geführt, dort über die Horizontal-Spines an die Seite und anschließend

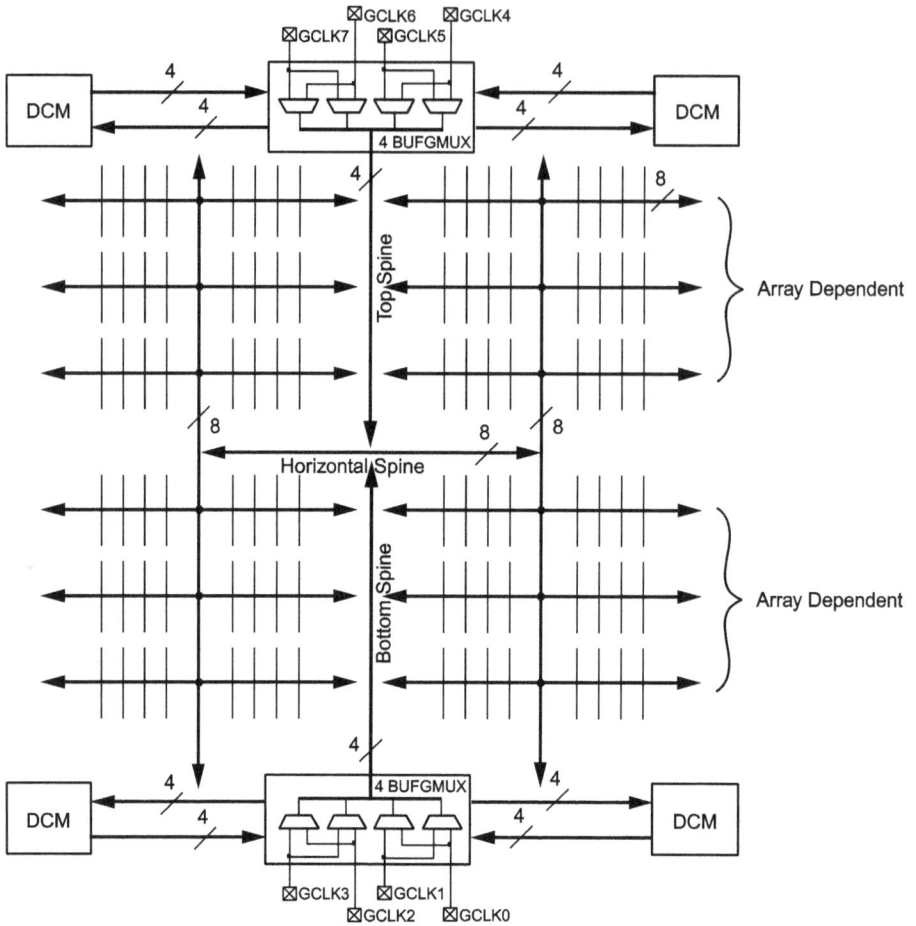

Bild 13.5: Typische Taktverdrahtung einer Xilinx-FPGA-Familie (aus [41])

in die vier Quadranten verteilt, in denen sie erneut durch zentrale Verteilungsleitungen an die Takteingänge der Flipflops geführt werden. Die symmetrische Struktur des H-Taktbaums sorgt dafür, dass der zeitliche Taktversatz (engl. clock skew) zwischen allen gemeinsam zu taktenden Flipflops eines Systemteilbereichs (engl. clock domain) zwar minimiert werden kann, aber bei hohen Taktraten nicht vernachlässigt werden darf.

13.1.3 Technologische Entwicklungstrends bei FPGAs

Die FPGA-Hersteller haben sich seit mehreren Jahren vorgenommen, die Marktsegmente der digitalen Signalverarbeitung (engl. Digital Signal Processing DSP) sowie der Steuerungs- und Regelungstechnik mit reprogrammierbaren Systemen auf einem

Halbleiterchip zu durchdringen. Inhaltlich ermöglichen derartige Software-Defined-System-on-Chip-Systeme (SDSoC):

–   Den Entwurf FPGA-basierter Mikrocontrollersysteme und deren Betrieb unter Echtzeitbedingungen (Embedded Processing). Wobei heutige Systemanforderungen bereits häufig mehrere Prozessoren auf einem Chip verlangen. Diese können entweder als fertige Prozessoren auf dem Chip integriert sein (Hardcore-Prozessoren) oder aber als IP-Block während der Synthese bzw. Implementierung integriert werden (Softcore-Prozessoren).
–   Die Integration von spezifischen Peripherieblöcken, Busschnittstellen (z. B. Ethernet, PCI-Express, USB, CAN und I^2C) sowie Schnittstellen zu externen Speichern (z. B. DDR2-RAM, Speicherkarten etc.).
–   Die Hardwareimplementierung von Funktionsblöcken aus Signalverarbeitungsanwendungen. Numerisch besonders anspruchsvolle Operationen, wie z. B. FIR-Filter oder Transformationen zwischen Zeit- und Frequenzbereich (z. B. die Fast Fourier Transformation (FFT) oder die diskrete Cosinus-Transformation (DCT)), werden im SDSoC nicht mehr durch auf einem Prozessor laufende Software, sondern in dedizierter digitaler Hardware berechnet.

Auf dem Markt erscheinen ca. alle zwei Jahre neue FPGA-Familien mit deutlich verbesserter Performance und gestiegener Komplexität. Moderne FPGA-Architekturen besitzen mehr als eine Million LUTs mit jeweils sechs Eingängen sowie die gleiche Zahl von Flipflops. Derartige Plattform-FPGAs beinhalten je nach Konfiguration zusätzlich:

–   Hardcore-Prozessoren auf dem FPGA-Chip (z. B. ARM Dual Cortex-A9).
–   Bis zu 3000 DSP-Hardwaremodule, mit denen sich entsprechend viele Multiplikationen und Additionen mit 48-Bit-Ergebnis zeitgleich ausführen lassen (vgl. Kapitel 13.5).
–   SRAM-Speicher mit einer Kapazität von mehreren MB (vgl. Kapitel 18.4.4).
–   Spezielle I/O-Ports für die serielle Datenübertragung im Gigabit-Bereich.
–   Hardware-Ethernet-Schnittstellen für 10/100/1000-Mbit-Datenübertragungsraten.
–   Analog-Digital-Umsetzer (ADCs).

Dieser massive technologische Fortschritt bei der FPGA-Hardware hat in den vergangenen Jahren auch zu starken Veränderungen bei den Entwicklungswerkzeugen geführt. Die neueren FPGAs der Fa. Xilinx werden durch die Entwicklungsplattform Vivado wie folgt unterstützt:

–   Durch ein integriertes Entwicklungssystem für die digitale Hardware und die auf den Prozessoren laufende Software (Hardware-Software-Codesign),
–   durch vorgefertigte Funktionsblöcke mit komplexen, aber konfigurierbaren Hardwarefunktionen (Intellectual Property, IP) und mit
–   High-Level-Synthesewerkzeugen [70] für eine C/C++ oder Matlab [65] basierte Spezifikation der zu implementierenden Algorithmen.

Zusammengenommen sind FPGAs in all den Marktsegmenten, bei denen die Stückzahlen nicht in die Millionen gehen, als ernst zu nehmenden Konkurrenz für kundenspezifische ASICs sowie für softwareprogrammierbare digitale Signalprozessoren zu betrachten.

13.2 FPGA-Entwurf synchroner Schaltungen mit Vivado

Im Kapitel 5 wurde die Vorgehensweise zur FPGA-Implementierung mit Vivado [63] bereits für kombinatorische Schaltungen vorgestellt. In diesem Kapitel wird diese Einführung zunächst mit dem Entwurf synchroner Schaltungen fortgesetzt. Exemplarisch soll dafür nachfolgend ein 4-Bit-Sekundenzähler entworfen werden. Dessen Zählzustand soll auf den LEDs eines Arty-Boards [66] dargestellt werden. Dabei wird als Taktsignal der 100-MHz-Oszillator des Boards verwendet. Dieser Entwurf unterscheidet sich von dem einer kombinatorischen Schaltung insofern, als in der xdc-Datei, die die Constraints enthält, zusätzlich zu den Pin-Informationen eine Spezifikation der Eigenschaften des Taktsignals erforderlich ist. Nach erfolgreicher Implementierung und Analyse des Ressourcenverbrauchs, jedoch noch vor dem Hardwaretest, wird eine statische Timing-Analyse sowie eine Post-Implementation-Timing-Simulation gemäß der im Kapitel 2.5 vorgestellten Entwurfsmethodik durchgeführt (vgl. Bild 2.8).

Listing 13.2: VHDL-Modell eines Sekundenzählers, der mit einem 100 MHz Takt angesteuert wird

```
-- Sek_Zaehler.vhd
-- Implementierung eines 4-Bit Sekundenzählers
-- Taktfrequenz: 100 MHz
-----------------------------------------------
library ieee;
use ieee.std_logic_1164.all;
use ieee.numeric_std.all;
entity SEK_ZAEHLER is
   port( CLK100MHZ : in bit;
      RESET: in bit;
      SEKUNDEN : out bit_vector(3 downto 0)
      );
end SEK_ZAEHLER;

architecture BEHAVIOUR of SEK_ZAEHLER is
signal CTR: unsigned(26 downto 0); -- Zahlenbereich bis 100.000.000
signal SEK: unsigned(3 downto 0);
signal CE: bit;
```

```
begin
P1: process(CLK100MHz, RESET)        -- 100 MHZ Taktsignal des Boards
begin
   if RESET = '1' then
      CTR <= (others => '0') after 5 ns;
      CE <= '0' after 5 ns;
   elsif CLK100MHZ = '1' and CLK100MHZ'event then
      if CTR = 100000000 then        -- fuer Synthese: 1 Sek ist vorbei
--    if CTR = 10 then               -- fuer Simulation: nach 11 Takten
         CE <= '1' after 5 ns;       -- Uebertrag
         CTR <= (others => '0') after 5 ns;   -- Zaehler loeschen
      else
         CE <= '0' after 5 ns;       -- kein Uebertrag
         CTR <= CTR + 1 after 5 ns;  -- Zaehler inkrementieren
      end if;
   end if;
end process P1;

P2: process(CLK100MHz, RESET)
begin
   if RESET = '1' then
      SEK <= (others => '0') after 5 ns;
   elsif CLK100MHZ = '1' and CLK100MHZ'event then
      if CE = '1' then               -- beim Uebertrag
         SEK <= SEK + 1 after 5 ns;  -- Sekunden inkrementieren
      end if;
   end if;
end process P2;
SEKUNDEN <= To_bitvector(std_logic_vector(SEK));
end BEHAVIOUR;
```

Wie das Listing 13.2 zeigt, ist der Sekundenzähler aus zwei getakteten Prozessen aufgebaut, die beide vom Systemtakt angesteuert werden und einen asynchronen Reset haben:

- Im Prozess P1 wird das CTR-Zählersignal inkrementiert, welches nach 100.000.001 Takten, also nach etwa 1 Sekunde das Taktfreigabesignal CE für genau einen Takt setzt und diesen Zähler wieder zurücksetzt. Die Breite von 27 Bit für das Signal CTR ergibt sich aus dem abzudeckenden Zahlenbereich (2^{26} < 100.000.001 < 2^{27}). Für Simulationszwecke kann das Signal nach Ändern der Kommentierung schon nach z. B. 11 Takten zurückgesetzt werden (s. die kommentierte Quellcodezeile im Prozess P1 von Listing 13.2).

- Im Prozess P2 wird der Sekundenzähler mit dem Signal SEK implementiert. Dieser wird zwar mit 100 MHz getaktet, jedoch nur dann inkrementiert, wenn das Clock-Enable- Signal CE gesetzt ist.
- Das als unsigned deklarierte SEK-Signal muss nebenläufig durch Anwendung zweier Konversions- bzw. Casting-Funktionen in das Ausgangssignal SEKUNDEN überführt werden, welches als bit_vector deklariert ist.

13.2.1 Funktionale Simulation mit Vivado

Für die Simulation und Synthese wird ein neues Vivado-Projekt im Ordner Vivado_Arty/2019.1/SEK_ZAEHLER angelegt (vgl. Kapitel 5.2). Anschließend wird der Quellcode SEK_ZAEHLER.VHD, der sich im Ordner ../VHDL_Codes befindet, dem Projekt hinzugefügt. Wie im Beispiel des Kapitel 5.2 wird als Zielhardware ein FPGA vom Typ xc7a35ticsg324-1L ausgewählt.

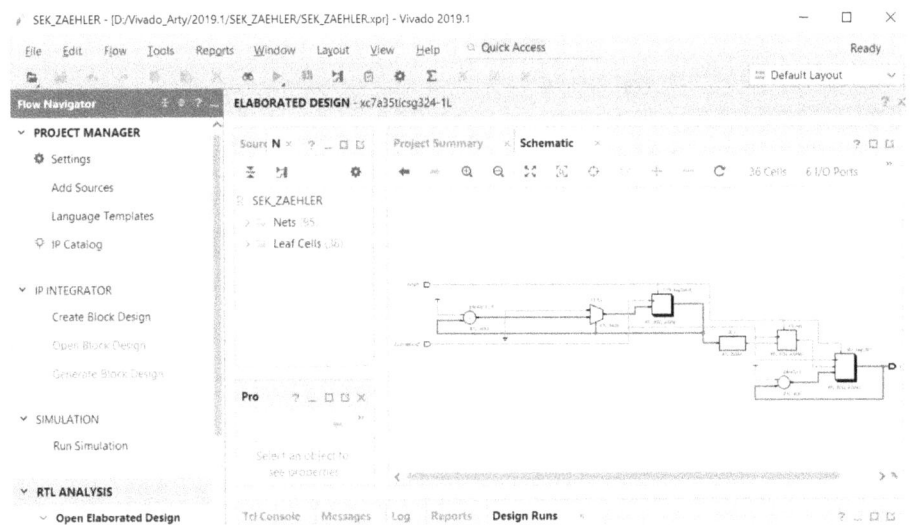

Bild 13.6: Konfiguration und Elaboration der Sekundenzählerschaltung

Mit der Auswahl **Open Elaborated Design** der Werkzeuggruppe **RTL Analysis** im **Flow Navigator**-Fenster erhält man das Bild 13.6. Eine detaillierte Analyse des Schaltplans zeigt:
- Ein 27-Bit-Zählregister CTR_reg, welches am Eingang einen Multiplexer Ctr_i besitzt, der entweder den Ausgang eines 27-Bit-Inkrementers (+1-Zähler) plusOp_i_0 oder, falls das Selektionssignal den Wert 100.000.000 erreicht, mit Massepotenzial eine 0 auf seinen Ausgang legt.

- Einen ROM-Baustein CE_i, mit dem CTR-Signal als Adresse und einem 1-Bit-Ausgang (vgl. Kapitel 18.3). In diesem ROM wird die Zahl 100.000.000 dekodiert, also das CE-Signal erzeugt.
- Ein 1-Bit-Register CE_reg für das Signal CE.
- Ein 4-Bit-Register SEK_reg für das Ausgangssignal SEKUNDEN, an dessen Eingang ein 4-Bit-Inkrementer plusOp_i liegt, und in dem als Clock-Enable das Signal CE verwendet wird.

Für die funktionale Simulation sollte der VHDL-Quellcode so abgeändert werden, dass der in Listing 13.2 kommentierte Überlaufwert 10 des Zählers CTR verwendet wird.

In der in Listing 13.3 dargestellten Kommandodatei SEK_Zaehler_Vivado.tcl beträgt die durch Tcl-Befehle definierte Periode des CLK-Signals 10 ns und der asynchrone Reset wird bei fallender Flanke des Taktsignals für eine Taktperiode angelegt. Man erhält nun das in Bild 13.7 dargestellte Wave-Fenster.

Listing 13.3: Tcl-Befehle zur Simulation des Sekundenzählermodells in der Datei SEK_Zaehler_ Vivado.tcl

```
# Befehle zur Zaehlersimulation unter Vivado
restart
# Befehle, die sich ueber mehr als eine Zeile erstrecken,
# haben am Ende der Zeile einen Backslash \
# z.B. der nachfolgende, auskommentierte add_wave-Befehl
# add_wave {/SEK_ZAEHLER/CLK100MHZ} {/SEK_ZAEHLER/RESET} \
#          {/SEK_ZAEHLER/CTR} {/SEK_ZAEHLER/CE} {/SEK_ZAEHLER/SEKUNDEN}

add_force RESET {0 0ns} {1 10ns} { 0 20ns}
add_force CLK100MHZ {0 0ns} {1 5ns} -repeat_every 10ns
run 500ns
```

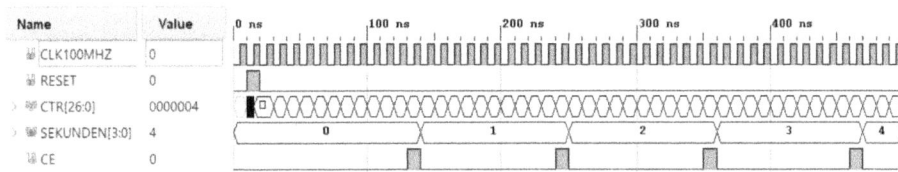

Bild 13.7: Funktionale Simulation des Sekundenzählers, der schon bei CTR =10 den Ablauf einer Sekunde signalisiert

Diese Simulation zeigt, dass das CE-Signal alle elf Takte periodisch für genau einen Takt gesetzt wird. In diesem Takt erfolgt dann das Weiterzählen des Signals SEKUNDEN.

13.2.2 VHDL-Synthese und Implementierung

Zur Vorbereitung der Synthese muss nun neben den FPGA-Anschlüssen auch die angestrebte Taktfrequenz mit einem `create_clock`-Befehl angegeben werden. Dieses sogenannte Timing-Constraint definiert den kritischen Pfad der Schaltung, also die maximale Dauer eines kombinatorischen Pfades zwischen zwei steigenden Taktflanken. In dem RTL-Modell in Bild 2.7 ist dieser als Transferlogik zwischen den beiden Flipflops dargestellt.

Wenn in der xdc-Datei ein Timing-Constraint angegeben ist, wird Vivado während des Synthese- bzw. Implementierungsprozesses versuchen, die Platzierung bzw. Verdrahtung solange zu optimieren, bis die als Constraint angegebene Taktfrequenz erreicht wird. Falls diese nicht erreicht werden kann, so wird die Implementierung mit einer Fehlermeldung beendet.

Listing 13.4: Constraints-Datei Sek_Zaehler_Arty.xdc. Als Taktsignal CLK100MHZ wird der Quarz-Oszillator des Arty-Boards verwendet, der mit einer Periodendauer von 10 ns und einem Tastverhältnis von 50 % arbeitet

```
# *.xdc Datei zur Implementierung des SEK_ZAEHLER Projekts auf d. Arty
Board
# 100MHz-Taktsignal vom Board Oszillator
set_property -dict { PACKAGE_PIN E3 IOSTANDARD LVCMOS33 }\
    [get_ports { CLK100MHZ } ]; # Global Clock

create_clock -add -name sys_clk_pin -period 10.00 -waveform {0 5}\
    [get_ports CLK100MHZ];

# RESET vom Taster BTN[0]
set_property -dict { PACKAGE_PIN D9 IOSTANDARD LVCMOS33 }\
    [get_ports { RESET]; # BTN[0]}
#LEDs für die SEKUNDEN Anzeige
set_property -dict { PACKAGE_PIN H5 IOSTANDARD LVCMOS33 }\
    [get_ports { SEKUNDEN[0]]; # LD[4]}
set_property -dict { PACKAGE_PIN J5 IOSTANDARD LVCMOS33 }\
    [get_ports { SEKUNDEN[1]]; # LD[5]}
set_property -dict { PACKAGE_PIN T9 IOSTANDARD LVCMOS33 }\
    [get_ports { SEKUNDEN[2]]; # LD[6]}
set_property -dict { PACKAGE_PIN T10 IOSTANDARD LVCMOS33 }\
    [get_ports { SEKUNDEN[3]]; # LD[7]}
```

Die xdc-Datei in Listing 13.4 enthält neben den Timing-Constraints (`create_clock`) auch die in Kapitel 5.4 bereits vorgestellten Pin-Constraints (`set_property`). Durch

Bild 13.8: Konfiguration der Quellcodes für die Synthese und Implementierung des Sekundenzählers

Auswahl von ***Add Sources*** im **Flow Navigator** und erneuter Änderung des Überlauf-
werts im VHDL-Code (if CTR = 1000000 in Bild 13.8), kann durch Betätigen der
Auswahl ***Run Implementation*** in der Werkzeuggruppe ***Implementation*** des **Flow
Navigator**-Fensters die Implementierung direkt gestartet werden. Dabei wird automatisch zuerst die Synthese gestartet. Nach erfolgreicher Implementierung wird der
implementierte Entwurf geöffnet (vgl. Bild 13.9).

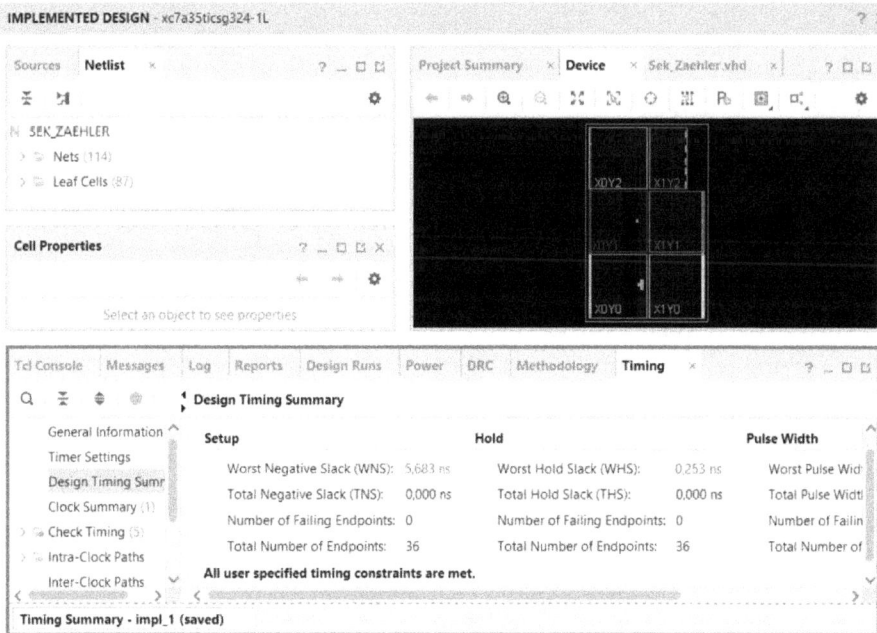

Bild 13.9: Das **Implemented Design**-Fenster

Wenn nun im unteren Fenster von Bild 13.9 die Schaltfläche **Reports** aktiviert wird, so finden sich dort u. a. Informationen über den Ressourcenverbrauch der FPGA-Schaltung. Jeweils im Abschnitt **1. Slice Logic** des Synthesereports

synth_1_synth_report_utilization_0

bzw. des Place-and-Route-Reports

impl_1_place_report_utilization_0

wird die Anzahl der benötigten LUTs, Flipflops, Latches etc. aufgeführt. Das Bild 13.10 zeigt, dass für die FPGA-Synthese des Sekundenzählers insgesamt 23 LUTs zur Implementierung der kombinatorischen Logik benötigt werden. Innerhalb der Slices werden 32 Flipflops benötigt, von denen wie erwartet 27 auf das Signal CTR, 4 auf das Signal SEK und eins auf das Signal CE entfallen.

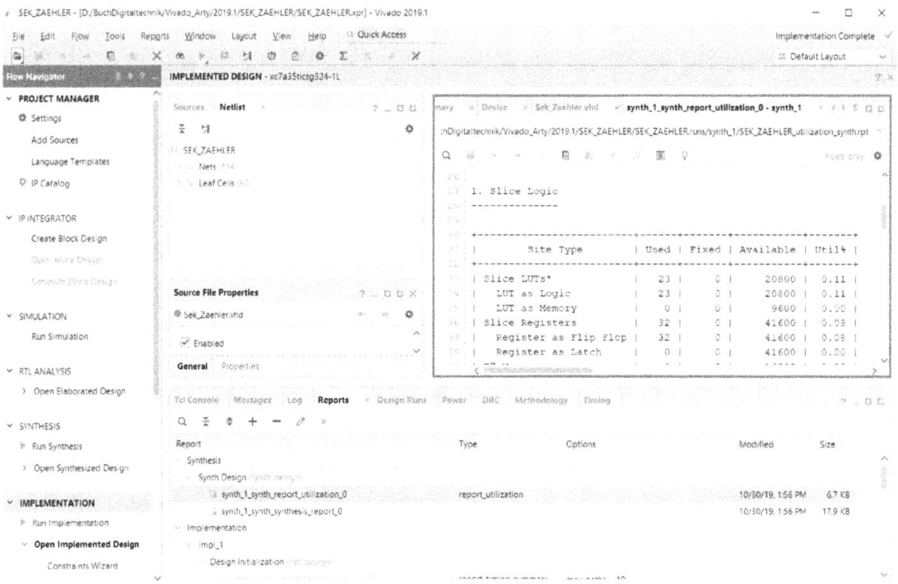

Bild 13.10: Darstellung des Ressourcenverbrauchs im Synthesereport

Die zur Beurteilung des Syntheseergebnisses wichtige RTL-Komponentenübersicht ist ebenfalls im Synthesereport enthalten (vgl. dazu die Schaltplananalyse zu Bild 13.6):

```
Start RTL Component Statistics
-----------------------------------------------------------------------
Detailed RTL Component Info :
+---Adders :
            2 Input      27 Bit          Adders := 1
            2 Input       4 Bit          Adders := 1
+---Registers :
                         27 Bit       Registers := 1
                          4 Bit       Registers := 1
                          1 Bit       Registers := 1
+---Muxes :
            2 Input      27 Bit           Muxes := 1
-----------------------------------------------------------------------
```

Weiter enthält dieser Report Informationen über den Syntheseverlauf, z. B. zu den verwendeten Syntheseeinstellungen, den vorgenommenen Optimierungen sowie eventuelle Synthesewarnungen.

In einigen Fällen kann der LUT-Ressourcenverbrauch durch eine Optimierung während der Implementierung auch geringer ausfallen als im Synthesereport angegeben.

13.2.3 Statische Timing-Analyse

Im Unterschied zu einer Timing-Simulation, bei der das dynamische Schaltungsverhalten in seiner Reaktion auf die angelegten Stimuli untersucht wird, erfolgt bei einer statischen Timing-Analyse eine systematische Strukturanalyse der gesamten Schaltungsimplementierung. Dabei wird die korrekte zeitliche Ansteuerung aller Flipflops überprüft. Grundlage dafür ist das in Kapitel 12.8 vorgestellte RTL-Modell mit den in Bild 12.26 definierten Zeitverzögerungen.

Während dieser Analyse werden von Vivado alle Signalpfade des RTL-Entwurfs zwischen jeweils zwei über einen kombinatorischen Laufzeitpfad verbundene Flipflops hinsichtlich der folgenden Fragestellungen analysiert:
– Ist sichergestellt, dass das nach einer Taktflanke erzeugte Ausgangssignal des Quell-Flipflops über eine kombinatorische Laufzeitkette das Ziel-Flipflop rechtzeitig vor der nächsten Taktflanke erreicht (Setup-Check)? In Vivado wird dieser Check auch als Max-Delay-Check bezeichnet.
– Ist sichergestellt, dass das nach einer Taktflanke erzeugte Ausgangssignal des Quell-Flipflops im Ziel-Flipflop nicht bereits mit der gleichen, sondern erst mit der nachfolgenden Taktflanke übernommen wird (Hold-Check)? Alternativ wird in Vivado dafür auch der Begriff Min-Delay-Check verwendet.

Den Laufzeitpfaden des RTL-Modells in Bild 12.26 ist zu entnehmen:

– Die Taktverzögerungen vom Taktanschluss des FPGAs zum Quell-Flipflop DFF1 sowie zum Ziel-Flipflop DFF2 können unterschiedlich sein und müssen daher bei der statischen Timing-Analyse berücksichtigt werden. Es lässt sich ein effektiver kritischer Pfad t_{Delay} definieren, der sich aus der Summe des Pfads durch die kombinatorische Logik und der Differenz der Taktlaufzeitpfade zu den beiden Flipflops berechnet. Im Ergebnis kann der effektive kritische Pfad je nach Lage der Quell- und Ziel-Flipflops im FPGA größer oder kleiner sein als der nur durch die kombinatorische Logik vorgegebene kritische Pfad t_{Komb}.

– Nach der Laufzeit t_{pd} durch das Quell-Flipflop und die Signalverzögerung durch die kombinatorische Logik t_{Komb} müssen die neuen Daten am Dateneingang des Ziel-Flipflops DFF2 so rechtzeitig an dessen Takteingang erscheinen, dass für die nachfolgende Taktflanke die Setup-Zeit t_{SU} eingehalten wird. Für den Fall, dass die neuen Daten im Setup-Hold-Zeitintervall eintreffen, geht das Ziel-Flipflop in einen metastabilen Zustand mit undefiniertem Ausgangssignal über (vgl. Kapitel 12.4). Später eintreffende Daten werden fehlerhafterweise erst mit der übernächsten Taktflanke übernommen.

Referenz für die Bewertung des Zeitverhaltens ist der Zeitpunkt, an dem das Signal den Dateneingang des Ziel-Flipflops (DFF2/D) erreicht. Daraus berechnet Vivado bei Setup-Checks die Taktreserve aus den folgenden Signallaufzeiten:

– Als „Arrival-Time" wird die Summe aus der Taktverzögerung des Quell-Flipflops und der Dauer des kombinatorischen Datenpfads bezeichnet. Nach dieser Verzögerung erreicht das Ausgangssignal des Quell-Flipflops den Dateneingang des Ziel-Flipflops:

$$t_{Arrival} = t_{Clk\_Src} + t_{pd} + t_{komb}$$

– Als „Required-Time" wird die Zeit bezeichnet, zu dem das Taktsignal am Ziel-Flipflop anliegen muss, damit die Daten im Folgetakt übernommen werden können, ohne die Setup-Zeit-Bedingung zu verletzen. Sie setzt sich aus der Summe der in der XDC-Datei spezifizierten Periodendauer t_{Period} und der Taktverzögerung des Ziel-Flipflops zusammen. Davon wird eine Taktunsicherheit (engl. clock uncertainty) abgezogen, die auf Taktsignalschwankungen (engl. jitter) bzw. Schwankungen des Tastgrads zurückzuführen ist. Hinzuaddiert wird die Setup-Zeit t_{SU}:

$$t_{Required} = t_{Period} + t_{Clk\_Dest} - t_{Uncertainty} + t_{SU}$$

– Die Setup-Taktreserve (In Vivado als Worst-Negative-Slack WNS bezeichnet) wird als Differenz von Required-Time und Arrival-Time berechnet:

$$WNS = t_{Required} - t_{Arrival} \quad \text{(Setup-Taktreserve)}$$

Positive Ergebnisse bedeuten, dass keine Setup-Fehler zu erwarten sind.

Die Berechnung der Hold-Taktreserve (Worst-Hold-Slack WHS) erfolgt auf ähnliche Weise:

- Die Arrival-Time ist die gleiche wie bei den Setup-Checks. Die Required-Time erhält man nun ohne Berücksichtigung der Periodendauer aus der Summe der Taktsignalverzögerung zum Ziel-Flipflop sowie der Hold-Zeit t_H:

$$t_{Required} = t_{Clk\_Dest} + t_H$$

- Die Hold-Taktreserve ergibt sich nun jedoch umgekehrt aus der Differenz von Arrival-Time abzüglich der Required-Time:

$$WHS = t_{Arrival} - t_{Required} \quad \text{(Hold-Taktreserve)}$$

Auch hier bedeuten positive Ergebnisse, dass keine Hold-Zeit-Fehler zu erwarten sind.

In den Artix-7-FPGAs sind die im Datenblatt angegebenen Setup-und Hold-Zeiten der Flipflops abhängig von deren spezieller Konfiguration innerhalb des Slice: Die Setup-Zeit liegt zwischen 0.1 ns und 0.8 ns, wenn die Flipflops z. B. über eine Carry-Logik angesteuert werden. Die Hold-Zeiten liegen zwischen 0.1 ns und 0.26 ns [67].

Zur Durchführung der statischen Timing-Analyse mit Vivado muss die Implementierung geöffnet sein (*Open Implemented Design* im **Project Manager**-Fenster) und im **Design Timing Summary**-Teilfenster muss im unteren **Vivado**-Fenster von Bild 13.10 die Schaltfläche *Timing* betätigt werden. Das Bild 13.9 zeigt, dass die vorgegebenen Timing-Constraints in allen kombinatorischen Pfaden der Schaltung eingehalten werden, denn die Ergebnisse des Setup-Checks und des Hold-Checks ergeben positive Zeiten. Die minimale Setup-Taktreserve der Schaltung (*Worst Negative Slack*) beträgt 5.683 ns und die Signallaufzeit durch diesen Pfad beträgt 4.322 ns (*Total Delay* in Bild 13.11). Die Schaltung könnte also auch noch bei einer Taktfrequenz von etwas mehr als 200 MHz fehlerfrei betrieben werden (Kehrwert der Laufzeit durch den kritischen Pfad).

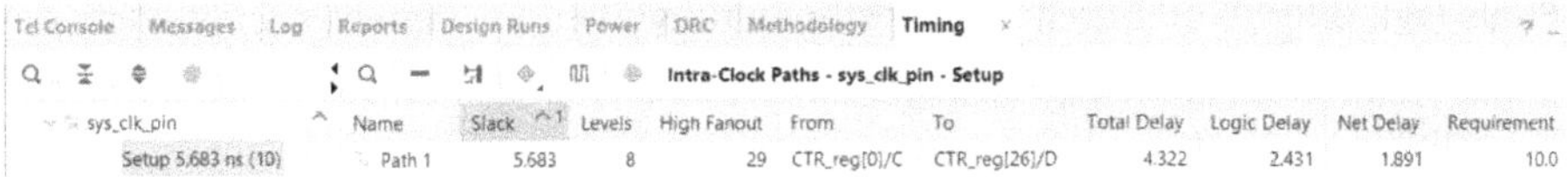

	Name	Slack ^1	Levels	High Fanout	From	To	Total Delay	Logic Delay	Net Delay	Requirement
⌄ sys_clk_pin										
Setup 5.683 ns (10)	Path 1	5.683	8	29	CTR_reg[0]/C	CTR_reg[26]/D	4.322	2.431	1.891	10.0

Bild 13.11: Der kritische Pfad im **Timing**-Fenster

Durch Anklicken von *Path1* mit der rechten Maustaste und Auswahl von *Highlight* mit nachfolgender Wahl einer Farbe kann man den kritischen Pfad, also den Pfad mit der längsten kombinatorischen Signallaufzeit innerhalb des FPGAs auch grafisch darstellen. Dieser findet sich im linken unteren Feld X0Y0 des **Device**-Teilfensters in Bild 13.9. Darin erkennt man die tatsächlich verwendeten FPGA-Ressourcen hellgrau markiert und die weiß markierten Pfeile beschreiben den Verlauf des kritischen

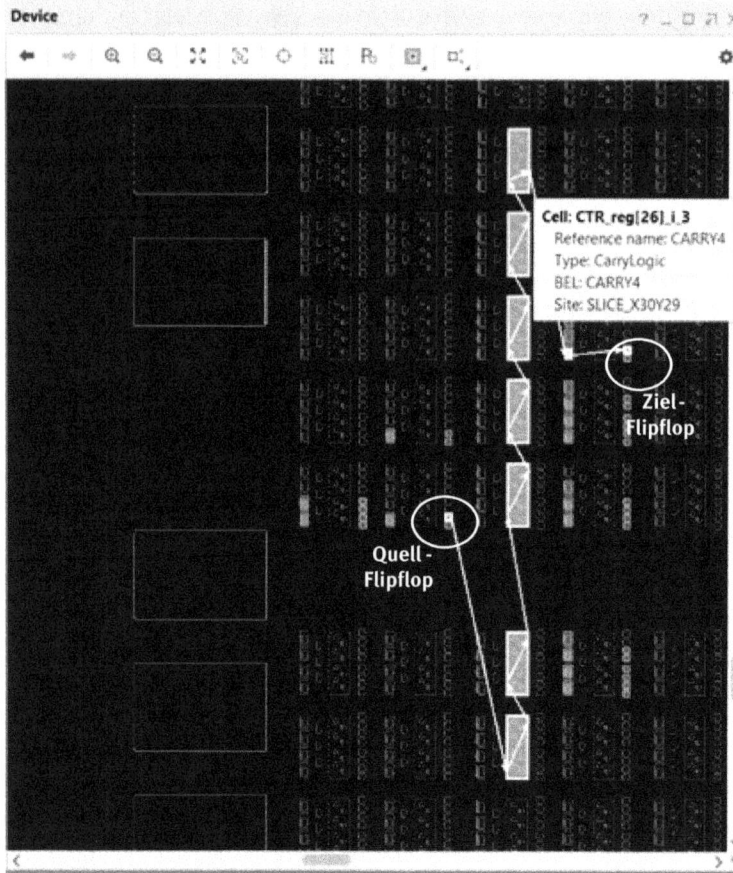

Bild 13.12: Das vergrößerte **Device**-Teilfenster zeigt die tatsächlich verwendeten Logikressourcen im linken unteren Block X0Y0 und die weißen Pfeile beschreiben den Verlauf des kritischen Pfads

Pfads (vgl. Bild 13.12). Durch Mauspositionierung über die Signalverbindungen oder die FPGA-Zellen erhält man Informationen über den internen Signalnamen bzw. die verwendete FPGA-Ressource.

Der kritische Pfad beginnt demnach beim Ausgang des links dargestellten Quell-Flipflops CTR_reg[0] im SLICE_X29Y25 und geht über die Carry-Logik von sieben CLBs und eine LUT zu dem höchstwertigen Dateneingang des Ziel-Flipflops CTR_reg[26] innerhalb des SLICE_X31Y27. In jeder der CLBs lässt sich mit der Carry-Logik ein 4-Bit-Addierer abbilden. Der Pfad benötigt daher die folgenden Ressourcen: Sechs CLBs werden vollständig für die Addierer- bzw. Carry-Logik verwendet, das oberste SLICE_X30Y29 implementiert einen 2-Bit-Addierer und in der einzelnen LUT wird die höchstwertige Addiererstufe abgebildet.

Auch besteht in Bild 13.11 durch Klicken auf den ***Path 1***, die Möglichkeit, die Laufzeitbeiträge der einzelnen Logikelemente bzw. der Verdrahtungsressourcen zu analysieren. Dabei ist im ***Source Clock Path*** festzustellen, dass das am FPGA-Pin anliegende Taktsignal bereits 5.1 ns benötigt, bevor es am Takteingang Quell-Flipflops anliegt. Das Ziel-Flipflop (***Destination Clock Path***) wird in diesem Design hingegen nur 4 ps später angesteuert. Diese geringen Unterschiede resultieren aus der Anordnung der Flipflops im H-Taktbaum (vgl. Bild 13.5) an unterschiedlichen Positionen. Im Abschnitt ***Data Path*** erkennt man den in Bild 13.12 dargestellten Datenpfad mit einer aus 8 Elementen bestehenden Carry-Logik.

Für den Fall, dass das Ergebnis der automatischen FPGA-Platzierung und Verdrahtung die geforderte Spezifikation einer vorgegebenen Taktfrequenz nicht erfüllen würde, könnte eine derartige Analyse der Ausgangspunkt für die Einführung von Pipelinestufen in das Design sein.

13.2.4 Post-Implementation-Timing-Simulation

Gemäß der im Kapitel 2.5 vorgestellten Entwurfsmethodik ist zur Entwurfsvalidierung eine Post-Implementation-Timing-Simulation erforderlich. Grundlage dafür ist ein von Vivado automatisch erstelltes Verilog-Simulationsmodell. Dieses enthält die in der Hardware tatsächlich zu erwartenden Worst-Case-Zeitverzögerungen der einzelnen Gatter und Flipflops, sowie die Verdrahtungsverzögerung innerhalb des FPGAs.

Um die für eine Taktrate von 100 MHz spezifizierte Timing-Simulation nicht unnötig lang laufen zu lassen, aber dennoch die wesentlichen Funktionen des digitalen Systems deutlich machen zu können, wird empfohlen, innerhalb des VHDL-Codes das CE-Signal, wie in der funktionalen Simulation wieder nach 11 Takten zu erzeugen. Anschließend muss eine erneute Implementierung durchgeführt werden. Dabei sollte Ihnen aber klar sein, dass es zwischen diesem Entwurf und dem abschließenden Design mit 100.000.001 Takten pro CE-Signal im Zeitverhalten leichte Unterschiede geben wird.

Die Post-Implementation Timing-Simulation wird nach der Implementierung gestartet, indem im **Flow Navigator**-Fenster ***Run Simulation*** und anschließend ***Run Post-Implementation Timing Simulation*** ausgewählt wird (vgl. Bild 13.13).

Es öffnet sich ein Wave-Fenster __Untitled 2__ mit zunächst vielen internen Signalen. Darin können die meisten durch Selektieren und Auswahl von ***Delete*** im Kontextmenü (rechte Maustaste) zunächst entfernt werden, da sie für das Verständnis des Zählers eine untergeordnete Bedeutung haben. Für einen Vergleich mit der funktionalen Simulation sollten die in Bild 13.14b dargestellten Signale jedoch nicht gelöscht werden. Anschließend ist die komplette, schon für die funktionale Simulation verwendete Tcl-Befehlsfolge aus Listing 13.3 wieder auszuführen.

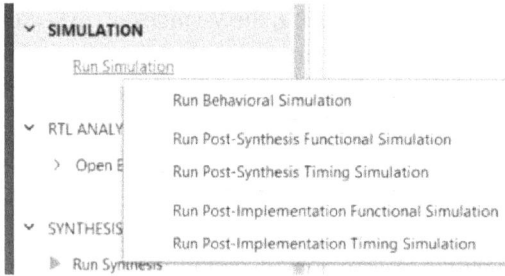

Bild 13.13: Starten der Post-Implementation Timing-Simulation im **Flow Navigator**-Fenster

a) funktionale Simulation

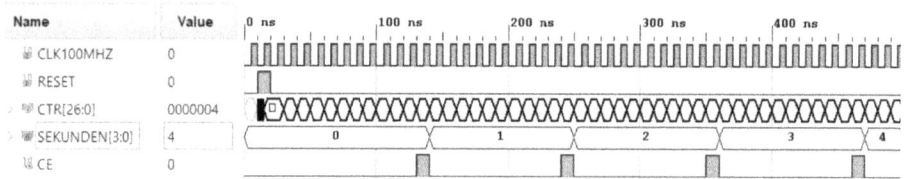

b) Post-Implementation-Timing-Simulation

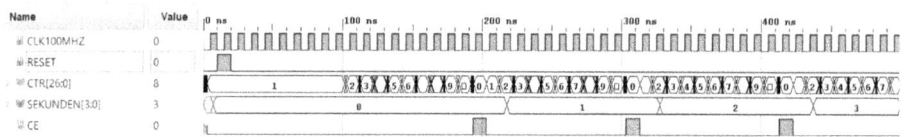

Bild 13.14: Vergleich der Ergebnisse der funktionalen Simulation a) mit der Post-Implementation Timing-Simulation b)

Im Bild 13.14 sind die Ergebnisse der funktionalen Simulation und der Post-Implementation-Timing-Simulation im direkten Vergleich dargestellt. Darin sind die folgenden Unterschiede erkennbar:

– In der funktionalen Simulation beginnt das CTR-Signal nach dem Resetsignal sofort zu zählen. In der Post-Implementation-Timing-Simulation startet das Inkrementieren des CTR-Signals hingegen erst nach ca. 100 ns.

– Entsprechend wird der erste, aus dem CTR-Signalüberlauf erzeugte CE-Impuls auch deutlich später erzeugt. Daraus resultiert, dass bei der Timing-Simulation in der gleichen Simulationszeit von 500 ns das SEKUNDEN-Signal nicht den Wert 4 erreicht, sondern nur 3.

Ursache für dieses abweichende Verhalten ist das Einschaltverhalten des FPGAs, welches in der Post-Implementation-Timing-Simulation automatisch berücksichtigt wird. Der FPGA benötigt in der Hardware nämlich typischerweise 100 ns, bevor das interne, beim Einschalten automatisch gesetzte GSR-Signal (Global Set and Reset) zurückgenommen wird.

Vergleichbare Ergebnisse kann man daher nur erhalten, wenn die Signalstimuli einer Testumgebung eines Post-Implementation-Timing-Simulationsmodells frühestens bei t = 100 ns angelegt werden. Der zwischen 10 ns und 20 ns angelegte Resetimpuls (vgl. Listing 13.3) entfaltet daher in der Timing-Simulation keine Wirkung und auch die ersten Taktflanken sind wirkungslos, denn die Register werden erst nach dem Zurücksetzen des GSR-Signals aus dem Resetzustand entlassen.

Weiter interessant ist aber auch eine Detailanalyse der Schaltvorgänge innerhalb des FPGAs, bei der untersucht wird, zu welchem Zeitpunkt die einzelnen Flipflops ihr Taktsignal erhalten und wie groß die Schaltverzögerung der Flipflops ist. Für diesen Zweck müssen zunächst die relevanten Signalanschlüsse der FDCE-Flipflops innerhalb der Implementierungsnetzliste identifiziert und nachfolgend der Timing-Simulation hinzugefügt werden.

Dazu muss das Design durch Auswahl von **Open Implemented Design** im **Flow Navigator**-Fenster erneut geladen werden. Danach muss durch Auswahl von **Netlist** im **Implemented Design**-Fenster die Netzliste dargestellt und bei den **Leaf Cells** ein D-Flipflop (FDCE) selektiert werden. Danach kann man sich durch Auswahl von **Cell Properties** im **Implemented Design**-Fenster die Anschlüsse ansehen. Das Bild 13.15 zeigt diese exemplarisch für das Zählregister-Flipflop CTR_reg[0].

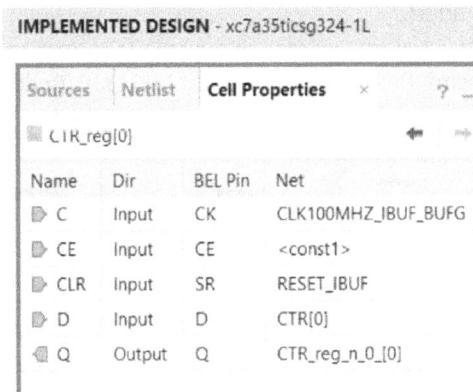

IMPLEMENTED DESIGN - xc7a35ticsg324-1L

| Sources | Netlist | **Cell Properties** | × | ? |

CTR_reg[0]

Name	Dir	BEL Pin	Net
C	Input	CK	CLK100MHZ_IBUF_BUFG
CE	Input	CE	<const1>
CLR	Input	SR	RESET_IBUF
D	Input	D	CTR[0]
Q	Output	Q	CTR_reg_n_0_[0]

Bild 13.15: Signalanschlüsse des Zählerregisters CTR_reg[0]

Diesem Bild 13.15 ist zu entnehmen:
- Das interne Taktsignal ist CLK100MHZ_IBUF_BUFG. Mit dieser Namensgebung wird gekennzeichnet, dass der am FPGA-Anschluss angelegte Takt zunächst eine IBUF- und danach eine BUFG-Komponente durchlaufen hat (vgl. die Erläuterungen zu Bild 13.5).

- Das in Bild 13.14b dargestellte Signal CTR stellt nicht, wie es aus dem VHDL-Code in Listing 13.2 zu erwarten wäre, den Flipflop-Ausgang, sondern vielmehr dessen Eingang dar.
- Die Ausgänge der Flipflops haben in Vivado (meist) die Ergänzung „_reg".

Eine entsprechende Analyse für die SEK_reg-Flipflops ergibt, dass deren Ausgangssignal mit SEKUNDEN_OBUF bezeichnet ist, weil es an die OBUF-Komponenten des FPGAs geführt wird.

Mit diesem Wissen muss im **Flow Navigatior**-Fenster erneut die *Simulation*-Ansicht geöffnet werden. Nun sind die gerade identifizierten Signale durch Selektion mit der rechten Maustaste und Auswahl von **Add to Wave Window** dem Wave-Fenster (*.wcfg) hinzuzufügen. Dabei lässt sich feststellen, dass die CTR_reg-Bits im Gegensatz zum SEKUNDEN_OBUF-Signal nicht als Vektor, sondern nur als Einzelbits zur Verfügung stehen. Für eine Simulation bis zu einem maximalen Zählwert von 10 reicht es jedoch aus, nur die Bits CTR_reg_n_[0] ... CTR_reg_n_[3] hinzuzufügen.

Innerhalb des Wave-Fensters können diese vier Signale nun mit gedrückter <Shift>-Taste selektiert und mit der rechten Maustaste durch Auswahl von **New Virtual Bus** zu einem Vektorsignal zusammengefasst werden. Nachfolgend kann diesem Vektor durch Selektion mit der rechten Maustaste und Auswahl von **Rename** aus dem Kontextmenü z. B. der Name „CTR_reg[3:0]" zugewiesen werden. Durch Selektion aller Vektorsignale und Auswahl von **Radix → Unsigned Decimal** wird anschließend die Darstellungsweise dieser Signale geändert.

Abschließend muss die Simulation neu gestartet werden, indem die Tcl-Kommandodatei aus Listing 13.3 erneut gestartet wird. Das Ergebnis zeigt das Bild 13.16 für den Zeitausschnitt zwischen 195 ns und 220 ns.

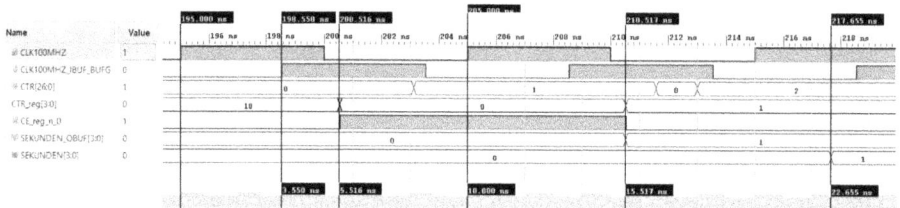

Bild 13.16: Der Zeitausschnitt der Post-Implementation-Timing-Simulation zeigt die Signalverzögerungen innerhalb des FPGAs mit mehreren Markern

Dieses lässt sich wie folgt analysieren:
- Bei t = 195 ns liegt eine steigende Taktflanke am FPGA-Pin an. Diese Flanke steht mit einer zeitlichen Verzögerung von 3.55 ns am Ausgang des BUFG zur Verfügung und muss nachfolgend an die einzelnen Flipflops verteilt werden. Als Folge der Flanke ändern sich die CE_reg- und CTR_reg-Signale nach weiteren 2 ns.

- Während der nachfolgenden Flanke bei t = 205 ns ist das CE_reg-Signal 1, und CTR_reg hat den Wert 0. Als Folge davon ändern sich die Ausgänge der SEK_reg-Flipflops (SEKUNDEN_OBUF) 5.517 ns später auf den Wert 1.
- Nun dauert es mehr als 7 ns, bis der SEKUNDEN-Wert am Port-Pin erscheint.

Wie die weißen Linien von Bild 13.17 zeigen, muss das SEKUNDEN_OBUF-Signal quer durch den Chip an die sich im Bild rechts oben bzw. links unten befindlichen Ausgangspins (OBUF) geführt werden. Die lange Signallaufzeit bis zu den SEKUNDEN-Ausgängen ist also das Resultat der für diese Anwendung gewählten Konfiguration der vier LED-Anschlüsse, die durch das Platinen-Layout des Arty-Boards mit seinen LEDs bzw. Tastern vorgegeben ist und deren Anschlüsse im FPGA nicht nebeneinander sondern gegenüber gewählt wurden (vgl. die xdc-Datei in Listing 13.4).

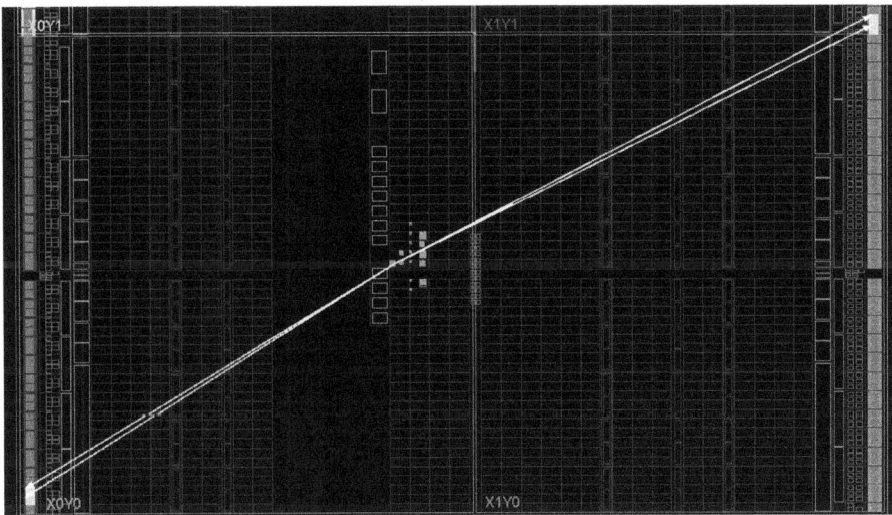

Bild 13.17: Verbindung der vier SEK_reg Flipflop-Ausgänge zu den SEKUNDEN-Anschlüssen des FPGAs

Abschließend der Hinweis, dass Vivado die Länge spezieller Signalpfade bei geöffnetem Design auch durch Eingabe des TCL-Befehls report_timing [72] ermitteln kann: So erhält man z. B. für den Signalpfad vom FPGA-Taktanschluss über das SEK_reg[0]-Register zum zugehörigen Ausgangspin durch Eingabe des Befehls

```
report_timing -from [get_cell SEK_reg[0]] -to [get_ports SEKUNDEN[0]]
```

in die TCL-Konsole die Information, dass es 5.1 ns dauert, bis das Taktsignal am Takteingang des Flipflops zur Verfügung steht und weitere 7.595 ns, bis das Signal die zugehörige OBUF-Zelle erreicht.

13.2.5 Programmierung des FPGAs

Vor der FPGA-Programmierung ist im VHDL-Code zunächst wieder sicherzustellen, dass das CE-Signal erst bei CTR = 100.000.000 erzeugt wird. Anschließend ist in Vivado eine erneute VHDL-Synthese und -Implementierung durchzuführen, wobei die *Rerun*-Abfrage mit *OK* bestätigt werden sollte. Anschließend ist im **Flow Navigator**-Fenster durch Klicken auf die Schaltfläche *Generate Bitstream* im Bereich *Program and Debug* die Programmierdatei zu erzeugen

Die FPGA-Programmierung erfolgt nach dem Anschluss eines geeigneten USB-Kabels zwischen Arty-Board und PC dann wie im Kapitel 5.6 bereits erläutert (*Open Target*, *Auto Connect* und *Program Device* im *Hardware Manager*). Wenn Sie die Vivado-Projektkonfiguration in dem Ordner Vivado_Arty/2019.1/SEK_ZAEHLER vorgenommen haben, so befindet sich die Programmierdatei unter:

```
Vivado_Arty/2019.1/SEK_ZAEHLER/
                  SEK_ZAEHLER.runs/impl_1/SEK_ZAEHLER.bit
```

Nach der Programmierung sollten auf den vier LEDs des Arty-Boards nun die Bitkombinationen der Binärzahlen 0...15 im Sekundentakt dargestellt werden.

13.3 Externe Beschaltung des FPGAs

Die bei der Timing-Simulation festgestellte lange Verzögerung der Flipflop-Signale SEKUNDEN_OBUF[3:0] zu den dazugehörigen OBUFs, die größer als eine Taktperiode ist, lässt die Frage aufkommen, was denn passieren würde, wenn nicht LEDs an den SEKUNDEN-Ausgängen angeschlossen wären, sondern z. B. eine taktsynchrone externe Beschaltung auf der FPGA-Platine, die mit dem gleichen Takt betrieben wird wie der FPGA. Ähnlich stellt sich die Frage, was denn mit dem asynchronen RESET-Eingang passiert, wenn dessen Signal in der Nähe einer steigenden Taktflanke wechselt und es zu metastabilen Zuständen kommen kann. Diese wichtigen Fragen werden in der Praxis von FPGA-Einsteigern häufig vernachlässigt und sollen nachfolgend für den Schaltungsentwurf des Sekundenzählers beantwortet werden.

13.3.1 Analyse von Output-Constraints

In dem im oberen Teil von Bild 13.18 dargestellten Impulsdiagramm wurde exemplarisch spezifiziert, dass das SEKUNDEN-Signal am FPGA-Ausgang (OBUF) 2 ns vor der nachfolgenden steigenden Taktflanke zur Verfügung stehen muss, damit die nachfolgende taktsynchrone Schaltung das Signal korrekt übernehmen kann, ohne dass deren Flipflops metastabil werden, weil deren Eingangssignal während der Taktflanke wechselt (Setup-Zeit).

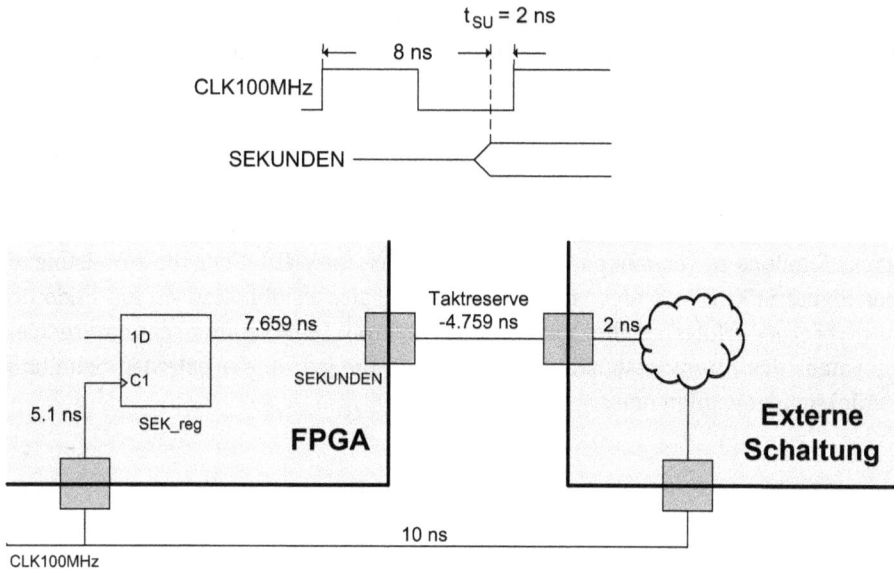

Bild 13.18: Analyse des Output-Delays der Sekundenzähler-Implementierung

Die Analyse dieser Situation kann der Schaltungsentwickler in Vivado mithilfe zweier Tcl-Befehle durchführen: Durch Eingabe des Befehls

```
set_output_delay -clock sys_clk 2.000 [get_ports SEKUNDEN]
```

in die TCL-Kommandozelle wird festgelegt, dass das Ausgangssignal SEKUNDEN 2 ns vor der aktiven Taktflanke stabil sein soll (vgl. Bild 13.18 oben). Dabei wird als Taktsignal der zuvor als Timing-Constraint `sys_clk` festgelegte Takt des CLK100MHZ-Signals verwendet (vgl. Listing 13.4).

Nachfolgend kann durch Eingabe des Tcl-Befehls

```
report_timing -to [all_outputs]
```

eine Analyse der relevanten Timing-Pfade angefordert werden. Die Ergebnisse des in dieser Hinsicht kritischen Pfads sind im unteren Teil von Bild 13.18 dargestellt:
- Der Signalpfad vom FPGA-Taktpin zum Takteingang des relevanten Flipflops SEK_reg[1] beträgt 5.1 ns.
- Der Signalpfad vom Ausgang dieses CLB-Flipflops zum FPGA-Pin dauert 7.659 ns.
- Eine Periodendauer (T = 10 ns) später erscheint die nachfolgende Taktflanke am Eingang der externen Schaltung. Für diese Schaltung wurde ein Output-Delay von 2 ns spezifiziert.

Die Taktreserve von −4.759 ns ergibt sich daraus, dass die Summe aller Zeiten zwischen den Takteingängen beider Schaltungen einer Periodendauer entsprechen muss. Der negative Wert der Taktreserve bedeutet dabei, dass das am FPGA-Ausgang zur Verfügung gestellte Signal etwa 5 ns zu spät kommt, um es bei der nachfolgenden Flanke korrekt in die externe Schaltung einzulesen. Auf der Tcl-Konsole wird daher eine Timing-Violation, also ein Fehlverhalten der Schaltung angezeigt.

Um dieses Problem zu lösen, ist es sinnvoll, die in den IOBs vorhandenen Ausgangs-Flipflops zu verwenden. Dies bedeutet, dass im VHDL-Code die Zuweisung an das Signal SEKUNDEN nicht mehr nebenläufig, also kombinatorisch am Ende der architecture erfolgen sollte, sondern taktsynchron. Damit einher geht natürlich eine Latenz des Ausgangssignals um einen Takt, die ggf. in der externen Schaltung berücksichtigt werden muss.

Listing 13.5: Synchronisation des Ausgangssignals SEKUNDEN

```
. . .
-- Ausgangssignalsynchronisation
P3: process(CLK100MHZ, RESET)
begin
   if RESET = '1' then
      SEKUNDEN <= (others => '0');
   elsif CLK100MHZ = '1' and CLK100MHZ'event then
      SEKUNDEN <= To_bitvector(std_logic_vector(SEK));
   end if;
end process P3;
. . .
```

Der in Listing 13.5 angegebene Prozess ersetzt die nebenläufige Signalzuweisung an das Signal SEKUNDEN in Listing 13.2.

Zusätzlich muss die XDC-Datei dahingehend ergänzt werden, dass für das SEKUNDEN-Signal dessen IOB-Eigenschaft auf den Wert „True" festgelegt wird:

```
. . .
# Platziere die SEKUNDEN-Flipflops in den IOBs
set_property IOB TRUE [get_ports SEKUNDEN]
. . .
```

Nach Änderung der beiden Dateien muss eine erneute Synthese und Implementierung erfolgen, bevor eine Output-Constraint-Analyse erfolgen kann.

Beim Öffnen dieser Implementierung in Vivado (***Open Implemented Design*** im **Flow Navigator-Fenster**) sollte sich nun ein Ergebnis ähnlich, wie in Bild 13.9 ergeben. Wenn darin im **Netlist-Fenster** unter *Nets* das Signal SEKUNDEN_OBUF se-

lektiert wird, so ist im **Device-Fenster** unten links bzw. in der unteren Hälfte rechts
die Nähe der Ausgangs-Flipflops zu den vier FPGA-Anschlüssen klar erkennbar. Das
Bild 13.19 zeigt den Ausschnitt des **Device-Fensters** unten links mit den FPGA-Pin-
Nummern T9 und T10 (vgl. Listing 13.4). Damit ist nachgewiesen, dass die gewünschten Entwurfsänderungen korrekt umgesetzt wurden.

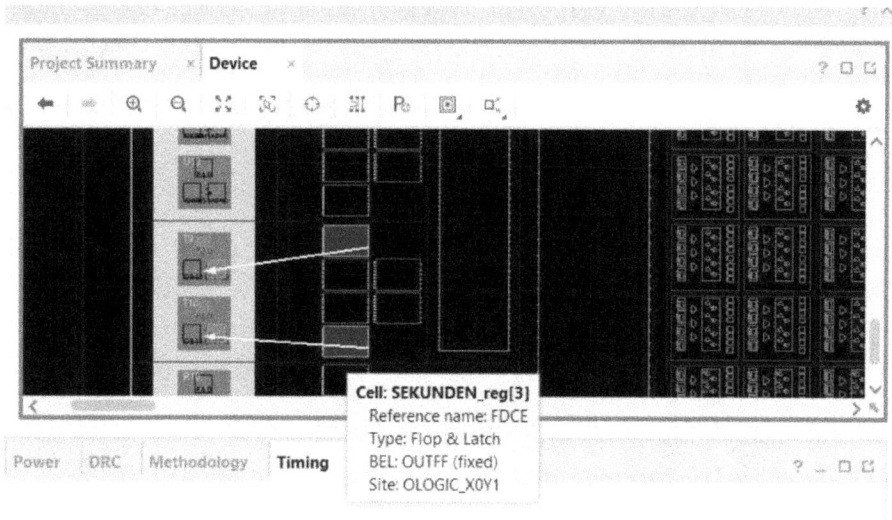

Bild 13.19: Device-Fenster-Vergrößerung mit Darstellung der Verbindung der Flipflop-Signale SEKUN-
DEN[2:3] zu den zugehörigen FPGA-Anschlüssen T9 und T10

Zur Output-Constraint-Analyse der veränderten Schaltung müssen die beiden Tcl-
Kommandos erneut eingegeben werden. In diesem Fall soll allerdings spezifiziert
werden, dass das Output-Delay der externen Schaltung nur 0.5 ns betragen darf:

```
set_output_delay -clock sys_clk 0.500 [get_ports SEKUNDEN]
report_timing -to [all_outputs]
```

Das Ergebnis dieser Analyse ergibt nun eine Taktreserve von +0.212 ns, womit die Timing-Vorgabe einer Taktperiode von T = 10 ns für das aus FPGA und taktsynchroner
externer Ausgangsschaltung bestehende System nur mit einer reduzierten Setup-Zeit
der externen Beschaltung gerade eben erfüllt wird.

Eine größere Taktreserve könnte man für diese optimierte Schaltung nur erhalten,
wenn man davon ausgehen könnte, dass in der externen Schaltung ebenfalls ein Taktverzug vom Taktpin zum Takteingang der externen Flipflops existiert. Ein exemplarische Verzögerung von 5 ns an dieser Stelle würde bedeuten, dass unter Berücksichtigung der gleichen Datenpfadverzögerung von 0.5 ns als Output-Delay ein (negativer)
Wert von −4.5 ns angegeben werden müsste.

13.3.2 Analyse von Input-Constraints

Der Fall, dass das asynchrone RESET-Signal des im FPGA implementierten Sekunden-zählers mit einer externen, taktsynchronen Schaltung erzeugt wird, soll nachfolgend ebenfalls analysiert werden. Das Bild 13.20 verdeutlicht im oberen Teil das Impulsver-halten, wobei angenommen wird, dass die externe Schaltung das RESET-Signal mit einer Verzögerung von 2 ns relativ zum gemeinsamen Takt so erzeugt, dass garantiert ist, dass dieses Signal während der steigenden Taktflanke in den FPGA-Flipflops noch sicher anliegt.

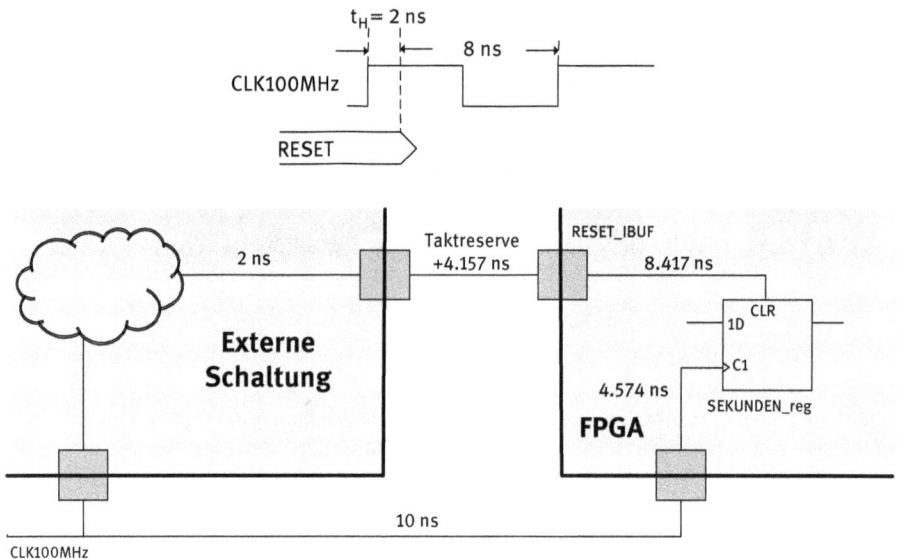

Bild 13.20: Analyse des Input-Delays der Sekundenzählerimplementierung

Zur Input-Constraint-Analyse der Schaltung müssen die beiden folgenden Komman-dos in der Tcl-Konsole eingegeben werden:

```
set_input_delay -clock sys_clk 2.000 [get_ports RESET]
report_timing -from [all_inputs]
```

Der untere Teil von Bild 13.20 verdeutlicht das Ergebnis:
- Der längste Signalpfad vom RESET-Eingang des FPGAs zum asynchronen Lösch-eingang CLR der relevanten Flipflops beträgt 8.417 ns. Im konkreten Fall ist dies der Pfad zum Flipflop SEKUNDEN_reg[3].
- Die Taktverdrahtung vom Takteingang des FPGAs zum Takteingang dieses Flip-flops beträgt 4.574 ns.

- Die Taktreserve von 4.157 ns ergibt sich daraus, dass im Extremfall der Signalpfad durch die externe Schaltung und den RESET-Pin des FPGAs zum CLR-Eingang des relevanten Flipflops gleich lang ist wie der Signalpfad der nachfolgenden steigenden Taktflanke zum Takteingang des FPGA-Flipflops:

$$10\,\text{ns} + 4.574\,\text{ns} = 2\,\text{ns} + 4.157\,\text{ns} + 8.417\,\text{ns}$$

Da die Taktreserve positiv ist, sind keine Timing-Probleme zu erwarten. Im Grenzfall einer Taktreserve von Null könnte die externe Schaltung das RESET-Signal sogar noch bis etwa 6 ns verzögern, ohne dass beim FPGA-Flipflop die Zeitpunkte der ansteigenden Flanke am CLK-Eingang mit der Rücknahme des Resetsignals am CLR-Eingang zusammenfallen.

13.4 Hardware Debugging

Zur weiteren Unterstützung bei der Suche nach Fehlern gibt es in FPGAs die Möglichkeit, ein Hardware Debugging durchzuführen. Dies bedeutet, dass im FPGA zusätzliche Hardwareressourcen verwendet werden, um FPGA-interne Signalverläufe aufzuzeichnen, die dann von Vivado grafisch dargestellt werden können.

In diesem Abschnitt soll die Verwendung eines integrierten Logikanalysators (Abk. ILA) vorgestellt werden. mit dem z. B. die in der Post-Layout-Timing-Simulation von Bild 13.16 erhaltenen Signalverläufe für den Sekundenzähler im laufenden Schaltungsbetrieb verifiziert werden können.

Das dahinterliegende Konzept besteht darin, dass für jedes aufzuzeichnende Signal Block-RAM-Speicher des FPGAs in Form von FIFO-Speicher-Bits (vgl. Kapitel 18.5) und CLB-Ressourcen reserviert wird und die aufzuzeichnenden Daten darin kontinuierlich aufgezeichnet werden. Im Falle eines zu definierenden Signalereignisses (engl. trigger) wird der Inhalt dieser FIFOs über das USB-Kabel an Vivado übertragen und in einem **Debug**-Fenster grafisch dargestellt.

Das Hardware Debugging mit Vivado erfordert die folgenden drei Schritte:
- Vorbereitungsphase: Es wird ergänzend zum synthesefähigen Quellcode festgelegt, welche der Netzlistensignale über welche Zeit aufgezeichnet werden sollen und ob diese als Daten oder als Trigger verwendet werden sollen. Auch muss festgelegt werden, mit welchem Taktsignal die Aufzeichnung erfolgen soll.
- Implementierungsphase: Die FPGA-Implementierung erfolgt zusammen mit den zusätzlichen, für den ILA-Block benötigten Hardwareressourcen.
- Analysephase. Nach der FPGA-Programmierung wird in Vivado das **Debug**-Fenster geöffnet, in dem verschiedene Trigger definiert und diese danach aktiviert werden können. Im Falle eines Triggerereignisses werden die ausgewählten Signale in Form eines Wave-Fensters grafisch dargestellt. Dabei werden jedoch anstatt einer Zeitachse die Abtasttakte dargestellt.

13.4.1 Debug-Vorbereitungen in Vivado

Prinzipiell gibt es verschiedene Möglichkeiten, den Logikanalysator in die zu untersuchende Schaltung zu integrieren (Kapitel 10 in [71]). Nachfolgend soll jedoch nur das Arbeiten mit dem Debug-Wizard von Vivado am Beispiel des Sekundenzählers aus Listing 13.2 vorgestellt werden, bei dem der Sekundenüberlauf bereits nach zehn Takten erfolgt.

Treffen Sie im **Flow Navigator**-Fenster des geöffneten Vivado Projekts SEK_ZAEHLER in der Rubrik *Synthesis* die Auswahl *Set Up Debug*. Es öffnet sich zunächst das **SYNTHESIZED DESIGN**-Fenster und danach das **Set Up Debug**-Fenster. Lassen Sie sich durch Klicken auf *Nets* im **Netlist**-Fenster alle darstellbaren Signale anzeigen. Wählen Sie darin die relevanten Signale aus und ziehen Sie diese durch „Drag and Drop" in das **Set Up Debug**-Fenster Bild 13.21. Wählen Sie anschließend *Next*.

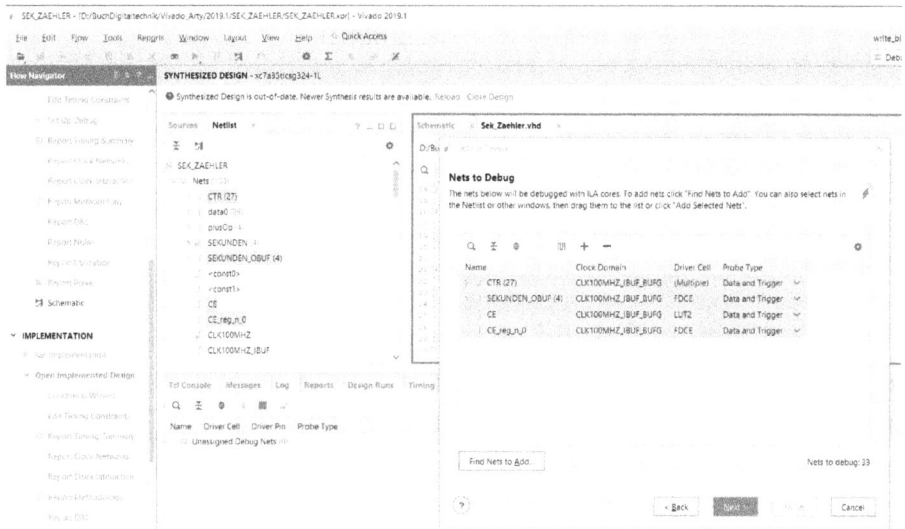

Bild 13.21: Auswahl der zu debuggenden Signale im **Set Up Debug**-Fenster

Nun müssen Sie die Anzahl der Signalabtastwerte (*Sample of data depth*) festlegen. Für dieses einfache Beispiel ist die voreingestellte minimale FIFO-Tiefe von 1024 Samples ausreichend. Aktivieren Sie auch das Häkchen *Capture Control* bei den *ILA Core*-Optionen.(vgl. Bild 13.22) und wählen Sie erneut *Next*. Wenn Sie mit der anschließend dargestellten Konfigurationszusammenfassung zufrieden sind, so wählen Sie *Finish*.

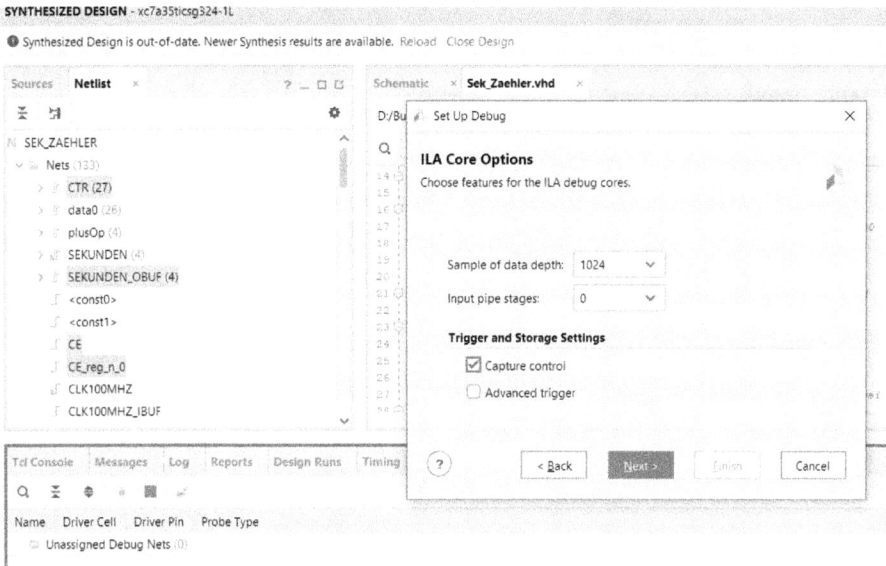

Bild 13.22: Konfiguration des **ILA Cores**

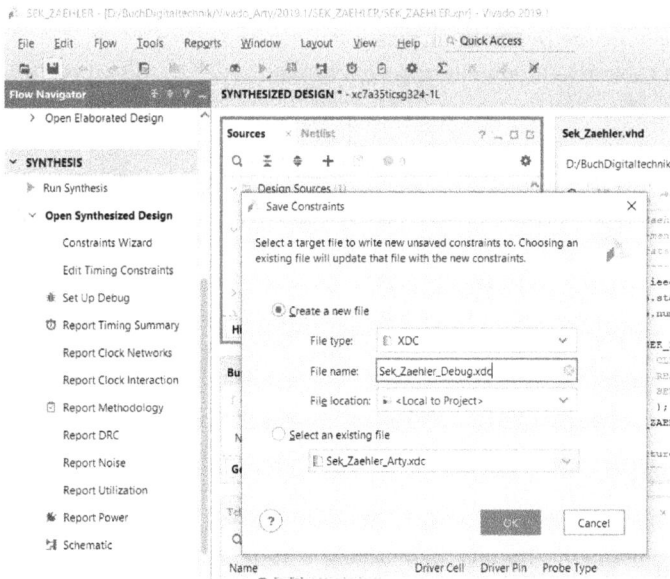

Bild 13.23: Abspeicherung der Konfigurationsänderungen in der Constaints-Datei
Sek_Zaehler_Debug.xdc

Diese Konfigurationsänderungen müssen nun in einer Datei abgespeichert werden. Sinnvoll ist dafür eine von den anderen Einstellungen getrennte, zweite Constraints-Datei.

Klicken Sie dazu in der Vivado-Menüleiste oben links in Bild 13.23 auf das Symbol ⬚ und geben Sie im **Save Constraints**-Fenster als neuen Dateinamen Sek_Zaehler_Debug.xdc an (vgl. Bild 13.23). Dadurch wird dem Design eine zweite Constraints-Datei hinzugefügt, die sich im constrs_1-Unterordner des Projekts befindet, und die in Bild 13.24 bereits geöffnet ist.

Bild 13.24: Hinzugefügte zweite Constraints-Datei Sek_Zaehler_Debug.xdc im constrs_1-Ordner der Projekts

Diese Datei enthält die folgende Debug-Konfiguration:
– Eine ILA-Debug-Hardwarekomponente mit dem Namen u_ila_0 und einer Tiefe von 1024 Samples. Diese wird mit dem BUFG-Takt CLK100MHZ_IBUF_BUFG betrieben
– Insgesamt vier Debug-Ports mit den Namen probe0...probe3, an denen die Signale CTR[26:0], SEKUNDEN_OBUF[3:0], CE und CE_reg_n_0 angeschlossen sind (vgl. Bild 13.21).

Mit diesen Änderungen könnte man nun eine Synthese und Implementierung durchführen und diese im FPGA debuggen. Allerdings würde im Vergleich zur Post-Implementation-Timing-Simulation in Bild 13.16 noch das Signal CTR_reg[3:0] fehlen, für das in der Netzliste jedoch kein Signalvektor existiert. Dieses Signal soll daher vor der Synthese durch Editieren der XDC-Datei hinzugefügt werden.

Die in Listing 13.6 fett gedruckten Zeilen wurden in der im Editor geöffneten xdc-Datei manuell eingefügt. Dadurch wird dem ILA ein neuer Probeanschluss (probe 4) hinzugefügt und dieser mit einem 4-Bit breiten Signalvektor verbunden, dessen Einzelbits sich aus den Netzlistensignalen CTR_reg_n_0_[0]... CTR_reg_n_0_[3] zusammensetzen (beachten Sie den Backslash am Ende der connect-Quellcodezeile, die eine Fortsetzungszeile markiert).

Nach dem Abspeichern der xdc-Datei erscheint am oberen Fensterrand die Meldung, dass die Constraints geändert wurden. Um das Projekt mit den Änderungen zu aktualisieren klicken Sie daher auf *Reload*.

Listing 13.6: Ausschnitt aus der Constraints-Datei Sek_Zaehler_Debug.xdc. Die fett gedruckten Zeilen wurden im Editor manuell eingefügt

```
. . .
create_debug_port u_ila_0 probe
set_property PROBE_TYPE DATA_AND_TRIGGER [get_debug_ports u_ila_0/probe3]
set_property port_width 1 [get_debug_ports u_ila_0/probe3]
connect_debug_port u_ila_0/probe3 [get_nets [list CE_reg_n_0]]
# probe 4 nachtraeglich manuell eingefuegt: CTR_reg_n_0[3:0]
create_debug_port u_ila_0 probe
set_property PROBE_TYPE DATA_AND_TRIGGER [get_debug_ports u_ila_0/probe4]
set_property port_width 4 [get_debug_ports u_ila_0/probe4]
connect_debug_port u_ila_0/probe4 [get_nets [list \
{CTR_reg_n_0_[0]} {CTR_reg_n_0_[1]} {CTR_reg_n_0_[2]} {CTR_reg_n_0_[3]}]]
# Ende der eingefuegten Zeilen
set_property C_CLK_INPUT_FREQ_HZ 300000000 [get_debug_cores dbg_hub]
set_property C_ENABLE_CLK_DIVIDER false [get_debug_cores dbg_hub]
set_property C_USER_SCAN_CHAIN 1 [get_debug_cores dbg_hub]
connect_debug_port dbg_hub/clk [get_nets CLK100MHZ_IBUF_BUFG]
```

13.4.2 Implementierung der zu analysierenden Schaltung

Die Implementierung der zu analysierenden Schaltung erfolgt wie gewohnt durch Auswahl von Synthesis bzw. Implementation im **Flow Navigator**-Fenster. Während dieser Schritte zeigt Vivado am oberen Bildrand eine Meldung an, wonach die dargestellten Synthese- bzw. die Implementierungsergebnisse ungültig seien. Reagieren Sie darauf, indem Sie diese Ergebnisdarstellungen mit *Close* schließen.

Am Ende der Implementierung sollte das **Device**-Fenster erheblich mehr verwendete FPGA-Ressourcen aufweisen, als dies beim Entwurf ohne ILA der Fall war (vgl. Bild 13.12).

Wählen Sie im **Flow Navigator** nun wie gewohnt im Bereich *Program and Debug* den Eintrag *Generate Bitstream*, und nach Erzeugung der Programmierdatei den Eintrag *Open Hardware Manager* (ggf. müssen Sie einen evtl. noch offenen Hardwaremanager zuvor durch Eingabe von close_hw in der TCL-Konsole schließen). Danach wählen Sie *Open target* und *Auto Connect*. Vivado verbindet sich mit dem FPGA-Board und es sollte sich das **Hardware**-Fenster öffnen, welches in Bild 13.25 dargestellt ist. Darin sollte der ILA dargestellt werden.

Programmieren Sie den FPGA wie gewohnt nun durch Auswahl von *Program Device* und klicken auf den danach aufgelisteten FPGA xc7a35t_0. Die angebotene Auswahl der Bitstream- und Debug-Probedateien müssen Sie vermutlich nicht ändern. Wählen Sie daher *Program*.

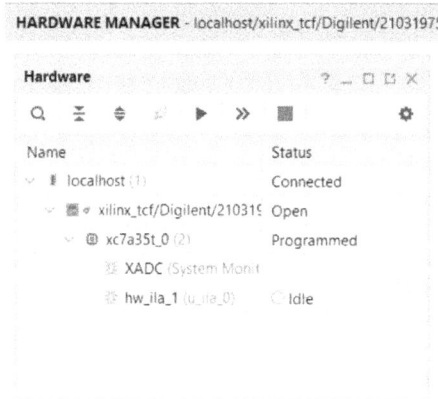

HARDWARE MANAGER - localhost/xilinx_tcf/Digilent/2103197!

Hardware

Name	Status
localhost (1)	Connected
xilinx_tcf/Digilent/210319!	Open
xc7a35t_0 (2)	Programmed
XADC (System Monit)	
hw_ila_1 (u_ila_0)	Idle

Bild 13.25: Hardware-Fenster nach der Verbindung mit dem FPGA-Board

13.4.3 Debug-Analyse mit Vivado

Nach dem Programmieren sollten die vier LEDs, mit dem die Sekunden dargestellt werden, gleichzeitig leuchten, denn bei einem Überlauf bereits nach 10 Takten scheint es bei einer Taktrate von 100 MHz so, dass die LEDs dauerhaft eingeschaltet sind.

Gleichzeitig öffnet sich im **Hardware Manager**-Fenster das in Bild 13.26 dargestellte **hw_ila_1**-Debug-Fenster, welches bereits alle Probesignale enthält. Sollten

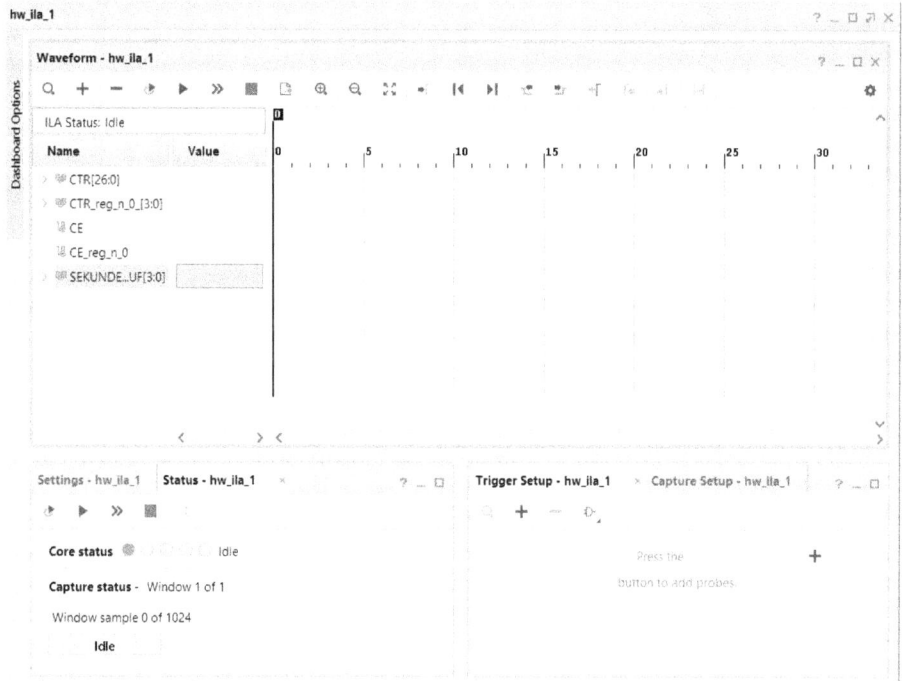

Bild 13.26: Das Debug-Fenster **hw_ila_1** direkt nach dem Programmieren des FPGAs

diese Signale nicht dargestellt werden, so müssen Sie auf das +-Zeichen klicken, die Signale in dem sich öffnenden **Add Probes**-Fenster selektieren und *OK* klicken. Die Anordnung der Signale innerhalb des Debug-Fensters können Sie danach konfigurieren, indem Sie die Signale mit gedrückter Maustaste durch „Drag and Drop" beliebig nach oben oder unten verschieben.

Zum eigentlichen Debuggen ist nun noch eine Triggerbedingung zu definieren. Zunächst soll dazu der $0 \rightarrow 1$-Übergang des CE_reg_n_0-Signals dienen. Wählen Sie dazu im **Trigger Setup** von Bild 13.26 das +-Zeichen, selektieren Sie CE_reg_n_0 im **Add Probes**-Fenster und klicken Sie *OK*. Klicken Sie nun in die *Value*-Spalte ganz rechts im **Trigger Setup** des hinzugefügten Signals und wählen Sie *1 (logical one)*.

Zum Aufzeichnen der Daten muss der Trigger aktiviert werden. Dazu dienen vier Symbole in der Menüleiste des ILA **Waveform**-Fensters:

- Ein- und Ausschalten (Toggeln) der Betriebsart automatisches Triggern
- Auf Triggerereignis warten
- Sofortiges Triggern
- Beenden des Wartens auf ein Triggerereignis

Wenn Sie auf das ▶-Symbol klicken, so erscheint nach kurzer Zeit das Bild 13.27. Der Zeitpunkt für das Triggerereignis wird üblicherweise in der Mitte des Bildes platziert und mit einem T-Symbol gekennzeichnet.

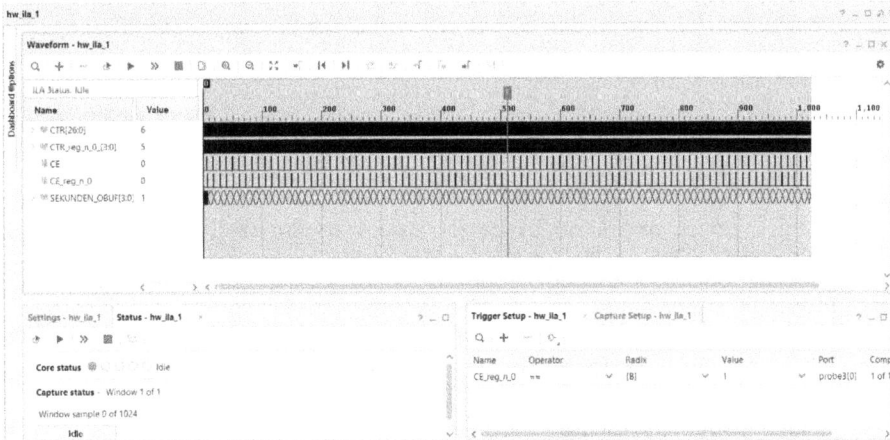

Bild 13.27: Darstellung von 1024 Signal-Abtastwerten. Die Triggerbedingung ist beim Abtastwert 512 erfüllt

Nach Auswahl aller Signale und Rechtsklicken öffnet sich das Kontextmenü, in dem die Zahlendarstellungsform, also die *Radix* der vektoriellen Signale, festgelegt werden kann. Diese sollten als *Unsigned Decimal* dargestellt werden. Zum Ablesen der

Zahlenwerte kann man nun mit den ⊕- und ⊖-Symbolen in der Menüleiste in die Darstellung hinein- und hinauszoomen, sodass man die Details in der Nähe des Triggerereignisses genauer analysieren kann:

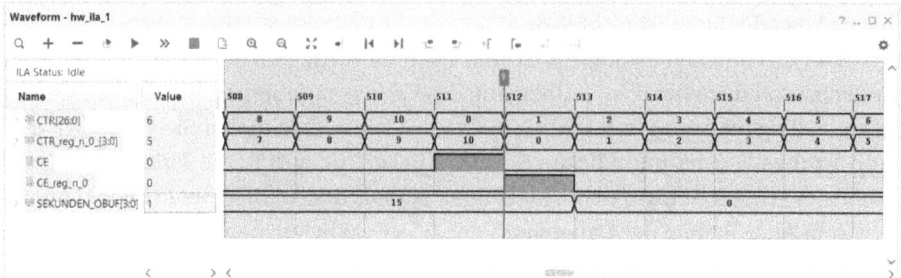

Bild 13.28: Signalabtastwerte in der Nähe des Triggerereignisses, bei dem CE_reg_n_0[3:0] gleich 1 wird

Das Ergebnis in Bild 13.28 lässt sich wie folgt erläutern:
- Die Zahlenwerte des Signals CTR[26:0] eilen denen des Signalvektors CT_reg_n_0[3:0] um einen Takt voraus, sie sind damit, wie bereits oben beschrieben, die Eingangssignale der Zähler-Flipflops.
- Gleiches gilt für das Signal CE, welches das Eingangssignal eines Flipflops mit dem Ausgangssignal CE_reg_n_0 ist.
- Wenn das CE-Flipflop den logischen Wert 1 hat, so erhält der Zählerausgang den Dezimalwert 0 und das SEKUNDEN_OBUF-Signal seine inkrementierten Zahlenwert (vgl. Listing 13.2).

Dieses Hardwareverhalten ist in Übereinstimmung mit der Post-Implementation-Timing-Simulation in Bild 13.16. Allerdings ist der aktuelle Wert des SEKUNDEN_OBUF-Signals noch zufällig, wovon man sich durch Einschalten des automatischen Triggers leicht überzeugen kann. In dieser Betriebsart wird nämlich der Trigger nach einer Datenübertragung an Vivado automatisch neu gestartet und die Zahlenwerte des SEKUNDEN_OBUF-Signal sind bei jedem Triggerereignis unterschiedlich.

Abhilfe schafft hier eine zweite Triggerbedingung, bei der der Zahlenwert 0 für das SEKUNDEN_OBUF-Signal als zusätzliche gleichzeitige Bedingung definiert werden muss. Wählen Sie dafür im **Trigger Setup** das +-Zeichen, selektieren Sie im **Add Probes**-Fenster das SEKUNDEN_OBUF[3:0]-Signal und schließen Sie das Fenster mit *OK*. Wählen Sie in der *Radix*-Spalte für diesen Trigger *[H] (Hexadecimal)* und in der *Value*-Spalte den Wert 0. Nun müssen Sie die beiden Triggerbedingungen noch UND-verknüpfen.

Dies erreichen Sie, indem Sie im **Trigger Setup** auf das Gatter-Symbol ⊅- in der Menüleiste klicken und *Set Trigger Condition to Global AND* auswählen. Damit wird bei automatischer Triggerwiederholung nur der 0 → 1-Übergang des SEKUN-DEN_OBUF-Signals dargestellt.

13.5 Arithmetikhardware in FPGAs

Bedingt durch ihre speziellen Arithmetikressourcen sind FPGAs in idealer Weise für Anwendungen der digitalen Signalverarbeitung oder der Bildverarbeitung bzw. der Mustererkennung geeignet. Exemplarisch soll daher nachfolgend die Verwendung der sogenannten DSP-Slices in den Series-7-FPGAs der Fa. Xilinx vorgestellt werden.

Das Bild 13.29 zeigt die vereinfachte Struktur der für vielfältige Anwendungen unterschiedlich konfigurierbaren DSP48E1-Slices, die wie folgt beschrieben werden kann:

- Kernelemente der DSP-Slices sind ein 25×18 Bit Multiplizierer sowie eine arithmetisch-logische Einheit ALU, mithilfe derer Additionen, Subtraktionen und logische Operationen durchgeführt werden können.
- Alle Eingangssignale können optional über Eingangsregister geführt werden, womit sich innerhalb des DSP-Slice eine interne Pipelinestruktur aufbauen lässt.
- Die bis zu 24-Bit breiten Eingangssignale A und D können beim DSP48E1 über eine Addierer- bzw. Subtrahierstufe zusammengefasst werden, deren Ergebnis optional im ADREG-Pipelineregister gespeichert werden kann.
- Der Multiplizierer erlaubt Multiplikationen mit dem B-Eingangssignal, welches zum Latenzausgleich in der Pipeline optional über bis zu 2 Pipelineregister geführt werden kann. Das Ergebnis kann im MREG-Pipelineregister abgelegt werden.
- Mit einer aus einem 48-Bit-Addierer und einem Ausgangsregister PREG bestehenden Akkumulatoreinheit können die Produkte eines Datenstroms zusammengefasst werden:

$$Y = \sum_i (A_i + D_i) \cdot B_i \tag{13.1}$$

- Auch besteht die Möglichkeit, ein Übertragssignal C zum Multiplikationsergebnis zu addieren.
- Darüber hinaus existiert im DSP48E1-Slice ein Komparator, mit dem bei Videosignalanwendungen eine Mustererkennung durchgeführt werden kann.

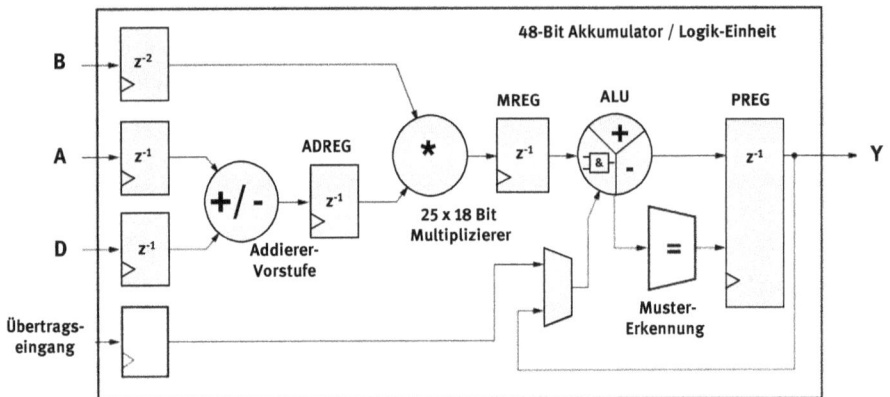

Bild 13.29: Vereinfacht dargestellte Struktur eines DSP48E1-Slice in den Series-7-FPGAs der Fa. Xilinx (nach [69])

Als Anwendung sollen die Synthese und Implementierung eines VHDL-Codes vorgestellt werden. in dem zwei vorzeichenbehaftete Datenströme an den Eingängen A und D miteinander addiert und deren Summe mit einem Datenstrom B multipliziert werden sollen. Die einzelnen Produkte dieses Datenstroms sollen akkumuliert werden und zugleich am Ausgang Y zur Verfügung stehen. Diese Aufgabenstellung ist angelehnt an die Implementierung eines FIR-Filters, mit symmetrischen Koeffizienten, bei dem paarweise jeweils zwei Abtastwerte dem gleichen Filterkoeffizienten zugeordnet sind [2].

Der in Listing 13.7 dargestellte Quellcode verwendet die in Bild 13.29 grau hinterlegten Architekturelemente des DSP48E1-Slice, in dem alle internen Pipelinestufen verwendet werden, um eine möglichst hohe Taktfrequenz zu erzielen.

Listing 13.7: VHDL-Code zur Implementierung eines Akkumulators mit interner Pipeline in einem DSP48E1-Slice

```
-- DSP48E1_BSP.vhd
-- Beispiel fuer die Implementierung von DSP-Slices
-- Taktrate: 100MHz
------------------------------------------------
library ieee;
use ieee.std_logic_1164.all;
use ieee.numeric_std.all;
```

```
entity DSP48E1_BSP is
   port( CLK : in bit;
         RESET: in bit;
         A, D, B: in signed(15 downto 0); -- 16 Bit Operanden
         Y_OUT : out signed(31 downto 0)  -- 32 Bit Ergebnis
         );
attribute USE_DSP : string;
attribute USE_DSP of DSP48E1_BSP : entity is "yes";
end DSP48E1_BSP;


architecture BEHAVIOUR of DSP48E1_BSP is
signal A_REG, D_REG, B_REG1, B_REG2: signed (15 downto 0); -- je 16 Bit
signal ADD: signed(16 downto 0);   -- 1 Overflow-Bit (wichtig!)
signal MULT: signed(32 downto 0); -- 17+16 Bit
signal AKKU: signed(40 downto 0); -- 8 Overflow Bits


begin
P1: process(CLK) -- 300 MHZ Taktsignal
begin
   if CLK = '1' and CLK'event then
      if RESET = '1' then  --- Synchroner Reset!
         A_REG <= (others => '0');
         D_REG <= (others => '0');
         ADD <= (others => '0');
         B_REG1 <= (others => '0');
         B_REG2 <= (others => '0');
         MULT <= (others => '0');
         AKKU <= (others => '0');
      else
         A_REG <= A; -- AREG
         D_REG <= D; -- DREG
         ADD <= resize(A_REG,17) + resize(D_REG,17); -- ADREG
         B_REG1 <= B;        -- 1. Pipelineregister
         B_REG2 <= B_REG1; -- 2. Pipelineregister
         MULT <= ADD * B_REG2; -- MREG
         AKKU <= AKKU + MULT; -- PREG
      end if;
   end if;
end process P1;
Y_OUT <= AKKU(31 downto 0); -- Ausgangssignal nebenlaeufig
end BEHAVIOUR;
```

Dieser Code kann wie folgt erläutert werden:

- In der `entity`-Deklaration wird das Attribut USE_DSP vom Typ `string` definiert, welches durch eine zweite `attribute`-Anweisung den Wert „yes" erhält. Im Synthese-Compiler Vivado wird dieser Attributwert dahingehend verwendet, dass alle arithmetischen Operationen der `entity` auf DSP-Slices abgebildet werden. Bei Verwendung des Attributwerts „no" würden hingegen Standard-Slices, also LUTs und D-Flipflops genutzt werden. Beim Weglassen des USE_DSP-Attributs entscheidet der Synthese-Compiler anhand des Codierungsstils ob DSP-Slices verwendet werden. In dem Codebeispiel von Listing 13.7 könnte man auf die Definition dieses Attributs daher auch verzichten.

- Die Eingangsdatenströme sind 16 Bit breit und der Ausgangsdatenstrom 32 Bit. In der Addierervorstufe wird ein möglicher Überlauf durch ein zusätzliches Bit aufgefangen, dafür wird die `resize`-Funktion verwendet (vgl. Tabelle 11.8). Dieses Bit ist zwingend erforderlich, damit Vivado den internen Vorstufen-Addierer verwenden kann.

- Der Akkumulator besitzt 8 zusätzliche Bits, um temporäre Überläufe aufnehmen zu können.

- Damit Vivado tatsächlich die internen Pipelineregister des DSP-Slice nutzen kann, ist es in Listing 13.7 erforderlich, dass die Flipflops einen synchronen Reset besitzen. Falls im Quellcode ein asynchroner Reset vorgesehen ist, so werden keine DSP-Slices sondern Slice-Flipflops der Logic-Fabric verwendet.

- Um die an den Dateneingängen zeitgleich anliegenden Daten auch zu einem gemeinsamen Partialprodukt auszuwerten, ist ein Registerausgleich für das B-Signal erforderlich (B_REG1 und B_REG2), welches wegen der Verwendung des AD-Registers in der Addierervorstufe um zwei Takte verzögert werden muss, während die Eingangssignale A und D nur um einen Takt verzögert werden (A_REG, bzw. D_REG).

Das Bild 13.30 zeigt das Vivado-Elaborationsergebnis des VHDL-Codes aus Listing 13.7 mit den Arithmetikelementen und Pipelineregistern. Durch das ausgeprägte Pipelining steht das zu den aktuellen A-, D- und B-Eingangssignalen gehörige Akkumulationsergebnis erst mit einer Latenz von vier Takten am Ausgang Y_OUT zur Verfügung.

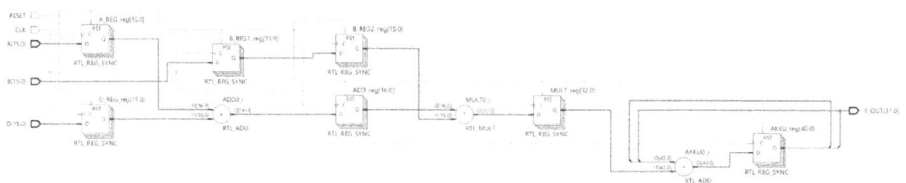

Bild 13.30: Elaborationsergebnis zum VHDL-Code in Listing 13.7

Einen Ausschnitt aus dem Vivado-Synthesereport zeigt das Bild 13.31. Darin ist erkennbar, dass ein DSP48E-Slice mit dem Namen DSP_AKKU_reg verwendet wird, welches eine Akkumulatorfunktion besitzt (P+(. . .)) und den internen Vorstufen-addierer verwendet ((D'+A2). . .). Weiter ist im DSP Report erkennbar, dass alle in Bild 13.30 dargestellten VHDL-Registersignale auf dieses DSP-Slice abgebildet werden. Auch die drei Arithmetikblöcke ADD0_i, MULT0_i und AKKU0_i werden im DSP-Slice absorbiert.

```
. . .
DSP Report: Generating DSP AKKU_reg, operation Mode is: (P+((D'+A2)*B'')')'.
DSP Report: register D_REG_reg is absorbed into DSP AKKU_reg.
DSP Report: register B_REG1_reg is absorbed into DSP AKKU_reg.
DSP Report: register B_REG2_reg is absorbed into DSP AKKU_reg.
DSP Report: register A_REG_reg is absorbed into DSP AKKU_reg.
DSP Report: register AKKU_reg is absorbed into DSP AKKU_reg.
DSP Report: register MULT_reg is absorbed into DSP AKKU_reg.
DSP Report: register ADD_reg is absorbed into DSP AKKU_reg.
DSP Report: operator AKKU0 is absorbed into DSP AKKU_reg.
DSP Report: operator MULT0 is absorbed into DSP AKKU_reg.
DSP Report: operator ADD0 is absorbed into DSP AKKU_reg.
DSP: Preliminary Mapping Report (see note below)
+------------+--------------------+------+-------+------+------+-------
| Module Name | DSP Mapping        |A Size| B Size|C Size|D Size|P Size|
| DSP48E1_BSP | (P+((D'+A2)*B'')')' |16    | 16    |-     |16    |41    |
+------------+--------------------+------+-------+------+------+-------
+------+------+------+------+-------+------+------+
| AREG | BREG | CREG | DREG | ADREG | MREG | PREG |
| 1    | 2    | -    | 1    | 1     | 1    | 1    |
+------+------+------+------+-------+------+------+
. . .
```

Bild 13.31: Ausschnitt aus dem Synthesereport zum VHDL-Code in Listing 13.7

Der (vorläufige) DSP-Mapping Report, der ebenfalls Bestandteil des Synthesereports ist, zeigt für die verwendeten DSP-Slices auch die Breiten der Eingangs- und Ausgangs-signale sowie die Verwendung der Pipelineregister an. Insbesondere ist darin erkenn-bar, dass das B-Signal zum Registerausgleich wie gewünscht um zwei Takte verzögert wird.

Zusammenfassend erhält man mit dem in Listing 13.7 vorgestellten VHDL-Akku-mulatormodell eine sehr effiziente Implementierung im Artix-7 FPGA, denn es wird

nur eins der 90 im xc7a35ticsg324-FPGA vorhandenen DSP48E1-Slices, jedoch keinerlei Logic-Fabric-Ressource benötigt. Zugleich kann die Schaltung mit einer Taktfrequenz von mindestens 300 MHz betrieben werden, ein Wert, der mit einem diskreten
Aufbau aus Elementen der Logic-Fabric kaum erreicht werden kann.

Aufgabe 13.1: a) Welcher ist der wesentliche Unterschied zwischen SRAM-basier-
ten- und Antifuse-FPGAs? Welche Konsequenzen hat dieser für das Board-Design?

b) Auf welche Weise wird in SRAM-basierten FPGAs kombinatorische Logikfunktionalität realisiert?

c) Was ist die wesentliche Eigenschaft einer segmentierten Verdrahtungsstruktur in
FPGAs?

d) Welche Maßnahmen haben die FPGA-Hersteller getroffen, um in einem komplexen digitalen System einen minimalen Taktverzug zu garantieren?

e) Welche Eigenschaften besitzen Plattform-FPGAs?   ■

14 Entwurf synchroner Zustandsautomaten

Für den Entwurf und die Beschreibung digitaler Systeme bilden Zustandsautomaten mit einer endlichen Anzahl von Zuständen (engl.: Finite State Machine, FSMs) eine wesentliche Grundlage. Mit Zustandsautomaten, die auch als Schaltwerke bezeichnet werden, können sequenzielle Abläufe realisiert werden. Sie werden meist verwendet, um Hardwarefunktionen direkt oder andere Logikschaltungen zu steuern, so werden z. B. die Datenpfadkomponenten (vgl. Kapitel 11) eines komplexen Systems durch einen Zustandsautomaten gesteuert, der somit als Steuerpfadkomponente aufzufassen ist. In anderen komplexen digitalen Systemen werden Zustandsautomaten zur Synchronisation mehrerer Komponenten eingesetzt. Z. B. wird in der Kommunikationstechnik die Aufgabe der Umsetzung eines Übertragungsprotokolls zwischen digitalem Sender und digitalem Empfänger von Zustandsautomaten übernommen.

> Zustandsautomaten sind sequenziell arbeitende Logikschaltungen, die von Eingangssignalen gesteuert eine Abfolge von Zuständen zyklisch durchlaufen und in diesen spezielle Ausgangssignalmuster erzeugen. Bei synchronen Zustandsautomaten erfolgt der Zustandswechsel ausschließlich nach der aktiven Flanke eines periodischen Taktsignals.

Charakteristisch für Zustandsautomaten ist die Existenz einer Signalrückkopplung, mit der die „Erinnerung" an den aktuellen Zustand erfolgt. So lässt sich z. B. ein RS-Latch als *asynchroner* Zustandsautomat interpretieren: Ein möglicher Zustandswechsel erfolgt sofort, nachdem die Eingangssignale R oder S geändert wurden [4]. Die in Kapitel 12.3 erläuterten Probleme bei der Verwendung von D-Latches machen den fehlerfreien Entwurf asynchroner Zustandsautomaten jedoch außerordentlich schwierig. Nachfolgend werden daher ausschließlich *synchrone* Zustandsautomaten behandelt, die D-Flipflops verwenden und bei denen sich die Zustände nur nach einer aktiven Taktflanke ändern.

In diesem Kapitel werden die formale Beschreibung von Automaten durch Zustandsdiagramme und Folgezustandstabellen sowie deren unterschiedliche Strukturmodelle als Mealy-, Moore- bzw. Medwedew-Automat erläutert. Die manuelle Implementierung der Übergangslogik in den Folgezustand erfolgt durch KV-Minimierung. Von größerer Bedeutung ist heute jedoch der synthesegerechte VHDL-Entwurf von Automaten, der in diesem Kapitel anhand zweier Beispiele erläutert wird.

14.1 Lernziele

Nach Durcharbeiten dieses Kapitels sollen Sie:
- Zustandsautomaten durch formale Methoden wie Zustandsdiagramme und Folgezustandstabellen beschreiben können,

https://doi.org/10.1515/9783110706970-014

- die unterschiedlichen Strukturmodelle (Blockdiagramme) eines Mealy-, Moore- und Medwedew-Automaten sowie deren Eigenschaften kennen,
- in der Lage sein, die kombinatorischen Logikfunktionen zur Berechnung der Folgezustände sowie der Ausgangssignale zu bestimmen,
- und in der Lage sein, ein gegebenes Zustandsdiagramm in einen synthesegerechten VHDL-Code zu überführen.

14.2 Formale Beschreibung von Zustandsautomaten

Ein endlicher Zustandsautomat ist durch ein 6-Tupel (E, A, Z, Z_0, f_{C1}, f_{C2}) charakterisiert. Darin sind:
- E die Menge der Eingangssignalkombinationen,
- A die Menge der Ausgangssignalkombinationen,
- Z eine endliche, aber nicht leere Menge von Zuständen,
- Z_0 der Anfangszustand nach dem Einschalten,
- f_{C1} die kombinatorische Übergangsfunktion in den Folgezustand und
- f_{C2} die kombinatorische Ausgangsfunktion, die die Menge der Ausgangssignalkombinationen A bestimmt.

Ein synchroner Zustandsautomat wird in Blockdiagrammen durch einen Funktionsblock mit dem in Bild 14.1 dargestellten Blackbox-Symbol dargestellt. Nach außen bedeutsam sind die Eingangssignale, die die Menge E bestimmen und die im Daten-Steuerpfad-Modell (Bild 11.1) als Statussignale bezeichnet wurden, sowie die Ausgangssignale, die die Menge A bestimmen und die in diesem Modell die Funktion von Steuersignalen haben. Ein synchroner Zustandsautomat wird durch das Taktsignal Clk synchronisiert, und es ist erforderlich, dass der Automat durch das Resetsignal in den Anfangszustand Z_0 versetzt wird.

Bild 14.1: Blackbox-Symbol eines synchronen Zustandsautomaten

Nachfolgend wird zum Rücksetzen des Automaten durchgängig ein *asynchroner* Reset verwendet. Dies hat den Vorteil, dass der Automat, der in digitalen Systemen eine zentrale steuernde Funktion hat, auch ohne Anwesenheit eines Taktsignals einen definierten Zustand annimmt[1]. In der Digitaltechnik wird das Verhalten eines Zustands-automaten meist durch ein Zustandsdiagramm oder eine Folgezustandstabelle be-schrieben. Zustandsdiagramme verwenden die in Bild 14.2 dargestellten Symbole:

- Zustandskreise (engl. state symbol) werden mit Zustandsnamen aus der Menge Z bezeichnet. Wenn das Ausgangssignalmuster ausschließlich durch den jeweiligen Zustand bestimmt wird (Moore-Automat), so werden im unteren Teil des Zustands-symbols die zugehörigen Signalwerte aus der Menge A angegeben (Bild 14.2a).
- Taktsynchrone Übergänge in den neuen Zustand werden durch Pfeile (engl. state transition) beschrieben. Diese werden mit dem Eingangssignalwert aus der Menge E bezeichnet, der den Zustandsübergang hervorruft.

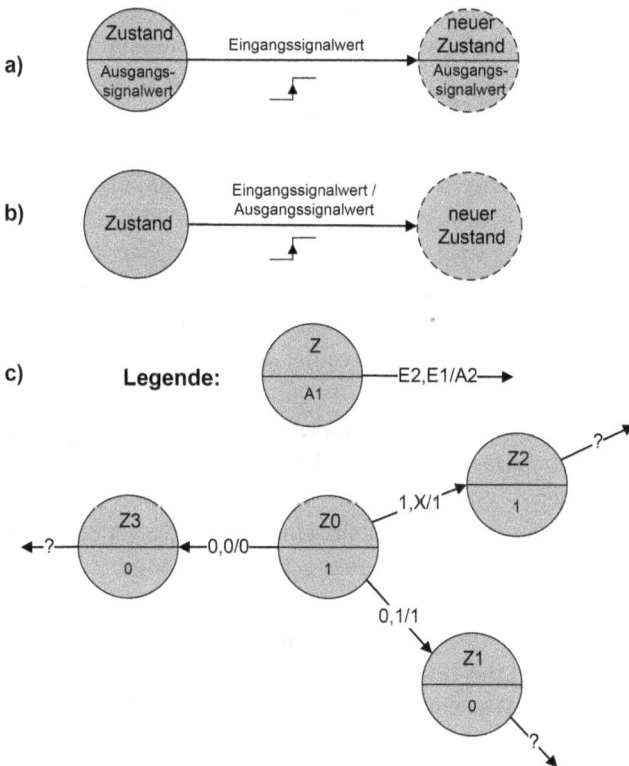

Bild 14.2: Zustandsdiagrammsymbole und Zustandsübergänge eines Moore-Automaten a) und eines Mealy-Automaten b). Ausschnitt aus einem Zustandsdiagramm mit Mealy- und Moore-Ausgangssi-gnalen c)

---

1 Dies ist insbesondere in Low-Power-Schaltungen erforderlich, bei denen während spezieller Teil-aufgaben einzelne Schaltungsteile durch Abschalten des Taktes deaktiviert sind, die ohne diesen Takt wieder „aufwachen" müssen.

- Wenn ein Zustand abhängig vom Wert der Eingangssignale unterschiedliche Ausgangssignalwerte erzeugt, so ist der Zustand nicht fest mit dem Ausgangssignalmuster verknüpft (Mealy-Automat). In diesem Fall müssen die zugehörigen Ausgangssignalwerte der Menge A durch einen Schrägstrich getrennt hinter dem Eingangssignalwert angegeben werden (Bild 14.2b).

Das Bild 14.2c zeigt den Ausschnitt aus einem Zustandsdiagramm mit zugehöriger Legende. Dieser ist zu entnehmen, dass der Zustandsautomat zwei Eingangssignale E2 und E1, ein Moore-Ausgangssignal A1 sowie ein Mealy-Ausgangssignal A2 besitzt.

Die Folgezustandstabelle ist eine tabellarische Darstellung für das Verhalten des Zustandsautomaten. Ähnlich wie in einer Wahrheitstabelle werden auf der linken Seite die Kombinationen aller Zustände Z mit allen Eingangssignalkombinationen aufgeführt. Auf der rechten Seite der Tabelle werden für alle diese Kombinationen die Folgezustände Z^+ sowie die zugehörigen Ausgangssignalmuster angegeben (vgl. Tabelle 14.2).

Unterschieden werden Zustandsdiagramme bzw. -folgetabellen nach ihrem Abstraktionsgrad: Für die VHDL-Modellierung reicht eine abstrakte Darstellung mit symbolischen Zustands-, Eingangs- und Ausgangssignalnamen aus (vgl. Tabelle 14.2). Die Umsetzung in eine binäre Darstellung wird vom VHDL-Synthesewerkzeug übernommen. Falls jedoch eine manuelle Implementierung auf Bitebene vorgesehen ist, so ist es meist ratsam, die Zustände durch Zustandsbits manuell zu codieren. Häufig sind auch die Eingangs- und Ausgangssignale binär zu codieren (vgl. z. B. Bild 14.5 bzw. Tabelle 14.3).

Insbesondere die Zustandscodierung hat einen wesentlichen Einfluss auf den für die Implementierung erforderlichen Hardwareaufwand. Verbreitet sind die folgenden Strategien zur Zustandscodierung:
- Codierung im Binärcode: Die Zustandsbits der einzelnen Zustände werden durch aufsteigende Binärzahlen definiert. Dies ist die einfachste Methode zur Zustandscodierung.
- Codierung im Gray-Code: Die Zustandsbits werden durch den Gray-Code definiert. Der Vorteil dieser Codierung ist die Tatsache, dass sich zwischen aufeinanderfolgenden Zuständen jeweils genau ein Bit ändert (Strategie des Minimum-Bit-Change). Dies ist vorteilhaft für Zustandsautomaten ohne bzw. mit einer geringen Zahl von Verzweigungen, z. B. bei Zählern (vgl. Kapitel 15.2).
- One-Hot-Codierung: Jedem Zustand wird ein eigenes Zustandsbit zugeordnet. Ein Automat mit z. B. acht Zuständen besitzt ebenso viele D-Flipflops. Von den prinzipiell möglichen $2^8 = 256$ Binärkombinationen dieser Konfiguration werden jedoch nur acht genutzt. Die anderen 248 Kombinationen werden als Pseudozustände bezeichnet. Im regulären Betrieb werden diese Pseudozustände zwar nicht angenommen. Bei einem Fehlverhalten der Schaltung kann der Automat jedoch in

einen Pseudozustand geraten und es muss durch den Automatenentwurf sichergestellt werden, dass eine sichere Rückkehr aus den Pseudozuständen erfolgt, um die gewünschte Automatenfunktion wiederherzustellen.

Bei der VHDL-Synthese von Zustandsautomaten kann die vom Synthesewerkzeug zu verwendende Strategie meist eingestellt werden. Eine umfassende Diskussion der Implementierungsvor- und -nachteile der Zustandscodierungsstrategien auf die Syntheseergebnisse findet sich in [2].

14.3 Entwurf eines Geldwechselautomaten

Als einführendes Beispiel zum Entwurf von Zustandsautomaten soll ein einfacher synchroner Geldwechselautomat nach der folgenden Spezifikation entworfen werden [3]:
–   Der Automat akzeptiert 1-€- und 2-€-Münzen am Eingang. Diese Münzen werden durch ein digitales Sensorsignal identifiziert.
–   Nach Drücken der Wechseltaste sollen je nach eingeworfener €-Summe 10 bzw. 20 10-Cent-Münzen ausgegeben werden. Die Ausgabe erfolgt jeweils durch Aktivierung eines digitalen Steuersignals.
–   Die maximale Summe, die während eines Wechselvorgangs getauscht werden kann, beträgt 2 €. Jede diesen Betrag übersteigende eingeworfene Münze wird vom Automaten zurückgegeben. Dazu wird jeweils ein weiteres digitales Steuersignal aktiviert.

14.3.1 Realisierung als Mealy-Automat

Ein synchroner Mealy-Automat lässt sich durch drei Funktionsblöcke realisieren, die in der sequenziellen Strukturdarstellung in Bild 14.3a klar erkennbar sind:
–   Im Übergangsschaltnetz, welches auch als Folgezustandslogik bezeichnet wird, erfolgt die Berechnung des Folgezustands Z^+ aus dem aktuellen Zustand Z sowie den aktuellen Eingangssignalen E. Dieser Block ist kombinatorisch und erfordert keine Initialisierung.

$$Z^+ = f_{C1}(E, Z) \tag{14.1}$$

–   Bei der aktiven Taktflanke erfolgt die Zustandsübernahme in die Zustandsregister: Der Folgezustand Z^+ wird zum neuen aktuellen Zustand. Dieser Block ist getaktet und erfordert damit eine Initialisierung des Anfangszustands.

$$Z = f_R(Z^+) \tag{14.2}$$

- Im Ausgangsschaltnetz werden aus dem aktuellen Zustand sowie den aktuell gültigen Eingangssignalen die neuen Ausgangssignalwerte gebildet. Auch dieser Block ist kombinatorisch und erfordert daher keine Initialisierung.

$$A = f_{C2}(E, Z) \tag{14.3}$$

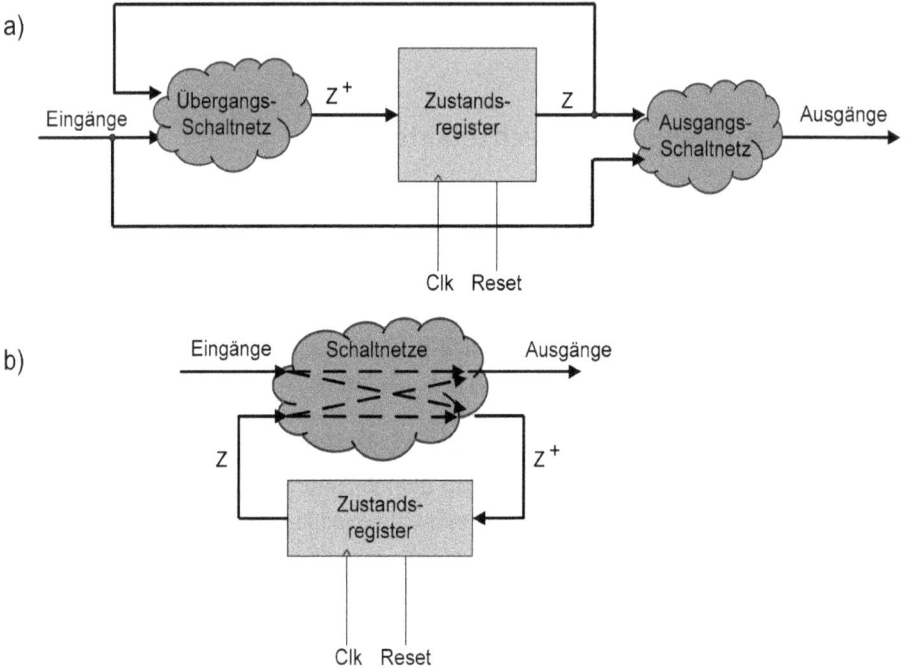

Bild 14.3: Mealy-Strukturmodelle (Blockdiagramme) ; Sequenzielle Darstellung a) und Huffman-Darstellung b)

In der Huffman-Strukturdarstellung (Bild 14.3b), die nachfolgend für die VHDL-Modellierung genutzt wird, sind die beiden Schaltnetze zusammengefasst. Beiden Automatenstrukturen ist zu entnehmen:

> Bei einem Mealy-Automaten kann sich eine Eingangssignaländerung *unmittelbar* auf die Ausgänge auswirken. Die Ausgangssignalwerte sind also nicht fest mit dem Zustand verknüpft.

Zur Implementierung des Geldwechselautomaten wird zunächst die Bedeutung der erforderlichen Zustände, sowie der notwendigen Ein- und Ausgangssignale definiert. Die Tabelle 14.1 zeigt, dass der Automat mit drei Zuständen betrieben werden kann. Für den Fall, dass die in der Spezifikation vorgesehenen drei Eingabemöglichkeiten dem Automaten binär codiert übergeben werden, ist insbesondere auch der Fall vor-

Tab. 14.1: Definition der Zustände sowie der Ein-/Ausgabemöglichkeiten des Geldwechselautomaten

		Bedeutung
Zustand	kS	Der Automat hat keine Schulden, es wurden keine Münzen eingeworfen.
	1 €	Es wurde eine 1-€-Münze eingeworfen.
	2 €	Es wurden insgesamt 2 € eingeworfen.
Eingabemöglich-keiten	kE	Es erfolgte keine Eingabe.
	1 €	Es wird eine 1-€-Münze eingeworfen.
	2 €	Es wird eine 2-€-Münze eingeworfen.
	WT	Es wird die Wechseltaste gedrückt.
Ausgabemöglich-keiten	kA	Es erfolgt keine Ausgabe.
	10C	Ausgabe von zehn 10-Cent-Münzen Wechselgeld.
	20C	Ausgabe von zwanzig 10-Cent-Münzen Wechselgeld.
	1 €	Rückgabe einer 1-€-Münze.
	2 €	Rückgabe einer 2-€-Münze.

zusehen, dass während einer Taktflanke keine Eingabe getätigt wird. Daraus ergeben sich insgesamt vier Eingabemöglichkeiten (vgl. Tabelle 14.1). Entsprechend müssen bei binärer Codierung fünf Ausgabemöglichkeiten vorgesehen werden, denn der Fall, dass während einer Taktflanke keine Ausgabe erfolgen soll, darf nicht vergessen werden.

Basierend auf den Definitionen in Tabelle 14.1 wird das in Bild 14.4 dargestellte Zustandsdiagramm entworfen.

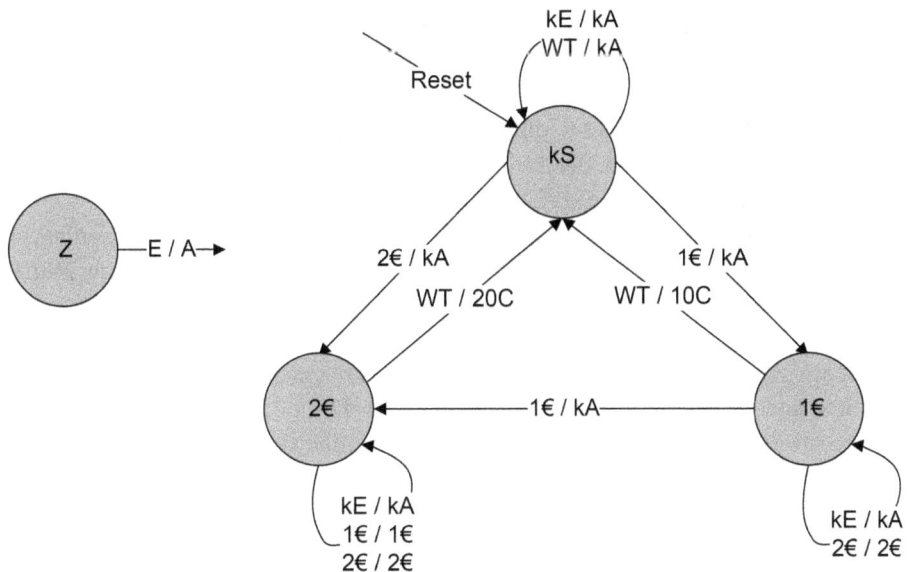

Bild 14.4: Zustandsdiagramm des Geldwechselautomaten mit Mealy-Verhalten

Der Entwurf des Zustandsdiagramms erfolgt üblicherweise so, dass die gewünschte Standardfunktion des Automaten zuerst beschrieben wird:

- Nach dem Einschalten geht der Automat in den Zustand kS.
- Beim Einwurf einer 1-€-Münze und anschließender Betätigung der Wechseltaste geht der Automat über den Zustand 1 € zurück in den Zustand kS, wobei gleichzeitig das 10C-Signal aktiviert wird.
- Beim Einwurf einer 2-€-Münze und anschließender Betätigung der Wechseltaste geht der Automat über den Zustand 2 € zurück in den Zustand kS, wobei gleichzeitig das 20C-Signal aktiviert wird.
- Beim sukzessiven Einwurf zweier 1-€-Münzen geht der Automat zunächst in den Zustand 1 € und nachfolgend in den Zustand 2€. Bei nachfolgender Betätigung der Wechseltaste wird das 20C-Signal aktiviert und der Automat geht zurück in den Zustand kS.

Nun müssen all die Sonderfunktionen definiert werden, die nicht zum Normalbetrieb gehören. Dabei ist zu beachten:

> Die vollständige Spezifikation des Verhaltens eines Zustandsautomaten erfordert, dass in allen Zuständen für alle Eingangssignalkombinationen der Folgezustand sowie alle Ausgangssignale definiert sind.

Unter Beachtung dieser Regel müssen in unserem Beispiel in jedem Zustand genau vier Zustandsübergänge angegeben sein. Dazu wird spezifiziert:

- Generell ist es sinnvoll, dass kein Zustandswechsel sowie keine Ausgabe erfolgt, wenn keine Eingabe getätigt wird. Der Folgezustand ist der bisherige Zustand.
- Im Zustand kS wird sinnvollerweise definiert, dass das Betätigen der Wechseltaste keine Zustandsänderung und keine Ausgabe zur Folge hat (Betrugsversuch).
- Falls im Zustand 1 € eine 2-€-Münze eingegeben wird, so wird die maximal erlaubte Summe überschritten. Der Automat verbleibt in diesem Zustand und es wird zur Rückgabe dieser Münze die 2€-Ausgabe aktiviert.
- Falls im Zustand 2 € eine 1-€-Münze oder eine 2-€-Münze eingegeben werden, so verbleibt der Automat in diesem Zustand und es wird zur Rückgabe dieser Münze das entsprechende Rückgabesignal aktiviert.

Alternativ zu der Beschreibung durch ein Zustandsdiagramm kann der Geldwechselautomat auch durch die Folgezustandstabelle Tabelle 14.2 beschrieben werden. Die linke Seite der Tabelle umfasst die zwölf Kombinationen aller Zustände mit allen Eingabemöglichkeiten. Da für alle Zeilen der Folgezustand und das Ausgangssignalverhalten eindeutig definiert sind, ist der Automat vollständig beschrieben.

Tab. 14.2: Folgezustandstabelle des Geldwechselautomaten

Aktueller Zustand	Eingabe	Folgezustand	Ausgabe
kS	kE	kS	kA
	1 €	1 €	kA
	2 €	2 €	kA
	WT	kS	kA
1€	kE	1 €	kA
	1 €	2 €	kA
	2 €	1 €	2 € (Rückgabe)
	WT	kS	10C (Wechselgeld)
2€	kE	2 €	kA
	1 €	2 €	1 € (Rückgabe)
	2 €	2 €	2 € (Rückgabe)
	WT	kS	20C (Wechselgeld)

Manuelle Hardwareimplementierung

Als erster Schritt einer manuellen Hardwareimplementierung auf Bitebene erfolgt nun die Zustandscodierung sowie eine Codierung der Ein- und Ausgangssignale. Tabelle 14.3 zeigt dazu einen binären Codierungsvorschlag:
- Für die vier Eingangssignale sind zwei Eingangsbits E1 und E0 erforderlich.
- Die drei Zustände erfordern zwei Zustandsbits Z1 und Z0.
- Für die fünf Ausgangssignalwerte werden drei Bit A2, A1 und A0 benötigt.

Tab. 14.3: Binäre Codierung der Eingangs-, Zustands- und Ausgangssignale

Eingabe	E1	E0	Zustand	Z1	Z0	Ausgabe	A2	A1	A0
kE	0	0	kS	0	0	kA	0	0	0
1€	0	1	1€	0	1	10C	0	0	1
2€	1	0	2€	1	0	20C	0	1	0
WT	1	1				1 €	0	1	1
						2 €	1	0	0

Unter Verwendung der Codierungstabelle Tabelle 14.3 wird im nächsten Schritt das abstrakte Zustandsdiagramm Bild 14.4 in ein codiertes Zustandsdiagramm überführt (vgl. Bild 14.5). Tabelle 14.4 zeigt die dazugehörige codierte Folgezustandstabelle. Zu beachten ist, dass ohne binäre Codierung der Eingabemöglichkeiten die Folgezustandstabelle fünf Eingangssignale hätte, diese also aus 32 Zeilen bestehen würde.

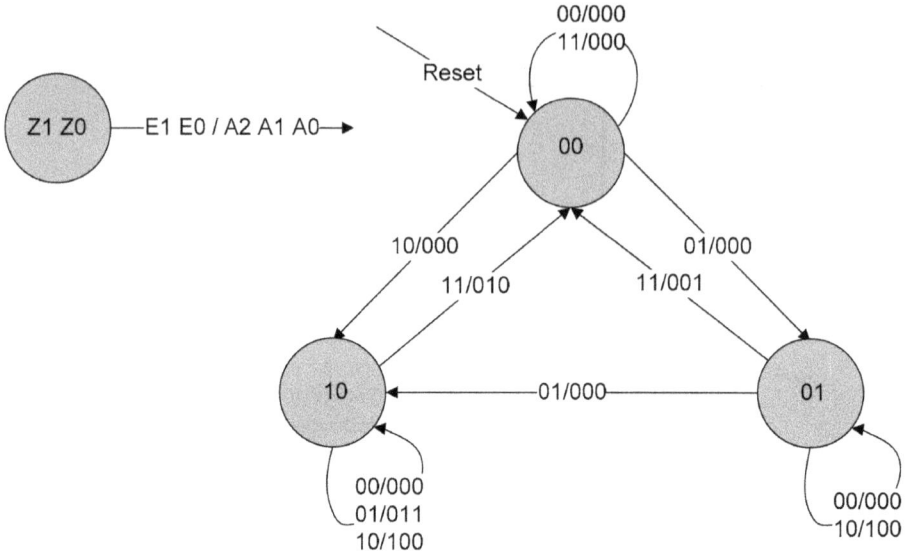

Bild 14.5: Binär codiertes Zustandsdiagramm des Geldwechselautomaten mit Mealy-Verhalten

Tab. 14.4: Codierte Folgezustandstabelle

Zustand		Eingabe		Folgezustand		Ausgabe		
Z1	Z0	E1	E0	Z1+	Z0+	A2	A1	A0
		0	0	0	0	0	0	0
		0	1	0	1	0	0	0
0	0	1	0	1	0	0	0	0
		1	1	0	0	0	0	0
		0	0	0	1	0	0	0
		0	1	1	0	0	0	0
0	1	1	0	0	1	1	0	0
		1	1	0	0	0	0	1
		0	0	1	0	0	0	0
		0	1	1	0	0	1	1
1	0	1	0	1	0	1	0	0
		1	1	0	0	0	1	0
		0	0	X	X	X	X	X
		0	1	X	X	X	X	X
1	1	1	0	X	X	X	X	X
		1	1	X	X	X	X	X

Entsprechend müssten ohne Codierung der Ausgabemöglichkeiten vier statt drei Ausgangssignale gebildet werden (vgl. die Tabelle 14.3 zur Eingangs- und Ausgangssignalcodierung. kE bzw. kA sind keine eigenen Signale).

Mit der codierten Folgezustandstabelle können nun unter der Annahme, dass D-Flipflops verwendet werden sollen, die logischen Gleichungen des Übergangs- und Ausgangsschaltnetzes durch Minimierung bestimmt werden. Im Fall des Geldwechselautomaten mit binärer Codierung sind insgesamt fünf KV-Diagramme mit jeweils vier Eingangssignalen erforderlich (vgl. Bild 14.6).

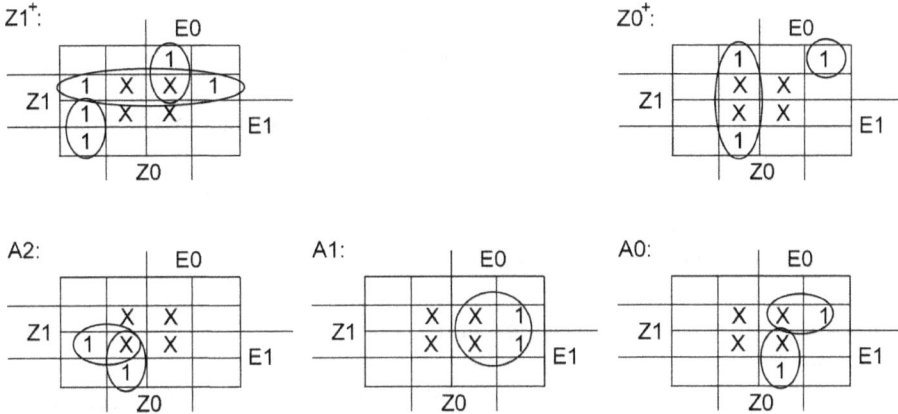

Bild 14.6: KV-Diagramme für das Übergangs- und Ausgangsschaltnetz

Daraus lassen sich die folgenden DMF-Gleichungen herleiten:

Für das Übergangsschaltnetz:

$$f_{C1}: \quad Z1^+ = (Z1 \wedge \overline{E1}) \vee (Z0 \wedge \overline{E1} \wedge E0) \vee (\overline{Z0} \wedge E1 \wedge \overline{E0})$$
$$Z0^+ = (Z0 \wedge \overline{E0}) \vee (\overline{Z1} \wedge \overline{Z0} \wedge \overline{E1} \wedge E0)$$

$$(14.4)$$

Für das Ausgangsschaltnetz:

$$f_{C2}: \quad A2 = (Z1 \wedge E1 \wedge \overline{E0}) \vee (Z0 \wedge E1 \wedge \overline{E0})$$
$$A1 = Z1 \wedge E0$$
$$A0 = (Z1 \wedge \overline{E1} \wedge E0) \vee (Z0 \wedge E1 \wedge E0)$$

$$(14.5)$$

Die Verwendung von Don't-Care-Werten für die Folgezustände und Ausgangssignale der Zustandsbitkombination Z =(1 1) in Tabelle 14.4 erfordert eine Pseudozustandsanalyse. Dabei werden die KV-Diagramme dahingehend analysiert, ob der Don't-Care-Wert in der Hardware als logische 0 oder 1 implementiert wird. Bei der disjunktiven Minimalform werden alle Don't-Care-Werte *innerhalb* der als Vereinigungskreise dargestellten Kernimplikanten als logische 1 implementiert. *Außerhalb* der Kernimplikanten dargestellte Don't-Cares entsprechen einer logischen 0. Aus Bild 14.6 erhält man die in Tabelle 14.5 dargestellten Folgezustände und Ausgangssignale jeweils in codierter und symbolischer Darstellung.

Tab. 14.5: Pseudozustandsanalyse für die manuelle Implementierung des Mealy-Automaten

E1	E0	E	$Z1^+$	$Z0^+$	Z^+	A2	A1	A0	A
0	0	kE	1	1	Pseudoz.	0	0	0	kA
0	1	1 €	1	0	2 €	0	1	1	1 €
1	0	2 €	0	1	1 €	1	0	0	2 €
1	1	WT	0	0	kS	0	1	1	1 €

Dieser Tabelle ist zu entnehmen, wie sich der Automat tatsächlich verhalten wird, wenn er durch eine zufällige Störung in den Pseudozustand Z =(1 1) geht:

- Wenn keine Eingabe gemacht wurde, so verbleibt der Automat im Pseudozustand und es erfolgt keine Ausgabe.
- Falls im Pseudozustand eine 1-€-Münze eingeworfen wird (Eingangssignal 1€), so geht der Automat in den Zustand 2 € und es wird außerdem eine 1-€-Münze ausgegeben. Der Automat macht also immer dann Verlust, wenn er nicht vor der Störung im 2-€-Zustand war!
- Wenn eine 2-€-Münze eingeworfen wird (Eingangssignal 2€), so geht der Automat in den Zustand 1 € über und es werden 2 € zurückgegeben. Wenn der Automat vor der Störung im 2€-Zustand war, so wird der Kunde damit um 1 € „betrogen", wenn er hingegen im kS-Zustand war, so macht der Automat einen Verlust von 1 €.
- Falls im Pseudozustand die Wechseltaste gedrückt wird, so geht der Automat in den Zustand kS und es wird in jedem Fall 1 € ausgegeben. In diesem Fall hängt es ebenfalls vom Automatenzustand vor der Störung ab, ob der Automat Verlust macht oder aber der Kunde „betrogen" wird.

Die Pseudozustandsanalyse macht deutlich, dass die Verwendung von Don't-Care-Folgezustands- und Ausgangssignalen im konkreten Fall kritisch sein kann. Hier ist es vielmehr sinnvoll, das Zustandsdiagramm Bild 14.4 durch einen speziellen Fehlerzustand zu erweitern, in dem z. B. ein Fehlersignal aktiviert wird.

Implementierung durch VHDL-Synthese

Grundlage für den Entwurf von VHDL-Automatenmodellen ist meist die in Bild 14.3b dargestellte Huffman-Strukturmodelldarstellung. Daraus ergibt sich eine 2-Prozess-Automatenmodellierung.

In dem in Listing 14.1 vorgestellten 2-Prozess-Modell des Geldwechselautomaten wurden im Unterschied zur manuellen Implementierung keine codierten Ein- und Ausgangssignale verwendet. Dies erlaubt das Weglassen der Eingangs- und Ausgangsinformation kE bzw. kA. Für eine einfachere Analyse des zeitlichen Verhaltens bei der in Bild 14.3a dargestellten Zustandsrückkopplung wurden für alle Signalzuweisungen außerdem symbolische Verzögerungszeiten von jeweils 5 ns eingeführt, die vom Synthesewerkzeug ignoriert werden.

Listing 14.1: VHDL-Modell des Mealy-Automaten

```vhdl
entity GWA is
  port( CLK, RESET: in bit;
        EU1, EU2, WT : in bit;
        C10_0, C20_0, EU1_0, EU2_0 : out bit);
end GWA;


architecture MEALY of GWA is
type ZUSTANDS_TYP is (KS_Z, EU1_Z, EU2_Z);    -- symbolischer Zustandstyp
signal Z, FOLGEZ : ZUSTANDS_TYP;


begin
REG: process (CLK, RESET)
begin
  if RESET= '1' then
        Z <= KS_Z after 5 ns;          -- Initialisierung
  elsif CLK='1' and CLK'event then
        Z <= FOLGEZ after 5 ns;        -- Zustandsuebernahme
  end if;
end process REG;

SN: process(Z, EU1, EU2, WT)           -- Übergangs- und Ausgangsschaltnetz
begin
  C10_0 <= '0' after 5 ns; C20_0 <= '0' after 5 ns;
  EU1_0 <= '0' after 5 ns; EU2_0 <= '0' after 5 ns; -- Default Ausgaben
  FOLGEZ <= Z after 5 ns;              -- Default: behalte Zustand bei
  case Z is
        when KS_Z =>if EU1='1'    then FOLGEZ <= EU1_Z after 5 ns;
                    elsif EU2='1' then FOLGEZ <= EU2_Z after 5 ns;
                    elsif WT='1'  then FOLGEZ <= KS_Z after 5 ns;
                    end if;
        when EU1_Z=>if EU1='1'    then FOLGEZ <= EU2_Z after 5 ns;
                    elsif EU2='1' then FOLGEZ <= EU1_Z after 5 ns;
                                       EU2_0 <= '1' after 5 ns;
                    elsif WT='1'  then FOLGEZ <= KS_Z after 5 ns;
                                       C10_0 <= '1' after 5 ns;
                    end if;
        when EU2_Z=>if EU1='1'    then FOLGEZ <= EU2_Z after 5 ns;
                                       EU1_0 <= '1' after 5 ns;
                    elsif EU2='1' then FOLGEZ <= EU2_Z after 5 ns;
                                       EU2_0 <= '1' after 5 ns;
```

```
                    elsif WT='1'  then FOLGEZ <= KS_Z after 5 ns;
                                       C20_0 <= '1' after 5 ns;
                    end if;
  end case;
end process SN;
end MEALY;
```

Charakteristisch für das Automatenmodell in Listing 14.1 sind die folgenden Punkte:
- Für die Zustands- und Folgezustandssignale Z und FOLGEZ wird durch eine type-Deklarationsanweisung ein symbolischer Zustandstyp mit drei Werten definiert, der eine explizite Zustandscodierung überflüssig und zudem die Simulationsergebnisse einfacher lesbar macht.
- Die Architektur enthält zwei Prozesse. Der Prozess REG beschreibt die Zustandsübernahme, er ist getaktet und enthält einen asynchronen Reset, der den Automaten bei Aktivierung sofort in den Zustand kS bringt. Der Schaltnetzprozess SN ist kombinatorisch. Entsprechend Bild 14.3b muss dieser Prozess das Zustandssignal sowie alle Eingangssignale in der Sensitivity-Liste besitzen.
- Der Schaltnetzprozess SN definiert die Folgezustände sowie die zu den jeweiligen Folgezuständen gehörenden Ausgangssignale. Zur Vermeidung unerwünschter Latches müssen in diesem Prozess *für alle* Kombinationen aus Eingangssignalen und Zuständen die Folgezustände sowie alle Ausgangssignale definiert werden. Da dabei leicht einzelne Kombinationen vergessen werden, wird dringend empfohlen, zu Beginn des Prozesses Defaultwerte für alle Ausgangssignale sowie den Folgezustand festzulegen. Eine geschickte Wahl dieser Defaultwerte erspart zudem Schreibarbeit beim Erstellen des Codes. Im konkreten Fall werden als Default alle Ausgangssignale deaktiviert und als Folgezustand wird der bisherige Zustand festgelegt. Dies entspricht dem Verhalten des im VHDL-Code weggelassenen Eingangssignals kE (vgl. das Zustandsdiagramm Bild 14.4).
- Das Zustandsdiagramm in Bild 14.4 wird durch eine case-Anweisung mit inneren if-Anweisungen systematisch abgebildet.

Mealy- und Moore-Automaten werden in VHDL durch zwei Prozesse modelliert: Ein getakteter Prozess zur Übernahme des Folgezustands in das Zustandsregister sowie ein kombinatorischer Prozess, der die Folgezustands- und Ausgangssignale definiert. Üblicherweise werden in diesem Prozess die verschiedenen Zustände durch eine case-Anweisung behandelt. Innerhalb jedes case-Zweiges erfolgt die Abfrage der verschiedenen Eingangssignale durch if elsif-Anweisungen. Wenn im Prozess Defaultsignale verwendet werden, so kann hier auf einen else-Zweig verzichtet werden.

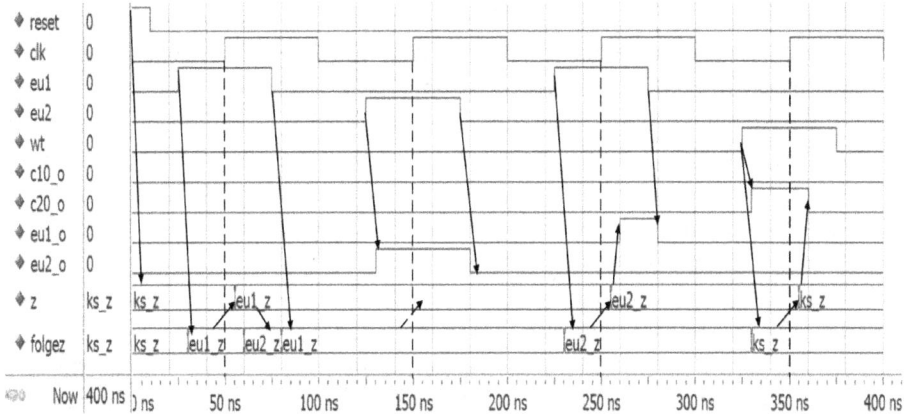

Bild 14.7: VHDL-Simulation des Mealy-Automaten

Mit der in Bild 14.7 dargestellten Simulation soll die Spezifikation des Geldwechselautomaten überprüft werden. Eingezeichnet sind die Wirkungspfeile, die zu den jeweiligen Signalübergängen führen:

– Bei t = 0 bewirkt ein asynchroner Reset die Initialisierung des Zustandssignals Z mit dem Wert kS_Z. Als Folge davon wird der Schaltnetzprozess aktiviert und das Signal FOLGEZ erhält über die Default-Signalzuweisung ebenfalls den Wert kS_Z, da keines der Eingangssignale aktiv ist.

– Bei t = 25 ns wird das 1€-Eingangssignal aktiviert. Sofort danach erhält FOLGEZ den Wert EU1_Z. Die Übernahme dieses Wertes in das Zustandsregister erfolgt nach einer symbolischen Verzögerung hinter der steigenden Taktflanke zum Zeitpunkt t = 50 ns. Da sich nun der Zustand geändert hat, wird automatisch der Schaltnetzprozess aktiviert und aufgrund des weiter anliegenden 1€-Eingangssignals nimmt das Folgezustandssignal nach einer symbolischen Verzögerung den Wert EU2_Z an. Erst bei t = 75 ns wird das 1€-Eingangssignal zurückgenommen. Der Schaltnetzprozess wird durch diese Eingangssignaländerung erneut aktiviert und bewirkt eine Änderung von FOLGEZ auf den Wert EU1_Z. All diese Signaländerungen haben wegen einer fehlenden Taktflanke in diesem Zeitintervall jedoch keine Auswirkungen auf das Zustandssignal Z.

– Bei t = 125 ns wird das 2€-Eingangssignal aus dem Zustand EU1_Z heraus aktiviert. Entsprechend dem Zustandsdiagramm in Bild 14.4 erfolgt die Aktivierung des 2€-Ausgangssignals sofort und ohne den Takt abzuwarten. Das Zustandsdiagramm spezifiziert, dass bei der steigenden Taktflanke zum Zeitpunkt t = 150 ns keine Zustandsänderung erforderlich ist (gestrichelter Pfeil in Bild 14.7).

- Zum Zeitpunkt t = 225 ns wird das 1€-Eingangssignal erneut aktiviert. Gemäß Zustandsdiagramm nimmt FOLGEZ den Wert EU2_Z an. Dieser Folgezustand wird durch die steigende Taktflanke zum Zeitpunkt t = 250 ns in das Zustandsregister übernommen. Diese Änderung des Zustandssignals bewirkt nun die erneute Aktivierung des Schaltnetzprozesses, der für diese Situation die Aktivierung des 1€-Ausgangssignals vorsieht. Durch die direkte Wirkung der Eingänge auf die Ausgänge des Mealy-Automaten wird das 1€-Ausgangssignal mit Rücknahme des 1€-Eingangssignals ebenfalls zurückgenommen.
- Bei t = 325 ns wird die Wechseltaste betätigt. Durch den Schaltnetzprozess erfolgt die sofortige Aktivierung des 20C-Ausgangssignals sowie der Wechsel des Folgezustandssignals nach KS_Z. Die Übernahme dieses Zustands erfolgt bei der steigenden Flanke zum Zeitpunkt t = 350 ns. Als Folge dieser Zustandsänderung bewirkt der erneut aktivierte Schaltnetzprozess, dass das 20C-Ausgangssignal wieder gelöscht wird.

Interessant ist nun die Bewertung des Automatenverhaltens im Hinblick auf die Ein- und Ausgabesummen: Bei der in Bild 14.7 angegebenen Abfolge von Eingangssignalen werden insgesamt 4 € eingegeben, aber 5 € ausgegeben! Dieser offensichtliche Funktionsfehler liegt an der Charakteristik von Mealy-Automaten, dass sich Eingangssignale sofort auf Ausgangssignale auswirken können. Dies führt zum Zeitpunkt t = 255 ns zu der Situation, dass das noch anliegende Eingangssignal 1 € in dem gerade eingenommenen Zustand EU2_Z die Aktivierung des 1€-Ausgangssignals erzwingt. Zur Lösung dieses Problems existieren prinzipiell drei Lösungsansätze (vgl. dazu auch Kapitel 17):
- Synchronisation der Eingangssignale: Dabei werden die Eingangssignale über Flipflops geführt, womit die Eingangssignale des Automaten immer für genau eine Taktperiode anliegen.
- Synchronisation der Ausgangssignale: In diesem Konzept werden die Signale über Flipflops nach außen geführt. Bei der in Bild 14.7 dargestellten Situation erkennt man, dass das die Fehlfunktion hervorrufende 1€-Ausgangssignal nicht zum Zeitpunkt einer ansteigenden Flanke aktiv ist. Ein über ein D-Flipflop geführtes Ausgangssignal würde somit keine Rückgabe der 1-€-Münze bewirken.
- Implementierung des Geldwechselautomaten als Moore-Automat. Dadurch können sich die Ausgangssignale nur als Folge einer Taktflanke ändern.

14.3.2 Realisierung als Moore-Automat

Das sequenzielle Strukturmodell eines Moore-Automaten zeigt Bild 14.8a. Es unterscheidet sich von dem des Mealy-Automaten darin, dass es keine kombinatorische Verbindung von den Eingängen zu den Ausgängen gibt. In der Huffman-Darstellung

a)

b)

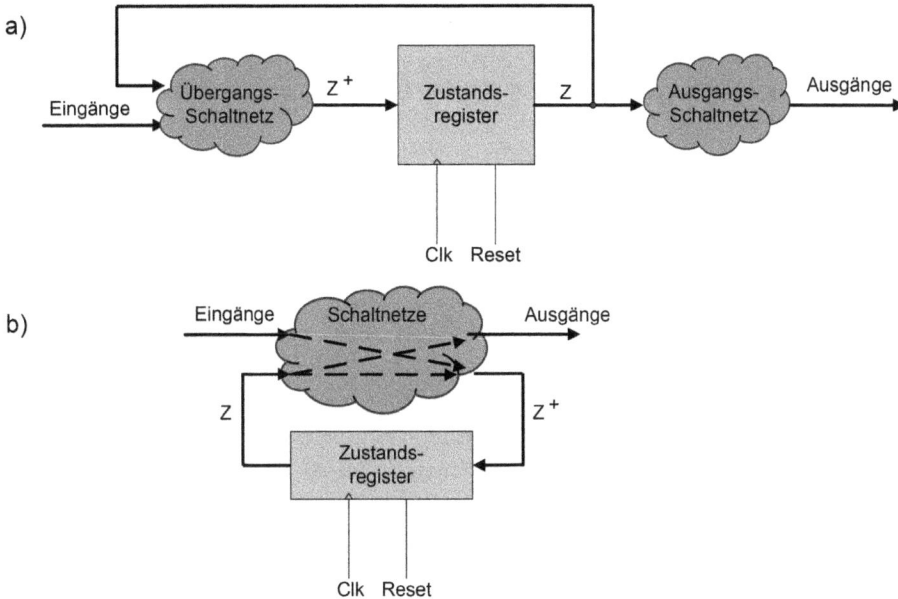

Bild 14.8: Moore-Strukturmodelle (Blockdiagramme). Sequenzielle Darstellung a) und Huffman-Darstellung b)

Bild 14.8b, die beide Schaltnetze zusammenfasst, fehlt die im Mealy-Automaten noch gestrichelt dargestellte Linie im Schaltnetzprozess ebenfalls.

Den Strukturmodellen ist also zu entnehmen:

> Bei einem Moore-Automaten ist der Wert der Ausgangssignale mit dem jeweiligen Zustand fest verknüpft. Es existiert keine kombinatorische Verbindung der Eingänge zu den Ausgängen. Eine Ausgangssignaländerung erfordert zuvor eine Zustandsänderung, also eine aktive Taktflanke. Dadurch sind die Ausgangssignale eines Moore-Automaten auch immer für eine ganze Taktperiode gültig.

Diese Eigenschaft eines Moore-Automaten hat Konsequenzen, wenn ein existierender Mealy-Automat in einen Moore-Automaten überführt werden soll:

> Bei der Überführung eines Mealy-Automaten in einen Moore-Automaten müssen alle Zustände mit Mealy-Charakteristik in so viele Zustände mit Moore-Charakteristik überführt werden, wie es unterschiedliche Mealy-Ausgangssignalwerte gibt.

Am Beispiel des Geldwechselautomaten erkennt man für das Mealy-Modell (vgl. Bild 14.4):

- Im Zustand kS wird kein Ausgangssignal aktiviert. Eine Aufspaltung von Zuständen ist nicht erforderlich.
- Im Zustand 1 € werden abhängig von den Eingangssignalen die Ausgangssignale kA, 2 € und 10C aktiviert. Der Mealy-Zustand 1 € wird daher in die Moore-Zustände 1€, Ret10C und Ret2€_a aufgespalten. In den letzten beiden werden die entsprechenden Ausgabesignale aktiviert.
- Im Mealy-Zustand 2 € werden die Ausgangssignale kA, 20C, 1 € und 2 € abhängig von den Eingangssignalen aktiviert. Dieser Zustand wird in die Moore-Zustände 2€, Ret20C, Ret1 € und Ret2€_b aufgespalten, in denen ebenfalls die entsprechenden Ausgabesignale aktiviert werden.

Damit ergeben sich insgesamt acht Zustände des Geldwechselautomaten mit Moore-Struktur. Das zugehörige Zustandsdiagramm zeigt Bild 14.9. Die zentralen drei Zustände dieses Automaten entsprechen denen des Mealy-Automaten, allerdings mit dem Unterschied, dass in diesen Zuständen keine Ausgabe erfolgt. Im Vergleich zum Mealy-Automaten erfolgen alle Ausgaben des Moore-Automaten einen Takt später in den Zuständen Ret_x.

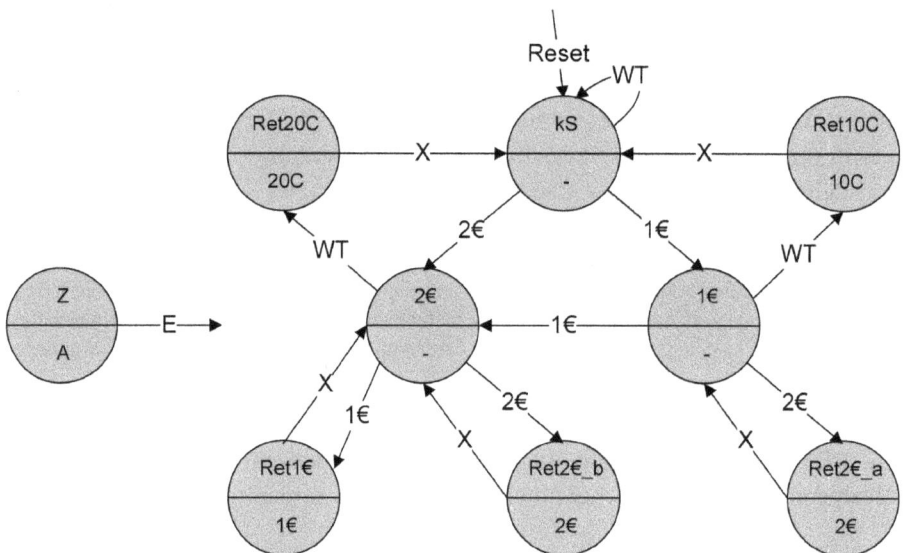

Bild 14.9: Moore-Zustandsdiagramm des Geldwechselautomaten

Eine Mealy-Automatenstruktur lässt sich immer in eine Moore-Struktur mit gleicher Funktion und in der Regel größerer Anzahl von Zuständen überführen. Dabei ändert sich allerdings das zeitliche Verhalten der Eingangs- und Ausgangssignale.

VHDL-Modellierung des Moore-Automaten

Listing 14.2: VHDL-Modell des Moore-Automaten

```vhdl
architecture MOORE of GWA is
type ZUSTANDS_TYP is (KS_Z, EU1_Z, EU2_Z, -- symbolischer Zustandstyp
                      RET10C_Z, RET20C_Z, RET1E_Z, RET2E_A_Z, RET2E_B_Z);
signal Z, FOLGEZ : ZUSTANDS_TYP;


begin
REG: process (CLK, RESET)
begin
  if RESET= '1' then
        Z <= KS_Z after 5 ns;        -- Initialisierung
  elsif CLK='1' and CLK'event then
        Z <= FOLGEZ after 5 ns;      -- Zustandsuebernahme
  end if;
end process REG;

SN: process(Z, EU1, EU2, WT)         -- Übergangs- und Ausgangsschaltnetz
begin
  C10_O <= '0' after 5 ns; C20_O <= '0' after 5 ns;
  EU1_O <= '0' after 5 ns; EU2_O <= '0' after 5 ns; -- Default Ausgaben
  FOLGEZ <= Z after 5 ns;            -- Default: behalte Zustand bei
  case Z is
        when KS_Z =>if EU1='1' then FOLGEZ <= EU1_Z after 5 ns;
                    elsif EU2='1'  then FOLGEZ <= EU2_Z after 5 ns;
                    elsif WT='1'   then FOLGEZ <= KS_Z after 5 ns;
                    end if;
        when EU1_Z=>if EU1='1' then FOLGEZ <= EU2_Z after 5 ns;
                    elsif EU2='1'  then FOLGEZ <= RET2E_A_Z after 5 ns;
                    elsif WT='1'   then FOLGEZ <= RET10C_Z after 5 ns;
                    end if;
        when EU2_Z=>if EU1='1' then FOLGEZ <= RET1E_Z after 5 ns;
                    elsif EU2='1'  then FOLGEZ <= RET2E_B_Z after 5 ns;
                    elsif WT='1'   then FOLGEZ <= RET20C_Z after 5 ns;
                    end if;
        when RET10C_Z=> C10_O <= '1' after 5 ns;
                        FOLGEZ <= KS_Z after 5 ns;
        when RET20C_Z=> C20_O <= '1' after 5 ns;
                        FOLGEZ <= KS_Z after 5 ns;
        when RET1E_Z=>  EU1_O <= '1' after 5 ns;
                        FOLGEZ <= EU2_Z after 5 ns;
```

```
            when RET2E_A_Z=>EU2_O <= '1' after 5 ns;
                           FOLGEZ <= EU1_Z after 5 ns;
            when RET2E_B_Z=>EU2_O <= '1' after 5 ns;
                           FOLGEZ <= EU2_Z after 5 ns;
      end case;
end process SN;
end MOORE;
```

Die entity des Moore-Automaten ist die gleiche wie die des Mealy-Automaten in Listing 14.1, daher zeigt das Listing 14.2 nur die architecture. Darin sind die folgenden Punkte besonders hervorzuheben:

- Der symbolische Zustandstyp umfasst nun acht verschiedene Werte.
- Der REG-Prozess ist gegenüber dem Mealy-Automaten unverändert. Die beiden Automaten unterscheiden sich nur im Schaltnetzprozess SN. Der Aufbau des Schaltnetzprozesses mit einer case-Anweisung über alle Zustände und if elsif-Anweisungen für die Eingangssignale ist im Vergleich zum Mealy-Automaten ebenfalls unverändert.
- Um das Moore-Verhalten zu erhalten, muss im VHDL-Code darauf geachtet werden, dass in allen Zuständen die Wertzuweisungen zu den Ausgangssignalen unbedingt erfolgen, also *vor* den if elsif-Anweisungen, mit denen die Eingangssignale abgefragt werden.

> In einem VHDL-Modell eines Moore-Automaten sollten Ausgangssignale, die vom Defaultwert abweichen, in jedem Zustand *vor* der Zuweisung der Folgezustände zugewiesen werden, die abhängig von den Eingangssignalen sind.

Das in Bild 14.10 dargestellte Simulationsergebnis des Moore-Modells lässt sich anhand der Wirkungspfeile wie folgt erläutern:

- Zum Zeitpunkt t = 0 erfolgt die Initialisierung des Anfangszustands KS_Z und daraus folgend auch des Folgezustands KS_Z.
- Bei t = 25 ns wird eine 1-€-Münze erkannt, das Folgezustandssignal FOLGEZ nimmt den Wert EU1_Z an. Dieser Wert wird nach der Taktflanke bei t = 50 ns als Zustandssignal übernommen. Durch diese Zustandsänderung wird der Schaltnetzprozess erneut aktiviert und FOLGEZ wird kurzzeitig auf den Wert EU2_Z geändert, da das Eingangssignal weiter unverändert ist (in Bild 14.10 aus Platzgründen nicht dargestellt). Die Rücknahme des 1€-Sensorsignals bei t = 75 ns bewirkt eine erneute Änderung des FOLGEZ-Signals auf den vorigen Wert EU1_Z.
- Bei t = 125 ns wird die Eingabe einer 2-€-Münze erkannt. Gemäß Zustandsdiagramm in Bild 14.9 nimmt FOLGEZ den Wert RET2E_A_Z an, der zum Zeitpunkt t = 150 ns als Zustand übernommen wird. Im Unterschied zum Mealy-Automaten wird das 2€-Ausgangssignal erst nach diesem Zustandswechsel aktiviert. Das

```
♦ reset    0
♦ clk      0
♦ eu1      0
♦ eu2      0
♦ wt       0
♦ c10_o    0
♦ c20_o    0
♦ eu1_o    0
♦ eu2_o    0
♦ z        ks_z   ks_z   eu1_z         ret2e_a_z      eu1_z        eu2_z        ret20c_z      ks_z
♦ folgez   ks_z   ks_z  eu1 z|e… eu1_z  ret2…eu1_z              eu2 z|r… eu2_z  ret… ks_z

    Now  600 ns  0 ns        100 ns      200 ns      300 ns      400 ns      500 ns      600 ns
                              ?                       ?           ?
```

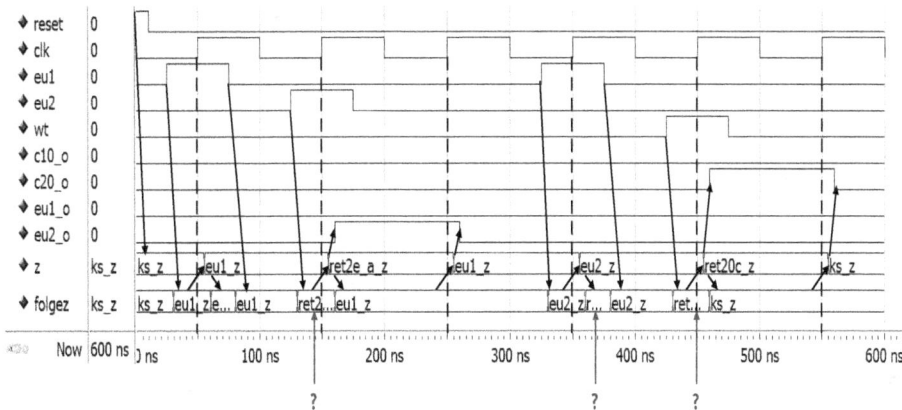

Bild 14.10: VHDL-Simulation des Moore-Automaten

Ausgangssignal ist eine Taktperiode lang gültig. Der Folgezustand zu RET2E_A_Z ist gemäß Bild 14.9 unabhängig von den Eingangssignalen erneut EU1_Z.

– Zum Zeitpunkt t = 225 ns kann keine weitere Eingabe getätigt werden, da der Automat durch die Flanke bei t = 250 ns zunächst in den EU1_Z-Zustand zurückkehren muss. Bis zu diesem Zeitpunkt werden keine Eingangssignale ausgewertet. Ein eventuell vorhandenes Eingangssignal würde also überlesen werden.

– Bei t = 325 ns erfolgt die nächste gültige Eingabe: Ein erneutes 1€-Sensorsignal bringt den Automaten nach der Flanke bei t = 350 ns in den Zustand EU2_Z und bewirkt durch das noch anliegende 1€-Eingangssignal einen sofortigen Wechsel von FOLGEZ auf den Wert RET1E_Z (in Bild 14.10 ebenfalls nicht erkennbar). Die Rücknahme des 1€-Eingangssignals bewirkt eine erneute Aktivierung des Schaltnetzprozesses, womit FOLGEZ wieder den Wert EU2_Z annimmt.

– Zum Zeitpunkt t = 425 ns wird im Zustand EU2_Z die Wechseltaste betätigt. Gemäß Bild 14.9 bedeutet dies, dass FOLGEZ den Wert RET20C_Z annimmt, der nach der Flanke bei t = 450 ns als Zustand übernommen wird. In diesem Zustand wird das Signal zur Ausgabe von zwanzig 10-Cent-Münzen aktiviert. Auch dieses Signal ist einen ganzen Takt lang gültig. Als Folge der Zustandsänderung nimmt FOLGEZ den Wert KS_Z an.

– Ein bei t = 525 ns angelegtes Eingangssignal würde ebenfalls überlesen werden, da der Automat den FOLGEZ-Wert KS_Z mit der Taktflanke bei t = 550 ns unbedingt übernimmt.

Eine Aufsummierung der ein- und ausgegebenen Geldbeträge der Moore-Implementierung zeigt, dass die Bilanz nun stimmt. Die Moore-Implementierung ist also der Mealy-Implementierung vorzuziehen. Als nachteilig für das Moore-Modell könnten allenfalls die folgenden Punkte empfunden werden:

- Generell erfordert ein Moore-Automat mehr Zustände und damit Flipflops als ein funktionsgleicher Mealy-Automat. Mit den rasant anwachsenden Hardwareressourcen moderner CPLD- und FPGA-Technologien ist dies jedoch kaum noch ein Argument gegen eine Implementierung als Moore-Automat.
- Das Moore-Modell enthält Zustände, in denen keine Eingangssignale ausgewertet werden können. Wenn allerdings sichergestellt ist, dass der Automat mit einer Taktfrequenz arbeitet, die mindestens doppelt so groß ist wie die Zeit zwischen zwei Eingangssignalwechseln, stellt auch dieser Punkt kein einschränkendes Argument dar.

A **Aufgabe 14.1:** Das Bild 14.10 zeigt zu den durch Fragezeichen markierten Zeitpunkten den Folgezustand aus Platzgründen nicht vollständig an. Überlegen Sie sich diese Werte auf der Grundlage des Zustandsdiagramms in Bild 14.9. Verifizieren Sie Ihre Überlegungen durch eine Simulation des VHDL-Quellcodes in Listing 14.2. ∎

14.3.3 Medwedew-Automatenstruktur

Medwedew-Automaten sind spezielle Moore-Automaten ohne Ausgangsschaltnetz. Die Zustandssignale sind gleichzeitig Ausgangssignale.

Bild 14.11 zeigt die Struktur von Medwedew-Automaten, die neben dem Zustandsregister nur ein Übergangsschaltnetz besitzt.

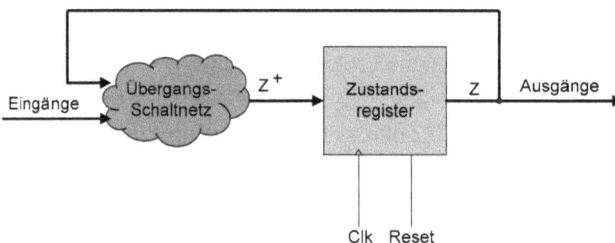

Bild 14.11: Medwedew-Automatenstruktur (Blockdiagramm)

Vorteil dieser Struktur ist, dass alle Ausgangssignale zum gleichen Zeitpunkt nach einer Verzögerungszeit $t_{pd}(FF)$ gültig sind. Beim Moore-Automaten können dagegen Laufzeitunterschiede im Ausgangsschaltnetz dazu führen, dass die Ausgangssignale zu unterschiedlichen Zeitpunkten ihren neuen Wert annehmen. Dies kann in sehr hochfrequent getakteten Schaltungen zu Schwierigkeiten beim Timing führen.

Anwendung findet die Medwedew-Struktur z. B. in Zählern ohne Übertragsausgang. Beim VHDL-Entwurf derartiger Zähler hat sich die Modellierung mit einem einzigen getakteten Prozess durchgesetzt (vgl. Kapitel 15).

14.4 Impulsfolgeerkennung mit Zustandsautomaten

Wesentliche Anwendungen von Automaten zur Impulsfolgeerkennung liegen im Bereich der protokollgerechten Codierung und Decodierung von Datenströmen der Kommunikationstechnik, z. B. bei seriellen und parallelen Datenübertragungssystemen. Exemplarisch soll nachfolgend ein Automat nach der folgenden Spezifikation entworfen werden:

- Es sollen 2-Bit-Eingangssignale E in der Reihenfolge (01), (11), (10) empfangen werden. Jede korrekt erkannte Eingangssignalfolge wird mit dem Ausgangssignal A = 1 quittiert, welches einen Takt lang gültig sein soll.
- Führende (01)-Kombinationen sollen überlesen werden. So soll z. B. die Impulsfolge (01), (01), (01), (01), (11), (10) nach Empfang des letzten Signalvektors als gültig quittiert werden.
- Das Einlesen der Eingangssignale soll durch Deaktivierung eines Freigabesignals unterbrochen werden können.

14.4.1 Implementierung als Moore-Automat

Zunächst soll eine Realisierung als Moore-Automat erfolgen. Die Bedeutung der dafür erforderlichen vier Zustände ist in der Tabelle 14.6 beschrieben. Darauf basierend kann nun das Zustandsdiagramm in Bild 14.12 entworfen werden.

Tab. 14.6: Definition der Zustände sowie der Ein-/Ausgangssignale des Moore-Automaten zur Impulsfolgeerkennung

Zustand	Bedeutung
Z0	Der Automat wartet auf den Eingangssignalvektor (01), es erfolgt keine Ausgabe. Dies ist der Resetzustand nach dem Einschalten.
Z1	Es wurde der Vektor (01) erkannt. Der Automat wartet auf den Vektor (11), es erfolgt keine Ausgabe.
Z2	Es wurde der Vektor (11) erkannt. Der Automat wartet auf den Vektor (10), es erfolgt keine Ausgabe.
Z3	Es wurde eine gültige Impulsfolge erkannt. Dies wird mit dem Ausgabesignal A = 1 quittiert.

- Ein „normaler" Ablauf zur Erkennung einer korrekten Impulsfolge geht über die Zustände Z0, Z1, Z2 in den Ausgabezustand Z3, in dem A = 1 erfolgt.
- Jeder (01)-Eingangssignalvektor könnte der Beginn einer neuen korrekten Signalfolge sein und führt aus allen Zuständen in den Zustand Z1.
- Alle anderen Abweichungen der Eingangssignalvektoren von dem erwarteten nachfolgenden korrekten Signalvektor führen in den Anfangszustand Z0.

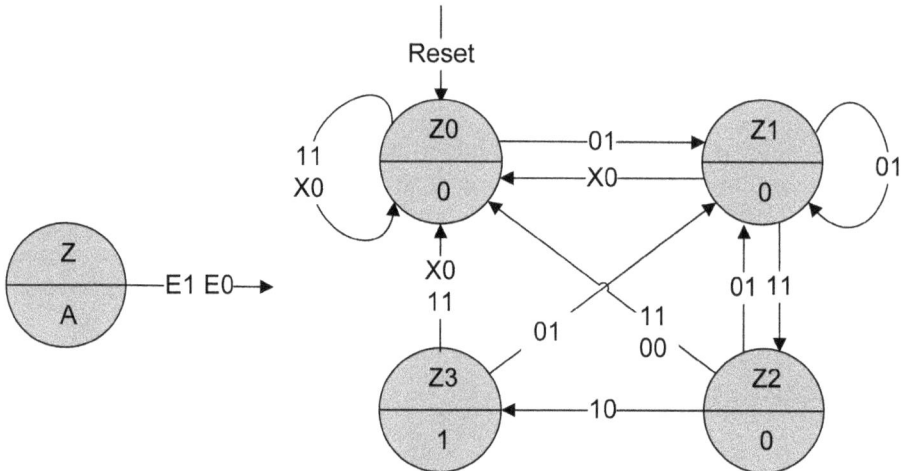

Bild 14.12: Zustandsdiagramm des Moore-Automaten zur Erkennung der Folge E =(01), (11), (10)

Das zu dem Zustandsdiagramm Bild 14.12 gehörige VHDL-Modell zeigt Listing 14.3. Es ist als 2-Prozess-Modell aufgebaut und besitzt im Unterschied zu dem Moore-Modell des Geldwechselautomaten noch ein zusätzliches Enable-Signal, mit dem die Zustandsübernahme freigegeben sein muss. Die Moore-Charakteristik des VHDL-Codes wird im Zustand Z3 deutlich, da das Ausgangssignal nur in diesem Zustand von seinem Defaultwert A = 0 abweicht. Hervorzuheben ist, dass in diesem Zustand die Signalwertzuweisung an das Moore-Ausgangssignal A unbedingt und damit *vor* der Abfrage des Eingangssignalvektors erfolgt.

Listing 14.3: Moore-Automat zur Impulsfolgeerkennung

```
-- Sequenz Erkennung (01,11,10) als 2 Prozess Automat
entity SEQUENZ_ERK is
port(   CLK, RESET, ENABLE    : in  bit;
        E : in  bit_vector(1 downto 0);  -- 2-Bit Eingangsvektor
        A : out bit );                   -- Ausgangssignal
end SEQUENZ_ERK;
```

```
-- Realisierung als Moore-Automat
architecture MOORE of SEQUENZ_ERK is
type ZUSTAENDE is (Z0, Z1, Z2, Z3);      -- Aufzählungstyp
signal ZUSTAND,FOLGE_Z: ZUSTAENDE ;      -- Prozess Kommunikation
begin
REG: process(CLK, RESET)                 -- Zustandsaktualisierung
begin
   if  RESET = '1' then ZUSTAND <= Z0 after 5 ns;
   elsif CLK = '1' and CLK'event then
       if ENABLE = '1' then
               ZUSTAND <= FOLGE_Z after 5 ns;
       end if;
   end if;
end process REG;


NETZE: process(E, ZUSTAND)               -- Kombinatorische Logik
begin
   A <= '0' after 5 ns;                  -- Default Ausgangssignal
   FOLGE_Z <= Z0 after 5 ns;             -- Default Folgezustand Z0
   case ZUSTAND is
       when Z0 => if E = "01" then FOLGE_Z <= Z1 after 5 ns;
                    end if;
       when Z1 => if E = "11" then FOLGE_Z <= Z2 after 5 ns;
                   elsif E = "01" then FOLGE_Z <= Z1 after 5 ns;
                   end if;
       when Z2 => if E - "10" then FOLGE_Z <= Z3 after 5 ns;
                   elsif E = "01" then FOLGE_Z <= Z1 after 5 ns;
                   end if;
       when Z3 => A <= '1' after 5 ns;
                   if E = "01" then FOLGE_Z <= Z1 after 5 ns;
                   end if;
   end case;
end process NETZE;
end MOORE;
```

Anhand der in Bild 14.13 eingetragenen Wirkungspfeile soll die spezifikationsgerechte Arbeitsweise des Automaten erläutert werden:

– Nach einem Reset bei t = 0 erfolgt die Eingabe einer korrekten Impulsfolge (01), (11), (10) über drei Takte hinweg. Zur Vermeidung metastabiler Zustände in den Zustands-Flipflops wird der Eingangssignalvektor in der Testbench jeweils bei der fallenden Flanke geändert und der Automat geht bei steigenden Flanken bis t = 350 ns durch die Zustandsfolge Z0, Z1, Z2 und Z3. Dieser letzte Zustand bewirkt die Ausgabe A = 1.

- Zu mehreren Zeitpunkten nimmt das kombinatorisch gebildete Folgezustandssignal FOLGE_Z zunächst den Defaultwert Z0 an, da in den jeweiligen Zuständen der noch anliegende Eingangssignalvektor für eine korrekte Ablaufsequenz als fehlerhaft erkannt wird (gestrichelt dargestellte Wirkungspfeile). Diese Folgezustandssignalwerte Z0 werden jedoch nicht in den Zustandsvektor übernommen, da rechtzeitig vor der nächsten Taktflanke wieder ein korrekter Eingangssignalvektor anliegt.
- Im Zeitbereich t = 300 ns ... 600 ns wird die fehlerhafte Impulsfolge (01), (11), (01) angelegt, an deren Ende der Automat wie erwartet in den Zustand Z1 übergeht, da der letzte Eingangssignalvektor (01) bereits der Anfang einer korrekten Impulsfolge sein könnte.
- Bei t = 600 ns erfolgt ein asynchroner Reset, der den Automaten sofort in den Zustand Z0 versetzt.
- Die steigende Flanke bei t = 750 ns bringt den Automaten über das Eingangssignal (01) erneut in den Zustand Z1. Weitere Eingangssignaländerungen zwischen t = 800 ns ... 1000 ns ändern zwar das Folgezustandssignal, diese werden jedoch nicht als Zustandssignal übernommen, da durch ENABLE = 0 die Zustandsübernahme unterbunden ist. Erst der Eingangssignalvektor (11) bei t = 1100 ns lässt den Automaten bei der nachfolgenden Flanke in den Zustand Z2 übergehen.

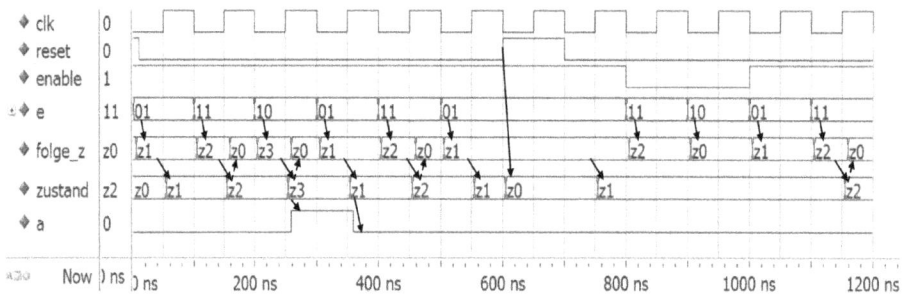

Bild 14.13: Simulation der Impulsfolgeerkennung mit dem Moore-Automaten

14.4.2 Implementierung als Mealy-Automat

In den meisten Fällen kann man davon ausgehen, dass bei einer Realisierung als Mealy-Automat Zustände eingespart werden können. So wird z. B. beim Moore-Modell des Automaten zur Impulsfolgeerkennung in den Zuständen Z0, Z1 und Z2 unabhängig vom Eingangssignal das Ausgangssignal immer A = 0 gesetzt. Die ersten beiden dieser Zustände sind daher unverzichtbar. Der Zustand Z3 dient ausschließlich zur Erzeugung des Ausgangssignals A = 1. Auf diesen Zustand kann in einem Mealy-Modell verzichtet werden. Dazu muss im Zustand Z2 das Ausgangssignal nur abhängig vom Eingangssignal gesetzt werden: Falls der letzte Eingangssignalvektor (10) einer kor-

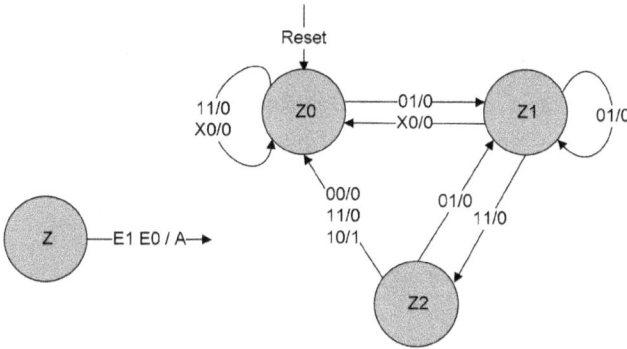

Bild 14.14: Zustandsdiagramm eines Mealy-Automaten zur Erkennung der Impulsfolge E = (01), (11), (10)

rekten Impulsfolge erkannt wird, soll das Ausgangssignal A = 1 gesetzt werden, andernfalls soll A = 0 bleiben. Die Verzweigung aus dem Zustand Z2 erfolgt überwiegend in den Initialisierungszustand Z0. Nur im Falle der Erkennung einer neuen Impulsfolge durch E =(01) wird in den Zustand Z1 gesprungen. Das entsprechende Zustandsdiagramm zeigt Bild 14.14.

Eine Analyse des Zustandsdiagramms ergibt, dass das Ausgangssignal A nur im Zustand Z2 ein Mealy-Verhalten aufweist. In den Zuständen Z0 und Z1 ist A unabhängig von E1 und E0. Diese Zustände haben daher weiterhin ein Moore-Verhalten. Der VHDL-Code zur Mealy-Architektur findet sich in Listing 14.4.

In der in Bild 14.15 dargestellten Simulation des Mealy-Automatenmodells wurde der letzte Eingangssignalvektor (10) im Zeitbereich T = 200 ns ... 300 ns während der Zeit t = 220 ns ... 240 ns durch einen Hazard im Stimulussignal E(1) unterbrochen. Wegen der kombinatorischen Abhängigkeit des Ausgangssignals vom Eingangssignalvektor führt dieser auch zu einem Hazard des Ausgangssignals im Zeitbereich 225 ns ... 245 ns. Aus dem gleichen Grund kann auch die oben angegebene Spezifikation, dass das Ausgangssignal immer für eine Taktperiode erzeugt werden soll, mit einem Mealy-Automaten nicht eingehalten werden.

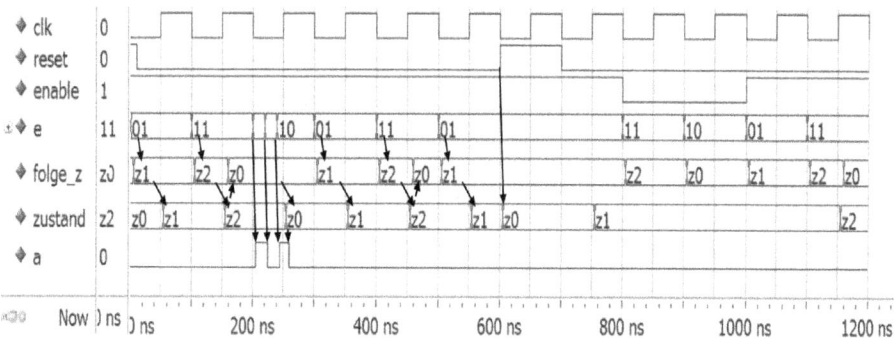

Bild 14.15: Simulation der Impulsfolgeerkennung mit dem Mealy-Automaten

Listing 14.4: Mealy-Architektur zur Impulsfolgeerkennung

```
architecture MEALY of SEQUENZ_ERK is
type ZUSTAENDE is (Z0, Z1, Z2);           -- Aufzählungstyp
signal ZUSTAND,FOLGE_Z: ZUSTAENDE ;       -- Prozess Kommunikation
begin
REG: process(CLK, RESET)                  -- Zustandsaktualisierung
begin
   if  RESET = '1'  then ZUSTAND <= Z0 after 5 ns;
   elsif CLK = '1'  and CLK'event then
        if ENABLE = '1' then
           ZUSTAND <= FOLGE_Z after 5 ns;
        end if;
   end if;
end process REG;


NETZE: process(E, ZUSTAND)                -- Folgezustandsberechnung
begin
   A <= '0' after 5 ns;                   -- Default Ausgangssignal
   FOLGE_Z <= Z0 after 5 ns;              -- Default Folgezustand Z0
   case ZUSTAND is
        when Z0 => if E= "01" then FOLGE_Z<= Z1 after 5 ns;
                     end if;
        when Z1 => if E= "11" then FOLGE_Z<= Z2 after 5 ns;
                     elsif E= "01" then FOLGE_Z<= Z1 after 5 ns;
                     end if;
        when Z2 => if E= "01" then FOLGE_Z<= Z1 after 5 ns;
                     elsif E = "10" then A <= '1' after 5 ns;
                     end if;
   end case;
end process NETZE;
end MEALY;
```

Besonderer Nachteil von Mealy-Automaten ist deren Eigenschaft, dass Hazards bzw. Glitches der Eingangssignale auf die Ausgangssignale übertragen werden können.

Für die VHDL-Synthese des Mealy-Automaten wurde hier die in Tabelle 14.7 angegebene Zustandscodierung durch den Gray-Code verwendet, die sich in Vivado durch Setzen der Syntheseoption *-fsm_synthesis = gray* ergibt (vgl. Bild 5.19).

Tab. 14.7: Vom Synthesewerkzeug gewählte Gray-Code-Zustandscodierung des Mealy-Automaten zur Impulsfolgeerkennung

Zustand	S_1	S_0
Z0	0	0
Z1	0	1
Z2	1	1

Bei einer FPGA-Synthese mit dem älteren Werkzeug XST [39] erhält man in der Technologiedarstellung des Syntheseergebnisses zwei Zustands-Flipflops vom Typ FDCE, deren Ausgänge die Zustandsbits S_0 und S_1 repräsentieren. Die kombinatorische Logik wird durch Look-Up-Tabellen (LUTs) mit vier (LUT4) bzw. drei Eingängen (LUT3) repräsentiert (vgl. Bild 14.16).

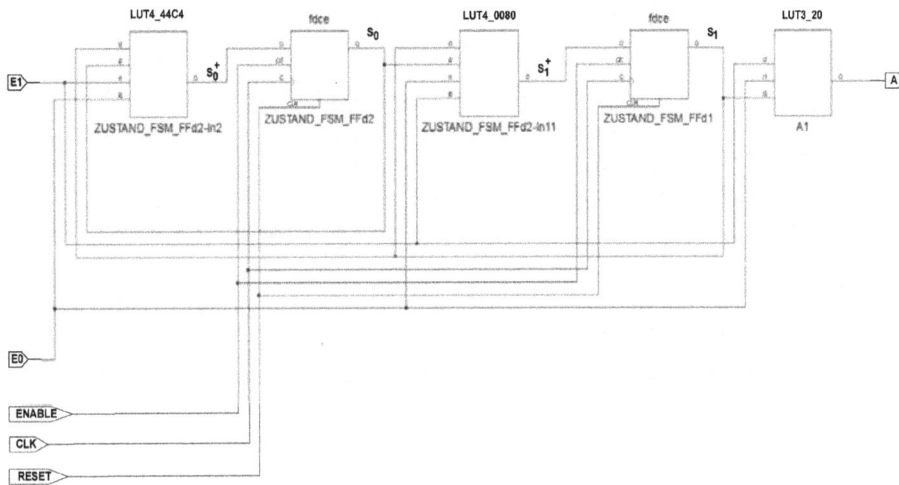

Bild 14.16: Syntheseergebnis des Mealy-Automatenmodells zur Impulsfolgeerkennung

Die logischen Gleichungen des Folgezustands wurden von XST wie folgt ermittelt:

$$\text{LUT4\_44C4:} \quad S_0^+ = (\overline{E} \wedge E_0) \vee (\overline{S} \wedge S_0 \wedge E_0) \tag{14.6}$$

$$\text{LUT4\_0080:} \quad S_1^+ = \overline{S} \wedge S_0 \wedge E_1 \wedge E_0 \tag{14.7}$$

Das Ausgangssignal berechnet sich aus:

$$\text{LUT3\_20:} \quad A = S1 \wedge E1 \wedge \overline{E0} \tag{14.8}$$

Die Gl. 14.8 charakterisiert das Mealy-Verhalten des Automaten, da der Wert des Ausgangssignals A nicht nur vom Zustand, sondern auch von den Eingangssignalen abhängig ist.

Das so erhaltene Implementierungsergebnis ist unter Berücksichtigung eines Pseudozustands Z = (1 0) als Don't Care identisch mit einer manuellen KV-Minimierung der Folgezustands- und Ausgangslogik (vgl. Aufgabe 14.3). Dieses Ergebnis bedeutet jedoch, dass XST die im Quellcode gemachten Vorgaben des Default-Folgezustands bzw. des Ausgangssignals nicht berücksichtigt hat und damit eine Pseudozustandsanalyse zwingend erforderlich ist.

Eine Implementierung mit Vivado ist in dieser Hinsicht sicherer, weil dieses Synthesewerkzeug die im Quellcode gemachten Spezifikationen für den Pseudozustand korrekt berücksichtigt. Diese sehen in dieser Situation nämlich als Folgezustand Z0 und als Ausgangssignal den Wert 0 vor.

Eine ausführliche Diskussion verschiedener Möglichkeiten zur sicheren Implementierung von Zustandsautomaten mit Vivado findet sich in [2].

14.5 Kopplung von Zustandsautomaten

Komplexere digitale Systeme werden üblicherweise in Teilsystemen entwickelt, die häufig einen eigenen Zustandsautomaten beinhalten. Beim Zusammenschalten kann es daher zu einer Verkopplung, manchmal sogar auch zu einer Rückkopplung mehrerer Zustandsautomaten kommen.

Wie Bild 14.17a zeigt, können bei dieser Kopplung lange kombinatorische Pfade entstehen, indem das Ausgangsschaltnetz des ersten Automaten mit dem Übergangsschaltnetz des zweiten Automaten verbunden wird. Damit kann das System nur mit geringerer Taktfrequenz betrieben werden

Im Falle von gekoppelten Mealy-Automaten kann sich das Problem noch verschärfen: Bild 14.17b zeigt den Fall zweier rückgekoppelter Mealy-Automaten, bei denen das Ausgangssignal A2 des zweiten Automaten auf den Eingang E1 des ersten Automaten wirkt. Dies kann zu einer kombinatorischen Schleife (vgl. Kapitel 8.3) führen, bei der das Risiko besteht, dass die Ausgangssignale schwingen. Bild 14.17c zeigt, dass sich beide Nachteile bei der Automatenkopplung vermeiden lassen, wenn die Ein- oder die Ausgangssignale durch Flipflops auf die Taktfrequenz des Automaten synchronisiert werden. Dabei ist allerdings zu beachten, dass sich durch das Einfügen dieser Flipflops die Latenz der Automaten, also die Anzahl der Takte, mit der die Ausgangssignale verzögert reagieren, um einen Takt verlängert. Dies muss im Regelfall durch eine Änderung des Zustandsdiagramms, z. B. durch Einfügen eines zusätzlichen Zustands aufgefangen werden. Bei Moore-Ausgangssignalen kann die Signalzuweisung eventuell auch im vorhergehenden Zustand erfolgen.

Bei der Automatenkopplung ist der Reset des Zustandsregisters gesondert zu betrachten: Da ein asynchroner Reset des Zustandsregisters eine sofortige, also kombinatorische Wirkung auf das Zustandsregister hat, kann es auch hier zu einem Fehler kommen. Bild 14.18 zeigt dazu die Kopplung eines Zählers (vgl. Kapitel 15) mit einem Zustandsautomaten. Dessen Mealy-Ausgangssignal aCLR wird dabei als asynchroner

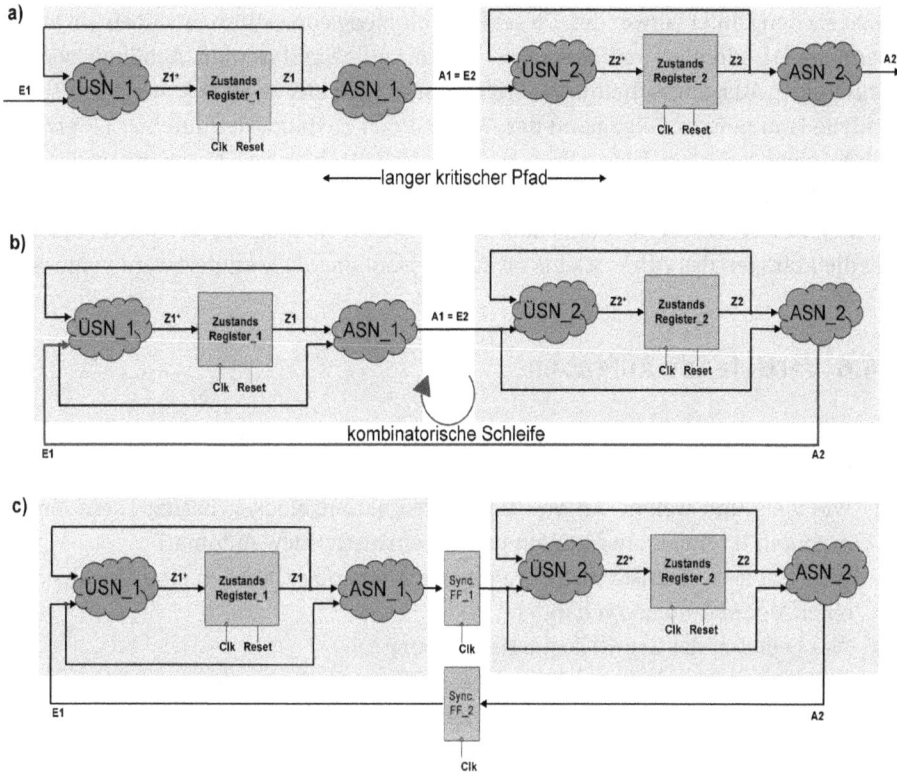

Bild 14.17: Bei Kopplung zweier Moore-Automaten verlängert sich der kritische Pfad a). Entstehung einer kombinatorischen Schleife durch Rückkopplung zweier Mealy-Automaten b). Unterbrechung der kombinatorischen Schleife und Erhöhung der maximalen Taktfrequenz durch Ausgangssignalsynchronisation c)

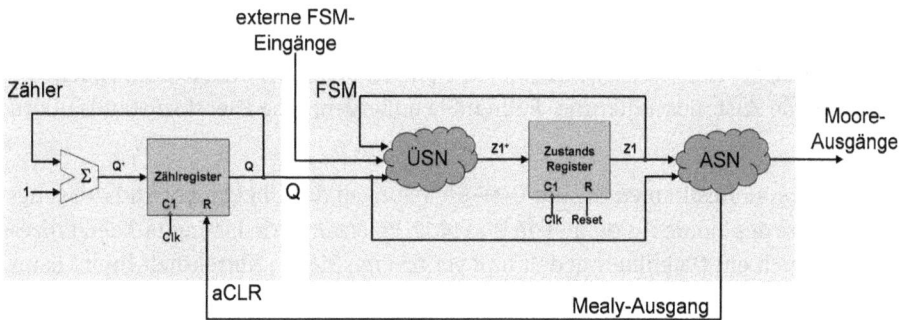

Bild 14.18: Rückkopplung des Mealy-Ausgangssignals aCLR über einen Zähler mit asynchronem Reset. Es kann zu einer kombinatorischen Schleife kommen

Reset für den Zähler verwendet. Dieser kann als Medwedew-Automat mit einem Inkrementierer (+1-Addierer) im Übergangsschaltnetz aufgefasst werden. Abhängig von der Struktur des Ausgangsschaltnetzes ASN kann es auch hier zu einer kombinatorischen Schleife kommen. In Folge kann der Automat den Zustand, der durch aCLR erzeugt wurde, nicht verlassen. Dieses Problem lässt sich jedoch einfach lösen, indem der Zähler durch einen synchronen Reset zurückgesetzt wird. Durch die synchrone Wirkung erscheinen alle Zählwerte Q um einen Takt verzögert am Eingang des Automaten, womit die Abfragen des Zählerstands im Zustandsautomaten korrigiert werden müssen.

14.6 Vertiefende Aufgaben

Aufgabe 14.2: Beantworten Sie die folgenden Verständnisfragen:
a) Wie unterscheidet sich ein Mealy-Automat von einem Moore-Automaten?
b) Wie viele und welche Art von Hardwarefunktionsblöcken besitzt I) ein Mealy-Automat, II) ein Moore-Automat und III) ein Medwedew-Automat?
c) Wie lässt sich im Zustandsdiagramm erkennen, ob es sich um einen Mealy- oder einen Moore-Automaten handelt?
d) Was bedeutet der Begriff Zustandscodierung?
e) Was ist ein Pseudozustand? Welche Risiken bestehen, wenn es in Automaten Pseudozustände gibt? Wie können Sie Pseudozustände beim Automatenentwurf in VHDL berücksichtigen?
f) Was müssen Sie tun, wenn Sie einen Mealy-Automaten in einen funktionsgleichen Moore-Automaten überführen wollen?
g) Nach welchen Prinzipien wird der VHDL-Code von Mealy- und Moore-Automaten erstellt?
h) Woran erkennen Sie im VHDL-Code, ob es sich um einen Mealy- bzw. einen Moore-Automaten handelt? ∎

Aufgabe 14.3: Leiten Sie die DMF-Gleichungen der Übergangs- und Ausgangsschaltnetze des Mealy-Automaten nach Bild 14.14 her. Verwenden Sie dazu die in Tabelle 14.7 angegebene Zustandscodierung. Führen Sie außerdem eine Pseudozustandsanalyse durch. ∎

Aufgabe 14.4: Bestimmen Sie die DMF-Gleichungen der Übergangs- und Ausgangsschaltnetze des Moore-Automaten in Bild 14.12. Ersetzen Sie in Listing 14.3 den Prozess NETZE durch ein Datenflussmodell und verifizieren Sie die Korrektheit Ihrer Lösung durch eine VHDL-Simulation im Vergleich zu Bild 14.13. ∎

Aufgabe 14.5: Gegeben ist die nachfolgende Schaltwerktabelle eines Mealy-Automaten mit dem Resetzustand A. Zustandswechsel sollen nur dann möglich sein, wenn das externe Signal ENABLE = 1 ist.

Zustand	Folgezustand/Ausgang	
	X = 0	**X = 1**
A	B/0	D/1
B	C/1	B/0
C	B/0	A/0
D	B/0	C/1

Zeichnen Sie das Zustandsdiagramm und minimieren Sie die Übergangs- und Ausgangsschaltnetze unter der Annahme einer Gray-Code-Zustandscodierung (S(A) = 0 0).

Erstellen Sie ein 2-Prozess-Verhaltensmodell des Automaten in VHDL. Deklarieren Sie für das Zustandssignal einen geeigneten Aufzählungstyp. Alle anderen Signale sollen vom Datentyp bit sein. Wählen Sie für alle Signale eine symbolische Laufzeit von 5 ns. Erstellen Sie auch eine geeignete Testbench, mit der Sie die korrekte Funktion des Verhaltensmodells verifizieren. Erstellen Sie auch ein Datenflussmodell des Automaten unter Verwendung der zuvor ermittelten minimxierten Gleichungen und vergleichen Sie dessen Ergebnisse mit denen des Verhaltensmodells. ∎

Aufgabe 14.6: Das Zustandsdiagramm in Bild 14.19 ist in eine Schaltwerktabelle umzusetzen. Nachfolgend sollen die Schaltnetzgleichungen durch KV-Minimierung als DMF bestimmt und ein Schaltplan entworfen werden. Zusätzlich ist das VHDL-Verhaltensmodell mit symbolischen Verzögerungszeiten zu entwerfen und mit geeigneten Stimuli zu simulieren. Die Wirkungspfeile sind einzutragen.

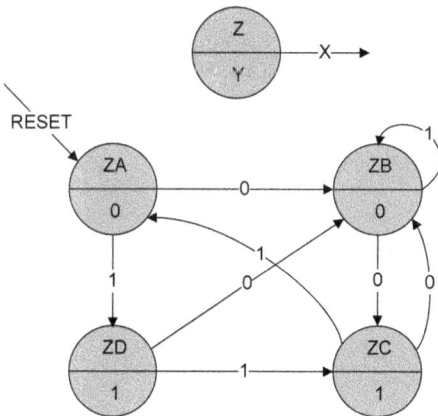

Bild 14.19: Zustandsdiagramm zu Aufgabe 14.6 ∎

15 Entwurf von Synchronzählern

Zähler besitzen in der Digitaltechnik vielfältige Funktionen, von denen nur einige genannt seien:
- Zählen von Ereignissen,
- Herabsetzen einer Taktfrequenz,
- Steuerung eines Mikroprozessors (Programmzähler),
- Steuerung von Automaten (Zyklussteuerung).

In einer Interpretation als Zustandsautomat soll ein Zähler zunächst als Medwedew-Zustandsautomat beschrieben werden. Wesentliche Elemente eines m-Bit-Zählers sind also:
- Ein m-Bit-Zählregister, welches den aktuellen Zählzustand speichert. Die Zählregistersignale sind zugleich Zählerausgangssignale.
- Eine kombinatorische Übergangslogik, die den Folgezustand, also den nächsten Zählwert festlegt.

Überwiegend werden heute Synchronzähler verwendet. Bei diesen werden alle Flipflops des Zählregisters durch einen gemeinsamen Takt gesteuert. Asynchrone Zähler, bei denen die Flipflops der einzelnen Zählstufen von den Ausgängen der jeweils letzten Zählstufe angesteuert werden, sind zwar sehr platzsparend, aus Gründen der Entwurfssicherheit jedoch nur noch in wenigen Spezialfällen gebräuchlich.

Recht verbreitet sind die folgenden Zusatzfunktionen von Zählern, die im Automatenmodell als Steuer- bzw. Statussignale berücksichtigt werden können:
- ein asynchroner oder synchroner Reset,
- ein oder mehrere Freigabeeingänge für die Zählfunktion,
- ein Eingangssignal, welches zwischen Vorwärts- oder Rückwärtszählfunktion umschaltet,
- ein Ladeeingang, mit dem das Zählregister auf einen Anfangswert vorgeladen werden kann,
- ein Übertragsausgang, der den Zählerüberlauf markiert.

15.1 Lernziele

Nach Durcharbeiten dieses Kapitels sollen Sie:
- die Grundfunktion von Synchronzählern kennen sowie wissen, welche speziellen Zusatzfunktionen für Zähler existieren;

https://doi.org/10.1515/9783110706970-015

- in der Lage sein, einen mod-n-Zähler unter Verwendung von D- oder T-Flipflops manuell zu implementieren;
- das Schaltsymbol eines Zählers in der Abhängigkeitsnotation interpretieren können und daraus ein VHDL-Modell des Zählers ableiten können;
- Standardzähler zu größeren Einheiten kaskadieren können.

15.2 Manuelle Implementierung von Zählern

Ein zyklisch arbeitender Zähler mit n Zählzuständen wird als mod-n-Zähler bezeichnet.

Dieser Begriff wurde von der modulo-Operation der Mathematik abgeleitet (Division mit Rest), deren Ergebnis nur die Zahlenwerte von $0 \ldots (n - 1)$ annehmen kann. mod-n-Zähler arbeiten zyklisch so, dass ein automatischer Überlauf (engl. wrap around) erfolgt: Als Folgezustand des letzten Zählzyklus wird wieder der Anfangszustand eingenommen. Die Darstellung der Zählfunktion kann durch ein zyklisches Zustandsdiagramm erfolgen. Entsprechend werden beim manuellen Zählerentwurf die beim Entwurf von Zustandsautomaten erlernten Methoden angewendet.

15.2.1 Abhängigkeitsnotation

Die Abhängigkeitsnotation [42] beschreibt Regeln zur grafischen Beschreibung der Funktion von Digitalschaltungen. Ein grundlegendes Konzept der Abhängigkeitsnotation wurde bereits in Kapitel 12.2.2 eingeführt:
- Ziffern hinter Buchstaben oder Symbolen bedeuten *steuernde* Signale.
- Ziffern vor Buchstaben bzw. Symbolen stellen *gesteuerte* Signale dar.
- Die Kopplung zwischen beiden Signalgruppen erfolgt durch identische Ziffern.

Tabelle 15.1 enthält eine Übersicht der wichtigsten Buchstaben und Symbole der Abhängigkeitsnotation [42]. Als exemplarische Anwendung zur Analyse eines Schaltsymbols mit Abhängigkeitsnotation dient nachfolgend der Zählerbaustein 74161 (vgl. Bild 15.1). Die Analyse der Abhängigkeiten für dieses Symbol erfolgt in Tabelle 15.2.

Zusammenfassend handelt es sich bei dem 74161-Zähler um einen 4-Bit-Vorwärtssynchronzähler mit asynchronem, L-aktivem Reset und Vorladeeingang. Der Zähler besitzt zwei Enable-Signale, von denen eines nicht nur die Zählfunktion, sondern auch den Übertragsausgang steuert.

Tab. 15.1: Wichtige Symbole der Abhängigkeitsnotation

Symbol	Bedeutung
C	Erlaubt Aktion; wird meist zur Kennzeichnung eines Taktsignals verwendet
EN	Freigabe einer Aktion (engl. enable)
CE	Taktfreigabe; taktflankenabhängige Aktionen werden nur ausgeführt, wenn CE=1 ist
M	Beschreibung einer bestimmten Betriebsart (engl. mode)
G	UND-Abhängigkeit (engl. gate); Die Aktion wird nur ausgeführt, wenn das Signal den Wert 1 hat
R	Rücksetzen des Ausgangssignals
S	Setzen des Ausgangssignals
T	Wechseln (engl. toggeln) des Ausgangssignals
A	Adresssignal, z. B. eines Speichers
D	Dateneingang von Speichern. Ursprüngliche Bedeutung: Signal erscheint verzögert (engl. delayed) am Ausgang.
+	Kennzeichnet eine Inkrementierungsaktion (+1)
–	Kennzeichnet eine Dekrementierungsaktion (–1)
→	Kennzeichnet eine Schiebeaktion in Richtung zum niederwertigen Bit (Rechtsschieben)
MUX	Kennzeichnet einen Multiplexer
DMUX oder DX	Kennzeichnet einen Demultiplexer
Σ	Kennzeichnet einen Addierer
CTR m	Kennzeichnet einen m-Bit-Zähler
CTR DIVn	Kennzeichnet einen Zähler mit Zykluslänge n
SRG	Kennzeichnet ein Schieberegister
CT=n	Ein Register besitzt den dezimalen Wert n (engl. content)
$\triangledown$	Kennzeichnet einen Three-State-Ausgang
$\triangleright$	Kennzeichnet einen Ausgang mit hoher Stromtreiberfähigkeit (Bustreiber)
$\diamondsuit$	Kennzeichnet einen Ausgang mit Open-Collector- bzw. Open-Drain-Charakteristik
¬	Kennzeichnet die Ausgänge eines Zweispeicher-Flipflops
[n]	Beschreibt die Bitwertigkeit des Ein- bzw. Ausgangssignals

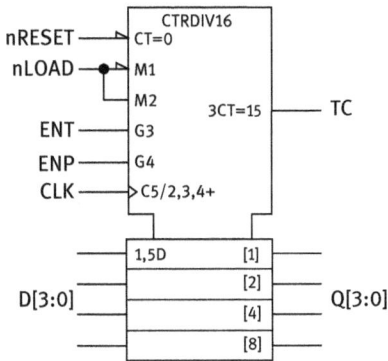

Bild 15.1: Schaltsymbol des 4-Bit-Binärzählers 74161

Tab. 15.2: Analyse des Zählersymbols in Bild 15.1

Zeile	Symbol	Bedeutung
1	CTRDIV16	Kennzeichnet den Baustein als mod-16-Binärzähler (4-Bit)
2	CT=0	Falls das Signal nRESET einen L-Pegel hat, so wird der Inhalt des Zählregisters auf 0 gesetzt
3	M1	Falls das Signal nLOAD einen L-Pegel besitzt, so befindet sich der Zähler in der Betriebsart 1. Zeile 8 dieser Tabelle beschreibt dies als synchrones Laden.
4	M2	Falls das Signal nLOAD einen H-Pegel hat, so befindet sich der Zähler in der Betriebsart 2. Zeile 7 dieser Tabelle beschreibt dies als synchrones Inkrementieren. Beachte: Nach außen erscheint für das Signal nLOAD nur *ein* Anschluss.
5	G3	Die zu Abhängigkeitsnummer 3 gehörige Aktion (inkrementieren, vgl. Zeile 7) erfolgt nur, wenn das ENT-Signal einen H-Pegel aufweist.
6	G4	Die zu Abhängigkeitsnummer 4 gehörige Aktion (vgl. Zeile 7) erfolgt nur, wenn das ENP-Signal H-Pegel hat.
7	C5/2,3,4+	Die ansteigende Flanke des Signals CLK dient als Takt. Die Taktflanke steuert nicht nur die mit der Nummer 5 bezeichneten Abhängigkeiten (vgl. Zeile 8), sondern, durch den Schrägstrich erkennbar, auch das Inkrementieren (+). Diese erfolgt nämlich, wenn zusätzlich die Bedingungen 2, 3 und 4 erfüllt sind.
8	1,5D	In der Betriebsart 1 wird der Eingangsbus D[3:0] bei steigender Flanke des CLK-Signals in das Zählerregister geladen (synchrones Laden).
9	3CT=15	Aktiviert das Ausgangssignal TC falls die UND-Abhängigkeit 3 erfüllt ist (H-Pegel des ENT-Signals) und außerdem der Inhalt des Zählregisters den Dezimalwert 15 enthält.
10	[1]...[8]	Kennzeichnet die Stellenwerte der vier Zählregisterbits.

15.2.2 mod-5-Zähler

Das Zustandsdiagramm eines mod-5-Binärzählers zeigt Bild 15.2, und Tabelle 15.3 ist die dazugehörige Folgezustandstabelle. Charakteristisch für diesen Zähler sind die Zählwerte im Binärcode sowie der Übergang in den Zustand 0 nach Erreichen des letzten Zählzustands 4. Zur Darstellung aller fünf Zählerzustände enthält das Zählregister drei Flipflops Q2, Q1 und Q0.

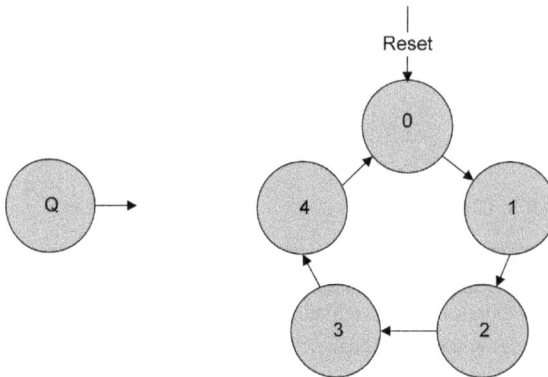

Bild 15.2: Zustandsdiagramm eines mod-5-Binärzählers

Tab. 15.3: Folgezustandstabelle des mod-5-Binärzählers

Q2	Q1	Q0	$Q2^+$	$Q1^+$	$Q0^+$
0	0	0	0	0	1
0	0	1	0	1	0
0	1	0	0	1	1
0	1	1	1	0	0
1	0	0	0	0	0
1	0	1	X	X	X
1	1	0	X	X	X
1	1	1	X	X	X

Realisierung mit D-Flipflops

In der Praxis werden für den Zählerentwurf D- oder, sofern in der Hardware vorhanden, T-Flipflops eingesetzt. Wegen der charakteristischen Gleichung $Q^+ = D$ für D-Flipflops, kann mit den Werten der rechten Seite von Tabelle 15.3 eine Minimierung des Übergangsschaltnetzes erfolgen (vgl. Bild 15.3).

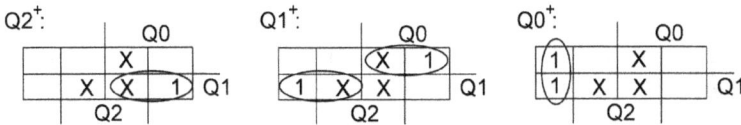

Bild 15.3: KV-Minimierung des Übergangsschaltnetzes für D-Flipflops

Man entnimmt den KV-Diagrammen die folgenden Gleichungen für die Folgezustandslogik:

$$Q2+ = Q1 \wedge Q0$$

$$Q1^+ = (\overline{Q1} \wedge Q0) \vee (Q1 \wedge \overline{Q0}) = Q1 \leftrightarrow Q0 \tag{15.1}$$

$$Q0^+ = \overline{Q2} \wedge \overline{Q0}$$

Bild 15.4 zeigt die Schaltung des Zählers mit drei D-Flipflops (Zustandsregister) und der kombinatorischen Logik entsprechend Gl. 15.1 (Übergangsschaltnetz bzw. Folgezustandslogik). Da die Zustandsregistersignale gleichzeitig die Ausgangssignale Q_i sind, weist die Zählerschaltung die Struktur eines Medwedew-Automaten auf (vgl. Bild 14.11).

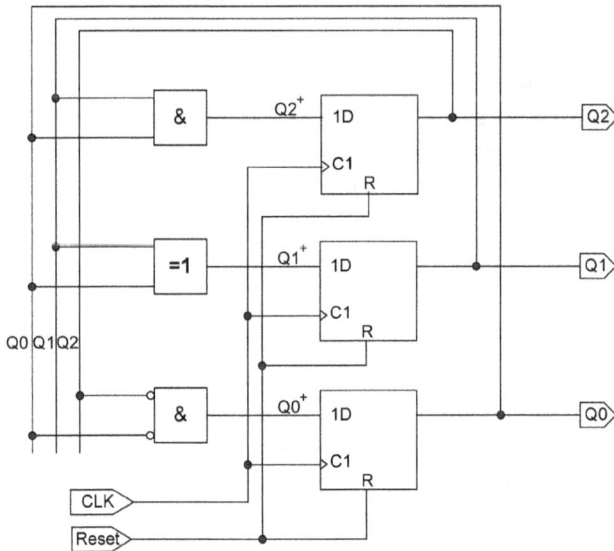

Bild 15.4: Schaltung des mod-5-Zählers mit D-Flipflops

Wie im Kapitel 13 diskutiert, erfordert der Umstand, dass drei der acht verschiedenen Zustandskombinationen nicht benötigt werden, eine Pseudozustandsanalyse. Die

Analyse der Don't-Care-Signale in den Kernimplikanten ergibt die Tabelle bzw. das vervollständigte Zustandsdiagramm in Bild 15.5, in dem die Pseudozustände dunkelgrau markiert sind.

	Q2	Q1	Q0	Q2$^+$	Q1$^+$	Q0$^+$
m_5	1	0	1	0	1	0
m_6	1	1	0	0	1	0
m_7	1	1	1	1	0	0

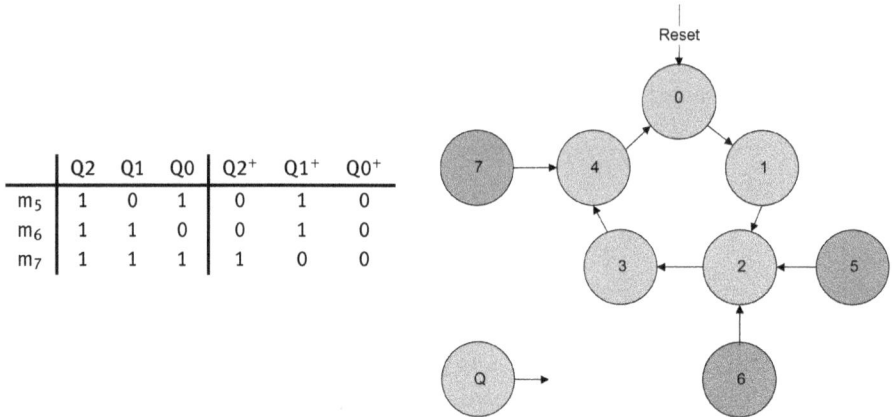

Bild 15.5: Pseudozustandsanalyse und vervollständigtes Zustandsdiagramm für den mod-5-Zähler aus Bild 15.4. Die Pseudozustände sind dunkler markiert

Man erkennt, dass der Zähler aus allen Pseudozuständen nach einem Takt in den normalen Zählzyklus kommt. Kritisch wäre eine Situation, in der sich der Zähler in den Pseudozuständen fängt, bei dem also alle Folgezustände eines Pseudozustands selbst Pseudozustände sind. Ein derartiger Entwurf kann nur durch einen Reset in den normalen Zählzyklus gebracht werden.

Realisierung mit T-Flipflops

Der Tabelle 15.3 entnimmt man einen periodischen Wechsel der Zustandsbits Q_i^+. Bei Nutzung von D-Flipflops wird diese Periodizität mit dem Übergangsschaltnetz erreicht, bei Verwendung von T-Flipflops (vgl. Kapitel 12.6) wird diese Aufgabe jedoch innerhalb des Flipflops gelöst, das Übergangsschaltnetz muss mit den T$^+$-Eingangssignalen nur signalisieren, ob ein Wechsel erfolgt oder nicht. Aus diesem Grunde ist zu erwarten, dass der Einsatz von T-Flipflops im Vergleich zu D-Flipflops bei der Realisierung zyklischer Zähler vorteilhafter ist.

Besonders einfach wird das Übergangsschaltnetz, wenn es sich um einen Binärzähler handelt und die Anzahl n der Zählzustände eine Zweierpotenz ist. So zeigt z. B. die rechte Spalte der Tabelle 6.2, dass das niederwertigste Bit Q0 bei jedem Zustandswechsel toggeln muss. Entsprechend wird T0$^+$ konstant 1. Das nächste Bit Q1 muss immer dann toggeln, wenn das niederwertigste Bit Q0 = 1 ist. Also wird T1$^+$ = Q0.

Entsprechend muss Q2 immer dann wechseln, wenn beide Bits Q0 und Q1 gesetzt sind, woraus sich $T2^+ = Q1 \wedge Q0$ ergibt und für $T3^+$ erhält man $T3^+ = Q2 \wedge Q1 \wedge Q0$ etc.

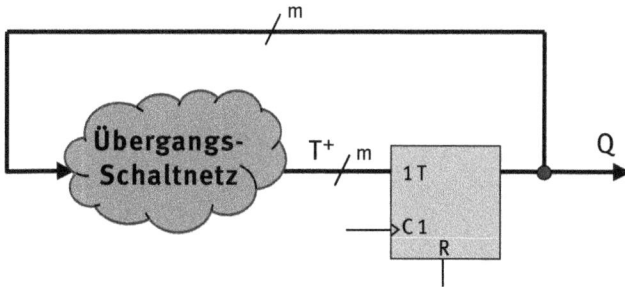

Bild 15.6: Struktur eines mod-n-Zählers mit T-Flipflops. Die in der Abbildung verwendete Bitbreite m ist der nach oben gerundete Wert von ld(n)

Wir kommen zurück zur Realisierung des mod-5 Zählers, dessen mit T-Flipflops realisiertes Automatenmodell in Bild 15.6 dargestellt ist. Darin beschreibt das Übergangsschaltnetz die Beschaltung der T-Eingänge für den jeweiligen Folgezustand. Zur Erstellung der rechten Spalte der Tabelle 15.4 wurde ausgehend von Tabelle 15.3 die charakteristische Gleichung aus Tabelle 12.6 berücksichtigt: Jeder Wechsel des Zustandsbits $Q_i \rightarrow Q_i^+$ erfordert $T_i^+ = 1$. Die KV-Minimierung des Übergangsschaltnetzes für die Signale T_i^+ ergibt die erwartete weniger aufwendige Realisierung mit T-Flipflops (vgl. Aufgabe 15.2).

Tab. 15.4: Synthesetabelle des mod-5-Zählers für eine Realisierung mit T-Flipflops

Q2	Q1	Q0	$Q2^+$	$Q1^+$	$Q0^+$	$T2^+$	$T1^+$	$T0^+$
0	0	0	0	0	1	0	0	1
0	0	1	0	1	0	0	1	1
0	1	0	0	1	1	0	0	1
0	1	1	1	0	0	1	1	1
1	0	0	0	0	0	1	0	0
1	0	1	X	X	X	X	X	X
1	1	0	X	X	X	X	X	X
1	1	1	X	X	X	X	X	X

VHDL-Modellierung mit D-Flipflops

In dem in Listing 15.1 dargestellten VHDL-Code erfolgt die Modellierung des mod-5-Zählers durch ein Medwedew-Automatenmodell mit einem einzigen, taktsynchronen Prozess, der asynchron in den Anfangszustand "000" gebracht werden kann.

Listing 15.1: VHDL-Verhaltensmodell des mod-5-Zählers

```vhdl
-- mod-5 Zaehler mit async Reset
entity  MOD5CTR is
  port (RESET,CLK  : in bit;
           Q: out bit_vector(2 downto 0));
end MOD5CTR;

architecture VERHALTEN of MOD5CTR  is
signal QINT: bit_vector(2 downto 0);

begin
SYN_COUNT:process (CLK, RESET)
begin
    if RESET = '1' then QINT <= "000" after 10 ns;
    elsif CLK='1' and CLK'event then
        case QINT is
                when "000" => QINT <= "001" after 10 ns;
                when "001" => QINT <= "010" after 10 ns;
                when "010" => QINT <= "011" after 10 ns;
                when "011" => QINT <= "100" after 10 ns;
                when "100" => QINT <= "000" after 10 ns;
                when others => QINT <= "000" after 10 ns;
        end case;
    end if;
end process SYN_COUNT;
Q <= QINT;
end VERHALTEN;
```

In diesem Code sind die folgenden Punkte hervorzuheben:
–   Es erfolgt eine Implementierung mit drei D-Flipflops als Zustandssignal QINT.
–   Im getakteten Rahmen erfolgt die Zuweisung der neuen Zustände durch eine case-Anweisung. Im Medwedew-Modell existiert kein explizites Folgezustandssignal, sondern es erfolgt die Zuweisung direkt an das Zustandssignal QINT[1].

---

[1] Es ist anzumerken, dass das Listing 15.1 genau genommen nicht den strengen Vorgaben eines RTL-Verhaltensmodells entspricht, da hier die kombinatorische Folgezustandslogik mit der Registerlogik in einem Prozess zusammengefasst wird. Die RTL-Synthesewerkzeuge sind jedoch in der Lage, derartige Situationen korrekt aufzulösen und generieren in der Hardware automatisch ein Folgezustandssignal.

- Durch den when others-Zweig werden die Pseudozustände nicht als Don't-Care behandelt, vielmehr wird spezifiziert, dass der Zähler im Störungsfall bei der nächsten Taktflanke in den Initialisierungszustand "000" übergeht.
- Da das Signal QINT auf der rechten und auf der linken Seite von Signalzuweisungen steht, kann dieses kein Ausgangssignal sein, sondern muss nebenläufig auf das Ausgangssignal Q kopiert werden.

Bild 15.7 zeigt das Simulationsergebnis des Verhaltensmodells aus Listing 15.1. Der erste Wirkungspfeil kennzeichnet den taktsynchronen Wechsel in den Zählerzustand 1 und darauffolgend den zyklischen Ablauf der fünf Zustände. Der zweite Wirkungspfeil demonstriert die asynchrone Rücksetzwirkung durch das Resetsignal.

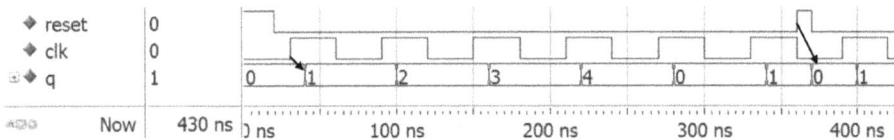

Bild 15.7: VHDL-Simulation des mod-5-Zählers

Bemerkenswert ist das Syntheseergebnis für die Zählermodellierung in Listing 15.1. Der mit *einem* Prozess formulierte Quellcode weist durch die in einen taktgesteuerten Rahmen eingebettete case-Anweisung eine Medwedew-Automatenstruktur auf. Das Synthesewerkzeug erkennt diese Struktur und realisiert daher in diesem Fall einen Zustandsautomaten mit Übergangsschaltnetz.

Tipp: Die in Listing 15.1 vorgestellte VHDL-Modellierung eines Binärzählers ist eher unüblich. Verbreitet ist hingegen die Verwendung des + Operators im Zusammenhang mit dem Datentyp signed oder unsigned (vgl. z. B. Listing 15.2). Das Synthesewerkzeug erkennt in diesem Fall üblicherweise den Zähler und wird in der Hardware ein optimiertes Zählermakro instanziieren. ∎

15.2.3 mod-4-Vorwärts-/Rückwärtszähler

Bei dem durch das Zustandsdiagramm Bild 15.8 dargestellten mod-4-Zähler sind durch Wahl des Steuersignals U_D zwei Zählrichtungen einstellbar: Für U_D = 1 wird vorwärts (up) gezählt, für U_D = 0 hingegen rückwärts (down). Die Verwendung von Mealy-Zustandsdiagrammsymbolen ist bei diesem Zähler zwingend erforderlich, da die zusätzlichen Ausgangssignale C_UP und C_DOWN einerseits den aktuellen Zählstand auswerten, andererseits aber auch vom Signal U_D abhängig sein sollen:

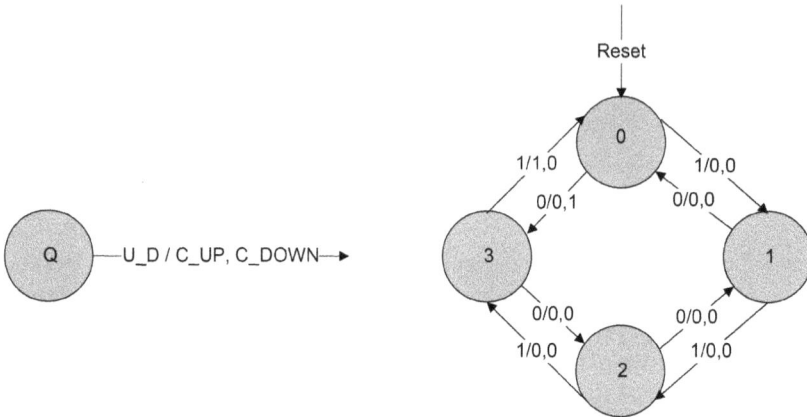

Bild 15.8: Zustandsdiagramm für einen mod-4-Vorwärts-/Rückwärtszähler mit zwei Übertragsausgängen

- C_UP (Carry up) ist ein Übertragssignal, welches den aktuellen Zählerzustand auswertet und im letzten Zustand des Vorwärtszählzyklus aktiviert wird.
- C_DOWN (Carry down) ist ein Übertragssignal, welches im letzten Zustand des Rückwärtszählzyklus erzeugt wird.

> Üblicherweise werden Übertragssignale kombinatorisch durch Auswertung des Zählerstands erzeugt. Sie dienen einer nachgeschalteten getakteten Logik als Vorbereitungssignal. Damit diese bei einem mod-n-Zähler ohne Richtungswechsel immer zeitgleich mit dem ersten Takt eines Zyklus aktiv werden kann, müssen die Übertragssignale von Zählern immer während des letzten Takts eines Zyklus aktiviert werden. Wenn Übertragssignale auch von anderen Eingangssignalen als dem Taktsignal abhängig sein sollen, so erfordert dies den Ansatz eines Mealy-Modells.

So wird z. B. bei kaskadierten Vorwärtszählern der Übertragsausgang als Enable-Eingang der nächsten Zählstufe verwendet (vgl. Bild 15.17). Dadurch wird erreicht, dass die höherwertige Zählstufe zeitgleich nur dann inkrementiert wird, wenn die niederwertige Zählstufe den Wert 0 annimmt.

Bild 15.9 ist zu entnehmen, dass das Signal $Q1^+$ nicht minimiert werden kann. Aufgrund der Anordnung der Einsen in Form eines Schachbrettmusters kann jedoch eine XOR-Verknüpfung abgeleitet werden. Man erhält:

$$Q1^+ = \neg(U\_D \leftrightarrow Q1 \leftrightarrow Q0) \quad \text{bzw.} \quad Q0^+ = \overline{Q0} \tag{15.2}$$

Die in Tabelle 15.5 dargestellte Folgezustandstabelle des Mealy-Automaten zeigt neben den beiden Folgezustandsbits auch die zugehörigen Ausgangssignale C_UP und C_DOWN. Da diese beiden Spalten jeweils genau eine 1 besitzen, soll hier nur die DNF angegeben werden:

$$C\_UP = U\_D \wedge Q1 \wedge Q0 \quad \text{bzw.} \quad C\_DOWN = \overline{U\_D} \wedge \overline{Q1} \wedge \overline{Q0} \tag{15.3}$$

Tab. 15.5: Folgezustandstabelle für den mod-4-Zähler mit D-Flipflops

	U_D	Q1	Q0	Q1$^+$	Q0$^+$	C_UP	C_DOWN
Rückwärts	0	0	0	1	1	0	1
	0	0	1	0	0	0	0
	0	1	0	0	1	0	0
	0	1	1	1	0	0	0
Vorwärts	1	0	0	0	1	0	0
	1	0	1	1	0	0	0
	1	1	0	1	1	0	0
	1	1	1	0	0	1	0

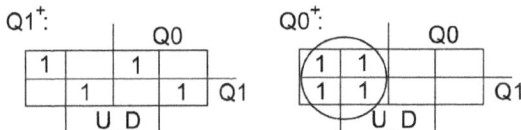

$Q1^+$:

$Q0^+$:

Bild 15.9: KV-Diagramme zur Minimierung der Folgezustandslogik des mod-4-Zählers

Im Vergleich zur Modellierung des mod-5-Zählers in Listing 15.1 wurde bei dem mod-4-Zähler in Listing 15.2 der übliche Modellierungsstil unter Verwendung der + bzw. – Operatoren verwendet:

- Die Folgezustände werden nicht als Konstante zugewiesen, sondern durch Inkrementierungs- bzw. Dekrementierungsoperationen. Die Inkrementierung erfolgt hier durch Addition einer Vektorkonstante "01", die Dekrementierung durch Subtraktion der Dezimalzahl 1, die ohne die Anführungszeichen als integer-Zahl interpretiert wird. Selbstverständlich können Addition und Subtraktion mit beiden Methoden realisiert werden. In jedem Fall ist jedoch das Hinzufügen der Bibliothek IEEE.numeric_std erforderlich.
- Wegen der beiden Mealy-Ausgangssignale C_UP und C_DOWN kommt keine Ein-Prozess-Lösung in Betracht. Vielmehr ist ein Ausgangsschaltnetz für diese Signale erforderlich, welches in diesem Fall durch zwei nebenläufige Anweisungen realisiert ist.

Listing 15.2: VHDL-Verhaltensmodell für einen mod-4-Vorwärts-/Rückwärtszähler

```vhdl
library IEEE;
use IEEE.std_logic_1164.all;
use IEEE.numeric_std.all;      -- Erlaubt Integer-Arithmetik mit Vektoren
entity MOD4CTR is
  port (U_D,RESET,CLK  : in bit;
          Q: out bit_vector(1 downto 0);
          C_UP, C_DOWN: out bit); -- Uebertragsbits
end MOD4CTR ;
architecture VERHALTEN of MOD4CTR  is
signal QINT: unsigned(1 downto 0);
begin

SYN_COUNT:process (CLK, RESET)    -- Takt und asynchrone Eingaenge
begin
   if RESET = '1' then
      QINT <= "00" after 10 ns;
   elsif CLK='1' and CLK'event then
         if U_D = '1' then
            QINT <= QINT + "01" after 10 ns; -- Addition von Bits
         else
            QINT <= QINT - 1 after 10 ns;   -- Subtraktion von integer
         end if;
   end if;
end process SYN_COUNT;
Q <= To_bitvector(std_logic_vector(QINT));    -- Typ Umwandlung

-- Ausgangsschaltnetz:
C_UP <= '1' after 10 ns when (U_D = '1' and QINT = 3)
                      else '0' after 10 ns;
C_DOWN <= '1' after 10 ns when (U_D = '0' and QINT = 0)
                        else '0' after 10 ns;
end VERHALTEN;
```

Die in Bild 15.10 dargestellte Simulation demonstriert das Zählerverhalten wie folgt:
– Die steigende Taktflanke bei t = 350 ns hat den Übergang in den letzten Zustand des Vorwärtszählzyklus zur Folge. Die erste nebenläufige Anweisung des Ausgangsschaltnetzes wird durch den neuen Zählerzustand 3 aktiviert und setzt das C_UP Signal.

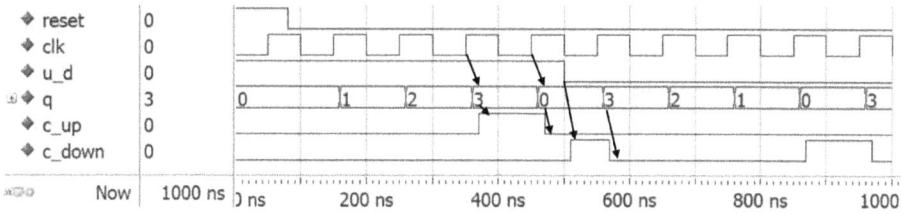

Bild 15.10: VHDL-Simulation des mod-4-Vorwärts-/Rückwärtszählers

- Mit der nachfolgenden steigenden Taktflanke erfolgt der Überlauf in den Zählzustand 0 und C_UP wird gelöscht.
- Bei der nächsten fallenden Flanke wird das Steuersignal U_D in Rückwärtszählrichtung geändert. Dadurch wird *sofort* die zweite nebenläufige Anweisung aktiviert, welche das C_DOWN-Signal setzt (Mealy-Verhalten).
- Bei der nachfolgenden steigenden Taktflanke dekrementiert der Zähler auf den Zustand 3, womit das Überlaufsignal bereits nach einer halben Taktperiode zurückgenommen wird.

Dem in Bild 15.11 dargestellten Vivado Elaborationsergebnis ist die Mealy-Charakteristik sofort zu entnehmen, denn das Eingangssignal U_D wirkt direkt bzw. über einen Komparator auf die beiden UND-Gatter vor den Übertragsausgängen.

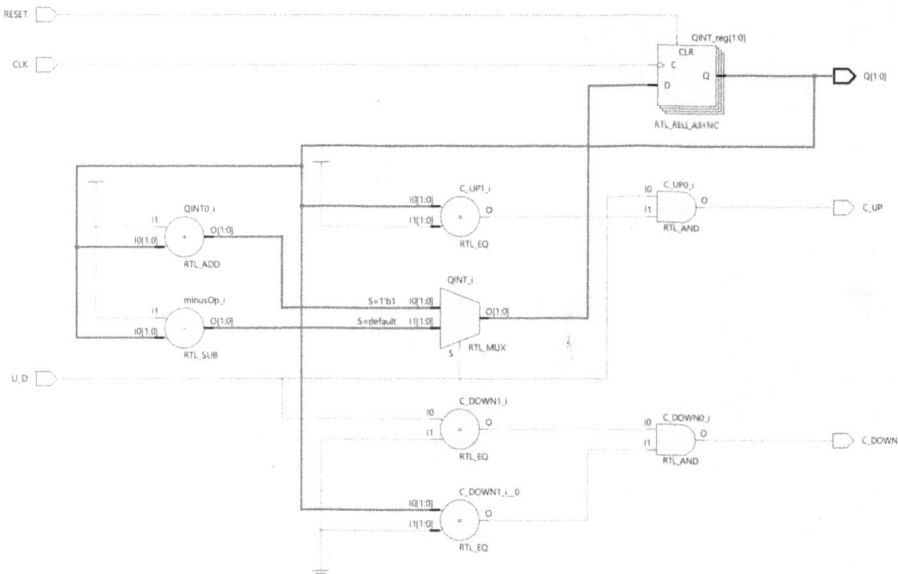

Bild 15.11: Vivado-Elaborationsergebnis des mod-4-Zählers

Das Elaborationsergebnis enthält die folgenden Komponenten, die sich leicht mit dem Listing 15.2 erklären lassen:
- Ein 2-Bit-Zählregister (QINT_reg[1:0]),
- je einen 2-Bit-Addierer (RTL_ADD) und -Subtrahierer (RTL_SUB), deren Ausgangssignale durch einen 2-Bit-Multiplexer (RTL_MUX) mithilfe des U_D-Signals als Eingang des Zählregisters ausgewählt werden kann,
- drei Komparatoren (RTL_EQ), die die Gleichheit von Signalen bzw. Signalvektoren überprüfen,
- zwei UND-Gatter, mit denen die beiden and-Operatoren im Ausgangsschaltnetz von Listing 15.2 implementiert werden.

Die Implementierung der Schaltung aus Listing 15.2 erfordert je zwei kombinatorische Logikblöcke für die Folgezustände und die Ausgangssignale C_UP bzw. C_DOWN. Die Wahrheitstabellen dieser LUTs repräsentieren die Gl. 15.2 bzw. Gl. 15.3. Da diese Gleichungen nur maximal drei Eingangssignale besitzen, können je zwei der logischen Gleichungen in einer LUT6 implementiert werden.

Zusammenfassend werden für die Schaltung in Listing 15.2 nur zwei LUT6-Blöcke (in Bild 15.12 links grau dargestellt) sowie zwei D-Flipflops (in Bild 15.12 rechts markiert), also ein halbes CLB-Slice benötigt.

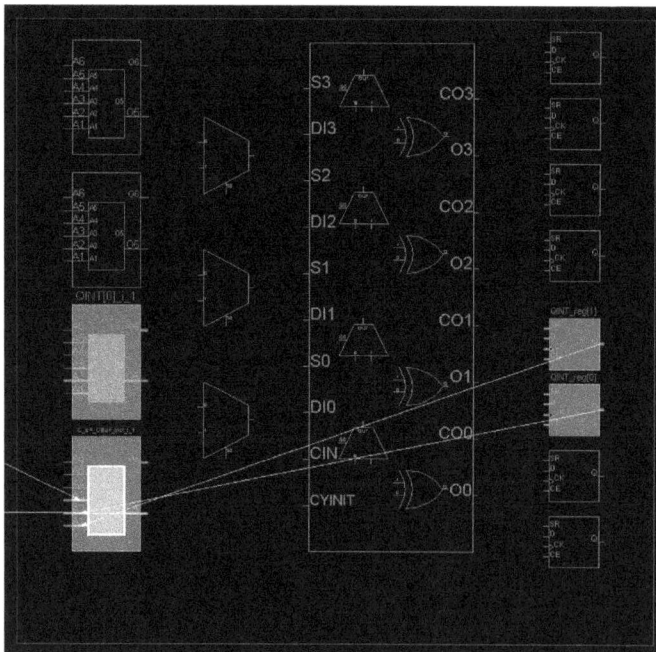

Bild 15.12: Für die Implementierung der Schaltung aus Listing 15.2 wird nur die Hälfte eines CLB-Slice benötigt

15.3 Standardzähler

Beim Platinenentwurf wurden in der Vergangenheit synchrone und asynchrone Standardzählfunktionen mit MSI-Schaltungen der 74er-Baureihe realisiert. Dazu gehörten 4- und 8-Bit-Binär- und Dezimalzähler mit unterschiedlichen Zusatzfunktionen. Weitaus platzsparender und weniger fehleranfällig ist heute hingegen die Implementierung eines Zählers zusammen mit anderer Logik in einem programmierbaren Baustein. In diesem Abschnitt soll daher gezeigt werden, wie sich Standardzählfunktionen systematisch in einen VHDL-Code umsetzen lassen. Ausgangspunkt dafür soll die Analyse der in den Schaltplänen verwendeten Abhängigkeitsnotation der Bauelemente sein, durch die unterschiedliche Steuerungsabhängigkeiten formuliert werden, und die im VHDL-Code durch geschachtelte Prioritäten repräsentiert werden.

15.3.1 Systematischer VHDL-Entwurf von Zählern

Zur Analyse der Prioritäten bei den unterschiedlichen Steuerungsabhängigkeiten sollen die in Tabelle 15.2 erläuterten Teilfunktionen des 74161-Zählers nachfolgend zunächst durch zwei Flussdiagramme beschrieben werden. Eins davon beschreibt das synchrone Ausgangssignalverhalten des Signals Q und das andere das des Übertragssignals TC, welches eine Mealy-Charakteristik hat. Gemäß den Anforderungen des Modellentwurfs auf RTL-Ebene müssen beide Flussdiagramme als eigener VHDL-Prozess implementiert werden.

Die Anordnung der Entscheidungsrauten in Bild 15.13 bedeutet eine unterschiedliche Priorisierung der Steuersignale, die sich wie folgt begründen lässt:
- getakteter Prozess P1:
    - In die Sensitivity-Liste werden nur das Takt- sowie das asynchrone Resetsignal aufgenommen.
    - Grundsätzlich hat die Auswertung des asynchronen Resets höchste Priorität. Eine zeitgleich anliegende steigende Taktflanke muss überlesen werden.
    - Alle weiteren Aktionen führen nur dann zu Änderungen des Zählregisters Q, wenn eine steigende Taktflanke erkannt wird, d. h. sie sind taktsynchron und definieren die Logik des Übergangsschaltnetzes.
    - Die Schaltsymbolanalyse ergibt, dass das Laden des Zählregisters mit D unabhängig vom Zustand der Enable-Signale ist. Entsprechend sollte nachfolgend das nLOAD-Signal abgefragt werden.
    - Die Inkrementierung erfolgt nur, wenn beide Enable-Signale ENT und ENP den Wert 1 haben. Die entsprechende Entscheidungsraute wird mit niedrigster Priorität implementiert.

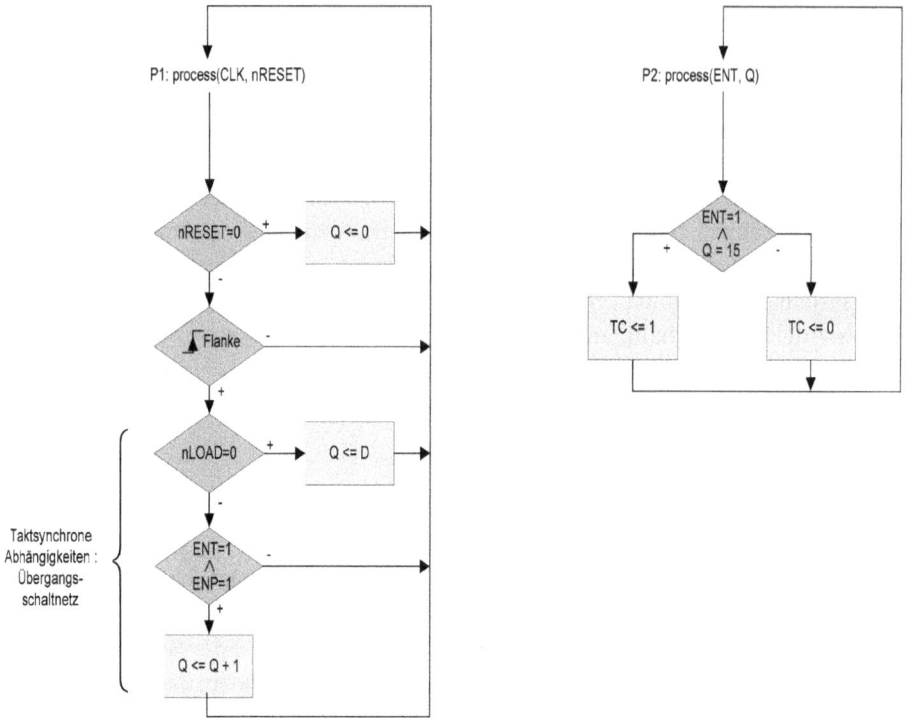

Bild 15.13: Flussdiagramme P1 und P2 zur Beschreibung des Zählers in Bild 15.1

- kombinatorischer Prozess P2:
    - Das Ausgangssignal TC = 1 wird unter der in der Entscheidungsraute angege-
      benen Bedingung erzeugt, dass der Zähler seinen Endwert 15 erreicht hat und
      zeitgleich ENT = 1 ist.
    - In der Sensitivity-Liste müssen sich alle Signale der Entscheidungsraute, also
      ENT und Q befinden.
    - Um Latches zu verhindern, muss dem Ausgangssignal TC auf allen Pfaden
      explizit ein Signalwert zugewiesen werden.

Das in Listing 15.3 vorgestellte Modell des 74161-Zählers implementiert die Prioritisie-
rung der Funktionen des Prozesses P1 so, wie in Bild 15.13 dargestellt. Anhand der in
Bild 15.14 dargestellten Wirkungspfeile bei der Simulation des Zählermodells soll das
Verhalten des 74161-Bausteins noch einmal erläutert werden:
- Es erfolgt kein L-aktiver Reset bei t = 0. Daher befindet sich der Zähler zunächst in
  einem undefinierten Zustand X. Bei t = 0 wurde jedoch das nLOAD-Vorbereitungs-
  signal auf den Wert 0 gelegt, womit das Zählregister mit der steigenden Taktflanke
  bei t = 100 ns auf den am Dateneingang D anliegenden Wert 0x7 geladen wird.
  Anschließend wird taktsynchron gezählt.

Listing 15.3: VHDL-Modell für den Synchronzähler 74161

```
-- zaehler_74161.vhd
----------------------------------------------------
library ieee;
use ieee.std_logic_1164.all;
use ieee.numeric_std.all;
entity ZAEHLER is
  port( CLK, nRESET, nLOAD, ENT, ENP: in bit;
        D: in std_logic_vector (3 downto 0);
        Q: out unsigned (3 downto 0);
        TC: out bit);
end ZAEHLER;


architecture VERHALTEN of ZAEHLER is


signal QINT: unsigned (3 downto 0);


begin
P1: process (CLK, nRESET) -- getakteter Prozess
    begin
            if nRESET ='0' then
               QINT <= (others =>'0') after 5 ns;
            elsif CLK='1' and CLK'event then
               if nLOAD = '0' then
                  QTNT <= unsigned(D) after 5 ns;
               elsif ENT='1' and ENP='1' then
                  QINT <= QINT + 1 after 5 ns;
               end if;
            end if;
end process P1;
Q <= QINT;                 -- Ausgabe des Binärwertes nebenlaeufig

P2: process(ENT,QINT)    -- ungetakteter Prozess
    begin
       if ENT='1' and QINT =15 then
          TC <= '1' after 5 ns;
       else
          TC <= '0' after 5 ns;
       end if;
end process P2;
end VERHALTEN;
```

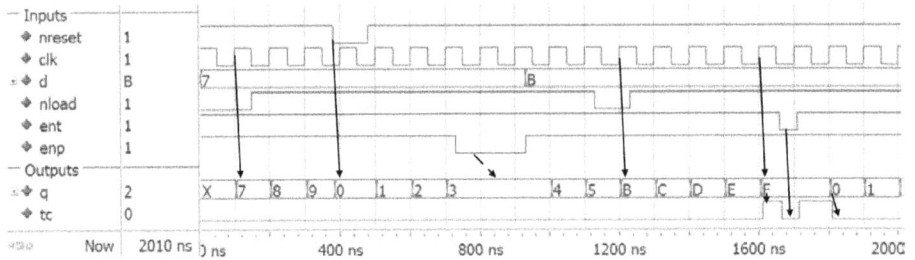

Bild 15.14: VHDL-Simulation des 74161-Zählermodells

– Der L-aktive, asynchrone Reset (nRESET) kurz vor der Taktflanke bei t = 400 ns setzt den Zähler sofort zurück. Die nachfolgende steigende Flanke entfaltet keine Wirkung, da der asynchrone Reset dominiert.
– Zwischen 700 und 900 ns ist das ENP-Signal deaktiviert. Daher inkrementiert der Zähler während dieser Phase nicht (gestrichelter Wirkungspfeil).
– Zeitgleich mit der steigenden Flanke bei t = 1200 ns ist nLOAD = 0. Der Zähler wird mit dem bereits einige Takte zuvor angelegten Wert D = 0xB geladen. Im Listing 15.3 ist hier zu beachten, dass eine Konvertierung des Eingangssignals D in den Datentyp unsigned erforderlich ist.
– Mit der Flanke bei t = 1600 ns erreicht der Zähler seinen letzten Zählzustand 0xF. Sofort danach wird das Übertragssignal TC gesetzt.
– Kurz danach wird das ENT-Freigabesignal kurzzeitig deaktiviert, das Übertragssignal wird sofort zurückgenommen und die steigende Taktflanke bei t = 1700 ns führt zu keiner Änderung des Zählzustands. Die Reaktivierung des ENT-Signals setzt den Übertragungsausgang erneut, solange, bis der Zähler mit der Flanke bei t = 1800 ns den Zustand 0x0 eingenommen hat.

Die Interpretation des Zählermodells mit den Prozessen P1 und P2 als Automat zeigt Bild 15.15. Darin ist erkennbar, dass das Q-Ausgangssignal Medwedew- und das Ausgangssignal TC Mealy-Eigenschaften haben. Wie bereits der Abhängigkeitsnotation 3CT=15 des TC-Signals im Schaltungssymbols von Bild 15.1 zu entnehmen war, kann sich eine Änderung des ENT-Eingangssignals (Abhängigkeit Nr. 3) direkt auf den Ausgang TC auswirken (vgl. auch das Simulationsergebnis in Bild 15.14).

Die Strukturelemente des taktsynchronen Prozesses P1 zeigt Bild 15.16. Im Übergangsschaltnetz ist erkennbar, dass die nLoad-Entscheidungsraute von Bild 15.13 im oberen Multiplexer QINT_i realisiert wird. Die nachfolgende Entscheidungsraute ENT ∧ ENP wird hingegen im unteren Multiplexer QINT_i_0 implementiert, dessen Ausgang als Clock-Enable-Signal für das Zählregister genutzt wird. Der Ausgang des

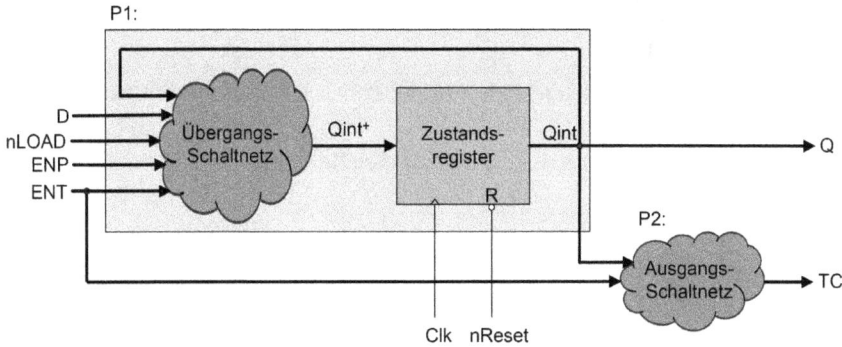

Bild 15.15: Interpretation des 74161 Zählers als Mealy-Automat und dessen Realisierung mit 2 Prozessen

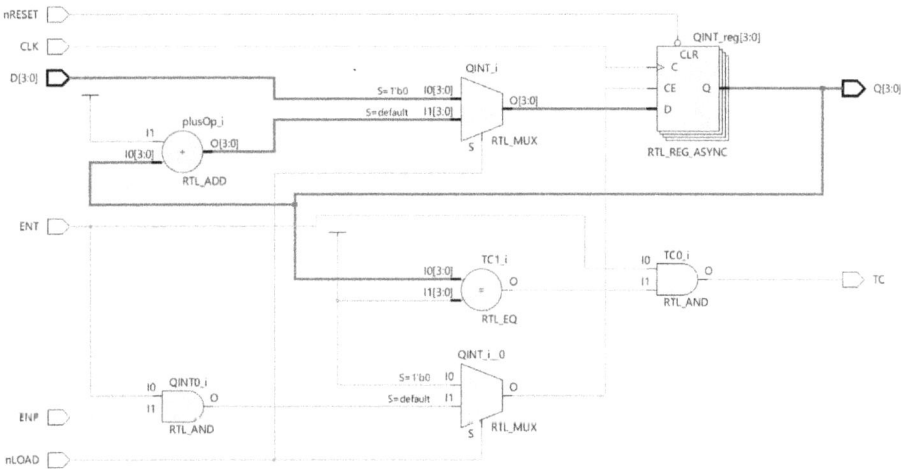

Bild 15.16: Vivado-Elaborationsergebnis für das Zählermodell 74161 aus Listing 15.3

UND-Gatters QINT0_i wird auf den Eingang I1 des QINT_i_0-Multiplexers gelegt und dieser für nLOAD = 1 auf den Multiplexerausgang gelegt. Daraus erhält man für das Freigabesignal des Zählregisters die logische Bedingung

$$CE = (nLOAD \land ENT \land ENP) \lor \overline{nLOAD} \qquad (15.4)$$

Wie erwartet, zeigt die kombinatorische Wirkung des Eingangs ENT über den Komparator TC1_i und das UND-Gatter TC0_i auf den Ausgang TC das Mealy-Verhalten dieses Übertragssignals.

15.3.2 Kaskadierung von Standardzählern

Der Zähler 74161 ist ein Vertreter einer Familie von 4-Bit-Zählern, die sich in zwei Eigenschaften unterscheiden: Der Art des Resets und dem Zählbereich (vgl. Tabelle 15.6). Alle Zähler dieser Gruppe können auf gleiche Weise zu größeren Einheiten zusammengeschaltet werden.

Tab. 15.6: Eigenschaften der Zählerfamilie 7416x

	Reset	
	asynchron	synchron
dezimal BCD	74160	74162
4-Bit binär	74161	74163

Exemplarisch zeigt Bild 15.17 eine einfache Zusammenschaltung zweier 4-Bit-Binärzähler des Typs 74161 zu einem 8-Bit-Synchronzähler. Charakteristisch ist dabei, dass beide Stufen mit dem gleichen Takt versorgt werden und der TC-Ausgang der ersten Stufe auf den ENT-Eingang der zweiten Stufe geschaltet wird. Dadurch wird erreicht, dass beide Stufen zwar taktsynchron arbeiten, die zweite Stufe jedoch nur in jedem 16. Takt, nämlich zeitgleich mit dem Überlauf der ersten Stufe in den Zustand 0 aktiviert wird.

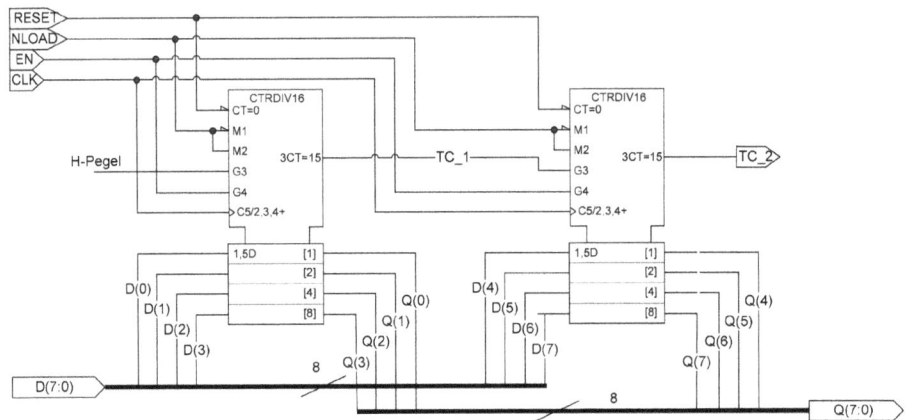

Bild 15.17: Serielle Kaskadierung zweier 4-Bit-Zähler 74161 zu einem 8-Bit-Zähler

Das in Bild 15.17 dargestellte Konzept der vollständig seriellen Kaskadierung ist jedoch wenig geeignet für den Aufbau schneller Zählschaltungen mit mehr als 8 Bit. Den entsprechenden schematischen Aufbau eines 16-Bit-Zählers zeigt Bild 15.18a.

Dem Bild 15.18b ist zu entnehmen, dass hier die serielle Kopplung von mehreren der in Bild 15.15 vorgestellten Mealy-Automatenmodelle über eine Ripple-Carry-Kette[2] aus TC-Signalen zu einem langen kritischen Pfad bzw. einer geringen maximalen Taktfrequenz führt.

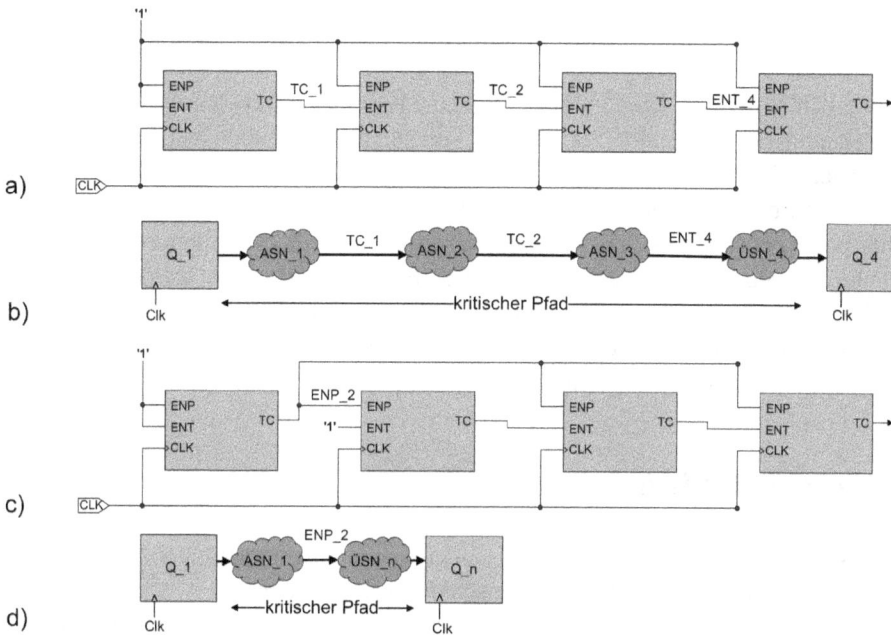

Bild 15.18: a) Vollständig serielle Kaskadierung von vier Zählern 7416x. Die Kopplung der Mealy-Ausgänge TC_i im dazugehörigen Automatenmodell b) zeigt einen langen kritischen Pfad. c) Carry-Lookahead-Kaskadierung [45] von vier Zählern 7416x. d) Durch Nutzung des ENP-Eingangs für den Übertrag in die 2. Stufe des Automatenmodells kann der kritische Pfad deutlich verkürzt werden

Im Hinblick auf eine Maximierung der Taktfrequenz ist das in Bild 15.18c dargestellte Konzept der teilseriellen Kaskadierung günstiger. Es entspricht einer Carry-Lookahead-Struktur, ähnlich wie es beim Entwurf von Addierern (vgl. Kapitel 11.8.3) bereits erläutert wurde. In dieser Struktur werden beide Enable-Eingänge benötigt: Der Übertragsausgang TC_1 der ersten Stufe wird hier auf alle ENP-Eingang der nachfolgenden Stufen gelegt. Die weiteren Überträge werden wie gewohnt seriell über die ENT-Eingänge kaskadiert. Diese Signale bereiten die nächsten Stufen auf das Schalten vor. Da die erste Stufe je nach Zählerart nur bei jedem 10. bzw. 16. Takt einen Übertrag des TC-Signals liefert, steht eine vergleichsweise lange Einstellzeit zur Verfügung, sodass

---

2 Aus diesem Grund wird der TC-Ausgang bei einigen Zählern auch mit RCO bezeichnet (engl. Ripple Carry Out).

nachfolgend eine serielle Schaltung möglich ist. Der die maximale Taktfrequenz bestimmende kritische Pfad ist in Bild 15.18d dargestellt. Er setzt sich wie folgt zusammen:

$$t_{pd} = t_{pd(CLK-TC)} + t_{su(ENP-CLK)} \qquad (15.5)$$

mit $t_{pd(CLK-TC)}$ = Verzögerungszeit von CLK nach TC in der ersten Stufe

$t_{su(ENP-CLK)}$ = Setup-Zeit ENP vor CLK in den weiteren Stufen

7416x Zähler der ALS-Familie (Advanced Low Power Schottky) lassen sich auf diese Weise mit einer maximalen Taktfrequenz von 28.5 MHz betreiben [45].

Hier soll jedoch darauf hingewiesen werden, dass die in Bild 15.18 vorgeschlagene Kaskadierung von *VHDL-basierten* Zählern nicht empfehlenswert ist. Falls programmierbare Logik für den Zähleraufbau zur Verfügung steht, so sollten der Aufgabenstellung angepasste Signalvektorbreiten im VHDL-Code verwendet werden. Dies lässt sich z. B. durch eine Parametrisierung über einen `generic`-Parameter erreichen [2]. Mit derartigen Zählern lassen sich in modernen FPGAs maximale Taktfrequenzen von mehreren hundert MHz erreichen.

15.4 Vertiefende Aufgaben

Ⓐ **Aufgabe 15.1:** Beantworten Sie die folgenden Verständnisfragen:

a) Was ist die charakteristische Eigenschaft *synchroner* Zähler?

b) Was bedeuten in Schaltsymbolen der Digitaltechnik I) Ziffern vor den Buchstaben und II) Ziffern hinter den Buchstaben?

c) Was bedeuten I) eine G-Abhängigkeit und II) eine M-Abhängigkeit?

d) Wie viele und welche Art von Prozessen werden benötigt, um in VHDL einen Synchronzähler mit Übertragsausgang zu modellieren?

e) Wie lassen sich Standardzähler mit Übertragsausgang kaskadieren?

f) Welche Arten von Flipflops werden beim Entwurf zyklisch operierender Binärzähler bevorzugt verwendet? ∎

Ⓐ **Aufgabe 15.2:** Minimieren Sie die Folgezustandslogik eines mod-5-Zählers mit T-Flipflops (vgl. Tabelle 15.4) und zeichnen Sie die komplette Schaltung des Zählers. Bestimmen Sie außerdem die Pseudozustände und komplettieren Sie das Zustandsdiagramm Bild 15.2. ∎

Ⓐ **Aufgabe 15.3:** Zeichnen Sie das Schaltsymbol eines 4-Bit-Dezimalzählers in Abhängigkeitsnotation. Der Zähler soll die folgenden Zusatzfunktionen besitzen: Vorwärts-/Rückwärtszählfunktion (U_D = 1: Vorwärts, U_D = 0: Rückwärts), einen synchronen Reset sowie einen Freigabeeingang. ∎

A **Aufgabe 15.4:** Ein 3-Bit-Zähler soll die binär codierte Zahlenfolge $0 \to 1 \to 2 \to 3 \to 4 \to 5 \to 0$ zyklisch durchlaufen und nur im Zählzustand 5 das Übertragssignal TC = 1 ausgeben.

Stellen Sie die Folgezustandstabelle auf. Benutzen Sie für die Pseudozustände Don't-Care-Eintragungen. Bestimmen Sie die DMF der Übergangs- und Ausgangsschaltnetze bei Verwendung von D-Flipflops. Führen Sie eine Pseudozustandsanalyse durch und bewerten Sie das Ergebnis im Hinblick auf die Funktionssicherheit des Zählers. Berechnen Sie die DMF nun unter der Annahme, dass T-Flipflops verwendet werden. Erstellen Sie abschließend ein geeignetes VHDL-Modell für den Zähler und simulieren Sie die spezifizierten Zählerfunktionen. ∎

A **Aufgabe 15.5:** Es ist ein zyklischer Zähler für gerade bzw. ungerade Zahlen zu entwerfen, der für M = 0 die Zahlenfolge $0 \to 2 \to 4 \to 6 \to 0 \to \ldots$ und für M = 1 die Zahlenfolge $1 \to 3 \to 5 \to 7 \to 1 \ldots$ durchläuft. Die Zahlen Z sollen binär am Ausgang dargestellt werden. Beim Umschalten des Zählmodus soll zum jeweils nächsthöheren Wert gesprungen werden. Der Resetzustand ist 0.

Zeichnen Sie das Zustandsdiagramm und schreiben Sie die Folgezustandstabelle Zp = f(Z) auf. Ergänzen Sie das Impulsdiagramm in Bild 15.19 für Z und Zp unter Verwendung symbolischer Verzögerungszeiten. Bestimmen Sie die disjunktive Minimalform des Folgezustands unter der Annahme, dass D-Flipflops verwendet werden. Bestimmen Sie auch die disjunktive Minimalform des Folgezustands unter der Annahme, dass T-Flipflops verwendet werden. Welche der beiden Flipflop-Lösungen führt zu geringerem Hardwareaufwand? Zeichnen Sie die Schaltung bei Verwendung von T-Flipflops.

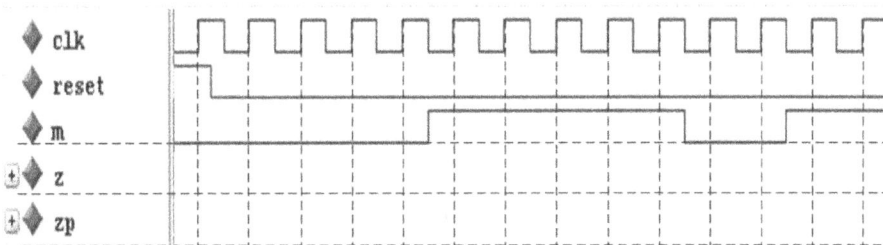

Bild 15.19: Impulsdiagramm zu Aufgabe 15.5. Die Zeitverläufe der Zustands- und Folgezustandssignale Z bzw. Zp sind zu ergänzen ∎

A **Aufgabe 15.6:** Ein mod-8 Zähler soll beginnend bei 0 eine zyklische Zählfolge von 8 sequenziellen BCD-Zahlen im O'Brien-Code erzeugen (vgl. Tabelle 9.2) und im letzten Zählzustand der Folge ein Übertragsbit liefern. Benutzen Sie in den Pseudozuständen Don't-Care-Werte. Zeigen Sie mit dem berechneten Übergangsschaltnetz die Reaktionen des Zählers in den Pseudozuständen auf und skizzieren Sie ein vollständiges Zustandsdiagramm. Zeichnen Sie die Zählerschaltung bei Verwendung von D-Flipflops und kennzeichnen Sie die Komponenten entsprechend einer Moore-Struktur. ■

Aufgabe 15.7: Zu der nachfolgenden entity ist das VHDL-Modell eines mod-8-Zählers mit fünf Bit zu entwerfen:

```
entity JOHNSON_4B is
        port(   RESET, CLK, EN : in bit;
                Q_OUT: out bit_vector(4 downto 0));
end JOHNSON_4B;
```

Der Zähler soll die folgenden Funktionen besitzen:
- Darstellung der Zählzustände im Libaw-Craig-Code (vgl. Tabelle 9.2).
- Asynchroner Reseteingang, synchroner Enable-Eingang.
- Rückkehr aus den Pseudozuständen in den Resetzustand "00000".
- Berücksichtigung symbolischer Laufzeiten.
Die korrekte Funktion der Spezifikation soll durch eine VHDL-Simulation nachgewiesen werden. ■

Aufgabe 15.8: Es soll das VHDL-Modell eines generischen Synchronzählers vom Typ 74161 entworfen werden. Dabei soll die Bitbreite durch einen generic-Parameter auf beliebige Werte einstellbar sein. ■

Aufgabe 15.9: Analysieren Sie das Schaltsymbol aus Bild 15.20 Beschreiben Sie die Priorität der Auswertung der Eingangssignale durch geeignete Flussdiagramme und entwerfen Sie ein VHDL-Verhaltensmodell. Verifizieren Sie die korrekte Funktion des Zählers durch eine VHDL-Simulation.

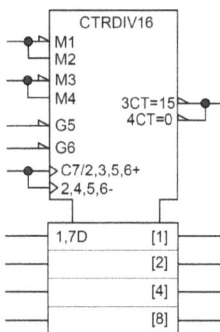

Bild 15.20: Schaltsymbol zur Aufgabe 15.9 ■

Aufgabe 15.10: Mit einem prellenden Taster (vgl. Aufgabe 12.5), der vom Massepotenzial nach Vdd geschaltet werden kann, soll ein langsames, manuelles Taktsignal einer FPGA-Zählerschaltung erzeugt werden. Leider wurden auf dem FPGA-Board jedoch keine Pull-Up- bzw. Pull-Down-Widerstände vorgesehen, wie sie für ein RS-Latch erforderlich wären. Damit können die einzelnen Zählschritte nicht sicher eingestellt werden.

Der Taster wurde so charakterisiert, dass das Prellen nicht länger als $0.5\,\mu$s dauert. Das FPGA-Board besitzt einen 100 MHz-Oszillator, mit dem das VHDL-Modell einer zu entwerfenden Zählschaltung betrieben werden soll, die ein prellfreies manuelles Taktsignal erzeugt.   ∎

16 Schieberegister

16.1 Lernziele

Nach Durcharbeiten dieses Kapitels sollen Sie:
- den Aufbau sowie die Funktionsweise von Schieberegistern verstanden haben;
- das Prinzip von Serien-Parallel- und Parallel-Serien-Umsetzern verstanden haben und dafür ein VHDL-Verhaltensmodell entwerfen können;
- Schieberegister zum Aufbau zyklischer Zähler einsetzen können. Diese sollen so konstruiert sein, dass Pseudozustände durch Korrekturschaltnetze vermieden werden;
- Schieberegister in linear rückgekoppelten Schaltungen so verwenden können, dass damit einfache Pseudozufallszahlengeneratoren entworfen werden können.

16.2 Arbeitsweise von Schieberegistern

Schieberegister sind Schaltungen aus Flipflops, die kettenförmig aufgebaut sind und durch einen gemeinsamen Takt versorgt werden. Dadurch werden in jedem Takt Datenbits entweder nach links (in Richtung des MSB) oder nach rechts (in Richtung des LSB) verschoben.

Die Struktur eines Links-Schieberegisters zeigt Bild 16.1. Bei einer steigenden Taktflanke werden:
- das höchstwertige Datenbit auf den Schiebeausgang SA verschoben,
- alle anderen Datenbits auf die nächst höherwertige Bitposition verschoben
- und das niederwertigste Datenbit mit dem Schiebeeingangsbit SE geladen.

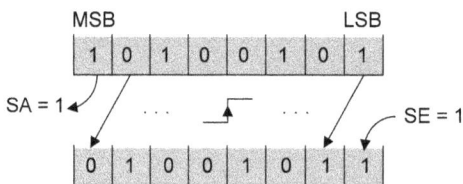

Bild 16.1: Arbeitsweise eines Links-Schieberegisters

Entscheidend für die Frage, ob links oder rechts geschoben wird, ist die Zuordnung, welches der Flipflop-Ausgangssignale als MSB bzw. als LSB interpretiert wird. Ein Austausch dieser Zuordnung macht aus dem Links-Schieberegister in Bild 16.1 ein Rechts-Schieberegister.

https://doi.org/10.1515/9783110706970-016

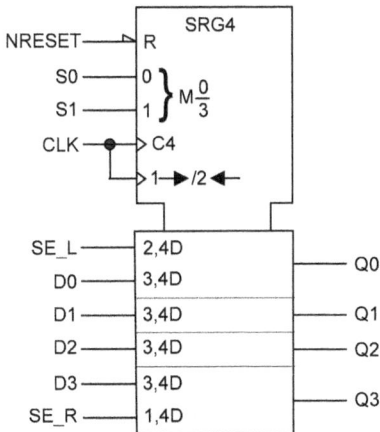

Bild 16.2: Schaltsymbol des 4-Bit-Links-Rechts-Schieberegisters 74194[1]

Ein typischer Vertreter kommerzieller Schaltungen ist das Links-Rechts-Schieberegister 74194, welches in Bild 16.2 dargestellt ist. Der Abhängigkeitsnotation entnimmt man für diesen Baustein neben dem L-aktiven asynchronen Reset vier getaktete Betriebsmodi, die durch die Signale S0 und S1 wie folgt eingestellt werden:

Tab. 16.1: Taktsynchrone Betriebsarten des Schieberegisters 74194

S1	S0	Betriebsart
0	0	Keine Aktion
0	1	Rechts schieben; Einlesen des SE_R-Bits nach Q(3)
1	0	Links schieben; Einlesen des SE_L-Bits nach Q(0)
1	1	Laden der Dateneingänge D(3)...D(0)

Bei der VHDL-Modellierung wird das Schieben um ein Bit am einfachsten durch eine taktsynchrone Zuweisung an das Schieberegistersignal Q3...Q0 und Anwendung des Verkettungsoperators wie folgt erreicht:
- Links-Schieben: `Q <= Q(2 downto 0) & SE_L;`
- Rechts-Schieben: `Q <= SE_R & Q(3 downto 1);`

Dieses Konzept hat den Vorteil, dass es sich im Gegensatz zum VHDL-Operator `sll` bzw. zur Funktion `shift_left()` ohne Zuhilfenahme weiterer Bibliotheken sowohl auf Signale vom Datentyp `bit` als auch auf solche der Datentypen `std_logic`, `unsigned` oder `signed` anwenden lässt.

---

1 In dem Schaltsymbol des 74194-Schieberegisters erscheint der Takteingang doppelt. Tatsächlich gibt es dafür jedoch nur einen Gehäuseanschluss. Die doppelte Verwendung resultiert aus der Notwendigkeit heraus, in der Abhängigkeitsnotation am gleichen Pin einerseits taktsynchrone Ladeaktionen über die Abhängigkeit Nr. 4 und andererseits die taktsynchronen Schiebevorgänge definieren zu müssen.

Trotz des ähnlich lautenden Namens sollten „Barrel-Shifter" nicht mit Schieberegistern verwechselt werden. Bei diesen Schaltungen handelt es sich um programmierbare Schiebefunktionen um eine beliebige Anzahl von Bits. In C-Programmen angewendet wird z. B. das Links-Schieben um 4 Bit durch die Programmzeile x = a ≪ 4 realisiert. In der Barrel-Shifter-Hardware wird die Programmierbarkeit durch eine sehr komplexe *kombinatorische* Multiplexerlogik realisiert, die es erlaubt, jedes Eingangsbit auf jedes Ausgangsbit zu schalten. Sequenziell arbeitende Bauelemente wie D-Flipflops sind im Gegensatz zu Schieberegistern in einem Barrel-Shifter also nicht unbedingt erforderlich.

16.3 Serien-Parallel-Umsetzer

Eine Anwendung von Schieberegistern liegt in der Umsetzung bitserieller Datenströme in parallele Datenströme (Serien-Parallel-Umsetzer) bzw. umgekehrt (Parallel-Serien-Umsetzer)

Ein Serien-Parallel-Umsetzer hat die Aufgabe, die auf einer einzelnen Datenleitung seriell eintreffenden Datenbits in N-Bit-Datenworte umzusetzen.

Serielle Protokolle sind in der Rechnertechnik sehr weit verbreitet. Davon seien nachfolgend nur einige genannt:
- Der RS232C- bzw. COM-Standard des PCs dient der Kommunikation mit Peripheriegeräten.
- I^2C-Busschnittstellen wurden ursprünglich zur Konfiguration von ASICS in Multimediageräten verwendet. Sie sind heute aber auch eine wichtige serielle Schnittstelle für intelligente Sensoren.
- Der CAN-Bus wurde zur Kommunikation von Halbleiterchips in Kraftfahrzeugen entwickelt.
- Das SATA-Protokoll arbeitet mit seriellen Datenraten im GHz-Bereich und wird zum Anschluss schneller Festplatten eingesetzt.
- Das SPI-Bus-Interface erlaubt eine serielle Kommunikation zwischen verschiedenen Digitalkomponenten.
- Serielle A/D- bzw. D/A-Umsetzer (z. B. für Audioanwendungen im AC97-Standard).

Ein N-Bit-Serien-Parallel-Umsetzer besteht üblicherweise aus zwei Gruppen von Flipflops (vgl. Bild 16.3):
- N-Flipflops (INTREG(N − 1) ..., INTREG(0)), die als Schieberegister beschaltet sind.
- N-Flipflops (REG(N − 1) ... REG(0)), die als paralleles Auffangregister (engl. buffer register) geschaltet sind.

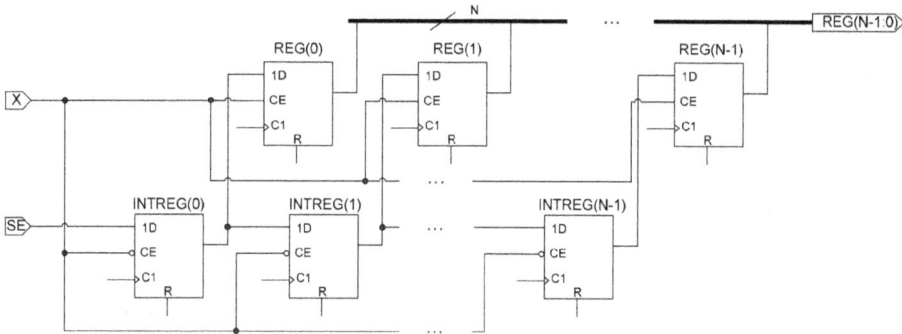

Bild 16.3: Struktur eines N-Bit-Serien-Parallel-Umsetzers. Man beachte, dass das Taktverdrahtungs-netz sowie die Resetleitungen aus Gründen der Übersichtlichkeit weggelassen wurden

Mit dem Steuersignal X wird über die L- oder H-aktiven Clock-Enable-Eingänge der Flipflops eingestellt, ob geschoben, also gewandelt werden soll (X = 0) bzw. ob das aktuell gültige Datenwort des INTREG-Registers in das Auffangregister REG kopiert werden soll (X = 1). Bei einem Umsetzer mit Links-Schieberegister wird der serielle Datenstrom mit dem niederwertigsten Bit des Schieberegisters verbunden. In einem N-Bit-Links-Schieberegister erscheint somit das zuerst anliegende Bit des seriellen Datenstroms nach N Takten in der höchstwertigen Bitposition des Schieberegisters (vgl. Bild 16.1). In Listing 16.1 wird das Verhaltensmodell eines über den generic-Parameter N parametrisierbaren Serien-Parallel-Umsetzers angegeben, der nach diesem Prinzip arbeitet. Bild 16.4 zeigt das Simulationsergebnis dieses Modells für N = 3. In dem VHDL-Modell sind die folgenden Punkte hervorzuheben:

– Ein asynchroner Reset setzt das Schiebe- und das Parallelregister zurück.
– Das eigentliche Schieben erfolgt durch Verwendung des Verkettungsoperators & so, dass die ursprünglich niederwertigen N − 1 Bits INTREG(N − 2 downto 0) bei steigender Taktflanke nun als höherwertige Bits dienen und das serielle Datenbit SE rechts als LSB angehängt wird.
– Der Kopiervorgang in das Auffangregister erfolgt taktsynchron, sofern das Steuersignal X = 1 ist. In diesem Fall wird nicht geschoben.

In der in Bild 16.4 dargestellten Simulation des 3-Bit-Umsetzers wird durch externe Stimuli am Schiebeeingang SE zunächst die Bitfolge 1 0 0 angelegt und das Steuersignal X vor dem vierten Takt auf 1 gelegt. Wie erwartet erhält man am Parallelausgang REG den Wert 0x4. Das komplette Einlesen von N Bits mit nachfolgender Kopie an das Auffangregister erfordert also N + 1 Takte. Die Simulation zeigt für t > 200 ns auch, dass es zu jedem Zeitpunkt möglich ist, das Schieberegister auszulesen: Bei X = 0 wird erneut die serielle Bitfolge 1 0 0 angelegt, aber bereits beim zweiten Takt dieser Sequenz auf X = 1 umgeschaltet, sodass das Parallelregister den Wert 0x1 anzeigt.

Listing 16.1: Verhaltensmodell eines parametrisierbaren Serien-Parallel-Umsetzers

```vhdl
entity SER_PAR is
   generic(N : natural :=3);        -- Anzahl der Bits, voreingestellt: 3
   port( CLK, SE, RESET, X: in bit;
         REG: out bit_vector(N-1 downto 0)); -- N Register Flipflops
end SER_PAR;


architecture VERHALTEN of SER_PAR is
signal INTREG: bit_vector(N-1 downto 0);   -- N Schieberegister Flipflops


begin
P1: process(CLK, RESET)
begin
   if RESET='1' then                        -- async. Reset
      INTREG <= (others => '0') after 5 ns;
      REG <= (others => '0') after 5 ns;
   elsif (CLK='1' and CLK'event) then       -- bei ansteigender Flanke
      if X='0' then
         INTREG <= INTREG(N-2 downto 0) & SE after 5 ns;-- Links schieben
      else
         REG <= INTREG after 5 ns;          -- ins Pufferregister
      end if;
   end if;
end process P1;
end VERHALTEN;
```

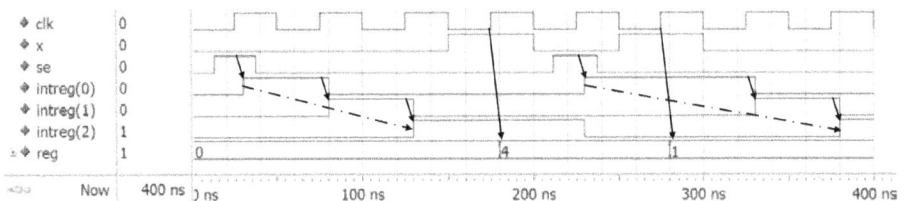

Bild 16.4: Simulationsergebnis eines 3-Bit-Serien-Parallel-Umsetzers. Das taktsynchrone Links-Schieben des 1-Bits vom niederwertigen zum höchstwertigen Bit ist durch gestrichelte Pfeile angedeutet

16.4 Parallel-Serien-Umsetzer

Das Pendant des Serien-Parallel-Umsetzers ist ein Parallel-Serien-Umsetzer.

> Ein Parallel-Serien-Umsetzer hat die Aufgabe, ein paralleles N-Bit-Datenwort in einen seriellen Datenstrom von N Bit umzusetzen.

Exemplarisch zeigt Bild 16.5 das Schaltsymbol eines 8-Bit-Serien-Parallel-Umsetzers in Abhängigkeitsnotation. Der Baustein besitzt neben dem H-aktiven asynchronen Reset zwei Betriebsarten:

- M1: Falls das Vorbereitungssignal X = 0 ist, so wird in das niederwertigste Schieberegisterbit eine 0 geladen und die weiteren Bits werden zum jeweils nächst höherwertigen verschoben.
- M2: Falls das Vorbereitungssignal X = 1 ist, so werden die am Dateneingang E anliegenden Bits in das Schieberegistersignal geladen.

In jedem Fall wird der Inhalt des höchstwertigen Schieberregisterbits als Schiebeausgangssignal SA nach außen geführt.

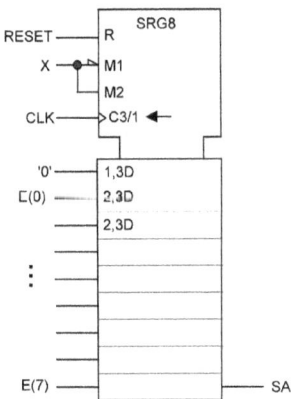

Bild 16.5: Schaltsymbol eines 8-Bit-Parallel-Serien-Umsetzers

Bei der manuellen Implementierung dieser Funktionalität sind die Flipflop-Ausgänge nicht mehr direkt mit den Eingängen der nachfolgenden Flipflop-Stufe verbunden, sondern über ein Vorbereitungsschaltnetz. Dieses hat die Funktion eines Multiplexers: In der i-ten Stufe dient bei X = 0 der interne Flipflop-Ausgang INTREG(I − 1) als Dateneingang und bei X = 1 das Eingangssignal E(I). Dies zeigt die Tabelle 16.2. Die Kopplung der Flipflops über das Vorbereitungsschaltnetz ist in Bild 16.6a dargestellt und die Minimierung der Schaltnetzfunktion in Bild 16.6b. Damit erhält man die in Bild 16.7 als Ausschnitt dargestellte innere Struktur eines N-Bit-Serien-Parallel-Umsetzers.

Tab. 16.2: Wahrheitstabelle für das Vorbereitungsschaltnetz der i-ten Stufe eines Serien-Parallel-Umsetzers

X	INTREG(I − 1)	E(I)	D(I)
0	0	0	0
0	0	1	0
0	1	0	1
0	1	1	1
1	0	0	0
1	0	1	1
1	1	0	0
1	1	1	1

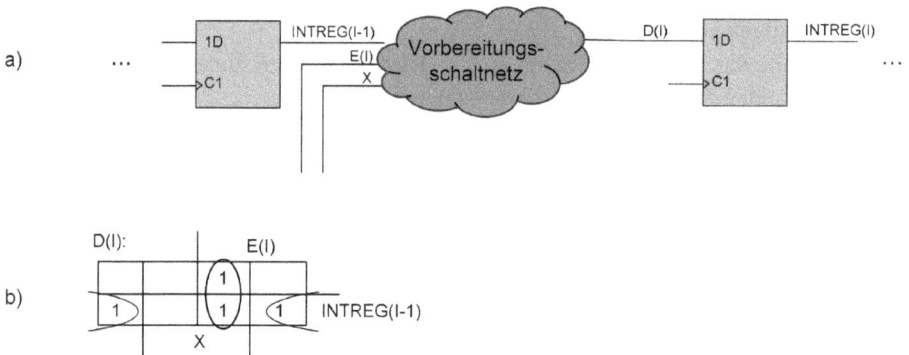

Bild 16.6: Struktur a) und Minimierung b) der Übergangslogik des Vorbereitungsschaltnetzes beim Parallel-Serien-Umsetzer

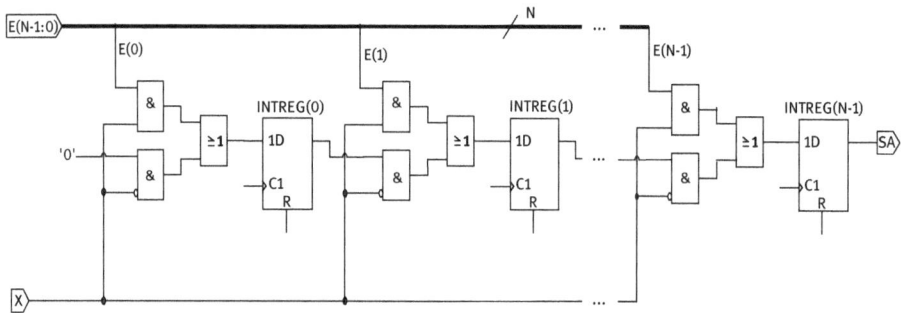

Bild 16.7: Struktur eines N-Bit-Parallel-Serien-Umsetzers. Die Vorbereitungsschaltnetze haben die Funktion von Multiplexern, die durch das Signal X gesteuert werden. Man beachte, dass aus Gründen der Übersichtlichkeit die CLK- und RESET-Netzwerke weggelassen wurden

Listing 16.2: Verhaltensmodell eines N-Bit-Parallel-Serien-Umsetzers

```vhdl
entity PAR_SER is
        generic(N : natural :=3);    -- Anzahl der Bits, voreingestellt: 3
        port( CLK, RESET, X: in bit;
                E: in bit_vector(N-1 downto 0);
                SA: out bit);
end PAR_SER;
architecture VERHALTEN of PAR_SER is
signal INTREG: bit_vector(N-1 downto 0);
begin
P1: process(CLK, RESET)
begin
   if RESET='1' then
      INTREG <= (others => '0') after 5 ns;
   elsif (CLK='1' and CLK'event) then    -- taktsynchron
      if X='1' then
         -- Daten laden:
         INTREG <= E after 5 ns;
      else
         -- LINKS schieben:
         INTREG <= INTREG(N-2 downto 0) & '0' after 5 ns;
      end if;
   end if;
end process P1;
SA   <= INTREG(N-1);                     -- Schiebeausgang
end VERHALTEN;
```

In dem in Listing 16.2 dargestellten Verhaltensmodell lässt sich die Bitbreite über den generic-Parameter N parametrisieren. In diesem Modell ist hervorzuheben, dass die Modellierung des Vorbereitungsschaltnetzes nicht durch einen gesonderten kombinatorischen Prozess erfolgt, sondern innerhalb des getakteten Prozesses. In dem hier verwendeten, erweiterten RTL-Konzept wird die innere if-Anweisung, die den Signalwert von X abfragt, also korrekt zu einer kombinatorischen Logik am D-Eingang der Flipflops synthetisiert.

Im erweiterten RTL-Konzept kann eine kombinatorische Vorbereitungslogik synthesegerecht auch innerhalb eines getakteten Prozesses modelliert werden.

Die externen Stimuli für die in Bild 16.8 dargestellte Simulation eines 3-Bit-Parallel-Serien-Umsetzers sehen bei t = 25 ns das Laden der Zahl 0x5 und bei t = 225 ns das Laden der Zahl 0x3 vor. Durch die Links-Schiebefunktion erscheinen diese Zahlen taktsynchron bitseriell am Schiebeausgang SA so, dass direkt nach dem Laden zuerst das MSB und nach zwei weiteren Takten das LSB dargestellt wird.

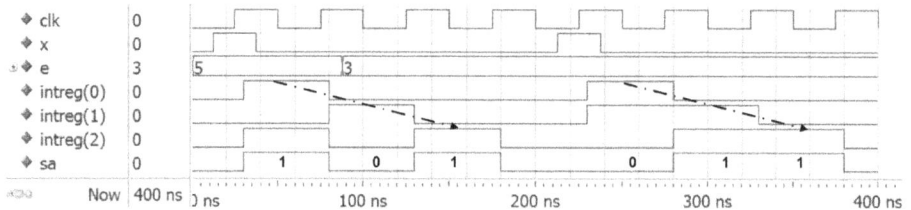

Bild 16.8: Simulation eines 3-Bit-Parallel-Serien-Umsetzers

16.5 Zähler mit Schieberegistern

Die Anwendung von Schieberegistern als Serien-Parallel- bzw. Parallel-Serien-Umsetzer ist eine typische Datenpfadoperation. Aber auch Steuerpfadoperationen lassen sich mit Schieberegistern realisieren: Ein Schieberegister kann mit sehr einfacher kombinatorischer Logik so verknüpft werden, dass damit ein zyklisches Zustandsdiagramm abgebildet werden kann. In diesem Fall spricht man von einem Schieberegisterzähler. Im Gegensatz zu Binärzählern haben diese aber den Nachteil, dass sie nicht in auf- oder absteigender Binärzahlenfolge zählen, sondern in anderweitig codierter Form. Der besondere Vorteil derartiger Zähler liegt in dem sehr einfachen Übergangsschaltnetz, welches nicht nur einen minimalen Hardwareaufwand garantiert, sondern auch eine hohe Taktfrequenz.

16.5.1 Ringzähler

Die einfachste Struktur eines Links-Schieberegisterzählers ist die direkte Rückkopplung des MSBs auf den Eingang (vgl. Bild 16.9). Dabei handelt es sich um einen einfachen Ringzähler. Um sicherzustellen, dass in dieser Struktur nicht nur Nullen geschoben werden, wird das niederwertigste Bit bei einem asynchronen Reset mit einer 1 geladen (Preset).

Das zugehörige VHDL-Modell zeigt Listing 16.3. und die dazugehörige Simulation ist in Bild 16.10 dargestellt. Deutlich ist der zyklische Umlauf der durch einen asynchronen Reset geladenen 1 bis t = 500 ns erkennbar. Da in diesen Zuständen jeweils nur ein Bit gesetzt ist, ist dies eine One-Hot-Codierung der Zustände.

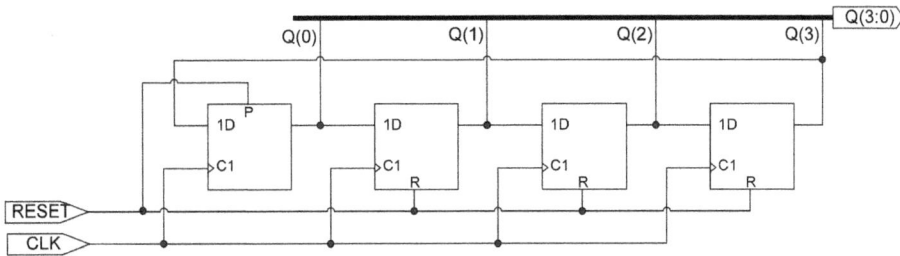

Bild 16.9: Struktur eines 4-Bit-Ringzählers mit einer einzelnen zirkulierenden Eins

Listing 16.3: VHDL-Modell eines 4-Bit-Ringzählers mit einer einzelnen, zirkulierenden Eins

```vhdl
entity RING_CTR is
    port( CLK, RESET : in bit;
          Q : out bit_vector(3 downto 0)
          );
end RING_CTR;
architecture VERHALTEN of RING_CTR is
signal QINT: bit_vector(3 downto 0);
signal SERIAL_IN : bit;
signal D: bit_vector(3 downto 0) := "0001";

begin

P1: process(CLK, RESET)
begin
    if RESET = '1' then
        QINT <= D after 5 ns;
    elsif CLK='1' and CLK'event then
        QINT <= QINT(2 downto 0) & SERIAL_IN after 5 ns;
    end if;
end process P1;

SERIAL_IN <= QINT(3);     -- zyklische Rückkopplung

Q <= QINT;                -- Kopie als Ausgangssignal
end VERHALTEN;
```

Bei t = 520 ns wird eine Störung des Zählers simuliert: Durch ein externes Stimu-lussignal wird das Schieberegister mit dem Wert 0x3 geladen. Da nun zwei Bits gesetzt sind, ist dies kein erlaubter Zustand und in Folge durchläuft der Zähler Pseudozustän-de, ohne je wieder in den regulären Zyklus zurückzukehren.

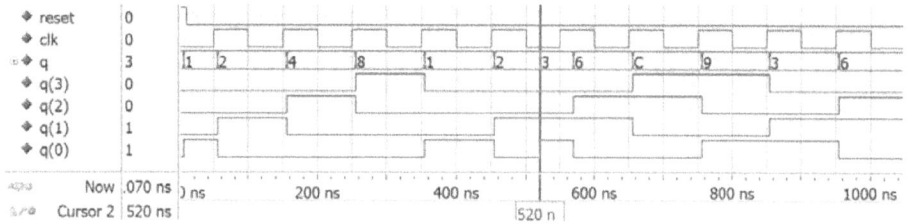

Bild 16.10: Simulation des VHDL-Modells aus Listing 16.3 für N = 4 Bit; Auftreten einer Störung bei t = 520 ns

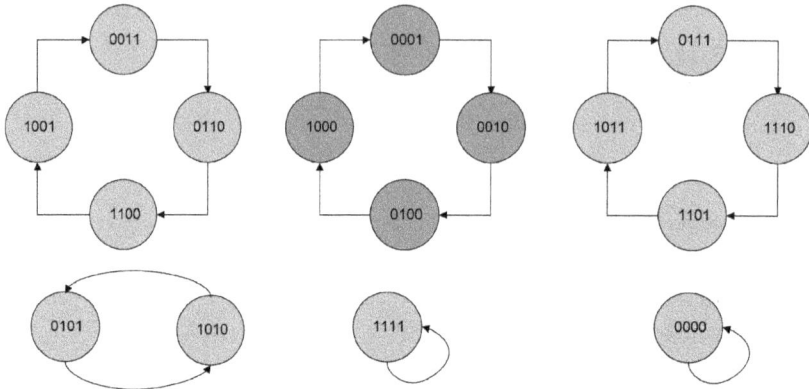

Bild 16.11: Vollständiges Zustandsdiagramm für den Ringzähler aus Bild 16.9

Das in Bild 16.11 dargestellte vollständige Zustandsdiagramm verdeutlicht dieses Problem: Mit vier Flipflops sind 16 Zustände möglich, von denen aber nur vier zum regulären zyklischen Ablauf[2] gehören (dunkler markiert). Die anderen zwölf Zustände sind Pseudozustände, aus denen es keine Rückkehr in den regulären Zyklus gibt. So zeigt die in Bild 16.10 dargestellte Störung mit dem Wert 0x3 das zyklische Durchlaufen der in Bild 16.11 links oben dargestellten Zustandsfolge 0x3, 0x6, 0xC, 0x9.... Die Rückkehr in den regulären zyklischen Ablauf ist entweder durch einen Reset oder besser durch eine Selbstkorrekturschaltung möglich. Ein Beispiel dafür ist der nachfolgend vorgestellte Johnson-Zähler.

---

2 Als regulär wurde hier ein geschlossener Ablauf definiert, der genau eine 1 enthält. Das Zustandsdiagramm zeigt aber auch, dass andere geschlossene Abläufe mit zwei oder drei zirkulierenden Einsen denkbar sind.

16.5.2 Johnson-Zähler

Die Effizienz des einfachen 4-Bit-Ringzählers als Zustandsautomat ist insofern nicht besonders groß, da von den 16 Zuständen nur vier genutzt werden können. Die Anzahl der nutzbaren Zustände lässt sich jedoch auf acht verdoppeln, wenn in die Rückführungsleitung ein Inverter gelegt wird, dessen Auswirkung auf die maximal erreichbare Taktfrequenz als gering einzuschätzen ist. Dies ist die Struktur eines Johnson-Zählers, der auch als Twisted-Ring-Zähler bezeichnet wird.

In dem in Bild 16.12 dargestellten Zustandsdiagramm eines 4-Bit-Johnson-Zählers sind zwei Zyklen erkennbar: Die dunkelgrau dargestellten Zustände entsprechen dem regulären zyklischen Ablauf und die anderen Zustände dem zyklischen Ablauf durch Pseudozustände, nachdem der Zähler gestört wurde.

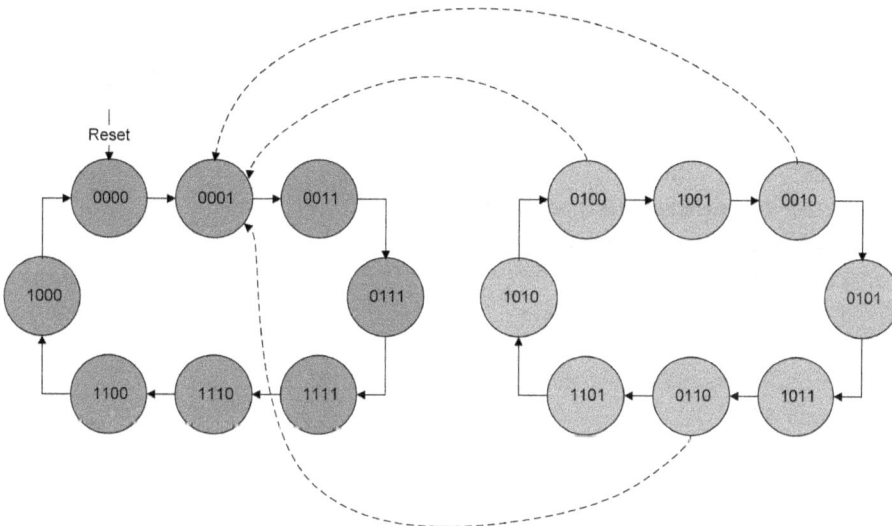

Bild 16.12: Zustandsdiagramm eines 4-Bit-Johnson-Zählers. Die regulären Zustände sind dunkelgrau markiert. Zustandsübergänge, die durch das Korrekturschaltnetz realisiert werden, sind gestrichelt dargestellt

Die Analyse dieses Zustandsdiagramms ergibt, dass es im Normalfall nur einen Zustand mit der Bitkombination 0xx0 gibt, nämlich 0000. Dieser Zustand wird gefolgt von 0001. Im gestörten Zyklus existieren hingegen mehrere Zustände mit der Kombination 0xx0, sodass in einem Selbstkorrekturschaltnetz die Dekodierung der Kombination 0xx0 als Ladebedingung für den Zustand 0001 genutzt werden kann. Die in Bild 16.12 gestrichelt dargestellten Zustandsübergänge beschreiben dieses Verhalten. Dadurch wird der zyklische Ablauf der Pseudozustände aufgelöst und der Zähler geht nach spätestens zwei Taktzyklen in einen Zustand 0xx0 und mit dem nachfolgenden Takt in den regulären Zustand 0001.

Listing 16.4: VHDL-Modell eines N-Bit-Johnson-Zählers mit Korrekturschaltnetz

```vhdl
entity JOHNSON_CTR is
   generic(N : natural :=4);        -- Anzahl der Bits, voreingestellt: 4
   port( CLK, RESET : in bit;
         Q : out bit_vector(N-1 downto 0)
         );
end JOHNSON_CTR;


architecture VERHALTEN of JOHNSON_CTR is
signal QINT: bit_vector(N-1 downto 0);
signal D: bit_vector(N-1 downto 0);
signal SERIAL_IN: bit;
begin
D(N-1 downto 1) <= (others=>'0');
D(0) <= '1';                                     -- Anfangszustand 0001
P1: process(CLK, RESET)
begin
   if RESET ='1' then
     QINT <= (others=>'0') after 5 ns;
   elsif CLK='1' and CLK'event then
     if (QINT(N-1)='0' and QINT(0)='0') then -- Korrektur erforderlich
       QINT <= D after 5 ns;
     else
       QINT <= (QINT(N-2 downto 0) & SERIAL_IN) after 5 ns;
     end if;
   end if;
end process P1;


SERIAL_IN <= not QINT(N-1) after 5 ns; -- Inverter in der Rueckfuehrung
Q <= QINT;    -- Kopie als Ausgangssignal
end VERHALTEN;
```

Das Listing 16.4 zeigt das Verhaltensmodell eines N-Bit-Johnson-Zählers mit dem so beschriebenen Korrekturschaltnetz. Darin sind zwei Punkte zu beachten:

– Das Laden des Anfangszustands D erfolgt taktsynchron immer dann, wenn unabhängig von der Bitbreite des Zählers das höchst- und das niederwertigste Bit gleichzeitig 0 sind. Andernfalls wird nach links geschoben.

– Durch die Parametrisierung mit der Bitbreite N ist es nicht möglich, der Konstanten D den Wert 0001 durch eine Konstantendeklaration zuzuweisen, da die Anzahl der führenden Nullen variabel ist. Mit dem others-Konstrukt lassen sich gleiche

Werte variabler Länge nur am Ende eines Vektors spezifizieren. Bei der hier gewählten Initialisierung muss dort jedoch eine 1 stehen. Aus diesem Grunde erfolgt
die Zuweisung der Bit- bzw. Bitvektorkonstanten getrennt in zwei nebenläufigen
Signalzuweisungen am Beginn der architecture.

Bild 16.13 zeigt die Simulation eines 4-Bit-Johnson-Zählers. Im Zeitbereich bis t =
900 ns erfolgt ein zyklischer Durchlauf durch die in Bild 16.12 dunkelgrau dargestellten regulären Zustände. Bei t = 920 ns wird durch externe Stimuli eine Störung
injiziert und der Zähler kommt mit dem dritten Takt in den regulären Zyklus zurück.

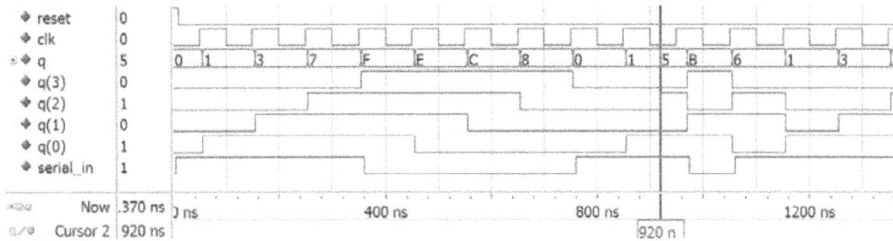

Bild 16.13: Simulation eines 4-Bit-Johnson-Zählers mit Korrekturschaltnetz. Bei t = 920 ns wird ein
Störungszustand eingenommen, dieser geht jedoch drei Takte später in die reguläre Zustandsfolge
über

Durch andere Wahl der seriellen Rückkopplung lassen sich weitere Zähler aufbauen.
So wird z. B. durch die Signalzuweisung

```
SERIAL_IN <= not QINT(3) and not QINT(2) and not QINT(1);
```

ein mod-6-Zähler realisiert, bei dem das niederwertige Bit nur dann mit einer 1 geladen wird, wenn alle höherwertigen Zustandsbits gleichzeitig 0 sind. Mit dieser Schaltung wird außerdem erreicht, dass jeder Pseudozustand in spätestens 3 Takten in den
regulären zyklischen Ablauf zurückkehrt (vgl. Aufgabe 16.2).

16.6 Linear rückgekoppelte Schieberegister

Die bisher dargestellten Schieberegisterzähler haben den prinzipiellen Nachteil, dass
mit ihnen nur ein Bruchteil der prinzipiell erreichbaren 2^N Zustände erreichbar ist.
Durch ein Schieberegister mit linearer Rückkopplung (engl. Linear Feedback Shift Register, LFSR) kann die Anzahl der zyklischen Zustände auf maximal $2^N - 1$ erweitert
werden. Man spricht dann von einem LFSR mit maximaler Zykluslänge und die Abfolge der Zahlenwerte kann als Abfolge von Pseudozufallszahlen interpretiert werden.

Praktische Anwendung finden LFSRs auf mehreren Gebieten, von denen hier nur drei genannt seien:

- Auf dem Gebiet der Kanalcodierung werden sogenannte CRC-Codes (engl. Cyclic Redundancy Check) eingesetzt, um Übertragungsfehler zu erkennen bzw. zu korrigieren (vgl. Kapitel 9.5). CRC-Decoder werden als LFSR aufgebaut [1].
- Bei der Erzeugung von „zufälligen" Testmustern bzw. für die künstliche Erzeugung eines Rauschsignals beim Test bzw. der Selbstdiagnose integrierter Schaltungen [1].
- In der Kryptologie (Verschlüsselungstechnik). Wegen der Linearität der erzeugten Folgen ist die Qualität der mit LFSRs erzeugten Pseudozufallszahlen jedoch außerordentlich schlecht, sodass die Rückkopplung nur in Verbindung mit nichtlinearen Rückkopplungsfunktionen eingesetzt wird.

Die theoretische Grundlage für den Entwurf von LFSRs wurde bereits im 17. Jahrhundert durch den französischen Mathematiker E. Galois gelegt. Die Nutzung dieser Theorie für die Digitaltechnik führt dazu, dass sich ein Zähler mit maximaler Zykluslänge dann aufbauen lässt, wenn der Schiebeeingang durch die Summe spezieller Ausgangsbits modulo 2 berechnet wird. In der Praxis bedeutet dies eine XOR-Verknüpfung spezieller Schieberegisterausgänge, die als charakteristisches Polynom bezeichnet wird. Der Pseudozustand 0...0 gehört in keinem Fall zur Zustandsfolge, da dessen XOR-Verknüpfung eine 0 und damit keine Zustandsänderung liefert.

Ohne auf die Methode zur Herleitung der charakteristischen Polynome eingehen zu wollen, lässt sich jedoch festhalten, dass es im Regelfall für eine gegebene Bitzahl N mehrere solcher Polynome gibt. Jedes führt zu einer unterschiedlichen Abfolge der Zyklen, also zu einer unterschiedlichen Pseudozufallszahlenfolge. In der Tabelle 16.3 ist für einige Bitbreiten N jeweils nur ein charakteristisches Polynom, also eine spezielle Rückführungsgleichung aufgelistet. Mit diesen Gleichungen lassen sich einfache Pseudozufallszahlengeneratoren mit einer Länge von $2^N - 1$ Zuständen aufbauen.

Tab. 16.3: Rückkopplungsgleichungen für Pseudozufallszahlengeneratoren mit maximaler Länge [45]

N	SERIAL_IN	Zykluslänge
2	Q(1) ↔ Q(0)	3
3	Q(2) ↔ Q(1)	7
4	Q(3) ↔ Q(2)	15
5	Q(4) ↔ Q(2)	31
8	Q(7) ↔ Q(3) ↔ Q(2) ↔ Q(1)	255
16	Q(15) ↔ Q(13) ↔ Q(12) ↔ Q(10)	65535
32	Q(31) ↔ Q(30) ↔ Q(29) ↔ Q(9)	$2^{32} - 1$

Listing 16.5: VHDL-Modell eines 4-Bit-Pseudozufallszahlengenerators

```
-- 4-Bit LFSR als Pseudozufallszahlengenerator
entity RAND_LFSR is
   port( CLK, RESET : in bit;
         Q : out bit_vector(3 downto 0)
         );
end RAND_LFSR;
architecture VERHALTEN of RAND_LFSR is
signal QINT: bit_vector(3 downto 0);
signal SERIAL_IN: bit;

begin
P1: process(CLK, RESET)
begin
   if RESET ='1' then
   QINT <= "0001" after 5 ns;
   elsif CLK='1' and CLK'event then
      if QINT = "0000" then
         QINT <= "0001" after 5 ns;
      else
         QINT <= (QINT(2 downto 0) & SERIAL_IN) after 5 ns;
      end if;
   end if;
end process P1;


-- 4-Bit Rückkopplungsschaltnetz
SERIAL_IN <= QINT(3) xor QINT(2) after 5 ns;
Q <= QINT;    -- Kopie als Ausgangssignal
end VERHALTEN;
```

In der in Bild 16.14 dargestellten Schaltung eines 4-Bit-Pseudozufallszahlengene-
rators erfolgt die Rückkopplung durch die XOR-Verknüpfung der Bits Q(3) und Q(2)
(vgl. Tabelle 16.3). In dem in Listing 16.5 angegebenen Simulationsmodell, welches
diese Gleichung mit dem internen Signal QINT modelliert, ist darüber hinausgehend
ein Korrekturschaltnetz implementiert, welches den Pseudozustand 0000 taktsynchron in den Anfangszustand 0001 überführt.

Die in Bild 16.15 dargestellte Simulation zeigt die aus 15 Zuständen bestehende
Pseudozufallszahlenfolge bis t = 1820 ns. Zu diesem Zeitpunkt wird durch externe
Stimuli der irreguläre Zustand 0 erzwungen, der wegen des Korrekturschaltnetzes jedoch bereits im folgenden Takt den Beginn einer neuen, mit 1 beginnenden Pseudozufallszahlenfolge markiert.

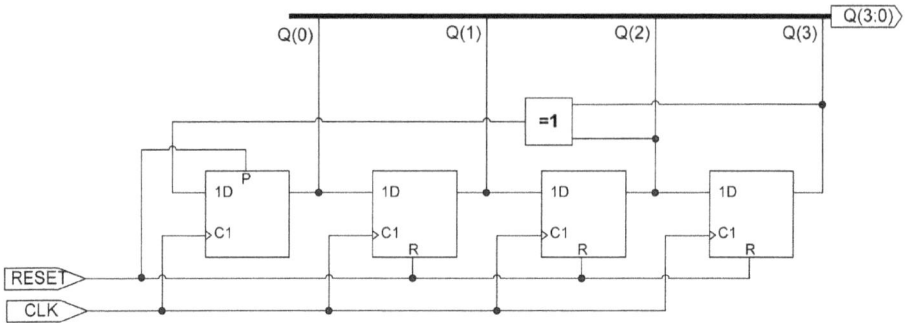

Bild 16.14: Aufbau eines 4-Bit-Pseudozufallszahlengenerators mit maximaler Länge

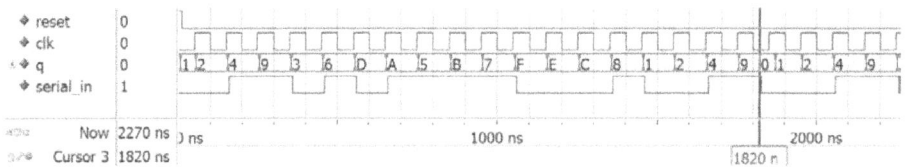

Bild 16.15: Simulation des 4-Bit-Pseudozufallszahlengenerators. Bei t = 1820 ns geht der Generator durch eine Störung in den Pseudozustand 0x0, der aber durch das Korrekturschaltnetz bei der nächsten Taktflanke wieder verlassen wird

16.7 Dynamisch adressierbare Schieberegister

Einige FPGA-Anwendungen, wie z. B. FIR-Filter erfordern ein dynamisch adressierbares Schieberegister. Dies bedeutet, dass die einzelnen Flipflop-Ausgänge eines Schieberegister selektierbar sind. Für diesen Zweck hat die Fa. Xilinx ihre LUT-Strukturen durch eine Schieberegisterkette ergänzt. Derartige LUTs finden sich in besonderen CLB-Slices, die mit SLICEM bezeichnet sind. Das Bild 16.16 zeigt die Architektur eines solchen 16-Bit-Schieberegisters, welches als SRL16E bezeichnet wird:

- Innerhalb der LUT befinden sich 16 Flipflops, die in Form eines Schieberegisters untereinander verbunden sind. Bei einer als kombinatorischen Logik genutzten LUT4 haben diese Flipflops die Aufgabe, den bei SRAM-FPGAs erforderlichen seriellen Datenstrom der Konfigurationsbits abzuspeichern, um damit eine von 65536 Wahrheitstabellen zu selektieren (vgl. Bild 3.11).
- Wenn die LUT4 als SRL16E genutzt wird, so werden die Daten über den Dateneingang DIN taktsynchron in das Schieberegister hinein getaktet (in Bild 16.16 nicht dargestellt ist die Möglichkeit eines Clock-Enable). Durch Anlegen einer Adresse an die vier LUT-Eingänge wird der Inhalt des adressierten Flipflops an den Ausgang Y gelegt.

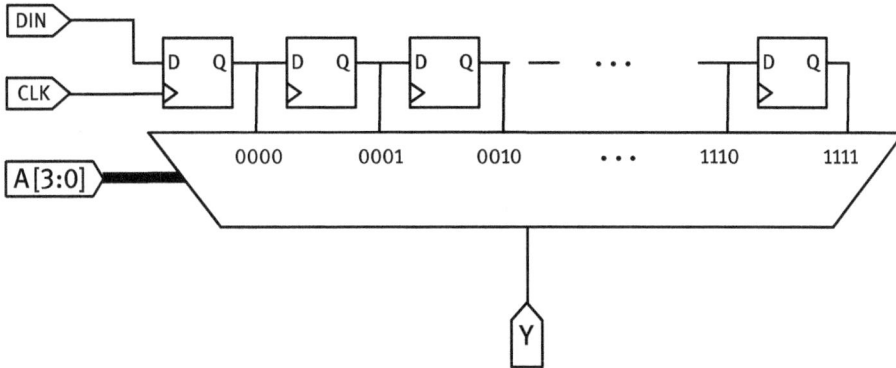

Bild 16.16: Verwendung einer LUT4 in einem SLICEM als dynamisch adressierbares Schieberegister SRL16E

-   Die in Bild 16.16 dargestellten Flipflops können nur durch das GSR-Signal (vgl. Kapitel 13.1.2) konfiguriert werden, sie besitzen keinen Reseteingang, was bei der VHDL-Codierung unbedingt berücksichtigt werden muss.
-   In den modernen Series-7-FPGAs besitzen die LUTs sechs Eingänge und haben auch zwei kombinatorische Ausgänge. Daher finden in diesen FPGAs in einer LUT6 zwei SRL16E-Komponenten Platz.

Das Listing 16.6 zeigt das VHDL-Modell eines dynamisch über 4-Bit-Adressen A1 und A2 adressierbaren Schieberegisters für vorzeichenbehaftete 16-Bit-Zahlen, welches für jede der beiden Adressen die Schieberegisterinhalte ausgibt. In diesem Listing sind die folgenden Details hervorzuheben:

-   Mithilfe einer Typvereinbarung wird die Struktur eines N = 10 Elemente umfassenden Schieberegisters für die 16-Bit-Zahlen definiert.
-   Zu diesem Typ wird das Schieberegister DELAY deklariert, welches bei der FPGA-Programmierung durch das FPGA-interne GSR-Signal in allen Elementen und allen Bitstellen mit '0' initialisiert wird.
-   Der taktsynchrone Prozess P1 darf kein Resetsignal besitzen, da sonst keine SRL16E-Komponenten instanziiert werden können. Das Schieben und die Übernahme der Daten am Eingang DIN erfolgt nur, wenn das Freigabesignal NEW_ SAMPLE gesetzt ist.
-   Das Schieben selbst wird durch eine for-loop-Instruktion realisiert. Der darin verwendete Schleifenindex K ist implizit deklariert.
-   Die Auswahl der an den Ausgängen Y1 und Y2 auszugebenden 16-Bit-Zahlen erfolgt kombinatorisch mit nebenläufigen Signalzuweisungen, in denen als Index eine Adresse im integer-Format anzugeben ist.

Listing 16.6: VHDL-Modell eines dynamisch adressierbaren Schieberegisters mit einer Tiefe von N = 10 für vorzeichenbehaftete 16-Bit-Zahlen. Es können die Inhalte zweier Adressen ausgegeben werden

```vhdl
library ieee;
use ieee.std_logic_1164.all;
use ieee.numeric_std.all;

entity SRL16_BSP is
generic(N : integer := 10);  -- SRG-Tiefe
port(CLK, NEW_SAMPLE: in bit;
     DIN: in signed(15 downto 0);
     A1: in integer range 0 to N-1; -- 1. Adresse
     A2: in integer range 0 to N-1; -- 2. Adresse
     Y1: out signed(15 downto 0);
     Y2: out signed(15 downto 0)
     );
end SRL16_BSP;

architecture ARCH of SRL16_BSP is
type SRG_TYPE is array(0 to N-1) of signed(15 downto 0);
signal DELAY : SRG_TYPE := (others=> (others=>'0'));

begin
P1: process(CLK)
begin
   if CLK='1' and CLK'event then
      if NEW_SAMPLE = '1' then -- Rechts Schieben der Samples
         for K in N-1 downto 1 loop
            DELAY(K) <= DELAY(K-1);
         end loop;
         DELAY(0) <= DIN;
      end if;
   end if;
end process P1;
Y1 <= DELAY(A1); -- Auslesen 1. Adresse kombinatorisch
Y2 <= DELAY(A2); -- Auslesen 2. Adresse kombinatorisch
end ARCH;
```

Die Synthese und Implementierung mit Vivado ergibt für den VHDL-Code in Listing 16.6, dass nur 16 SRL16E-Komponenten benötigt werden, für jedes der 16 Bits der Signale Y1 und Y2 eine. Weitere LUTs oder CLB-Flipflops sind nicht erforderlich. Da jede SRL16E-Komponente zwei Ausgangssignale Y1(i) und Y2(i) benötigt, können in einer LUT6 nicht zwei dieser Komponenten aufgenommen werden, womit damit auch 16 LUT6s erforderlich sind, die in vier SLICEM-Modulen platziert sind.

16.8 Vertiefende Aufgaben

A **Aufgabe 16.1:** Beantworten Sie die folgenden Verständnisfragen:

a) Welches ist das wesentliche Bauelement von Serien-Parallel-Umsetzern?

b) Wie viele Zustände besitzt ein aus 16 D-Flipflops aufgebauter Johnson-Zähler? Wie viele Zustände besitzt ein aus 16 D-Flipflops aufgebauter Binärzähler?

c) Welche Vorteile besitzt ein Johnson-Zähler im Vergleich zu einem Binärzähler?

d) Schreiben Sie die wesentlichen Anweisungen auf, mit denen sich in VHDL sehr effektiv ein Rechts-Schieberegister modellieren lässt.

e) Welche charakteristischen Eigenschaften besitzen LFSR-Schaltungen?

f) Nehmen Sie für die Verzögerungszeit der D-Flipflops eines 4-Bit-Rechts-Schiebe-registers t_{pd} = 1 ns und für die Taktverzögerung zwischen den in Serie geschalte-ten Flipflops jeweils t_{Skew} = −2 ns an.
Skizzieren Sie das zeitliche Verhalten an allen Flipflop-Ausgängen, wenn Sie vor der ersten steigenden Flanke nach dem Reset am Eingang des ersten Flipflops ei-ne 1 anlegen. Skizzieren Sie das zeitliche Verhalten auch für den Fall, dass die Taktverzögerung t_{Skew} = +2 ns beträgt. ∎

A **Aufgabe 16.2:** Zeichnen Sie das vollständige Zustandsdiagramm eines einfachen 4-Bit-Ringzählers mit Links-Schieberegister und Resetzustand 0x0, dessen Rückfüh-rungslogik durch die logische Gleichung SERIAL_IN = $\overline{\text{QINT}(3) \vee \text{QINT}(2) \vee \text{QINT}(1)}$ gegeben ist. Bestimmen Sie die Zykluslänge des Zählers und erstellen Sie das zugehö-rige Simulationsmodell. Verifizieren Sie, dass der Zähler aus allen Pseudozuständen in spätestens 3 Takten in den regulären zyklischen Ablauf zurückkehrt. ∎

A **Aufgabe 16.3:** Entwerfen Sie das VHDL-Modell eines 8-Bit-Pseudozufallszahlenge-rators mit maximaler Zykluslänge und Selbstkorrekturschaltnetz. Bestimmen Sie im Response-Monitor einer Testbench die Zykluslänge der Pseudozufallszahlenfolge. ∎

A **Aufgabe 16.4:** Konstruieren Sie ein aus D-Flipflops aufgebautes Links-Schieberegis-ter mit Rückkopplungsschaltnetz so, dass am Ausgang SA die Zeichenfolge 010011 periodisch erscheint. Wie viele D-Flipflops werden benötigt? Erstellen Sie ein VHDL-Modell für die Schaltung und verifizieren Sie die korrekte Funktionalität.

Lösungshinweis: Schreiben Sie die Folgezustandstabelle so, dass Sie für das höchstwertige Bit Q(N − 1) auf der linken Seite die gewünschte Folge von oben nach unten eintragen. Nachfolgend werden nun die Spalten Q(N − 2), Q(N − 3),... so er-gänzt, dass die Schieberegisterfunktionalität gegeben ist. Ergänzen Sie nun die rechte Seite der Tabelle durch die Folgezustände Q(I)$^+$. Minimieren Sie nun das Rückkopp-lungsschaltnetz Q(0)$^+$. ∎

A **Aufgabe 16.5:** Das vollständige Zustandsdiagramm eines 3-Bit-Links-Schieberegisters ist in Bild 16.17 dargestellt. Entwerfen Sie unter Verwendung dieses Zustandsdiagramms einen mod-8-Zähler. Suchen Sie dazu innerhalb des Diagramms eine zyklische Zustandsfolge mit acht Zuständen. Tragen Sie diese Folge auf der linken Seite einer Folgezustandstabelle ein. Fügen Sie auf der rechten Seite das Signal SE = $Q0^+$ hinzu und bestimmen Sie die minimierte Schaltfunktion.

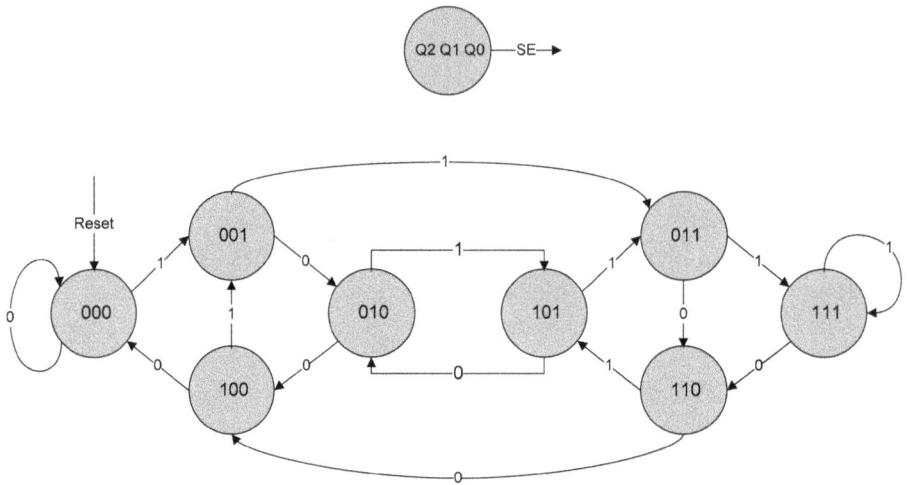

Bild 16.17: Vollständiges Zustandsdiagramm eines 3-Bit-Links-Schieberegisters mit beliebigem Rückführungsschaltnetz ∎

A **Aufgabe 16.6:** Entwerfen Sie das VHDL-Modell eines seriellen Multiplizierers, der den Multiplikationsalgorithmus aus Bild 11.17 mit Schieberegistern implementiert: In jedem Takt soll das jeweils niederwertigste Multiplikatorbit mit dem Multiplikanden multipliziert werden und dieses Partialprodukt mit einem Volladdierer und zwei D-Flipflops akkumuliert werden. Die Ergebnisbits sind in einem der beiden Operandenschieberegister ohne Genauigkeitsverlust zu speichern. ∎

A **Aufgabe 16.7:** Mit einem prellenden Taster (vgl. Aufgabe 12.5), der vom Massepotenzial nach Vdd geschaltet werden kann, soll ein langsames manuelles Taktsignal einer FPGA-Zählerschaltung erzeugt werden. Leider wurden auf dem FPGA-Board jedoch keine Pull-Up- bzw. Pull-Down-Widerstände vorgesehen, sodass die einzelnen Zählschritte nicht sicher eingestellt werden können. Der Schalter wurde so charakterisiert, dass das Prellen nicht länger als 1 μs dauert. Das FPGA-Board besitzt einen 50-MHz-Oszillator, mit dem das VHDL-Modell einer Schieberegisterschaltung betrieben werden soll, die ein prellfreies manuelles Taktsignal erzeugt. Vergleichen Sie den Hardwareimplementierungsaufwand Ihrer Lösung mit der aus Aufgabe 15.10. ∎

17 Kommunikation zwischen digitalen Teilsystemen

17.1 Lernziele

Bei den bisherigen Betrachtungen wurde stillschweigend davon ausgegangen, dass alle synchronen Teile eines digitalen Systems gemäß dem Register-Transfer-Logik-Konzept und mit einem einzigen Taktsignal betrieben werden. Diese Annahme ist in der Praxis jedoch in vielen Fällen ungültig. Häufig müssen Daten, die in einer Takt-domäne (z. B. durch einen Video-Analog-Digital-Umsetzer) erzeugt werden, in einer anderen Taktdomäne (z. B. der eines Mikroprozessors) ausgewertet werden. So war z. B. bereits in der in Bild 14.7 gezeigten Simulation des Mealy-Geldwechselautomaten die zeitliche Lage der Sensorsignale EU1, EU2 und WT nicht synchron mit dem Auto-matentakt: Die Dauer der Eingangsimpulse entsprach einer halben Taktperiode und die Impulse waren gegenüber dem Automatentakt um 90^0 verschoben. Kapitel 14.3.1 hat gezeigt, dass genau diese Eigenschaft der Eingangssignale zu einem Fehlverhal-ten des Mealy-Geldwechselautomaten führte. In Beispiel 17.1 werden wir zeigen, dass eine Synchronisation der Eingangssignale auf den Automatentakt dieses Problem lö-sen kann. Bei der Diskussion der Synchronisation digitaler Teilsysteme müssen die folgenden zwei Fälle unterschieden werden:
-   Synchronisation zweier Taktdomänen, die ursächlich aus einem gemeinsamen Grundtakt abgeleitet wurden und deren Taktfrequenzen in einem ganzzahligen Verhältnis zueinander stehen (vgl. Kapitel 17.2 und Kapitel 17.4.1).
-   Synchronisation völlig asynchroner Taktdomänen. Dies können tatsächlich völ-lig asynchrone Eingangssignale sein, aber auch zwei Taktdomänen, die zwar mit gleicher Taktfrequenz arbeiten, die jedoch von unterschiedlichen Oszillatoren er-zeugt werden. Wegen der unvermeidbaren Drift der Oszillatorfrequenzen müssen auch diese als zueinander asynchron betrachtet werden (vgl. Kapitel 17.3 und Ka-pitel 17.4.2).

In diesem Abschnitt sollen Sie daher lernen:
-   Wie Sie Eingangsimpulse aus zueinander synchronen Taktdomänen auf die Dauer des Systemtaktes verkürzen bzw. verlängern.
-   Welche Probleme auftauchen, wenn Sie asynchrone Signale in ein synchrones System einlesen und wie Sie diese lösen können.
-   Wie Sie Daten zwischen zueinander synchronen oder asynchronen Teilsystemen mithilfe einer geeigneten Datenflusssteuerung sicher austauschen können.
-   Wie Daten zwischen Teilsystemen unter Verwendung des AXI4-Streaming Kom-munikationsstandards ausgetauscht werden können.
-   Wie Sie innerhalb von Vivado Komponenten mit AXI4-Streaming-Schnittstelle entwerfen und diese in einem größeren Vivado-Projekt verwenden können.

https://doi.org/10.1515/9783110706970-017

17.2 Kopplung von Signalen in zueinander synchronen Taktdomänen

Bei der Kopplung von Status- oder Steuersignalen (vgl. Bild 11.1) zwischen zueinander synchronen Taktdomänen müssen zwei Fälle unterschieden werden:
- Das jeweilige Eingangssignal ist zu lang und wird daher mehrfach eingelesen. Es muss mit einer Impulsverkürzungsschaltung auf die Periodendauer der angeschlossenen Logik verkürzt werden.
- Das Eingangssignal ist zu kurz, um von der mit niedrigerer Taktfrequenz arbeitenden angeschlossenen Logik sicher identifiziert zu werden. Dies erfordert eine Impulsverlängerungsschaltung, mithilfe derer das Eingangssignal die aktive Flanke der Auswertelogik sicher überlappt. In der weiteren Betrachtung wird dies die ansteigende Flanke sein.

17.2.1 Impulsverkürzung

In der in Bild 17.1a dargestellten Schaltung wird das Eingangssignal INP mit der Taktfrequenz f_{CLK} der Auswertelogik abgetastet: Das aus zwei D-Flipflops bestehende Schieberegister enthält darin immer den älteren Wert INP_2 des Eingangssignals sowie INP_1 als den neueren Wert des Eingangssignals. Durch den Vergleich beider Signale mit einem UND-Gatter, welches einen invertierenden Eingang für das ältere Signal besitzt, zeigt das Signal INP_S an, wenn der ältere Abtastwert 0 und der neuere Abtastwert 1 ist. Man erkennt also den $0 \rightarrow 1$ Signalwechsel des Eingangssignals INP. Bild 17.1b zeigt die Simulation des dazugehörigen VHDL-Modells aus Listing 17.1. Deutlich erkennbar ist die Dauer des Ausgangssignals INP_S, welches nun auf eine Taktperiode verkürzt ist.

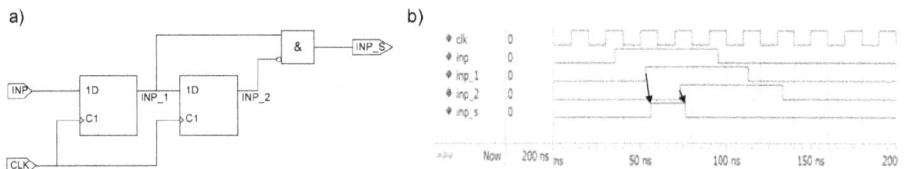

Bild 17.1: a) Impulsverkürzungsschaltung, b)simuliertes Verhalten für ein Eingangssignal INP, das durch kombinatorische Logik hinter eine steigende Taktflanke verzögert wurde

Tipp: Wenn in Listing 17.1 anstatt des UND-Gatters ein XOR-Gatter verwendet wird, so werden beide Signalübergänge $0 \rightarrow 1$ und $1 \rightarrow 0$ für genau eine Taktperiode erkannt. Diese Schaltung besitzt also die Funktion eines digitalen Differenzierers. ∎

Listing 17.1: VHDL-Code für die Impulsverkürzungsschaltung

```
-- Pulse Shorter: Übertrage Impuls von langsamer in schnelle Taktdomäne
entity SHORTER is
port(   CLK, INP : in bit;
        INP_S: out bit);
end SHORTER;


architecture VERHALTEN of SHORTER  is
signal INP_1, INP_2: bit;
begin
PULSE_SHORTER: process(CLK)     -- 2 D-FFs
begin
    if CLK='1' and CLK'event  then
        INP_1 <= INP after 3 ns;
        INP_2 <= INP_1 after 3 ns;
    end if;
end process PULSE_SHORTER;
INP_S <= INP_1 and (not INP_2) after 3 ns; -- verkürzter Impuls
end VERHALTEN;
```

17.2.2 Impulsverlängerung

Bei der Impulsverlängerungsschaltung muss dafür gesorgt werden, dass das Eingangssignal INP über eine steigende Flanke des Taktsignals CLK hinweg verlängert wird. Bild 17.2a zeigt die Lösung, bei der das erste D-Flipflop mit einem Signalwechsel am Eingang INP gesetzt und damit das Eingangssignal verlängert wird (engl. stretcher). Das zweite Flipflop synchronisiert das Signal INP_1 auf den langsamen Systemtakt f_{CLK}. Das so synchronisierte Signal INP_S wird für den asynchronen Reset des Stretcher-Flipflops genutzt, um dieses auf das Erkennen eines nachfolgenden kurzen Eingangsimpuls INP vorzubereiten. Bild 17.2b zeigt die Simulation des VHDL-Codes in Listing 17.2. Die Pfeile markieren die Erzeugung des verlängerten Signals INP_1, welches durch das synchronisierte Signal INP_S zurückgesetzt wird.

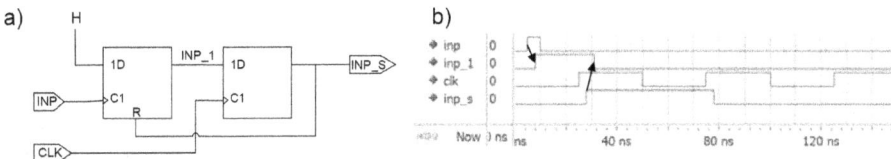

Bild 17.2: Impulsverlängerungsschaltung a) und simuliertes Verhalten b)

In der in Bild 17.2 gezeigten Schaltung ist die im Vergleich zur bisherigen Verwendung von D-Flipflops ungewöhnliche Beschaltung am Takteingang des Stretcher-Flipflops mit dem Eingangssignal und des Dateneingangs mit einer konstanten logischen 1 hervorzuheben.

Listing 17.2: VHDL-Code für die Impulsverlängerungsschaltung

```
-- Pulse Stretcher: Übertrage Impuls von langsamer in schnelle Taktdomäne
entity STRETCHER is
port(   CLK, INP : in bit);
end STRETCHER;

architecture VERHALTEN of STRETCHER  is
signal INP_1, INP_S: bit;
begin
-- 1. DFF reagiert auf Flanke am Eingang INP
-- und wird mit synchronisiertem Signal zurückgesetzt
STRETCHER: process(INP, INP_S)
begin
   if INP_S = '1' then   -- asynchroner Reset
      INP_1 <= '0' after 3 ns;
   elsif INP='1' and INP'event then
      INP_1 <= '1' after 3 ns;
   end if;
end process STRETCHER;

-- 2. DFF ist taktgesteuert
SYNCHRONIZER: process(CLK)
begin
   if CLK='1' and CLK'event then
      INP_S <= INP_1 after 3 ns;
   end if;
end process SYNCHRONIZER;
end VERHALTEN;
```

B **Beispiel 17.1** (Mealy-Geldwechselautomat mit Ein- und Ausgangssignalsynchronisation): Das Listing 17.3 zeigt die Ergänzungen, die erforderlich sind, um in dem Mealy-Modell des Geldwechselautomaten aus Listing 14.1 die langen Eingangssignale auf die höhere Taktfrequenz f_{CLK} des Automaten, sowie die Ausgangssignale in eine langsamere Taktdomäne f_{CLK_SYNC} zu synchronisieren:

- Die Impulsverkürzung der asynchronen Eingangssignale EU1_A, EU2_A, WT_A erfolgt in einem gemeinsamen Prozess PULSE_SHORTER zusammen mit drei nebenläufigen Anweisungen für die UND-Gatter.
- Für die Impulsverlängerung der Ausgangssignale C10_O, C20_O, EU1_O und EU2_O sind hingegen fünf Prozesse erforderlich, die mit unterschiedlichen Signalflanken betrieben werden. Vier dieser Prozesse definieren die verlängerten Signale C10_O_1, C20_O_1, EU1_O_1 und EU2_O_1 und der Prozess SYNC_OUT synchronisiert diese verlängerten Signale gemeinsam in die Taktdomäne CLK_SYNC, wodurch die Ausgangssignale C10_O_S, C20_O_S, EU1_O_S und EU2_O_S gebildet werden.

Listing 17.3: Ergänzungen des VHDL-Codes aus Listing 14.1 durch Impulsverkürzungs- und Impulsverlängerungsschaltungen

```
entity GWA_SYNC is
  port( CLK, CLK_SYNC, RESET: in bit;
        EU1_A, EU2_A, WT_A : in bit;
        C10_O_S, C20_O_S, EU1_O_S, EU2_O_S : out bit);
end GWA_SYNC;


architecture MEALY of GWA_SYNC is
type ZUSTANDS_TYP is (KS_Z, EU1_Z, EU2_Z);   -- symbolischer Zustandstyp
signal Z, FOLGEZ : ZUSTANDS_TYP;
-- Signale zur Eingangssynchronisation
signal EU1_1, EU1_2, EU1, EU2_1, EU2_2, EU2, WT_1, WT_2, WT : bit;
-- Signale zur Ausgangssynchronisation
signal C10_O, C10_O_1, C10_O_2 : bit;
signal C20_O, C20_O_1, C20_O_2 : bit;
signal EU1_O, EU1_O_1, EU1_O_2 : bit;
signal EU2_O, EU2_O_1, EU2_O_2 : bit;


begin
PULSE_SHORTER: process(CLK, RESET)-- Impulsverkürzung für Eingangssignale
begin
  if RESET = '1' then
    EU1_1 <= '0' after 1 ns; EU1_2 <= '0' after 1 ns;
    EU2_1 <= '0' after 1 ns; EU2_2 <= '0' after 1 ns;
    WT_1 <= '0' after 1 ns; WT_2 <= '0' after 1 ns;
  elsif CLK ='1' and CLK'event then
    EU1_1 <= EU1_A after 1 ns;
    EU1_2 <= EU1_1 after 1 ns;
    EU2_1 <= EU2_A after 1 ns;
    EU2_2 <= EU2_1 after 1 ns;
```

```
      WT_1 <= WT_A after 1 ns;
      WT_2 <= WT_1 after 1 ns;
   end if;
end process PULSE_SHORTER;
EU1 <= EU1_1 and not EU1_2 after 1 ns;
EU2 <= EU2_1 and not EU2_2 after 1 ns;
WT <= WT_1 and not WT_2 after 1 ns;


REG: process (CLK, RESET)    -- Zustandsregister wie in Listing 14.1
. . .
SN: process(Z, EU1, EU2, WT) -- Übergangs- und Ausg.logik wie in
                             -- Listing 14.1
. . .
C10_STRETCHER: process(C10_O, C10_O_2)
begin
   if C10_O_2 = '1' then
      C10_O_1 <= '0' after 2 ns;
   elsif C10_O='1' and C10_O'event then
      C10_O_1 <= '1' after 2 ns;
   end if;
end process C10_STRETCHER;


C20_STRETCHER: process(C20_O, C20_O_2)
begin
   if C20_O_2 = '1' then
      C20_O_1 <= '0' after 2 ns;
   elsif C20_O='1' and C20_O'event then
      C20_O_1 <= '1' after 2 ns;
   end if;
end process C20_STRETCHER;


EU1_STRETCHER: process(EU1_O, EU1_O_2)
begin
   if EU1_O_2 = '1' then
      EU1_O_1 <= '0' after 2 ns;
   elsif EU1_O='1' and EU1_O'event then
      EU1_O_1 <= '1' after 2 ns;
   end if;
end process EU1_STRETCHER;
```

```vhdl
EU2_STRETCHER: process(EU2_O, EU2_O_2)
begin
   if EU2_O_2 = '1' then
      EU2_O_1 <= '0' after 2 ns;
   elsif EU2_O='1' and EU2_O'event then
      EU2_O_1 <= '1' after 2 ns;
   end if;
end process EU2_STRETCHER;


SYNC_OUT: process(CLK_SYNC, RESET) -- Ausgangssync. auf langsame
                                   -- Taktdomäne
begin
   if RESET='1' then
      C10_O_2 <= '0' after 2 ns;
      C20_O_2 <= '0' after 2 ns;
      EU1_O_2 <= '0' after 2 ns;
      EU2_O_2 <= '0' after 2 ns;
   elsif CLK_SYNC ='1' and CLK_SYNC'event then
      C10_O_2 <= C10_O_1 after 2 ns;
      C20_O_2 <= C20_O_1 after 2 ns;
      EU1_O_2 <= EU1_O_1 after 2 ns;
      EU2_O_2 <= EU2_O_1 after 2 ns;
   end if;
end process SYNC_OUT;
C10_O_S <= C10_O_2;
C20_O_S <= C20_O_2;
EU1_O_S <= EU1_O_2;
EU2_O_S <= EU2_O_2;


end MEALY;
```

Für die in Bild 17.3 dargestellte Simulation des modifizierten Mealy-Geldwechselautomaten wurde die Ansteuerung genauso gewählt wie in der in Bild 14.7 dargestellten Simulation des nichtsynchronisierten Automaten. Die in Bild 17.3 oben dargestellten Übergangspfeile demonstrieren die Impulsverkürzung der relevanten Eingangssignale und die unten gezeigten Übergangspfeile zeigen die Wirkung der Impulsverlängerung für die relevanten Ausgangssignale. Die Bilanz der ein- und ausgegebenen Münzen ist im Gegensatz zum ursprünglichen Modell in Listing 14.1 nun ausgeglichen: Insgesamt werden 4 € ein- und ausgegeben.

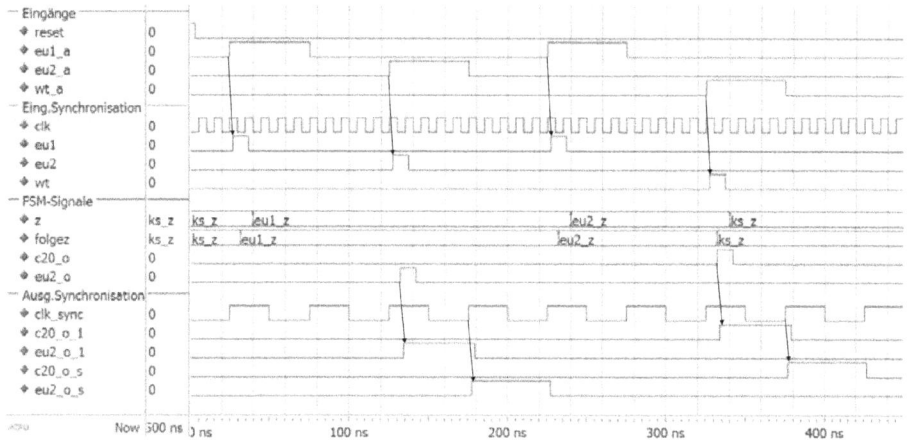

Bild 17.3: Simulation des Mealy-Geldwechselautomaten mit Synchronisation der Ein- und Ausgangs-signale ■

17.3 Synchronisation asynchroner Eingangssignale

In vielen praktischen Anwendungen liegt die Situation vor, dass Eingangssignale asynchron zum Takt erzeugt werden und sich daher z. B. der Folgezustand eines Automaten zeitgleich während des Entscheidungsintervalls des Zustandsregisters ändert. Dies führt zu einer potenziellen Metastabilität des Zustandsregisters (vgl. Bild 12.13) und muss unbedingt vermieden werden. In der Praxis sind asynchrone Eingangssignale für digitale Systeme unvermeidbar und sehr verbreitet. Exemplarisch sollen dazu die folgenden Anwendungen genannt werden:

- Wenn ein Daten-, Status- bzw. Steuersignal in einer Taktdomäne A gebildet wird und in einer anderen, unabhängigen Taktdomäne B ausgewertet werden muss.
- Wenn ein Eingangssignal völlig unabhängig vom Systemtakt eingelesen werden muss. Dies ist z. B. der Fall bei einem Interrupt in einem Mikroprozessorsystem.
- Wenn ein externer asynchroner Reset eine sequenzielle Schaltung mit vielen Flip-flops zurücksetzen soll.

17.3.1 Synchronisation langer Eingangsimpulse

Ein im Entscheidungsintervall des Eingangs-Flipflops eintreffendes asynchrones Eingangssignal INP bringt dieses in einen unvermeidbaren metastabilen Zustand, aus dem das Flipflop nach einer auf statistischer Grundlage definierten Erholungszeit t_R entweder auf den Wert 0 *oder* den Wert 1 übergeht (vgl. Kapitel 12.4). Die Schaltung in Bild 17.4 bzw. der VHDL-Code in Listing 17.4 zeigen eine Schutzschaltung SYNC für das

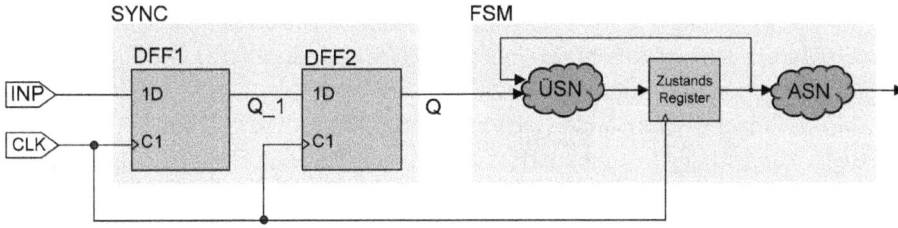

Bild 17.4: Schaltung SYNC zur Synchronisation asynchroner Eingangssignale für einen Zustandsautomaten FSM. Die Eingangssignale INP müssen mindestens eine Taktperiode lang sein

Eingangssignal Q des angeschlossenen Automaten FSM, mithilfe derer metastabile Zustände zwar nicht gänzlich ausgeschlossen werden können, aber deren Auftretenswahrscheinlichkeit deutlich reduziert werden kann.

Listing 17.4: Schaltung mit zwei D-Flipflops zur Synchronisation asynchroner Eingangssignale

```
SYNC: process(CLK, RESET)
begin
    if RESET = '1' then
        Q_1 <= '0' after 1 ns;
        Q <= '0' after 1 ns;
    elsif CLK='1' and CLK'event then
        Q_1 <= INP after 1 ns;
        Q <= Q_1 after 1 ns;
    end if;
end process REG;
```

Das Konzept dieser Schaltung beruht darauf, dass das erste Flipflop DFF1 metastabil werden kann, die Periodendauer des Taktsignals CLK jedoch größer als die Erholungszeit t_R ist. Damit wird das zweite Flipflop DFF2 mit sehr hoher Sicherheit entweder den Zustand 0 oder aber den Zustand 1 annehmen. Bild 17.5 zeigt das Verhalten der Schaltung für drei Fälle:

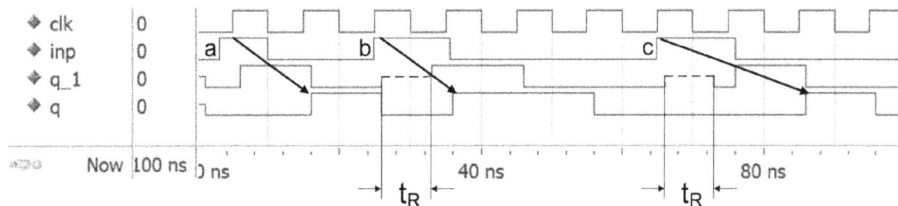

Bild 17.5: Simulation der Synchronisationsschaltung für asynchrone Eingangssignale

- a: Das Eingangssignal INP ändert sich außerhalb des Entscheidungsintervalls, es erscheint nach etwas mehr als einer Taktperiode am Ausgang Q. Die Flipflops werden nicht metastabil.
- b: Das Eingangssignal ändert sich im Entscheidungsintervall, das DFF1 wird metastabil (gestrichelte Linie) und geht nach einer Erholungszeit t_R in den Zustand '1'. Das Ausgangssignal Q wird ebenfalls nach etwas mehr als einer Taktperiode gesetzt.
- c: DFF1 wird ebenfalls metastabil, allerdings kehrt DFF1 in den Zustand '0' zurück. Wenn das Eingangssignal INP länger als eine Taktperiode zuzüglich der Hold-Zeit des DFF1 ist, so liest das Flipflop das weiter anliegende Eingangssignal eine Taktperiode später erneut ein, nun jedoch nicht im Entscheidungsintervall. Die Simulation in Bild 17.5 zeigt für diesen Fall, dass das Ausgangssignal Q den Eingang INP nun erst nach etwas mehr als *zwei* Taktperioden quittiert.

Dieses Verhalten lässt sich wie folgt zusammenfassen:

Die aus zwei in Reihe geschalteten Flipflops bestehende Synchronisationsschaltung für asynchrone Signale erfordert, dass das Eingangssignal länger als einen Takt andauert. Es ist nicht vorherzusagen, ob die Schaltung das Eingangssignal nach einem oder nach zwei Takten quittiert. Die Schaltung garantiert zwar keine Fehlerfreiheit, kann aber die Auftretenswahrscheinlichkeit drastisch reduzieren.

Für ein Flipflop lässt sich die Wahrscheinlichkeit für das Auftreten eines Fehlers mit der Gl. 17.1 berechnen. Die darin verwendete Größe MTBF (engl. Mean Time Between Failures) beschreibt hier die mittlere Zeit zwischen zwei Synchronisationsfehlern.

$$\text{MTBF}(t_R) = \frac{e^{t_R/\tau}}{T_0 \cdot f_{CLK} \cdot f_{Data}} \qquad (17.1)$$

Darin sind τ und T_0 technologiespezifische Kenngrößen des Flipflop-Herstellers und t_R die zur Verfügung stehende Erholungszeit des DFF1. f_{CLK} und f_{Data} sind die Frequenzen, mit denen das Flipflop betrieben wird, bzw. mit der die asynchronen Eingangssignale INP eintreffen. In der Synchronisationsschaltung Bild 17.4 steht als Erholungszeit t_R der Kehrwert der Taktfrequenz f_{CLK} abzüglich der Setup-Zeit t_S des Flipflops DFF2 zur Verfügung[1], womit sich die mittlere Zeit zwischen zwei Synchronisationsfehlern leicht berechnen lässt. In der Gl. 17.1 sind die folgenden Punkte hervorzuheben:

- Die mittlere Zeit zwischen zwei Fehlern sinkt mit steigender Taktfrequenz f_{Clk} sowie mit steigender Rate f_{Data} der asynchronen Eingangssignale INP.

---

1 Manche Hersteller geben für ihre Bausteine die technologiespezifischen Konstanten τ und T_0 unter der Annahme an, dass von der Erholungszeit t_R zusätzlich auch die Verzögerungszeit t_{pd} des Flipflops DFF1 abgezogen wurde. Vgl. dazu Bild 12.26.

- Die verfügbare Erholungszeit t_R, die in unmittelbarem Zusammenhang mit der Taktfrequenz f_{CLK} des Systems steht, geht zusammen mit dem technologiespezifischen Parameter τ exponentiell ein. Sollte im konkreten Fall die berechnete mittlere Zeit zwischen zwei Fehlern nicht ausreichend sein, so muss eine modernere Technologie mit kleinerem τ gewählt werden.
- Der Gl. 17.1 liegt die Annahme zugrunde, dass die asynchronen Wechsel des Eingangssignals INP statistisch über die Taktperiode gleichverteilt sind, wir also von einer mittleren Datenfrequenz f_{Data} sprechen können [6]. Diese Randbedingung muss im konkreten Fall überprüft werden. Sie ist z. B. in vielen Kommunikationssystemen, bei denen die asynchronen Daten in Form von Datenpaketen (engl. burst) eintreffen, nicht erfüllt.

[T] **Tipp:** Damit die Synchronisationsschaltung ihren Zweck optimal erfüllen kann, muss die Signallaufzeit, also der Verdrahtungsweg zwischen den beiden Flipflops so kurz wie möglich gehalten werden. Beim ASIC-Entwurf ist dies die Aufgabe des Backend-Designers. Bei FPGAs wird die Verdrahtung vom Implementierungswerkzeug automatisiert vorgenommen. Daher sollte man für die Implementierung von Synchronisations-Flipflops mit Vivado das Attribut ASYNC_REG verwenden. Dieses bewirkt Folgendes:

- Die Flipflops werden während der Schaltungsoptimierung nicht herausoptimiert.
- Die Flipflops werden benachbart platziert, womit sich eine maximale Erholungszeit t_R ergibt.

Eine geeignete Signaldeklaration der Synchronisations-Flipflops in Listing 17.4 wäre demnach:

```
...
signal Q, Q_1: bit;
attribute ASYNC_REG : string;
attribute ASYNC_REG of Q, Q1 is "true";
...
```
∎

[B] **Beispiel 17.2** (Berechnung der Zeit zwischen zwei Fehlern für die in Bild 17.4 gezeigte Synchronisationsschaltung [6]): Eine mit der – für heutige Anwendungen sehr niedrigen – Taktfrequenz f_{Clk} = 10 MHz betriebene Schaltung erhält asynchrone Eingangssignale mit einer Rate von f_{Data} = 100 kHz. Es soll die MTBF für eine Synchronisationsschaltung nach Bild 17.4 aus 74LS74 D-Flipflops berechnet werden. Für dieses Flipflop gibt der Hersteller die folgenden Parameter an: τ = 1,5 ns, T_0 = 0.4 s und die Setupzeit ist t_S = 20 ns.

Mit diesen Angaben ist die zur Verfügung stehende Erholungszeit t_R = 100 ns – 20 ns = 80 ns. Daraus ergibt sich

$$\text{MTBF}(80\,\text{ns}) = \frac{e^{\frac{80\,\text{ns}}{1.5\,\text{ns}}}}{0.4\,\text{s} \cdot 10^7\,\text{s}^{-1} \cdot 10^5\,\text{s}^{-1}} = 3.6 \cdot 10^{11}\,\text{s}$$

Dieser Wert entspricht etwa 114 Jahrhunderten, scheint also gar nicht mal schlecht. Allerdings muss man sich die statistische Natur dieser Aussage bewusst machen: Wenn 10.000 Produkte mit dieser Synchronisationsschaltung verkauft werden, so ist zu erwarten, dass in einem der verkauften Geräte ein Synchronisationsfehler etwa einmal pro Jahr auftritt!

Eine kleine Änderung in den Annahmen demonstriert die exponentielle Abhängigkeit der Gl. 17.1 sehr anschaulich: Bei einer geringen Vergrößerung der Taktfrequenz auf $f_{CLK} = 16\,MHz$ steht nur noch eine Erholungszeit $t_R = 42.5\,ns$ zur Verfügung. Dies ergibt für die mittlere Zeit zwischen zwei Fehlern nur noch:

$$\text{MTBF}(42.5\,\text{ns}) = \frac{e^{\frac{42.5\,\text{ns}}{1.5\,\text{ns}}}}{0.4\,\text{s} \cdot 1.6 \cdot 10^7\,\text{s}^{-1} \cdot 10^5\,\text{s}^{-1}} = 3.1\,\text{s}$$

Die einzige Lösung, diese unakzeptabel kurze Zeit zu vermeiden, besteht darin, andere Flipflops auszuwählen: Für eine CPLD-Technologie wird z. B. angegeben [57]: $\tau = 0.17\,ns$, $T_0 = 9.6 \cdot 10^{-18}\,s$. Mit einer Setupzeit $t_S = 10\,ns$ erhält man nun bei einer Taktfrequenz von 16 MHz:

$$\text{MTBF}(52.5\,\text{ns}) = \frac{e^{\frac{52.5\,\text{ns}}{0.17\,\text{ns}}}}{9.6 \cdot 10^{-18}\,\text{s} \cdot 1.6 \cdot 10^7\,\text{s}^{-1} \cdot 10^5\,\text{s}^{-1}} = 8.6 \cdot 10^{138}\,\text{s}$$

Mit dieser Technologie lassen sich also Millionenstückzahlen verkaufen, ohne Synchronisationsprobleme erwarten zu müssen. Auch kann die Taktfrequenz f_{CLK} der Schaltung mit dieser Technologie noch erheblich gesteigert werden. ∎

17.3.2 Synchronisation kurzer Eingangsimpulse

Nachteil der in Bild 17.4 dargestellten Schaltung ist deren Eigenschaft, dass nur Impulse sicher erkannt werden, die länger als eine Taktperiode $1/f_{CLK}$ lang sind. Durch das vorgeschaltete Stretcher-Flipflop DFF1 (vgl. Kapitel 17.2.2) kann die nun aus drei Flipflops bestehende Schaltung jedoch so erweitert werden, dass auch kurze Impulse erkannt werden (vgl. Bild 17.6). Das Rücksetzen des Stretcher-Flipflops erfolgt durch das synchronisierte Signal Q unter der Bedingung, dass das Eingangssignal INP bereits wieder gelöscht ist. Damit wird erreicht, dass das Ausgangssignal Q nicht kürzer als das Eingangssignal INP werden kann. Dem Simulationsergebnis in Bild 17.7 sind die folgenden Eigenschaften dieser Synchronisationsschaltung zu entnehmen:

- Es können kurze (2. Impuls), aber auch lange Impulse (1. bzw. 3. Impuls) synchronisiert werden.
- Der zu einem Eingangsimpuls synchronisierte Ausgangsimpuls a) wird für die Dauer von zwei Taktzyklen gesetzt.
- Die Latenz des synchronisierten Ausgangssignals Q beträgt bis zu zwei Taktperioden.

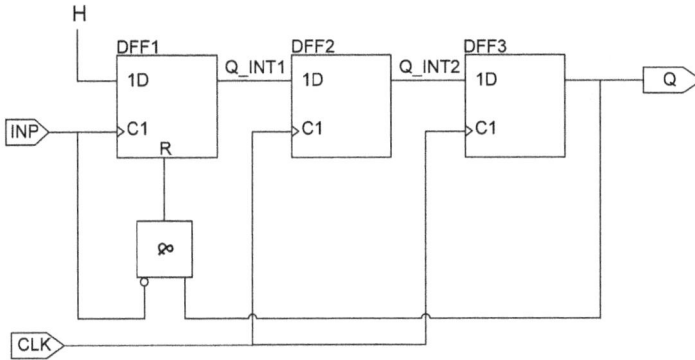

Bild 17.6: Schaltung zur Synchronisation kurzer asynchroner Eingangsimpulse

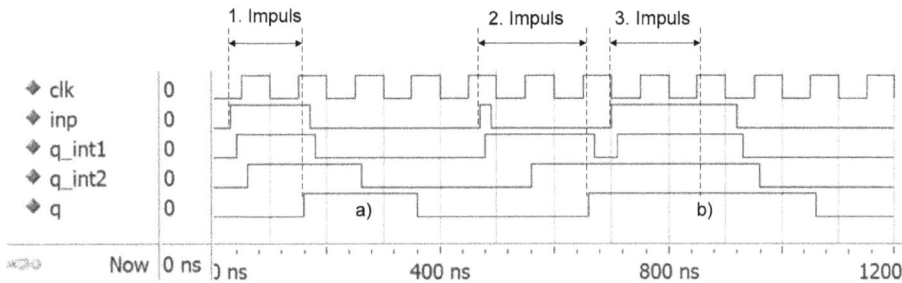

Bild 17.7: Simulation der Synchronisationsschaltung für kurze, asynchrone Eingangsimpulse. Dargestellt ist die Synchronisation kurzer und langer Impulse

–   Wenn der Abstand der zu synchronisierenden Eingangssignale nicht mindestens drei Taktzyklen beträgt, so überlappen die Ausgangsimpulse. In Bild 17.7 erscheinen z. B. die Ausgangssignale der Eingangsimpulse 2 und 3 als ein Ausgangsimpuls b), der nun vier Taktzyklen lang ist.

Sollte es für die korrekte Funktion einer Schaltung erforderlich sein, dass das Eingangssignal nur für die Dauer einer Taktperiode gültig sein darf, so ist der Synchronisationsschaltung nach Bild 17.4 oder Bild 17.6 eine Impulsverkürzungsschaltung gemäß Bild 17.1 nachzuschalten.

17.3.3 Asynchrone Resets

Bei asynchronen Resets in CPLDs und FPGAs sind die folgenden zwei Möglichkeiten zu unterscheiden, die jedoch beide zu unerwarteten Störungen des RTL-Systems führen können:

–   Der Reset eines aus mehreren Flipflops bestehenden Registers Q soll durch eine
    Pegeländerung an einem Pin hervorgerufen werden: Für die Verdrahtung des RE-
    SET-Signals werden Standardverdrahtungsressourcen verwendet. Im Quellcode
    wird dies durch die bekannte VHDL-Syntax erreicht:

```
. . .
if RESET = '1' then
   Q <= (others => '0');
elsif CLK = '1' and CLK'event then
   . . .
end if;
. . .
```

–   Der Reset soll nur beim Einschalten des Bausteins ausgeführt werden (Power-On
    Reset): Dafür wird das spezielle GSR (Global Set/Reset) Netzwerk verwendet. Dies
    wird in VHDL dadurch erreicht, dass die Flipflop-Ausgänge im Quellcode während
    der Deklaration initialisiert werden:

```
. . .
signal Q: bit_vector(7 downto 0) := (others => '0');
begin
   . . .
```

Da ein gesetztes asynchrones Resetsignal die Taktflanke immer dominiert (vgl. z. B.
den VHDL-Prozess R_EDGE in Listing 12.9) ist hier nicht das Setzen, sondern vielmehr
das Löschen des asynchronen Resets kritisch.

In größeren Digitalschaltungen sind unterschiedliche Signallaufzeiten zu den
einzelnen Flipflops unvermeidbar, es kommt zu einem Resetverzug (Reset-Skew).
Bild 17.8 zeigt die Situation, bei der ein H-aktiver Reset an einem Eingangspin der
Schaltung asynchron zum Systemtakt CLK zurückgenommen wird. Nach unterschiedlichen Laufzeiten erreicht das Resetsignal nun die einzelnen Flipflops, die somit zu
unterschiedlichen Zeiten aus dem Resetzustand entlassen werden. Dabei sind die
folgenden drei Fälle zu unterscheiden:

–   A: Die während dieser Zeit frei geschalteten Flipflops sind bei der zweiten in
    Bild 17.8 dargestellten, ansteigenden Taktflanke bereits in der Lage, Datenein-
    gangssignale zu übernehmen.
–   B: Die Änderung des Resetsignals erfolgt im Entscheidungsintervall der Flipflops.
    Dadurch können diese Flipflops metastabil werden.
–   C: Die während dieser Zeit frei geschalteten Flipflops sind zum Zeitpunkt der zwei-
    ten ansteigenden Taktflanke noch im Resetzustand, sie können Daten erst bei der
    nachfolgenden Taktflanke übernehmen.

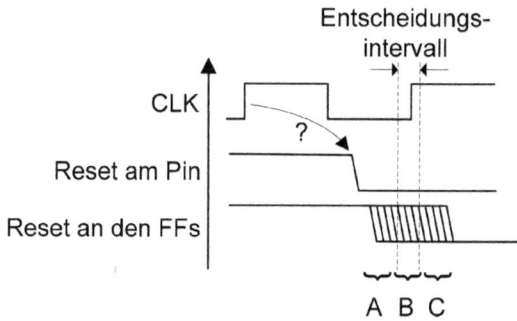

Bild 17.8: Mögliche Fehlerquellen beim Löschen eines Resets. Die Rücknahme des Resets erfolgt asynchron zum Systemtakt CLK (nach [54])

Ohne Abhilfemaßnahmen kann in größeren Schaltungen also nicht sichergestellt werden, dass alle Flipflops bei der gleichen Taktflanke zur Übernahme der ersten Dateneingangssignale bereit sind. Dadurch kann es z. B. in Zustandsautomaten zu einem Fehlverhalten kommen. Das Bild 17.9 zeigt einen Medwedew-Automaten, bei dem die einzelnen Zustände $Z0...Z3$ jeweils durch ein einzelnes Flipflop definiert sind (One-Hot-Codierung). In diesem Automaten soll also genau eine '1' zyklisch kreisen (vgl. Kapitel 16.5.1). Die Signalwerte '0' bzw. '1' kennzeichnen den Resetzustand, in dem das Flipflop $Z0$ gesetzt und alle anderen Flipflops gelöscht sind. Wenn dieser Zustand asynchron zurückgenommen wird, so kann es passieren, dass das Flipflop $Z0$ den Resetzustand früher verlässt als das rechts daneben liegende Flipflop $Z1$. Damit wird bei der ersten Taktflanke die '0' aus dem Flipflop $Z3$ in das Flipflop $Z0$ übertragen aber die '1' aus dem Flipflop $Z0$ geht verloren. Der Automat verbleibt also dauerhaft in einem Pseudozustand, in dem alle Zustandsbits '0' sind.

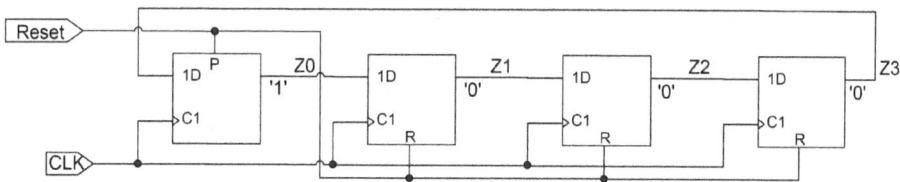

Bild 17.9: Zustandsautomat mit vier Zuständen $Z0...Z3$ in One-Hot-Codierung. Die Signalwerte beschreiben den Resetzustand

Ein sicher funktionierender Automat erfordert die Synchronisation des asynchronen Resets durch eine Schaltung nach Bild 17.4 oder Bild 17.6 sowie die weitere Verwendung eines *synchronen* Resets in allen nachfolgenden Flipflops.

> **T** **Tipp:** Eine Empfehlung, ob generell synchrone oder asynchrone Resets verwendet werden sollten, kann hier nicht gegeben werden. Wesentlicher Nachteil von synchronen Resets in applikationsspezifischen Bausteinen (ASICs) ist die größere Anzahl von Transistoren und die daraus resultierende größere Chipfläche, die für den synchronen Reset benötigt wird.
>
> In FPGAs können die Flipflops meist wahlweise und ohne zusätzlichen Hardware-aufwand mit synchronem oder asynchronem Setz- bzw. Rücksetzeingang konfiguriert werden, sodass dieses Argument hier nicht zum Tragen kommt. Allerdings werden für die Verdrahtung eines synchronen bzw. eines Pin-gesteuerten asynchronen Resets viele Verdrahtungsressourcen benötigt, die möglicherweise für die Verdrahtung anderer Signale fehlen. Wenn das Setzen bzw. Rücksetzen hingegen nur nach dem Einschalten erforderlich ist und die Verdrahtungsressourcen knapp sind, so wird empfohlen, das GSR-Netzwerk zu nutzen. Dies wird im VHDL-Code durch Definition des Flipflop-Resetwerts bei der Signaldeklaration und ohne explizite Abfrage eines Reset-signals im getakteten Prozess erreicht.
>
> Als weiterer Vorteil synchroner Resets in FPGAs muss die Tatsache gesehen werden, dass die FPGA-Implementierungswerkzeuge in der Lage sind, die nicht benötigten synchronen Preset-Eingänge zur Implementierung kombinatorischer Logik zu nutzen, die sonst in vorgeschalteten LUTs realisiert werden müsste. Auch erfordern die für Anwendungen der digitalen Signalverarbeitung optimierten DSP-Slices in den FPGAs zwingend einen synchronen Reset, wenn die darin vorhandenen Pipelineregister verwendet werden sollen.
>
> Unter Abwägung aller Argumente empfehlen die FPGA-Hersteller die Verwendung von synchronen Resets, sofern dafür noch ausreichend Verdrahtungsressourcen zur Verfügung stehen [54]. ■

17.4 Datenaustausch zwischen Teilsystemen

In vielen Fällen müssen Daten zwischen digitalen Teilsystemen ausgetauscht werden. Dies ist z. B. der Fall bei der Kommunikation zwischen Prozessoren. Wenn diese mit der gleichen Taktquelle operieren, so bedeutet dies eine synchrone Datenübertragung. Wenn diese jedoch mit unterschiedlichen Taktfrequenzen bzw. unterschiedlichen Oszillatoren arbeiten, so stellt dies eine asynchrone Datenübertragung dar. Um sicherzustellen, dass Sender und Empfänger für das Senden bzw. den Empfang der Daten bereit sind, ist eine Datenflusssteuerung (engl. handshake) erforderlich. In der Digitaltechnik sehr verbreitet ist der in Bild 17.10 dargestellte 4-Phasen-Handshake. Diese Phasen lassen sich wie folgt beschreiben:

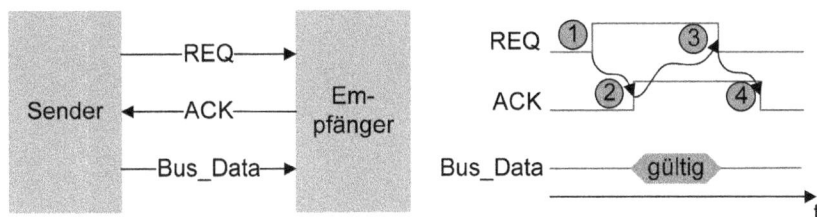

Bild 17.10: Vier-Phasen-Handshake zwischen Sender und Empfänger

① Wenn eine Komponente Daten übertragen möchte (hier der Sender), so setzt sie das REQ-Signal (engl. request).

② Die andere Komponente (hier der Empfänger) liest das REQ-Signal und setzt, sofern sie zum Datenempfang bereit ist, das ACK-Signal (engl. acknowledge). Nach Empfang des ACK-Signals kann der Sender nun während REQ ∧ ACK = 1 Daten übermitteln.

③ Nach Übertragung aller Daten nimmt der Sender das REQ-Signal zurück.

④ Der Empfänger quittiert diese Rücknahme, indem er seinerseits das ACK-Signal löscht. Der Sender ist nun für eine neue Datenübertragung bereit.

Bei dieser Beschreibung sind wir davon ausgegangen, dass der Sender die Übertragung initiiert. Bei dieser sogenannten Push-Operation muss der Empfänger ggf. längere Zeit bereit zum Datenempfang sein (Blocking-Read). Das Konzept lässt aber auch die Möglichkeit zu, dass der Datentransfer vom Empfänger angefordert wird (Pull-Operation) und der Sender dauerhaft sendebereit sein muss (Blocking-Write).

17.4.1 Synchrone Datenübertragung

Das Listing 17.5 zeigt ein VHDL-Verhaltensmodell für einen synchronen 4-Phasen-Handshake im Push-Modus, bei dem Sender und Empfänger mit dem gleichen Takt arbeiten. Es enthält die beiden Komponenten SENDER und EMPFAENGER.

Listing 17.5: VHDL-Verhaltensmodell für den Vier-Phasen-Handshake

```
-- Verhaltensmodell von Sender und Empfänger beim 4-Phasen-Handshake
library ieee;
use ieee.std_logic_1164.all;
use ieee.numeric_std.all;
entity SENDER is
  port (CLK, START: in bit;
        ACK: in bit;
```

```
         REQ: out bit;
         BUS_DATA: out unsigned(3 downto 0)
  );
end SENDER;


architecture VERHALTEN of SENDER is
signal DATA: unsigned(3 downto 0) := x"D"; -- Start einer
                                           -- Pseudozufallsfolge
signal REQ_int: bit;
begin
REQ_int <= START;
REQ <= REQ_int;


DATA_P: process(CLK) -- Erzeugung der Daten mit Links-SRG
begin
   if CLK='1' and CLK'event then
      if (REQ_int = '1' and ACK = '1') then
         DATA <= DATA(2 downto 0) & (DATA(3) xor DATA(2)) after 2 ns;
      end if;
   end if;
end process DATA_P;


DATASEND_P: process(REQ_int, ACK, DATA) -- Handshake
begin
   BUS_DATA <= (others=>'Z');
   if (REQ_int='1' and ACK='1') then
    BUS_DATA <= DATA after 2 ns;
   end if;
end process DATASEND_P;
end VERHALTEN;


--------------------------------------------------------------

library ieee;
use ieee.std_logic_1164.all;
use ieee.numeric_std.all;
entity EMPFAENGER is
  port (CLK, REQ : in bit;
        BUS_DATA: in unsigned(3 downto 0);
        ACK: out bit
  );
end EMPFAENGER;
```

```
architecture VERHALTEN of EMPFAENGER is
signal DATA: unsigned(3 downto 0);
signal ACK_int: bit;
begin

ACK <= ACK_int;
ACK_P: process(CLK) -- Handshake
begin
    if CLK='1' and CLK'event then
        if REQ = '1' then ACK_int <= '1' after 2 ns;
        else ACK_int <= '0' after 2 ns;
        end if;
    end if;
end process ACK_P;

DATAREC_P: process(CLK) -- Einlesen der Daten
begin
    if CLK='1' and CLK'event then
        if (REQ='1' and ACK_int='1') then
            DATA <= BUS_DATA after 2 ns;
        end if;
    end if;
end process DATAREC_P;
end VERHALTEN;
```

Die Prozesse der entity SENDER haben die folgende Bedeutung:

- DATA_P erzeugt mittels eines XOR-rückgekoppelten Schieberegisters Pseudozufallsdaten (vgl. Kapitel 16.6). Diese Daten werden taktsynchron erzeugt, wenn das
  interne REQ-Signal des Senders sowie ACK gleichzeitig gesetzt sind.
- DATASEND_P legt den aktuellen Pseudozufallswert auf den Bus BUS_DATA, der
  den Sender mit dem Empfänger verbindet. Wenn die Übertragungsbedingung
  REQ ∧ ACK = 1 nicht erfüllt ist, wird dieser Bus hochohmig.
- Der Beginn eines Datentransfers erfolgt durch das Eingangssignal START, was
  durch eine nebenläufige Signalzuweisung direkt in das interne REQ-Signal
  REQ_int umgesetzt wird.

Die Prozesse der entity EMPFAENGER erfüllen die folgenden Aufgaben:

- ACK_P setzt das interne taktsynchrone ACK-Signal ACK_int, sofern REQ = 1 gelesen wird.
- DATAREC_P liest die empfangenen Daten synchron ein, sofern die Übertragungsbedingung gesetzt ist.

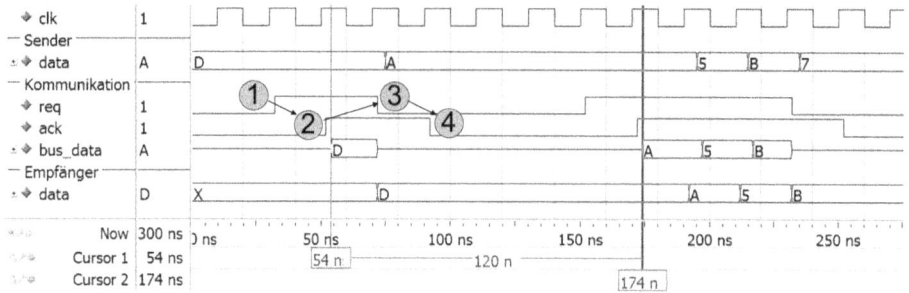

Bild 17.11: Verhaltenssimulation einer synchronen Sender-Empfänger Kommunikation mit 4-Phasen-Handshake

Die Simulation dieses synchronen 4-Phasen-Handshakes zeigt Bild 17.11. Darin erfolgen zwei Datenübertragungen, die von einer hier nicht dargestellten Testbench initiiert werden:

- Bei t = 30 ns soll die Zufallszahl 0xD übertragen werden. Diese liegt bei t = 54 ns auf dem Bus und wird bei der nachfolgenden Taktflanke im Empfänger gespeichert. Im Zeitdiagramm Bild 17.11 sind die vier Handshake-Phasen markiert. Das REQ-Signal muss zwei Takte lang gesetzt sein und die Dauer dieses Handshakes beträgt drei Takte.
- Bei t = 150 ns soll ein Paket (engl. burst) von drei Zufallszahlen (0xA, 0x5 und 0xB) übertragen werden. Für diesen Zweck bleibt das REQ-Signal für vier Takte gesetzt. Die Dauer dieser Übertragung beträgt fünf Takte.

Zusammenfassend werden für den synchronen Datenaustausch zusätzlich zur Anzahl der für die Datenübertragung erforderlichen Takte zwei weitere Takte für den Verbindungsauf- und Verbindungsabbau benötigt.

17.4.2 Asynchrone Datenübertragung

In vielen Anwendungen arbeiten Sender und Empfänger mit unterschiedlichen Taktfrequenzen. Dies erfordert eine wechselseitige Synchronisation der Handshake-Signale REQ und ACK auf die jeweils andere Taktfrequenz. Bild 17.12 zeigt die Struktur von asynchronem Sender und Empfänger, die jeweils über ein einfaches Synchronisations-Flipflop miteinander kommunizieren. Die synchronisierten Statussignale REQ_sync bzw. ACK_sync werden in beiden Komponenten jeweils Zustandsautomaten zugeführt, die miteinander über diese Signale kommunizieren und den 4-Phasen-Handshake implementieren. Wegen möglicherweise stark unterschiedlicher Taktfrequenzen ist es mit diesem Konzept nicht möglich, während eines einzelnen Datentransfers mehr als ein Datum zu senden. Um in dieser Situation keine Daten zu verlieren, wäre ein Zwischenspeicher, z. B. ein First-In-First-Out-Speicher (FIFO) erforderlich, dessen Konzept in Kapitel 18.5 vorgestellt wird. Die Wahl der zunächst ungewohnten Synchronisationsschaltung mit nur *einem* Flipflop in Bild 17.12 lässt sich wie folgt begründen:

–   Eine Schaltung mit zwei Flipflops wie in Bild 17.4 würde in den vier Phasen des Verbindungsauf- und -abbaus jeweils eine zusätzliche Latenz von einem Takt bedeuten. Dadurch würde die Datenbandbreite bei der asynchronen Datenübertragung, insbesondere bei kurzen Signalpaketen stark reduziert werden.

–   Das zum Unterdrücken der metastabilen Zustände benötigte zweite Flipflop ist in diesem Konzept das Zustandsregister, welches sich hinter dem Übergangsschaltnetz innerhalb des Sender- bzw. Empfänger-Zustandsautomaten befindet (vgl. Bild 17.13). Die Laufzeit $t_{\text{ÜSN}}$ durch die Übergangsschaltnetze lässt sich durch eine statische Timing-Analyse bestimmen bzw. durch eine Timing-Vorgabe bei der Implementierung auch vorgeben. Daraus ergibt sich für die zur Verfügung stehende Erholungszeit t_R des ersten Flipflops $t_R = f_{\text{CLK}}^{-1} - t_{\text{Setup}} - t_{\text{ÜSN}}$. Wenn die unter Berücksichtigung der technologischen Parameter der Flipflops sowie der Erholungszeit t_R zu berechnende mittlere Zeit $\text{MTBF}(t_R)$ zwischen zwei Synchronisationsfehlern den Vorgaben entspricht, so ist das in Bild 17.4 dargestellte zweite Synchronisations-Flipflop DFF2 nicht erforderlich.

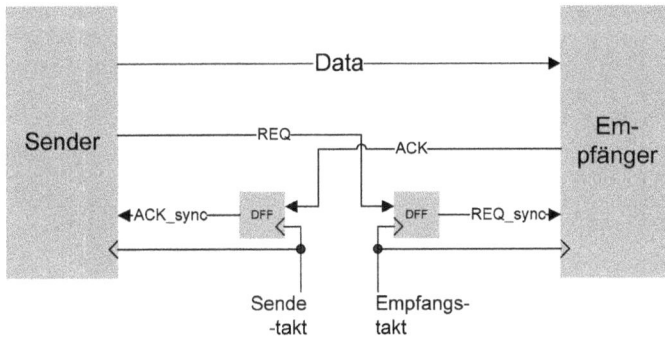

Bild 17.12: Vier-Phasen-Handshake zwischen asynchron operierendem Sender und Empfänger

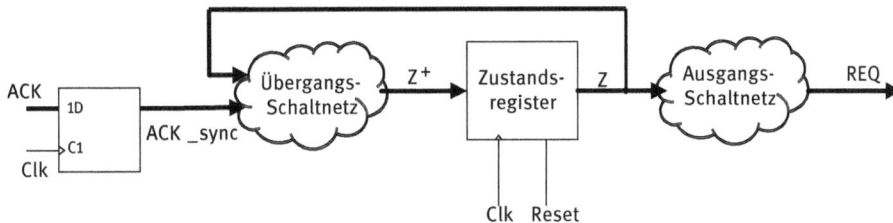

Bild 17.13: Synchronisation des ACK-Eingangssignals mit nur einem Flipflop

Nachfolgend soll ein Modell vorgestellt werden, in dem die Datenübertragung vom Sender initiiert wird (Push-Operation). Das in Bild 17.14 dargestellte Zusammenspiel der beiden Automaten kann für diesen Fall wie folgt beschrieben werden:

– Sender:

  – Nach dem Einschalten befindet sich der Sender im Wartezustand IDLE, in dem das Ausgangssignal READY gesetzt ist. Die Datenübertragung wird durch ein externes Signal START initiiert, wodurch der Sendeautomat in den Zustand REQ1 übergeht.

  – Im Zustand REQ1 wird das Moore-Ausgangssignal REQ gesetzt. Der Automat wartet hier auf den Empfang des ACK_sync-Signals und verzweigt nachfolgend in den Zustand REQ2.

  – Im Zustand REQ2 wird das REQ-Signal wieder gelöscht und der Automat verbleibt in diesem Zustand so lange, bis der Empfänger den Datenempfang durch ein gelöschtes ACK_sync-Signal quittiert hat. Anschließend geht der Automat in den IDLE-Zustand und wartet dort auf die Initiierung einer weiteren Datenübertragung.

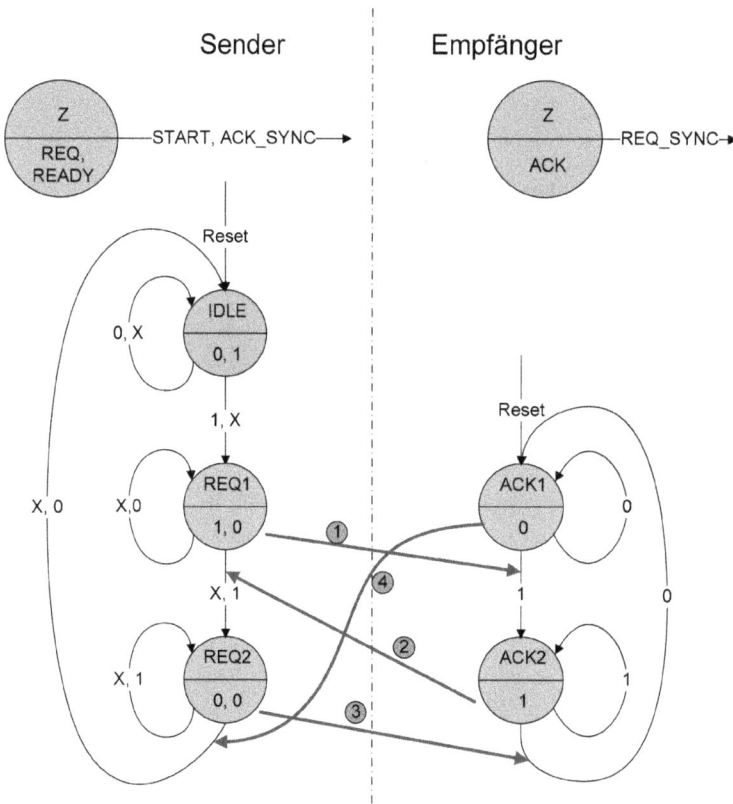

Bild 17.14: Kommunizierende Zustandsautomaten zum Austausch von Daten zwischen asynchron operierendem Sender und Empfänger

- Empfänger:
  - Der Resetzustand des Empfänger-Automaten ist ACK1. Das Moore-Ausgangssignal ACK ist hier gelöscht. In diesem Zustand wartet der Automat, bis er ein REQ_sync-Signal empfängt und dadurch in den Zustand ACK2 übergeht.
  - Im Zustand ACK2 wird das ACK-Signal gesetzt und der Empfänger wartet darin auf die Zurücknahme des REQ_sync-Signals, welches den Automaten zurück in den Resetzustand ACK1 bringt.

Das Listing 17.6 zeigt zunächst das VHDL-Modell des asynchronen Senders A_SENDER mit den folgenden Prozessen:
- REG implementiert das Zustandsregister des Sender-Automaten.
- Der kombinatorische Prozess COMB bildet das in Bild 17.14 links dargestellte Zustandsdiagramm des Senders ab.
- DATA_P erzeugt Zufallsdaten mithilfe eines linear rückgekoppelten Schieberegisters (vgl. Kapitel 16.6). Neue Daten werden immer dann erzeugt, wenn sich der Automat im IDLE-Zustand befindet und das START-Signal gesetzt ist.

Listing 17.6: VHDL-Modell für asynchron operierenden Sender

```
-- Asynchroner Sender für 4-Phasen-Handshake
library ieee;
use ieee.std_logic_1164.all;
use ieee.numeric_std.all;
-------------------------------------------------------------------
entity A_SENDER is
  port (CLK, RESET, START: in bit;
        ACK_SYNC: in bit;
        REQ, READY: out bit;
        BUS_DATA: out unsigned(3 downto 0)
  );
end A_SENDER;

architecture VERHALTEN of A_SENDER is
signal DATA: unsigned(3 downto 0);
signal REQ_int, READY_int: bit;
type STATE_TYPE is(IDLE, REQ1, REQ2);
signal STATE, NEXT_STATE: STATE_TYPE;
begin

REG: process(CLK, RESET)
begin
   if RESET = '1' then
      STATE <= IDLE after 2 ns;
```

```
      elsif CLK = '1' and CLK'event then
        STATE <= NEXT_STATE after 2 ns;
      end if;
end process REG;


COMB: process(STATE , START, ACK_SYNC)
begin
    NEXT_STATE <= STATE after 2 ns; -- Default: verbleibe im Zustand
    REQ_int <= '0' after 2 ns;
    READY_int <= '0' after 2 ns;
    case STATE is
      when IDLE =>                   -- warte auf START
        READY_int <= '1' after 2 ns;
        if START = '1' then
          NEXT_STATE <= REQ1 after 2 ns;
        end if;
      when REQ1 =>                   -- warte auf ACK_SYN = 1
        REQ_int <= '1' after 2 ns;
        if ACK_SYNC = '1' then
          NEXT_STATE <= REQ2 after 2 ns;
        end if;
      when REQ2 =>                   -- warte auf ACK_SYN = 0
        if ACK_SYNC = '0' then
          NEXT_STATE <= IDLE after 2 ns;
        end if;
    end case;
end process COMB;


REQ <= REQ_int;
READY <= READY_int;


DATA_P: process(CLK, RESET) -- Erzeugung der Daten
begin
   if RESET = '1' then
      DATA <= x"6" after 2 ns; -- Startwert einer Pseudozufallsfolge
   elsif CLK='1' and CLK'event then
      if (START = '1' and READY_int = '1') then
         DATA <= DATA(2 downto 0) & (DATA(3) xor DATA(2)) after 2 ns;
      end if;
   end if;
end process DATA_P;
BUS_DATA <= DATA;
end VERHALTEN;
```

Das Modell des asynchronen Empfängers ist in Listing 17.7 dargestellt. Es verwendet die folgenden Prozesse:

- REG und COMB zur Implementierung des in Bild 17.14 rechts abgebildeten Zustandsautomaten.
- DATA_P ist der Prozess, in dem die empfangenen Daten in das Empfangsregister DATA eingelesen werden. Dies erfolgt synchron mit dem Empfängertakt gemäß Bild 17.10, solange sich der Empfänger im Zustand ACK2 befindet und gleichzeitig das Eingangssignal REQ_sync gesetzt ist, also im Senderzustand REQ1.

Listing 17.7: VHDL-Modell für den asynchron operierenden Empfänger

```
-- Asynchroner Empfänger für 4-Phasen-Handshake
library ieee;
use ieee.std_logic_1164.all; use ieee.numeric_std.all;
entity A_EMPFAENGER is
  port (CLK, RESET: in bit;
        BUS_DATA: in unsigned(3 downto 0);
        REQ_SYNC: in bit;
        ACK: out bit;
        DATA: out unsigned(3 downto 0)
  );
end A_EMPFAENGER;

architecture VERHALTEN of A_EMPFAENGER is
type STATE_TYPE is(ACK1, ACK2);
signal ACK_int: bit;
signal STATE, NEXT_STATE: STATE_TYPE;
begin
REG: process(CLK, RESET)
begin
   if RESET = '1' then
      STATE <= ACK1 after 2 ns;
   elsif CLK = '1' and CLK'event then
      STATE <= NEXT_STATE after 2 ns;
   end if;
end process REG;

COMB: process(STATE , REQ_SYNC)
begin
   NEXT_STATE <= STATE after 2 ns;
   ACK_int <= '0' after 2 ns;
   case STATE is
```

```
      when ACK1 =>                         -- warte auf REQ_SYN = 1
        if REQ_SYNC ='1' then
          NEXT_STATE <= ACK2 after 2 ns;
        end if;
      when ACK2 =>                         -- warte auf REQ_SYN = 0
        ACK_int <= '1' after 2 ns;
        if REQ_SYNC = '0' then
          NEXT_STATE <= ACK1 after 2 ns;
        end if;
    end case;
end process COMB;
ACK <= ACK_int;


DATA_P: process(CLK, RESET) -- Empfang der Daten
begin
  if RESET ='1' then
    DATA <=x"0";
  elsif CLK='1' and CLK'event then
    if (REQ_SYNC = '1' and ACK_int = '1') then -- REQ1 und ACK2
      DATA <= BUS_DATA after 2 ns;
    end if;
  end if;
end process DATA_P;
end VERHALTEN;
```

In dem Listing 17.8 werden jeweils eine Sender- und Empfängerkomponente mit jeweils *einem* Synchronisations-Flipflop gemäß Bild 17.12 zu einem kommunizierenden System zusammengefasst.

Listing 17.8: Top-Level-Modell mit Sender, Empfänger und Synchronisations-Flipflops

```
-- Top-Level-Modell der Sender-Empfänger-Kommunikation
library ieee;
use ieee.std_logic_1164.all;
use ieee.numeric_std.all;
entity SENDER_EMPFAENGER_TOP is
  port (CLK1, CLK2, RESET, START: in bit;
        READY: out bit;
        DATA: out unsigned(3 downto 0)
  );
end SENDER_EMPFAENGER_TOP;


architecture VERHALTEN of SENDER_EMPFAENGER_TOP is
```

```vhdl
signal BUS_DATA: unsigned(3 downto 0);
signal REQ, REQ_SYNC: bit;
signal ACK, ACK_SYNC: bit;


begin
ACK_SYNC_P: process(CLK1) -- einfaches Sync.FF!
begin
   if CLK1='1' and CLK1'event then
      ACK_SYNC <= ACK after 2 ns;
   end if;
end process ACK_SYNC_P;


SENDER: entity work.A_SENDER          -- Instanz der SENDER Komponente
        port map(CLK1, RESET, START, ACK_SYNC,
                    REQ, READY, BUS_DATA);


REQ_SYNC_P: process(CLK2) -- einfaches Sync.FF!
begin
   if CLK2='1' and CLK2'event then
      REQ_SYNC <= REQ after 2 ns;
   end if;
end process REQ_SYNC_P;


EMPFAENGER: entity work.A_EMPFAENGER -- Instanz der EMPFAENGER Komponente
            port map(CLK2, RESET, BUS_DATA, REQ_SYNC, ACK, DATA);
end VERHALTEN;
```

Schlussendlich zeigt Listing 17.9 eine VHDL-Testbench zur Simulation des asynchronen 4-Phasen-Handshakes. Diese verwendet als Sendetakt das Signal CLK1 mit einer Frequenz von 125 MHz und als Empfangstakt CLK2 mit einer Frequenz von 50 MHz. In der Testbench wird das START-Signal in den unterschiedlichen Zeitbereichen wie folgt gesetzt:
- Bis t = 10 ns bleibt START gelöscht.
- Im Zeitbereich bis t = 250 ns erfolgt die Initiierung des Datentransfers über einen taktsynchronen START / READY Handshake.
- Für t > 250 ns bleibt das START-Signal dauerhaft gesetzt.

Zur Unterscheidung der Zeitbereiche wird im START_P-Prozess eine Zeitvariable vom VHDL-Datentyp time verwendet. Dieser Prozess wird regelmäßig durch Wechsel des Signals CLK1 gestartet. Dabei wird diese Variable durch die Zuweisung actual_time := now auf den Wert der Simulationszeit aktualisiert. Als Testobjekt DUT wird das Sender-Empfänger-Kommunikationsmodell aus Listing 17.8 instanziiert.

Listing 17.9: Testbench für die asynchrone Kommunikation zwischen Sender und Empfänger

```
-- Testbench für Sender-Empfänger-Kommunikation
library ieee;
use ieee.std_logic_1164.all;
use ieee.numeric_std.all;

entity SENDER_EMPFAENGER_TOP_TB is
end SENDER_EMPFAENGER_TOP_TB;

architecture TESTBENCH of SENDER_EMPFAENGER_TOP_TB  is
signal DATA: unsigned(3 downto 0);
signal CLK1, CLK2, RESET, START, READY: bit;

begin
RESET <='1', '0' after 7 ns;

CLOCK1_GEN: process
begin
   CLK1 <= '0'; wait for 4 ns; -- 125 MHz Sender
   CLK1 <= '1'; wait for 4 ns;
end process CLOCK1_GEN;

CLOCK2_GEN: process
begin
   CLK2 <= '0'; wait for 10 ns; -- 50 MHz Empfaenger
   CLK2 <= '1'; wait for 10 ns;
end process CLOCK2_GEN;

START_P: process(CLK1)        -- START-Signal Erzeugung
variable actual_time: time; -- deklariere Zeitvariable
begin
   actual_time := now;        -- aktuelle Simulationszeit
   if actual_time < 10 ns then
      START <= '1';
   elsif actual_time < 250 ns then -- START-READY Handshake
      if CLK1='1' and CLK1'event then
         if READY ='1' then
            START <= '1' after 2 ns;
         else
            START <= '0' after 2 ns;
         end if;
```

```
         end if;
    else
         START <= '1';           -- ab jetzt START dauerhaft auf 1
    end if;
end process START_P;

DUT: entity work.SENDER_EMPFAENGER_TOP
     port map(CLK1, CLK2, RESET, START,
              READY, DATA);
end TESTBENCH;
```

Bild 17.15 zeigt die Simulation der asynchronen Kommunikation, die in den Zustands-
diagrammen von Bild 17.14 beschrieben ist. Zu beachten ist dabei die jeweilige Synchronisation der Automatenausgangssignale REQ und ACK in die jeweils andere Taktdomäne. Daraus ergeben sich die Eingangssignale der Automaten REQ_sync bzw.
ACK_sync.

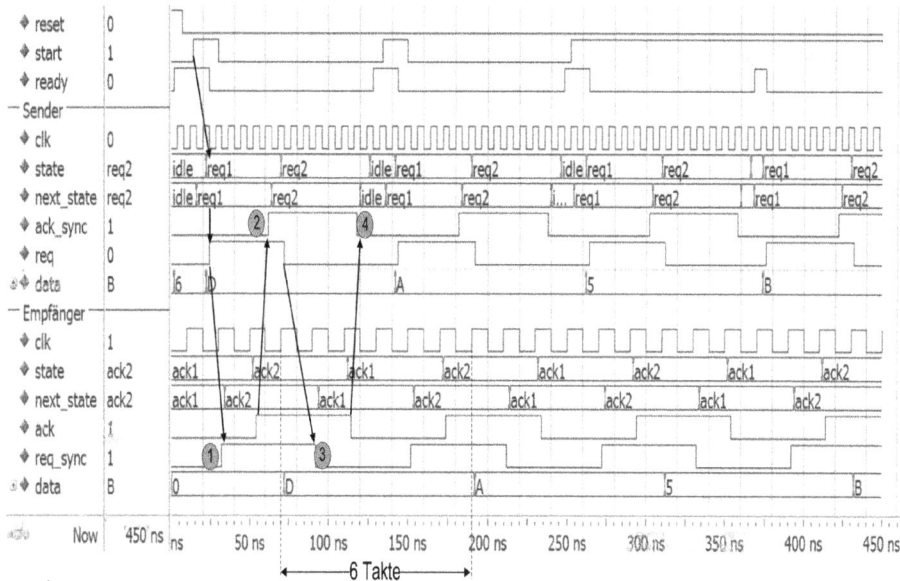

Bild 17.15: Simulation der asynchronen Datenübertragung vom Sender zum Empfänger

In diesem Bild sind die Eingangssignaländerungen des 4-Phasen-Handshakes markiert. Die zum Empfänger übertragenen Pseudozufallsdaten liegen dort jeweils nach
der ersten steigenden Empfänger-Taktflanke CLK2 vor, zu der zeitgleich die Signale
REQ_sync und ACK gesetzt sind (erstmals bei t = 70 ns). Das Bild zeigt den Datentrans-

fer von einer schnellen in eine langsamere Taktdomäne. Mit der gleichen Schaltung lassen sich die Daten jedoch ebenso von einer langsameren in eine schnellere Takt-domäne übertragen. Dem Bild 17.15 ist weiter zu entnehmen, dass der Transfer einer einzelnen Pseudozufallszahl beim asynchronen Datenaustausch sechs Taktperioden der jeweils niederfrequenteren Taktdomäne CLK2 erfordert.

In der in Bild 17.12 gewählten Schaltung wurde im Gegensatz zu den Ausführungen von Kapitel 17.3 eine Synchronisation mit nur einem einzelnen Flipflop gewählt. Oben wurde bereits erläutert, dass diese vereinfachte Art der Synchronisation nur dann frei von Synchronisationsfehlern ist, wenn die für eine vorgegebene Mindestzeit zwischen zwei Fehlern erforderliche Erholungszeit t_R zusammen mit der Dauer des Übergangs-schaltnetzes im jeweiligen Automaten kleiner als der Kehrwert der jeweiligen Taktfre-quenz ist. Wenn diese Bedingung nicht gewährleistet ist, so muss eine Synchronisati-on mit zwei D-Flipflops gewählt werden, Diese Situation erfordert die folgende Ände-rung der Top-Level-entity in Listing 17.8, die die Synchronisations-Flipflops enthält:

Listing 17.10: Top-Level-entity mit doppelter Synchronisation der ACK- und REQ-Signale. Für die Synchronisationssignale wird das ASYNC_REG-Attribut definiert.

```
. . .
signal REQ_SYNC: bit_vector(1 downto 0); -- 2 Sync FFs
signal ACK_SYNC: bit_vector(1 downto 0); -- 2 Sync FFs

attribute ASYNC_REG: string;
attribute ASYNC_REG of REQ_SYNC: signal is "true";
attribute ASYNC_REG of ACK_SYNC: signal is "true";

begin
ACK_SYNC_P: process(CLK1) -- doppeltes Sync.FF!
begin
   if CLK1='1' and CLK1'event then
      ACK_SYNC(0) <= ACK after 2 ns;
      ACK_SYNC(1) <= ACK_SYNC(0) after 2 ns;
   end if;
end process ACK_SYNC_P;
. . .
REQ_SYNC_P: process(CLK2) -- doppeltes Sync.FF!
begin
   if CLK2='1' and CLK2'event then
      REQ_SYNC(0) <= REQ after 2 ns;
      REQ_SYNC(1) <= REQ_SYNC(0) after 2 ns;
   end if;
end process REQ_SYNC_P;
```

Mit dieser Änderung wird die Dauer des Datentransfers bei dauerhaft anliegendem START-Signal, also bei kontinuierlicher Übertragung, auf acht Taktzyklen des langsameren Automaten verlängert. Die asynchron operierenden Automaten selbst müssen jedoch nicht verändert werden.

Das Bild 17.16 zeigt abschließend die von Vivado vorgenommene benachbarte Platzierung der beiden Synchronisations-Flipflops ACK_SYNC_reg[0] und ACK_SYNC_ reg[1] im FPGA, die eine maximale Erholungszeit garantiert.

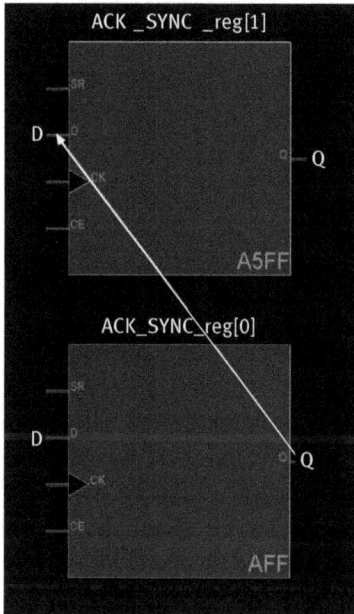

Bild 17.16: Die Synchronisations-Flipflops werden durch Verwendung des ASYNC_REG-Attributs benachbart platziert, womit sich zwischen ihnen eine maximale Erholungszeit t_R ergibt

17.5 Der AXI4-Interface-Standard

17.5.1 Übersicht

Im Jahre 1996, ursprünglich für den Austausch zwischen digitalen Subsystemen und ARM-Prozessoren entwickelt, hat sich der AXI4-Standard heute zu einem weit verbreiteten On-Chip-Interface-Standard entwickelt. Er ist Bestandteil des von der Fa. ARM entwickelten AMBA® Verbindungsstandards [61] und wurde u. a. von den Firmen Intel (früher Altera) und Xilinx für ihre FPGAs übernommen [62]. Im AXI4-Standard sind die folgenden Interface-Typen zu unterscheiden, die in IP-Blöcken (engl. Intellectual Property, IP) sehr verbreitet sind:
- AXI4: Diese Schnittstelle beschreibt die Kommunikation von Komponenten unter Verwendung von Adressinformationen (vgl. Kapitel 18.6). Mit diesem Hoch-

geschwindigkeits-Interface können Blöcke von bis zu 256 Daten mit einmaliger Adressierung (engl. burst) und einer Datenbusbreite von 32 oder 64 Bit übertragen werden.

– AXI4-Lite: Dieses Interface erfordert für jeden Datentransfer eine individuelle Adressierung. Der Datenbus ist üblicherweise 32 Bit breit. Die Übertragungsrate ist damit geringer als beim AXI4 Interface.

– AXI4-Stream: Diese Schnittstelle verwendet keinerlei Adressinformationen, sondern stellt eine Punkt-zu-Punkt-Verbindung zwischen Hardwarekomponenten her. Grundlage dafür ist der in Kapitel 17.4 vorgestellte 4-Phasen-Handshake.

Im Kontext dieses Lehrbuchs soll nachfolgend der AXI-Stream Standard vorgestellt werden. Exemplarisch wird der Vivado-Entwurf eines FIR-Filter-IPs mit AXI4-Stream-Schnittstelle vorgestellt. Eine Diskussion der AXI4- und AXI4-Lite Interfaces soll einem Lehrbuch zur Mikroprozessortechnik vorbehalten bleiben.

17.5.2 Das AXI4-Stream Interface

Mithilfe des AXI4-Stream-Interface-Protokolls lassen sich Komponenten in einer Verarbeitungskette leicht hintereinanderschalten. Bild 17.17 zeigt eine derartige Kette, innerhalb derer ein Sender Daten an einen Empfänger weiterleiten soll. Für diesen Zweck besitzen die Komponenten innerhalb der Kette jeweils eine AXI4-Stream-Slave und eine AXI4-Stream-Master-Schnittstelle. Die erste Komponente der Kette benötigt kein Slave-Interface und die letzte Komponente kein Master-Interface. Das Master-Interface initiiert den Datentransfer (Push-Operation) und die Komponente mit dem Slave-Interface muss empfangsbereit sein. Das AXI4-Stream-Protokoll ist synchron mit dem in Bild 17.17 nicht eingezeichneten Takt ACLK, der in allen Komponenten verwendet wird.

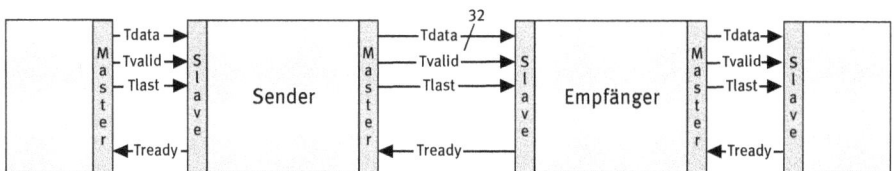

Bild 17.17: Punkt-zu-Punkt-Verbindung von Hardwarekomponenten über das AXI4-Stream Interface

Die Bedeutung der AXI4-Stream-Schnittstellensignale ist angelehnt an den in Kapitel 17.4 erläuterten 4-Phasen-Handshake und soll wie folgt erläutert werden:

– Das vom Master erzeugte Signal TVALID teilt dem Empfänger mit, dass Daten zur Übertragung bereitstehen (vgl. das REQ Signal in Bild 17.10).

- Wenn der Empfänger zum Datenempfang bereit ist, sendet er das TREADY Signal (vgl. das ACK Signal in Bild 17.10). Wenn eine Empfängerkomponente durchgängig empfangsbereit ist, so kann dieses Signal entweder dauerhaft auf 1 gelegt werden, oder es kann auf die Verdrahtung dieses Signals in beiden Interfaces auch ganz verzichtet werden.
- Die Daten werden vom Master während TVALID = 1 auf den 32 Bit breiten Bus TDATA gelegt. Dieser Bus ist byteweise organisiert und ermöglicht damit auch die Übertragung unterschiedlicher Informationen. So lässt sich z. B. ein 12-Bit breiter Datenstrom über die Busleitungen TDATA[11:0] und zeitgleich ein anderer, 4-Bit breiter Datenstrom über TDATA[19:16] übertragen.
- Die Übernahme der Daten und Eingangssteuersignale sowie die Erzeugung der Ausgangssteuersignale erfolgt bei steigender Taktflanke.
- Unter Verwendung des Signals TLAST lassen sich auch vektorielle Daten im Zeitmultiplexverfahren übertragen. Zeitgleich zur Übertragung der letzten Daten eines Datenpakets wird dafür das Signal TLAST gesetzt.

In Bild 17.18 wird die Übertragung eines vektoriellen Datenstroms gezeigt, der hier aus den 32-Bit breiten Real- und Imaginärteilen einer komplexen Zahl besteht. Der Empfänger ist dauerhaft empfangsbereit (TREADY = 1) und die Daten nach der ersten steigenden Taktflanke von ACLK dauerhaft gültig (TVALID = 1). Der Sender erzeugt zeitgleich mit der Übertragung der Imaginärteile das Signal TLAST = 1, welches in einem Zustandsautomaten innerhalb des Empfängers ausgewertet werden muss, um dort die übertragenen Daten richtig zuordnen zu können.

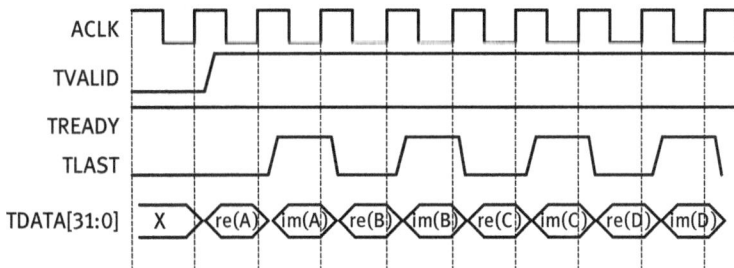

Bild 17.18: AXI4-Stream-Protokoll bei der Übertragung strukturierter Daten (Real- und Imaginärteile)

Bild 17.19 zeigt dagegen einen skalaren Datenstrom, der jedoch dadurch unterbrochen ist, dass der Sender nur in jedem dritten Takt gültige Daten erzeugen kann. Wenn der Empfänger dauerhaft empfangsbereit ist (TREADY = 1), so müssen die Signale TVALID und TLAST zeitgleich in jedem dritten Takt auf 1 gesetzt werden. In diesem Takt legt der Sender auch die zu übertragenden Daten auf den TDATA-Bus.

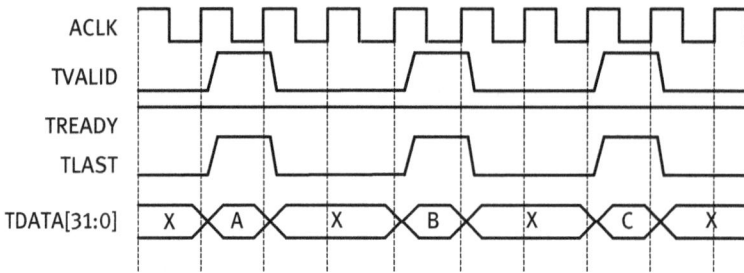

Bild 17.19: AXI4-Stream-Protokoll bei der Übertragung skalarer Daten. Der Sender stellt die Daten nur in jedem dritten Taktzyklus zur Verfügung

Die Hersteller von FPGAs bieten in ihren Entwicklungssystemen eine Vielzahl von meist kostenlosen Hardwarefunktionsblöcken mit AXI4-Schnittstellen an, die unterschiedliche, häufig auch konfigurierbare Aufgaben z. B. aus der digitalen Signal- oder der Bildverarbeitung erfüllen.

17.6 Implementierung eines FIR-Filter-IPs mit AXI4-Streaming-Schnittstelle

Bei den meisten Anwendungen der digitalen Signalverarbeitung sind Bearbeitungsketten von Hardwareblöcken zu implementieren, mit denen sich Eingangssignale nach einem vorgegebenen Algorithmus manipulieren lassen. Eine besondere Rolle spielen dabei Blöcke, mit denen sich das Zeit- und Frequenzverhalten von Signalen durch Filterung beeinflussen lässt.

Die Klasse der Finite-Impulse-Response-Filter (FIR-Filter) besitzt eine endliche Reaktion auf einen Eingangssignalwert. Sie nutzt daher nur den mit der Periode T abgetasteten aktuellen Eingangssignalwert $x[n]$ und eine bestimmte Anzahl N von vorherigen Abtastwerten $x[n-k]$, um den aktuellen Ausgangswert $y[n]$ zu berechnen. Damit gehören sie zu den nichtrekursiven Filtern, die über keine Signalrückkopplungen verfügen und damit nicht instabil werden können. FIR-Filter werden in der digitalen Signalverbreitung verbreitet eingesetzt, um z. B. das Frequenzverhalten von zeitdiskreten Signalen zu beeinflussen.

$$y[n] = \sum_{k=0}^{N} h_k \cdot x[n-k] \tag{17.2}$$

Die allgemeine Beschreibung von FIR-Filtern ist im Zeitbereich durch die Gl. 17.1 gegeben, die jeden abgetasteten Eingangssignalwert $x[n]$ mit speziellen Koeffizienten h_k gewichtet. Die Anzahl der zu speichernden vorherigen Eingangssignalwerte $x[n-k]$ ist die Filterordnung N, sodass insgesamt für jede Ausgangssignalaktualisierung $L = N+1$ Produkte zu addieren sind (L ist die Filterlänge). Das Bild 17.20 zeigt die Struktur eines Filters N-ter Ordnung, in der die N Zeitverzögerungsglieder durch z^{-1}-Blöcke dargestellt werden und die N + 1 Konstantenmultiplizierer durch h_k-Blöcke repräsentiert sind.

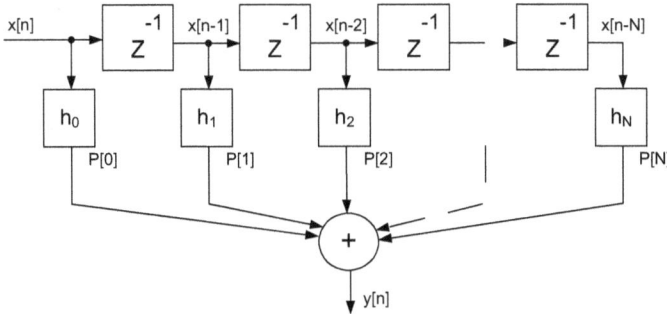

Bild 17.20: Struktur eines FIR-Filters N-ter Ordnung

In diesem Abschnitt wird der Entwurf von FIR-Filtern mit linearem Phasengang vorgestellt, bei denen die schon bekannten FPGA-Funktionsblöcke wie DSP48E-Slices und SRL16-Blöcke zum Einsatz kommen sollen. Auch wird erläutert, wie diesem FIR-Filter in Vivado AXI4-Streaming-Schnittstellen hinzugefügt werden, damit das Filter als FPGA-IP-Block in einer Signalverarbeitungskette verwendet werden kann, die z. B. auch Mikroprozessoren enthält.

17.6.1 VHDL-Modelle für FIR-Filter mit linearem Phasengang

In vielen praktischen Anwendungen sind linearphasige FIR-Filter erforderlich, die aufgrund der von der Frequenz unabhängigen Gruppenlaufzeit $\tau_g = N \cdot T/2$ eine verzerrungsfreie Übertragung bieten. Diese sind nur mit einem symmetrischen Satz von Koeffizienten realisierbar, der z. B. über die Fenstermethode aus einem ideal rechteckförmig vorgegebenen Referenzfrequenzgang gewonnen wird. Im Fall der positiven Symmetrie sind die Koeffizienten h_k zu einer Symmetrieachse spiegelsymmetrisch, sodass nur eine Hälfte des Koeffizientensatzes als Konstantenmultiplizierer implementiert werden muss. Für den für viele Anwendungen besonders wichtigen Fall einer geraden Filterordnung N zeigt die Gl. 17.3, dass in einer Addierervorstufe jeweils zwei Abtastwerte addiert werden können, bevor diese mit dem Koeffizienten h_k multipliziert werden. Somit sind nur N/2 + 1 Multiplikationen erforderlich. Der mittlere Abtastwert x[n − N/2] spielt insofern eine Sonderrolle, weil dieser direkt mit dem Koeffizienten $h_{N/2}$ multipliziert werden muss.

$$y[n] = h_{N/2} \cdot x\left[n - \left(\frac{N}{2}\right)\right] + \sum_{k=0}^{\frac{N}{2}-1} h_k \cdot (x[n-k] + x[(n-(N-k))]) \qquad (17.3)$$

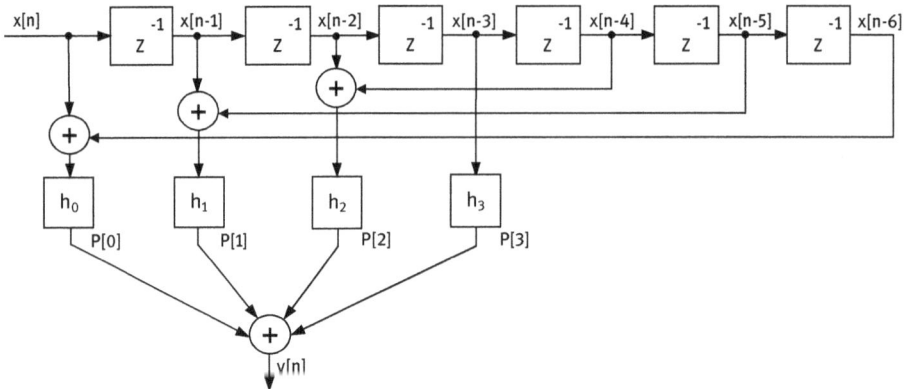

Bild 17.21: Linearphasenstruktur eines FIR-Filters mit gerader Ordnung N = 6

Das Bild 17.21 zeigt diese Situation für den Fall N = 6: In drei Vorstufenaddierern werden die Abtastwerte $x[n-k]$ und $x[n-(N-k)]$ vor der Multiplikation mit den Koeffizienten $h_0 \ldots h_2$ multipliziert werden. Das Partialprodukt $P[3]$, in dem der mittlere Koeffizient h_3 verwendet wird, erfordert keinen Vorstufenaddierer. Zur Implementierung der in Bild 17.21 vorgestellten Architektur existieren in FPGAs spezielle Hardwarekomponenten, die zuvor bereits vorgestellt wurden:

- Die komplette Arithmetik kann mit einem einzigen DSP48E1-Block realisiert werden (vgl. Bild 13.29 in Kapitel 13.5). Dazu müssen die beiden Abtastwerte an die Eingänge A und D gelegt werden und der Koeffizient an den Eingang B. Ohne Berücksichtigung von Pipelineeffekten erfordert die Akkumulation aller Partialprodukte $N/2 + 1$ Takte.
- Die Signalverzögerungskette der Partialprodukte erfordert ein dynamisch adressierbares Schieberegister mit zwei adressierbaren Signalausgängen und $N+1$ Elementen, wie es in Kapitel 16.7 bereits vorgestellt wurde.

In dem in Bild 17.22 vorgestellten Architekturkonzept werden die in Listing 13.7 bzw. Listing 16.6 vorgestellten VHDL-Modelle DSP48E1_BSP bzw. SRL16_BSP als Komponenten innerhalb der `entity` MY_FIR verwendet. Die Filterordnung N und die Koeffizienten sind konstante integer-Zahlen. Letztere befinden sich im Array H. Wesentliches Steuerungselement des FIR-Filters ist ein Indexzähler CTR, der das Zählersignal K taktsynchron im Zahlenbereich $0 \ldots N/2$ vorwärtszählt. Dieser Zähler liefert die Indices K und $K2 = N - K$ zur Adressierung des dynamischen Schieberegisters sowie ein RDY-Signal.

Das Eintreffen eines neuen Abtastsignalwerts wird durch ein am Eingang anliegendes Handshake-Signal NEW_SAMPLE signalisiert. Dadurch werden der Indexzähler sowie der Akkumulator innerhalb der DSP-Komponente synchron zurückgesetzt. Für den Fall, dass der Indexzähler K den Wert $N/2$ erreicht hat, also alle Partialprodukte $P[i]$ akkumuliert wurden, wird das interne Signal RDY gesetzt. Dieses Signal hat den Wert 1 solange, bis der Zähler wieder zurückgesetzt wird. Durch eine Impulsver-

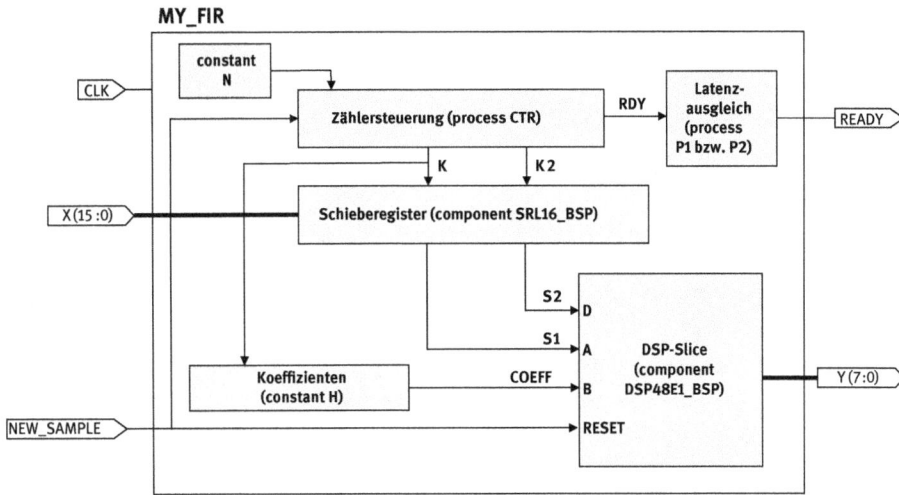

Bild 17.22: Architekturkonzept für das VHDL-Modell eines linearphasigen FIR-Filters mit gerader Ordnung

kürzungsschaltung im Prozess P1 wird das RDY-Signal jedoch auf eine Taktperiode verkürzt.

Wegen des internen Pipelinings innerhalb der DSP48E1-Komponente dauert es nach der letzten Akkumulation noch weitere vier Takte, bis das zum aktuellen Abtastwert gehörige letzte Akkumulationsergebnis bereitgestellt wird. Aus diesem Grunde existiert in der MY_FIR-Architektur eine Flipflop-Reihenschaltung, durch die der für die Ergebnisübernahme notwendige Latenzausgleich hergestellt wird. Am Ende dieser Kette werden 16 Akkumulatorbits in das Ausgangssignal Y übernommen und zeitgleich das Handshake-Signal READY für einen Takt gesetzt.

Die Gesamtzeit zur Berechnung eines zu einem Abtastwert X gehörigen Ausgangssignals Y dauert insgesamt N/2 + 4 Takte. Bei der Ansteuerung des Filters mit dem NEW_SAMPLE-Signal ist darauf zu achten, dass diese Anzahl von Takten nicht unterschritten wird. Dies würde zu einem Fehlverhalten führen, weil der Akkumulator und der Indexzähler zurückgesetzt würden, obwohl die zum letzten Abtastwert gehörige Berechnung noch nicht abgeschlossen wurde.

Listing 17.11: Top-Level-entity des FIR-Filters

```
library ieee;
use ieee.std_logic_1164.all;
use ieee.numeric_std.all;
entity MY_FIR is
port(CLK, NEW_SAMPLE: in bit;
     X: in signed(15 downto 0);
     Y: out signed(15 downto 0);
```

```
    READY: out bit
    );
end MY_FIR;


architecture ARCH of MY_FIR is
constant N: integer := 22;
type H_TYPE is array(natural range <>) of integer range -32768 to 32767;
-- Filterkoeffizienten im sQ11-Format
constant H: H_TYPE := (3, 2, -5, -11, 6, 34, 14, -69, -86, 100, 411, 567);


signal ACCU : signed(31 downto 0);
signal SAMPLE1, SAMPLE2 : signed(15 downto 0);
signal S1, S2 : signed(15 downto 0);
signal COEFF : signed (15 downto 0);
signal K: integer range 0 to N/2 := 0; -- symmetrische Koeff.
signal K2: integer range 0 to N := 0;
signal RDY, RDY1, RDY2, RDY3, RDY4, RDY5 : bit;


begin
CTR: process(CLK) -- Indexzaehler und Funktionssteuerung
begin
    if CLK='1' and CLK'event then
        if NEW_SAMPLE ='1' then --neuer Abtastwert
            K <= 0;
            RDY <= '0';
        elsif  K = N/2  then -- fertig
            RDY <= '1';
        elsif K < N/2 then
            K <= K + 1; --0, 1, ... N/2
            RDY <= '0';
        end if;
    end if;
end process CTR;
K2 <= N-K;   -- Zweiter Koeffizientenindex


SRG: entity work.SRL16_BSP    -- Dynamisches Schieberegister
    generic map (N=>N+1)      -- Hier Filterlaenge L=N+1
    port map(CLK=>CLK, NEW_SAMPLE=>NEW_SAMPLE, DIN=>X, A1=>K,
             A2=>K2, Y1=>SAMPLE1, Y2=>SAMPLE2);


S1 <= SAMPLE1;         -- Sample A für Vorstufen-Addierer
SEL: process(K,SAMPLE2) -- Sample D für Vorstufen-Addierer
```

```vhdl
begin
    if K<N/2 then -- mittleres Sample
        S2 <= SAMPLE2;
    else
        S2 <= (others=>'0');
    end if;
end process SEL;


COEFF <= to_signed(H(K),16); -- 16 Bit Koeffizienten
DSP: entity work.DSP48E1_BSP -- Akkumulator mit Vorstufen-Addierer
        port map(CLK=>CLK, RESET=>NEW_SAMPLE, A=>S1, D=>S2, B=>COEFF,
                 Y_OUT=>ACCU);


P1: process(CLK) -- RDY Impulsverkürzung
begin
    if CLK='1' and CLK'event then
        RDY1 <= RDY;
    end if;
end process P1;
RDY2 <= RDY and (not RDY1);


P2: process(CLK) -- DSP48E1-Latenzausgleich (4 Takte)
begin
    if CLK='1' and CLK'event then
        RDY3 <= RDY2; RDY4 <= RDY3; RDY5 <= RDY4;
        READY <= RDY5;
        if RDY5 ='1' then
            Y <= ACCU(30 downto 15); -- Division durch 32768 (sQ15-Sprung)
        end if;
    end if;
end process P2;
end ARCH;
```

Ergänzend zu dieser Beschreibung soll auf weitere Besonderheiten im Listing 17.11 hingewiesen werden:

- Exemplarisch wird durch die Filterkoeffizienten ein Tiefpass der Ordnung N = 22 implementiert, dessen Eckfrequenz bei $f_c = 0.208 \cdot f_a$. liegt [2]. Darin is f_a. die Abtastfrequenz, die durch die Periodendauer zwischen den NEW_SAMPLE-Impulsen gegeben ist. Die Koeffizienten h_k wurden mit Matlab [65] bzw. Octave [73] berechnet und sind im sQ11-Format in Form von integer-Zahlen im Koeffizienten-Array H abgelegt.

- Das Schieberegister, das mit einer Länge L = N + 1 generiert wird, liefert immer zwei Abtastwerte SAMPLE1 und SAMPLE2. Diese werden als Additionsoperanden S1 und S2 der Vorstufe an den DSP-Block weitergeleitet. Mit dem kombinatorischen Prozess SEL wird der Sonderfall des mittleren Koeffizienten behandelt. Für den Fall K = N/2 wird nämlich als zweiter an den DSP-Block weitergeleiteten Additionsoperand S2 nicht SAMPLE2, sondern der Zahlenwert 0 verwendet.
- Das Filter ist auf die Akkumulation von Partialprodukten ausgelegt, die aus 16-Bit Koeffizienten und 16-Bit-Abtastwerten bestehen. Mit der Übernahme der Bits ACCU(30 downto 15) des 32-Bit-Akkumulators in das 16-Bit-Signal Y hat das Ausgangssignal die gleiche Bitbreite wie das Eingangssignal X. Dabei wird eine 16-Bit-Auflösung mit einem einzigen Vorzeichenbit erreicht (vgl. Bild 11.18). Zugleich ist damit eine Skalierung des Rechenergebnisses um 2^{16} = 32768 verbunden, sodass zusammenfassend ein sQ15-Eingangssignal X auf ein sQ15-Ausgangssignal Y abgebildet wird.

Zur Analyse von möglicherweise im Akkumulator auftretenden Signalüberläufen wird üblicherweise die Simulation einer Sprungantwort durchgeführt. Dies bedeutet, dass in ein mit Nullen gefülltes Schieberegister sukzessiv Abtastwerte mit maximal möglichen Eingangssignalwerten eingelesen werden. Der dafür verwendete 16-Bit-Wert 7FFF_{16} = 32767_{10} entspricht im sQ15-Format der rationalen Zahl $32767/2^{15}$ (vgl. Kapitel 6.6.1), also etwa 1. Mit der Gl. 17.2 ist damit nach dem Einlesen von n Abtastwerten am Ausgang Y die Summe der ersten n Filterkoeffizienten $\sum_{i=0}^{n-1} h(i)$ zu erwarten.

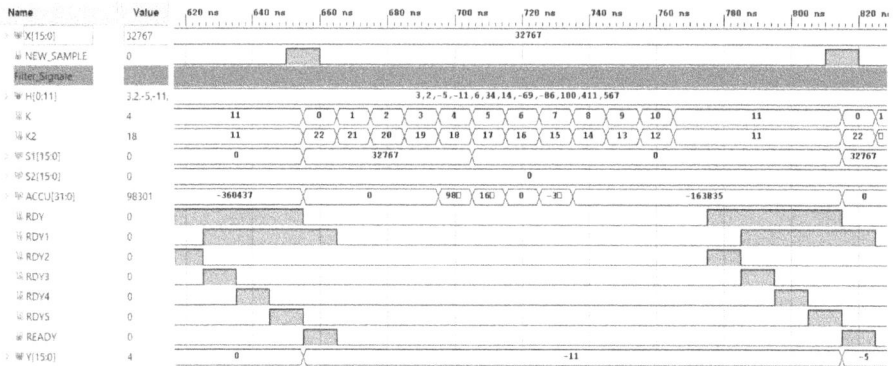

Bild 17.23: Zeitausschnitt der funktionalen Sprungantwortsimulation des FIR-Filter Modells nach dem Einlesen des fünften Abtastwerts 32767

Das Bild 17.23 zeigt den Ausschnitt des Akkumulationsprozesses nach dem Einlesen des fünften Abtastwerts:
- Bei t = 650 ns wird der maximale Eingangswert X = 32767 zum fünften Mal in Folge in das Schiebregister eingelesen. Alle anderen Schieberegisterinhalte sind noch null.

- Der Zähler K durchläuft die Folge 0. . .N/2 und K2 die Folge N. . .N/2. Das Schiebe-register wird mit den Signalen K bzw. K2 adressiert. Nach dem fünften Abtastwert sind nur die ersten fünf Schieberegisterinhalte S1 = 32767, alle S2-Schieberegis-terinhalte haben den Inhalt 0.
- Als Akkumulatorergebnis erhält man bei t = 735 ns nach Berücksichtigung von fünf Abtastwerten den Zahlenwert $(3 + 2 - 5 - 11 + 6) \cdot 32767 = -163835$.
- Einen Takt nach Erreichen von K = N/2 wird bei t = 775 ns das Signal RDY gesetzt, welches durch die Impulsverkürzungsschaltung auf die Dauer einer Taktperiode begrenzt wird (RDY2). Dieses Signal wird zum Latenzausgleich um vier Takte ver-zögert und erscheint bei t = 815 ns als READY-Signal am Ausgang des Filters.
- Zeitgleich wird am Y-Ausgang die Summe −5 der ersten fünf Koeffizienten ausge-geben. Erst zu diesem Zeitpunkt ist das Filter bereit, mit NEW_SAMPLE=1 einen neuen Abtastwert einzulesen.

Das Bild 17.24 zeigt die vollständige funktionale Simulation der Sprungantwort des FIR-Filters. Diese enthält ganz unten eine Analogdarstellung des Filterausgangssig-nals.

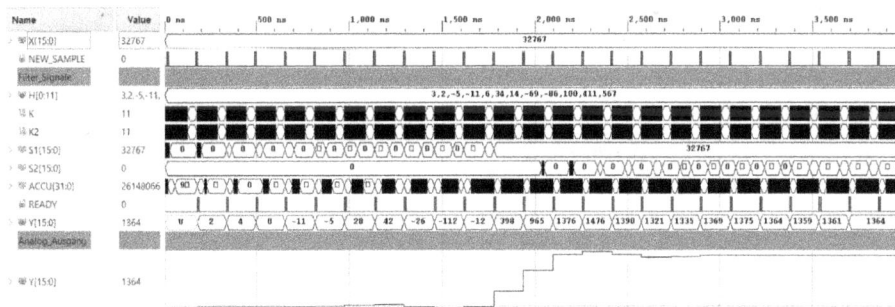

Bild 17.24: Funktionale Simulation der Sprungantwort. Nach 23 Abtastwerten wird der stationäre Zustand Y = 1364 erreicht

Charakteristisch für das Filter, dessen Filterkoeffizienten mit der Matlab-Funktion `fir1` berechnet wurden, ist die Beobachtung, dass die Sprungantwort vor Erreichen des stationären Endwertes 1364 zu einem Überschwinger führt (1476 bei t = 2255 ns), der ohne geeignete Skalierung der mit Matlab berechneten Koeffizienten leicht zu Überläufen führen kann. Details des Matlab-Verhaltens und der Koeffizientenberech-nung für dieses Filter finden sich in [2].

Die Implementierung dieses FIR-Filters 22er Ordnung erfordert in einem Artix-7-FPGA die folgenden Hardwareressourcen, die sich weitgehend auf die verwendeten Komponenten SRL16_BSP und DSP48E1_BSP zurückführen lassen:

- 58 LUTs, davon werden 25 als Schieberegister verwendet
- 24 Flipflops
- 1 DSP48E1-Slice

Die statische Timing-Analyse ergibt eine maximale Taktfrequenz von mehr als 200 MHz. Mit einer Latenz von $(N/2 + 1) + 4$ Takten erhält man für das Filter 22er Ordnung eine maximale Abtastfrequenz von etwa 12.5 MHz.

Im Vergleich zu anderen Implementierungen dieses Filters stellt das in Listing 17.11 vorgestellte FIR-Filtermodell einen guten Kompromiss zwischen der maximal erreichbaren Abtastfrequenz und dem FPGA-Ressourcenaufwand dar [2].

T **Tipp:** Eine größere Flexibilität der FIR-Filter-entity aus Listing 17.11 erhält man, wenn die Filterordnung N sowie die Filterkoeffizienten H als generic-Parameter übergeben werden können.

Die Übergabe der Filterkoeffizienten als Parameter erfordert in VHDL jedoch einen zusätzlichen Aufwand, da hierfür ein Datentyp H_TYPE als „unconstrained array", also mit flexibler Anzahl von Filterkoeffizienten in einem package deklariert werden muss, welches der Filter-entity hinzugefügt werden muss. Das Listing 17.12 zeigt die erforderlichen Änderungen, die bei der entity-Deklaration gemacht werden müssen. Die in der architecture gemachten Deklarationen des Datentyps H_TYPE sowie der Konstanten N und H müssen dann natürlich gelöscht werden.

Listing 17.12: Erforderliche Änderungen der FIR-Filter-entity, wenn die Ordnung N und die Filterkoeffizienten H als generic-Parameter übergeben werden sollen

```
-- Package Deklaration: unconstrained Array-Datentyp H_TYPE
library ieee;
use ieee.std_logic_1164.all;
use ieee.numeric_std.all;
package my_pack is
   type H_TYPE is array(natural range <>) of
                     integer range -32768 to 32767;
end package my_pack;
----------------------------------------------------------------------
library ieee;
use ieee.std_logic_1164.all;
use ieee.numeric_std.all;
use work.my_pack.all;

entity MY_FIR is
generic(N : integer := 22;    -- Filterordnung N gerade
   H : H_TYPE :=(3, 2, -5, -11, 6, 34, 14, -69, -86, 100, 411, 567)-- sQ11
port(CLK, NEW_SAMPLE: in bit;
   X: in signed(15 downto 0);
   Y: out signed(15 downto 0);
   READY: out bit
   );
end MY_FIR;
```
■

17.6.2 AXI4-Streaming-Schnittstellen in Vivado

In diesem Abschnitt lernen Sie, wie dem VHDL-Modell des FIR-Filters in Vivado eine AXI4-Stream- Schnittstelle hinzugefügt werden kann. Diese besteht aus einem Slave-Interface für die Eingangsdaten X und einem Master-Interface für die Ausgangsdaten Y. Das Bild 17.25 zeigt das Architekturkonzept für den zu entwerfenden IP-Block my_FIR_ip_V1_0:

- In einem AXI4-Stream-Slave-Modul S00_AXIS wird der Datenstrom S_AXIS_TDATA[15:0] immer dann in das Eingangssignal X kopiert, wenn das von außen kommende Signal S_AXIS_TVALID den Empfang neuer Daten anzeigt. In diesem Fall muss das Filtereingangssignal NEW_SAMPLE gesetzt werden.
- Ein AXI4-Stream-Master-Modul M00_AXIS übernimmt die Ausgangssignale Y und READY des als Komponente verwendeten MY_FIR-Filters in die IP-Ausgangssignale M_AXIS_TDATA[15:0] bzw. M_AXIS_TVALID.

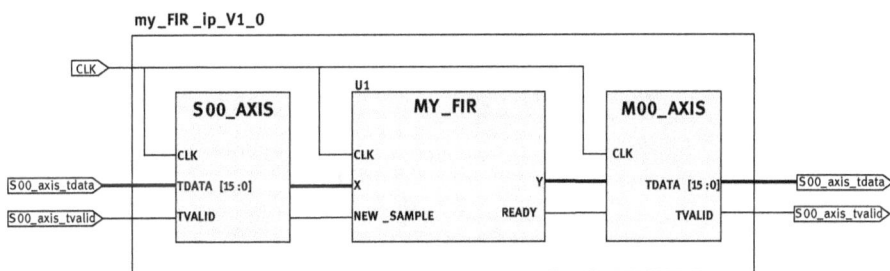

Bild 17.25: Architektur des FIR-Filters ‚my_FIR-ip_v1_0 mit AXI4-Streaming Schnittstelle

Für den Entwurf von IP-Blöcken verwendet Vivado den sogenannten IP-Packager. Damit werden in Vivado spezielle IP-Entwurfsprojekte angelegt, welche nach dem Entwurf automatisch gelöscht werden. Die IP-Blöcke befinden sich danach an einem gesonderten Aufbewahrungsort (engl. repository), der den Ordnernamen ..\ip_repo trägt. Diese IPs können nun in Vivado-Projekten ebenso wie andere, z. B. von der Fa. Xilinx zur Verfügung gestellten IP-Blöcke für neue Projekte genutzt werden. Den IP-Blöcken ist ein Blocksymbol zugeordnet und es besteht bei vielen dieser IPs die Möglichkeit der Parametrisierung (engl. customization).

Im Unterschied zur bisher verwendeten Vorgehensweise, bei der ausschließlich VHDL-Codes verwendet wurden, wird beim IP-basierten Entwurf die Entwurfsmethode des „Block-Designs" verwendet (Dateierweiterung *.bd). Dabei werden IP-Blöcke auf einer grafischen Oberfläche platziert und nachfolgend untereinander verbunden, wobei die Erstellung dieser Netzliste auch teilautomatisiert ablaufen kann. Für Simulationszwecke erzeugt Vivado dann zu der grafischen Schaltplandarstellung ein neues VHDL-Modell, in dem die verwendeten IPs als Komponenten instanziiert werden (engl. VHDL-wrapper) . Die in Vivado erforderlichen Schritte zum Entwurf und der

Simulation des FIR_IPs sollen nachfolgend exemplarisch für das zuvor entworfene FIR-Filter aufgezeigt werden.

Starten Sie Vivado vom Desktop und wählen Sie auf der Willkommensseite unter *Quick Start* den Eintrag *Create Project*. Das **New Project**-Fenster können Sie durch *Next* sofort verlassen. Geben Sie nun als Projektnamen *FIR-Filter_IP* ein und erzeugen Sie im Ordner `../Vivado_Arty/2019.1` ein neues Projekt. In diesem Projekt soll sich später das Block-Design-Projekt befinden. Wählen Sie im folgenden Fenster als Projekt-Typ *RTL Project* und klicken Sie *Next*. Die beiden nachfolgenden Fenster können Sie überspringen, da zunächst kein Quellcode und keine Constraints angegeben werden sollen. Als *Default Part* ist im nachfolgenden Fenster bei Verwendung des Artix-Boards wie gewohnt der FPGA xc7a35ticsg324-1L anzugeben. Klicken Sie abschließend auf *Finish*.

Wählen Sie nun im Vivado-Hauptmenü dieses Projektes *Tools → Create and Package New IP*. Wählen Sie im **Create and Package New IP**-Fenster *Next* und selektieren Sie im nachfolgenden Fenster *Create a new AXI4 Peripheral* (vgl. Bild 17.26).

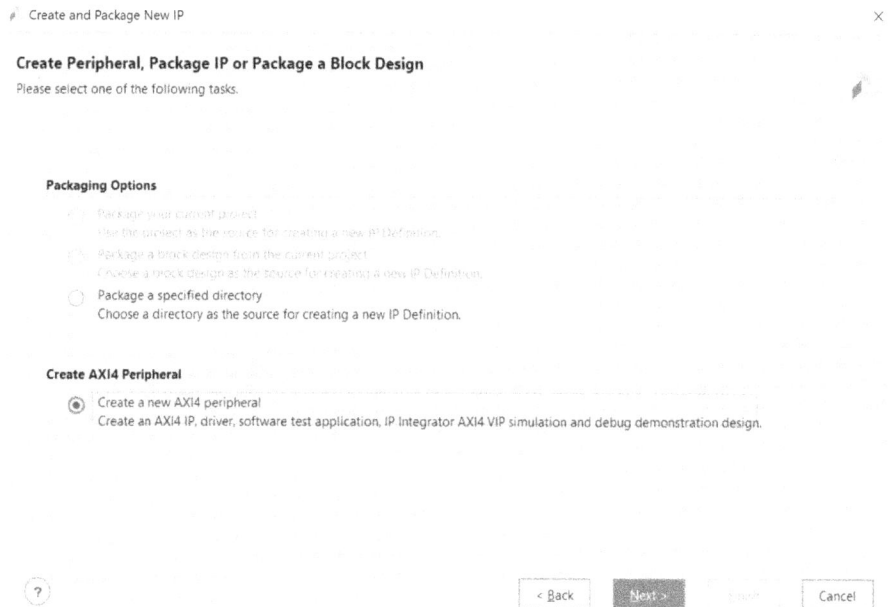

Bild 17.26: Entwurfsauswahl eines IPs mit AXI4-Schnittstelle

Im nachfolgenden Fenster müssen Sie einige Details für den IP-Block, wie z. B. den IP-Namen *my_FIR_ip* angeben. Die gewählten Einträge zeigt Bild 17.27.

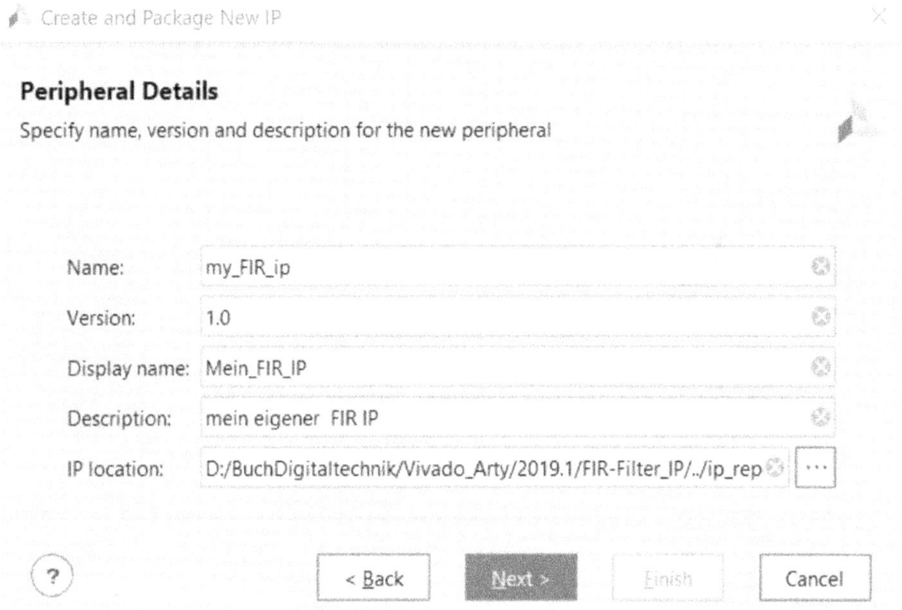

Create and Package New IP ✕

Peripheral Details

Specify name, version and description for the new peripheral

Name:	my_FIR_ip
Version:	1.0
Display name:	Mein_FIR_IP
Description:	mein eigener FIR IP
IP location:	D:/BuchDigitaltechnik/Vivado_Arty/2019.1/FIR-Filter_IP/../ip_rep

?   < Back   Next >   Finish   Cancel

Bild 17.27: Spezifikation des Namens und weiterer Details für den zu entwerfenden IP-Block

Nun sind die AXI4-Schnittstellen festzulegen. Wählen Sie im *ADD Interfaces*-Fenster als *Interface Type* den Eintrag *Stream* und als *Interface Mode* zunächst den Eintrag *Slave*. Die Datenbusbreite kann in diesem Fenster nicht auf den gewünschten Wert 16 geändert werden, sondern muss zunächst 32 bleiben.

Dadurch wird zunächst ein S00_AXIS-Slave-Modul hinzugefügt. Wählen Sie nun das +-Symbol im mittleren Teilfenster von Bild 17.28 und fügen Sie eine weitere Schnittstelle hinzu. Diese AXI4-Stream-Schnittstelle soll als *Interface Mode* vom Typ *Master* sein, sie trägt den Namen M00_AXIS. In dem danach erscheinen **Create Peripheral**-Fenster in Bild 17.29 ist abschließend unbedingt der Eintrag *Edit IP* auszuwählen.

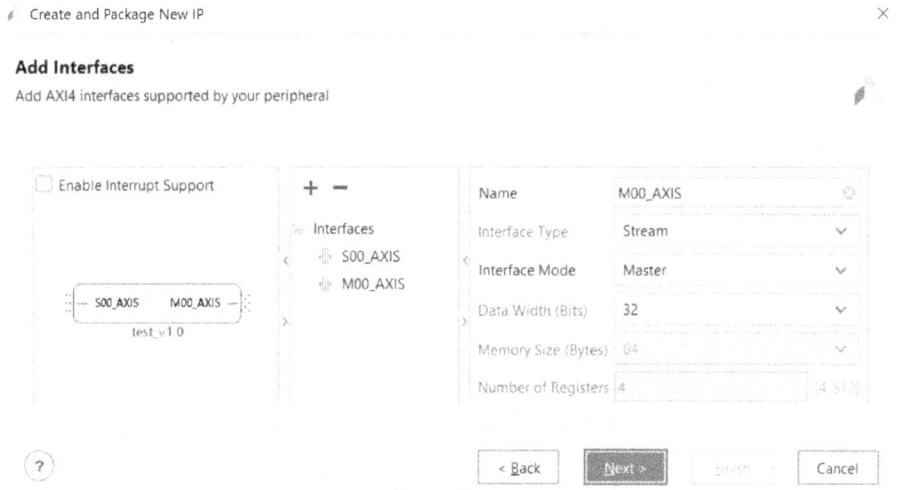

Bild 17.28: Hinzufügen der AXI4-Stream Slave- und Master-Schnittstellen S00_AXIS bzw. M00_AXIS

Bild 17.29: Auswahl von **Edit IP** im **Create Peripheral**-Fenster

Durch diesen Schritt wird ein neues, temporäres IP-Packager-Projekt in Vivado geöffnet, in dem das **Package IP**-Fenster geöffnet ist, und in dem zunächst die in Bild 17.30 dargestellten Informationen sinngemäß zu ergänzen sind, mit denen der IP-Block im IP-Repository abgelegt wird.

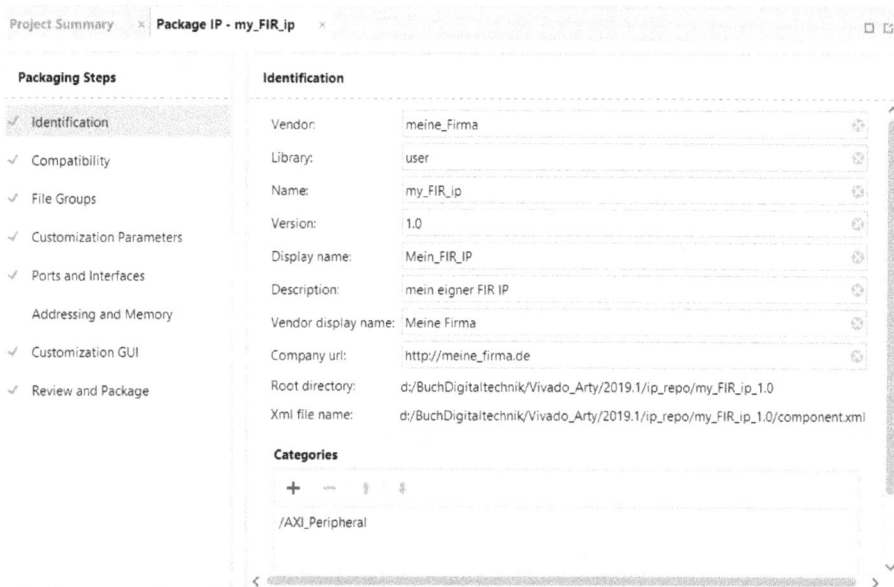

Bild 17.30: Informationen zur Identifizierung des IP-Blocks in der IP-Repository

Nun müssen Sie dem IP-Projekt die zu verwendenden drei VHDL-Codes hinzufügen. Das Bild 17.31 zeigt, die aus dem Unterordner `..\VHDL_Codes` hinzuzufügenden Dateien (vgl. die empfohlene Projektstruktur in Bild 5.2). Dafür sollte im IP-Projektordner eine Kopie der Quellcodes angelegt werden, aber es sollte das automatische Scannen der Projekthierarchie abgeschaltet sein (s. die entsprechenden Häkchen in Bild 17.31). Als Design-Sources muss die Top-Level-entity my_FIR_ip_v1_0 die folgenden Komponenten verwenden (vgl. Bild 17.25):

– eine AXI4-Stream-Slave-Schnittstelle my_FIR_ip_v1_0_S00_AXIS,
– eine MY_FIR-FIR-Filter-Instanz, die wiederum eine DSP48E1_BSP sowie eine SRL16_BSP-Komponente verwendet, sowie
– eineAXI4-Stream-Master-Schnittstelle my_FIR_ip_v1_0_M00_AXIS.

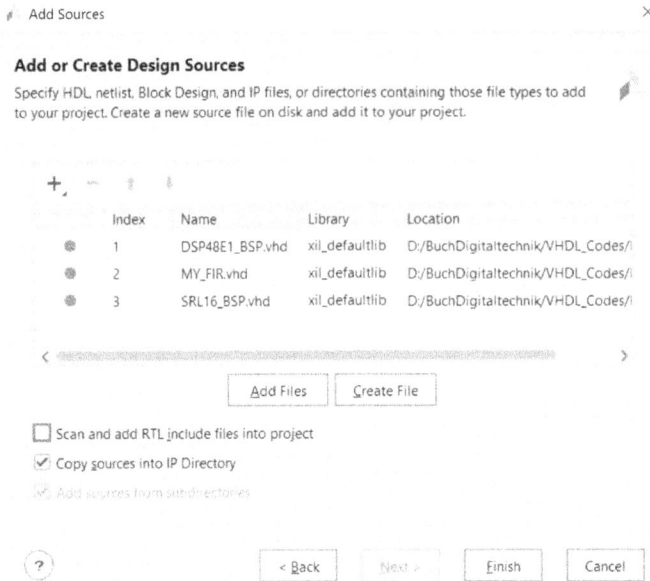

Bild 17.31: Hinzufügen der für den FIR-IP-Block benötigten drei VHDL-Codes

Diese sollten im **Sources**-Fenster des **Project Manager**s bereits aufgelistet sein (ggf. muss die Design-Hierarchie durch Klicken auf den > Pfeil aufgeklappt werden). Die drei VHDL-Codes müssen nun an einer Reihe von Stellen wie folgt modifiziert werden:

(1) Die Top-Level `entity` `my_FIR_ip_v1_0.vhd` erfordert Änderungen an den folgenden Stellen:

– Die Breite der AXI-Stream-Datenbusse wird im Bereich der `generic`-Deklarationen der `entity` auf 16 geändert:

```
. . .
-- Bitbreiten geaendert J.R.
        C_S00_AXIS_TDATA_WIDTH  : integer      := 16;
    -- Parameters of Axi Master Bus Interface M00_AXIS
        C_M00_AXIS_TDATA_WIDTH  : integer      := 16;
        C_M00_AXIS_START_COUNT  : integer      := 16
. . .
```

– Die Master- und Slave-Komponentendeklarationen erfordern zusätzliche User-Port-Schnittstellensignale (vgl. Bild 17.25):

```
. . .
component my_FIR_ip_v1_0_S00_AXIS is
. . .
port (
    -- user signals J.R.
    X : out signed(15 downto 0);
    NEW_SAMPLE: out bit;
    -- end user signals J.R.
. . .
. . .
component my_FIR_ip_v1_0_M00_AXIS is
. . .
    port (
-- user signals J.R.
    Y : in signed(15 downto 0);
    READY: in bit;
-- end user signals J.R.
. . .
```

– Eine Deklaration der MY_FIR-Komponente sowie die Deklaration einiger lokaler Signale ist im Deklarationsteil der architecture kurz vor dem begin erforderlich:

```
. . .
-- user component and signal declarations J.R:
component MY_FIR is
port(CLK, NEW_SAMPLE: in bit;
    X: in signed(15 downto 0);
    Y: out signed(15 downto 0);
    READY: out bit
    );
end component MY_FIR;

signal X, Y: signed(15 downto 0);
signal CLK, NEW_SAMPLE, READY: bit;
-- end user component and signal declarations J.R.
. . .
```

– Den Komponentendeklarationen entsprechend müssen in den Slave- und Master-
Komponenten die port map-Anweisungen angepasst werden:

```
. . .
my_FIR_ip_v1_0_S00_AXIS_inst : my_FIR_ip_v1_0_S00_AXIS
generic map (
        C_S_AXIS_TDATA_WIDTH    => C_S00_AXIS_TDATA_WIDTH
)
port map (
-- user signals J.R.
   X => X,
   NEW_SAMPLE => NEW_SAMPLE,
-- end user signals J.R.
. . .
```

bzw.

```
. . .
my_FIR_ip_v1_0_M00_AXIS_inst : my_FIR_ip_v1_0_M00_AXIS
generic map (
        C_M_AXIS_TDATA_WIDTH    => C_M00_AXIS_TDATA_WIDTH,
        C_M_START_COUNT => C_M00_AXIS_START_COUNT
)
port map (
-- user signals J.R.
   Y => Y,
   READY => READY,
-- end user signals J.R. . . .
. . .
```

– Am Ende der architecture erfolgt im Bereich der User-Logic die Zuweisung und
Datentypkonversion des Taktsignals CLK sowie die Instanziierung der MY_FIR
Komponente:

```
. . .
-- Add user logic here J.R.
   CLK <= to_bit(s00_axis_aclk);
U1: MY_FIR
   port map(CLK=>CLK, NEW_SAMPLE=>NEW_SAMPLE, X=>X,
            Y=>Y, READY=>READY);
-- User logic ends J.R. . . .
. . .
```

(2) Die Datei `my_FIR_ip_v1_0_S00_AXIS.vhd` muss wie folgt angepasst werden:
– In der `entity`-Deklaration die `port map` Anweisung:

```
. . .
port (
-- Users to add ports here J.R.
   X: out signed(15 downto 0);
   NEW_SAMPLE : out bit;
-- User ports ends J.R. . . .
. . .
```

– Am Ende der `architecture` durch das Setzen des S_AXIS_TREADY-Signals auf eine konstante 1 mittels einer nebenläufigen Signalzuweisung. Dadurch wird der Daten erzeugenden Komponente am Eingang des Filters (z. B. einem A/D-Umsetzer) der Einfachheit halber signalisiert, dass Eingangsdaten zu jedem Zeitpunkt übernommen können. Die Zuweisung an die beiden Handshake-Signale S_AXIS_TVALID und S_AXIS_TDATA erfolgt in einem Prozess:

```
. . .
-- Add user logic here J.R.
S_AXIS_TREADY    <= '1';   -- TREADY ist immer 1

process(S_AXIS_ACLK)
begin
   if(S_AXIS_ARESETN = '0') then
      X <= (others => '0');
      NEW_SAMPLE <= '0';
   elsif (rising_edge (S_AXIS_ACLK)) then
      NEW_SAMPLE <= to_bit(S_AXIS_TVALID);
      if S_AXIS_TVALID = '1' then
         X <= signed(S_AXIS_TDATA);
      end if;
   end if;
end process;
-- User logic ends J.R.
. . .
```

(3) Die Datei `my_FIR_ip_v1_0_M00_AXIS.vhd` erfordert dementsprechend die folgenden Änderungen:

– In der `entity`-Deklaration die `port map`-Anweisung

```
. . .
port (
-- Users to add ports here J.R.
   Y: in signed(15 downto 0);
   READY : in bit;
-- User ports ends J.R. . . .
. . .
```

– und am Ende der `architecture` das Setzen der M_AXIS_TLAST- und M_AXIS_STRB-Signale in nebenläufigen Signalzuweisungen sowie die Zuweisung der M_AXIS_TVALID- und M_AXIS_TDATA-Signale in einem Prozess:

```
. . .
-- Add user logic here J.R.
M_AXIS_TLAST    <= '1';  -- immer das letzte Sample
M_AXIS_TSTRB    <= (others=> '1');

process(M_AXIS_ACLK)
begin
   if(M_AXIS_ARESETN = '0') then
      M_AXIS_TVALID <= '0';
      M_AXIS_TDATA <= (others=> '0');
   elsif (rising_edge (M_AXIS_ACLK)) then
      M_AXIS_TVALID <= to_stdulogic(READY);
      M_AXIS_TDATA <= std_logic_vector(Y);
      end if;
   end if;
end process;
-- User logic ends J.R.
```

Nach diesen Änderungen muss im **Sources**-Fenster die Gruppe der *Design Sources* ausgewählt werden und im Kontextmenü (rechte Maustaste) die Auswahl *Hierarchy Update* getroffen werden. Damit sollte sich im **Sources**-Fenster das Bild 17.32 ergeben und das Bild 17.33 zeigt das Elaborationsergebnis, welches Vivado für diesen IP-Block erstellt. Dieses zeigt die oben gemachten Änderungen der Anschlüsse im VHDL-Code als grafische Darstellung (vgl. dazu auch Bild 17.25).

Nun können die Synthese und Implementierung des IP-Blocks wie gewohnt erfolgen. Nach Analyse der Synthese- und Implementierungsreports bzw. nach erfolgreicher Implementierung muss im **Package IP-my_FIR_ip**-Fenster der letzte Schritt *Re-*

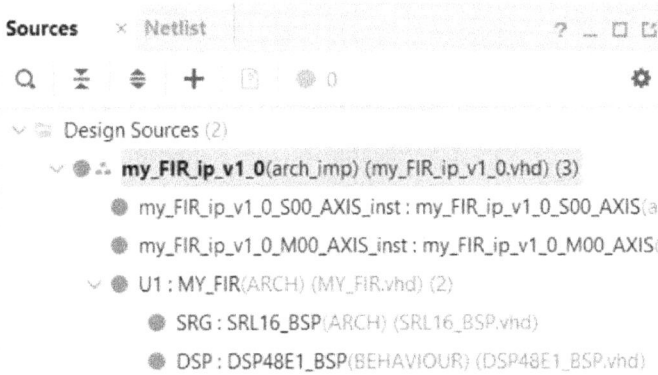

Bild 17.32: VHDL-Dateihierarchie im IP-Editor-Projekt

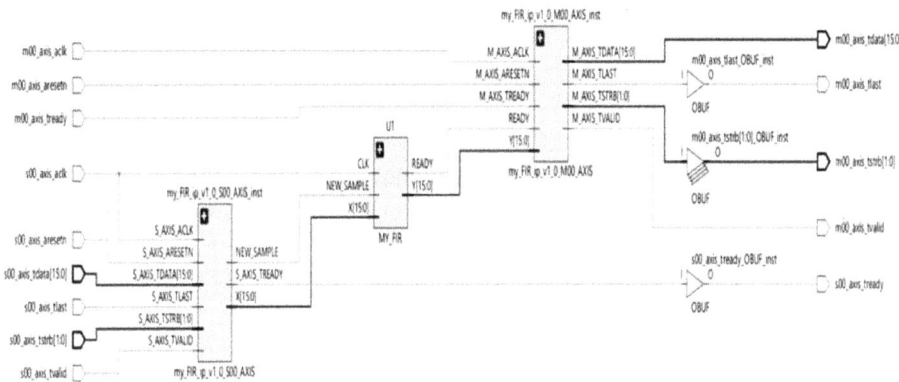

Bild 17.33: Elaborationsergebnis für das IP-Editor-Projekt

view and Package angeklickt werden. Dieser Schritt muss durch Klicken auf *Package IP* bzw. *Re-Package IP* bestätigt werden. Bei diesem Schritt wird ein IP-Blocksymbol erzeugt, welches nachfolgend in anderen Vivado-Projekten genutzt werden kann. Nach erfolgreicher Beendigung des Packaging können Sie die Frage, ob das IP-Projekt geschlossen werden soll, mit *Yes* beantworten. Dadurch wird das Vivado-IP-Projekt vollständig gelöscht, bleibt aber in gepackter Form im ip_repo-Ordner erhalten.

Sollten nachfolgend Änderungen am IP erforderlich sein, so müssen Sie in einem Vivado-Projekt das IP-Blocksymbol in einem Block-Design platzieren und im Kontextmenü (rechter Mausklick auf das IP-Symbol) die Auswahl *Edit in IP Packager* treffen. Für den Fall, dass ein Vivado-Entwurfsprojekt eine veraltete IP-Version verwendet, so erscheint in diesem Entwurfsprojekt im **Block Design**-Fenster die Meldung *IP Catalog is out-of-date*. In diesem Fall müssen Sie auf die Meldung *Refresh IP Catalog* klicken. Die IP-Repository wird aktualisiert und im Vivado-Design wird unten das **IP Status**-Fenster aktiviert, in dem angezeigt wird, dass ein IP aktualisiert wurde. Hier müssen Sie *Upgrade Selected* wählen.

17.6.3 Verifikation des FIR-IPs

Zur Verifikation des FIR-IPs durch eine funktionale Simulation wird nun im Vivado-Projekt FIR-Filter_IP das Block-Design FIR_IP_test.bd entworfen. In diesem soll durch zwei AXI4_VIP-Komponenten (engl. Verification Interface Protocol, VIP) sichergestellt werden, dass das Timing der Eingangs- und Ausgangssignale des IP-Blocks konform mit dem AXI4-Standard ist.

Sofern bereits geschlossen, müssen Sie nun das zuerst geöffnete Vivado-Entwurfsprojekt FIR-Filter_IP erneut öffnen. Wählen Sie aus der Gruppe *IP-Integrator* des **Flow Navigator**-Fensters die Möglichkeit *Create Block Design*. Im **Diagram**-Fenster öffnet sich ein leerer Blockschaltplan. Auf diesen können Sie nun IP-Symbole platzieren. Dazu müssen Sie in der Menüleiste zu diesem Fenster auf das +-Symbol klicken und aus einer der Rubriken einen IP-Block auswählen. Sie können aber auch im *Search*-Feld nach *my_FIR* suchen, womit der gerade erzeugte *Mein_FIR_IP*-Block angezeigt wird. Durch Doppelklick auf diesen Block wird eine Instanz dieses IPs auf dem Schaltplan platziert.

Erzeugen Sie nun auf ähnliche Weise zwei Instanzen des *AXI4-Stream Verification IP* und positionieren Sie diese links und rechts vom FIR_IP-Block. Selektieren Sie zunächst das linke Symbol, sodass es vollständig orangefarbig unterlegt erscheint. Durch Doppelklicken müssen Sie dieses nun in den Feldern ENABLE TREADY und TDATA WIDTH (BITS), wie in Bild 17.34 dargestellt, konfigurieren. Vor der Änderung müssen Sie jeweils auf das *Auto*-Symbol links von dem zu ändernden Parameter klicken.

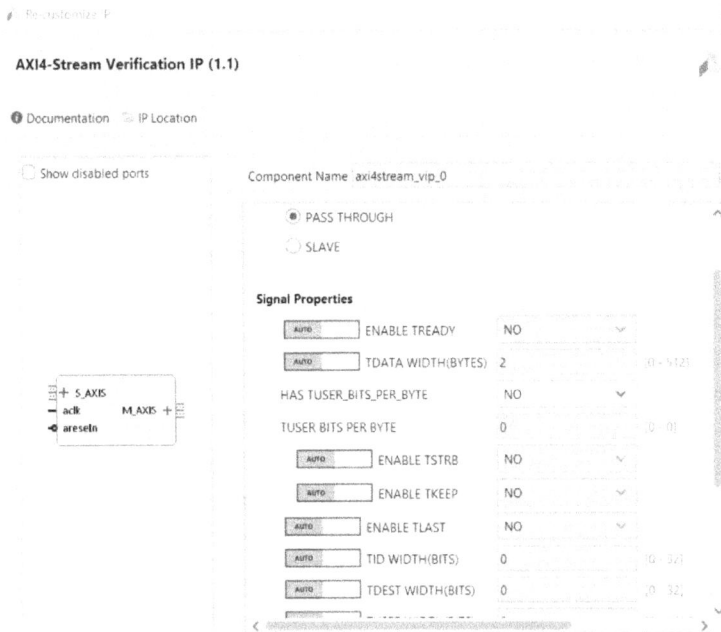

Bild 17.34: Konfiguration des AXI4-Stream Verification IP am Slave Eingang des FIR-IPs

Diese Konfigurationsänderungen bewirken Folgendes:
- Durch den Parameter **PASS THROUGH** wird ein Verifikations-Block mit AXI4-Stream-Ein- und Ausgang erzeugt.
- Die Auswahl von **ENABLE TREADY = No** bewirkt, dass der Verifikationsblock keinen TREADY-Eingang besitzt, der nachfolgende Block also immer bereit ist, Daten zu empfangen.
- Durch Auswahl von **TDATA WIDTH (BYTES) = 2**, wird für den AXI4-Stream-Datenbus eine Breite von 16 Bit eingestellt.

Stellen Sie diese Parameter nun auch für den rechts vom FIR_IP platzierten Verifikationsblock ein.

Halten Sie nun die Maus über den S00_AXIS-Port des FIR_IPs bis dort ein Stiftsymbol erscheint. Ziehen Sie dann mit gedrückter linker Maustaste eine Verbindung zum M_AXIS-Port des linken Verification IPs. Verfahren Sie entsprechend mit der Verbindung zwischen dem M00_AXIS Port des FIR-IPs und dem S_AXIS-Port des rechten Verification IPs. Nun erscheint oben im Fenster der Hinweis, dass eine Assistenz zur automatischen Verbindung der IP-Blöcke genutzt werden kann (vgl. Bild 17.35). Dieses Angebot soll hier jedoch ignoriert werden.

Nachfolgend müssen dem System noch Eingangs- und Ausgangsports hinzugefügt werden. Wählen Sie dazu an einer leeren Stelle im Blockdiagramm mit der rechten Maustaste das Kontextmenü für das **Diagram**-Fenster aus und selektieren Sie **Create Port**. Geben Sie dem Port den Namen **CLK** und klicken Sie **OK**. Es erscheint ein 1-Bit-Eingangsport. Erzeugen Sie auf ähnliche Weise weitere 1-Bit-Eingangsports **reset_n**, und **TVALID**. Erzeugen Sie auch einen 16-Bit-Eingangsvektor X, indem Sie im **Create Port**-Fenster ein Häkchen bei **Create vector** machen und als Grenzen eines 16-Bit-Signals **15** bzw. **0** angeben.

Verfahren Sie nun genauso mit den Ausgangsports, bei denen Sie im **Create Port**-Fenster **Direction Output** wählen müssen. Die Portnamen sind **TVALID_M** bzw. **Y[15:0]** (vgl. Bild 17.35).

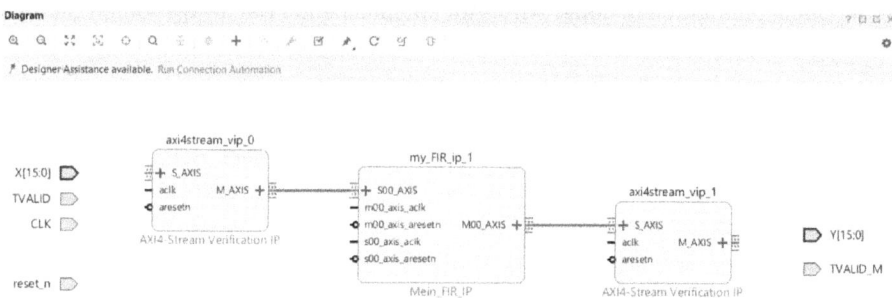

Bild 17.35: Platzierung der drei IP-Blöcke sowie der Eingangs- und Ausgangsports

Der M-AXIS-Port des linken Verifikationsblocks sowie der S_AXIS-Port des rechten Blocks wurden mit den zugehörigen S00_AXIS- bzw. M00_AXIS-Ports des FIR_IPs bereits angeschlossen. Um nun die beiden fehlenden Ports der AXI4-Stream-VIPs anzuschließen, ist es erforderlich, dass deren einzelne Bussignale dargestellt werden. Um diese im Blocksymbol anzuzeigen, müssen Sie jeweils auf das +-Symbol der AXIS-Ports klicken.

Nachfolgend ist mithilfe des Stiftzeigers, der erscheint, wenn Sie die Maus auf die IP-Anschlüsse führen, die Verdrahtung so zu erstellen, wie in Bild 17.36 dargestellt. Die eigentliche Verdrahtung erfolgt dann mit gedrückter linker Maustaste vom Quell- zum Zielknoten.

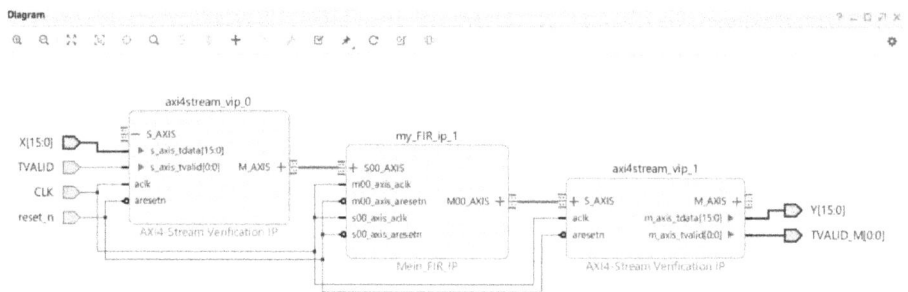

Bild 17.36: Verdrahtetes Block-Design zur Verifikation des Filter_IPs

Durch Auswahl von *Regenerate Layout* im Kontextmenü des **Diagram**-Fensters müssen Sie die grafische Darstellung ggf. optimieren, bevor Sie durch Auswahl von *Validate Design* im gleichen Kontextmenü eine abschließende Überprüfung der Verdrahtung vornehmen. Wenn diese Validierung erfolgreich ist, müssen Sie in Vivado zurück ins Sources-Fenster wechseln und darin die Block-Design-Datei `FIR_IP_test.bd` selektieren. Im zugehörigen Kontextmenü ist nun *Create HDL-Wrapper* zu selektieren, wodurch eine VHDL-Datei für das Block-Design erzeugt wird, die für die nachfolgende funktionale Simulation benötigt wird. Auf entsprechende Nachfrage sollten Sie sich dafür entscheiden, diese Datei von Vivado automatisch erstellen zu lassen.

Listing 17.13: TCL-Datei zur Simulation der Sprungantwort des FIR-Filter-IP-Blocks

```
# Vivado Simulation der Impulsantwort eines FIR-Filters der Ordnung N=22
# Nach der Simulation ist im Wave-Fenster manuell einzustellen:
# - radix-> signed decimal
# - Y am Analog Ausgang-> Waveform Style->Analog Step->Hold
add_wave_divider VHDL_Wrapper_signale
add_wave clk
add_wave reset_n
```

```
add_wave_divider Filter_IP_Signale
add_wave {/FIR_IP_test_wrapper/FIR_IP_test_i/my_FIR_ip_1/s00_axis_tvalid}
add_wave {/FIR_IP_test_wrapper/FIR_IP_test_i/my_FIR_ip_1/s00_axis_tdata}
add_wave {/FIR_IP_test_wrapper/FIR_IP_test_i/my_FIR_ip_1/U0/NEW_SAMPLE}
add_wave {/FIR_IP_test_wrapper/FIR_IP_test_i/my_FIR_ip_1/U0/X}
add_wave {/FIR_IP_test_wrapper/FIR_IP_test_i/my_FIR_ip_1/U0/Y}
add_wave {/FIR_IP_test_wrapper/FIR_IP_test_i/my_FIR_ip_1/U0/READY}
add_wave {/FIR_IP_test_wrapper/FIR_IP_test_i/my_FIR_ip_1/m00_axis_tvalid}
add_wave {/FIR_IP_test_wrapper/FIR_IP_test_i/my_FIR_ip_1/m00_axis_tdata}
add_wave_divider Analog_Ausgang
add_wave Y


# Stimuli -------------------------------------------------------------
restart
# 100 MHz Takt startet bei t =0
add_force clk {0 0ns} {1 5ns} -repeat_every 10ns
# VIP-Checker erfordert, dass der async Reset mind.16 Takte L-aktiv ist
add_force reset_n {0 0ns} {1 200ns}
run 200ns
# tvalid und X dürfen erst nach dem Reset gesetzt werden!
add_force tvalid {0 0}
add_force x -radix hex {7fff 0}
# gehe zu einer steigenden Flanke
run 5ns
# minimale Abtastperiode: (N/2+1 ) + 4 Taktperioden
add_force tvalid {0 0} {1 10ns} {0 20ns} -repeat_every 160ns
#Simulationszeit:
run 4200ns
```

Nun kann wie gewohnt eine funktionale Simulation des FIR_IPs durchgeführt werden, indem Sie im **Flow Navigator**-Fenster *Run Simulation* selektieren und anschließend *Run Behavioural Simulation* auswählen. Sie können die in Listing 17.13 dargestellte TCL-Kommandodatei my_fir_IP_simulation.tcl für die Simulation der Sprungantwort verwenden (Vivado-Menüleiste: *Tools → Run Tcl Script*). Dieses Skript erzeugt die Eingangssignale gemäß den Vorgaben des AXI4-Streaming-Protokolls, welches durch die beiden AXI4-Verifikationsblöcke überwacht wird. Hier soll auf die folgenden Punkte hingewiesen werden:

- Die in der Simulation gewählte Taktperiode beträgt 10 ns (100 MHz)
- Nach dem Einschalten muss das Low-aktive reset_n-Signal für mindestens 16 Taktperioden den Wert 0 haben. In der Simulation verlässt der IP den Resetzustand nach 200 ns.

- Den tvalid- und tdata-Eingangssignalen darf ein Wert erst zugewiesen werden, nachdem die VIP-Blöcke den Resetzustand bei t = 200 ns verlassen haben.
- Das tvalid-Signal wird taktsynchron bei steigender Taktflanke für die Dauer einer Taktperiode gesetzt. Die hier gewählte Periodendauer beträgt N/2 + 5 Takte (160 ns). Eine kürzere Periodendauer führt wegen des weggelassenen TREADY-Ausgangs beim FIR-IP zu einem Fehlverhalten des FIR-Filters.

Bei einer fehlerhaften IP-Ansteuerung generieren die VIP-Blöcke Fehlermeldungen, die während der Simulation in der Vivado-Simulationskonsole angezeigt werden.

In der Simulation ist das gleiche Verhalten zu beobachten wie in Bild 17.24. Der in Bild 17.37 gezeigte Zeitausschnitt demonstriert exemplarisch die Übernahme der tdata- und tvalid-Eingangssignale in den FIR-Block bei t = 2465 ns sowie einen Takt später die Übergabe der FIR-IP-Ausgangssignale an die tdata- und tvalid-Signale des FIR-IP-Masters.

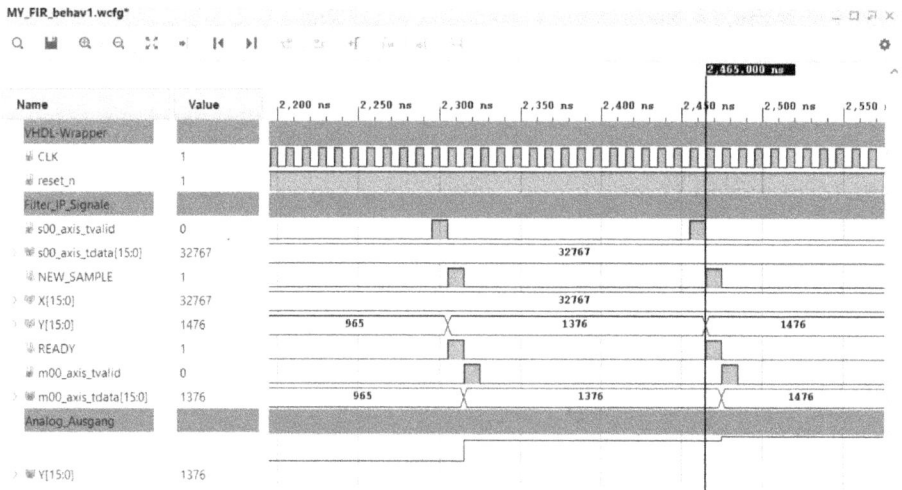

Bild 17.37: Der Zeitausschnitt der funktionalen Simulation des FIR-IP-Blocks zeigt die Übernahme der tvalid- und tdata-Signale bei t = 2465 ns

Das Bild 17.38 zeigt abschließend die Möglichkeiten, die ein IP-zentrierter FPGA-Entwurf bietet. Dargestellt ist das Block-Design eines Prozessorsystems mit einem Micro-Blaze Soft Core IP [74], der für Xilinx-FPGAs kostenlos zur Verfügung gestellt wird. Hintergrund für dieses Entwurfskonzept war der Wunsch, die FIR-Filter-Berechnung in digitale Hardware auszulagern, um den MicroBlaze-Prozessor für andere Zwecke verwenden zu können.

Als Prozessorschnittstelle wird eine AXI-Stream-FIFO Komponente (vgl. Kapitel 18.5) verwendet, die auf der Prozessorseite eine AXI4-Lite-Schnittstelle besitzt und beim Senden und Empfangen jeweils bis zu 512 Abtastwerte zwischenspeichern kann.

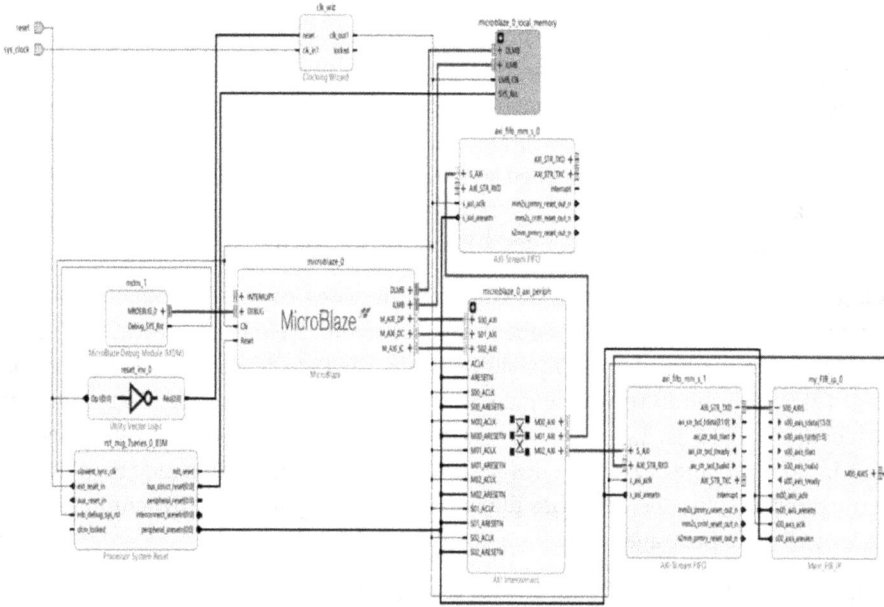

Bild 17.38: Block-Design eines MicroBlaze-FPGA-Prozessorsystems mit FIR-IP und AXI4-Stream-FIFO

Die Darstellung in Bild 17.38 macht deutlich, dass sich in modernen Entwicklungsumgebungen mit grafischer Oberfläche wie Vivado IP-Komponenten sehr einfach zu einem hochkomplexen digitalen System verbinden lassen. Dabei müssen noch nicht einmal die einzelnen Signale eines AXI4-Interfaces verbunden werden, sondern es reicht eine Verbindung von einem Master-Interface-Typ zu einem gleichartigen Slave-Interface-Typ. Ein komplexes digitales System kann auf diese Weise mit nur wenigen Klicks aus bereits existierenden Komponenten aufgebaut werden. In dem hier verwendeten, relativ kleinen Artix-7-FPGA xc7a35ticsg324 benötigt das System weniger als 20 % der Hardwareressourcen.

17.7 Vertiefende Aufgaben

A **Aufgabe 17.1:** Beantworten Sie die folgenden Verständnisfragen:
a) Beschreiben Sie das Funktionsprinzip einer Impulsverkürzungs- und einer Impulsverlängerungsschaltung.
b) Beschreiben Sie das Funktionsprinzip der aus zwei in Reihe geschalteten D-Flipflops bestehenden Synchronisationsschaltung. Welche Eigenschaften muss ein asynchroner Signalimpuls haben, wenn er durch diese Schaltung synchronisiert werden soll?
c) Beschreiben Sie den Unterschied zwischen synchronem und asynchronem Datenaustausch.
d) Beschreiben Sie das Konzept des 4-Phasen-Handshakes.   ∎

A **Aufgabe 17.2:** Die asynchronen Eingangssignale eines Zustandsautomaten, der mit einer Frequenz von 100 MHz betrieben wird, sollen durch eine vereinfachte Schaltung mit nur einem D-Flipflop synchronisiert werden. Die Rate der asynchronen Daten beträgt 1 MHz. Für die zu verwendenden Flipflops werden die folgenden Parameter angegeben: $\tau = 0.17$ ns, $T_0 = 9.6 \cdot 10^{-18}$ s und als Setup-Zeit $t_S = 4$ ns. Berechnen Sie die für das Übergangsschaltnetz des Automaten zur Verfügung stehende Signalverzögerungszeit $t_{\ddot{U}SN}$ für den Fall, dass die mittlere Zeit zwischen zwei Synchronisationsfehlern 10^4 Jahre betragen soll.   ∎

A **Aufgabe 17.3:** Es soll eine Eingangsschaltung für eine asynchrone Ethernet-Datenübertragung entworfen werden. Die Schaltung soll für eine maximale Datenrate von 100 Mbit/s ausgelegt werden und bei einer Taktfrequenz von 400 MHz betrieben werden. Als Synchronisationsschaltung sind 2D-Flipflops in Reihe vorgesehen, die die folgenden Parameter aufweisen: Setup-Zeit $t_S = 0.1$ ns und $T_0 = 1 \cdot 10^{-18}$ s. Berechnen Sie die maximale charakteristische Zeit τ, die eine Herstellungstechnologie besitzen muss, um eine Mindestzeit von 10^6 Jahren zwischen zwei Synchronisationsfehlern zu garantieren.   ∎

A **Aufgabe 17.4:** Entwerfen Sie ein VHDL-Modell zu der Schaltung in Bild 17.6. Simulieren Sie das Verhalten und überprüfen Sie die in Bild 17.7 dargestellten Ergebnisse.   ∎

18 Digitale Halbleiterspeicher

18.1 Lernziele

Nach Durcharbeiten dieses Kapitels sollen Sie:
- Halbleiterspeichertypen im Hinblick auf ihre wesentlichen Eigenschaften klassifizieren können,
- den unterschiedlichen Aufbau von RAM- und ROM-Speicherzellen kennen,
- die verschiedenen Arten von asynchronen und synchronen RAM- und ROM-Speichern auf geeignete Weise ansteuern können,
- in der Lage sein, FPGA basierten RAM- und ROM-Speicher durch geeigneten VHDL-Code synthetisieren können,
- und die unterschiedlichen Speichererweiterungskonzepte verstanden haben.

18.2 Übersicht

Digitale Halbleiterspeicher dienen, ähnlich wie Flipflops, der Speicherung von Informationen. In den einzelnen Speicherzellen wird jeweils ein einzelnes Bit gespeichert. Durch geeignete Gruppierung und eine sehr hochentwickelte Fertigungstechnologie lassen sich mit Halbleiterspeichern jedoch sehr viel höhere Speicherdichten erreichen als mit Flipflops. Die Zugriffszeiten liegen bei Halbleiterspeichern in der Größenordnung einiger 10 ns, bei modernen DDR-RAM-Technologien auch weit darunter. Dennoch sind sie damit größer als die von Flipflops. Im Vergleich zu anderen Massenspeichern wie Festplatten, DVDs etc. sind die Zugriffszeiten jedoch weitaus geringer.

> Halbleiterspeicher werden benötigt, wenn eine große Menge von Daten abgespeichert werden soll, auf die sehr schnell zugegriffen werden soll.

18.2.1 Klassifizierung

Eine weit verbreitete Klassifizierung von Halbleiterspeichern ist die Art des Zugriffs auf die gespeicherten Daten:
- Bei Speichern mit wahlfreiem Zugriff lässt sich jede Speicherzelle individuell adressieren. Die räumliche Anordnung der einzelnen Zellen erfolgt in einer Matrix (Matrixspeicher).

https://doi.org/10.1515/9783110706970-018

- Bei einem Speicher mit seriellem Zugriff ist keine individuelle Adressierung möglich. Vielmehr erfolgt das Ein- und Auslesen seriell. Typische Vertreter dieser Klasse sind:
  - Der „First In First Out"-FIFO-Speicher (vgl. Kapitel 18.5): Die jeweils zuerst eingelesene Daten werden, ähnlich wie bei einem Schieberegister, auch zuerst wieder ausgelesen. FIFO-Speicher werden insbesondere dort benötigt, wo unterschiedliche Hardwarefunktionsblöcke mit unterschiedlichen Taktfrequenzen kommunizieren.
  - Der „Last In First Out"-LIFO-Speicher: Die jeweils zuletzt eingelesenen Daten werden als nächstes wieder ausgelesen. Eine typische Anwendung von LIFO-Speicher ist der Stack eines Mikroprozessorsystems.
- Inhaltsadressierbare Speicher (Assoziativspeicher): Die Adressierung der Daten erfolgt durch spezielle Suchbegriffe. Typische Anwendungen von Assoziativspeichern finden sich in Netzwerkroutern sowie als Cache in Mikroprozessorsystemen.

In der Praxis werden zur Realisierung von LIFOs, FIFOs und Assoziativspeichern meist ebenfalls Matrixspeicher eingesetzt, die jedoch auf spezielle Weise angesteuert werden.

Eine andere, weit verbreitete Kenngröße von Halbleiterspeichern ist deren Datenverfügbarkeit (engl. retention time) . Bei flüchtigen (engl. volatile) Speichern werden die Daten beim Abschalten des Speichers gelöscht. Hingegen behalten nichtflüchtige (nonvolatile) Speicher ihren Inhalt auch nach dem Abschalten der Versorgungsspannung bei und können meist nur ausgelesen werden. In der Vergangenheit wurde daher wie folgt klassifiziert:

- RAM-Speicher (engl. Random Access Memory) lässt sich wahlfrei lesen und schreiben, es handelt sich um einen volatilen Speicher.
- ROM-Speicher (engl. Read-Only Memory) lässt sich nur wahlfrei auslesen, der Speicher ist nonvolatil.

Allerdings muss hier angemerkt werden, dass die Entwicklung der Speichertechnologie diese einfache Klassifizierung überholt hat: Zum einen besitzen einige flüchtige Speicher ein internes ROM, in das die aktuellen Daten vor dem Abschalten des RAMs automatisch hinüberkopiert werden (nonvolatile RAM = NVRAM). Zum anderen können spezielle Ausführungsformen von ROM-Speichern heute durchaus im System umprogrammiert werden; nur die Programmierzeiten sind länger als bei RAMs. Bild 18.1 gibt eine Übersicht zu den wichtigsten RAM- und ROM-Speicherarten, die in diesem Kapitel erläutert werden.

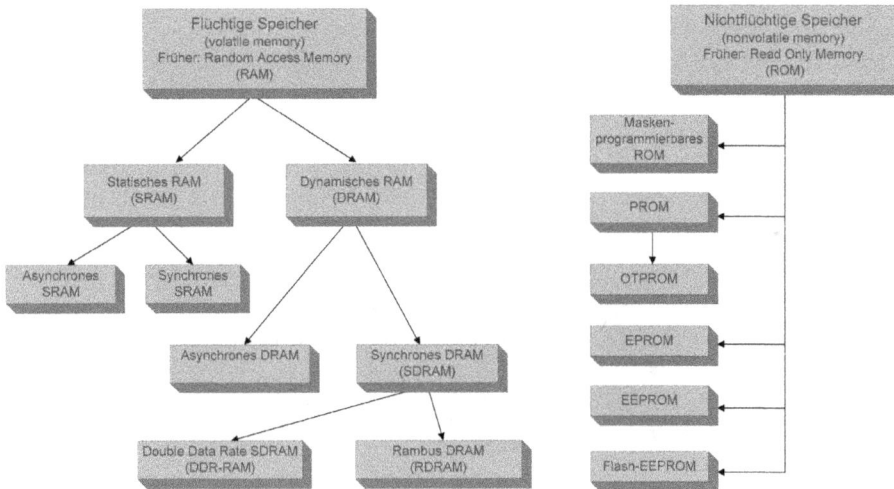

Bild 18.1: Klassifizierung von Halbleiterspeichern mit wahlfreiem Zugriff

18.2.2 Speicherstrukturen

Die wesentliche Struktur aller Matrixspeicher ist in Bild 18.2a exemplarisch für einen 16×1-Speicher dargestellt. Dies bezeichnet einen 16-Bit-Speicher, der mit vier Adressleitungen angesteuert wird und am Datenausgang ein Bit bereitstellt. Die Wortbreite ist also 1.

Wesentliches Element ist die zweidimensionale Speichermatrix, die aus 16 Speicherzellen besteht. Deren innerer Aufbau ist technologieabhängig. Bei einem 16×8-Speicher (Wortbreite = 8) kann man sich die Speichermatrix dreidimensional vorstellen, denn es werden acht 2D-Speichermatrizen gleichartig angesteuert und jede 2D-Matrix stellt eines der acht Ausgangsbits zur Verfügung.

Die Adressleitungen werden bei einer quadratischen Matrix je zur Hälfte einem Spalten- sowie einem Zeilendecoder zugeführt. Dadurch wird für jede Adresse genau eine Zelle in der Matrix aktiviert. Die horizontalen Leitungen werden als Adressleitungen und die vertikalen Ansteuerleitungen als Bit- bzw. Datenleitungen bezeichnet. Das bidirektionale Datensignal wird über einen Schreib- bzw. Leseverstärker geführt. Durch eine Steuerlogik werden die folgenden Steuersignale ausgewertet:

- nCE (not Chip Enable): nCE = 0: Freigabe des Speicherbausteins zum Lesen oder Schreiben.
- RnW (Read not Write): RnW = 1: lesender Speicherzugriff, RnW = 0: schreibender Zugriff.
- nOE (not Output Enable): nOE = 0: Freigabe zum Schreiben auf den Datenbus (Freigabe von Three-State-Treibern).

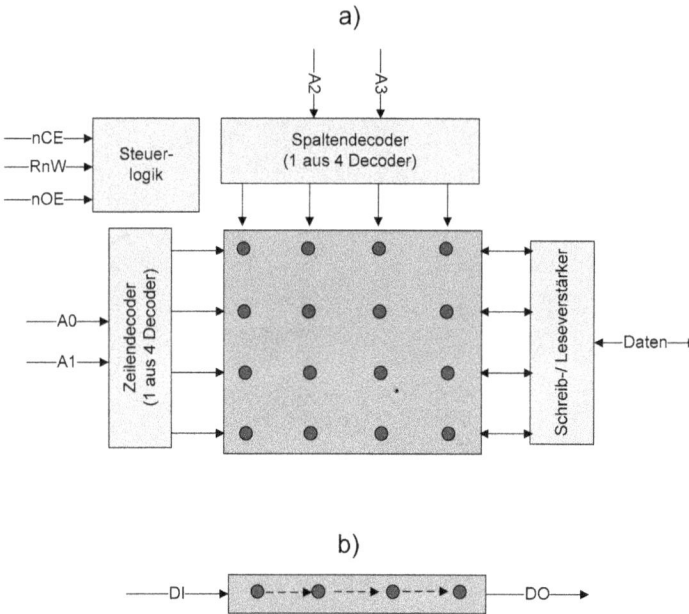

Bild 18.2: Struktur eines 16-Bit-Halbleiterspeichers mit wahlfreiem Zugriff a) und eines seriellen 4-Bit-Speichers b)

Bei einigen Speicherstrukturen ist die Funktion der Schreib- bzw. Leseverstärker zusammen mit dem Spaltendecoder integriert (vgl. Bild 18.3).

Bild 18.2b zeigt die vereinfachte Struktur eines seriellen Speichers als FIFO mit Schieberegisterstruktur ohne weitere Steuersignale. Die fehlenden Adresseingänge machen deutlich, dass in dieser Struktur nicht auf die einzelnen Speicherelemente zurückgegriffen werden kann. Die Eingangsdaten werden immer in der ersten Speicherzelle abgelegt und die Ausgangsdaten werden immer in der letzten Speicherzelle zur Verfügung gestellt.

˙18.2.3 Kenngrößen

Speicherkapazität

Die Speicherkapazität eines n × m-Halbleiterspeichers wird wie folgt angegeben:
- Wortbreite m: Die Breite des Datenbusses beträgt m Bit.
- Die Speicherkapazität n wird in Bit (Abkürzung b) bzw. Byte (Abkürzung B), ggf. mit den folgenden Vorsätzen angegeben:
  - k (Kilo): $2^{10} = 1024$
  - M (Mega): $2^{20} = 1\,048\,576$
  - G (Giga): $2^{30} = 1.073\,742 \cdot 10^9$
  - T (Tera): $2^{40} = 1.099\,511\,627\,776 \cdot 10^{12}$

Elektrische Verlustleistung

Als Kenngröße insbesondere für portable Anwendungen mit hohen Low-Power-Anforderungen (z. B. Mobiltelefone) ist die elektrische Verlustleistung des Speicherbausteins bzw. die elektrische Verlustleistung pro Speicherzelle maßgeblich entscheidend. Die statische Verlustleistung liegt je nach verwendeter Technologie zwischen 10^{-4} und 10^{-11} mW/Zelle [46].

Speicherzugriffszeit

Die Speicherzugriffszeit (engl. access time) beschreibt die Zeit, die zwischen der Ansteuerung/Adressierung des Speichers bis zum Ende des Datentransfers vergeht. Diese Zeit ist abhängig von der verwendeten Technologie und liegt je nach verwendeter Technologie zwischen 2 ns bei SRAM-Speichern (vgl. Kapitel 18.4.1) und 10 bis 50 ns bei nichtflüchtigen Speichern [46]. In Mikroprozessorsystemen ist anzustreben, dass die Speicherzugriffszeit geringer als die Periodendauer des Prozessortaktes ist. Andernfalls sind für das Holen neuer Instruktionen bzw. Daten im Prozessor Wartezyklen (engl. wait states) erforderlich. Durch die in den letzten Jahren erheblichen technologischen Verbesserungen der Prozessoren mit enorm gestiegenen Taktraten lässt sich diese Bedingung in modernen Prozessorsystemen allerdings immer seltener einhalten.

Speicherzykluszeit

Die Speicherzykluszeit beschreibt den Zeitraum zwischen zwei aufeinanderfolgenden Schreib- oder Lesezugriffen. Idealerweise ist diese Zeit gleich der Speicherzugriffszeit. Bei DRAMs (vgl. Kapitel 18.4.2) kann diese Zeit jedoch deutlich länger sein.

Data Retention

Die typische Zeit des Datenerhalts in einer Speicherzelle liegt für nichtflüchtige Speicher bei 10 Jahren und für flüchtige DRAM-Speicher bei 64 ms [46].

Endurance

Die Lebensdauer (engl. endurance) gibt für nichtflüchtige Speicher an, wie viele Speicher- bzw. Löschzyklen fehlerfrei ausgeführt werden können. Die typische Endurance beträgt zwischen 100.000 und 1.000.000 Zyklen [46].

18.3 Nichtflüchtige Speicher

Nichtflüchtige Speicher werden überall dort benötigt, wo ein System mit unveränderlichen Daten- bzw. Programmstrukturen verwendet werden soll. In einigen Prozessorsystemen befinden sich z. B. Betriebssysteme oder Firmware-Software ganz oder teilweise in einem nichtflüchtigen Speicher. In anderen Anwendungen werden die Folgezustands- und Ausgangssignale von Zustandsautomaten in einem nichtflüchtigen Speicher realisiert, der mit den aktuellen Eingangssignalen und den Zustandssignalen adressiert wird.

Heute klassifiziert der Begriff ROM alle nichtflüchtigen Halbleiterspeicher. Tatsächlich gibt es jedoch eine Vielzahl technologisch unterschiedlicher ROM-Varianten mit sehr unterschiedlichen Eigenschaften (vgl. Bild 18.1).

18.3.1 Maskenprogrammierbares ROM

Bei dieser Klasse von ROMs erfolgt die Programmierung beim Hersteller dadurch, dass in einigen Bitzellen auf Maskenebene in der Produktion spezielle Verbindungen hergestellt werden bzw. diese nicht vorhanden sind. Auf diese Weise wird eine 0 oder eine 1 dauerhaft und unveränderlich gespeichert. Die hohen Kosten der Maskenherstellung beschränken diese Art von ROMs auf Massenprodukte.

Die Speichertechnologie kann sehr unterschiedlich sein: In der in Bild 18.3 dargestellten CMOS-Technologie wird jede Spalte durch einen gemeinsamen PMOS-Transistor angesteuert, der immer eingeschaltet ist (Gate auf Masse). Die Ausgänge ei-

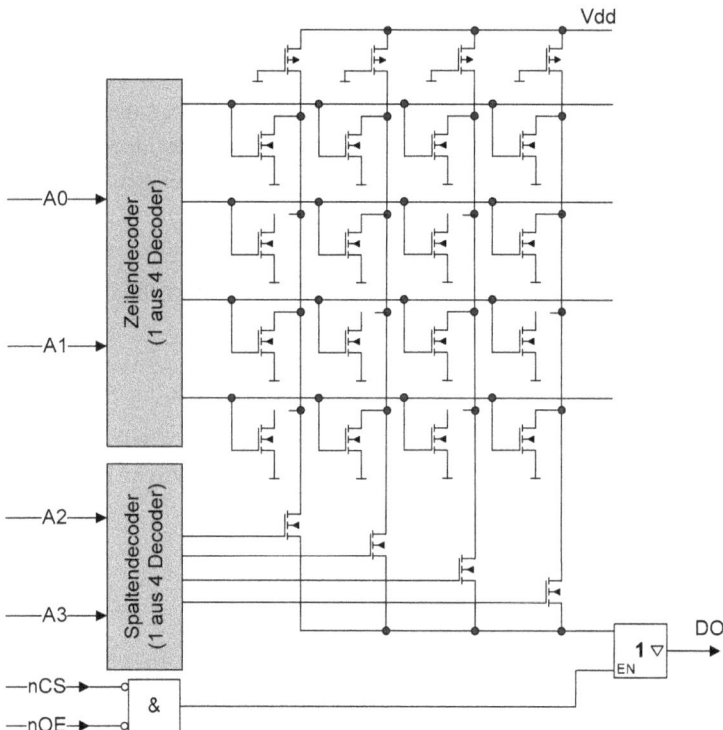

Bild 18.3: Aufbau eines maskenprogrammierbaren 16 × 1-Bit-ROM in CMOS-Technik

nes Zeilendecoders aktivieren die NMOS-Transistoren einer ganzen Zeile. Wenn der Drain-Anschluss des durch den Zeilendecoder selektierten NMOS-Transistors mit der Spaltenleitung kontaktiert ist, so geht die Spaltenleitung auf L-Potenzial. Bei fehlender Verbindung bleibt die Spalte auf H-Potenzial. Der Spaltendecoder aktiviert in den Spalten einen weiteren NMOS-Transistor, der die Funktion eines Schalters hat (Pass-Transistor). Da über den Spaltendecoder immer genau ein Pass-Transistor aktiv ist, können die Source-Anschlüsse der Pass-Transistoren verbunden werden und es erscheint am Eingang des Three-State-Treibers (Schreibverstärker) der logische Wert der Speicherzelle. Der Wert der selektierten Speicherzelle wird nur dann auf den Datenbus DO gelegt, wenn der Speicher selektiert ist (nCS = 0) und zugleich die Ausgabe freigegeben ist (nOE = 0).

Ein $m \times k$-ROM hat $n = ld_2(m)$ Adresseingänge und k Datenausgänge. Eine quadratische Matrixstruktur besitzt also $2^{n/2}$ Spalten und $2^{n/2}$ Zeilen. In einem $1k \times 8$-ROM lassen sich insgesamt $1024 \cdot 8$ Bit speichern. Jeweils einem Byte ist eine gemeinsame Adresse zugeordnet. Der Baustein besitzt also $ld_2(1024) = 10$ Adresseingänge A_i und 8 Datenausgänge DOi.

18.3.2 PROM

Wenn Festwertspeicher in geringeren Stückzahlen gefertigt werden sollen, so bieten sich als kostengünstigere Alternative anwenderprogrammierbare ROMs an.

> Die Speicherzellen von PROMs (programmierbare ROMs) werden mit speziellen Programmiergeräten (sog. Prommer) durch Anlegen einer speziellen Programmierspannung konfiguriert.

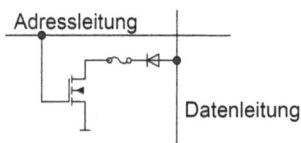

Bild 18.4: PROM-Speicherzelle mit Fusable-Link

Bei der in Bild 18.4 dargestellten Speicherzelle sind die Drain-Anschlüsse der NMOS-Transistoren in den Speicherzellen nicht durch eine Leiterbahn, sondern über eine Schmelzsicherung (Fusable-Link) mit der Spaltenleitung (Datenleitung) verbunden (vgl. Bild 18.3). Durch Programmierung der Zelle mit einer erhöhten Spannung wird die Sicherung unterbrochen und die Zelle speichert den H-Pegel des zugehörigen PMOS-Transistors in der Spalte. Der gespeicherte Logikwert ist nicht flüchtig, allerdings kann eine einmal durchtrennte Verbindung auch nicht mehr repariert werden. Manchmal spricht man daher auch von einem OTP-ROM (engl. One-Time Programmable ROM).

Neben der Fusable-Link-Technologie gibt es die Antifuse-Technologie, bei der durch die Programmierung eine elektrische Verbindung hergestellt wird. Abhängig von der gewählten Technologie besitzen PROM-Speicherzellen im unprogrammierten Zustand entweder L- oder H-Pegel.

18.3.3 EPROM

Die Bedeutung von PROMs ist durch Einführung der EPROM-Technologie stark zurückgegangen:

> Bei einem EPROM (engl. Erasable PROM) lassen sich die Speicherzellen elektrisch programmieren und durch Bestrahlung mit UV-Licht wieder löschen.

Bild 18.5 zeigt eine EPROM-Speicherzelle, in der spezielle NMOS-Transistoren mit Floating-Gate (FAMOS-Transistor [1]) eingesetzt werden. Das Floating-Gate ist eine leitende Schicht, die keine leitende Verbindung nach außen hat. Es lassen sich darin jedoch durch eine erhöhte Programmierspannung U_{ds} negative Ladungen speichern. Dies geschieht durch den quantenmechanischen Tunneleffekt, der es Elektronen ermöglicht, auf das Floating-Gate zu gelangen.

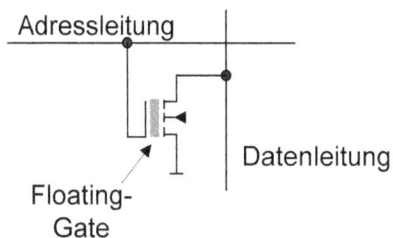

Bild 18.5: EPROM-Speicherzelle mit FAMOS-Transistor

- Ohne Ladung auf dem Floating-Gate arbeitet der FAMOS-Transistor wie ein normaler NMOS-Transistor. Ein H-Pegel auf der Adressleitung schaltet den Transistor ein und führt zu einem L-Pegel auf der Datenleitung. Die adressierte Speicherzelle speichert also eine 0.
- Durch die negative Ladung auf dem Floating-Gate verschiebt sich die Schwellspannung des NMOS-Transistors zu höheren Spannungen (vgl. Bild 10.3a). Dies führt dazu, dass ein H-Pegel auf der Adressleitung den Transistor nicht mehr einschalten kann und somit die Datenleitung immer einen H-Pegel hat. Die Speicherzelle speichert also eine 1.

Durch eine ca. 20-minütige Bestrahlung mit UV-Licht kann die negative Ladung auf dem Floating-Gate wieder abfließen und die Programmierung wird rückgängig gemacht. Um das UV-Licht auf das Silizium gelangen zu lassen, besitzen EPROMs ein vergleichsweise teures Quarzglasfenster, welches UV-durchlässig ist. Die Ladungs-speicherung von EPROMs wird vom Hersteller über mehr als 10 Jahre garantiert (data retention) und der Hersteller garantiert meist einige hundert Programmier- und Lösch-zyklen (endurance).

18.3.4 EEPROM und Flash-EEPROM

EPROMs werden heute weitgehend durch EEPROMs (engl. Electrically Erasable PROM) abgelöst.

EEPROMs lassen sich durch Anlegen geeigneter Programmier- bzw. Löschspannungen U_{gs} elek-trisch programmieren und elektrisch löschen.

Bei der Technologie mit Flotox-Transistor ist die Dicke des Oxids zwischen dem Float-ing-Gate und dem Kanal dünner als bei der EPROM-Technologie. Dies erlaubt beim Löschen den Ladungsabfluss durch Fowler-Nordheim-Tunneln. In Reihe zum Spei-chertransistor ist in jeder EEPROM-Zelle ein normaler NMOS-Transistor geschaltet, der zur Zellenauswahl dient. Da EEPROMs üblicherweise byteweise organisiert sind, kön-nen diese Bytes auch individuell gelöscht werden. Die von den Herstellern angegebe-ne Endurance liegt bei mehr als 100.000 Zyklen [46]. Ein spezielles Programmierge-rät ist nicht erforderlich. Vielmehr ist es möglich, EEPROMs in der fertigen Schaltung zu programmieren (engl. in system programmable, isp). Als Programmierschnittstelle dient meist ein im Speicher vorhandener JTAG-Anschluss[1]. Dieser kann durch einen PC mit geeigneter Programmiersoftware angesteuert werden. Die Programmier- und Löschspannungen werden meist auf dem Speicherchip selbst generiert (Prinzip der Ladungspumpe) und als Lösch- und Programmierzeiten werden 2...10 ms pro Byte angegeben.

Als Weiterentwicklung von EEPROMs lassen sich in Flash-EEPROMs Gruppen von Flotox-Transistoren über einen gemeinsamen Schalttransistor programmieren. Die gesamte Speicherstruktur ist also in verschiedene Speicherbereiche aufgeteilt, die als Seiten (engl. pages) bzw. Sektoren bezeichnet werden. Hardwaremäßig werden NAND-Flash- und NOR-Flash-Architekturen unterschieden. Moderne Flash-Technolo-gien erlauben pro Zelle nicht nur die Speicherung eines Bits (engl. Single Level Cell,

---

1 Die JTAG-Verbindung (engl. Joint Test Action Group) wurde ursprünglich zum Test von Platinen nach dem „Boundary Scan"-Konzept [40] entworfen und wird seit mehreren Jahren auch zum Program-mieren von EPROMs, PLDs und Mikrocontrollern eingesetzt. Dabei werden die zu testenden bzw. zu programmierenden Komponenten auf dem Board hintereinandergeschaltet und es erfolgt eine seriel-le Programmierung über die vier Signalleitungen TDI, TDO, TCLK und TMS nach dem IEEE-Standard 1149.1-1990.

SLC), sondern durch variable Leitfähigkeit des Speichertransistors auch die Speicherung von bis zu vier Zuständen pro Zelle (engl. Multi Level Cell, MLC) [1].

> Flash-EEPROMs lassen sich entweder komplett oder aber seitenweise löschen. Der Löschvorgang erfolgt sehr schnell („blitzartig", engl. flash).

18.3.5 Instanziierung von ROM-Strukturen durch VHDL-Code

Moderne FPGA-Strukturen (vgl. Kapitel 13.1) besitzen ROM- und RAM-Hardwarefunktionsblöcke. Entsprechend hat sich in den letzten Jahren ein Quasistandard für die VHDL-Instanziierung derartiger Speicherstrukturen gebildet. Listing 18.1 zeigt einen parametrisierbaren ROM-Speicher.

Listing 18.1: ROM-Instanziierung durch VHDL-Code

```
library ieee;
use ieee.std_logic_1164.all;
use ieee.numeric_std.all;

entity ROM_INSTANZIIERUNG is
    generic(ADDR_RANGE: integer:=4;
            DATA_WIDTH: integer:=8
    );
    port (ADDRESS : in unsigned(ADDR_RANGE-1 downto 0);
          DATA : out std_logic_vector(DATA_WIDTH-1 downto 0)
    );
end ROM_INSTANZIIERUNG;


architecture VERHALTEN of ROM_INSTANZIIERUNG is
type ROM_TYPE is array (0 to 2**ADDR_RANGE -1) of
                            std_logic_vector(DATA_WIDTH-1 downto 0);

signal MY_ROM : ROM_TYPE :=
    (x"0F",x"0E",x"0D",x"0C",x"0B",x"0A",x"09",x"08",
     x"07",x"06",x"05",x"04",x"03",x"02", others=> (x"00")
    );
attribute ROM_STYLE: string; -- ROM-Attribut
attribute ROM_STYLE of MY_ROM: signal is "distributed";
```

```
begin
...
P3: process(CLK)
begin
    if CLK'event and CLK='1' then
        if EN='1' then -- Falls freigegeben:
            DATA <= MY_ROM(to_integer(ADDRESS)); -- lese ROM aus
        end if;
    end if;
end process P3;
...
end VERHALTEN;
```

Für die ROM-Instanziierung ist die folgende VHDL-Synthesesemantik vorgesehen:
- Für ROM-Signale wird ein Felddatentyp deklariert, also ein `array` von `std_logic`-oder `bit`-Vektoren. Im Listing 18.1 ist die Breite der Adress- und Datenbusse über die `integer`-Zahlen ADDR_RANGE und DATA_WIDTH parametrisiert.
- Der Inhalt des zu deklarierenden ROM-Signals muss konstant sein. Dies kann entweder durch eine `constant`-Anweisung geschehen oder aber, wie in Listing 18.1 dargestellt, durch eine Signaldeklaration mit initialisierender Wertzuweisung. Allen Feldelementen muss ein Wert zugewiesen sein, wobei jedoch die Verwendung des `others`-Konstrukts große Flexibilität hinsichtlich der tatsächlich benötigten ROM-Inhalte bietet.
- Durch Verwendung des vordefinierten Signalattributs ROM_STYLE kann festgelegt werden, ob bei der FPGA-Implementierung für das ROM LUT-Ressourcen verwendet werden (`distributed`) oder aber spezielle Block-RAM-Strukturen (`block`). Letztere sind nur für sehr große ROM-Blöcke effizienter als LUT-Strukturen.
- Der Zugriff auf das ROM erfolgt durch Angabe des `array`-Index, der als `integer`-Zahl anzugeben ist. Für diesen Zweck wird die als `unsigned` angegebene Adresse mit der in der `numeric_std`-Bibliothek deklarierten Funktion `to_integer()` in eine `integer`-Zahl konvertiert.
- Der nur lesend erlaubte Zugriff auf das ROM erfolgt hier in einem taktsynchronen Prozess, allerdings ist auch ein kombinatorischer Lesezugriff möglich.

Vivado generiert aus dem Code in Listing 18.1 ein 16×8-Bit-ROM, welches auf FPGA-Look-Up-Tabellen abgebildet wird (vgl. Kapitel 3.7.2. und Kapitel 13.1).

18.4 Flüchtige Speicher

Je nach verwendeter Schaltungstechnologie lassen sich die flüchtigen Speicher in zwei Hauptgruppen klassifizieren (vgl. Bild 18.1):
- Statisches RAM (SRAM): Die gespeicherte Information wird statisch solange gespeichert, wie die Versorgungsspannung anliegt.
- Dynamisches RAM (DRAM): Die gespeicherte Information muss während des Betriebs periodisch wieder aufgefrischt werden, da sie durch das Auslesen oder durch Leckströme verloren geht.

> RAM-Speicher behalten ihre gespeicherten Informationen nur solange, wie die Versorgungsspannung anliegt. Der Speicherzugriff erfolgt wahlfrei. Es wird zwischen statischer (SRAM) und dynamischer (DRAM) Technologie unterschieden.

Innerhalb beider Klassen wird weiter unterschieden, ob der Speicher synchron oder asynchron angesteuert wird.

18.4.1 SRAMs

Die überwiegend verwendete SRAM-Speicherzelle besitzt sechs CMOS-Transistoren (6-T-Speicherzelle, vgl. Bild 18.6):
- Die Transistorpaare T1 und T3 sowie T2 und T4 bilden ein kreuzweise rückgekoppeltes Inverter-Paar. Diese Rückkopplung als bistabiler Multivibrator [51] sorgt für die Informationsspeicherung. Am Ausgang des aus T1 und T3 bestehenden Inverters wird das Signalbit Q und am Ausgang des Inverters T2, T4 das invertierte Signalbit $\overline{Q}$ bereitgestellt.
- Die NMOS-Transistoren T5 und T6 sind Schalttransistoren, die durch ein H-Potenzial auf der Adressleitung eingeschaltet werden. Beim Auslesen wird der gespeicherte Zustand der Zelle auf den beiden Bitleitungen invertiert und nichtinvertiert ausgegeben. Beim Speichern muss das zu speichernde Bit in invertierter sowie in nichtinvertierter Form auf den Bitleitungen angelegt werden, um die Zelle sicher in einen neuen stabilen Zustand zu bringen.

Die Zugriffszeiten beim Schreiben bzw. Lesen liegen im Bereich von 1...5 ns. Die statische Verlustleistung der 6-T-Speicherzelle wird mit $3 \cdot 10^{-4} \ldots 1 \cdot 10^{-6}$ mW angegeben [46].

Eine reduzierte Chipfläche benötigt die 4-T-Speicherzelle, bei der die PMOS-Transistoren T1 und T2 durch Polysilizium-Widerstände ersetzt werden. Dieser Flächenvorteil wird jedoch mit deutlich höherer statischer Verlustleistung erkauft.

Udd

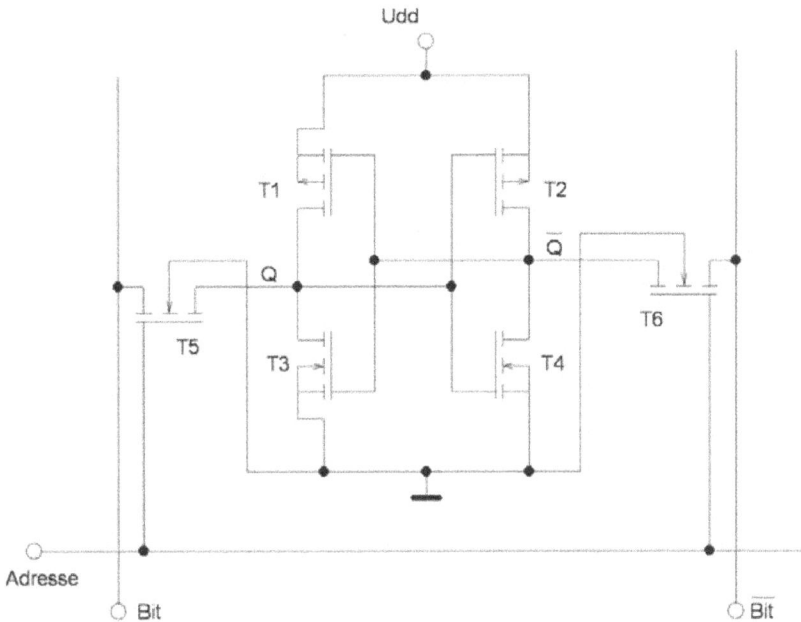

Bild 18.6: 6-T-Speicherzelle eines SRAMs

Asynchrones SRAM

Charakteristisch für asynchrone SRAM-Bausteine ist ein fehlendes Taktsignal. Zur Reduzierung der statischen Verlustleistung besitzen asynchrone SRAMs häufig einen Stromsparmodus, bei dem die Verlustleistung deutlich herabgesetzt werden kann. Die Ansteuerung erfolgt durch die Steuersignale

– nCS: Low-aktives Freigabesignal (Chip-Select). Mit diesem Signal wird der Baustein aus dem Stromsparmodus heraus aktiviert.
– nOE: Low-aktives Freigabesignal zum Schreiben auf den Datenbus.
– RnW: Lesen bei H-Pegel und Schreiben bei L-Pegel (engl. Read not Write).

Beim *Lesen* des SRAMs über den Datenbus ist das Timing der Signale wie folgt:

– Zunächst wird an den Adresseingang eine neue Adresse angelegt und das Steuersignal RnW hat H-Pegel. Die Daten stehen am Datenausgang frühestens nach der Zeit t_{AA} zur Verfügung (engl. Address Access time).
– Etwa zeitgleich muss der Baustein durch einen L-Pegel des nCS-Signals selektiert sein.
– Schließlich werden die Three-State-Treiber des SRAM-Datenausgangs durch das nOE-Signal freigeschaltet. Frühestens nach der Zeit t_{CO} erscheinen die neuen Daten auf dem Datenbus. Nach dem Abschalten der Three-State-Treiber liegen diese Daten noch für die Zeit t_{OD} (Output Delay) länger auf dem Datenbus.

Lesen des SRAMs   Schreiben des SRAMs

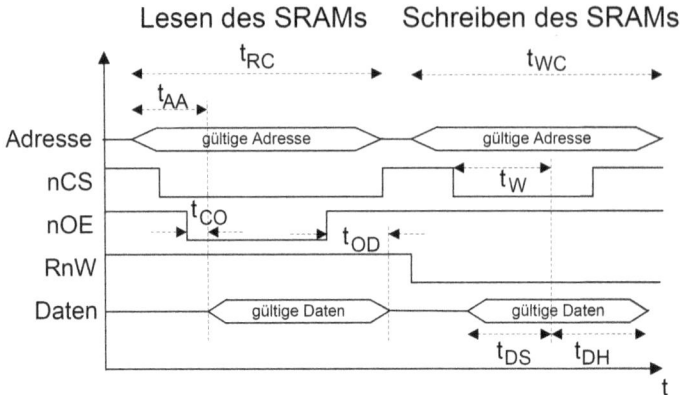

Bild 18.7: Ansteuerung eines asynchronen SRAMs

- Die Zeit, die mindestens benötigt wird, um einen kompletten Lesezyklus durchzuführen, wird als read cycle time t_{RC} bezeichnet.

Für das *Schreiben* des asynchronen SRAMS sind die folgenden zeitlichen Randbedingungen einzuhalten:
- Zunächst wird an den Adresseingang eine neue Adresse angelegt. Das RnW-Signal hat L- und nOE hat H-Pegel.
- Nach Aktivierung des nCS-Signals werden nach der Zeit t_W die auf dem Datenbus vorhandenen Daten in den Speicher geschrieben. Diese Daten müssen während des Zeitraums t_{DS} bis t_{DH} (Setup- bzw. Hold-Time) stabil sein.
- Die Zeit, die mindestens benötigt wird, um einen kompletten Schreibzyklus durchzuführen, wird als Write Cycle time t_{WC} bezeichnet.

In Bild 18.7 wird das Schreiben bei konstantem RnW = L durch die negative Flanke von nCS eingeleitet, dies wird als „Early-Write" bezeichnet. Alternativ kann bei konstantem nCS = L der Schreibzyklus auch durch die negative Flanke von RnW eingeleitet werden, was als „Late-Write" bezeichnet wird.

Synchrones SRAM
Datenübertragungen in synchronen SRAM-Bausteinen werden durch einen gemeinsamen Takt (Systemtakt) initiiert, der ebenso an der ansteuernden Logik (z. B. CPU) anliegt. Als wesentlicher Unterschied zu den asynchronen SRAMs werden alle Signale (Adresse, Datenein- und -ausgänge sowie Steuersignale) über Register geführt. Dies ermöglicht das in Bild 18.8 dargestellte Pipelining beim Lesen des Speichers:
- Im n-ten Takt wird die neue Adresse Adr. (n) angelegt und auf dem Datenbus liegen die Daten der vorigen Adresse D(n − 1).

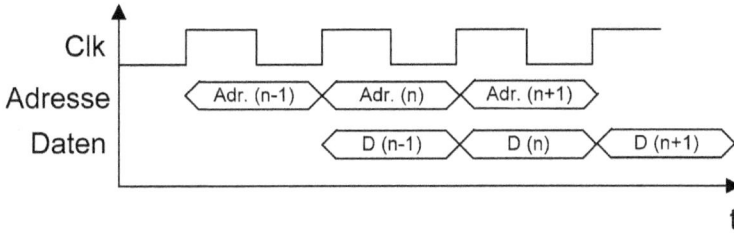

Bild 18.8: Adress-Pipelining beim Lesen eines synchronen SRAMs

– Im n + 1-ten Takt wird die nächste Adresse Adr. (n + 1) angelegt und auf dem Datenbus liegen die zum n-ten Takt gehörigen Daten.

Durch das Pipelining der Adress- und Datensignale beim synchronen SRAM wird die maximale Datenübertragungsrate gegenüber dem asynchronen SRAM erheblich vergrößert. Häufig gibt es auch die Möglichkeit, größere Datenblöcke zu übertragen (engl. burst modus). In dieser Betriebsart wird nur noch eine Anfangsadresse übertragen und alle weiteren Adressen werden im Speicher intern erzeugt. Dies erspart eine individuelle Addressierung der einzelnen, hintereinander angeordneten Speicherzellen.

18.4.2 DRAMs

Die Struktur einer DRAM-Speicherzelle zeigt Bild 18.9. Die Zustandsspeicherung erfolgt hier durch Ladungsspeicherung in einem Kondensator CS mit dielektrischer Kapazität in der Größenordnung einiger fF (10^{-15} F). Für die Auswahl der Speicherzelle wird ein einziger NMOS-Transistor benötigt. Um eine möglichst hohe Speicherdichte zu erreichen, wird der Speicherkondensator entweder vertikal in das Silizium integriert (engl. trench-capacitor) oder aber in zusätzlichen Schichten über den NMOS-Transistoren aufgebracht (engl. stacked-capacitor) [32].

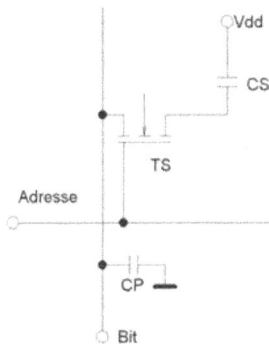

Bild 18.9: DRAM-Speicherzelle

Auf die Zelle wird wie folgt zugegriffen:
- Beim *Schreiben*: Die Spaltenleitung (Bitleitung) wird entsprechend des H- oder L-Pegels am Bitleitungstreiber geladen. Durch Ein- bzw. Ausschalten des NMOS-Schalttransistors TS über die Zeilenleitung (Adressleitung) wird die Speicherkapazität entweder geladen (Speicherung einer 0) oder entladen (Speicherung einer 1).
- Beim *Lesen*: Die parasitäre Kapazität CP der Bitleitung in der adressierten Spalte wird auf ein definiertes Potenzial U_C gebracht (engl. precharge). Nachfolgend wird der Leitungstreiber der Bitleitung hochohmig geschaltet. Nach Einschalten des NMOS-Transistors über die Adressleitung verändert sich das Potenzial auf der Bitleitung durch den kapazitiven Spannungsteiler:

$$U_{Bit} = U_C \frac{CS}{CP + CS} \tag{18.1}$$

Ein nachgeschalteter Leseverstärker wertet diese Spannungsänderung auf der Bitleitung aus und gibt das Ergebnis auf dem Datenbus aus. Im Vergleich zu SRAM-Zellen besitzen DRAM-Zellen zwei wesentliche Nachteile:
- Beim Auslesen fließt die gespeicherte Ladung zu einem Großteil auf die parasitäre Leitungskapazität CP ab.
- Durch Leckströme fließt die gespeicherte Ladung ebenfalls ab. Der Ladungserhalt ist ohne Auffrischen des Speicherkondensators CS nur für Bruchteile einer Sekunde möglich.

DRAM-Speicherzellen speichern den Logikzustand kapazitiv. Wegen unvermeidbarer Leckströme müssen DRAM-Zellen regelmäßig sowie insbesondere nach dem Auslesen wieder aufgefrischt werden (Refresh-Zyklus). Wegen der geringen Größe der Speicherzellen lassen sich mit DRAMs jedoch deutlich höhere Speicherdichten erreichen, als mit SRAMs.

Zum Einsparen von Anschlusspins werden die Zeilen- und Spaltenadressen den DRAM-Speicherbausteinen gemultiplext über einen n-Bit breiten Adressbus zugeführt. Zur Unterscheidung dienen die L-aktiven Signale nRAS (engl. Row Address Select) und nCAS (engl. Column Address Select). Bei einer byteweisen Organisation kann auf diese Weise z. B. mit einem 10-Bit-Adressbus eine Speicherkapazität von 2^{20} Byte also 1 MB erreicht werden. Die reguläre Ansteuerung erfolgt bei einem asynchron DRAM wie folgt (vgl. Bild 18.10):
- *Lesen*: Bei fallender Flanke von nRAS wird die Zeilenadresse in einem Zeilenpuffer zwischengespeichert. Durch einen L-Pegel auf dem Signal nOE müssen die Ausgangstreiber frei geschaltet werden. Anschließend wird nRAS wieder zurückgenommen und nachfolgend mit fallender Flanke von nCAS die Spaltenadresse im Spaltenpuffer gespeichert. Auf dem Datenbus erscheinen die neuen Daten nach

Lesen des DRAMs   Schreiben des DRAMs

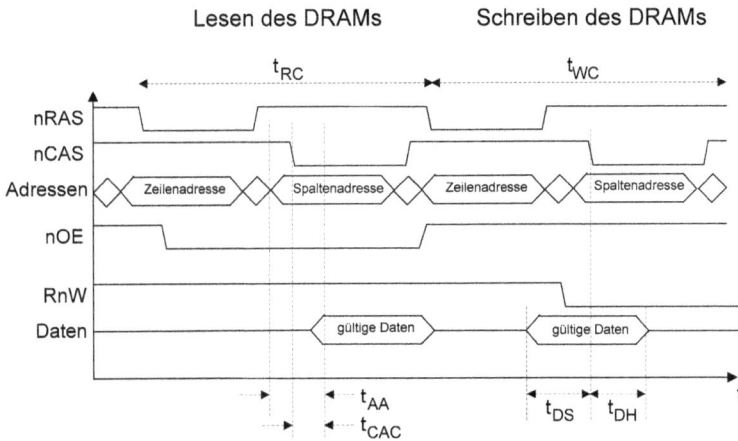

Bild 18.10: Schreib- und Lesezyklus bei einem asynchronen DRAM

dem Anlegen der Spaltenadresse um t_{AA} (address access time) bzw. nach Aktivierung von nCAS um t_{CAC} (column access time) verzögert. Die benötigte Mindestzeit für einen Lesezyklus ist t_{RC}.

– *Schreiben:* Die Adressierung erfolgt in gleicher Weise wie beim Lesen. Die einzulesenden Daten müssen für den Zeitraum zwischen t_{DS} und t_{DH} um die fallende Flanke von nCAS herum stabil sein. Die benötigte Mindestzeit für einen Schreibzyklus ist t_{WC}.

Durch das getrennte Anlegen von Zeilen- und Spaltenadresse ist es auch möglich, benachbarte Zellen schneller zu adressieren. Dazu wird im sogenannten Page-Modus für eine zuvor eingelesene gemeinsame Zeilenadresse nur die Spaltenadresse variiert und diese mit nCAS übernommen. Zur Initiierung eines Refresh-Zyklus werden die Signale nCAS und nRAS in geänderter Reihenfolge aktiviert (nOE auf H-Pegel):

– Beim extern initiierten RAS-only-Refresh (vgl. Bild 18.11a) wird eine komplette Zeile regeneriert, indem die Zeilenadresse angelegt wird und nur das nRAS-Signal für eine bestimmte Zeit auf L-Pegel gelegt wird.

– Mittlerweile werden DRAMs meist mit auf dem Chip integrierten Refresh-Controllern angeboten. Diese verwenden die im Normalbetrieb verbotene Signalfolge der Aktivierung von nCAS mit zeitweise überlappender Aktivierung von nRAS (vgl. Bild 18.11b). Das Auffrischen erfolgt in diesem Fall bei fallender Flanke von nRAS.

DRAM-Speicher werden als Hauptspeicher z. B. in älteren PCs eingesetzt. Mit den in den letzten Jahren erreichten enormen Verbesserungen der CPU-Taktfrequenz auf

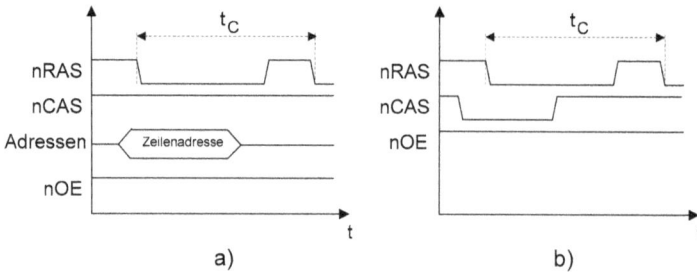

Bild 18.11: Wiederauffrischung bei asynchronem DRAM: RAS-only-Refresh a) und CAS-before-RAS-Refresh b)

mehr als 3 GHz konnte die maximal erreichbare Zugriffsfrequenz der DRAMs von 150…200 MHz allerdings nicht mithalten, sodass weitere Verbesserungen der DRAM-Architektur notwendig wurden.

18.4.3 SDRAM und DDR-RAM

Ähnlich wie bei synchronen SRAMs kann durch synchrone DRAMs (SDRAMs) der Datendurchsatz erheblich gesteigert werden. Dazu wird ein interner Speichertakt mit dem Takt des angeschlossenen Prozessors synchronisiert. Mit einem internen Spaltenadresszähler kann außerdem ein Burst-Modus aktiviert werden, bei dem eine vordefinierte Anzahl von Speicherzellen relativ zu einer Basisadresse automatisch adressiert wird. Bild 18.12 zeigt, dass die SDRAM-Speicher zwei Speicherbänke besitzen, auf die abwechselnd zugegriffen wird. Dies erlaubt einen schnellen Zugriff ohne die normalerweise erforderliche Erholungszeit zwischen zwei Zugriffen.

Weiterentwicklungen von SDRAM-Speichern sind Double-Data-Rate-SDRAMs (DDR-RAM). Bei DDR-RAM-Chips wird bei jeder Taktflanke immer die doppelte Datenmenge aus dem Speicher ausgelesen (engl. prefetch) und diese jeweils bei der H → L- und der L → H-Flanke übertragen. Dies erlaubt die Verdoppelung der Datenrate. Innerhalb des DDR-RAM-Bausteins befinden sich zwei Speicherbänke mit einer entsprechenden Spalten- und Zeilenselektion. Zusätzlich ist eine aufwendige Zugriffssteuerung erforderlich, die das Generieren der Zugriffssignale auf die einzelnen Speicherbänke übernimmt. DDR-RAM-Speicher erlauben Taktfrequenzen von bis zu 200 MHz, die Datenrate ist wegen des Zweiflankenprinzips jedoch doppelt so groß.

Die neuesten Entwicklungen führen zu DDR2- bzw. DDR3-RAM-Speichern, bei denen der Prefetch von jeweils vier bzw. acht Daten erfolgt, die alle während einer Taktperiode übertragen werden.

Der Einsatz von DDRx-RAMs zusammen mit FPGAs auf einem Board erfordert innerhalb des ansteuernden FPGAs den Einsatz von Taktsteuerungsmodulen (Digital Clock Manager, DCM vgl. Kapitel 13.1.2), die nicht nur den Oszillatortakt heraufset-

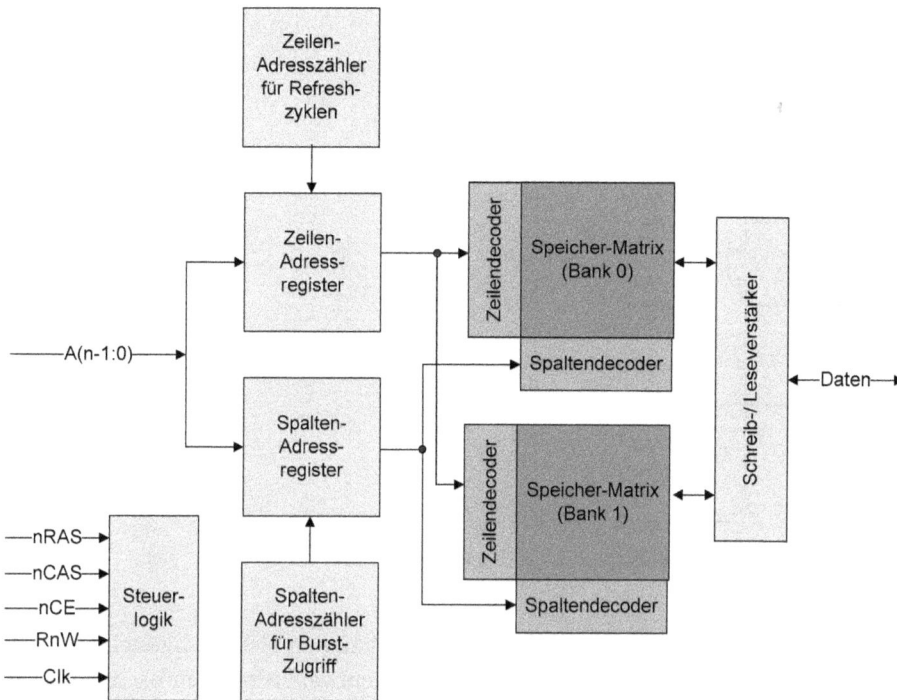

Bild 18.12: Struktur eines SDRAM-Speichers

zen, sondern auch für eine Phasenverschiebung des an den Speicherchip angelegten Taktes sorgen, womit die Daten des externen DDRx-RAMs taktsynchron eingelesen werden können. Wegen der hohen Taktfrequenzen werden an die Qualität des Board-Entwurfs höchste Anforderungen gestellt.

18.4.4 Modellierung von SRAM-Speichern in VHDL

Die am Ende von Kapitel 17.6 vorgestellte Realisierbarkeit kompletter Mikroprozessor-systeme auf programmierbaren FPGA-Chips (engl. Software Defined System on Chip, SDSoC) hat zu einem stark anwachsenden Bedarf von SRAM-Speichern auf den FPGAs geführt. Aber auch für andere Anwendungen besteht ein wachsender Bedarf an SRAM-Ressourcen.

Während in den älteren Familien von SRAM-basierten FPGAs dafür noch sehr viele LUT-Logikressourcen benötigt wurden, gibt es in den aktuell auf dem Markt befindlichen FPGAs spezielle Hardwarefunktionsblöcke, die bei der Fa. Xilinx als Block-RAM (BRAM) bezeichnet werden. Bild 18.13 zeigt, dass auf die Speicherzellen dieser Blöcke über zwei verschiedene Adress- und Daten-Ports (PortA und PortB) zugegriffen werden kann (Dual-Port-BRAM vgl. Kapitel 18.5). Bei Nutzung als SRAM Speicher wird

AddrA(n-1:0) ————
DIA(k-1:0) ————
ENA ————
WEA ————
ClkA ————

PortA

DOA(k-1:0)

AddrB(n-1:0) ————
DIB(k-1:0) ————
ENB ————
WEB ————
ClkB ————

PortB

DOB(k-1:0)

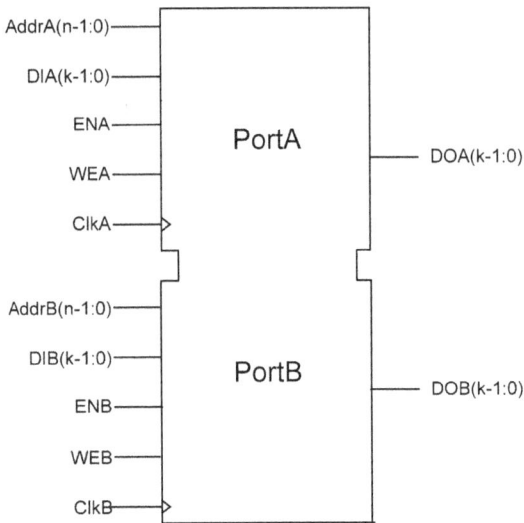

Bild 18.13: Schaltsymbol eines Xilinx-FPGA-Block-RAMs

jedoch nur der PortA verwendet. Im Unterschied zu den bisher vorgestellten RAMs besitzen BRAMs jedoch keinen gemeinsamen Datenbus. Vielmehr müssen die einzulesenden Daten auf dem Datenbus DI bereitgestellt werden und der Speicher schreibt auf den Datenbus DO.

> FPGA-basierter SRAM-Speicher lässt sich entweder durch auf dem FPGA verteilte LUT-Ressourcen (Distributed-RAM), oder aber durch Nutzung spezieller Block-RAMs (BRAM) realisieren. Da beim Distributed-RAM auf die vergleichsweise teuren kombinatorischen Logikressourcen zugegriffen wird, ist für größere SRAM-Speicher die Verwendung von BRAMs vorzuziehen.

Bei der Nutzung von BRAMs sind die folgenden Punkte zu berücksichtigen:
- Durch Angabe des RAM_STYLE Signalattributs kann festgelegt werden, ob für das RAM Block-RAM-Ressourcen (block) oder Standard-Slice-Ressourcen (distributed) verwendet werden.
- Die Adressen A und die zu schreibenden Daten DI werden taktsynchron ausgewertet.
- Die ausgelesenen Daten DO werden über Ausgangsregister des BRAMs geführt.

Die Modelle in Bild 18.14a und Bild 18.14b zeigen zusätzlich zwei unterschiedliche Konfigurationsmöglichkeiten von Xilinx-BRAMs, die mit unterschiedlichem VHDL-Code modelliert werden müssen [17]:
- Im Read-First-Modus (Bild 18.14a) erscheinen die gerade eingelesenen Daten DI nicht auf dem Ausgangsdatenbus DO.

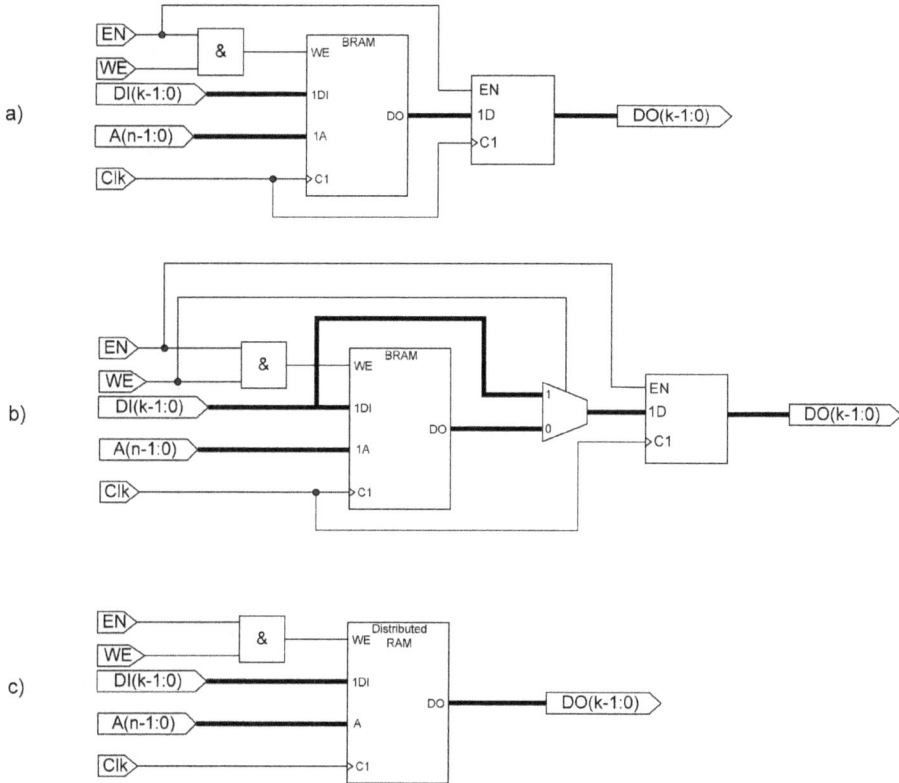

Bild 18.14: RAM-Modelle für Xilinx-FPGAs, a) Read-First-Modus mit BRAM, b) Write-First-Modus mit BRAM, c), asynchroner Lesezugriff bei einem Distributed-RAM

- Im Write-First-Modus (Bild 18.14b) werden die taktsynchron eingelesenen Daten auch auf dem Ausgangsdatenbus ausgegeben.

Bei der Implementierung mit Distributed-RAM (vgl. Bild 18.14c) werden nur die Eingangsdaten DI, nicht aber die Adresse taktsynchron ausgewertet, vielmehr ist ein asynchroner Lesezugriff möglich: Die Adressen und damit die Daten auf dem Ausgangsdatenbus können ohne Vorhandensein eines Taktes verändert werden. In Listing 18.2 werden die drei verschiedenen Implementierungsvarianten von RAMs vorgestellt:

- Mit dem Felddatentyp RAM_TYPE wird ein 256x16-Bit Speicher deklariert. Von diesem Datentyp existieren drei verschiedene Signalinstanzen (BRAM1, BRAM2 und DRAM). Die Daten zu den jeweils ersten 16 Speicheradressen (0x0...0xF), die im unsigned-Datenformat deklariert sind, werden wie im Quellcode angegeben initialisiert. Die anderen Daten werden mit 0x0000 initialisiert.

– Für die Signale BRAM1 und BRAM2 werden mithilfe des RAM_STYLE-Attributs Block-RAMs spezifiziert und das Signal DRAM wird durch Slice-Ressourcen gebildet.
– In drei Prozessen werden VHDL-Entwurfsmuster der Speichervarianten vorgestellt. Diese beschreiben die Ausgangssignale DOUT1, DOUT2 und DOUT3. In den Prozessen erfolgt ein indizierter Zugriff auf die Speicherzellen unter Zuhilfenahme der Konversionsfunktion to_integer().
– Die drei Prozesse unterscheiden sich durch die Wertzuweisung an das Datenausgangssignal beim lesenden Speicherzugriff.

Listing 18.2: VHDL-Modellierung von SRAM-Speichern

```
-- Implementierung von RAM-Varianten
------------------------------------
library ieee;
use ieee.std_logic_1164.all;
use numeric_std.all;
entity BRAMs is
    port( CLK: in bit;                              -- Takt
          EN: in bit;                               -- Freigabeeingang
          WE: in bit;                               -- Schreiben/Lesen
          ADDR: in unsigned(7 downto 0);            -- Adresse
          DIN: in std_logic_vector(15 downto 0);    -- Dateneingang
          DOUT1: out std_logic_vector(15 downto 0);-- Datenausgang
          DOUT2: out std_logic_vector(15 downto 0);-- Datenausgang
          DOUT3: out std_logic_vector(15 downto 0) -- Datenausgang
        );
end BRAMs;

architecture BEHAVE of BRAMs is

type RAM_TYPE is array (0 to 255) of std_logic_vector(15 downto 0);

signal BRAM1: RAM_TYPE:=
(-- Initialisierung einiger RAM Zellen
X"FFFF", X"FFFE", X"FFFD", X"FFFC", X"FFFB", X"FFFA", X"FFF9", X"FFF8",
X"FFF7", X"FFF6", X"FFF5", X"FFF4", X"FFF3", X"FFF2", X"FFF1", X"FFF0",
others => X"0000"
);
```

```
signal BRAM2: RAM_TYPE:=
(-- Initialisierung einiger RAM Zellen
X"FFFF", X"FFFE", X"FFFD", X"FFFC", X"FFFB", X"FFFA", X"FFF9", X"FFF8",
X"FFF7", X"FFF6", X"FFF5", X"FFF4", X"FFF3", X"FFF2", X"FFF1", X"FFF0",
others => X"0000"
);

signal DRAM: RAM_TYPE:=
(-- Initialisierung einiger RAM Zellen
X"FFFF", X"FFFE", X"FFFD", X"FFFC", X"FFFB", X"FFFA", X"FFF9", X"FFF8",
X"FFF7", X"FFF6", X"FFF5", X"FFF4", X"FFF3", X"FFF2", X"FFF1", X"FFF0",
others => X"0000"
);

attribute RAM_STYLE: string;
attribute RAM_STYLE of BRAM1: signal is "block";
attribute RAM_STYLE of BRAM2: signal is "block";
attribute RAM_STYLE of DRAM: signal is "distributed";

begin
-- Block-RAM im read first Modus
P1: process(CLK)
   begin
     if CLK'event and CLK='1' then
        if EN='1' then
           if WE='1' then
              BRAM1(to_integer(ADDR)) <= DIN after 5 ns;
           end if;
           DOUT1 <= BRAM1(to_integer(ADDR)) after 5 ns;
        end if;
     end if;
end process P1;

-- Block-RAM im write first Modus
P2: process(CLK)
   begin
     if CLK'event and CLK='1' then
        if EN='1' then
           if WE='1' then
              BRAM2(to_integer(ADDR)) <= DIN after 5 ns;
              DOUT2 <= DIN after 5 ns;
```

```
        else
            DOUT2 <= BRAM2(to_integer(ADDR)) after 5 ns;
        end if;
    end if;
  end if;
end process P2;


-- Verteiltes RAM mit asynchronem Lesezugriff
P3: process(CLK)
  begin
    if CLK'event and CLK='1' then
      if WE='1' then
          DRAM(to_integer(ADDR)) <= DIN after 5 ns;
      end if;
    end if;
end process P3;
DOUT3 <= DRAM(to_integer(ADDR)) after 5 ns;


end BEHAVE;
```

Bei der in Bild 18.15 dargestellten Simulation der drei Speichermodelle wird im Zeitbereich bis t = 100 ns der FPGA-Baustein zunächst initialisiert (vgl. Kapitel 13.2.4). In
dieser Zeit liegt noch kein Takt an. Danach werden im Zeitbereich t = 100 ... 400 ns
die jeweils ersten drei initialisierten Zellen der Speicher ausgelesen. Im Zeitbereich
t = 400 ... 700 ns werden diese Zellen mit den Werten 0x0000, 0x0001 und 0x0002
überschrieben. Abschließend werden diese Zellen im Zeitbereich t = 700 ... 1000 ns
wieder ausgelesen.

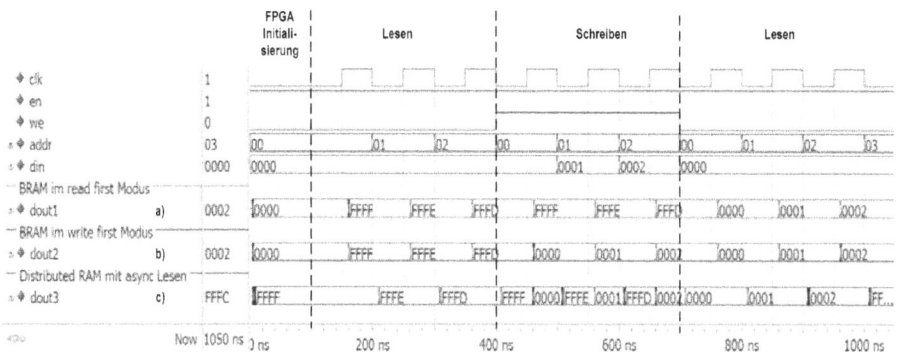

Bild 18.15: Post-Implementation-Timing-Simulationen von SRAM-Modellen: Read-First-Modus a),
Write-First-Modus b) und asynchroner Lesezugriff c)

Das hier dargestellte Simulationsergebnis der FPGA-Implementierung (Post-Implementation-Timing-Simulation) zeigt das gewünschte Verhalten nur, wenn die FPGA-Initialisierungsphase von ca. 100 ns abgewartet wird:

– Im Read-First-Modus a) erscheinen die Daten des Eingangsbusses DIN überhaupt nicht auf dem Ausgangsbus DOUT1, sondern immer die internen Daten des Speichers. Durch die Register im Adresseingang und im Datenausgang erscheint der erste gültige Wert 0xFFFF auf dem Datenausgangsbus erst nach der ersten steigenden Flanke (t = 150 ns).

– Das Verhalten im Write-First-Modus b) unterscheidet sich vom Read-First-Modus nur während des Schreibens. Hier wird der jeweils gerade gespeicherte Zelleninhalt auch auf den Ausgangsdatenbus DOUT2 gelegt.

– Ein asynchroner Lesezugriff ist nur bei einem Distributed-RAM c) möglich. Dabei ändert sich das Ausgangssignal DOUT3 entweder sofort nach Änderung der Adresse (t = 200...400 ns) oder aber nach taktsynchroner Abspeicherung eines neuen Datums (t = 400...700 ns).

18.5 FIFO-Speicher

Hauptvertreter der Klasse von Speichern mit seriellem Zugriff ist das FIFO (engl. First In First Out). Das dabei verwendete Prinzip ähnelt dem eines Schieberegisters: Die in den Eingang hineingeschobenen Daten müssen am Ausgang in der gleichen Reihenfolge wieder entnommen werden. Im Unterschied zum Schieberegister werden die Daten allerdings nicht von einer Speicherstelle zur nächsten verschoben und zum Auslesen eines einmal geschriebenen Datums ist auch keine feste Anzahl von Takten erforderlich. Stattdessen definiert die lesende Anwendung mit einem Freigabesignal selbst, wann die Daten ausgelesen werden sollen. Bei vielen FIFOs können Schreib- und Lesetakt auch unterschiedlich sein.

FIFOs dienen als Warteschlangen, sie werden als Zwischenspeicher verwendet, wenn z. B. ein Datenstrom mit einem Takt WrClk geschrieben wird, die Daten aber in einer anderen Taktdomäne, die mit RdClk betrieben wird, gelesen werden sollen. Damit es nicht zum versehentlichen Überschreiben von Informationen kommt, besitzen FIFOs eine Füllstandsanzeige, die dem schreibenden Prozess signalisiert, wenn der FIFO voll ist, und dem lesenden Prozess, wenn der FIFO leer ist.

Grundlage derartiger Speicherstrukturen können Dual-Port-RAMs mit den Ports PortA und PortB sein (vgl. Bild 18.13). Deren Speicherzelle ist in Bild 18.16 dargestellt. Der Kern dieser Zelle ist die aus den Transistoren T1...T6 bestehende, über PortA angesteuerte 6-T-Speicherzelle aus Bild 18.6. Zusätzlich enthält die Zelle jedoch zwei Schalttransistoren T7 und T8, die vom PortB aktiviert werden: Die Bitleitungen BitB bzw. $\overline{\text{BitB}}$ liegen am Source-Anschluss und die Gate-Anschlüsse werden von der Adressauswahlleitung AdresseB aktiviert.

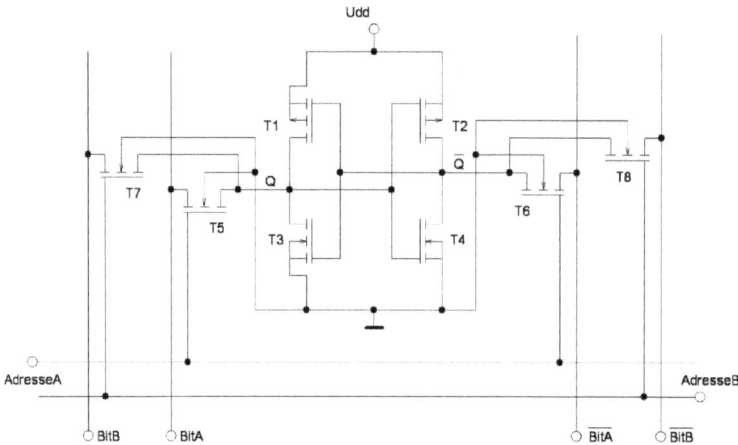

Bild 18.16: Struktur einer Dual-Port-SRAM-Speicherzelle

Die Arbeitsweise eines FIFOs mit Dual-Port-RAM lässt sich anhand des in Bild 18.17 dargestellten Ringspeichermodells mit 16 Adressen erläutern:
- Ein Schreibzeiger adressiert die Speicherzelle, in die das nächste Datum zu schreiben ist.
- Ein Lesezeiger adressiert die Speicherzelle, von der das nächste Datum ausgelesen werden soll.

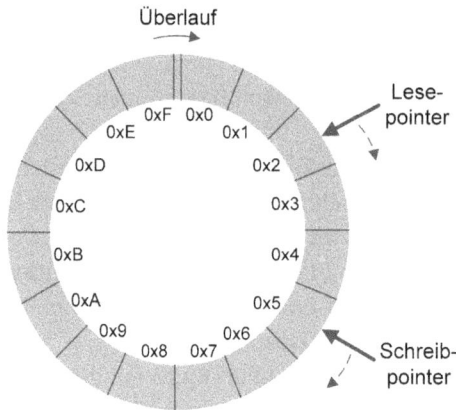

Bild 18.17: Modellierung eines FIFOs mit einer Tiefe von 16 Elementen als Ringspeicher

Wie ein derartiger Ringspeicher mit einem Dual-Port-BRAM, zwei Adresszählern und einer Auswertelogik aufgebaut werden kann, ist in Bild 18.18 dargestellt. Die Funktion kann wie folgt beschrieben werden:

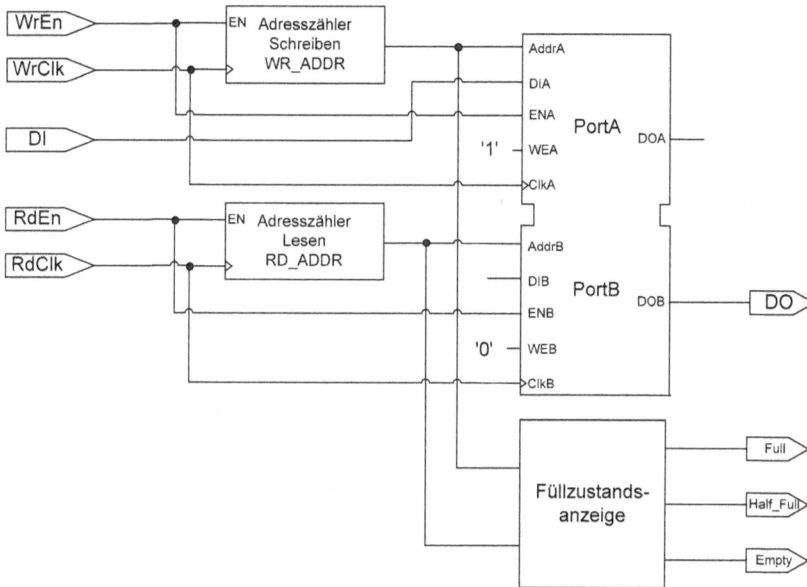

Bild 18.18: Aufbau eines FIFOs mit einem Dual-Port-Block-RAM

- Schreiben des FIFOs über PortA:
    - Ein zyklisch inkrementierender Adresszähler WR_ADDR dient als Schreibzeiger. Er zeigt auf die nächste freie Speicherzelle und wird mit dem Takt WrClk inkrementiert, sofern das Schreibfreigabesignal WrEn gesetzt ist.
    - Der FIFO-Dateneingang liegt am BRAM-Eingang DIA, dieser Eingang ist immer zum Schreiben freigegeben (WEA = 1). Der Datenausgang DOA wird nicht verwendet.
    - Das Schreibfreigabesignal WrEn liegt auch am Freigabeeingang ENA des PortA.
- Lesen des FIFOs über PortB:
    - Ein zweiter Adresszähler RD_ADDR dient als Lesezeiger. Er zeigt auf die nächste auszulesende Speicherzelle und wird mit dem Takt RdClk inkrementiert, sofern das Lesefreigabesignal RdEn gesetzt ist.
    - Der FIFO-Datenausgang ist mit dem BRAM-Datenausgang DOB verbunden. Der Dateneingang DIB wird nicht verwendet, daher ist WEB = 0.
    - Das Lesefreigabesignal RdEn liegt auch am Freigabeeingang ENB des PortB.
- Die Füllzustandsanzeige in Bild 18.18 wertet die Schreib- und Leseadressen kombinatorisch aus. Bild 18.17 zeigt, dass im Normalbetrieb der Lesezeiger kleiner als der Schreibzeiger sein muss:
    - Das Empty-Signal wird gesetzt, wenn die Leseadresse gleich der Schreibadresse ist.

- Das Full-Signal wird gesetzt, wenn die Adressdifferenz WR_ADDR – RD_ADDR gleich der Anzahl der FIFO-Speicherelemente minus 1 wird. Bei Verwendung einer vorzeichenlosen Binärarithmetik wird diese Differenz auch dann korrekt ausgewertet, wenn der Schreibzähler übergelaufen ist, der Lesezähler jedoch noch nicht.
- Das Half_Full-Signal wird gesetzt, wenn die Adressdifferenz gleich der Hälfte der FIFO-Speicherelemente ist.

Ein Überlauf bzw. ein Leerlauf des FIFOs kann nur dann vermieden werden, wenn die mittleren Datenraten beim Schreiben und Lesen gleich sind. Die Füllzustandssignale können zur Beeinflussung der Datenraten der Quelle und Senke verwendet werden. Die größte Pufferkapazität für dynamische Schreib- und Leseschwankungen besitzt ein halb gefülltes FIFO.

T **Tipp:** Der Betrieb eines FIFOs mit unterschiedlichen Schreib- und Lesetakten ist in der Praxis aufwendiger, als es die einfache Blockdarstellung in Bild 18.18 erscheinen lässt: Das FULL-Signal wird zur Unterbrechung des schreibenden Datenstroms in der WrClk-Taktdomäne benötigt. Das EMPTY-Signal unterbricht hingegen den lesenden Datenstrom in der RdClk-Taktdomäne. Da die FULL- und EMPTY-Signale aus der Differenz beider Adresszähler gebildet werden, kommt es jeweils beim Löschen der Statussignale zu einer Signalübertragung zwischen den beiden asynchronen Taktdomänen.

Zur Vermeidung metastabiler Zustände ist es erforderlich, dass die Signale gemäß den Vorgaben des Kapitel 17.3 synchronisiert werden. Um zu verhindern, dass nicht versehentlich Hazards synchronisiert werden, sollten die binären Zählwerte in einschrittige Gray-Code-Werte konvertiert werden, bevor diese in die jeweils andere Taktdomäne einsynchronisert werden. Dort erfolgt eine Rückkonversion in den Binärcode und die zur Bildung der Statussignale erforderliche Differenzbildung der nun wieder binären Adresszähler. Um diesen Zusatzaufwand zu vermeiden, können alternativ aber auch Gray-Code-Zähler verwendet werden.

Weiterhin zu beachten ist der Effekt, den das Einfügen von Synchronisations-Flipflops hat: Der FULL- bzw. EMPTY-Füllzustand muss quasi vorausschauend definiert werden, denn es können sich noch bis zu zwei auszuwertende BRAM-Adressen in der Pipeline befinden, bevor der Schreib- bzw. Leseprozess gestoppt werden darf. Weitere Details zum Aufbau derartiger FIFOs finden sich z. B. in [55] und [56]. ■

VHDL-Modellierung eines Dual-Port-Block-RAMs
Die in Xilinx-FPGAs verwendeten Dual-Port-Block-RAMs können in VHDL mit jeweils einem individuellen Prozess für die beiden Ports modelliert werden. Das Beispiel in Listing 18.3 zeigt ein Beispiel, in dem mit unterschiedlichen Takten auf den PortA schreibend und auf den PortB lesend zugegriffen wird. Dies erfordert zwei Prozesse P1 und P2, die aber beide auf das gleiche 64x16-Bit-RAM zugreifen.

Listing 18.3: VHDL-Modell eines Dual-Port-BRAMs. Mit unterschiedlichen Takten CLKA bzw. CLKB wird auf PortA schreibend und auf PortB lesend zugegriffen

```vhdl
-- Dual-Port Block RAM mit unterschiedlichen Takten
library ieee;
use ieee.std_logic_1164.all;
use ieee.numeric_std.all;

entity DPRAM is
port (CLKA : in bit;
    CLKB : in bit;
    WEA : in bit;
    ADDRA : in unsigned(5 downto 0);
    ADDRB : in unsigned(5 downto 0);
    DIA : in std_logic_vector(15 downto 0);
    DOB : out std_logic_vector(15 downto 0)
);
end DPRAM;

architecture RTL of DPRAM is
type RAM_TYPE is array (63 downto 0) of std_logic_vector (15 downto 0);
signal RAM : RAM_TYPE;

begin
-- Schreiben auf PortA
P1: process (CLKA)
begin
    if (CLKA'event and CLKA = '1') then
        if (WEA = '1') then
            RAM(to_integer(ADDRA)) <= DIA;
        end if;
    end if;
end process P1;


-- Lesen von PortB
P2: process (CLKB)
begin
    if (CLKB'event and CLKB = '1') then
        DOB <= RAM(to_integer(ADDRB));
    end if;
end process P2;
end RTL;
```

Die Ansteuerung des Dual-Port-RAMs erfolgt mit der in Listing 18.4 vorgestellten Testbench, in der die Portsignale der am Ende des Listings instanziierten Dual-Port-RAM-Komponente DUT als lokale Signale definiert sind. Für die Post-Implementation-Timing-Simulation des im FPGA implementierten Dual-Port-RAMs ist es besonders wichtig, dass die Taktsignale erst dann angelegt werden, wenn die in dieser Timing-Simulation automatisch mit berücksichtigte Initialisierung nach dem Einschalten (Power-On) des FPGAs abgeschlossen ist. Als sichere Faustregel kann dafür eine Zeit von 100 ns angenommen werden. Daher werden die Initialisierungs-Flags INIT_A und INIT_B in den Testbench-Prozessen erst nach dieser Zeit zurückgenommen.

Listing 18.4: Testbench zur Ansteuerung des Dual-Port-RAMs aus Listing 18.3

```vhdl
library ieee;
use ieee.std_logic_1164.all;
use ieee.numeric_std.all;

entity DPRAM_TB is
end DPRAM_TB;

architecture TB of DPRAM_TB is
signal CLKA, CLKB, WEA : bit;
signal ADDRA : unsigned(5 downto 0):=(others=>'0');
signal ADDRB : unsigned(5 downto 0):=(others=>'0');
signal DIA : std_logic_vector(15 downto 0):=(others=>'1');
signal DOB : std_logic_vector(15 downto 0);
signal INIT_A : boolean := true; -- Flag initialisieren
signal INIT_B : boolean := true; -- Flag initialisieren

begin
P1: process   -- PortA 33 MHz Taktgenerator
begin
   if INIT_A then
      wait for 100 ns; -- Initialisierung abwarten
      INIT_A <= false; -- Flag zurück setzen
   end if;
   CLKA <= '0'; wait for 15.1515 ns;
   CLKA <= '1'; wait for 15.1515 ns;
end process P1;

P2: process   -- PortB 10 MHz Taktgenerator
begin
   if INIT_B then
```

```
        wait for 100 ns; -- Initialisierung abwarten
        INIT_B <= false; -- Flag zurück setzen
    end if;
    CLKB <= '0'; wait for 50 ns;
    CLKB <= '1'; wait for 50 ns;
end process P2;


P3: process(CLKA) -- Adressen und Daten PortA
begin
    if (CLKA'event and CLKA = '0') then
        ADDRA <= ADDRA + 1;
        DIA <= std_logic_vector(unsigned(DIA) - 1);
    end if;
end process P3;


WEA <= '1';
P4: process(CLKB) -- Adressen PortB
begin
    if (CLKB'event and CLKB = '0') then
        ADDRB <= ADDRB +1;
    end if;
end process P4;


DUT: use entity work.DPRAM
     port map(CLKA, CLKB, WEA, ADDRA, ADDRB, DIA, DOB);
end TB;
```

Die Eingangsportsignale für das Dual-Port-RAM werden durch wait for-Anweisungen in den Prozessen P1 und P2 bzw. durch Flankenabfragen in den Prozessen P3 und P4 generiert:
- In P1 wird ein 33-MHz-Taktsignal CLKA für den Schreibport PortA definiert. Das Signal INIT_A dient dazu, die FPGA-Initialisierungsphase abzuwarten.
- In P2 wird ein 10-MHz-Taktsignal CLKB für den Leseport PortB definiert. Das Signal INIT_B hat eine ähnliche Funktion wie INIT_A.
- Der von CLKA abhängige Prozess P3 generiert bei fallender Flanke die Adress- und Datensignale für den Schreibport. Das für diesen Port erforderliche Schreibfreigabesignal WEA wird in einer nebenläufigen Anweisung konstant auf 1 gelegt. Zur Generierung exemplarischer Daten wird das Zählersignal DIA mit 0xFFFF initialisiert und unter Verwendung des Datentyps unsigned taktsynchron dekrementiert.
- Der von CLKB abhängige Prozess P4 generiert bei fallender Flanke das Adresssignal für den Leseport.

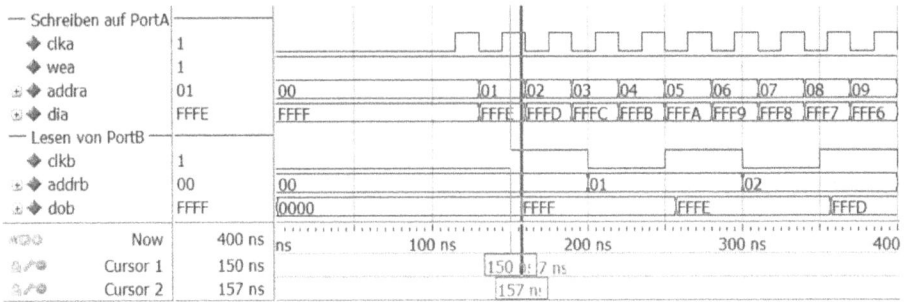

Bild 18.19: VHDL-Simulation eines Dual-Port-BRAMs mit einem Schreibtakt von 33 MHz und einem Lesetakt von 10 MHz

In der in Bild 18.19 dargestellten Post-Implementation-Timing-Simulation für das Dual-Port-RAM in einem FPGA der Fa. Xilinx erkennt man nach der Power-On-Initialisierung:

- Das Schreiben erfolgt mit einem Takt von 33 MHz bei steigender Flanke über den PortA.
- Das Lesen geschieht mit einem Takt von 10 MHz, ebenfalls bei steigender Flanke über den PortB mit einer Signalverzögerung von 7 ns zum Ausgang DOB.
- Trotz unterschiedlicher Takte lassen sich die gleichen Speicherzellen über die unterschiedlichen Adressbusse ADDRA und ADDRB getrennt adressieren.

18.6 Speichererweiterung

In den meisten Mikroprozessorsystemen werden mehrere Speicherbausteine eingesetzt, wobei der Adressbereich insbesondere bei eingebetteten Systemen (engl. embedded systems) auch sehr inhomogen zusammengesetzt sein kann: (E)EPROMs für den unveränderlichen Teil des Programms (engl. kernel program) bzw. für das initiale Programm zum Laden des Betriebssystems (Boot-Programm), SRAMs als schneller Zwischenspeicher (z. B. als Cache) und DRAMs als Hauptspeicher für die veränderlichen Programmdaten. Bei der Speichererweiterung wird zwischen Parallel- und Speicherkapazitätserweiterung unterschieden.

Parallelerweiterung

Dies bedeutet die Verbreiterung der Wortbreite bei gleicher Ansteuerung aller Speicherbausteine. Ein Beispiel zeigt Bild 18.20. Dort wird ein 2k × 32-Speicherbereich auf vier 2k×8-Speicherbausteine aufgeteilt. Der 32 Bit breite bidirektionale Datenbus wird in vier 8-Bit-Teildatenbusse aufgespalten.

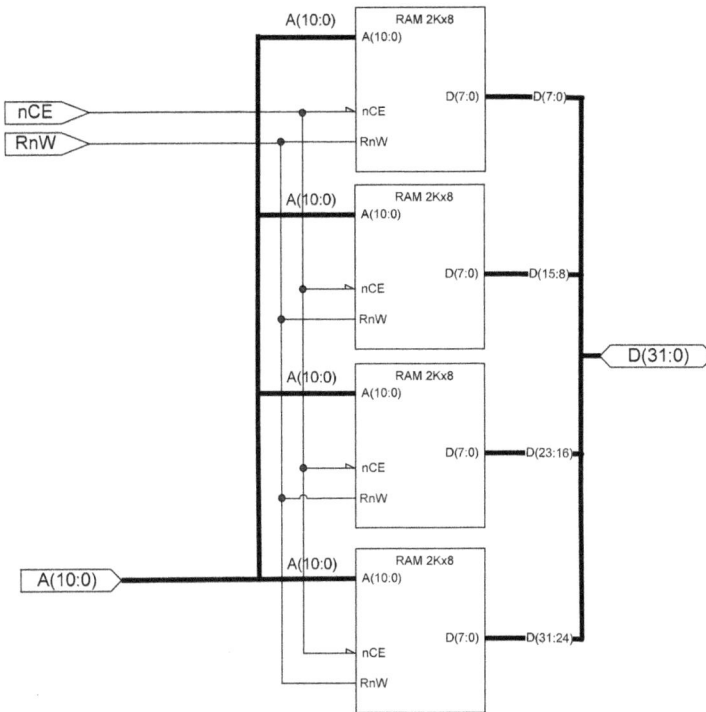

Bild 18.20: Parallelerweiterung innerhalb eines 2k × 32-RAM-Speicherbereichs durch Nutzung von vier 2k × 8-Speicherbausteinen

Speicherkapazitätserweiterung

Hier erfolgt die Aufteilung des Adressraums in Teilbereiche so, dass verschiedene Speicherbausteine aktiviert werden. Ein Beispiel zeigt Bild 18.21. Bei der dort dargestellten Volldecodierung in einem 16 Bit byteadressierbaren Adressraum werden drei RAM- und ein ROM-Speicher mit jeweils 2k × 8 Bit verwendet. Diese werden alle mit den niederwertigen Adressbits A(10:0) adressiert. Die L-aktiven Freigabesignale nCE der einzelnen Speicherbausteine werden über einen 2-zu-4-Decoder generiert. Um die in Tabelle 18.1 dargestellte Speicherbelegung (engl. memory map) zu erreichen, müssen die Adresssignale A11 und A12 decodiert werden.

Die vollständige Decodierung erfordert zusätzlich ein ODER-Gatter, dessen Eingänge mit den Adresssignalen A15, A14 und A13 belegt werden. Durch Anschluss des Gatterausgangs an den L-aktiven Freigabeeingang des Decoders wird erreicht, dass bei einer versehentlichen Adressierung im nichtverwendeten Adressbereich oberhalb der Adresse 0x1FFF keiner der Speicherbausteine aktiviert wird. Beim Konzept der Teildecodierung wird auf dieses Gatter verzichtet, die Adresssignal A15, A14 und A13 werden als Don't-Care betrachtet und jede Speicherzelle lässt sich unter $2^3 = 8$ verschiedenen Adressen ansprechen.

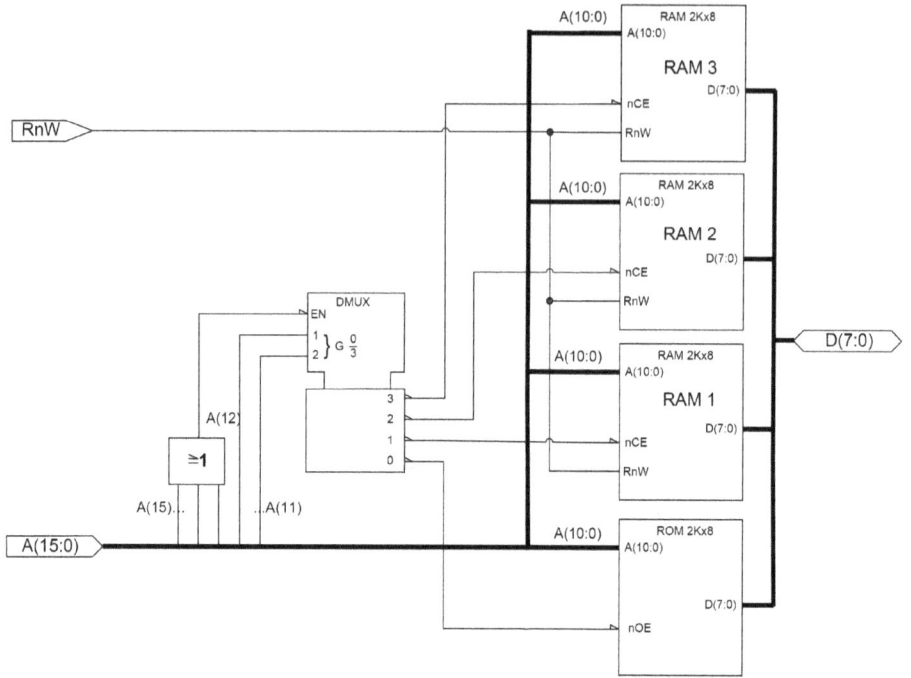

Bild 18.21: Prinzip der Volldecodierung bei einem 16-Bit-Adressraum, der mit 2 kB ROM und 6 kB RAM bestückt ist

Tab. 18.1: Speicherbelegung für das in Bild 18.21 dargestellte Konzept der Volldecodierung. Die Pfeile kennzeichnen die Adressbits, die als Auswahlsignale für den Decoder verwendet werden

Baustein	Adress-bereich	Binäradresse											
		15 14 13 12	11 10 9 8	7 6 5 4	3 2 1 0							
ROM	0x0000	0 0 0 0	0 0 0 0	0 0 0 0	0 0 0 0							
	0x07FF	0 0 0 0	0 1 1 1	1 1 1 1	1 1 1 1							
RAM 1	0x0800	0 0 0 0	1 0 0 0	0 0 0 0	0 0 0 0							
	0x0FFF	0 0 0 0	1 1 1 1	1 1 1 1	1 1 1 1							
RAM 2	0x1000	0 0 0 1	0 0 0 0	0 0 0 0	0 0 0 0							
	0x17FF	0 0 0 1	0 1 1 1	1 1 1 1	1 1 1 1							
RAM 3	0x1800	0 0 0 1	1 0 0 0	0 0 0 0	0 0 0 0							
	0x1FFF	0 0 0 1	1 1 1 1	1 1 1 1	1 1 1 1							
nicht	0x2000	0 0 1 0	0 0 0 0	0 0 0 0	0 0 0 0							
verwendet	0xFFFF	1 1 1 1	1 1 1 1	1 1 1 1	1 1 1 1							

↑ ↑
Decodereingänge

Tab. 18.2: Speicherbelegung für das Konzept der linearen Decodierung eines 64-kB-Adressraums mit vier 2-kB-Speichern. Die einzelnen Speicherbausteine werden mit den Adressleitungen A11 ... A14 direkt selektiert

Baustein	Adress-bereich	15	14	13	12	11	10	9	8	7	6	5	4	3	2	1	0
ROM	0x0000	x	0	0	0	1	0	0	0	0	0	0	0	0	0	0	0
	0x07FF	x	0	0	0	1	1	1	1	1	1	1	1	1	1	1	1
RAM 1	0x1000	x	0	0	1	0	0	0	0	0	0	0	0	0	0	0	0
	0x17FF	x	0	0	1	0	1	1	1	1	1	1	1	1	1	1	1
RAM 2	0x2000	x	0	1	0	0	0	0	0	0	0	0	0	0	0	0	0
	0x27FF	x	0	1	0	0	1	1	1	1	1	1	1	1	1	1	1
RAM 3	0x4000	x	1	0	0	0	0	0	0	0	0	0	0	0	0	0	0
	0x47FF	x	1	0	0	0	1	1	1	1	1	1	1	1	1	1	1

Spaltenüberschrift Binäradresse.

Beim Konzept der linearen Decodierung eines 8-kB-Speicherbereichs werden die oberen Adressleitungen A14 ... A11 über einen Inverter an die L-aktiven Freigabeeingänge der Speicherbausteine gelegt. Ein Adressdecoder wird nicht verwendet. Die daraus resultierende Speicherbelegung zeigt Tabelle 18.2. Die Adressleitung A15 wird nicht verwendet, könnte aber für einen weiteren 2-kB-Speicher genutzt werden. Die Tabelle 18.2 verdeutlicht, dass das Konzept der linearen Decodierung den zur Verfügung stehenden Adressraum sehr ineffektiv nutzt, da dieser wegen der fünf freien Adressleitungen nur mit maximal fünf 2-kB-Speicherbausteinen bestückt werden kann.

18.7 Vertiefende Aufgaben

Aufgabe 18.1: Beantworten Sie die folgenden Verständnisfragen:
a) Beschreiben Sie den Unterschied zwischen RAMs, ROMs und PROMs?
b) Was bedeutet „Maskenprogrammierung"?
c) Welche Eigenschaften hat ein FAMOS-Transistor?
d) Worin besteht der Unterschied zwischen EPROMs, EEPROMS und Flash-EEPROMs?
e) Mit welchen Syntaxkonstrukten wird in VHDL eine ROM-Struktur modelliert?
f) Welches ist der charakteristische Unterschied beim inneren Aufbau von SRAMs und DRAMs?
g) Welche Hardwarevoraussetzungen muss ein RAM-Speicher besitzen, damit ein Adress-Pipelining durchgeführt werden kann?
h) Wie wird ein asynchroner DRAM-Baustein angesteuert?

i)   Welche Eigenschaften hat ein Dual-Port-RAM?

j)   Welche im Vergleich zu einem Standard-SDRAM zusätzlichen Bauelemente sind zum Betrieb eines DDR-RAMs erforderlich?

k)   Zeichnen Sie das Schaltsymbol eines FPGA-Block-RAMs mit allen Ein- und Ausgängen.

l)   Welche zusätzlichen Bauelemente benötigen Sie, um mit einem FPGA-Block-RAM eine FIFO-Struktur aufzubauen?   ∎

A **Aufgabe 18.2:** In einem byteadressierbaren 64-kB-Adressraum werden acht 8-kB-RAM-Speicher RAM_0 ... RAM_7 durch einen Mikroprozessor angesteuert.

a)   Welche Art von Baustein benötigen Sie, wenn Sie eine vollständige Decodierung durchführen wollen?

b)   Zeichnen Sie die Schaltung des kompletten Systems mit Mikroprozessor.

c)   In welchem der Speicherbausteine befindet sich das Datum mit der Adresse 0xAF-FE?   ∎

A **Aufgabe 18.3:** In einem byteadressierbaren 64-kB-Adressraum sollen an der Basis-adresse 0x0000 ein 4-kB-ROM und direkt anschließend zwei RAMs mit einer Speicherkapazität von 2 kB sowie ein 8-kB-RAM aufgebaut werden.

a)   Bestimmen Sie in einem Konzept mit Volldecodierung für die vier Bausteine jeweils die Anfangs- und Endadresse.

b)   Die Adressdecodierung soll mit einem 3-zu-8-Decoder 74x138 erfolgen (vgl. Kapitel 11.3). Welche Adressleitungen müssen Sie als Selektionssignal und welche für das Freigabesignal des Decoders verwenden?

c)   Zeichnen Sie ein Schaltnetz, welches die Decoder-Ausgänge zu L-aktiven Freiga-besignalen für die vier Speicherbausteine verknüpft.   ∎

A **Aufgabe 18.4:** In einem eingebetteten System mit 2^{32}-Bit-Adressraum soll ein Ethernet-Hardwareinterface angeschlossen werden, welches 16 Byte-adressierbare Register besitzt. Der Zugriff auf diese Register erfolgt „Memory-Mapped" über die teildecodierte Basisadresse 0x406AC770.

a)   Zeichnen Sie die zugehörige Dekodierlogik. Zur Verfügung stehen UND- und ODER-Gatter mit vier Eingängen.

b)   Die Ethernet-Datenübertragung erfordert eine hohe Datenübertragungsgeschwindigkeit. Schlagen Sie eine andere Basisadresse vor, mit der eine schnellere Auswahl des Ethernet-Interfaces möglich ist.   ∎

A **Aufgabe 18.5:** Entwerfen Sie das synthesefähige VHDL-Modell eines FPGA-basierten Block-RAM-Speichers im Write-First-Modus mit einer Kapazität von 1k × 32. Mit einer Testbench sollen zunächst, beginnend ab Adresse 0x200, die Dezimalzahlen 0...50 geschrieben werden. Anschließend sollen die Inhalte dieser Adressen wieder ausgelesen werden.   ∎

Aufgabe 18.6: a) Entwerfen Sie das vollständige VHDL-Modell eines FIFOs mit einer Tiefe von 16 Byte unter Verwendung eines Block-RAMs. Das FIFO soll die in Bild 18.18 angegebenen Füllzustandssignale generieren.

b) Entwerfen Sie eine VHDL-Testbench mit einem 100-MHz-Schreibtakt und einem 27-MHz-Lesetakt und sorgen Sie dafür, dass der FIFO nicht überläuft (VHDL-Simulation).

c) Tauschen Sie die Taktfrequenzen von Schreib- und Leseport und verifizieren Sie durch eine VHDL-Simulation, dass das Auslesen gestoppt wird, wenn der FIFO leer ist. ■

19 Programmierbare Logik

19.1 Lernziele

Nach Durcharbeiten dieses Kapitels sollen Sie:
- die unterschiedlichen Architekturen zur Programmierung digitaler Hardware klassifizieren können,
- den strukturellen Unterschiede von PROMs, PLAs und PALs verstanden haben,
- die typische Struktur von PAL- und PLA-Ausgangszellen kennen,
- wissen, wie ein CPLD aufgebaut ist,
- und wissen, wie sich CPLDs von FPGAs (vgl. Kapitel 13.1) unterscheiden.

19.2 PLD-Architekturen

Schon seit vielen Jahren werden zum Aufbau digitaler Systeme neben anwendungsspezifischen integrierten Schaltungen (engl. Application Specific Integrated Circuits, ASICs) (re)programmierbare Digitalbausteine (engl. Programmable Logic Devices, PLDs) verwendet. In modernen digitalen Systemen wird darin die früher in vielen Einzelgattern der 74xx-Baureihe realisierte Logik abgebildet. Diese Logikfamilie wurde bereits in den 1960er-Jahren von der Fa. Texas-Instruments auf dem Markt etabliert und die Kenntnis der Zuordnung der Chip-Funktionalität zu den zwei- bis dreistelligen Nummern xx, war eine der Kompetenzen von Schaltungsentwicklern, ähnlich wie es heute die VHDL-Entwurfsmuster sind, mit denen eine spezielle Logikfunktionalität realisiert werden kann. Die Integration vielfältigster Logikfunktionen innerhalb eines PLDs bringt Vorteile für:
- eine hohe Schaltgeschwindigkeit durch kurze Verdrahtungen innerhalb des PLDs,
- eine höhere Zuverlässigkeit, da defektanfällige Leitungsverbindungen und Lötpunkte auf dem Board entfallen,
- eine zunehmende Miniaturisierung der Produkte,
- sowie eine reduzierte Stromaufnahme bzw. Verlustleistung

Weitere Gründe für einen umfassenden Einsatz programmierbarer digitaler Hardware sind:
- Mit modernen PLDs lassen sich digitale Systeme mit bis zu mehreren Millionen Gatteräquivalenten[1] aufbauen.

---

[1] Als Gatteräquivalent wird üblicherweise ein 2-fach-NAND betrachtet, welches in CMOS-Logik aus vier Transistoren besteht [20]. Bei FPGAs wird ein direkter Vergleich der Logikkapazität allerdings durch unterschiedliche Bewertungsmaßstäbe der Hersteller erschwert.

https://doi.org/10.1515/9783110706970-019

- Durch den Einsatz von Hardwarebeschreibungssprachen und rechnergestütz-ten Entwurfswerkzeugen lassen sich die Entwicklungszyklen deutlich verkürzen (engl. time to market).
- Eine Reprogrammierbarkeit bei den meisten PLD-Architekturen erlaubt eine Senkung der Hardwarekosten während der Entwicklung.
- Bei hochkomplexen Systemen mit kundenspezifischen ASICs als Zielhardware besteht die Möglichkeit, dem Kunden bereits frühzeitig zunächst PLD-basierte Muster zur Verfügung zu stellen, damit diese in der Anwendungsumgebung getestet werden können. Dies kann teure Nachentwicklungen (engl. redesign) bei ASICs ersparen.

Bild 19.1 zeigt die verschiedenen Hardwarearchitekturen von PLDs. Diese, aus [20] übernommene Klassifizierung wird in der Literatur leider nicht durchgängig verwendet. Vielmehr verwenden einige PLD-Hersteller aus Marketinggründen teilweise eine abweichende Notation. Insbesondere die Bausteinklasse SPLD (Simple PLD) wurde erst später definiert, um die einfachen PROM, PLA- und PAL-Strukturen von den erst später am Markt erschienenen, weitaus komplexeren CPLDs unterscheiden zu können. Tabelle 19.1 fasst die wesentlichen Eigenschaften der verschiedenen PLD-Architekturen zusammen.

In den nachfolgenden Kapiteln wird der Schwerpunkt auf eine symbolische Darstellung der Hardwarefunktionen gelegt. Erläuterungen zur technologischen Realisierung findet der Leser z. B. in [1] oder [20] bzw. in den Datenblättern der Hersteller z. B. [35–37, 39, 67].

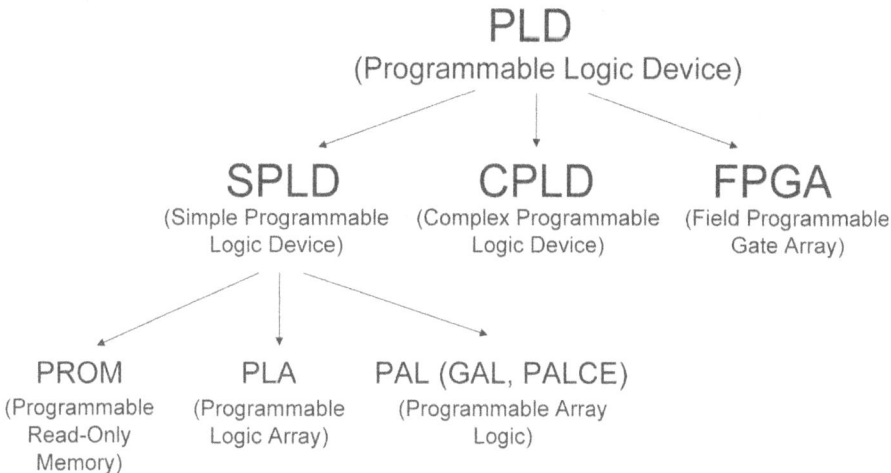

Bild 19.1: Klassifizierung der Hardwarearchitekturen von PLDs

Tab. 19.1: Programmierbare Speicher- und Logikbausteine

SPLD	**PROM**	UND-ODER-Matrixstruktur; nur die ODER-Matrix ist programmierbar, eine Minimierung bringt keine Vorteile.
	PLA	UND-ODER-Matrixstruktur; beide Matrizen sind programmierbar. Eine Multi-Output-Minimierung mit konformen Termen (vgl. Kapitel 7.2.4) ist zu empfehlen.
	PAL	UND-ODER-Matrixstruktur; nur die UND-Matrix ist programmierbar, eine Minimierung der einzelnen Ausgangssignale ist unbedingt zu empfehlen.
CPLD		Mehrere PAL- oder PLA-Strukturen, die durch eine zentrale, programmierbare Schaltmatrix verbunden sind. Dies erlaubt eine vergleichsweise einfache Vorhersage der Schaltverzögerungen. Das Gatter/Flipflop-Verhältnis beträgt ca. 20..30 [20]. Die Logik kann mehr als zwei Stufen umfassen.
FPGA	**SRAM-basiert**	Basisstruktur für kombinatorische Logik sind meist Look-Up-Tabellen (LUTs). Die Zellen sind reprogrammierbar, nach jedem Einschalten ist eine Konfiguration erforderlich (Boot-Vorgang). Das typische Gatter/Flipflop-Verhältnis beträgt ca. 5 [20]. Eine Minimierung ist sinnvoll. Die Abschätzung der Schaltverzögerung bzw. der maximal erlaubten Taktfrequenz ist schwierig, sie erfordert eine statische Timing-Analyse.
	Antifuse	Basisstruktur für kombinatorische Logik sind meist Multiplexer. Die Bausteine sind meist nicht reprogrammierbar.

19.3 SPLDs

Unter den Begriff „Simple Programmable Logic Device" (SPLD) werden programmierbare Bausteine zusammengefasst, auf die eine disjunktive Normal- bzw. Minimalform bzw. eine Summe logischer Produkte (SOP) abgebildet werden können. Dazu gehören: PROMs, PLAs und PALs (vgl. Bild 19.1). Die Schaltungskomplexität, die auf einem SPLD untergebracht werden kann, umfasst üblicherweise einige hundert Gatteräquivalente. Obwohl SPLDs bereits seit ca. vier Jahrzehnten auf dem Markt sind, wurde deren Technologie kontinuierlich verbessert, sodass die Laufzeit vom Eingang zum Ausgang heute nur noch einige Nanosekunden beträgt.

19.3.1 PROM-Speicher

Die Technologie von PROMs wurde bereits in Kapitel 18.3.2 vorgestellt. Für die Anwendung zur Realisierung kombinatorischer digitaler Hardware soll hier die Funktion des PROMs durch das in Bild 19.2 dargestellte Modell einer Matrix von UND-Gattern und einer ODER-Matrix interpretiert werden, sodass sich mit einem PROM die logische Summe von Produkten (SOP) bilden lässt:

- In der UND-Schaltmatrix werden die $m = 2^n$ Minterme aller Adresskombinationen gebildet (vgl. den Zeilen- und Spaltenadressdecoder in Bild 18.2).
- Alle Minterme werden einer programmierbaren ODER-Matrix zugeführt. Die Ausgänge der ODER-Matrix sind die Datenleitungen D_i.

m x k-PROM

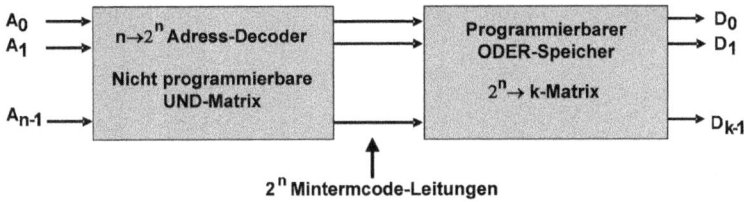

Bild 19.2: UND- und ODER-Matrixstruktur eines PROMs

Bild 19.3 zeigt diese schematische Struktur für einen hypothetischen 8×4-PROM detaillierter:

- Die Adressen werden auf Eingangsverstärker gelegt, die die Eingangssignale A2, A1 und A0 invertiert und nichtinvertiert bilden.
- Die fett gedruckten Knotenpunkte in der UND-Matrix sind so zu lesen, dass die zugehörigen senkrechten Leitungen dem rechts stehenden UND-Gatter als Eingang zugeführt werden. Auf diese Weise werden alle acht Minterme realisiert.
- Jeder der vier Datenausgänge D3...D0 repräsentiert eine eigene kombinatorische Logikfunktion. Dafür müssen die offenen Knotenpunkte der ODER-Matrix so programmiert werden, dass die erforderlichen Minterme entlang der vertikalen Leitungen dem jeweiligen Ausgangssignal hinzugefügt werden.

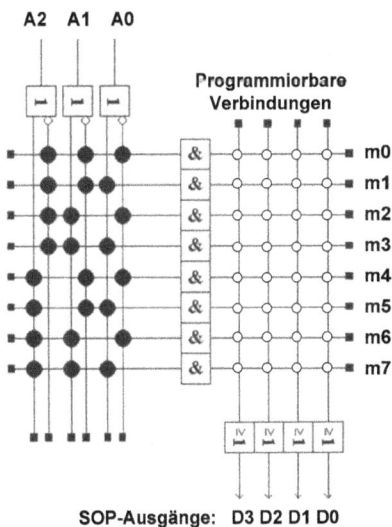

Bild 19.3: Struktur eines hypothetischen 8×4-PROMs

B **Beispiel 19.1** (Implementierung eines 2-Bit-Komparators in einem 16×3-PROM): Mit einem PROM sollen die arithmetischen Relationen <, = und > für vorzeichenlose 2-Bit-Eingangssignale (A1, A0) und (B1, B0) gebildet werden. Dazu wird zunächst die Wahrheitstabelle Tabelle 19.2 aufgestellt, in der die Signale ALTB (<), AEQB (=) und AGTB (>) definiert sind. Da die feste Verschaltung der UND-Matrix als 4-zu-16-Decoder alle Minterme zur Verfügung stellt, ist es nicht sinnvoll, eine Minimierung durchzuführen.

Tab. 19.2: Wahrheitstabelle des 2-Bit-Komparators

B1	B0	A1	A0	A < B	A = B	A > B
0	0	0	0	0	1	0
0	0	0	1	0	0	1
0	0	1	0	0	0	1
0	0	1	1	0	0	1
0	1	0	0	1	0	0
0	1	0	1	0	1	0
0	1	1	0	0	0	1
0	1	1	1	0	0	1
1	0	0	0	1	0	0
1	0	0	1	1	0	0
1	0	1	0	0	1	0
1	0	1	1	0	0	1
1	1	0	0	1	0	0
1	1	0	1	1	0	0
1	1	1	0	1	0	0
1	1	1	1	0	1	0

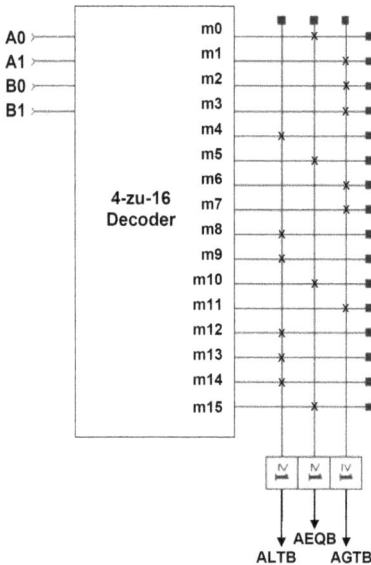

Bild 19.4: Programmierung des 16×3-PROMs für den 2-Bit-Komparator

Die vier Eingangssignale (A1, A0) und (B1, B0) sowie die drei Ausgangssignale werden den Adresseingängen bzw. Datenausgängen des PROMs wie folgt zugeordnet: Adresse[3:0] = [B1, B0, A1, A0], Daten[2:0] = [AEQB, ALTB, AGTB]. Entsprechend müssen in der ODER-Matrix die Programmierverbindungen so hergestellt werden, wie in Bild 19.4 durch Kreuze dargestellt. Zur Programmierung dient die in Tabelle 19.3 dargestellte Programmiertabelle, in der die zu jeder Adresse (jedem Minterm) gehörigen Datenworte hexadezimal dargestellt sind.

Tab. 19.3: Programmiertabelle für den 16 × 3-PROM

Adresse	0x0	0x1	0x2	0x3	0x4	0x5	0x6	0x7	0x8	0x9	0xA	0xB	0xC	0xD	0xE	0xF
Daten	0x2	0x1	0x1	0x1	0x4	0x2	0x1	0x1	0x4	0x4	0x2	0x1	0x4	0x4	0x4	0x2

Listing 19.1: VHDL-Code für den PROM-basierten Komparator

```
library ieee;
 use ieee.std_logic_1164.all;
 use ieee.numeric_std.all;

 entity ROM_Komparator is
   generic(ADDR_RANGE: integer:=4;
           DATA_WIDTH: integer:=4
   );
   port (ADDRESS : in unsigned(ADDR_RANGE-1 downto 0);
         DATA : out std_logic_vector(DATA_WIDTH-1 downto 0)
);
 end ROM_Komparator;
 architecture VERHALTEN of ROM_Komparator is
 type ROM_TYPE is array (0 to 2**ADDR_RANGE -1) of
                          std_logic_vector(DATA_WIDTH-1 downto 0);
 constant ROM : ROM_TYPE := (x"2",x"1",x"1",x"1",x"4",x"2",x"1",x"1",
                             x"4",x"4",x"2",x"1",x"4",x"4",x"4",x"2");
 begin
 DATA <= ROM(to_integer(ADDRESS)); -- kombinatorisches Signal
 end VERHALTEN;
```

Das VHDL-Modell in Listing 19.1 zeigt, wie der ROM-basierte 2-Bit-Komparator zu modellieren ist. Details zur VHDL-Synthesesemantik von ROMs in FPGAs und CPLDs wurden bereits in Kapitel 18.3.5 erläutert. ∎

T **Tipp:** Einige Synthesewerkzeuge setzen die Zuweisung größerer Gruppen von Signalkonstanten automatisch in eine ROM-Struktur um. Typischerweise gilt dies für case-Anweisungen mit mindestens 16 Verzweigungen, denen mindestens vier Ausgangsbits als Konstante zugewiesen werden [38]. Ein Beispiel dafür ist der in Listing 11.4 vorgestellte 7-Segment-Codeumsetzer. ∎

19.3.2 PLAs

In einem PLA (engl. Programmable Logic Array) sind sowohl die UND- als auch die ODER-Matrix programmierbar (vgl. Bild 19.5). Die Anzahl p der Produktteme zwischen den beiden Matrizen ist durch den Hersteller vorgegeben und meist deutlich kleiner als 2^n. Die Komplexität eines PLAs wird damit durch die Anzahl der Eingänge n, die vorhandene Anzahl der Produktterme p sowie die Anzahl der Ausgangssignale k beschrieben.

Bei Multi-Output-Schaltnetzen werden in der UND-Matrix von PLAs konforme Minterme (vgl. Kapitel 7.2.4) gebildet, die in der ODER-Matrix verschiedenen Ausgangssignalen zugeführt werden. Auf diese Weise können im Vergleich zu einem PAL (vgl. Kapitel 19.3.3) Minterm-Ressourcen eingespart werden. Der technologische Aufwand, der zur Programmierung beider Logikebenen betrieben werden muss, ist jedoch deutlich größer als der zur Programmierung von PALs, sodass dieser Typ als SPLD weitgehend vom Markt verschwunden ist. Als Funktionsblock innerhalb der Coolrunner-II CPLD-Familie der Fa. Xilinx (vgl. Kapitel 19.4) werden PLAs jedoch weiterhin verwendet [35].

n x p x k-PLA

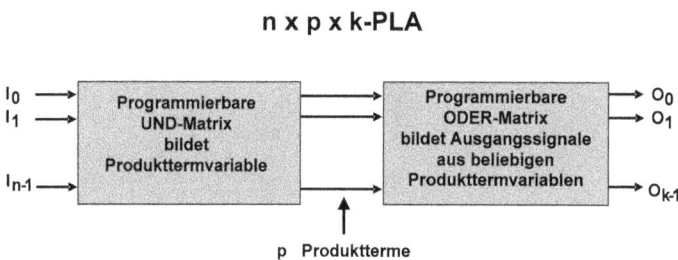

Bild 19.5: Matrixstruktur von PLAs

19.3.3 PALs

UND-ODER-Matrix von PALs

Im Vergleich zu PLAs erfordert die Programmierung von PALs (engl. Programmable Array Logic) einen geringeren Hardwareaufwand, da bei diesen Bausteinen nur die UND-Matrix programmierbar ist (vgl. Bild 19.6). Jeweils eine Teilmenge der p Produktterme sind den ODER-Gattern der k Ausgänge fest zugewiesen, sodass gleiche Produktterme auch nicht für mehrere Ausgänge verwendet werden können. Eine Multi-Output-Minimierung ist hier also nicht erforderlich, die Bildung der disjunktiven oder konjunktiven Minimalform hingegen dringend zu empfehlen, um Produkttermressourcen einzusparen.

n x p x k-PAL

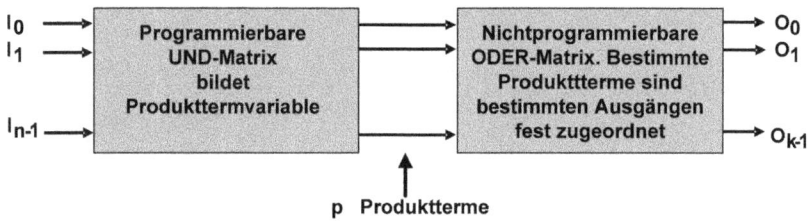

Bild 19.6: Struktur von PALs

Ursprünglich war der Begriff PAL durch die Herstellerfirma Monolithic Memories (MMI) geschützt, sodass ähnliche Architekturen unter anderem Namen existieren:
- Als EPROM-Speichertechnologie (EPLD) u. a. von den Firmen Lattice, Intel und Cypress
- Als elektrisch löschbare (EEPROM)-Speichertechnologie u. a. von den Firmen Lattice (unter dem Namen GAL = Generic Array Logic) und AMD/Vantis (unter dem Namen PALCE).

B **Beispiel 19.2** (Implementierung eines 2-Bit-Komparators in einem $9 \times 20 \times 4$-PAL): Der in Beispiel 19.1 vorgestellte Komparator soll nun in einem PAL mit 20 Produkttermen implementiert werden, von denen jeweils fünf durch ein ODER-Gatter zusammengefasst werden. Ausgehend von der Wahrheitstabelle in Tabelle 19.2 erhält man durch Anwendung der KV-Minimierungsmethode (vgl. Kapitel 7.2) die folgenden logischen Gleichungen:

$$AGTB = (\overline{B1} \wedge A1) \vee (\overline{B0} \wedge A1 \wedge A0) \vee (\overline{B1} \wedge \overline{B0} \wedge A0) \tag{19.1}$$

$$ALTB = (B1 \wedge \overline{A1}) \vee (B0 \wedge \overline{A1} \wedge \overline{A0}) \vee (B1 \wedge B0 \wedge \overline{A0}) \tag{19.2}$$

$$AEQB = (\overline{B1} \wedge \overline{B0} \wedge \overline{A1} \wedge \overline{A0}) \vee (\overline{B1} \wedge B0 \wedge \overline{A1} \wedge A0)$$
$$\wedge (B1 \wedge \overline{B0} \wedge A1 \wedge \overline{A0}) \vee (B1 \wedge B0 \wedge A1 \wedge A0) \tag{19.3}$$

Bild 19.7 zeigt die symbolische Struktur des PALs sowie die in diesem Beispiel gewählte Zuordnung der Ein- und Ausgangssignale zu den Pins. Es ist erkennbar, dass jedes Eingangssignal in jedem der 20 Produktterme in nichtinvertierter oder in invertierter Form verwendet werden kann. Bei diesem (hypothetischen) Baustein darf die Anzahl der Produktterme für ein Ausgangssignal nicht größer als fünf werden. Die in Bild 19.7 dargestellten Kreuze zeigen die aus den minimierten Gleichungen abgeleiteten Programmierverbindungen zur Realisierung der Ausgangssignale AGTB, ALTB und AEQB. Mehr als die Hälfte der zur Verfügung stehenden Logikkapazität des PALs wird in dieser Anwendung nicht genutzt.

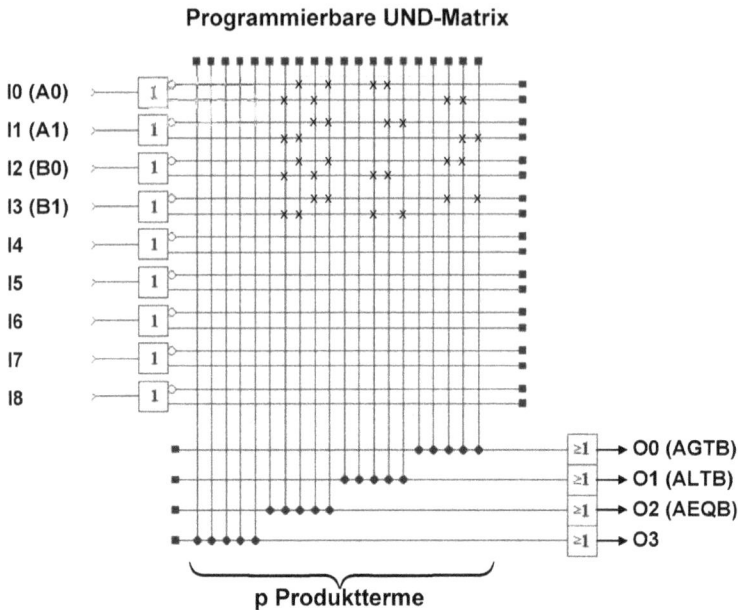

Bild 19.7: Programmierung eines 2-Bit-Komparators in einem $9 \times 20 \times 4$-PAL ■

Ausgangszellen von PALs

Ursprünglich unterschieden sich die am Markt erhältlichen Bausteine neben der durch n, p und k vorgegebenen Komplexität auch durch die Art der Ausgangszellen. Die in Bild 19.8 verwendete Ausgangszelle, die hier gestrichelt umrandet dargestellt ist, fasst acht Produktterme zusammen. Sie hat die folgenden Konfigurationsmöglichkeiten:

- Durch den über einen Produktterm programmierbaren Inverter (XOR-Gatter) kann entweder das invertierte oder das nichtinvertierte Ausgangssignal gebildet werden. Dieser Ausgangsinverter kann vorteilhaft eingesetzt werden, wenn die konjunktive Minimalform weniger Produktterme benötigt als die disjunktive Minimalform.

- Einer der gezeigten Anschlüsse kann bidirektional genutzt werden (I/O_0). Als zusätzlicher Eingang kann dieser Anschluss verwendet werden, wenn der Three-State-Treiberausgang durch den speziell dafür vorgesehenen Produktterm hochohmig wird.

- Für den Fall, dass der Three-State-Treiberausgang nicht hochohmig ist, werden die Signale mit beiden Polaritäten in die UND-Matrix zurückgeführt. Dies ist insbesondere auch dann erforderlich, wenn der zu bildende logische Ausdruck mehr als acht Produktterme umfasst. Bei dieser Produkttermerweiterung kann der Ausgang I/O_0 nicht verwendet werden. Die erneute Verwendung des Signals in der UND-Schaltmatrix führt zu einer größeren Signalverzögerungszeit des Ausgangssignals, welches nun an einem anderen, in Bild 19.8 nicht dargestellten Ausgangspin abgegriffen werden muss.

Ausschnitt aus der Produkttermmatrix:
6 Eingangs- und 2 Rückführungsleitungen

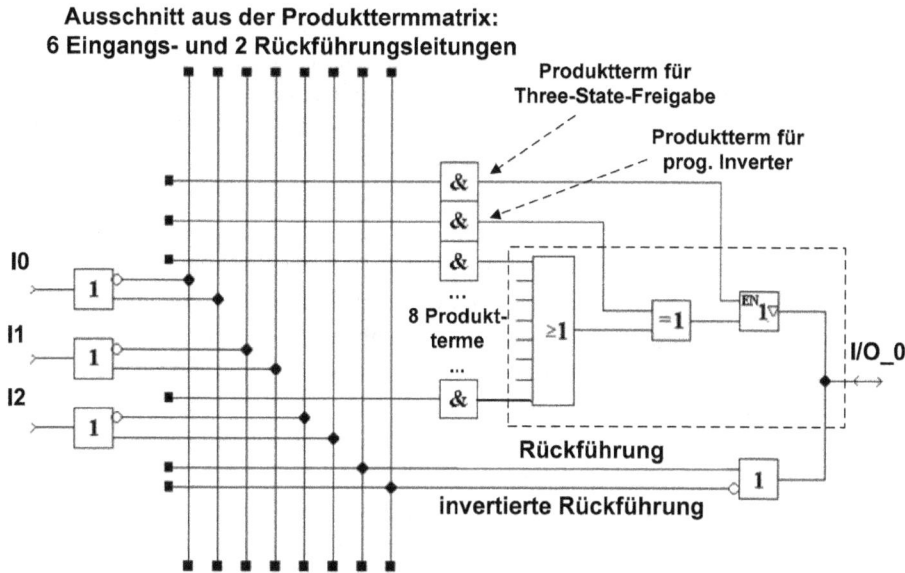

Bild 19.8: Strukturausschnitt eines PALs mit bidirektionalem Eingang

Ein PAL, dessen Ausgangszelle eine bidirektionale Nutzung erlaubt, hat den Kennbuchstaben B in seiner Namensbezeichnung. Der in Bild 19.8 dargestellte Baustein würde somit als PAL 4B1 bezeichnet werden, da er vier Eingänge und einen bidirektionalen Ausgang besitzt, der bei den Eingängen mitgezählt wird.

Nachteil der B-Ausgangszelle ist die Tatsache, dass damit keine Signalzustände gespeichert werden können. Dies erfordert Flipflops in den Ausgangszellen, die als Registerausgang (Abkürzung R) bezeichnet werden. In der in Bild 19.9 ebenfalls ge

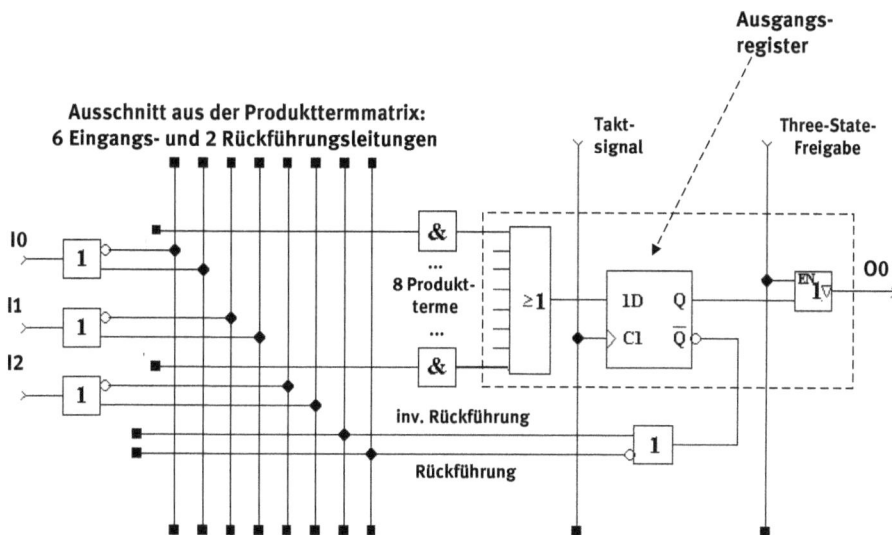

Bild 19.9: Strukturausschnitt eines PALs mit Registerausgängen

strichelt umrandeten Ausgangszelle eines hypothetischen PAL 3R1 wird das Flipflop zusammen mit allen anderen Flipflops im Baustein durch ein gemeinsames Taktsignal gesteuert. Alle Ausgänge lassen sich durch ein gemeinsames Freigabesignal hochohmig schalten. Der invertierte Ausgang des Flipflops wird über Rückführungen in die UND-Matrix wieder für eine Produkttermerweiterung genutzt.

In der Praxis wird jedoch meist eine Ausgangskonfiguration benötigt, bei der über ein Konfigurationsbit eingestellt werden kann, ob die Ausgangszelle kombinatorisches oder Registerverhalten aufweisen soll. Derartige, häufig als OLMC (engl. Output Logic Macro Cell) bezeichnete Ausgänge werden meist mit dem Buchstaben V (für variabel) bezeichnet. Eine typische, heute sehr verbreitete Ausgangszelle ist in Bild 19.10 dargestellt und wurde in etwas vereinfachter Konfiguration bereits in Listing 8.8 als VHDL-Modell vorgestellt. Diese Zelle verwendet zum Umschalten des kombinatorischen bzw. getakteten Ausgangsverhaltens einen Multiplexer, der durch das Konfigurationsbit S(0) gesteuert wird. Die Polarität des Ausgangs wird durch S(1) und die Freigabe des Three-State-Treibers OBUFT durch OE gesteuert. Der Ausgang Y_I_O ist bidirektional. Wenn der Anschluss als Eingang genutzt wird, so wird das Signal über den Eingangsverstärker IBUF geführt.

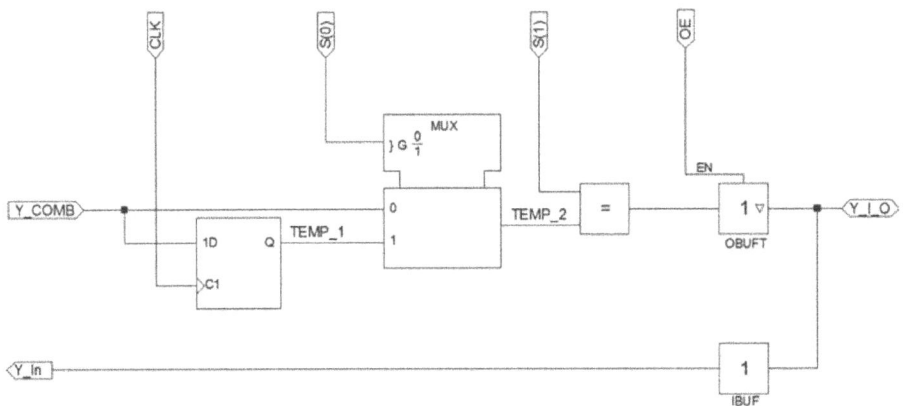

Bild 19.10: Variable Ausgangsmakrozelle (OLMC) mit Three-State-Treiber

Ein über viele Jahre sehr weit verbreiteter PAL-Baustein ist der GAL 16V8 der Firma Lattice Semiconductors, dessen Blockstruktur in Bild 19.11 dargestellt ist [39]:
– Im getakteten Betrieb hat der Baustein 8 Eingänge (Anschlüsse 2 bis 9) sowie 8 Ausgangsmakrozellen (Anschlüsse 12 bis 19).
– Der gemeinsame Takt für alle Makrozellen wird am Pin 1 eingespeist und der L-aktive Freigabeeingang für alle Three-State-Treiber ist Pin 11.

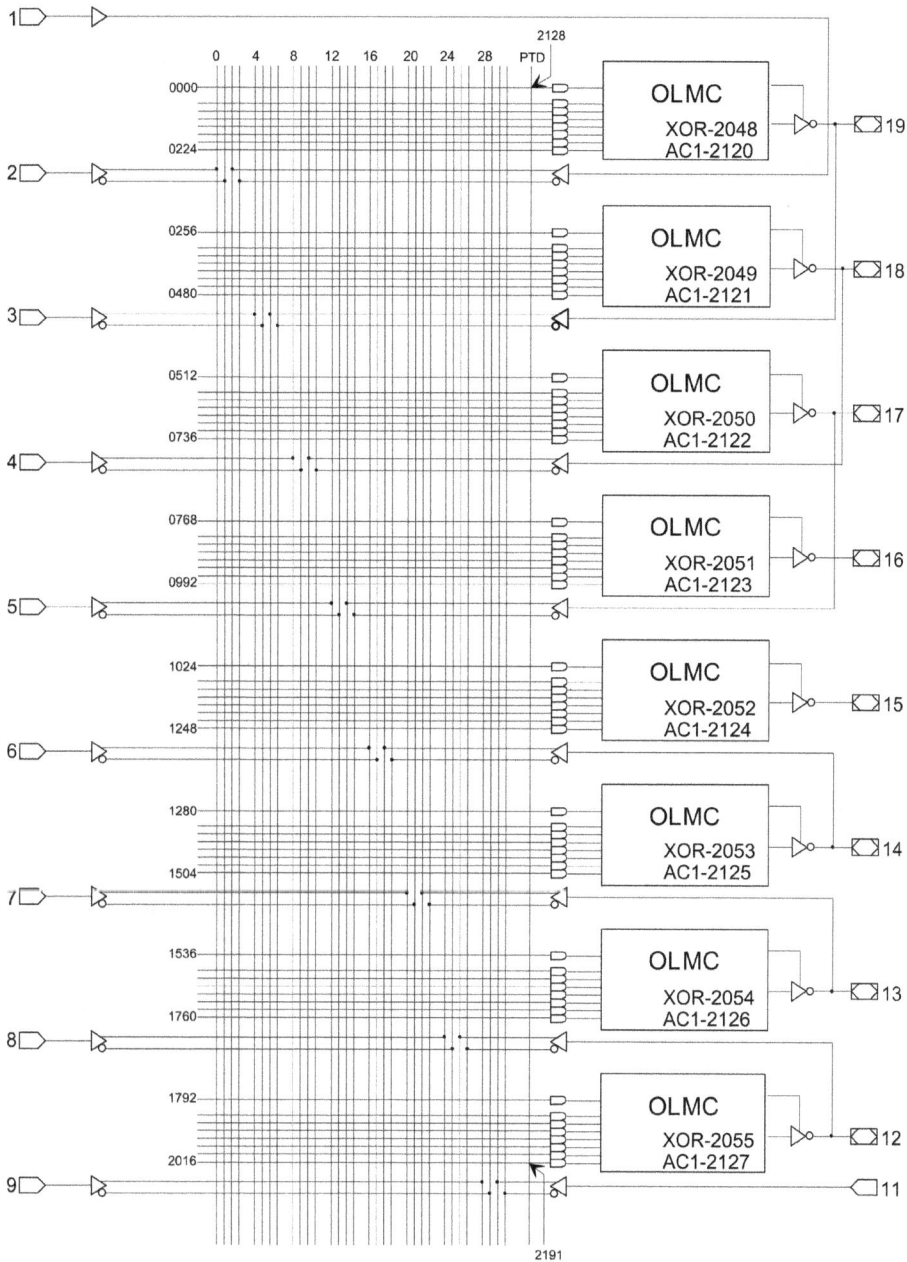

Bild 19.11: Struktur eines GAL 16V8 (aus [39], Copyright © Lattice Semiconductor Corporation. Reprinted with permission of copyright owner. All rights reserved.)

- Jede Makrozelle wird durch acht Produktterme gespeist.
- Zur Produkttermerweiterung gibt es die Möglichkeit, aus den Ausgangsmakrozellen ein Signal invertiert und nichtinvertiert zurück in die UND-Matrix zu führen. Zusammen mit den jeweils invertiert und nichtinvertierten Eingangssignalen an den Pins 2...9 erhält man somit insgesamt 32 vertikal gezeichnete Eingangssignale für die UND-Matrix.
- Zu jedem ODER-Gatter gehören also $8 \cdot 32 = 256$ programmierbare Matrixpunkte.

Programmierung von PALs

Der Baustein GAL 16V8 wird in einer EEPROM-Technologie gefertigt und die im Datenblattauszug Bild 19.11 angegebenen Nummern sind den bei der Programmierung zu konfigurierenden EEPROM-Sicherungen zugeordnet. Bild 19.11 ist so z. B. zu entnehmen, dass die Produktterme für die oberste Makrozelle durch die Sicherungsnummern 0 bis 255 definiert werden, die Produktterme der nächsten Makrozelle durch die Sicherungen 256 bis 511 usw. Jede Makrozelle kann mit den Sicherungen XOR und AC1 individuell konfiguriert werden. Details zur Bedeutung dieser Sicherungen bzw. zu den verschiedenen Betriebsarten des GAL 16V8 finden sich im Datenblatt [39].

Aufgabe des heutzutage von Implementierungswerkzeugen wie z. B: ISE [19] durchgeführten „Design Fittings" für einen PAL-Baustein ist es, aus der durch die VHDL-Synthese generierten generischen, also weitgehend hardwareunabhängigen Netzliste unter Berücksichtigung der Zielhardwarearchitektur eine Datei zu generieren, in der die zu konfigurierenden Sicherungen aufgelistet sind.

Diese Information findet sich in der sogenannten JEDEC-Datei (Dateierweiterung *.JED). Durch die JEDEC-Organisation (engl. Joint Electronic Device Engineering Council) wird allen PAL-Bausteinen eine individuelle Kennung zugewiesen, womit die Sicherungen den individuellen Funktionen des PALs eindeutig zugeordnet werden können. Listing 19.2 zeigt exemplarisch einen Auszug aus einer JEDEC-Datei zur Programmierung eines PALCE-22V10-Bausteins:

- Hinter dem Schlüsselwort NOTE befindet sich Kommentar, der nicht ausgewertet wird.
- Mit den Kürzeln QP, QF bzw. QV lassen sich der Baustein bzw. der Gehäusetyp und die Anzahl der Sicherungen eindeutig identifizieren.
- Hinter der Zeile L0000 wird der zu programmierende Zustand aller Sicherungen aufgelistet, hier beginnend bei der Nummer 0000: Für die in aufsteigender Reihenfolge angegebenen Sicherungen wird angegeben, ob die Verbindung unterbrochen ist (1) oder nicht (0).

Listing 19.2: Auszug aus einer JEDEC-Datei zur Konfiguration eines PALCE-22V10-Bausteins

```
QP28* QF5828* QV0*
X0*
NOTE Table of pin names and numbers*
NOTE PINS LDN:3 DOUT:25 DIN:9 D3:5 D2:6 D1:7 D0:4 CLK:2*
NOTE Table of node names and numbers*
NOTE NODES T1:27 T2:17 T3:26 T4:18*
L0000
00000000000000000000000000000000000000000000
11111111111111111111111111111111111111111111
11110111111111111111011111111111111111111111
11110111111111111111111111111111011111111111
00000000000000000000000000000000000000000000
. . .
```

19.4 CPLDs

Mit einfachen SPLDs ist wegen ihrer begrenzten Hardwareressourcen eine Implementierung komplexerer Funktionen kaum möglich. Entsprechend wurde seitens der PLD-Hersteller zunächst versucht, die Matrizen zu vergrößern, was jedoch zu inakzeptabel langen Signalverzögerungszeiten innerhalb der Matrizen führte. Eine in dieser Hinsicht bessere Architektur ist die Verwendung mehrerer PAL- oder PLA-Strukturen, die über eine programmierbare Schaltmatrix miteinander verbunden sind. Dieses Konzept wird als Complex-PLD (CPLD) bezeichnet und wird seit vielen Jahren von verschiedenen Herstellern angeboten. Nachfolgend wird exemplarisch die Architektur der Coolrunner-II-Familie der Firma Xilinx [35] erläutert, die auf einer EEPROM-Technologie basiert und für deren Schaltungsentwurf die kostenlose ISE-Entwicklungsumgebung [19] erforderlich ist. Dem Bild 19.12 sind die wesentlichen Funktionsblöcke dieser CPLD-Familie zu entnehmen[2]:

- Mehrere Funktionsblöcke (FB) mit jeweils 16 Ausgängen (engl Macro Cell, MC). Zentrales Element der FB sind PLA-Strukturen. Innerhalb der Coolrunner-II-Familie können Bausteine mit 2 bis 32 Funktionsblöcken gewählt werden.
- Eine gemeinsame zentrale Schaltmatrix (engl. Advanced Interconnect Matrix, AIM), die die Funktionsblöcke untereinander verbindet.

---

[2] Figures in this chapter based on or adapted from figures and text owned by Xilinx, Inc., courtesy of Xilinx, Inc. ©Xilinx, Inc. [2002–2007]. All rights reserved.

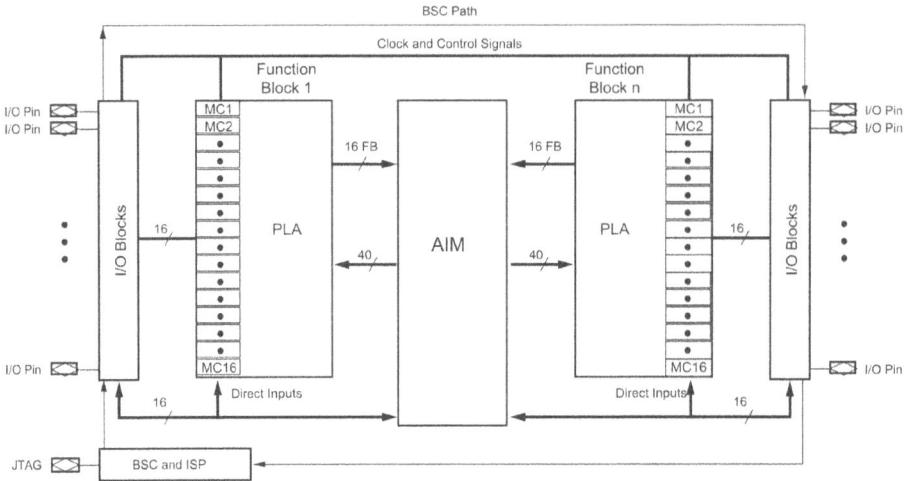

Bild 19.12: Architektur eines Coolrunner-II-CPLDs mit zwei PLA-Funktionsblöcken(aus [35])

- I/O-Pins, die über I/O-Blöcke angeschlossen sind: Eingänge werden in die zentrale Schaltmatrix geführt und die Ausgänge werden aus den Makrozellen gespeist. Takt- und Freigabesignale werden eingangsseitig direkt in die Makrozellen verdrahtet und ausgangsseitig auch direkt aus der Schaltmatrix gespeist.
- Ein Konfigurationsblock, der die isp-Programmierung vornimmt und mit dem Entwicklungs-PC über eine JTAG-Schnittstelle kommuniziert (vgl. Kapitel 18.3.4).

Jeder einzelne Funktionsblock der Coolrunner-II-Familie hat 40 Eingänge aus der Schaltmatrix und 16 Ausgänge, die einerseits an die I/O-Blöcke oder aber in die Schaltmatrix zurückgeführt werden können (vgl. Bild 19.13). Die PLA-Strukturen enthalten insgesamt 56 programmierbare Produktterme, von denen jeder einzelne in jeder Makrozelle genutzt werden kann, und die alle eine gleiche Signalverzögerung haben.

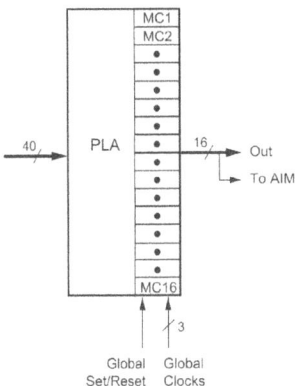

Bild 19.13: Funktionsblöcke innerhalb der Coolrunner-II-Architektur (aus [35])

Sollten zur Realisierung einer logischen Funktion mehr als 56 Produktterme benötigt werden, so muss das Signal in einen anderen Funktionsblock verdrahtet werden.

Vier der 56 Produktterme können zur Realisierung spezieller Steuerfunktionen (Control Terms, CTx) für mehrere Makrozellen des Funktionsblocks gemeinsam genutzt werden:

- CTC zur Generierung eines Produkttermtaktes,
- CTS und CTR zum asynchronen Setzen bzw. Rücksetzen der Flipflops,
- CTE zur Freigabe der FB-Ausgangssignale.

Drei weitere Produktterme (PTA, PTB und PTC) können gemäß Bild 19.14 alternativ für Steuerfunktionen speziell für einzelne Makrozellen verwendet werden.

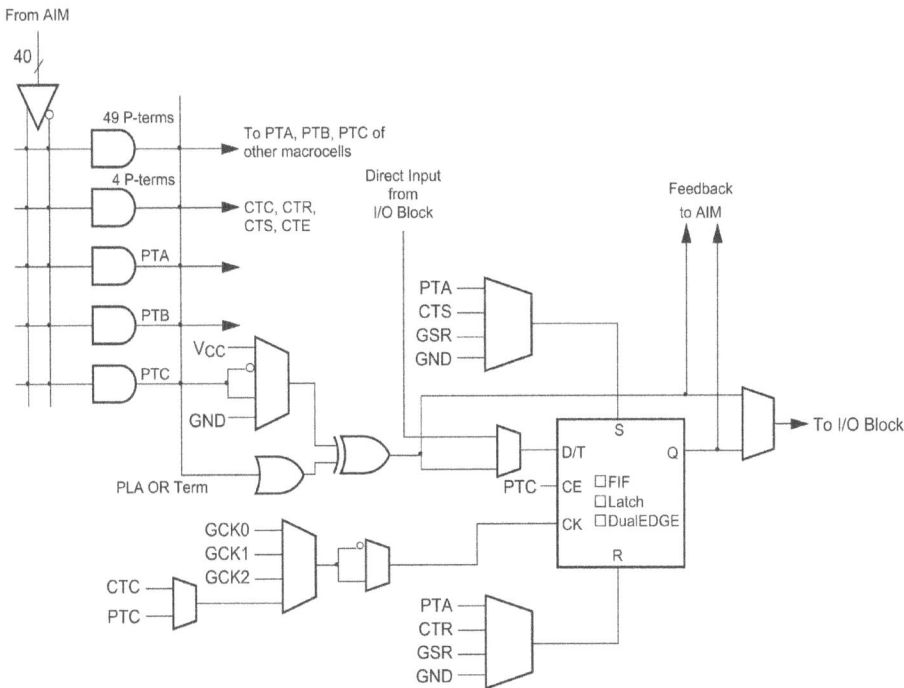

From AIM
40
49 P-terms
To PTA, PTB, PTC of other macrocells
4 P-terms
Direct Input from I/O Block
Feedback to AIM
CTC, CTR, CTS, CTE
PTA
PTB
Vcc
PTC
PTA
CTS
GSR
GND
GND
To I/O Block
PLA OR Term
S
D/T   Q
PTC — CE □FIF
□Latch
CK □DualEDGE
R
GCK0
GCK1
GCK2
CTC
PTC
PTA
CTR
GSR
GND

Bild 19.14: PLA-Struktur und Makrozellen der Coolrunner-II-CPLD-Familie. Die offenen Kreuzungspunkte oben links stellen die programmierbaren Verbindungen der UND- bzw. der ODER-Matrix dar. Die dargestellten Multiplexer dienen überwiegend zur Auswahl der Takt-, Rücksetz- und Freigabesignale. Sie sind ebenfalls zu konfigurieren (aus [35])

Zur Realisierung getakteter Hardwarefunktionen kann jede Makrozelle mit einem von drei externen Taktsignalen (Global Clock GCK0, GCK1, GCK2) oder aber durch die Produktterm-Taktsignale PTC oder CTC angesteuert werden (vgl. Bild 19.14). Das Makrozellenregister kann entweder als D-Latch (vgl. Kapitel 12.3), als D-Flipflop (vgl. Kapitel 12.4) oder aber als T-Flipflop (vgl. Kapitel 12.6) betrieben werden, wobei als besondere Funktionalität das Register so konfiguriert werden kann, dass es auf die steigende *und* die fallende Flanke reagiert. Als Flipflop-Eingang kann entweder ein über einen programmierbaren Inverter geführtes PLA-Signal oder aber ein Eingangspin gewählt werden. Die Flipflops sind mit einer optionalen asynchronen Setz- oder Rücksetzfunktion ausgestattet, wobei als Steuersignal entweder ein externes Signal (Global Set/Reset GSR) oder aber eines der Steuersignale PTA oder CTR bzw. CTS verwendet wird.

Die interne Schaltmatrix (engl. Advanced Interconnet Matrix, AIM) besitzt sehr kurze Schaltzeiten und wird durch Programmierbits konfiguriert. Sie erlaubt bis zu 40 Ausgangssignale pro Funktionsblock und als Eingänge können alle FB-Makrozellensignale sowie alle Eingangspins verwendet werden (vgl. Bild 19.12).

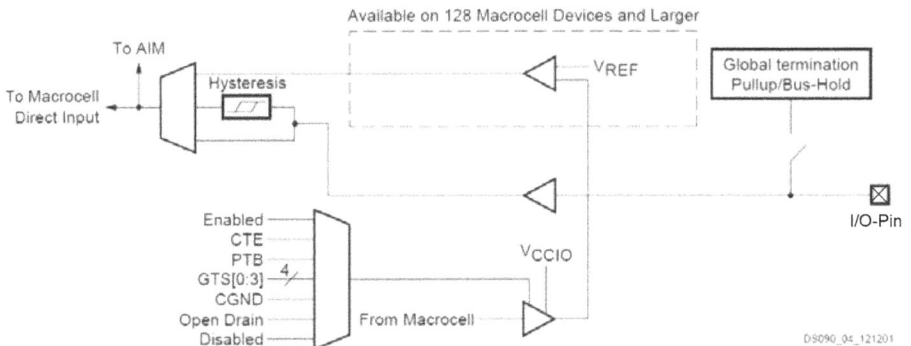

Bild 19.15: I/O-Blöcke von Coolrunner-II-CPLDs (aus [35])

Die in Bild 19.15 dargestellten I/O-Blöcke können entweder als Ein- oder als Ausgang konfiguriert werden. Durch Wahl einer geeigneten Versorgungsspannung V_{CCIO} bzw. V_{REF} können die Anschlüsse des Bausteins u. a. nach den folgenden I/O-Standards betrieben werden: LVTTL, LVCMOS33, LVCMOS25, LVCMOS18 und LVCMOS15 (vgl. Tabelle 10.1). Bei den größeren Bausteinen der Familie besteht die Möglichkeit, Gruppen mehrerer Anschlüsse (engl. I/O-Banks) mit verschiedenen I/O-Standards zu betreiben, die kleineren Bausteine müssen mit gleichem Pegelstandard arbeiten. Der an den Makrozellenausgang angeschlossene Ausgangstreiber kann entweder als Push-Pull-Standardausgang, als Open-Drain- oder als Three-State-Ausgang konfiguriert werden (vgl. Kapitel 10.5).

Bei einer als Eingang konfigurierten I/O-Zelle kann das Signal entweder direkt verwendet oder aber über einen Schmitt-Trigger [1] geführt werden. Der mit einer Hysterese von ca. 500 mV arbeitende Schmitt-Trigger erlaubt eine signifikante Unterdrückung von Störimpulsen am Eingang.

19.5 Vertiefende Aufgaben

A **Aufgabe 19.1:** Beantworten Sie die folgenden Verständnisfragen:

a) Worin unterscheiden sich ROMs, PLAs und PALs hinsichtlich ihrer Programmierbarkeit bzw. ihres inneren Aufbaus?

b) Ist es erforderlich, dass zur Programmierung von ROMs, PLAs und PALs jeweils eine Minimierung der logischen Gleichung vorgenommen werden muss?

c) Wie viele Eingänge besitzt die ODER-Matrix eines 1k × 16-ROMs?

d) Wie viele Eingänge besitzt die ODER-Matrix eines 8 × 20 × 4-PALs?

e) Wie erreicht man bei PALs eine Produkttermerweiterung?

f) Beschreiben Sie die Aufgaben der wesentlichen Hardwareblöcke eines Coolrunner-II-CPLDs. ∎

20 Anhang

20.1 Erweiterungen durch den Standard VHDL-2008

Bereits zu Beginn des Jahres 2009 wurde VHDL als Standard IEEE 1076-2008 erneut definiert und relativ schnell in den Simulationswerkzeugen implementiert. Da sich dieser Standard nun auch zunehmend in den Synthesewerkzeugen wiederfindet, soll nachfolgend eine Übersicht über die wesentlichen Neuerungen gegeben werden. Ein wesentliches Ziel der VHDL-Überarbeitung war es, die Wortfülle zu reduzieren, die einen VHDL-Code im Vergleich zu einem Verilog-Code kennzeichnet [64]. Außerdem wurden neue Operatoren und Datentypen eingeführt, die den digitalen Schaltungs-entwurf vereinfachen. Da der VHDL-2008-Standard bisher in den meisten Synthese-werkzeugen noch nicht vollständig umgesetzt wurde, habe ich mich dafür entschie-den, diese Neuerungen noch nicht in die einzelnen Buchkapitel zu übernehmen, son-dern möchte diese nachfolgend, soweit möglich in Codeauszügen dem alten Standard VHDL-2002 gegenüberstellen.

Blockkommentare
Ähnlich wie in der Programmiersprache C ist es nach dem VHDL-2008-Standard er-laubt, Blockkommentare zu verwenden. Die bisherige Restriktion, dass Kommentare auf eine einzige Codezeile beschränkt sind, entfällt mit der Einführung der Kommen-tarbegrenzungssymbole /* und */.

Listing 20.1: Verwendung von Blockkommentaren im VHDL-Code

VHDL-2002:
```
-- Name: mycode.vhd
-- Autor: J. Reichardt
-- Version: 1.0
-- Datum: 28.03.2016
. . .
```

VHDL-2008:
```
/*
Name: mycode.vhd
Autor: J. Reichardt
Version: 1.0
Datum: 28.03.2016
*/
```

Aggregate auf der linken Seite einer Signalzuweisung
Bislang war es verboten, auf der linken Seite einer Signalzuweisung Aggregate, also Klammerungen einzelner Signale bzw. Signalvektoren zu verwenden. Diese Restrikti-on gilt in VHDL-2008 nicht mehr. Das zeigt die Anwendung bei einem 8-Bit-Addierer, dessen Carry-Ausgang als Einzelbit nach außen geführt wird und bei dem die Dekla-ration eines temporären Signals entfallen kann.

https://doi.org/10.1515/9783110706970-020

Listing 20.2: Aggregat auf der linken Seite einer Signalzuweisung am Beispiel eines 8-Bit-Addierers

VHDL-2002:

```
signal A, B, Y: unsigned(7 downto 0);
signal COUT : std_logic;
signal YTEMP : unsigned(8 downto 0);
. . .
YTEMP <= ('0'& A) + ('0'& B);
Y <= YTEMP(7 downto 0);
COUT <= YTEMP(8);
. . .
```

VHDL-2008:

```
signal A, B, Y: unsigned(7 downto 0);
signal COUT : std_logic;
. . .
(COUT, Y) <= ('0'& A) + ('0'& B);
```

Angabe der Felddimensionen bei der Signaldeklaration

Eigene Datentypen können in einem package deklariert werden und ähnlich wie Header-Dateien in C in verschiedenen VHDL-Entities durch eine use-Anweisung eingebunden werden. Im VHDL-2008-Standard wird die Deklaration von Felddatentypen insofern vereinfacht, als auf einen abstrakten Datentyp zurückgegriffen werden kann, der ohne Angabe der Felddimensionen deklariert ist. In Listing 20.3 wird gezeigt, dass die hier zweidimensionale Dimensionierung der Signale A und B dieses Datentyps erst bei der Signaldeklaration erfolgen kann.

Listing 20.3: Dimensionierung mehrdimensionaler Arrays während der Signaldeklaration

VHDL-2008:

```
package MYPACK is
   type MTYPE is array (natural range <>)
                of std_logic_vector;
end package MYPACK;
use work.MYPACK.all;
entity MYENTITY is
port (
   . . .
   A : out MTYPE (3 downto 0)(7 downto 0);
);
architecture MYARCH of MYENTITY is
signal B: MTYPE (3 downto 0)(7 downto 0);
begin
   B(2) <= "10101010"; -- Array Element
   A(3)(7) <= '0';      -- einzelnes Bit eines Array Elements
```

Bitstring-Konstanten

Bisher war eine Signalwertzuweisung von Hexadezimalzahlen mit dem Bezeichner X oder x vor der Zahl nur dann möglich, wenn diese ein Vielfaches von 4 Bit umfassen. Im Standard VHDL-2008 entfällt diese Restriktion und es ist außerdem möglich, Zahlen vorzeichenlos, vorzeichenbehaftet oder dezimal zuzuweisen. Wenn die Zahlen die angegebene Bitbreite überschreiten, werden die höherwertigen Bits abgeschnitten, wodurch es zu Fehlern kommen kann. Wenn hingegen die Zahlen kleiner sind, als Bitstellen zur Verfügung stehen, werden je nach Datentyp führende Bitstellen mit Nullen bzw. vorzeichengerecht ergänzt.

Listing 20.4: Zuweisung 7-stelliger Bitstring-Konstanten an vorzeichenlose bzw. vorzeichenbehaftete Signale

VHDL-2002:

```
signal UTEST: signed(6 downto 0);
signal STEST: signed(6 downto 0);

. . .

begin
UTEST <= X"FF"; -- Compilerfehler
STEST <= X"FF"; -- Compilerfehler
. . .
```

VHDL-2008:

```
signal UTEST: signed(6 downto 0);
signal STEST: signed(6 downto 0);

. . .

begin
-- Ergänzungen
UTEST <= 7X"F"; -- 0001111
UTEST <= 7UX"F"; -- 0001111
STEST <= 7SX"F"; -- 1111111
Ergänzung
-- Verkürzungen
UTEST <= 7UX"8F"; -- 0001111 Fehler
STEST <= 7SX"8F"; -- 0001111
                  -- VZ-Fehler
-- Dezimal
STEST <= 7D"15"; -- 0001111 Dezimal
. . .
```

Signalausdrücke in port map-Anweisungen

Allgemein gilt, dass VHDL-2008 weniger global statische Ausdrücke benötigt als zuvor. Derartige Ausdrücke müssen erst beim Linken der einzelnen Komponenten des VHDL-Modells (Elaboration) einen festen Wert besitzen. Das Listing 20.5 zeigt dies exemplarisch am Beispiel einer Komponenteninstanziierung bei der nach dem neuen Standard als aktueller EN Signalwert ein Boole'scher Ausdruck und beim IN1 Signal eine Datentypkonversion erlaubt sind.

Listing 20.5: Boole'scher Ausdruck und Datentypkonversion in einer port map-Anweisung gemäß VHDL-2008-Standard

```
VHDL-2002:                          VHDL-2008:
signal ENA, nENB: bit;              signal ENA, nENB: bit;
signal TMP : bit;                   . . .
. . .                               begin
begin                               . . .
. . .                               U1: BUSCOMP
TMP <= not nENB and ENA;                port map ( EN => not nENB and ENA,
U1: BUSCOMP                                         IN1=> to_integer(ADDR),
    port map ( EN => TMP,                           . . .
               . . .                   );
    );                              . . .
. . .
```

Lesen von Output Ports

Im Beispiel 4.3 wurde gezeigt, dass der port-Modus `buffer` für Signale, die einerseits nach außen geführt werden, aber andererseits innerhalb der `architecture` verwendet werden sollen, durch Deklaration lokaler Signale vermieden werden kann. Dieser zusätzliche Aufwand ist in VHDL-2008 nicht mehr erforderlich. Nun können Signale vom Typ out auch intern weiterverwendet werden, ohne dass es einer Deklaration vom Typ `buffer` bedarf. Die Schieberegisterschaltung in Bild 20.1 mit Abzweigung nach dem ersten Flipflop kann in VHDL-2008 ohne Deklaration des lokalen Signals TMP modelliert werden. Mit dieser Möglichkeit entfällt nun jegliche Notwendigkeit für die Verwendung des port-Modus `buffer`.

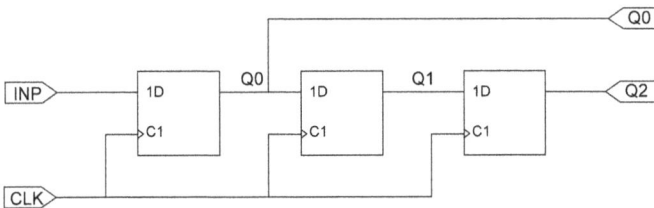

Bild 20.1: Schieberegisterschaltung mit Abzweigung nach außen

Listing 20.6: Lesen von Output Ports in VHDL-2008

VHDL-2002:

```
entity TEST is port (
    INP, CLK : in bit;
    Q0, Q2 : out bit);
architecture ARCH of TEST is
signal Q1, TMP : bit;
begin
process(CLK) begin
    if CLK'event and CLK = '0' then
        TMP <= INP; Q1 <= TMP; Q2 <= Q1;
    end if;
end process;
Q0 <= TMP;
```

VHDL-2008:

```
entity TEST is port (
    INP, CLK : in bit;
    Q0, Q2 : out bit);
architecture ARCH of TEST is
signal Q1 : bit;
begin
process(CLK) begin
    if CLK'event and CLK = '0' then
        Q0 <= INP; Q1 <= Q0; Q2 <= Q1;
    end if;
end process;
```

Bitweise Boole'sche Verknüpfungen

Die Boole'schen Operatoren and, or, xor, nand, nor und xnor können in VHDL-2008 auch unär, also mit einem einzelnen Signalvektor als Operand verwendet werden.

Listing 20.7: Bitweise Verknüpfung aller Bits des Signalvektors INP durch unäre Verwendung des xor-Operators

VHDL-2002:

```
signal INP : bit_vector(7 downto 0);
signal P : bit;
. . .
process(INP)
variable PVAR : bit;
begin
    PVAR := '0';
    for I in 0 to 7 loop
        PVAR := PVAR xor INP(I);
    end loop;
    P <= PVAR;
end process;
. . .
```

VHDL-2008:

```
signal INP : bit_vector(7 downto 0);
signal P : bit;
. . .
P <= xor INP;
. . .
```

Mit dieser Verwendung des Operators wird die bitweise Verknüpfung aller Bitelemente des Signalvektors gebildet. Das Listing 20.7 zeigt die im Vergleich zum VHDL-2002 Standard deutlich vereinfachte Realisierung eines 8-Bit-Paritätsgenerators (vgl. dazu auch Aufgabe 4.1).

Neue Vergleichsoperatoren

Das Ergebnis der Vergleichsoperationen =, /=, <, >, <= oder >= ist vom Typ boolean (vgl. Tabelle 11.6). Neu ist im Standard VHDL-2008, dass entsprechende synthesefähige Vergleichsoperatoren mit vorangestelltem Fragezeichen definiert sind, deren Ergebnis entweder vom Typ bit oder vom Typ std_logic sein darf. In dem Listing 20.8 soll das Signal Y gesetzt werden, wenn die Operanden A und B gleich sind.

Listing 20.8: Verwendung von Vergleichsoperatoren mit vorangestelltem Fragezeichen und direkter Realisierung als Hardwaresignal

VHDL-2002:
```
signal A, B : signed(7 downto 0);
signal Y : bit;
. . .
process( A, B)
begin
   if A = B then
      Y <= '1';
   else
      Y <= '0';
   end if;
end process;
. . .
```

VHDL-2008:
```
signal A, B : signed(7 downto 0);
signal Y : bit;
. . .
Y <= A ?= B;
. . .
```

Verknüpfung skalarer Signale mit Signal-Arrays

Bisher war es erforderlich, dass die Bitbreiten aller Operanden eines Boole'schen Operators gleich sein mussten. Diese Restriktion gibt es in VHDL-2008 nicht mehr. Das Listing 20.9 zeigt, dass die UND-Verknüpfung aller Bits eines Signalvektors mit einem Enable-Signal EN in einer einzelnen Zuweisung realisiert werden kann. Signal-Arrays und skalare Signale dürfen also in Boole'schen Ausdrücken gemischt verwendet werden.

Listing 20.9: Mischung skalarer Signale mit Signalvektoren am Beispiel der Verknüpfung mit einem Enable-Signal EN

VHDL-2002:

```
signal X, Y : bit_vector(3 downto 0);
signal EN : bit;

...

Y(3) <= X(3) and EN;
Y(2) <= X(2) and EN;
Y(1) <= X(1) and EN;
Y(0) <= X(0) and EN;

...
```

VHDL-2008:

```
signal X, Y : bit_vector(3 downto 0);
signal EN : bit;

...

Y <= X and EN;

...
```

Verwendung von Schiebe- und Rotationsoperatoren

Mit den in Tabelle 20.1 angegebenen Operatoren können die Bits von Signalvektoren um eine bestimmte Anzahl von Positionen nach links oder rechts verschoben werden. Neu ist in VHDL-2008, dass diese Operatoren nicht nur für die Datentypen `bit` und `boolean`, sondern auch für die arithmetischen Datentypen `signed` und `unsigned` definiert sind.

Tab. 20.1: Schiebe- und Rotationsoperatoren in VHDL

Operator	Bedeutung	Erläuterung
rol	Rotate left	Beim links Schieben um N Bits werden die MSBs herausgeschoben und als LSBs wieder eingefügt.
ror	Rotate right	Beim rechts Schieben um N Bits werden die LSBs herausgeschoben und als MSBs wieder eingefügt.
sll	Shift left logically	Die Bits werden um N Positionen nach links verschoben. Die niederwertigen N Bits werden mit '0' belegt.
srl	Shift right logically	Die Bits werden um N Positionen nach rechts verschoben. Die höherwertigen N Bits werden mit '0' belegt.
sla	Shift left arithmetically	Die Bits werden um N Positionen nach links verschoben. Die niederwertigen N Bits werden mit dem Bitwert belegt, der ursprünglich an der rechten Stelle des Signalvektors stand.
sra	Shift right arithmetically	Die Bits werden um N Positionen nach rechts verschoben. Die höherwertigen N Bits werden mit dem Bitwert belegt, der ursprünglich an der linken Stelle des Signalvektors stand (vorzeichengerechte Ergänzung).

Listing 20.10: Rechts-Schieben einer vorzeichenbehafteten Zahl um drei Bit unter Verwendung des sra-Operators. Dies entspricht einer Division des Operanden OP durch $2^3 = 8$

VHDL-2008:

```
. . .
signal OP, RESULT: signed(7 downto 0);
. . .

   RESULT <= OP sra 3;
. . .
```

Vereinfachung Boole'scher Ausdrücke in Bedingungsausdrücken

In vielen Bedingungsausdrücken war es erforderlich, einen expliziten Vergleich mit einer Signalwertkonstanten durchzuführen. In VHDL-2008 ist kein expliziter Vergleich mehr erforderlich, wie das Beispiel der if-Anweisung in Listing 20.11 zeigt. Diese Vereinfachung gilt allerdings nicht für die Definition einer Signalflanke, die weiterhin einen expliziten Vergleich mit '1' (steigende Flanke) oder '0' (fallende Flanke) erfordert (vgl. z. B. Listing 12.7).

Listing 20.11: Wegfall des Vergleichs mit den Konstanten '1' oder '0' in einem Bedingungsausdruck.

VHDL-2002:

```
. . .
if S='1' and CS_1='1' and CS_2='0'
then
   Y <= A;
end if;
. . .
```

VHDL-2008:

```
. . .
if S and CS_1 and not CS_2
then
   Y <= A;
end if;
. . .
```

Sensitivity-Liste kombinatorischer Prozesse

Eine erhebliche Vereinfachung bietet der VHDL-2008-Standard bei der Modellierung kombinatorischer Logik mit Prozessen. Bisher war es für eine korrekte VHDL-Synthese kombinatorischer Logik erforderlich, alle Signale, die auf der rechten Seite von Signalzuweisungen sowie alle Signale, die in Bedingungsausdrücken stehen, explizit in die Sensitivity-Liste aufzunehmen (s. den Hinweis am Ende von Kapitel 8.2). Diese Anforderung entfällt, wenn das neue VHDL-Schlüsselwort all in der Sensitivity-Liste verwendet wird (s. Listing 20.12).

Listing 20.12: Verwendung des Schlüsselworts all in der Sensitivity-Liste sowie vereinfachte Bedingungsausdrücke bei der Modellierung eines 2:1-Multiplexers mit Enable-Eingang nach dem VHDL-2008-Standard

VHDL-2002:

```
. . .
P1: process(A, B, S, EN)
begin
    if EN = '1' then
        if S = '1' then
            Y <= A;
        else
            Y <= B;
        end if;
    else
        Y <= '0';
    end if;
end process;
. . .
```

VHDL-2008:

```
. . .
P1: process(all)
begin
    if EN then
        if S then
            Y <= A;
        else
            Y <= B;
        end if;
    else
        Y <= '0';
    end if;
end process;
. . .
```

Bedingte und selektive Signalzuweisungen in Prozessen

In einem Merksatz von Kapitel 8.5 wurde festgehalten, dass innerhalb von Prozessen nur sequenzielle Anweisungen sowie die unbedingte Signalzuweisung erlaubt sind. Die Verwendung der bedingten und selektiven Signalzuweisung innerhalb von Prozessen ist in dem bisherigen VHDL-Standard hingegen verboten. Diese Einschränkung gilt nach dem VHDL-2008-Standard nicht mehr, denn in diesem Standard sind bedingte und nebenläufige Signalzuweisungen nun auch innerhalb von Prozessen erlaubt. Im Listing 20.13 wird auf diese Weise ein Register mit Enable-Eingang EN modelliert.

Listing 20.13: Die Verwendung einer bedingten Signalzuweisung innerhalb eines Prozesses gemäß dem VHDL-2008-Standard erlaubt z. B. eine vereinfachte Modellierung eines Registers mit Enable-Eingang

VHDL-2002:

```
. . .
P1: process(CLK)
begin
if CLK = '1' and CLK'event then
    if EN='1' then
        REG <= MY_INPUT;
    end if;
end if;
end process;
. . .
```

VHDL-2008:

```
. . .
P1: process(CLK)
begin
if CLK = '1' and CLK'event then
    REG <= MY_INPUT when EN else REG;
end if;
end process;
. . .
```

Don't Cares auf der linken Seite der Wahrheitstabelle

Die Verwendung von Don't-Care-Werten '-' der Datentypen std_logic bzw. std_ulogic war im bisherigen VHDL-Standard nur auf der rechten (Ausgangs-) Seite von Wahrheitstabellen zum Zwecke der Logikminimierung erlaubt. Durch Verwendung von Matching-Case- bzw. Matching-Select-Ausdrücken ist es mit VHDL-2008 nun auch möglich, Don't-Care-Werte auf der linken (Eingangs-) Seite von Wahrheitstabellen zu verwenden, um die Anzahl der Zeilen der Wahrheitstabelle bzw. des VHDL-Codes zu reduzieren. Das Listing 20.14a zeigt die Verwendung einer Matching-Case-Anweisung case? und das Listing 20.14b eine Matching-Select-Anweisung select? jeweils zur Realisierung eines 16:1-Multiplexers mit Registerausgang. Dabei besteht das Ziel, die Anzahl der Verzweigungen im Quellcode zu reduzieren. Der Anwender hat darauf zu achten, dass trotz Verwendung der Don't Cares die Zuweisung eindeutig und vollständig ist.

Listing 20.14: Bei Verwendung von Matching-Case- bzw. Matching-Select-Anweisungen kann die Anzahl der Verzweigungen im Quellcode reduziert werden. Man beachte das Fragezeichen hinter dem case- bzw. select-Schlüsselwort. In beiden Fällen wird ein 16:1-Multiplexer mit Registerausgang synthetisiert

a) VHDL-2008:

```
. . .
P1: process(CLK) begin
if CLK = '1' and CLK'event then
    case? TEST is
        when "11--" => Y <= IN0;
        when "000-" => Y <= IN1;
        when "0111" => Y <= IN2;
        when others => Y <= IN3;
    end case?;
end if;
end process;. . .
```

b) VHDL-2008:

```
. . .
P1: process(CLK) begin
if CLK = '1' and CLK'event then
    with TEST select?
    Y <= IN0 when "11--",
         IN1 when "000-",
         IN2 when "0111",
         IN3 when others;
end if;
end process;. . .
```

Bedingte Komponenteninstanziierung

Schon im bisherigen VHDL-Standard VHDL-2002 war es erlaubt, eine bedingte automatisierte Komponenteninstanziierung mit der generate-Anweisung durchzuführen, die nur ausgeführt wird, wenn eine bestimmte Bedingung erfüllt ist. Die linke Seite im Listing 20.15 zeigt ein Beispiel, welches mit zwei if-Abfragen über das im Listing 11.9 vorgestellte einfache Beispiel einer generate-Anweisung hinausgeht. Neu ist im VHDL-2008-Standard dagegen, dass es auch erlaubt ist, der if-Abfrage einen else-Zweig hinzuzufügen (vgl. Listing 20.15a). Ebenfalls ist es erlaubt, die automatisierte Komponenteninstanziierung von dem Wert einer case-Abfrage abhängig zu machen (vgl. Listing 20.15b).

Listing 20.15: Bedingte Komponenteninstanziierung im älteren Standard VHDL-2002. Der VHDL-2008-Standard erlaubt die bedingte Komponenteninstanziierung nun auch mit einem else-Zweig a) bzw. abhängig von dem Wert einer case-Abfrage b)

VHDL-2002:

```
...
GEN1: if SIMULATION ='1' generate
-- Instanziierungen für Simulation
end generate GEN1;
GEN2: if SIMULATION = '0' generate
-- Instanziierungen für Synthese
end generate GEN2;
...
```

VHDL-2008:

```
a)
...
GEN1: if SIMULATION ='1' generate
-- Instanziierungen für Simulation
else generate
-- Instanziierungen für Synthese
end generate GEN1;
...
b)
...
GEN1: case TARGET generate
  when 0 =>
  -- Instanziierungen für Target1
  when 1 =>
  -- Instanziierungen für Target2
  ...
end generate GEN1;
...
```

Deklaration eines Kontextes

Digitale Systeme sind meist aus vielen Entwurfseinheiten aufgebaut, die zudem in mehreren VHDL-Dateien abgespeichert sind. Typisch ist dabei, dass in all diesen Dateien auf die gleichen Bibliotheken bzw. Packages zugegriffen wird. Diese enthalten projektspezifisch deklarierte Datentypen und Funktionen, die in mehreren Entwurfseinheiten verwendet werden [2]. Im bisherigen Standard musste die Liste der verwendeten Bibliotheken in jeder Entwurfseinheit vollständig wiederholt werden. Dies ist in VHDL-2008 nicht mehr notwendig. Es ist ausreichend, einen context aller Bibliotheken einmalig zu deklarieren und diesen in den anderen Entwurfseinheiten zu verwenden. Das Listing 20.16 zeigt ein Beispiel, in dem zwei Entities jeweils die ieee.std_logic_1164 -Bibliothek sowie das gemeinsame verwendete package my_types in einer selbstdefinierten Bibliothek my_lib verwenden. Im VHDL-2008-Beispiel ist die Deklaration dieser Bibliotheken in einer context-Deklaration zusammengefasst und der context-Aufruf erfolgt jeweils vor der entity-Deklaration.

Listing 20.16: Die Deklaration gemeinsam zu verwendender Bibliotheken bzw. Packages wird im VHDL-2008-Standard durch eine context-Deklaration vereinfacht

VHDL-2002:

1. Datei:

```
library ieee;
library my_lib;
use ieee.std_logic_1164.all;
use my_lib.my_types.all;


entity MY_1st_ENTITY is
. . .
end MY_1st_ENTITY;
```

2. Datei:

```
library ieee;
library my_lib;
use ieee.std_logic_1164.all;
use my_lib.my_types.all;


entity MY_2nd_ENTITY is
. . .
end MY_2nd_ENTITY;
. . .
```

VHDL-2008:

Context Datei:

```
context MY_CONTEXT is
library ieee;
library my_lib;
use my_lib.my_types.all;
use ieee.std_logic_1164.all;
end context MY_CONTEXT;
```

1. Datei:

```
context work.MY_CONTEXT;
entity MY_1st_ENTITY is
. . .
end MY_1st_ENTITY;
```

2. Datei:

```
context work.MY_CONTEXT;
entity MY_2nd_ENTITY is
. . .
end MY_2nd_ENTITY;
. . .
```

Datenformat für Festkommazahlen im Q-Format

Im VHDL-2008-Standard ist erstmalig der vorzeichenlose Datentyp `ufixed` und der vorzeichenbehaftete Datentyp `sfixed` definiert. Damit werden rationale Zahlen im Q-Format abgebildet (vgl. Kapitel 6.6). Diese Datentypen stellen Signalvektoren mit positiven und negativen Indices dar, wobei die positiven Indices gemäß Gl. 6.10 dem ganzzahligem Anteil sowie ggf. dem Vorzeichen entsprechen und die negativen Indices dem Bruchteil der Zahl. Die Datentypen sind in der Bibliothek `ieee.fixed_pkg` mit fester Rundungs-, Überlauf- bzw. Sättigungscharakteristik deklariert.

Alternativ können diese Eigenschaften jedoch auch in einer generischen Bibliotheksvarianten der Standardbibliothek `ieee.fixed_generic_pkg` definiert werden. Das Listing 20.17 zeigt die Deklaration einer generischen Festkommabibliothek `my_fixed_pkg` mit Abschneidecharakteristik (`fixed_round_style`), Signalüberlauf (`fixed_overflow_style`) und ohne Schutz bei temporären Überläufen (`fixed_guard_bits`). Diese Parameter werden durch eine `generic map`-Anweisung eingestellt.

Als Anwendung des Datentyps `sfixed` beinhaltet das Listing ebenfalls die Deklaration der FIR-Filter (Finite-Impulse-Response) `entity` FIXPOINT_FIR, in der die Eingangs- und Ausgangssignale X bzw. Y im s3Q4-Format verwendet werden.

Listing 20.17: Deklaration einer generischen Festkommabibliothek my_fixed_pkg mit Abschneide- und Überlaufcharakteristik sowie Deklaration einer FIR-Filter-Entity mit Eingangs- und Ausgangssignalen im s3Q4-Format

VHDL-2008:

```
library ieee;
use ieee.std_logic_1164.all;
--use ieee.fixed_pkg.all; -- Standard ieee-Bibliothek auskommentiert

-- Parametrisierte ieee-Bibliothek
package my_fixed_pkg is new IEEE.fixed_generic_pkg

generic map (fixed_round_style =>IEEE.fixed_float_types.fixed_truncate,
             fixed_overflow_style => IEEE.fixed_float_types.fixed_wrap,
             fixed_guard_bits => 0,
             no_warning => TRUE
             );
use WORK.my_fixed_pkg.all;

entity FIXPOINT_FIR is
generic(N : integer := 6);  -- Filterordnung
port(CLK, NEW_SAMPLE: in bit;
     X: in sfixed(3 downto -4);
     Y: out sfixed(3 downto -4)
     );
end FIXPOINT_FIR;
. . .
```

Zu der in Listing 20.17 vorgestellten `entity` eines FIR-Filters N = 6. Ordnung soll nun die Architektur entworfen werden. In diesem FIR-Filter soll zu jedem Abtastzeitpunkt n die folgende Summe von Produkten gebildet werden [2]:

$$Y[n] = \sum_{k=0}^{6} H(k) \cdot D[n-k] \tag{20.1}$$

In Gl. 20.1 ist D[0] das zum aktuellen Abtastzeitpunkt gehörige Eingangssignal X[n] und Y[n] das zu diesem Abtastzeitpunkt gehörige Ausgangssignal. Die D[n – k] sind die um k Abtastzeitpunkte verzögerten („alten") Eingangssignalwerte. Die H(k) sind filterspezifische Koeffizienten, die üblicherweise in Matlab als Realzahlen berechnet werden. Durch die Verwendung des Datentyps `sfixed` erhält man eine recht einfache Implementierung des in Bild 20.2 dargestellten Blockdiagramms.

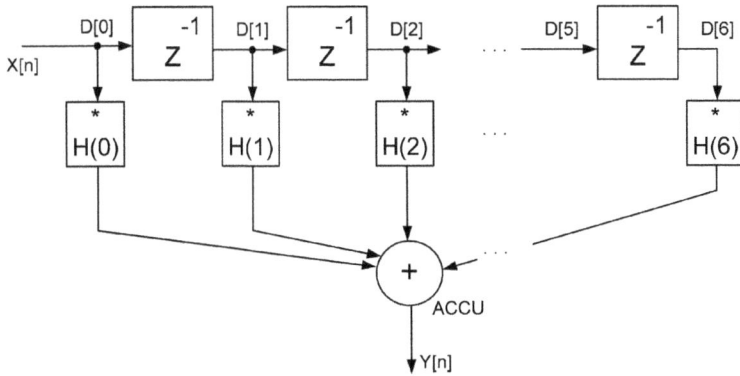

Bild 20.2: Architektur eines FIR-Filters 6. Ordnung

Zur Einsparung von Hardwareressourcen wird im Prozess P1 von Listing 20.18 ein VHDL-Codierstil gewählt, in der der aus einem Addierer, einem Multiplizierer und einem Ausgangsregister bestehende Akkumulator in einem DSP48E1-Slice implementiert wird. Diesem Zweck dient auch die Verwendung des USE_DSP-Attributs.

Die mit z^{-1} bezeichneten Blöcke werden in dem Prozess P2 implementiert. Diese stellen die Verzögerungskette dar, in der die letzten N Abtastwerte abgespeichert sind. Üblicherweise werden für diesen Zweck Flipflops verwendet. Durch den hier gewählten VHDL-Codierstil werden jedoch platzsparender dynamische Schieberegister SRL16E eingesetzt (vgl. Kapitel 16.7).

Listing 20.18: VHDL-Modell eines FIR-Filters N-ter Ordnung bei Verwendung des Festkommadatentyps `sfixed`. Die reellwertigen Konstanten H(k) wurden mit Matlab berechnet

VHDL-2008:

```
. . .
architecture ARCH of FIXPOINT_FIR is
type HTYPE is array(0 to N) of sfixed(3 downto -4);
signal H : HTYPE;
type DELAYTYPE is array(0 to N) of sfixed(3 downto -4);
signal D : DELAYTYPE := (others=> to_sfixed(0.0, X'high, X'low));
signal ACCU : sfixed(9 downto -8);
attribute USE_DSP: string;
attribute USE_DSP of ACCU : signal is "yes";

begin                                          -- s3Q4 quantisiert:
  H(0) <= to_sfixed (-0.21, 3, -4);   H(6) <= H(0); --  0.1875
  H(1) <= to_sfixed (1.2367, 3, -4);  H(5) <= H(1); --  1.1875
  H(2) <= to_sfixed (-2.4683, 3, -4); H(4) <= H(2); -- -2.4375
  H(3) <= to_sfixed (6.25, 3, -4);                  --  6.2500
```

```
P1: process (CLK)
variable K: integer range 0 to N := 0;
begin
   if CLK='1' and CLK'event then
      if NEW_SAMPLE then
         Y <= ACCU(Y'high downto Y'low);
         K := 0;
         ACCU <= to_sfixed(0.0, ACCU'high, ACCU'low);
      elsif K <= N then
         ACCU <= resize(ACCU + D(K)*H(K), ACCU'high, ACCU'low);
         K := K +1;
      end if;
   end if;
end process P1;


P2: process(CLK)
begin
   if CLK='1' and CLK'event then
      if NEW_SAMPLE then -- rechts Schieben der Samples
         for K in N downto 1 loop
            D(K) <= D(K-1);
         end loop;
         D(0) <= X;
      end if;
   end if;
end process P2;
end ARCH;
```

Die Architektur des FIR-Filters ist stark an den Entwurf eines C-Programms zur FIR-Filterberechnung angelehnt, sie gliedert sich in mehrere nebenläufige Anweisungen sowie zwei Prozesse:

- In sieben nebenläufigen Anweisungen werden die aus Matlab erhaltenen Realkoeffizienten mithilfe der Funktion to_sfixed in das s3Q4-Format überführt, wobei automatisch eine Wertquantisierung erfolgt. Man beachte die in FIR-Filtern mit linearem Phasenverhalten vorhandene Symmetrie der Koeffizienten $H(k) = H(N - k)$.
- In dem taktsynchronen Prozess P1 wird eine Variable K vom Typ integer deklariert, mit der die N + 1 Konstanten H(K) und Abtastwerte D(K) adressiert werden. Der Wertebereich dieser Variablen wird auf den Bereich 0...N eingeschränkt, womit im Fall von N = 6 ein 3-Bit-Zähler instanziiert wird. Ohne diese Einschränkung würde unnötigerweise ein 32-Bit-Zähler verwendet werden.

- Im Prozess P1 wird für den Fall, dass das externe Steuersignal NEW_SAMPLE gesetzt ist, der Akkumulator mit 0 initialisiert und die Schleifenvariable K zurückgesetzt. Außerdem wird der Akkumulatorwert der letzten Filterberechnung an den Ausgang Y gelegt
- Für NEW_SAMPLE = 0 werden in diesem Prozess die Partialprodukte D(K) · H(K) taktsynchron akkumuliert, und der Variablenwert nach jedem Akkumulationsschritt inkrementiert. Durch Verwendung der Signalattribute 'high und 'low wird das Rechenergebnis unabhängig von der aktuell deklarierten Bitbreite des Akkumulators.
- Bei der Akkumulation ist zu berücksichtigen, dass sich bei den Multiplikationen die Bitbreite vergrößert (vgl. Kapitel 11.9) und bei den Additionen ein möglicher Überlauf zu berücksichtigen ist. Das Akkumulatorsignal ACCU wird daher mit zusätzlichen Bits für den ganzzahligen Anteil und doppelter Bitzahl für den Bruchanteil deklariert. Um unerwünschte Zahlenbereichsüberläufe in der Schleife auszuschließen, wird in Listing 20.18 die für Signale vom Typ sfixed definierte Funktion resize verwendet, mit der die Bitbreite des Akkumulatorergebnisses in jedem Schleifendurchlauf vorzeichengerecht auf die Bitbreite des Signals ACCU angepasst wird.
- Im ebenfalls taktsynchronen Prozess P2 erfolgt für den Fall, dass ein neues Sample anliegt die Aktualisierung der Verzögerungskette. Beginnend beim letzten Sample D(N − 1) werden die Samples um eine Position nach rechts geschoben und anschließend das aktuelle Sample X links in der Kette als D(0) eingefügt.

Für das in Bild 20.3 dargestellte Ergebnis der Simulation einer Sprungantwort wurde der Simulator ModelSim (vgl. Kapitel 20.2) verwendet. Dieser erfordert bei Quell-

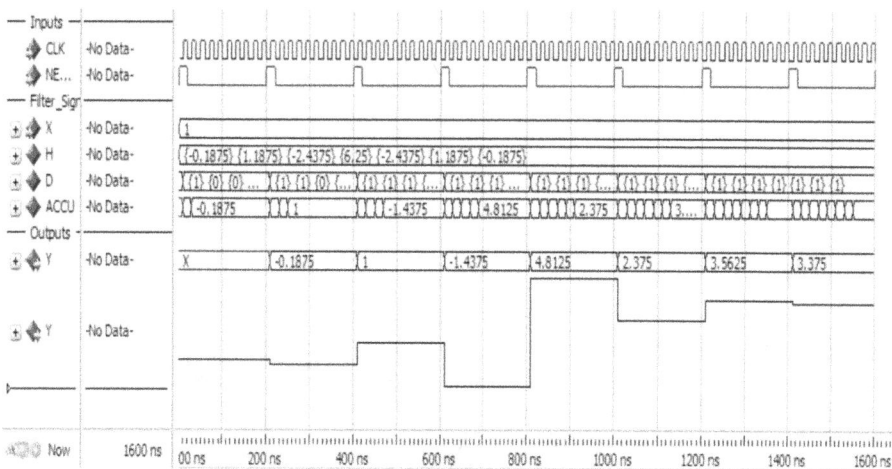

Bild 20.3: Ausschnitt aus einer Sprungantwortsimulation des FIR-Filters

codes, die den VHDL-2008-Standard nutzen, dass dieser Standard explizit spezifiziert wird (Im *Project*-Tab für die Quellcodedatei das Kontextmenü öffnen → *Properties* → *VHDL*-Tab auswählen → *Use 1076-2008* auswählen).

Das Bild 20.3 wurde mit der in Listing 20.19 dargestellten do-Datei erzeugt, in der alle Datenpfadsignale im `sfixed`-Datenformat dargestellt werden und das Ausgangssignal Y zusätzlich auch in einer Analogdarstellung. Ferner enthält die Makrodatei periodische Stimuli für das Taktsignal CLK und das Übergabesignal NEW_SAMPLE. Das Filtereingangssignal wurde auf den konstanten Wert 0x10 gelegt, der in diesem Format der Zahl 1.0 entspricht. Die Simulationsdauer wurde mit 1600 ns so gewählt, dass der stationäre Zustand des FIR-Filters gerade erreicht wird.

Listing 20.19: Makrodatei zur Simulation der Sprungantwort des FIR-Filters in ModelSim

```
# ModelSim Simulation der Impulsantwort eines FIR-Filters im
# VHDL-2008-Standard
restart
add wave -divider Inputs
radix bin
add wave clk
add wave new_sample
add wave -divider Filter_Signals
radix sfixed
add wave X
add wave H
add wave D
add wave ACCU
add wave -divider Outputs
add wave Y
add wave -format analog-step Y
# Stimuli
radix hex
force x 0x10
force clk 0 0, 1 10ns -r 20ns
force new_sample 1 0, 0 20ns -r 200ns
run 1600ns
```

Bild 20.3 zeigt z. B. am Beispiel des Filterkoeffizientenvektors H die Quantisierung der im reellen Zahlenformat spezifizierten Festkommazahlen auf vier Nachkommastellen, die durch die VHDL-2008-Funktion `to_sfixed` vorgenommen wurde und die in der Praxis zu Abweichungen vom idealen Verhalten des FIR-Filters führt.

Hier soll auch angemerkt werden, dass eine funktionale Simulation dieses Modells mit den Grundeinstellungen von Vivado (V2019.1) nicht möglich ist, weil darin der VHDL-2008-Standard noch nicht vollumfänglich unterstützt wird. Die FPGA-Synthese und -Implementierung von Listing 20.18 mit Vivado liefert hingegen keine Fehler, sofern im Vivado-Projekt für die Quellcodedatei das FILE_TYPE-Attribut auf den Wert "VHDL 2008"gesetzt wird.

Die Implementierung in einem Artix-7-FPGA mit Vivado erfordert die folgenden Hardwareressourcen:

- Ein DSP48E1-Slice für den Akkumulator,
- 19 D-Flipflops (FDRE) (Signale ACCU_reg[3:-4], Y_reg[3:-4] und K_reg[2:0]),
- acht LUTs als Schieberegister (SRL16E) für das Signal D_reg[3:-4],
- 27 LUTs für die kombinatorische Logik.

Die Länge des kritischen Datenpfads beträgt t_{Delay} = 8.47 ns.

Datenformat für Gleitkommazahlen

In der Bibliothek `ieee.float_pkg` wurde mit VHDL-2008 auch ein Datenformat für Gleitkommazahlen variabler Bitbreite definiert. Das Listing 20.20 zeigt die Realisierung des FIR-Filters aus Listing 20.18 unter Verwendung der Gleitkommadarstellung nach der Norm IEEE 754 mit 8 Bits für den Exponenten und 23 Bits für die Mantisse (vgl. Kapitel 6.6.2). Allerdings sollte hier angemerkt werden, dass der hier definierte Datentyp `float` im Moment nur von den wenigsten Synthesewerkzeugen unterstützt wird.

Listing 20.20: VHDL-Modell eines FIR-Filters in Gleitkommadarstellung nach der Norm IEEE 754

VHDL-2008:

```vhdl
library ieee;
use ieee.float_pkg.all;
entity FLOAT_FIR is
generic(N : integer := 6);   -- the filter order
port(CLK, RESET, NEW_SAMPLE: in bit;
    X : in float(8 downto -23);
    Y: out float(8 downto -23)
    );
end FLOAT_FIR;
architecture ARCH of FLOAT_FIR is
type HTYPE is array(0 to N) of float(8 downto -23);
signal H : HTYPE;
type DELAYTYPE is array(0 to N) of float(8 downto -23);
constant ZERO : float(8 downto -23) := to_float(0.0, 8, 23);
signal DELAY : DELAYTYPE := (others=> ZERO);
signal ACCU : float(8 downto -23);
. . .
```

20.2 Hinweise zur Verwendung von ModelSim

Das in der Industrie sehr weit verbreitete VHDL-Simulationsprogramm ModelSim der Fa. Mentor Graphics [18] war als frei verfügbare Version mit zeitlich unbefristeter Lizenz bis Ende des Jahres 2010 von der Fa. Xilinx unter dem Namen „ModelSim XE Starter" so lange erhältlich, bis Xilinx einen eigenen Simulator in seine Entwicklungssoftware integriert hatte. Seit 2011 gibt es die Version „ModelSim PE Student" mit nahezu gleicher Funktionalität nur noch direkt von Mentor Graphics. Die Lizenz dieser Version ist nun auf 180 Tage limitiert, lässt sich aber durch komplette Neuinstallation erneuern. Vor einer Neuinstallation muss die alte Version deinstalliert werden, da die Installationsdateien sonst nicht vollständig entpackt werden.

ModelSim enthält einen VHDL-Quellcodeeditor mit Debugger sowie einen ereignisgesteuerten Simulator, bei dem schrittweise Veränderungen von Eingangssignalen über die grafische Menüoberfläche vorgegeben werden können. Umfangreichere Simulationssequenzen lassen sich mit Kommandodateien (Dateierweiterung *.do) reproduzierbar gestalten. Die Komplexität der Version 10.4[1] reicht aus, um alle in diesem Buch vorgestellten Entwürfe und Aufgabenstellungen analysieren zu können. Mit „ModelSim PE Student" können entweder VHDL- oder Verilog-Modelle simuliert werden.

Das Programm lässt sich nach einer Registrierung aus dem Internet frei herunter laden [www.model.com/download/edu]. Während des kompletten Downloads und des Installations- und Lizenzierungsprozesses muss eine Internetverbindung bestehen und die Installation muss mit Administratorrechten erfolgen.

Am Ende des Installationsprozesses öffnet sich ein Internet-Browser Fenster, mit dem eine Lizenzdatei angefordert werden muss, die an die anzugebende email-Adresse verschickt wird. Diese Lizenzdatei ist allerdings nur für die gerade herunter geladene Installationsdatei `modelsim-pe_student_edition.exe` gültig. Zur Programmaktivierung muss die Lizenzdatei `student_license.dat` in den Installationsordner kopiert werden, der standardmäßig als `C:\modeltech_pe_edu_10.4a` eingestellt ist.

Die bereits in Bild 5.2 vorgestellte Ordnerstruktur erlaubt es, die VHDL-Quellcodes auch mit ModelSim zu simulieren, wobei sich die Makrobefehlsdateien `*.do` zusammen mit den VHDL-Dateien im Ordner `VHDL_Codes` und die ModelSim-Projekte im Ordner `ModelSim_Projects` befinden sollten.

20.2.1 ModelSim-Hilfesystem

ModelSim bietet ein umfangreiches Hilfesystem von PDF-Dateien, zu dem ein „User's Manual", ein „Reference Manual" sowie ein „Tutorial" gehören. Als Einführung gibt das „Tutorial" zur Projekteröffnung, zur Simulation und zum Debugging eine kompakte Übersicht.

---

1 Die zum Zeitpunkt der Drucklegung aktuelle Version 10.4 steht hier exemplarisch für nachfolgende Versionen.

20.2.2 Entwicklungsablauf mit ModelSim

Die wesentlichen Arbeitsschritte beim VHDL-Entwurf mit ModelSim sind nachfolgend aufgeführt:

1. Start des Programms ModelSim
2. Anlegen eines Projekts (Dateierweiterung *.MPF)
3. Hinzufügen bzw. Erstellen der VHDL-Dateien (Dateierweiterung *.VHD)
4. Compileroptionen einstellen
5. Kompilation und Fehleranalyse der VHDL-Dateien
6. Ausführbares Design laden
7. Simulation des Designs, ggf. Korrektur des VHDL-Codes
8. Simulation von strukturellen Designs

Exemplarisch sollen diese Schritte anhand des 4-zu-1-Multiplexers mit selektiver Signalzuweisung erläutert werden, der bereits als Vivado-Beispiel verwendet wurde. Dabei sind die Übergänge zu einer untergeordneten Menühierarchie durch das Zeichen ⇒ gekennzeichnet. Die nachfolgend beschriebenen Schritte 1. bis 8. des Entwicklungsablaufs beziehen sich auf die Menüauswahl über das ModelSim-Konsolenfenster **ModelSim.**

1. Starten Sie das Programm ModelSim vom Desktop. Zuerst wird das **Important Information**-Fenster geöffnet, in dem aktualisierte Merkmale aufgeführt sind und ein Übergang auf einen Schnellstart mit *Jump Start* angeboten wird. Indem Sie *Close* anwählen, wird dieser Rahmen geschlossen und das vorher parallel geöffnete Fenster **ModelSim** wird sichtbar. Darin benötigen Sie zunächst zwei Teilfenster:

- Im Konsolenfenster (**Transcript**) werden alle Tastatureingaben aufgezeichnet. Außerdem erfolgt dort eine Protokollierung aller Simulatoraktionen inklusive der Fehlermeldungen. Falls dieses Fenster nicht geöffnet wird, so können Sie dies durch Anklicken von *View=>Transcript* öffnen.
- Im Arbeitsbereich (**Project**) werden entweder die Projektdateien dargestellt (unter dem Reiter Project), oder aber es werden die kompilierten VHDL-Dateien dargestellt (unter dem Reiter Library). Falls diese Fenster nicht geöffnet sind, so erreichen Sie dies durch *View=>Library* bzw. *View=>Project*.

Alle Teilfenster lassen sich durch Klicken auf das Undock-Symbol ⧉ auch losgelöst vom Hauptfenster darstellen bzw. durch Klicken auf das Dock-Symbol ⧉ wieder im Hauptfenster zusammenfassen.

2. Zu Beginn ist ein Projekt zu eröffnen, dessen Eingabe mit *File* ⇒ *New* ⇒ *Project* im Konsolenfenster **ModelSim** erfolgt. Im **Create Project**-Fenster ist ein bereits existierender Projektordner ins Tastenfeld *Project Location* einzutragen und ein neuer Projektname muss im Feld *Project Name* angegeben werden (vgl. Bild 20.4). Einige Grundeinstellungen (Settings) werden aus der Datei modelsim.ini in das aktuelle Projekt übernommen, die sich im Installationsordner befindet. Dadurch wird im

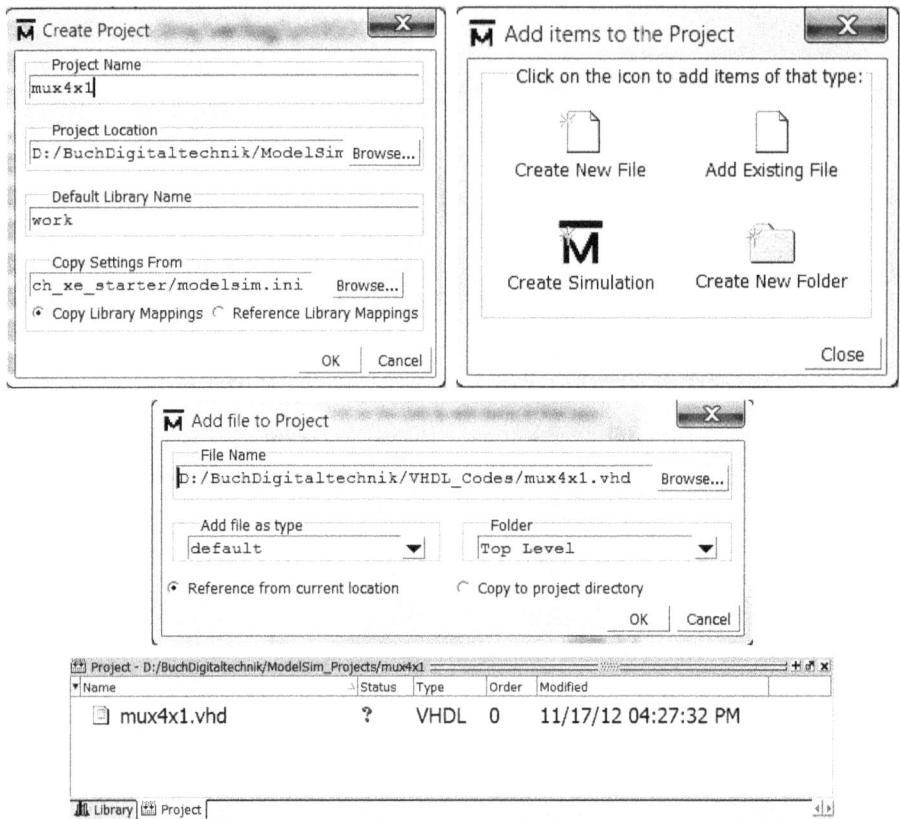

Bild 20.4: ModelSim-Fenster zur Erzeugung eines neuen Projekts und zur Auswahl der VHDL-Codes

ModelSim-Arbeitsverzeichnis eine Projektdatei <Projekt_Name>.mpf sowie ein De-fault-Bibliotheksverzeichnis ..\work erzeugt, in dem die kompilierten VHDL-Codes gespeichert werden. Nach Abschluss mit **OK** wird das **Add items to the Project**-Fenster geöffnet.

3. Mit einem Standardtexteditor im ASCII-Format erstellte VHDL-Codes sind über die Auswahl von **Add Existing File** in das Projektverzeichnis zu importieren. Im Fens-ter **Add file to Project** sollte der Dateityp im Eintrag **Add file as type** auf „default" oder „VHDL" eingestellt werden. Die Auswahl *Reference from current location* sorgt dafür, dass alle Änderungen an der Originaldatei durchgeführt werden, die sich hier im Unterverzeichnis ..\VHDL_Codes befindet (vgl. Bild 5.2). Nach dem Schließen des Fensters mit **OK** erscheint im **Project**-Bereich des Projektfensters der Name der aus-gewählten Datei mit einem Fragezeichen, welches signalisiert, dass die Datei noch nicht kompiliert wurde. Nun sollte sich durch Doppelklicken auf die VHDL-Datei ein Editor öffnen lassen, mithilfe dessen weitere Änderungen am Quellcode durchgeführt werden können.

4. Im **Project**-Bereich des Hauptfensters sollten durch Rechtsklicken auf den Quell-code und Auswahl von *Properties* die folgenden Compiler-Optionen im VHDL-Reiter eingestellt werden:

- Use 1076-2002 Language Syntax
- Use explicit declarations only
- Show source lines with errors
- Check for: Synthesis
- Optimize for: StdLogic1164
- Alle Reportwarnungen sollten eingeschaltet sein.

Die Übernahme der Einstellungen erfolgt mit dem Abschluss durch *OK*. Diese Compiler-Einstellungen bewirken Folgendes:

Explizite Deklarationen beziehen sich auf den Einsatz von Bibliotheken, die Arithmetikfunktionen beinhalten. Da zahlreiche Operatoren in der Bibliothek StdLogic1164 überladen sind, wird der Compiler angewiesen, nur die Deklarationen zu berücksichtigen, die in der jeweils zusätzlich eingebundenen Bibliothek enthalten sind. Der Compiler wird außerdem angewiesen, nur den synthesefähigen VHDL-Syntaxumfang zuzulassen und die Optimierung auf Basis der StdLogic1164-Bibliothek durchzuführen. Der VITAL-Standard [48] ist eine Industrievereinbarung zur Timing-Simulation von ASICs: Es werden bei der Designimplementierung SDF-Dateien (Standard Delay Format [47]) erzeugt, die die Timing-Informationen der Zielhardware beinhalten.

Durch Doppelklicken auf die Quellcodedatei im **Project**-Fenster wird der Quell-code im **edit**-Fenster angezeigt, sodass Änderungen vorgenommen werden können (vgl. Bild 20.5).

```
D:/BuchDigitaltechnik/VHDL_Codes/mux4x1.vhd
Ln#
 1     -- mux4x1.vhd
 2     -- selektive Signalzuweisung
 3     ---------------------------
 4     entity MUX4X1 is
 5        port( S : in bit_vector(1 downto 0);
 6              E : in bit_vector(3 downto 0);
 7              Y : out bit);
 8     end MUX4X1;
 9     architecture BEHAVIOUR of MUX4X1 is
10     begin
11        with S select
12        Y <= E(0) when "00",
13              E(1) when "01",
14              E(2) when "10",
15              E(3) when "11";
16     end BEHAVIOUR;
17
```

Bild 20.5: Darstellung des Quellcodes nach Auswahl im Project

5. Die Kompilation des Quellcodes erfolgt z. B. durch Rechtsklicken auf den im **Project** ausgewählten Quellcode mit der Dateierweiterung *.vhd und Auswahl von **Compile** ⇒ **Compile Selected**. Das **Transcript**-Fenster zeigt den Compilerstatus und ggf. die Fehlermeldungen an. Durch Doppelklick auf die rot dargestellte Fehlermeldung erhält man im **Unsuccessful Compile**-Fenster detaillierte Fehlermeldungen. In Bild 20.6 sind beispielhaft die Meldungen zu einem fehlerhaften Quellcode dargestellt. Durch Selektion der einzelnen Fehlermeldungen in diesem Fenster wird die betreffende Zeile im VHDL-Code farblich hervorgehoben (vgl. Bild 20.6 unten). Sofern das **edit**-Fenster vorher geschlossen war, wird es nun automatisch geöffnet. Alle Fehlerkorrekturen sind dort mit **File** ⇒ **Save** zu sichern. Nach erfolgreichem Abschluss der Korrektur/Kompilationszyklen sollte das **edit**-Fenster mit **File** ⇒ **Close** geschlossen werden.

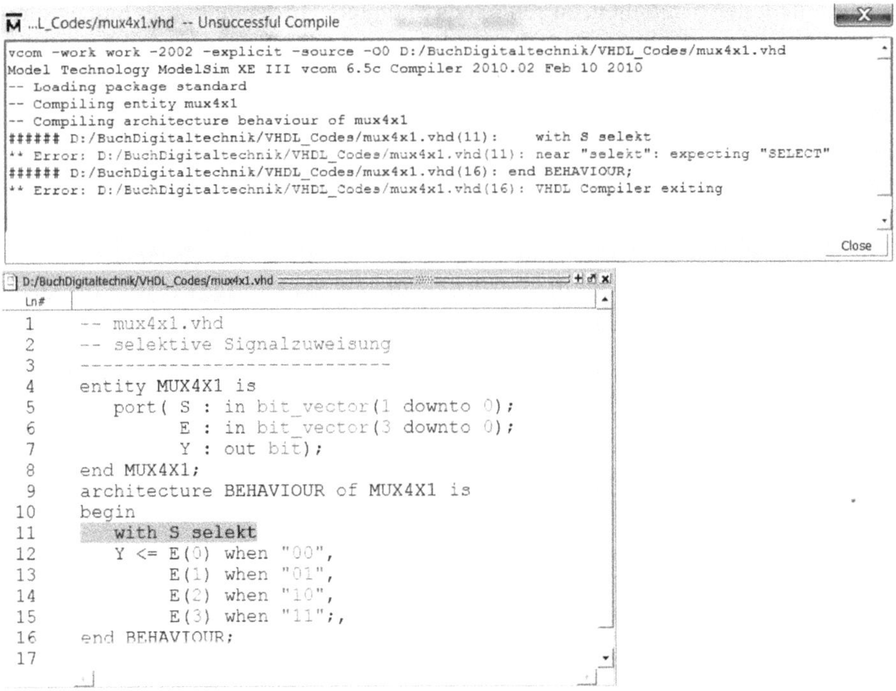

```
M ...L_Codes/mux4x1.vhd -- Unsuccessful Compile                                    X
vcom -work work -2002 -explicit -source -O0 D:/BuchDigitaltechnik/VHDL_Codes/mux4x1.vhd
Model Technology ModelSim XE III vcom 6.5c Compiler 2010.02 Feb 10 2010
-- Loading package standard
-- Compiling entity mux4x1
-- Compiling architecture behaviour of mux4x1
###### D:/BuchDigitaltechnik/VHDL_Codes/mux4x1.vhd(11):    with S selekt
** Error: D:/BuchDigitaltechnik/VHDL_Codes/mux4x1.vhd(11): near "selekt": expecting "SELECT"
###### D:/BuchDigitaltechnik/VHDL_Codes/mux4x1.vhd(16): end BEHAVIOUR;
** Error: D:/BuchDigitaltechnik/VHDL_Codes/mux4x1.vhd(16): VHDL Compiler exiting
                                                                             Close
```

```
D:/BuchDigitaltechnik/VHDL_Codes/mux4x1.vhd
Ln#
 1    -- mux4x1.vhd
 2    -- selektive Signalzuweisung
 3    --------------------------
 4    entity MUX4X1 is
 5       port( S : in bit_vector(1 downto 0);
 6             E : in bit_vector(3 downto 0);
 7             Y : out bit);
 8    end MUX4X1;
 9    architecture BEHAVIOUR of MUX4X1 is
10    begin
11       with S selekt
12       Y <= E(0) when "00",
13            E(1) when "01",
14            E(2) when "10",
15            E(3) when "11";,
16    end BEHAVIOUR;
17
```

Bild 20.6: Compiler-Fehlermeldungen im Konsolenfenster und Darstellung der fehlerhaften Codezeile im edit-Fenster

6. Im Konsolenfenster sollte mit *Simulate* ⇒ *Runtime Options* als nächster Schritt unter *Defaults* im **Runtime Options**-Fenster eine Auswahl der Simulationsparameter getroffen werden, die mit *Apply* und *OK* zu bestätigen ist:

Default Radix:	Hexadecimal	Eingabe- bzw. Ausgabeformat der Bussignale
Default Run:	100 ns	Simulationsschrittweite
Default Force Type:	Default (based on type)	Treiberstärke der Eingangsstimuli

Durch die letzte Option wird die Treiberstärke der Eingangsstimuli für die nichtaufgelösten Signaltypen (bit und std_ulogic) als jeweils einzige Treiber mit „Freeze" und für den aufgelösten Signaltyp (std_logic) mit „Drive" festgelegt. Dies sorgt dafür, dass weitere Wertzuweisungen, die nachfolgend durch das VHDL-Modell erfolgen, nur für solche Signale fehlerfrei möglich sind, die vom Typ std_logic sind.

Nun muss der kompilierte VHDL-Code, der sich üblicherweise in der Bibliothek „work" befindet, in den Simulator geladen werden: Mit *Simulate* ⇒ **Start Simulation** öffnet sich das **Start Simulation**-Fenster, in dem unter *Design* und im (eventuell erst am Ende der Liste aufgelisteten) Verzeichnis *Work* alle zum Projekt gehörenden und kompilierten VHDL-Codes mit ihrem entity-Namen und den dazugehörigen architecture-Namen aufgeführt sind. Die zu analysierende entity ist durch Anklicken zu selektieren. (Bei mehreren Architekturen zu einer entity muss die gewünschte architecture ausgewählt werden). Anschließend ist das Fenster mit *OK* zu schließen. Im **Transcript**-Fenster erscheint nach erfolgreichem Laden des Simulationsmodells der VSIM-Prompt, der das erfolgreiche Laden des Top-Level-Simulationsmodells und aller eventuell vorhandenen Komponentenmodelle bestätigt. Am unteren Rand des Hauptfensters wird der Status der Simulation angegeben.

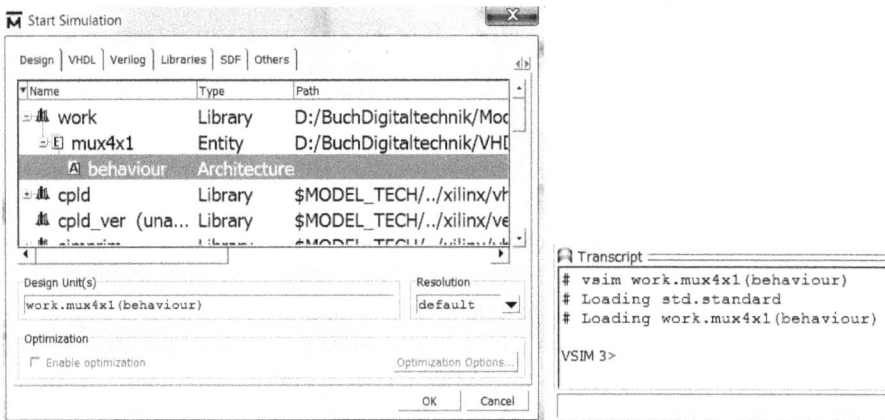

Bild 20.7: Auswahl des kompilierten VHDL-Codes im Verzeichnisbaum des **Start Simulation**-Fensters. Es erfolgt eine Bestätigung des erfolgreichen Ladens im **Transcript**-Fenster

7. Für die Simulation müssen im einfachsten Fall zwei Fenster geöffnet werden, die die Schnittstellen- und internen Signale auflisten sowie die Simulationszeitverläufe darstellen. Zuerst ist im Hauptfenster **ModelSim** *View* ⇒ *Objects* anzuwählen, sodass das **Objects**-Fenster die Eingangs-, Ausgangs- und ggf. die internen Signale mit ihrem Initialisierungswert aufführt (vgl. Bild 20.8). Nachdem alle Signale selektiert sind, wird über *Add* ⇒ *Wave* im **Objects**-Fenster nun das **wave**-Fenster geöffnet, wobei in diesem Fall die Signalauswahl mit *Selected Signals* getroffen wird.

Das Eingabefenster für Signalstimuli wird für einzeln selektierte Eingangssignale im **Objects**-Fenster über *Edit* ⇒ *Force* erreicht. Im **Force Selected Signal**-Fenster erfolgt die jeweilige Wertzuweisung unter *Value*. In diesem Beispiel ist dies eine Hexadezimalzahl (vgl. Bild 20.8).

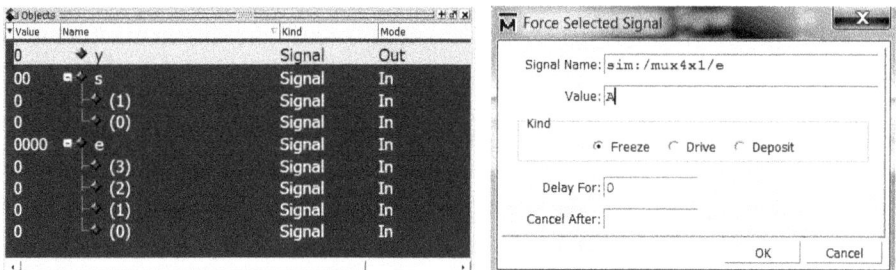

Bild 20.8: Signalselektion und Wertzuweisung

Im Fall von periodischen Taktsignalen für Flipflops ist der Weg *Edit* ⇒ *Clock* zu wählen. Dabei ist es sinnvoll, im **Define Clock**-Fenster den Beginn des Signals (First Edge) mit der fallenden Flanke festzulegen, damit die Pegeländerungen der Flipflop-Dateneingänge nicht mit der steigenden Flanke des Taktsignals zusammenfallen. Dadurch wird ein asynchrones Verhalten der Eingangssignale nachgebildet, das die für die reale Hardware erforderlichen Setup-/Hold-Time-Anforderungen von positiv-taktflankengesteuerten Flipflops berücksichtigt. Wenn nichts anderes angegeben wird, so wird als Zeiteinheit ps verwendet. Andere Einheiten müssen in den Eingabefenstern explizit mit angegeben werden (z. B: 50 ns).

Nach vollständiger Definition aller Eingangssignale wird die Simulation für einen Simulationsschritt mit *Simulate* ⇒ *Run* ⇒ *Run 100 ns* aus dem Konsolenfenster heraus gestartet. In Bild 20.9 ist der Simulationszeitverlauf für E = 0xA und vier Zuweisungen an das Selektionssignal S = 0, 1, 2, 3 abgebildet. Der Gesamtzeitbereich von 400 ns wird mit *View* ⇒ *Zoom* ⇒ *Zoom Full* im **wave**-Fenster dargestellt. Zusätzlich sind mit *Insert* ⇒ *Cursor* zwei Cursor platziert worden. Die Signalpegel an der Position des durch Anklicken selektierten linken Cursors 1 bei t = 100 ns werden in der Wertespalte des **wave**-Fensters angezeigt.

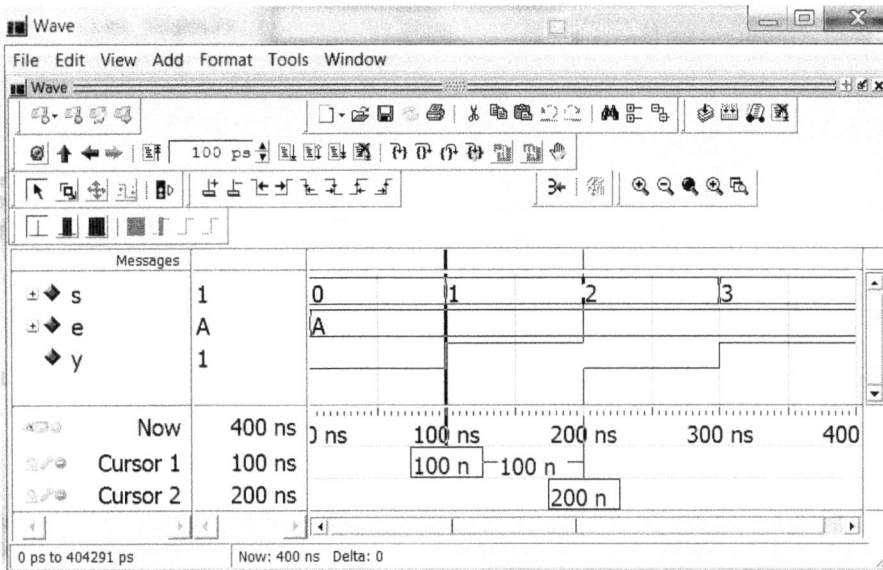

Bild 20.9: Vier Simulationsschritte des Multiplexers mit Cursor-Positionen bei t = 100 ns und 200 ns

Falls die Simulation logische Entwurfsfehler im VHDL-Code zeigt, sind die Schritte 5 (Kompilation des korrigierten Codes) und 6 (Ladevorgang des übersetzten Designs) komplett zu wiederholen.

Für umfangreiche Simulationen mit einer großen Anzahl von Ein- und Ausgangssignalen sowie einer langen Simulationssequenz empfiehlt sich der Einsatz von Kommandodateien (*.do), die eine leichte Reproduzierbarkeit der Simulationsergebnisse sichern (vgl. Listing 20.21).

Die mit einem Standardtexteditor im ASCII-Format erstellte Kommandoliste enthält Anweisungen zum Löschen der Simulationskurven (restart), zum Darstellungsformat der Signalvektoren (radix) und zum Öffnen des wave-Fensters (add wave). Die Pegelzuweisungen erfolgen mit force und die Simulationsdauer der Sequenzschritte wird mit run ... ns bestimmt. Zur Abbildung der Eingangskombinationen einer Wahrheitstabelle eignet sich die im zweiten Abschnitt von Listing 20.21 aufgeführte schrittweise Wertzuweisung auf einzelne Vektorelemente: Es wird jeweils ein Paar aus einer Wertzuweisung mit dem Zeitpunkt der Wertzuweisung gebildet und die Wiederholrate wird angegeben. Diese Zuweisungsart für periodische Vorgänge ist auch für Taktsignale zu wählen. Als Unterstützung zur Erstellung dieser Dateien können die im **Transcript**-Fenster dargestellten Befehle mittels Copy-and-Paste auch direkt in die *.do-Datei eingefügt werden. Diese Befehle werden übrigens auch in eine Datei mit dem Namen transcript geschrieben, die sich im ModelSim-Projektverzeichnis befindet, und die mit einem Texteditor geöffnet werden kann.

Listing 20.21: Kommandodatei MUX4X1.do mit Einzelzuweisungen und periodischer Zuweisung

```
# Dies ist eine Kommentarzeile
restart
radix hex
add wave sim:/mux4x1/*
force e 5
force s 0
run 100ns
force s 1
run 100ns
force s 2
run 100ns
force s 3
run 100ns
#
# Die gleiche Pegelfolge als Wahrheitstabelle
#         Wert Zeitpunkt, Wert Zeitpunkt, Wiederholung alle xxxns
force s(0) 0      0,       1    100ns       -repeat 200ns
force s(1) 0      0,       1    200ns       -r 400ns
run 400ns
```

Die Ausführung der Kommandodatei mux4x1.do wird über **Tools** ⏵ **TCL** ⏵ **Execute Macro** im Hauptfenster **ModelSim** eingeleitet. Im Fenster **Execute Do File** ist die entsprechende Kommandodatei zu selektieren, die vom Anwender sinnvollerweise im Projektverzeichnis platziert werden sollte. Das **Restart**-Fenster kann mit **Restart** geschlossen werden. Ohne einen Neustart schließen einzelne Simulationsläufe zeitlich aneinander an.

In Bild 20.10 ist das Ausführungsergebnis der Kommandodatei nach Listing 20.21 mit zwei Cursor-Einträgen dargestellt.

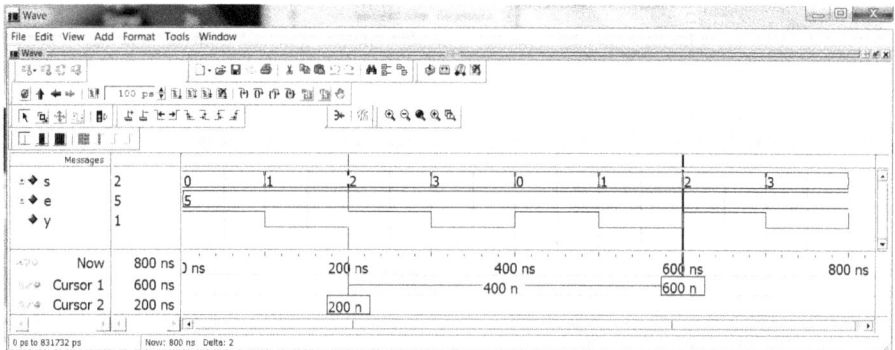

Bild 20.10: Simulation des Multiplexers MUX4X1.vhd mit der Kommandodatei MUX4X1.do

Zuerst
compilieren

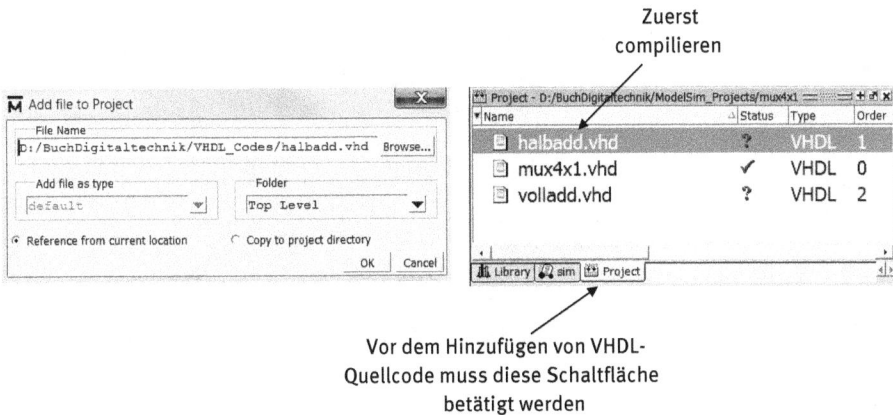

Vor dem Hinzufügen von VHDL-
Quellcode muss diese Schaltfläche
betätigt werden

Bild 20.11: Hinzufügen von existierendem VHDL-Code zu einem existierenden Projekt

8. Zur Simulation eines strukturellen Designs sind die VHDL-Codes aller Komponenten und die Top-Entity (Strukturmodell) in ein existierendes Projekt zu importieren (vgl. Schritt 3.). Die weiteren Schritte des Entwicklungsablaufs sollen für den aus zwei Halbaddierern bestehenden Volladdierer (vgl. Listing 11.7 und Listing 11.8) erläutert werden. Vor dem Hinzufügen der Quellcodes muss im **Project**-Fenster links unten der Reiter *Project* aktiviert werden (vgl. Bild 20.11). Anschließend lässt sich durch *Project* ⇒ *Add to Project* ⇒ *Existing File* bereits existierender Quellcode dem Projekt hinzufügen. Alle noch nicht kompilierten Dateien sind mit einem Fragezeichen gekennzeichnet.

Die Kompilation der *.vhd-Dateien wird mit *Compile* ⇒ *Compile Selected* aus dem Konsolenfenster **ModelSim** heraus eingeleitet (vgl. Schritt 5.). Im **Compile HDL Source Files**-Fenster sind die Komponenten beginnend bei der niedrigsten Hierarchieebene nacheinander zu kompilieren. Im vorliegenden Beispiel ist dies der Halbaddierer (vgl. Bild 20.11). Diese Reihenfolge ist erforderlich, da beim Laden des Simulationsmodells in den Simulator (Schritt 6.) die Integrität aller Schnittstellensignale über die gesamte Hierarchie überprüft wird. Bei diesem Elaborationsvorgang wird die Konsistenz der Signaldatentypen in den untergeordneten Entwurfseinheiten (local signals) mit den Komponentendeklarationen und lokalen Signaldeklarationen (actual signals) sichergestellt. Aus dieser Abhängigkeit geht hervor, dass nach Änderungen in einer untergeordneten Komponente die Top-Entity zur Prüfung der Konsistenz erneut kompiliert werden muss. Alternativ dazu lässt sich im *Compile*-Menü des Hauptfensters mit *Compile Order* die Reihenfolge der zu übersetzenden Dateien einstellen bzw. mit der Schaltfläche *Auto Generate* automatisch identifizieren. Anschließend können mit *Compile All* alle Dateien des Projektes in der gewünschten Reihenfolge übersetzt werden.

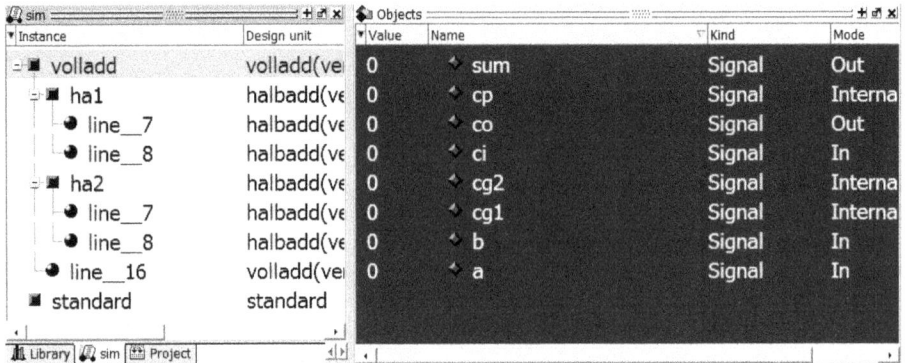

Bild 20.12: sim- und Objects-Fenster nach dem Laden des Volladdierermodells

Im nächsten Schritt ist das simulationsfähige Design zu laden (Schritt 6.). Dazu wird mit *Simulate* ⇒ *Simulate* das **Simulate**-Fenster geöffnet, die Top-Entity VOLLADD selektiert und mit *OK* geladen. Dadurch wird im **Project**-Fenster der Reiter **sim** aktiviert. Durch *View* ⇒ *Objects* öffnet sich auch das **Objects**-Fenster, welches die Signale des gerade ausgewählten Simulationsobjekts darstellt. Die entsprechende Darstellung bei Auswahl der Top-Entity zeigt Bild 20.12. Darin sind die beiden Halbaddiererinstanzen ha1 und ha2 an einem rechteckigen Symbol und alle Prozesse bzw. nebenläufigen Signalzuweisungen durch ein Kreissymbol mit dem Verweis auf die Quellcodezeile zu erkennen. Die Simulation erfolgt mit der Kommandodatei in Listing 20.22.

Listing 20.22: Kommandodatei VOLLADDIERER.do

```
# Simulation eines Volladdierers
restart
radix hex
add wave -divider Eingänge
add wave sim:/volladd/a
add wave sim:/volladd/b
add wave sim:/volladd/ci
add wave -divider Lokale_Signale
add wave sim:/volladd/cp
add wave sim:/volladd/cg1
add wave sim:/volladd/cg2
add wave -divider Ausgänge
add wave sim:/volladd/sum
add wave sim:/volladd/co
add wave -divider Halbaddierer-1
add wave sim:/volladd/ha1/*
```

```
add wave -divider Halbaddierer-2
add wave sim:/volladd/ha2/*

force a 0 0, 1 10ns -r 20ns
force b 0 0, 1 20ns -r 40ns
force ci 0 0, 1 40ns -r 80ns
run 80ns
```

In dieser Kommandodatei, die im VHDL-Quellcodeverzeichnis abgespeichert sein sollte, wird das **wave**-Fenster durch **add wave**-Instruktionen wie folgt vorbereitet:

- Mit add wave -divider <Text> werden für die Darstellung im **wave**-Fenster namentlich bezeichnete Signalgruppen gebildet.
- Durch add wave sim:/volladd/ha1/* werden alle Signale der Komponenteninstanz ha1 für die Darstellung ausgewählt.
- Mit den drei **force**-Befehlen wird eine Wahrheitstabelle mit den drei Signalen a, b und ci gebildet.

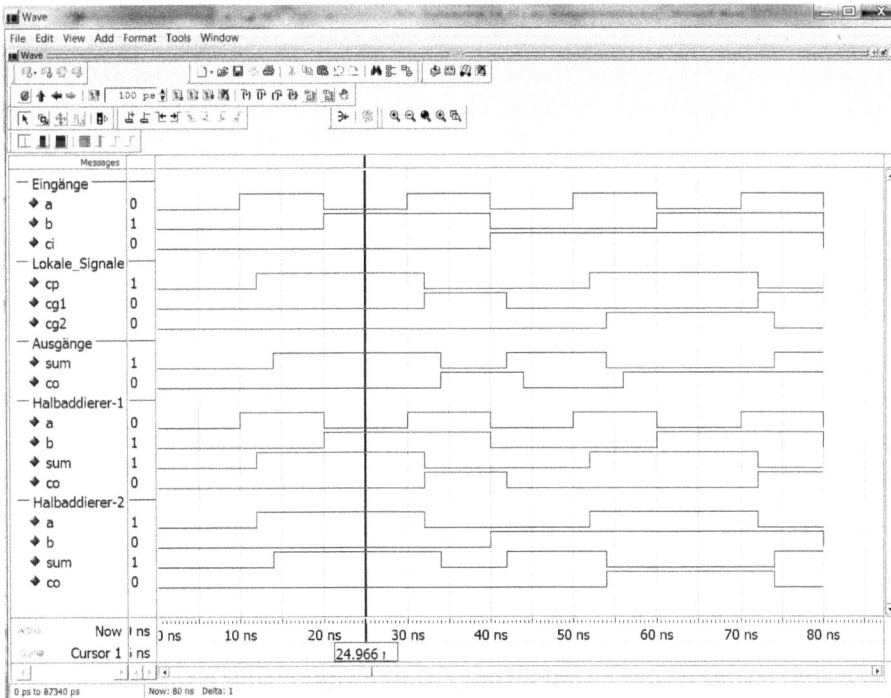

Bild 20.13: Simulation des Volladdierers mit Darstellung aller lokalen Halbaddiererkomponentensignale

Das Beispiel demonstriert, dass mit dem **add wave**-Befehl in hierarchischen Modellen auch alle Signale der untergeordneten Komponenten sichtbar gemacht werden können. Wichtig ist dabei jedoch, dass in dem durch Schrägstriche angegebenen Hierarchiebaum die Instanzennamen, nicht jedoch die `entity`-Namen aufgeführt sind.

Mit **Tools** → **TCL** → **Execute Macro** und der Selektion von `..\VHDL_Codes\ VOLLADD.do` im **Execute Do File**-Fenster wird das Simulationsergebnis in Bild 20.13 erreicht, welches die gruppierten Signale des Volladdierers und der beiden Komponenteninstanzen zeigt. Die Impulsfolgen der aktuellen Signale des Volladdierers sind natürlich mit denen der zugeordneten lokalen Komponentensignale identisch.

20.3 VHDL-Codierungsempfehlungen

Nachfolgend werden die in diesem Buch schrittweise eingeführten Hinweise für einen VHDL-Entwurfsstil gemäß dem Standard IEEE 1076-2002 zusammengefasst, der eine Äquivalenz der Simulations- und Synthesesemantik auf RTL-Ebene garantieren soll. Diese Empfehlungen sollen es Lesern mit geringer VHDL-Codierungserfahrung erleichtern, typische Anfängerfehler zu vermeiden.

> *1. Strukturieren Sie den VHDL-Code in Komponenten oder Prozesse auf RTL-Ebene: Kombinatorische und getaktete Signale von Hardwarefunktionsblöcken sollten in getrennten Prozessen modelliert werden. Zulässig sind jedoch Prozesse mit kombinatorischer Logik am Eingang der Flipflops.*

Diese Maßnahme unterstützt die RTL-Synthesewerkzeuge bei ihrer Arbeit. Außerdem erleichtert eine detaillierte Strukturierung auf RTL-Ebene dem Leser das Codeverständnis.

> *2. Verwenden Sie die aufgelösten Datentypen wie z. B.* `std_logic` *nur dort, wo sie wirklich benötigt werden. Dies ist erforderlich für Three-State-Treiber sowie die Einbindung externer IP-Blöcke bzw. von automatisch generiertem VHDL-Code z. B. für die Timing-Simulation. Verwenden Sie den Datentyp* `bit` *für alle einfachen Signale wie z. B. CLK, RESET und z. B. alle Selektions- und Freigabesignale in (De-)Multiplexern, Three-State-Treibern, Flipflops und Zählern. Ggf. müssen sie Konversionsfunktionen verwenden!*

Die Einhaltung dieser Regel stellt sicher, dass Sie bei der Implementierung keine Probleme dadurch bekommen, dass zwei Prozesse versuchen, das gleiche Signal zu treiben. Aus der Sicht der digitalen Hardware entspricht dies einem Kurzschluss von Gatterausgängen (vgl. Bild 10.13). Bei Verwendung des Datentyps `bit` wird dieser Fehler bereits während der Kompilation reklamiert, bei dem Datentyp std_logic, für den eine Auflösungsfunktion existiert, wird der Fehler hingegen erst sehr viel später im Entwurfsprozess, nämlich bei der Implementierung bemängelt. Als weiterer Vorteil bei der Verwendung von Datentypen ohne Auflösungsfunktion ist eine kürzere Simulationszeit zu nennen.

Hinweis: Diese Regel ist insbesondere für VHDL-Anfänger bedeutsam. Experten werden später vermutlich überwiegend den Datentyp std_logic verwenden!

---

3. *Beachten Sie, dass eine Initialisierung von Signalwerten in der Form*

signal A: bit:= '1' *bzw.* signal A: bit:= '0'

nur für Flipflop-Ausgänge zulässig ist und deren Einschaltzustand definiert. Ein eventuell zusätzlich vorhandener asynchroner RESET bzw. SET durch ein Signal muss den gleichen Wert haben. Kombinatorische Signale sollten durch Signalwertzuweisungen von Konstanten initialisiert werden.

Bedenken Sie in diesem Zusammenhang auch, dass in der Simulation *alle* Port-Eingangssignale bei t = 0 initialisiert sein sollten, damit nicht versehentlich undefinierte Eingangssignale verwendet werden, die durch die gesamte Schaltung durchgereicht werden. In sequenziellen Schaltungen sollten die Anfangszustände von Zustandsautomaten bzw. Zählern zu Beginn der Simulation durch Setzen eines Resets eingenommen werden. Beachten Sie, dass die Ausführung eines synchronen Resets ein Taktsignal erfordert!

---

4. *In getakteten Prozessen sollen <u>nur</u> das Taktsignal und ein eventuell vorhandener asynchroner RESET bzw. SET in der Empfindlichkeitsliste stehen. Die Anweisung*

if CLK='1' and CLK'event then . . . endif;

muss die letzte des Prozesses sein!

Diese Regel ist dadurch begründet, dass sich in getakteter Logik das Ausgangssignal ausschließlich nach einer Flanke bzw. nach einem asynchronen RESET oder SET ändern kann. Zusätzliche Signale in der Empfindlichkeitsliste verlangsamen die Simulation und machen den VHDL-Code unübersichtlicher.

---

5. *In einem getakteten Prozess darf <u>entweder</u> eine steigende Flanke <u>oder</u> eine fallende Flanke abgefragt werden, niemals beide!*

Verwenden Sie das 'event-Signalattribut zur Beschreibung einer Taktflanke.

Weitere Bedingungen, wie z. B. das Enable-Signal eines Flipflops, dürfen sich nicht in der Taktflankenabfrage befinden!

Die digitale Hardware verwendet intern nur getaktete Flipflops entweder mit stei-gender <u>oder</u> mit fallender Flanke, nicht jedoch mit beiden Flanken. Die von anderen Autoren verwendeten, in der Bibliothek ieee.std_logic_1164 definierten Funktionen `rising_edge()` und `falling_edge()` sind nur für Signale des Datentyps `std_logic` de-klariert. Dieser Datentyp sollte jedoch nach 2. nicht als Taktsignal verwendet werden. Freigabesignale müssen als individuelle `if`-Anweisungen hinter der Taktflankenab-frage codiert werden.

---

6. Synchrone Systeme sollten ein gemeinsames Taktsignal verwenden. Wenn 2 oder mehr Takte vorhanden sind, so sollte als gemeinsames Taktsignal der schnellste Takt verwendet werden. Die langsameren Flipflops, Zähler etc. sollten durch Enable-Signale freigeschaltet werden.

Durch kombinatorische Logik abgeleitete Taktsignale sind (sofern nicht spezielle Taktsteuerungskomponenten wie z. B. DCMs verwendet werden) nicht taktsynchron, sie verursachen nicht nur einen gefährlichen Taktversatz (engl. clock skew) im Sys-tem, sondern sie können auch Hazards und damit unerwartete Taktflanken aufweisen. In FPGAs können über kombinatorische Logik abgeleitete Taktsignale nicht automa-tisch die schnellen Taktverdrahtungsressourcen der FPGAs verwenden.

---

7. Zähler mit taktsynchronen Ausgängen werden in der Regel durch einen einzigen Pro-zess modelliert. Wenn der Zähler auch kombinatorische Ausgangssignale besitzt, wie z. B. ein Überlaufsignal, so muss dieses in einem gesonderten kombinatorischen Pro-zess bzw. einer nebenläufigen Signalzuweisung modelliert werden (vgl. das Ausgangs-schaltnetz des Mealy- bzw. Moore-Automatenmodells).

Beachten Sie, dass ein Zähler, der einen der Datentypen `unsigned` *oder* `std_logic_vector` *verwendet, nach Erreichen des Maximalwerts automatisch wieder bei null anfängt zu zählen.*

Dieser Codierungsstil entspricht den Anforderungen aus der RTL-Modellierung (vgl. Punkt 1. dieser Auflistung).

---

8. Verwenden Sie 2-Prozess-Zustandsautomaten für Mealy- und Moore-Automaten: Ein getakteter Prozess für die Zustandsregister, ein gemeinsamer kombinatorischer Prozess für die beiden Schaltnetze (Übergangs- und Ausgangsschaltnetz).

Verwenden Sie einen einzelnen getakteten Prozess für einen Medwedew-Automaten, bei dem alle Ausgangssignale synchron sein sollen.

Nutzen Sie in dem kombinatorischen Prozess eine `case`-*Anweisung zur Abfrage der verschiedenen Automatenzustände und untergeordnete* `if`-*Anweisungen zur Abfrage der Eingangssignalkombinationen des Automaten.*

Mit diesem Entwurfsstil werden nicht nur die Anforderungen des RTL-Modellierungs-
stils erfüllt, sondern es wird auch die Umsetzung des Zustandsdiagramms systemati-
siert. Im Zusammenhang mit symbolischen Verzögerungszeiten wird in einer Simulation auch das Automatenverständnis (Unterschied von Zustands- und Folgezustands-
signalen) gefördert.

> **9.** *In kombinatorischen Prozessen müssen sich <u>alle</u> Signale, die auf der rechten
> Seite einer Signalzuweisung stehen oder die in den Bedingungen von* if- *oder*
> case-*Anweisungen stehen, in der Empfindlichkeitsliste befinden!*

Diese Codierungsempfehlung ist Voraussetzung dafür, dass das simulierte Verhalten
auch bei der Synthese realisiert wird: Da sich das Ausgangssignal der kombinatorischen Logik bei jeder Änderung eines Eingangs- oder Bedingungssignals sofort ändern kann, müssen alle diese Signale in der Empfindlichkeitsliste stehen. Beachten
Sie, dass die Einhaltung dieser Regel im VHDL-2008-Standard nicht mehr erforderlich
ist. Hier kann alternativ auch das Schlüsselwort all in der Sensitivity-Liste verwendet
werden.

> **10.** *Initialisieren Sie <u>alle</u> Ausgangssignale in kombinatorischen Prozessen vor der ers-
> ten* if-*Anweisung durch unbedingte Signalzuweisungen, am besten direkt nach dem*
> process begin. *Dies bezieht sich insbesondere auf die Übergangs- und Ausgangs-
> schaltnetze von Zustandsautomaten, da dort Entwurfsfehler durch unübersichtlich ge-
> schachtelte* if- *und* case-*Anweisungen vermieden werden können.*

Die Einhaltung dieser Regel garantiert, dass alle kombinatorischen Ausgangssignale zu jedem Zeitpunkt einen aktuellen Wert haben, ohne Speicherverhalten durch
Latches aufzuweisen.

> **11.** *Latches sind in der Regel unerwünscht, sie werden erzeugt, wenn es mindestens ei-
> nen Pfad durch einen kombinatorischen Prozess gibt, auf dem für das Ausgangssignal
> <u>keine</u> Wertzuweisung erfolgt, das Signal also gespeichert werden muss!*

> **12.** *Platzieren Sie keine Signale, die in einem kombinatorischen Prozess eine Signal-
> zuweisung erfahren, in der Empfindlichkeitsliste des gleichen Prozesses!*

Ein derartiger Entwurfsstil birgt das Risiko einer kombinatorischen Schleife, die in der
Hardware zu einem unkontrollierten Schwingen der Schaltung führen kann (Beispiel:
RS-Latch) und in der Simulation zu einem „Aufhängen" des Simulators. Beachten Sie
jedoch, dass diese Regel nicht garantiert, dass die Schaltung keine kombinatorische
Schleife besitzt, denn diese kann evtl. auch über mehrere unterschiedliche Prozesse
gebildet werden.

> ***13.*** *Seien Sie bei der Verwendung von Variablen zurückhaltend: Diese sollten aus-*
> *schließlich für temporäre Ergebnisse sequenzieller Anweisungen innerhalb derselben*
> *Prozessausführung verwendet werden, also z. B. in kombinatorischen Prozessen, in de-*
> *nen Zwischenergebnisse in* if*-Bedingungen verwendet werden sollen.*
>
> *Weisen Sie den Variablen immer zunächst einen Wert zu, bevor Sie die Variablen ver-*
> *wenden.*

In kombinatorischen Prozessen wird für Variable, die verwendet werden, ohne dass ihnen zuvor im gleichen Prozessaufruf ein Wert zugewiesen wurde, der im letzten Prozessaufruf zugewiesene Wert eingesetzt. Für das dafür erforderliche Speicherverhalten werden unerwünschte Latches synthetisiert. In getakteten Prozessen werden nichtinitialisierte Variablen zu (meist unerwarteten und überflüssigen) Flipflops synthetisiert.

> ***14.*** *Wenn Sie arithmetische Operationen ausführen wollen, so sollten Sie zusätzlich*
> *zur* std_logic_1164*-Bibliothek die Arithmetikbibliothek* ieee.numeric_std *und als*
> *Datentyp je nach Anwendung entweder* signed(N-1 downto 0) *oder* unsigned(N-1
> downto 0) *verwenden. Beachten Sie, dass bei diesen Datentypen ein automatischer*
> *Überlauf zum Minimal- bzw. Maximalwert erfolgt.*

Diese Bibliothek erlaubt im Gegensatz zu dem älteren Arithmetikstandard ieee.std_ logic unsigned bzw. ieee.std_logic_signed die Verwendung vorzeichenloser und vorzeichenbehafteter Operationen in der gleichen architecture.

Literaturverzeichnis

[1] *Siemers, C.; Sikora, A.*: Taschenbuch Digitaltechnik, 3. Aufl. Hanser 2014
[2] *Reichardt, J.; Schwarz, B.*: VHDL-Synthese, 8. Aufl. DeGruyter Oldenbourg 2020
[3] *Pernards, P.*: Digitaltechnik I, 4. Aufl. Hüthig 2001
[4] *Fricke, K.*: Digitaltechnik, 5. Aufl. Vieweg 2007
[5] *Urbanski, K.; Woitowitz, R.*: Digitaltechnik, 5. Aufl. Springer 2007
[6] *Wakerly, J. F.*: Digital Design Principles and Practices, 4. Aufl. Pearson 2006
[7] *Gajski, D. D.*: Principles of Digital Design. Prentice Hall 1997
[8] *Bhasker, J.*: Die VHDL-Syntax. Prentice Hall 1996
[9] *Ashenden, P. J.*: The Designer's Guide to VHDL, 3. Aufl. Morgan Kaufmann 2008
[10] *Ashenden, P. J.*: The VHDL Cookbook. University of Adelaide, South Australia.
     URL://ftp.cs.adelaide.edu.au/pub/VHDL-Cookbook
[11] Standard 1164-1993: IEEE Standard Multivalue Logic System for VHDL Model Interoperability.
     IEEE Standards Department 1994
[12] Standard 1076.3: VHDL Synthesis Package. IEEE Standards Department 1995
[13] Standard 1076.6: Standard for VHDL Register Transfer Level Synthesis. IEEE Standards Depart-
     ment 1999
[14] Standard 1076-1993: IEEE Standard VHDL Language Reference Manual. IEEE Standards Depart-
     ment 1994
[15] *Micheli, D.; G.*: Synthesis and Optimization of Digital Circuits. McGraw-Hill 1994
[16] *Brayton, R. K.; Sangiovanni-Vincentelli, A.; McMullen, C.; C.; Hachtel, G.*: Logic Minimization
     Algorithms for VLSI Synthesis. Kluwer Academic Publishers 1984
[17] *Xilinx*: Synthesis and Simulation Design Guide; 8.2i 2006
[18] *Mentor Graphics*: ModelSim PE Student Download. URL: http://www.model.com/download/
     edu
[19] *Xilinx*: ISE Design Suite. URL: https://www.xilinx.com/products/design-tools/ise-design-suite.
     html
[20] *Kesel, F.; Bartholomä, R.*: Entwurf von digitalen Schaltungen und Systemen mit HDLs und
     FPGAs. Oldenbourg 2006
[21] *Vahid, F.*: Digital Design. Wiley 2007
[22] *Gajski, D. D.; Dutt, N. D.; Wu, A. C.*: High-Level Synthesis: Introduction to Chip and System de-
     sign. Kluwer Academic Publishers 1992
[23] *Hoppe, B.*: Verilog. Oldenbourg 2006
[24] URL der SystemC-Community: http://www.systemc.org/
[25] System Verilog 3.0: Accellera's Extensions to Verilog. Accellera 2001
[26] VHDL-AMS IEEE Standard 1076.1. IEEE Standards Department 1999
[27] *Schubert, F.*: VHDL-Syntax. URL: http://users.etech.haw-hamburg.de/users/schuber [Stand:
     28.3.2018]
[28] *Semiconductor Industry Association*: International Technology Roadmap for Semiconductors
     1999 edition. TX International Sematech 1999
[29] http://www.vhdl.org/vhdl-200x-ft/packages/Fixed_ug.pdf
[30] *Hamming, R. W.*: Error-detecting and Error-correcting Codes. *Bell Syst. Tech. Journal*,
     2(29):147–160, 1950
[31] *Hamming, R. W.*: Coding- and Information Theory. Prentice Hall 1980
[32] *Veendrick, H.*: Deep-Submicron ICs, From Basics to ASICs. Kluwer Academic Publishers 2000
[33] *Armstrong, J. R.; Gray, V.*: VHDL Design Representation and Synthesis, 2. Aufl. Prentice Hall
     2000

https://doi.org/10.1515/9783110706970-021

[34] *Cohen, B.*: VHDL Answers to Frequently Asked Questions, 2. Aufl. Kluwer Academic Publishers 1998

[35] *Xilinx*: Coolrunner-II CPLD Family DS090 2007. URL: http://www.xilinx.com

[36] *Altera*. URL: http://www.altera.com/products/prd-index.html

[37] *Actel*. URL: http://www.actel.com/products/default.aspx

[38] *Xilinx*: Xilinx Synthesis Technology (XST) User Guide. URL: http://www.xilinx.com

[39] Datenblatt des PAL-Bausteins GAL 16V8. URL: http://www.latticesemi.com

[40] *Herrmann, G.; Müller, D.*: ASIC-Entwurf und Test. Carl Hanser 2004

[41] *Xilinx*: Spartan-3 Generation FPGA User Guide UG331 2008. URL: http://www.xilinx.com

[42] *Texas Instruments*: Overview of IEEE Standard 91-1984 Explanation of Logic Symbols 1996

[43] *Cummings, C. E.; Mills, D.; Golson, S.*: Asynchronous and Synchronous Design Techniques – Part Deux. SNUG Boston 2003

[44] *Xilinx*: HDL Coding Practices to Accelerate Design Performance, Xcell Journal. URL: http://www.xilinx.com/publications/xcellonline/xcell_55/xc_hdlcode55.htm

[45] *Becke, G.; Haseloff, E.*: Das TTL-Kochbuch. Texas Instruments 1996

[46] International Technology Roadmap for Semiconductors ITRS 2007. http://www.itrs.net/Links/2007ITRS/2007_Chapters/2007_SystemDrivers.pdf

[47] *Design Automation Standards Comittee of the IEEE Computer Society*: P1497 "Draft Standard for Standard Delay Format (SDF)"

[48] *IEEE 1076.4 TAG (Technical Action Group)*: Standard VITAL ASIC Modelling Specifications. IEEE P1076.4

[49] *Smith, M. J. S.*: Application-Specific Integrated Circuits. Addison-Wesley 1997

[50] URL der Fa. Quicklogic: www.quicklogic.com

[51] *Ernst, R.; Könenkamp, I.*: Digitale Schaltungstechnik für Elektrotechniker und Informatiker. Spektrum Akademischer Verlag 1995

[52] *Bailey, B.; Martin, G.; Piziali, A.*: ESL Designa and Verification. Morgan Kaufmann Publishers 2007

[53] *Chu, P. P.*: RTL Hardware Design using VHDL. Wiley-IEEE Press 2006

[54] *Chapman, K.*: Get Smart about Reset: Think Local Not Global. WP272 2008. URL: http://www.xilinx.com

[55] *Cummings, C. E.*: Simulation and Synthesis Techniques for Asynchronous FIFO Design Rev. 1.2. SNUG San Jose 2002

[56] FIFO Generator V8.3 User Guide UG 175 2011. URL: http://www.xilinx.com

[57] *Xilinx*: Metastability Considerations XAPP077 1997

[58] *Lehmann, G.; Wunder, B.; Selz, M.*: Schaltungsdesign mit VHDL. Franzis Verlag 1994

[59] *Molitor, P.; Ritter, J.*: Kompaktkurs VHDL. Oldenbourg 2013

[60] *Kesel, F.*: Modellierung von digitalen Systemen mit SystemC. Oldenbourg 2012

[61] *ARM*: AMBA Specifications. URL: http://www.arm.com/products/system-ip/amba-specifications.php

[62] *Xilinx*: Vivado Design Suite, AXI Reference Guide UG 1037. URL: http://www.xilinx.com

[63] *Xilinx*: Vivado Design Suite HLx Editions. URL: http://www.xilinx.com/products/design-tools/vivado.html

[64] *Jim Lewis*: VHDL-2008 The End of Verbosity. URL: http://www.synthworks.com/papers/VHDL_2008_end_of_verbosity_2013

[65] *The MathWorks. Inc.* URL: http://de.mathworks.com/products/matlab/

[66] *Digilent Inc.* URL: http://store.digilentinc.com/arty-board-artix-7-fpga-development-board-for-makers-and-hobbyists/

[67] *Xilinx*: Artix-7 FPGAs Data Sheet: DC and AC Switching Characteris-tics; DS181 (v1.25) 2018. URL: www.xilinx.com

[68] *Xilinx*: 7-Series FPGAs Configurable Logic Block User Guide; UG474 (v1.8) 2016. URL: www. xilinx.com

[69] *Xilinx*: Vivado Design Suite 7 Series FPGA Libraries Guide; UG953 (v2012.2) 2012. URL: www. xilinx.com

[70] *Xilinx*: Vivado Design Suite User Guide: High Level Synthesis; UG902 (v2018.3) 2018. URL: www.xilinx.com

[71] *Xilinx*: Vivado Design Suite User Guide: Programming and Debugging; UG908 (v2019.2) 2019. URL: www.xilinx.com

[72] *Xilinx*: Vivado Design Suite Tcl Command Reference, UG835 (v2012.2) 2012. URL: www.xilinx. com

[73] *GNU Octave*: Scientific Programming Language. URL: www.gnu.org/software/octave

[74] *Xilinx*: MicroBlaze Soft Processor Core. URL: www.xilinx.com/products/design-tools/ microblaze.html

Stichwortverzeichnis

https://doi.org/10.1515/9783110706970-022

www.ingramcontent.com/pod-product-compliance
Lightning Source LLC
Chambersburg PA
CBHW072006230326
41598CB00082B/6773